위포트

공기업 전기직

전기자기학
전기기기
회로이론
전력공학
제어공학
설비기술

핵심 기출 문제 900제

PREFACE

새롭고 놀라운 기술이 매일 이어지는 시대를 살아가고 있습니다. 탄소중립을 이끌어 가는 정책, ESG를 경영하는 기업, 그리고 에너지 합리화의 요구가 우리의 환경을 채우고 있습니다.
코로나 팬데믹으로 인한 어려움을 잘 극복하고 경제가 빠른 회복이 되도록 기대하고 있습니다.

공기업에 대한 전망은 보는 이마다 차이가 있겠지만 저는 대단히 낙관적으로 생각하고 있습니다. 그 배경은 4차산업이 놀라운 사업적 에너지를 가지고 있다고 판단되기 때문입니다.
클라우드 시스템으로 빅데이터 기반을 만들고 AI의 분석을 기대하는 과정에는 수많은 일자리가 보장됩니다. 각 전문 분야들과 새로운 개념들이 융합되어 지금까지 없었던 일들을 수없이 만들어 내고 있습니다. 이런 변화는 이미 수많은 곳에서 찾아볼 수 있습니다.
여러분은 이런 시대를 이끌어 갈 인재들입니다.

최근의 동향을 보면 전기는 전자, 통신과 상당히 연계되는 부분이 많아졌습니다. 전기직 시험과목에 통신이 들어오고, 전자분야의 내용도 눈에 띄게 많아지고 있습니다. 또한 한국전기설비규정(KEC)은 예전의 설비기준과 상당히 다른 안전개념으로 수험생들이 학습에 어려움을 겪고 있는 것으로 나타나고 있습니다. 이런 여러 가지 변화는 시대를 반영하는 것이라 생각됩니다. 서원각, 그리고 위포트에서는 이러한 변화에 대응하는 과정을 준비하고 있습니다. 수험생들과 함께 고민하고, 수험생의 입장에서 생각하는 회사방침에 따라 최적화된 교재와 강좌를 기획하고 있습니다.

모쪼록 이번 과정이 여러분에게 작은 힘이 되기를 바라는 마음을 전합니다.

2022. 6. 김경일

STRUCTURE

핵심 기출문제

- 그동안 치러진 기출문제를 복원 및 재구성하여 수록함으로써 출제 유형 및 출제 빈도 파악에 도움이 되도록 하였습니다.
- 해당 유형의 문제가 출제된 기관의 명을 기재함으로써 지원하고자 하는 기관의 출제 스타일에 대한 파악이 가능하며, 이를 통해 보다 실전에 완벽한 대비를 할 수 있습니다.

전기자기학 정답 및 해설

정답 및 해설

- 문제에 대한 저자의 상세한 해설을 첨부하여 수험생이 이해도 높은 학습을 할 수 있도록 하였습니다.
- 문제마다 그에 해당하는 단원을 표시하여 자기 스스로 자주 틀리는 영역, 또는 학습이 미흡한 영역에 대한 파악이 가능하며, 이를 학습 계획에 반영함으로써 좀 더 효과적인 학습을 할 수 있습니다.

시험에 출제된 필수암기노트

필수암기노트

- 개정 전기설비기술기준 및 KEC 기준 핵심 내용을 수록하여 수험생이 학습에 어려움을 겪는 부분에 대한 도움을 주고자 하였습니다.
- 2회 이상 출제된 주요 핵심 이론을 단원별로 정리하여 체계적인 학습이 가능하고, 학습의 방향성을 잡을 수 있습니다.

CONTENTS

01 핵심 기출문제

02 정답 및 해설

03 필수암기노트

전기자기학 핵심 기출문제

01 다음 중 벡터의 연산으로 옳지 않은 것은?

〈국가철도공단〉

① $A \cdot B = B \cdot A$
② $A \times A = 0$
③ $A \cdot B = AB\cos\theta$
④ $A \times B = B \times A$

02 전계 $E = 3x^2 i + 4xy^2 j + x^2 yzk$의 $div\,E$는 얼마인가?

〈부산교통공사〉

① $-6xi + 8xyj + x^2 yk$
② $6xi + 8xyj + x^2 yk$
③ $-(6x + 8xy + x^2 y)$
④ $6x + 8xy + x^2 y$
⑤ $-6x + 4xy + x^2 y$

03 $A = i - j + 3k$, $B = i + ak$일 때 벡터 A가 수직이 되기 위한 a값은? (단 i, j, k는 x, y, z 방향의 기본벡터이다.)

〈대구도시철도공사〉

① −2
② −1/3
③ 0
④ 1/2

04 P점에 일정한 힘 $F=5i+2j+4k[N]$을 가하였더니 A(−2, 1, −3)$[m]$에서 B(1, −3, 4)로 이동하였다. 이때에 한 일은 몇 $[J]$인가?

① $15[J]$
② $25[J]$
③ $35[J]$
④ $45[J]$

05 $A=4i+j-k$일 때 $j\times A$는?

〈한국환경공단〉

① $-i-4j+k$
② $-i-4k$
③ $j-4k$
④ $4i-k$

06 두 벡터 $A=7j+\frac{5}{2}k$, $B=4i+4j+2k$에 수직한 단위벡터로 바른 것은?

〈서울교통공사〉

① $\pm(\frac{1}{30}i+\frac{1}{15}j-5k)$
② $\pm(\frac{2}{15}i+\frac{1}{3}j-\frac{14}{15}k)$
③ $\pm(\frac{1}{4}i+\frac{1}{28}j-\frac{4}{5}k)$
④ $\pm(\frac{1}{28}j-\frac{1}{5}k)$

07 전계 $E=2x^3i+3yzj+x^2yz^2k$에서 div E를 구하면?

〈부산환경공단〉

① $2x^2+3yz+x^2yz^2$

② $3x^2+3yz+4xyz$

③ $6x^2+3y+4xz$

④ $6x^2+3z+2x^2yz$

⑤ $6x^2+6z+5xyz^2$

08 두 벡터 $A=ix+j2$, $B=i3-j3-k$가 서로 직교하려면 x값이 얼마여야 하는가?

〈인천교통공사〉

① 1.5

② 1

③ 2

④ 0.5

⑤ −2

09 가우스의 선속정리에 해당되는 것은?

〈대구시설공단〉

① $\int_s E \cdot nds = \int_s div\,Edv$

② $\int_s E \cdot nds = \int_v div\,Edv$

③ $\int_v E \cdot nds = \int_v div\,Edv$

④ $\int_v E \cdot nds = \int_s div\,Edv$

⑤ $\int_v div\,Eds = \int_s E \cdot n\,dv$

10 $A=-7i-j$, $B=-3i-4j$의 두 벡터가 이루는 각은 몇 도인가?

① 30
② 45
③ 60
④ 90

11 $P(x, y, z)$점에 3개의 힘 $F_1=-2i+5j-3k$, $F_2=7i+3j-k$ 와 F_3가 작용하여 합력이 0이 되었다. $|F_3|$의 근삿값을 구하면?

① 5
② 7
③ 8
④ 10

12 전하의 크기가 서로 같은 두 전하가 진공 중 5[cm] 떨어져 있다. 이 사이에 작용하는 힘이 9×10^3[N]이라면 전하의 크기[C]는?

〈대구도시철도공사〉

① 5×10^{-5}
② 5×10^{-4}
③ 5×10^{-3}
④ 5×10^{3}

13 +10$[nC]$의 점전하로부터 150$[mm]$ 떨어진 거리에 +1,000$[pC]$의 점전하가 공기 중에 놓인 경우 이 전하에 작용하는 힘의 크기는 몇 $[nN]$인가?

〈한국전력공사〉

① 400
② 600
③ 900
④ 1,600
⑤ 4,000

14 점P(2, 0, 5)$[m]$와 Q(1, 2, 3)$[cm]$에 각각 $2\times10^{-4}[C]$과 $10^{-4}[C]$의 점전하가 있을 때 점 P에 작용하는 힘은 몇 $[N]$인가?

〈한국남동발전〉

① $\frac{10}{3}(i-2j+2k)$
② $\frac{10}{3}(i+2j-2k)$
③ $\frac{20}{3}(i-2j+2k)$
④ $\frac{20}{3}(-i+2j-2k)$

15 점 P(2, 3, 4), 점 Q(1, 1, 2)에 각각 $4\times10^{-4}[C]$과 $3\times10^{-4}[C]$의 점전하가 있을 때 점 Q에 작용하는 힘은 몇$[N]$인가?

〈한국남동발전〉

① $-60(i+2j+2k)$
② $-40(i+2j+2k)$
③ $40(i+2j+2k)$
④ $60(i+2j+2k)$

16 전하를 가진 두 물체 사이에 작용하는 힘의 크기는 두 전하의 곱에 비례하고, 거리의 제곱에 반비례한다는 법칙은 무엇인가?

〈한국환경공단〉

① 가우스법칙
② 쿨롱의 법칙
③ 맥스웰의 법칙
④ 패러데이의 법칙

17 비유전율 4인 매질에 $10^{-3}[C]$의 크기를 갖는 두 개의 전하가 $5[m]$ 떨어져 있다. 두 전하 간에 작용하는 힘은 얼마인가?

〈서울주택도시공사〉

① 척력이 작용하며 그 크기는 $2[N]$이다.
② 인력이 작용하며 그 크기는 $16[N]$이다.
③ 척력이 작용하며 그 크기는 $20[N]$이다.
④ 인력이 작용하며 그 크기는 $25[N]$이다.
⑤ 척력이 작용하며 그 크기는 $90[N]$이다.

18 다음과 같은 펄스파형 $i(t) = Ie^{-\frac{t}{T}}$가 1초에 n회 반복할 때 1초 동안의 전하량$Q[C]$은 얼마인가?

〈한국철도공사〉

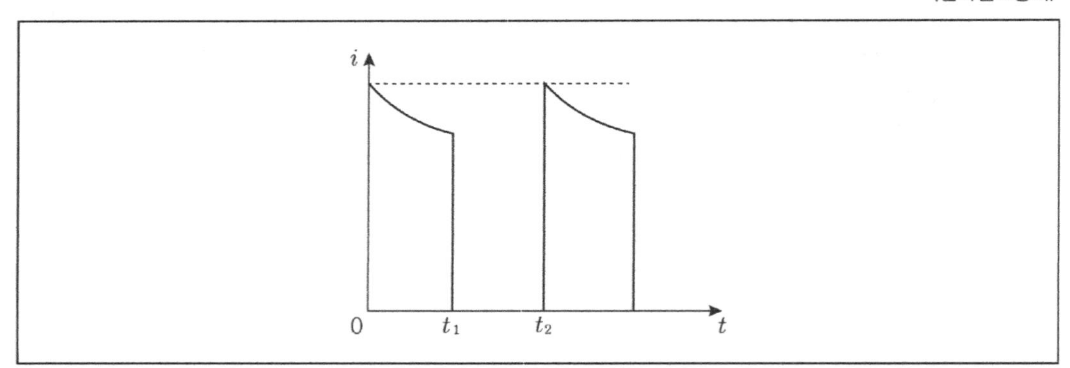

① $nITe^{-\frac{t_1}{T}}$

② $nIT(1+e^{-\frac{t_1}{T}})$

③ $-nITe^{-\frac{t_1}{T}}$

④ $-nIT(1+e^{-\frac{t_1}{T}})$

⑤ $nIT(1-e^{-\frac{t_1}{T}})$

19 두 개의 똑같은 작은 도체구를 접촉하여 대전시킨 후 $1[m]$거리에 놓았더니 작은 도체구는 서로 $9\times10^{-3}[N]$의 힘으로 반발하였다. 각 도체구의 전기량$[C]$은?

〈전북개발공사〉

① 10^{-8}

② 10^{-6}

③ 10^{-4}

④ 10^{-2}

20 두 점전하 $Q_1 = 50[\mu C]$과 $Q_2 = 10[\mu C]$이 각각 점(−1, 1, −3)$[m]$와 점(3, 1, 0)에 놓여 있다. Q_1에 작용하는 힘$[N]$은?

① $-0.144i+0.108k$
② $-0.144i-0.108k$
③ $-1.44i+1.08k$
④ $-1.44i-1.08k$

21 공기 중에 $-1[\mu C]$의 전하가 직각좌표계의 원점에 놓여있다. 또 다른 100$[\mu C]$의 전하가 점 (1/2, 0, 0)$[m]$에 위치하고 있을 때 100$[\mu C]$의 전하가 받는 힘$[N]$은?

① $-3.6i$
② $3.6i$
③ $-36i$
④ $36i$

22 파라핀유 중에 20$[cm]$의 거리를 두고 각각 $5[\mu C]$과 $16[\mu C]$의 두 전하가 있다. 그 사이에 작용하는 힘$[N]$은 얼마인가? (단, 파라핀유의 비유전율은 2.1이다.)

① 857×10^{-2}
② 857×10^{-1}
③ 18×10^{-2}
④ 18×10^{-1}

23 진공 중의 한 변의 길이가 $r=2[m]$인 정육각형의 각 점에서 $Q=8[C]$의 전하를 놓았을 때 정육각형 중심 0점에서의 전계 $E_6[V/m]$와 전위 $V_6[V]$의 값을 구하시오.

〈서울교통공사〉

① $E_6=\frac{1}{8\pi\epsilon_o}[V/m]$, $V_6=\frac{6}{\pi\epsilon_o}[V]$

② $E_6=\frac{1}{3\pi\epsilon_o}[V/m]$, $V_6=\frac{1}{\pi\epsilon_o}[V]$

③ $E_6=0\,[V/m]$, $V_6=\frac{1}{\pi\epsilon_o}[V]$

④ $E_6=0\,[V/m]$, $V_6=\frac{6}{\pi\epsilon_o}[V]$

⑤ $E_6=\frac{1}{8\pi\epsilon_o}[V/m]$, $V_6=\frac{1}{\pi\epsilon_o}[V]$

24 정전계에서 도체에 주어진 전하의 대전상태에 관한 설명으로 옳지 않은 것은?

〈부산교통공사〉

① 전계는 도체 표면에서 수직이다.

② 정전에너지는 도체표면과 외부공간에 존재한다.

③ 전하는 도체의 표면에만 분포하고 내부에는 존재하지 않는다.

④ 도체표면은 등전위면을 형성한다.

⑤ 표면 전하밀도는 곡률반지름이 작으면 작다.

25 선전하에 의하여 r$[m]$의 거리에 생기는 전계의 세기가 1/4배가 되려면 거리는 몇 배가 되어야 하는가?

〈국가철도공단〉

① 1/4

② 1/2

③ 2

④ 4

26 점전하 +1$[C]$이 원점에 위치하고, −9$[C]$이 1$[m]$의 위치에 놓여있을 경우 전계의 세기가 0인 지점의 위치는?

〈서울주택도시공사〉

① $-1.5[m]$
② $-0.5[m]$
③ 원점
④ $0.5[m]$
⑤ $1.5[m]$

27 진공 중에 놓인 $4[\mu C]$의 점전하에서 1.5$[m]$되는 점의 전계$[V/m]$의 크기는?

〈한국환경공단〉

① 6×10^3
② 12×10^3
③ 16×10^3
④ 20×10^3

28 진공 중에서 도체 표면에 $Q[C]$의 전하가 분포하고, 반지름이 a$[m]$인 구도체 중심에서 r$[m]$ 떨어진 지점의 전계$[V/m]$는? (단, r>a)

〈한국환경공단〉

① 0
② $\dfrac{Q}{4\pi\epsilon_o r}$
③ $\dfrac{Q}{4\pi\epsilon_o r^2}$
④ $\dfrac{Q}{4\pi\epsilon_o r^3}$

29 다음 중 거리(r)에 반비례하는 전계의 세기를 갖는 대전체는?

〈서울교통공사〉

① 점전하
② 선전하
③ 구전하
④ 전기쌍극자

30 다음 빈칸에 들어갈 내용을 순서대로 옳게 나열한 것은?

〈인천국제공항공사〉

전계와 전위경도는 크기가 (　　), 방향이 (　　).

① 같고, 같다.
② 같고, 반대이다.
③ 다르고, 반대이다.
④ 다르고, 같다
⑤ 같고, 무관하다

31 진공 중에 표면 전하밀도가 $\sigma[C/m^2]$인 도체 표면에서의 전계의 세기$[V/m]$는?

〈한국체육산업개발〉

① $E=\frac{\sigma}{\epsilon_o}[V/m]$
② $E=\frac{\sigma}{2\epsilon_o}[V/m]$
③ $E=\frac{\epsilon_o}{\sigma}[V/m]$
④ $E=2\frac{\sigma}{\epsilon_o}[V/m]$

32 정전계에 관한 다음 설명 중 틀린 것은?

〈한국서부발전〉

① 단위 전하에 미치는 힘이 전계의 세기이다.

② 전위는 전계내의 한 점에서 단위전하가 갖는 전기적인 위치 에너지이다.

③ 전계의 세기의 단위는 $[\frac{N}{C}]$, $[\frac{V}{m}]$, $[\frac{A\Omega}{m}]$이다.

④ 전계 $E[V/m]$내에서 정지된 전자$q[C]$의 힘의 크기는 $Eq[N]$이고, 전계의 방향과 일치한다.

33 진공 내의 점(3, 0, 0)$[m]$에 $4\times10^{-9}[C]$의 전하가 있다. 이때 점(6, 4, 0)$[m]$에서 전계의 세기 $[V/m]$ 및 전계의 방향을 표시하는 단위 벡터는?

① $\frac{36}{25}$, $\frac{1}{5}(3i+4j)$

② $\frac{36}{125}$, $\frac{1}{5}(3i+4j)$

③ $\frac{36}{25}$, $(i+j)$

④ $\frac{36}{125}$, $\frac{1}{5}(i+j)$

34 진공 중에서 전하 밀도가 $25\times10^{-9}[C/m]$인 무한히 긴 선전하가 z축 상에 있을 때 (3, 4, 0)$[m]$인 전계의 세기$[V/m]$는?

① $24i+36j$

② $32i+26j$

③ $42i+86j$

④ $54i+72j$

35 +1$[\mu C]$, +2$[\mu C]$의 두 점전하가 진공 중에서 1$[m]$ 떨어져 있을 때 이 두 점전하를 연결하는 선상에서 전계의 세기가 0이 되는 점은?

① +1$[\mu C]$으로부터 $(\sqrt{2}-1)[m]$ 떨어진 점
② +2$[\mu C]$으로부터 $(\sqrt{2}-1)[m]$ 떨어진 점
③ +1$[\mu C]$으로부터 $\frac{1}{3}[m]$ 떨어진 점
④ +2$[\mu C]$으로부터 $\frac{1}{3}[m]$ 떨어진 점

36 전위에 대한 설명으로 옳은 것은?

〈한국가스기술공사〉

① 단위로 $[A]$를 사용한다.
② 도체 내의 두 점 사이의 전위차를 의미한다.
③ $[J]$ 또한 단위로 사용한다.
④ 전위가 낮은 곳에서 높은 곳으로 전류가 흐른다.
⑤ 전위가 낮을수록 많은 에너지를 가지고 있다.

37 평면 2차함수로 표현되는 전위가 $V=4y^2+2z[V]$로 주어질 때 y=2, z=1에서의 전계의 세기 $[V/m]$는?

〈고양도시관리공사〉

① $8i+2j$
② $-8i-2k$
③ $16j+2k$
④ $-16j-2k$
⑤ $-16j-4j$

38 무한한 길이의 선전하가 1$[m]$당 $+\rho[C]$의 전하량을 가질 경우 이 직선 도체에서 r$[m]$ 떨어진 점의 전위$[V]$는?

〈서울주택도시공사〉

① 0이다.
② r에 비례한다.
③ r에 반비례한다.
④ r의 제곱에 비례한다.
⑤ ∞이다.

39 전위함수에서 라플라스방정식을 만족하지 않는 것은?

〈부산교통공사〉

① $V=\rho\cos\theta+\varnothing$
② $V=\frac{V_o}{d}x$
③ $V=\rho\cos\varnothing+z$
④ $V=\rho\sin\theta+y$
⑤ $V=x^2+y^2+z^2$

40 전위분포가 $V=0.5x^2[V]$, 점 (2, 0.4, 0)에서 전계의 크기는 몇 $[V/m]$이며 그 방향은 어떻게 되는가?

〈부산교통공사〉

① $-x$ 방향으로 2
② x 방향으로 2
③ y 방향으로 2
④ $-y$ 방향으로 2
⑤ z 방향으로 2

41 V(x, y, z)=$3x^2y-y^3z^2$에 대하여 grad V의 점 (1, −2, −1)에서의 값을 구하면?

① $12i+9j+16k$
② $12i-9j+16k$
③ $-12i-9j-16k$
④ $-12i+9j-16k$

42 $V=2x^2+yz$일 경우 점 P(3, −3, 4)에서 V의 최대 변화율은?

〈한국남동발전〉

① 11
② 12
③ 13
④ 14

43 자유공간 중의 전위가 $V=\dfrac{100\sin\theta\cos\varnothing}{r^2}[V]$일 때 점 $A(5,60^o,150^o)$에서 점 $B(1,45^o,45^o)$로 2 $[C]$의 전하를 옮길 때 한 일$[J]$은?

〈한국남동발전〉

① 90
② 96
③ 101
④ 106

44 전계 E와 전위 V사이의 관계 즉 $E=-grad\,V$에 관한 설명으로 잘못된 것은?

〈한국수력원자력〉

① 전계는 전위가 일정한 면에 수직이다
② 전계의 방향은 전위가 감소하는 방향으로 향한다.
③ 전계와 전기력선은 연속적이다.
④ 전계와 전기력선은 폐곡면을 이루지 않는다.

45 무한장 선전하와 무한 평면 전하에서 r$[m]$떨어진 점의 전위$[V]$는 각각 얼마인가? (단, ρ_L은 선전하 밀도, ρ_S는 평면 전하 밀도이다.)

① 무한 직선 : $\frac{\rho_L}{2\pi\varepsilon_0}$, 무한 평면 도체 : $\frac{\rho_S}{\varepsilon}$

② 무한 직선 : $\frac{\rho_L}{4\pi\varepsilon_0}$, 무한 평면 도체 : $\frac{\rho_S}{2\pi\varepsilon_0}$

③ 무한 직선 : $\frac{\rho_L}{\varepsilon}$, 무한 평면 도체 : ∞

④ 무한 직선 : ∞, 무한 평면 도체 : ∞

46 어느 정육면체의 한변의 길이가 2$[m]$일 때 전속밀도 $D=3x^2y^2a_x$가 발산 한다면 이때의 전하량 $[C]$은?

〈한국철도공사〉

① 8
② 16
③ 32
④ 64
⑤ 96

47 간격 2$[mm]$인 평행판 콘덴서 사이에 비유전율 2인 유전체를 넣고 전극간에 100$[V]$의 전압을 가할 때의 전속밀도$[C/m^2]$는?

〈인천교통공사〉

① 4.43×10^{-7}
② 8.85×10^{-6}
③ 8.85×10^{-7}
④ 17.8×10^{-6}
⑤ 17.8×10^{-7}

48 진공 중의 전계가 $E=4i+6j+12k[V/m]$이다. 이 때 전속밀도$[C/m^2]$는?

〈부산교통공사〉

① $13\epsilon_o$　　② $14\epsilon_o$

③ $15\epsilon_o$　　④ $16\epsilon_o$

⑤ $17\epsilon_o$

49 전속 밀도 $D=x^2i+y^2j+z^2k[C/m^2]$를 발생시키는 점 (1, 2, 3)$[m]$에서의 공간 전하 밀도$[C/m^3]$는?

① 14　　② 14×10^{-6}

③ 12　　④ 12×10^{-6}

50 $A=x^2i+yzj+xyk$일 때 $\nabla\cdot A$를 구하면?

① $2x^2+z+y$

② $2x+z+y$

③ x^2+yz+y

④ $2x+z$

51 벡터 $E=x^3i-2yj+f(x,\ y)zk$가 전하가 없는 곳의 전계의 세기를 나타내려면 $f(x,\ y)$는 어떤 함수가 되겠는가?

① $3x^2-2$
② $-3x^2+2$
③ x^3-2y
④ x^3-2

52 전속밀도 $D=3x\,i+2yj+zk\,[C/m^2]$를 발산하는 전하에서 $1[mm^3]$내의 전하는 얼마인가?

① $3[nC]$
② $3[\mu C]$
③ $6[nC]$
④ $6[C]$

53 반지름 a인 원판형 전기 2중층(세기 M)의 축상 x되는 거리에 있는 점 P(정전하측)의 전위 $[V]$는?

① $\dfrac{M}{2\varepsilon_0}[1-\dfrac{a}{\sqrt{x^2+a^2}}]$
② $\dfrac{M}{\varepsilon_0}[1-\dfrac{a}{\sqrt{x^2+a^2}}]$
③ $\dfrac{M}{2\varepsilon_0}[1-\dfrac{x}{\sqrt{x^2+a^2}}]$
④ $\dfrac{M}{\varepsilon_0}[1-\dfrac{x}{\sqrt{x^2+a^2}}]$

54 쌍극자 모멘트 $M[C \cdot m]$에서 임의의 점으로 향하는 전계의 크기는 전기쌍극자의 중심에서 각도가 몇 도[^{o}]일 때 최대이며, 거리 r에 대해서는 어느 것에 비례하는가?

〈한국서부발전〉

① 0°, $\frac{1}{r^3}$ ② 0°, $\frac{1}{r^2}$

③ 90°, $\frac{1}{r^3}$ ④ 90°, $\frac{1}{r^2}$

55 전기쌍극자의 능률에 대한 설명으로 옳지 않은 것은?

〈한국철도공사〉

① 2개의 점전하 $\pm Q[C]$가 미소거리 $\delta[m]$ 만큼 떨어져 있는 한 쌍의 전하를 전기쌍극자라고 한다.

② 두 전하 $+Q[C]$에서 $-Q[C]$까지의 직선거리를 축으로 한다.

③ 두 전하와 P점간의 거리를 각각 $r_1[m]$, $r_2[m]$라고 했을 때 전위는 $V_P = \frac{Q}{4\pi\epsilon_o}(\frac{1}{r_1} - \frac{1}{r_2})$이다.

④ 반도체 내에서 전계를 구하는데 중요하게 사용되는 개념이다.

⑤ 전기쌍극자 능률 $M = \pm Q\delta[C \cdot m]$

56 $E = xi - yj[V/m]$일 때 점(2, 1)에서의 전기력선 방정식은?

〈한국체육산업개발〉

① $xy = 1$ ② $xy = 2$

③ $xy = 4$ ④ $xy = 8$

57 전기력선에 관한 설명으로 옳지 않은 것은?

〈대구시설공단〉

① 도체 면에서 전기력선은 수직으로 출입한다.
② 전기력선의 방향은 그 점의 전계의 방향과 일치한다.
③ 전기력선은 정전하에서 시작하여 부전하에서 그친다.
④ 도체 내부에는 전기력선이 없다.
⑤ 전기력선은 항상 쌍으로 존재한다.

58 전위가 $V=xy^2z$로 표시될 때 이 원천인 전하밀도 ρ를 구하면?

〈대전시설관리공단〉

① 0
② 1
③ $-2xyz$
④ $-2xz\epsilon_o$
⑤ $\dfrac{-2xy^2}{\epsilon_o}$

59 $E=\dfrac{3x}{x^2+y^2}i+\dfrac{3y}{x^2+y^2}j\,[V/m]$일 때 점(4, 3, 0)을 지나는 전기력선의 방정식은?

① $xy=\dfrac{4}{3}$
② $xy=\dfrac{3}{4}$
③ $x=\dfrac{4}{3}y$
④ $x=\dfrac{3}{4}y$

60 자유공간에서의 전위함수 $V=x^3-2xy^2-yz^3[V]$로 주어지고, 점 P(−1, 1, 0)에서의 공간전하밀도$[C/m^3]$는 얼마인가?

〈한국남동발전〉

① ϵ_o

② $2\epsilon_o$

③ $3\epsilon_o$

④ $4\epsilon_o$

61 극판의 면적이 $5[cm^2]$, 정전용량 1$[pF]$인 종이콘덴서를 만들려고 한다. 비유전율 2, 두께 0.01 $[mm]$의 종이를 사용하면 종이는 몇 장을 겹쳐야 되겠는가?

〈인천교통공사〉

① 약 9

② 약 45

③ 약 89

④ 약 443

⑤ 약 885

62 동축케이블의 정전용량으로 옳은 것을 고르시오. (단, ϵ_o는 공기중의 유전율, a와 b는 내외반지름을 의미하며 $a=2.71[mm]$, $b=a^2$이다.)

〈부산교통공사〉

① $2\pi\epsilon_o$

② $4\pi\epsilon_o$

③ $12\pi\epsilon_o$

④ $5.42\epsilon_o$

⑤ $10.84\epsilon_o$

63 서로 떨어져 있는 두 도체의 정전용량이 2[F]와 3[F]일 때 각각 3[V], 13[V]의 전위로 충전한 후, 가느다란 도선으로 연결하였을 때 그 도선을 따라 흐르는 전하 Q[C]는?

〈한국남동발전〉

① 8
② 10
③ 12
④ 14

64 1[μF]의 콘덴서를 80[V], 2[μF]의 콘덴서를 50[V]로 충전하고 이들을 병렬로 연결할 때 전위차는 몇 [V]인가?

〈대구도시철도공사〉

① 75
② 70
③ 65
④ 60

65 평행판 공기콘덴서의 간격을 1/4배 만큼 줄였을 때 정전용량은 처음의 몇 배가 되는가?

〈한국전력공사〉

① 1배
② 2배
③ 3배
④ 4배
⑤ 5배

66 진공 중에 떨어져 있는 두 도체 A, B가 있다. A에만 1[C]의 전하를 주었더니 A 및 B도체의 전위가 4[V], 6[V]가 되었다.두 도체에 같은 전하 2[C]을 주면 도체 A의 전위[V]는?

〈국가철도공단〉

① 5 ② 10
③ 15 ④ 20

67 정전용량 2[F]의 콘덴서에 16[V]의 전압을 인가하였을 경우 축적되는 전기량[C]은?

〈한국중부발전〉

① 8 ② 16
③ 32 ④ 64

68 콘덴서에 10[V]의 전원을 가하자 4×10^{-4}[C]의 전기량이 축적되었을 경우 이 콘덴서의 용량은?

〈부산환경공단〉

① 10[μF] ② 20[μF]
③ 40[μF] ④ 80[μF]
⑤ 120[μF]

69 동심구형 콘덴서의 내외 반지름을 각각 2배로 하면 정전용량은 몇 배가 되는가?

〈한국환경공단〉

① 2배
② 4배
③ 8배
④ 16배

70 진공 중에서 원통형 도체의 단위길이당 정전용량을 나타내는 식으로 맞는 것은?

〈서울교통공사〉

① $\frac{4\pi\epsilon_o ab}{b-a}$
② $\frac{\pi\epsilon_o}{\ln\frac{b}{a}}$
③ $\frac{2\pi\epsilon_o}{\ln\frac{b}{a}}$
④ $\frac{4\pi\epsilon_o}{\ln\frac{b}{a}}$

71 다음과 같이 직렬로 콘덴서를 연결하였을 때 각 콘덴서에 걸리는 내압은 $V_1=6[V]$, $V_2=5[V]$, $V_3=2[V]$, 정전용량은 $C_1=3[F]$, $C_2=4[F]$, $C_3=6[F]$일 때 전체 내압$[V]$은?

〈한국남동발전〉

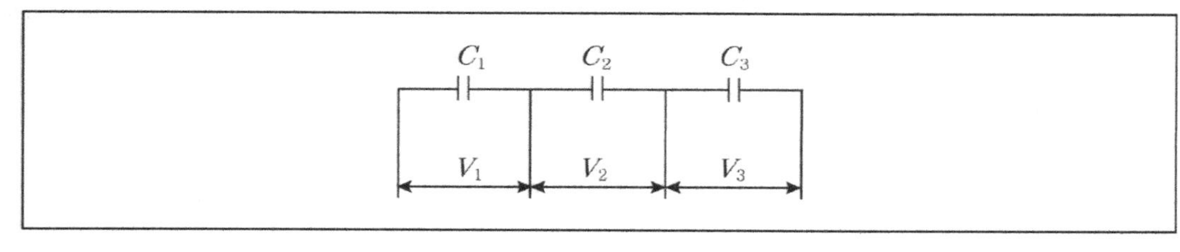

① 10
② 9
③ 8
④ 6

72 정전용량이 $9[\mu F]$인 평행판 공기 콘덴서가 있다. 그림과 같이 면적이 $\frac{2}{3}S[m^2]$이고 높이가 d$[m]$, 면적이 $\frac{1}{3}S[m^2]$이고 높이가 $\frac{1}{2}d[m]$인 유전체(비유전율 $\epsilon_s=2$)를 삽입했을 때 합성정전용량$[\mu F]$은? (단, 면적 $S=10[m^2]$, 높이 d=1$[m]$이다.)

〈한국남동발전〉

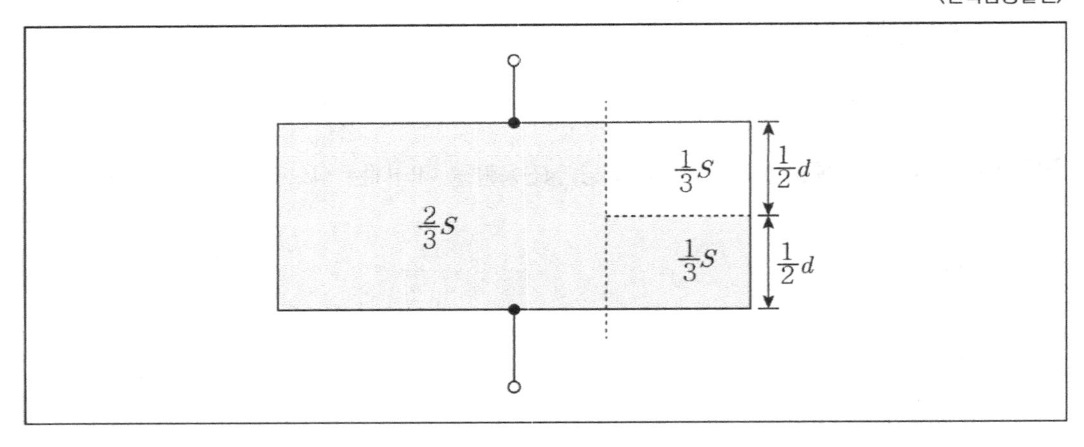

① 12
② 14
③ 16
④ 36

73 정전용량 $6[\mu F]$, 극간거리 2$[mm]$의 평행판 콘덴서에 $600[\mu C]$의 전하를 주었을 때 극판간의 전계는 몇 $[V/mm]$인가?

〈한국수력원자력〉

① 25
② 50
③ 150
④ 300

74 정전용량이 $C_o[F]$인 공기콘덴서가 있다. 이 극판에 평행으로 판 간격 d$[m]$의 $\frac{1}{2}$ 두께가 되는 유리판을 삽입하면 정전용량$[F]$은? (단, 유리판의 비유전율은 $\epsilon_s[F/m]$이다.)

〈한국전력거래소〉

① $\frac{2\epsilon_s}{1+\epsilon_o}C_o$　　② $\frac{2\epsilon_s}{1+\epsilon_s}C_o$

③ $\frac{4\epsilon_s}{1+\epsilon_o}C_o$　　④ $\frac{4\epsilon_s}{1+\epsilon_s}C_o$

75 다음의 회로에서 전압 $E[V]$를 인가할 때 $C_3[F]$에 축적되는 에너지$[J]$는?

〈서울교통공사〉

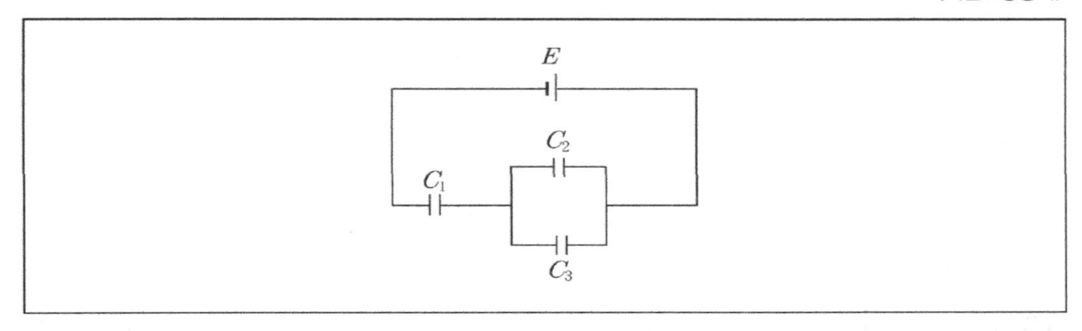

① $\frac{C_3^2 C_1^2}{2(C_1+C_2+C_3)^2}E^2$　　② $\frac{C_3 C_1^2}{2(C_1+C_2+C_3)}E^2$

③ $\frac{C_3 C_1^2}{2C_1+(C_2+C_3)^2}E^2$　　④ $\frac{C_3^2 C_1^2}{2(C_1+C_2+C_3)^2}E^2$

⑤ $\frac{C_3 C_1^2}{2(C_1+C_2+C_3)^2}E^2$

76 콘덴서를 일정전압으로 충전한 다음 전극 간에 유전율, 극판거리, 넓이를 2배 변화시키면 축적된 에너지는 몇 배가 되는가?

〈인천교통공사〉

① 1/4
② 1/2
③ 1
④ 2
⑤ 4

77 극판 면적이 $1[m^2]$, 간격이 $2[m]$인 콘덴서의 극판 사이에 공기를 넣은 후 $10[V]$의 전위차를 가하면 전극판을 떼어내는데 필요한 힘은 몇 $[N]$인가?

〈부산교통공사〉

① $5\epsilon_o$
② $6.25\epsilon_o$
③ $10\epsilon_o$
④ $12.5\epsilon_o$
⑤ $25\epsilon_o$

78 매질이 공기인 경우에 방전이 $10[kV/mm]$의 전계에서 발생한다고 할 때 도체표면에 작용하는 힘은 몇 $[N/m^2]$인가?

① 4.43×10^2
② 5.5×10^{-3}
③ 4.83×10^{-3}
④ 7.5×10^3

79 콘덴서에 1,000$[V]$를 가하여 충전하는 데 300$[J]$의 에너지가 필요하다면 이때 콘덴서의 정전용량$[\mu F]$은?

〈한국서부발전〉

① 300
② 400
③ 500
④ 600

80 비유전율이 10인 유전체에서 유전율$[F/m]$은?

〈한국남동발전〉

① 8.85×10^{-12} ② 88.55×10^{-12}
③ 8.85×10^{-7} ④ 88.55×10^{-7}

81 비유전율이 3.5인 베크라이트 중 전속밀도가 $3.5\times10^{-6}[C/m^2]$일 때 분극도 $P[\mu C/m^2]$는 얼마인가?

〈한국철도공사〉

① 2.5 ② 3.5
③ 4.5 ④ 5.5
⑤ 6.5

82 공기 중의 공간에서 평행판 콘덴서가 ϵ_s의 비유전율을 가진 유전체로 채워질 때 변화되는 요소로 올바르게 짝지어진 것은?

〈부산교통공사〉

① 전계 ϵ_s배, 정전용량 ϵ_s배, 전위 $\frac{1}{\epsilon_s}$배, 힘 ϵ_s배

② 전계 $\frac{1}{\epsilon_s}$배, 정전용량 $\frac{1}{\epsilon_s}$배, 전위 ϵ_s배, 힘 $\frac{1}{\epsilon_s}$배

③ 전계 $\frac{1}{\epsilon_s}$배, 정전용량 ϵ_s배, 전위 $\frac{1}{\epsilon_s}$배, 힘 ϵ_s배

④ 전계 ϵ_s배, 정전용량 $\frac{1}{\epsilon_s}$배, 전위 $\frac{1}{\epsilon_s}$배, 힘 ϵ_s배

⑤ 전계 $\frac{1}{\epsilon_s}$배, 정전용량 ϵ_s배, 전위 $\frac{1}{\epsilon_s}$배, 힘 $\frac{1}{\epsilon_s}$배

83 평판 콘덴서에 어떤 유전체를 넣었을 때 전속밀도가 $4 \times 10^{-7} [C/m^2]$이고 단위체적당 에너지가 $5 \times 10^{-3} [J/m^3]$이었다. 이 유전체의 유전율은 몇 $[F/m]$인가?

〈부산교통공사〉

① 1.6×10^{-12}
② 0.8×10^{-11}
③ 0.4×10^{-11}
④ 1.6×10^{-11}
⑤ 3.2×10^{-11}

84 유전체 내의 분극의 세기를 전계의 세기 E$[V]$로 나타내면? (단, ϵ_o는 진공의 유전율, ϵ_s는 비유전율이다.)

〈국가철도공단〉

① $\epsilon_s(\epsilon_o - 1)E$
② $\epsilon_o(\epsilon_s - 1)E$
③ $\epsilon_o(1 - \epsilon_s)E$
④ $(\epsilon_s - 1)E$

85 $V = \frac{1}{x} + y^2 z + 3z [V]$일 때 점 $(-\frac{1}{2}, 4, 4)$의 공간전하 밀도$[C/m^3]$는 얼마인가? (단,유전율은 1이다.)

〈한국남동발전〉

① 12
② 10
③ 8
④ 6

86 전계의 세기와 전속밀도에 대한 경계조건의 설명 중 옳은 것은? (단, 경계면의 진전하 분포는 없으며 $\epsilon_1 > \epsilon_2$로 한다.)

〈한국철도공사〉

① $D_1\sin\theta_1 = D_2\sin\theta_2$

② $\epsilon_1\tan\theta_1 = \epsilon_2\tan\theta_2$

③ $\epsilon_1\tan\theta_2 = \epsilon_2\tan\theta_1$

④ $E_1\cos\theta_1 = E_2\cos\theta_2$

⑤ $E_1\sin\theta_2 = E_2\sin\theta_1$

87 전계 E가 경계면에 수직으로 출입할 때 경계면에서의 맥스웰 응력$[N/m^2]$으로 옳은 것은?

〈한국철도공사〉

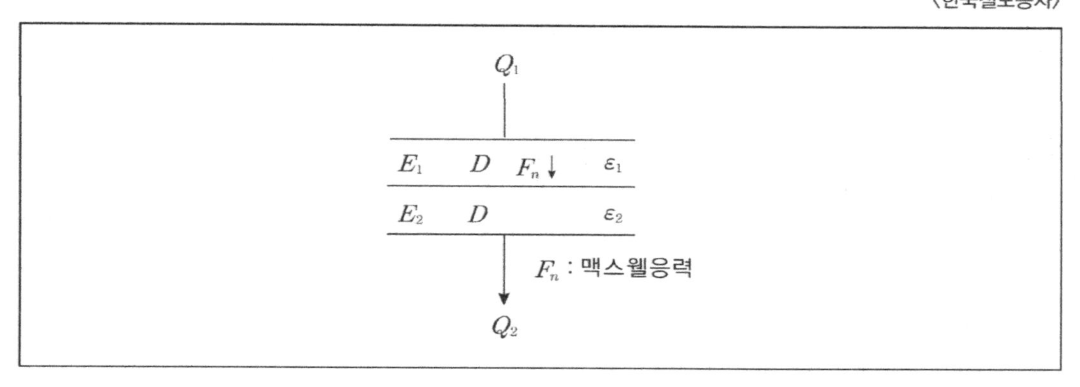

① $\frac{1}{2}(E_2 - E_1)D$

② $\frac{1}{2}(E_1 - E_2)D$

③ $\frac{1}{2}(D_1 - D_2)E$

④ $\frac{1}{2}(D_2 - D_1)E$

⑤ $2(E_2 - E_1)D$

88 다음 그림과 같이 경계면상에 유전율 ϵ_1, ϵ_2가 존재할 때 $E_2[V/m]$의 세기는?

〈한국남동발전〉

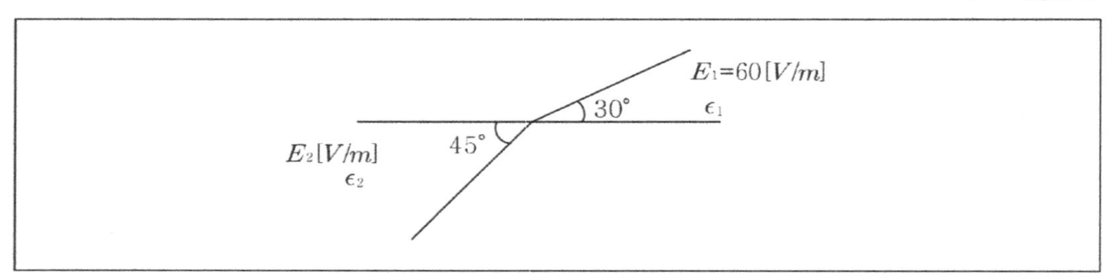

① $30\sqrt{6}$　　② $30\sqrt{3}$

③ $60\sqrt{6}$　　④ $60\sqrt{3}$

89 균일한 전계 $E_o[V/m]$인 진공 중에 비유전율 ϵ_s인 유전체구를 놓은 경우의 유전체 중의 분극의 세기 $P[C/m^2]$은?

〈한국서부발전〉

① $\dfrac{3\epsilon_o(\epsilon_s-1)}{\epsilon_s-2}E_o$

② $\dfrac{3\epsilon_o(\epsilon_s+1)}{\epsilon_s+2}E_o$

③ $\dfrac{\epsilon_o(\epsilon_s-1)}{\epsilon_s+2}E_o$

④ $\dfrac{3\epsilon_o(\epsilon_s-1)}{\epsilon_s+2}E_o$

90 질량이 m$[Kg]$인 작은 물체가 전하$Q[C]$을 가지고 무한 도체 평면아래 r$[m]$에 있다. 전기영상법을 이용하여 정전력이 중력과 같게 되는데 필요한 Q의 값$[C]$은?

〈서울교통공사〉

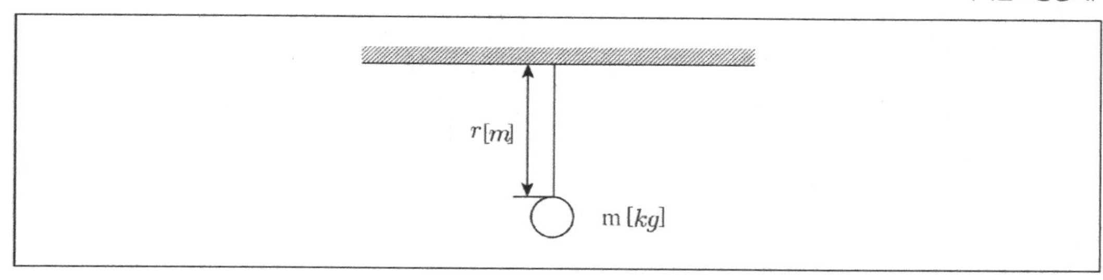

① $4r\sqrt{\pi\epsilon mg}$

② $16r\sqrt{\pi\epsilon mg}$

③ $4r\pi\sqrt{\epsilon mg}$

④ $16\sqrt{\pi mg}$

⑤ $4r\pi\epsilon\sqrt{mg}$

91 무한 평면 도체 표면에서 1$[m]$의 거리에 점전하 1$[C]$이 있을 때 이 전하가 받는 힘의 크기는 몇 $[N]$인가?

〈인천교통공사〉

① 9×10^9

② $\frac{9}{2}\times10^9$

③ $\frac{9}{4}\times10^9$

④ $\frac{9}{16}\times10^9$

⑤ $\frac{9}{32}\times10^9$

92 공기 중에서 무한평면도체 표면 아래 2$[m]$ 떨어진 곳에 2$[C]$의 점전하가 있다. 전하가 받는 힘의 크기는 몇 $[N]$인가?

〈국가철도공단〉

① 9×10^9

② $\frac{9}{2} \times 10^9$

③ $\frac{9}{4} \times 10^9$

④ $\frac{9}{16} \times 10^9$

93 접지구도체에 작용하는 힘으로 옳은 것은?

〈한국서부발전〉

① 항상 흡인력이다.

② 항상 반발력이다.

③ 상황에 따라 다르다.

④ 처음에는 흡인력, 시간이 지나면 반발력이다

94 무한도체 평면으로부터 수직공간으로 a$[m]$ 떨어진 점에 $+Q[C]$의 점전하가 있을 때 $\frac{1}{2}a[m]$인 P점의 전계의 세기$[V/m]$는?

① $\frac{10Q}{\pi\epsilon_o a^2}$

② $\frac{10Q}{9\pi\epsilon_o a^2}$

③ $\frac{Q}{9\pi\epsilon_o a^2}$

④ $\frac{8Q}{9\pi\epsilon_o a^2}$

95 액체 유전체를 넣은 콘덴의 용량이 $10[\mu F]$이다. 여기에 300$[KV]$의 전압을 가하면 누설전류[A]는? (단, 비유전율 $\epsilon_s = 3$, 고유저항 $\rho = 10^{11}[\Omega \cdot m]$이다.)

〈인천교통공사〉

① 약 1.1
② 약 1.2
③ 약 1.3
④ 약 1.4
⑤ 약 1.5

96 다음 (　)안에 ㉠과 ㉡에 들어갈 알맞은 내용은?

〈대구도시철도공사〉

도체의 전기전도도는 도전율로 나타내는데 이는 도체내의 자유전하밀도에 (㉠)하고, 자유전하의 이동도에 (㉡)한다.

① ㉠ 비례 ㉡ 비례
② ㉠ 비례 ㉡ 반비례
③ ㉠ 반비례 ㉡ 비례
④ ㉠ 반비례 ㉡ 반비례
⑤ ㉠ 관계없음 ㉡ 비례

97 다른 종류의 금속선으로 된 폐회로의 두 접합점의 온도를 다르게 하였을 때 전기가 발생하는 효과는?

〈한국전력공사〉

① 제어벡 효과
② 펠티에 효과
③ 홀 효과
④ 톰슨 효과
⑤ 핀치 효과

98 전류가 흐르고 있는 도체에 자계를 가하면 도체 측면에 정, 부의 전하가 나타나 두 면 사이에 전위차가 발생하는 현상은?

〈한국전력공사〉

① 핀치 효과
② 톰슨 효과
③ 홀 효과
④ 제어벡 효과
⑤ 펠티에 효과

99 동일한 금속의 2점 사이에 온도차가 있는 경우, 전류가 통과할 때 열의 발생 또는 흡수가 일어나는 현상은?

〈한국전력공사〉

① 제어벡 효과
② 톰슨 효과
③ 펠티에 효과
④ 핀치 효과
⑤ 홀 효과

100 MKS단위를 CGS 단위로의 변환이 옳지 않은 것은?

〈서울교통공사〉

① $1[N] \rightarrow 10^5[dyne]$
② $1[J] \rightarrow 10^7[erg]$
③ $1[C] \rightarrow 3\times 10^6[esu]$
④ $1[AT/m] \rightarrow \dfrac{4\pi}{10^3}[oersted]$
⑤ $1[T] \rightarrow 10^4[gauss]$

101 공기중에 자계 $1[AT/m]$가 존재할 때 자속밀도는 몇 $[Wb/m^2]$인가?

〈부산교통공사〉

① $4\pi \times 10^{-7}$
② $8\pi \times 10^{-7}$
③ $4\pi \times 10^{-6}$
④ $12\pi \times 10^{-7}$
⑤ $36\pi \times 10^{-7}$

102 20회 감은 코일에 $2[A]$의 전류가 흐른다면 기자력은 몇 $[AT]$인가?

〈부산교통공사〉

① 10
② $10\sqrt{3}$
③ 20
④ $20\sqrt{3}$
⑤ 40

103 전기회로에서 자기회로의 자속$[Wb]$에 대응하는 것은?

〈국가철도공단〉

① 도전율
② 전류
③ 전류밀도
④ 기전력

104 다음 그림과 같이 유한장 직선 도체에 $I[A]$의 전류가 흐를 때 도선의 일단 A에서 수직하게 되는 P점의 자계의 세기 $[AT/m]$는? (단, $\theta=60^o$, $\overline{AB}=1[m]$이다.)

〈한국철도공사〉

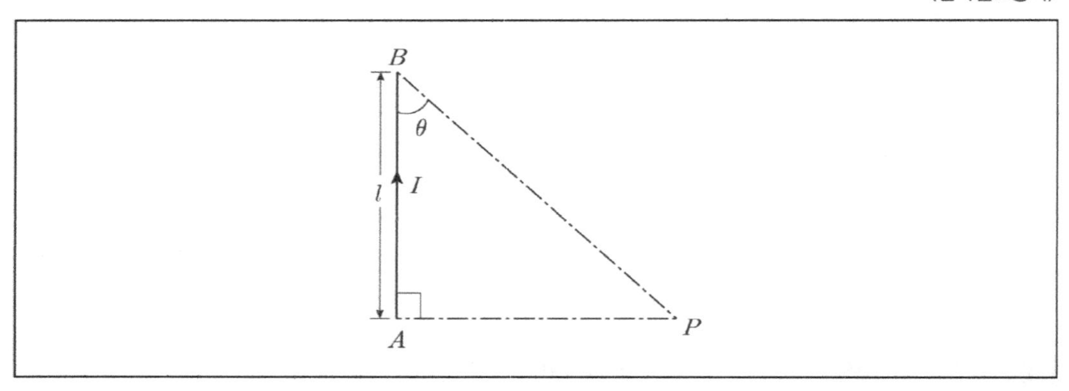

① $\dfrac{I}{2\pi}$

② $\dfrac{I}{4\pi}$

③ $\dfrac{I}{8\pi}$

④ $\dfrac{\sqrt{3}\,I}{8\pi}$

⑤ $\dfrac{\sqrt{3}\,I}{24\pi}$

105 한 변의 길이가 $10[cm]$인 철선으로 정사각형을 만들고 $5\pi[A]$의 전류를 흘렸을 때, 그 중심점에서의 자계의 세기$[AT/m]$는?

〈대구도시철도공사〉

① $100\sqrt{2}$

② $200\sqrt{2}$

③ 400

④ 800

106 한 변의 길이가 3$[m]$인 정6각형 회로에 전류 1$[A]$가 흐르고 있을 때 중심점에서의 자속밀도는 몇 $[Wb/m^2]$인가? (단, 투자율은 2라고 한다.)

〈한국남동발전〉

① $\frac{2\sqrt{3}}{3\pi}$
② $\frac{\sqrt{3}}{3\pi}$
③ $\frac{2\sqrt{3}}{\pi}$
④ $\frac{2\sqrt{2}}{3\pi}$

107 반지름 50$[cm]$인 원주형 도선에 $\pi[A]$의 전류가 흐를 때 도선의 중심축에서 5$[m]$되는 점의 자계의 세기$[AT/m]$는? (단, 도선의 길이는 매우 길다.)

〈대구도시철도공사〉

① 1
② π
③ 0.1
④ 0.01

108 반지름이 10$[cm]$의 원주형 도선에 $2\pi[A]$의 전류가 흐를 때 도선의 중심축에서 2$[m]$되는 점의 자계의 세기$[AT/m]$는? (단, 도선의 길이 l은 매우 길다.)

〈한국남동발전〉

① 0.5
② 1
③ 1.5
④ 2

109 그림과 같이 반원과 두 개의 반 무한장 직선 도선에 전류 $4[A]$가 흐를 때 반원의 중심자계의 세기$[AT/m]$는?

〈한국전력공사〉

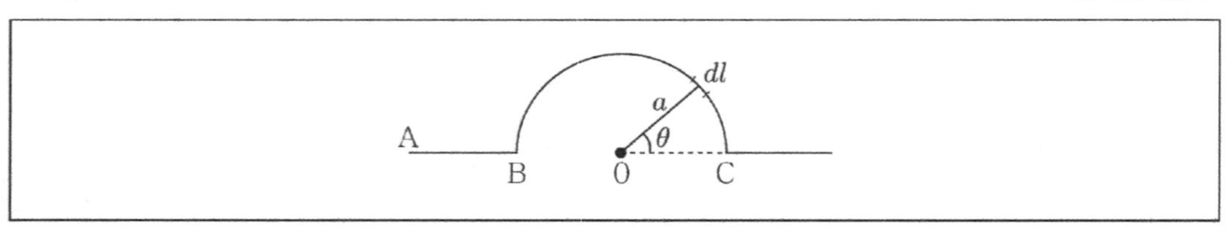

① $\frac{1}{4a}$

② $\frac{1}{2a}$

③ $\frac{1}{a}$

④ 1

⑤ 0

110 원형 코일에 같은 방향으로 전류가 흐르고 A코일은 권수5, 반지름 $1[m]$, B코일은 권수4, 반지름 $2[m]$이며, A와 B코일 중심을 겹쳐 두면 중심에서의 자속이 A만 있을 때의 3배가 된다. 이때 A와 B의 전류비 $\frac{I_B}{I_A}$는?

〈한국남동발전〉

① 2

② 3

③ 4

④ 5

111 진공 중에 놓인 평행 2회선에 흐르는 전류가 2$[A]$이고, 선간거리가 1$[cm]$일 때 단위길이당 작용하는 힘은?

〈한국남동발전〉

① 4×10^{-5}

② 8×10^{-5}

③ 4×10^{-7}

④ 8×10^{-7}

112 전류 $I[A]$가 일정하게 흐르고 있을 때, 폭 b를 1/4로 줄이고, 길이 l을 2배 증가시킨다면 평행도체의 길이방향으로 받는 힘은 몇 배가 되는가?

〈한국철도공사〉

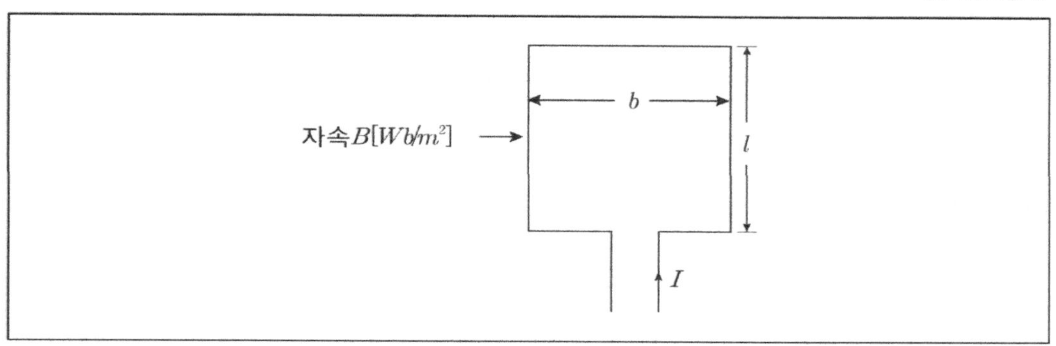

① 2배 증가

② 1/2 감소

③ 4배 증가

④ 1/4 감소

⑤ 변화 없다.

113 자극의 세기 2[Wb], 길이 10[cm]인 막대자석을 100[AT/m]의 평등자계 내에 자계와 30° 각도로 놓았을 때 자석이 받는 회전력 [$N \cdot m$]은?

〈부산교통공사〉

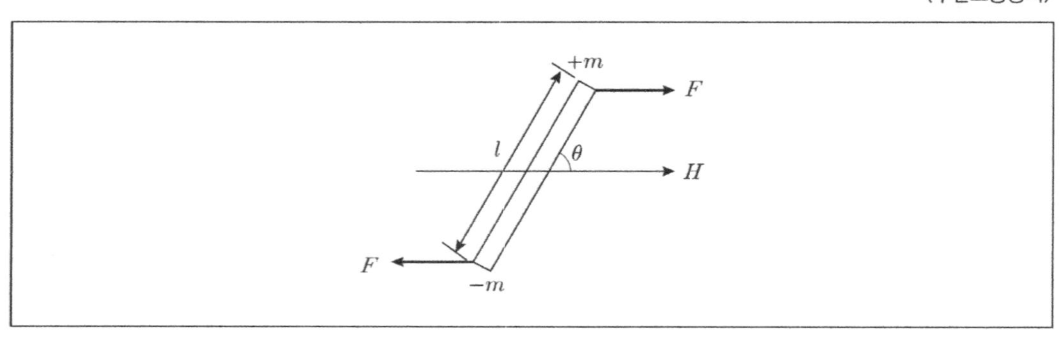

① 3
② 5
③ 6
④ 8
⑤ 10

114 원형 궤도를 운동하는 전하 $Q[C]$가 일정한 각속도ω로 움직일 때 등가 전류[A]는?

〈국가철도공단〉

① $\frac{\omega Q}{2\pi}$
② $\frac{2\omega Q}{\pi}$
③ $\frac{2\omega}{\pi Q}$
④ $\frac{2\pi}{\omega Q}$

115 자계 중에 이것과 직각으로 놓인 도체에 $I[A]$의 전류를 흘릴 때 $f[N]$의 힘이 작용하였다. 이 도체를 $v[m/\sec]$의 속도로 자계와 직각으로 운동시킨다면 기전력 $e[V]$는?

〈한국철도공사〉

① $\frac{Fv}{I}$
② $\frac{Fv}{I^2}$
③ $\frac{Fv}{2I}$
④ $\frac{Fv^2}{I}$
⑤ $\frac{BI}{v}$

116 환상솔레노이드에 일정한 권선이 N회, 투자율이 $\mu[F/m]$, 단면적이 $S[m^2]$, 평균자로의 길이가 $l[m]$이다. 권수 N을 10배, 단면적 $S[m^2]$를 2배로 늘렸다면 자기인덕턴스값을 같게 하기 위한 $l[m]$의 값은?

〈서울교통공사.〉

① $5l[m]$
② $20l[m]$
③ $50l[m]$
④ $100l[m]$
⑤ $200l[m]$

117 자로의 길이가 40$[cm]$의 원형 단면적을 가진 평균반지름 3$[cm]$의 환상 솔레노이드에 흐르는 전류가 10$[A]$일 때 자계가 2,000$[AT/m]$라고 한다면 이 환상 솔레노이드의 권수는 얼마인가?

〈부산교통공사〉

① 10
② 20
③ 40
④ 80
⑤ 160

118 그림과 같이 안반지름 5$[mm]$, 바깥반지름이 7$[mm]$인 환상철심에 감긴 코일이 $N=600$, 전류 $I=1[A]$일 때, 이 환상철심의 자기저항$[AT/Wb]$은?

〈인천교통공사〉

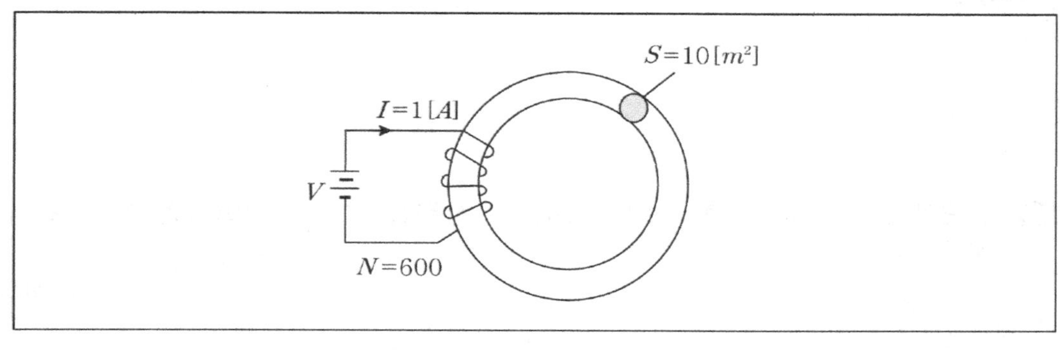

① 1,500
② 2,000
③ 3,000
④ 4,500
⑤ 6,000

119 1$[cm]$마다 권수가 100인 무한장 솔레노이드에 50$[mA]$의 전류가 흐를 때 솔레노이드 내부 자계의 세기$[AT/m]$는?

〈대구도시철도공사〉

① 50　　② 100
③ 500　　④ 1,000

120 단면적 $S[m^2]$, 길이 $l[m]$, 투자율 $\mu[H/m]$인 자기회로에 N회 코일을 감고 $I[A]$의 전류를 통할 때의 자속$[Wb]$은?

〈국가철도공단〉

① $\frac{\mu SN^2I}{l}$　　② $\frac{l}{\mu SNI}$
③ $\frac{\mu SNI}{l}$　　④ $\frac{\mu SNI}{l^2}$

121 2회의 코일을 감은 환상철심 솔레노이드의 단면적이 $30[m^2]$, 평균 길이 4$[cm]$이고 철심의 비투자율이 3일 때 자기인덕턴스 $[mH]$는?

〈한국남동발전〉

① 36π　　② 72π
③ 7.2π　　④ 3.6π

122 한 변의 길이가 1$[m]$, 전류의 세기가 $\sqrt{3}[A]$인 정육각형 모양의 도선의 내부 중심점의 자계의 세기$[A/m]$는?

〈한국남동발전〉

① $\frac{1}{\pi}$　　② $\frac{2\sqrt{2}}{\pi}$
③ $\frac{3}{\pi}$　　④ $\sqrt{3}$

123 솔레노이드의 면적이 $5[m^2]$, 길이가 $2[m]$, 투자율 $\mu=3$, $1[m]$당 권수가 4회일 때 자기인덕턴스는?

〈한국남동발전〉

① 180　　② 340

③ 480　　④ 620

124 그림과 같은 동축원통의 왕복전류 회로가 있다. 도체 단면에 고르게 퍼진 일정크기의 전류가 내부도체로 흘러 들어가고 외부도체로 흘러나올 때, 전류에 의하여 생기는 자계에 대하여 다음 중 옳지 않은 것은?

〈한국수력원자력〉

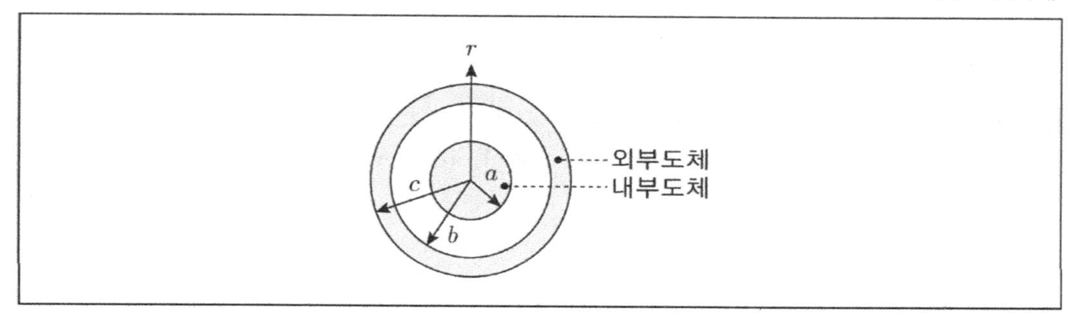

① 내부도체 내 (r < a)에 생기는 자계의 크기는 중심으로 부터의 거리에 비례한다.

② 두 도체 내 (a < r < b)에 생기는 자계의 크기는 중심으로 부터의 거리에 반비례 한다.

③ 외부도체 내 (b < r < c)에 생기는 자계의 크기는 중심으로부터 거리에 관계없이 일정하다.

④ 외부공간 (r > c)의 자계는 0이다.

125 환상철심에 권수 $N=500$, 단면적 $S=10[cm^2]$, 평균 자로 길이 $l=\frac{\pi}{2}[m]$일 때, 권선에 전류 $I=10[A]$가 흐르면 자속$[Wb]$은 얼마인가? (환상철심의 비투자율은 600이다.)

〈한국수력원자력〉

① 1.2×10^{-3}　　② 1.2×10^{-5}

③ 2.4×10^{-3}　　④ 2.4×10^{-5}

126 다음 빈칸에 차례로 넣을 알맞은 말은?

- 균일 자계 상태에서 원운동을 하는 경우 주기와 자속밀도는 서로 (　)관계이다.
- 균일한 자계상태에서 수직으로 입사한 수소이온의 원운동 주기가 $4\pi \times 10^{-4}$[sec]이다.
- 이 균일한 자계상태의 자속밀도는 (　　)$[Wb/m^2]$이다. (단, 수소이온의 전하와 질량비는 $1 \times 10^6 [C/Kg]$이다.)

① 비례, 2×10^{-10}　② 반비례, 5×10^{-3}
③ 비례, 5×10^{-3}　④ 반비례, 2×10^{-10}

127 자유공간 중에서 $x=-2$, $y=4$를 통과하고 z축과 평행인 무한장 직선도체에 +z 방향으로 직류 전류 $2\pi[A]$를 흘렸을 때(2 , 4, −1)$[m]$의 점에서 자계의 세기$H[A/m]$는?

〈한국전력거래소〉

① 0.25　② 0.5
③ 1.0　④ 1.5

128 강자성체를 퀴리온도 이상으로 가열하면 자석으로의 성질을 잃게 된다. 이러한 현상이 발생하는 이유로 알맞은 것은?

〈서울교통공사〉

① 원자의 열에너지가 작아져 자기모멘트가 약해지므로 원자의 스핀방향이 흐트러진다.
② 원자의 열에너지가 자기모멘트의 결합에너지와 같아져서 자기모멘트가 결합하지 못하기 때문이다.
③ 온도가 상승하면 투자율이 1보다 커지기 때문에 자기모멘트가 약해지는 이유로 자석의 성질을 잃는다.
④ 온도가 상승하면 히스테리시스손실이 커지기 때문이다.
⑤ 철, 알루미늄, 백금의 자화율이 온도에 비례하여 상승하기 때문이다.

129 비투자율 126인 환상 철심 중의 평균 자계의 세기가 $200[AT/m]$일 때, 자화의 세기는 몇 $[Wb/m^2]$인가?

〈한국남동발전〉

① $\pi \times 10^{-2}$
② $2\pi \times 10^{-2}$
③ $\pi \times 10^{-4}$
④ $\pi \times 10^{-4}$

130 비투자율이 4인 환상철심의 평균 자계의 세기가 $100[AT/m]$일 때, 자화의 세기는 약 몇 $[W/m^2]$인가?

〈한국남동발전〉

① $8\pi \times 10^{-5}$
② $12\pi \times 10^{-5}$
③ $16\pi \times 10^{-5}$
④ $20\pi \times 10^{-5}$

131 와류손에 대한 설명으로 옳지 않은 것은?

〈한국전력공사〉

① 철심 두께의 제곱에 비례한다.
② 파형률 제곱에 비례한다.
③ 주파수의 제곱에 비례한다.
④ 최대자속밀도의 제곱에 비례한다.
⑤ 저항률에 비례한다.

132 다음 그림 중 변압기의 투자율 곡선으로 알맞은 것은?

〈한국남동발전〉

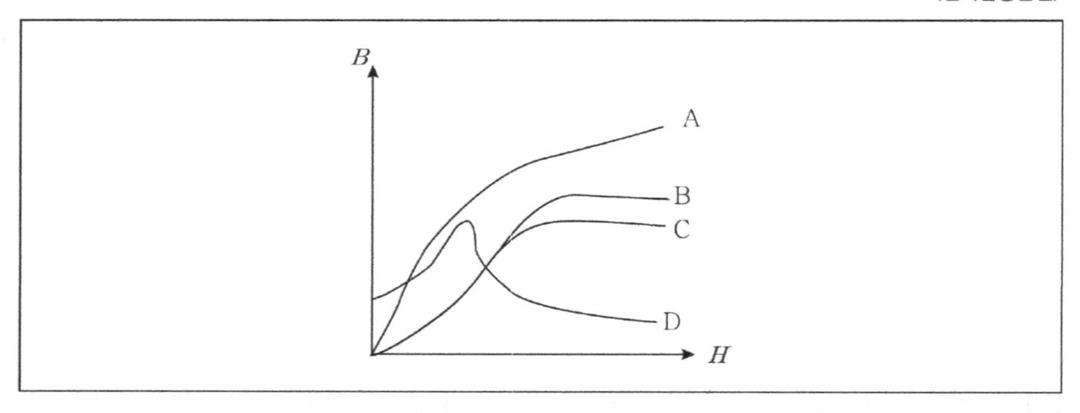

① A
② B
③ C
④ D

133 인덕턴스 $L[H]$인 코일에 최대전압 $E_m[V]$의 전압을 가하고, 그 코일에 축적된 자기에너지가 W 일 때 주파수 $f[Hz]$는 얼마인가?

〈서울교통공사〉

① $\dfrac{8\pi W}{\sqrt{E_m}}$
② $\dfrac{4\pi E_m}{\sqrt{W}}$
③ $\dfrac{2E_m}{\pi\sqrt{LW}}$
④ $\dfrac{E_m}{4\pi W\sqrt{L}}$
⑤ $\dfrac{E_m}{4\pi\sqrt{LW}}$

134 그림과 같이 진공 중에 자극면적 $2[cm^2]$, 간격이 $2[mm]$인 자성체 내에서 포화자속밀도가 $3[Wb/m^2]$일 때 두 자극면 사이에 작용하는 힘의 크기$[N]$는?

〈인천교통공사〉

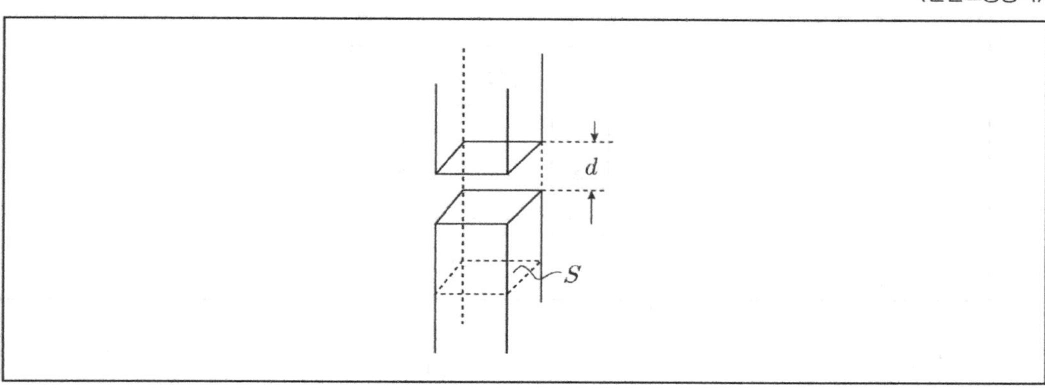

① 약 7.0×10
② 약 7.0×10^2
③ 약 1.4×10^2
④ 약 1.4×10^3
⑤ 약 1.4×10^4

135 자기 인덕턴스가 $60[H]$인 코일에 $6[A]$의 전류가 흐를 때 코일에 축적된 자계에너지는 몇 $[Wh]$인가?

〈한국전력공사〉

① 0.3
② 0.6
③ 3
④ 6
⑤ 12

136 그림과 같이 자극의 면적 $S=314[cm^2]$의 전자석에 자속밀도 $B=2[Wb/m^2]$의 자속이 생기고 있을 때 철편을 흡입하는 힘은 약 몇 $[N]$인가?

〈한국남동발전〉

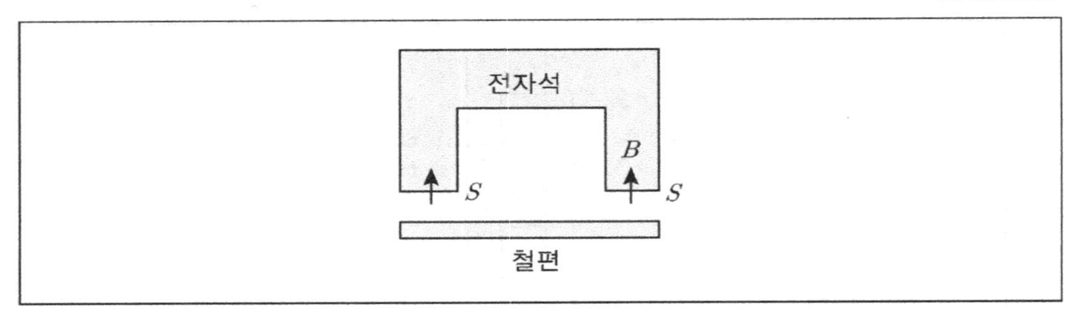

① $\frac{10^5}{2}$

② 10^5

③ $\frac{10^7}{2}$

④ 10^7

137 와전류 손실의 특징으로 옳은 것은?

〈한국철도공사〉

① 도전율이 클수록 작다.

② 주파수에 비례한다.

③ 최대 자속밀도의 1.6배에 비례한다.

④ 주파수 제곱에 비례한다.

⑤ 자속밀도에 비례한다.

138 다음 중 자성체의 설명으로 틀린 것은?

〈한국서부발전〉

① 영구자석의 재료는 잔류자기 및 보자력이 낮다.

② 히스테리시스 현상을 가진 재료만이 영구자석이 될 수 있다.

③ Al, Pt 등은 상자성체이다.

④ 인접 영구 자기 쌍극자의 배열이 서로 반대인 재질의 자성체는 반강자성체이다.

139 원주형 도체에서 표피 효과가 감소할 때 저항 R과의 관계는? (단, f : 주파수, μ : 투자율, σ : 도전율)

〈한국철도공사〉

① $R \propto \sqrt{f\sigma\mu}$

② $R \propto \sqrt{\frac{\sigma}{f\mu}}$

③ $R \propto f\sigma\mu$

④ $R \propto \sqrt{\frac{1}{f\mu\sigma}}$

⑤ $R \propto \sqrt{\frac{\mu}{f\sigma}}$

140 권수 2회의 코일에 자속의 밀도 변화율이 6×10^{-3}이라고 할 때 발생하는 기전력 $[mV]$은? (단, 코일의 단면적은 $0.3[m^2]$이다.)

〈국가철도공단〉

① 0.9

② 3.6

③ 12

④ 40

141 다음 중 표피 효과에 대해 옳지 않은 것은?

〈한국전력공사〉

① 표피 효과는 도전율에 비례한다.

② 표피 효과는 단면적이 클수록 크다

③ 표피 효과는 주파수에 비례한다.

④ 표피 효과는 저항률에 비례한다.

⑤ 표피 효과는 투자율에 비례한다.

142 다음 중 침투깊이에 대한 설명으로 옳은 것은?

〈한국전력공사〉

① 침투깊이는 도전율에 반비례한다.

② 침투깊이는 주파수에 비례한다.

③ 침투깊이는 도선의 굵기에 비례한다.

④ 침투깊이는 저항률에 반비례한다.

⑤ 침투깊이는 투자율에 비례한다.

143 주파수 $f=100[MHz]$일 때 구리의 표피두께는 대략 몇 $[mm]$인가? (단, 구리의 도전율은 $5.8\times10^7[S/m]$, 비투자율은 1이다.)

① 3.3×10^{-2}

② 6.61×10^{-2}

③ 3.3×10^{-3}

④ 6.61×10^{-3}

144 두 코일의 자기인덕턴스가 L_1, L_2이고 상호인덕턴스가 M일 때 결합계수 k는?

〈대구도시철도공사〉

① $\dfrac{\sqrt{L_1L_2}}{M}$　　② $\dfrac{M}{\sqrt{L_1L_2}}$

③ $\dfrac{M^2}{L_1L_2}$　　④ $\dfrac{L_1L_2}{M^2}$

145 N회 감긴 환상 코일의 단면적이 $S[m^2]$이고, 평균 길이가 $l[m]$이다. 코일의 권수를 2배로 하였을 경우 옳은 설명은?

〈한국전력공사〉

① 인덕턴스는 2배가 된다.

② 인덕턴스를 처음과 동일하게 하려면 평균길이를 2배해야 한다.

③ 인덕턴스를 처음과 동일하게 하려면 단면적을 2배해야 한다.

④ 인덕턴스의 값은 변하지 않는다.

⑤ 인덕턴스를 처음과 동일하게 하려면 단면적을 1/4배해야 한다.

146 서로 결합하고 있는 두 코일의 자기인덕턴스가 각각 $3[mH]$, $5[mH]$이다. 이들을 자속이 서로 합해지도록 직렬접속할 때는 합성 인덕턴스가 $L[mH]$이고, 반대가 되도록 직렬접속 했을 때의 합성 인덕턴스 L'는 L의 60[%]였다. 두 코일 간의 결합계수는?

① 0.258　　② 0.362

③ 0.451　　④ 0.553

147 단면의 지름이 $D[m]$, 권수가 $n[T/m]$인 무한장 솔레노이드에 전류 $I[A]$를 흘렸을 때 길이 $l[m]$에 대한 인덕턴스 $L[H]$은?

① $4\pi^2\mu_s nD^2l\times10^{-7}$
② $4\pi^2\mu_s n^2Dl\times10^{-7}$
③ $\pi^2\mu_s nD^2l\times10^{-7}$
④ $\pi^2\mu_s n^2D^2l\times10^{-7}$

148 자기 인덕턴스 L_1, $L_2[mH]$인 2개의 코일 인덕턴스의 합이 41$[mH]$일 경우 결합계수가 0.739가 되도록 양자를 결합시켰을 때, 상호 인덕턴스가 12$[mH]$이었다. L_1, L_2의 값$[mH]$은?

① 16, 25
② 12, 29
③ 10, 31
④ 8, 33

149 공극이 $\delta[m]$인 강자성체로된 환상 영구자석에서 성립하는 식은?

① $\dfrac{B}{H}=\dfrac{-\delta\mu_o}{l}$
② $\dfrac{B}{H}=\dfrac{-l\mu_o}{\delta}$
③ $\dfrac{B}{H}=\dfrac{\delta\mu_o}{l}$
④ $\dfrac{B}{H}=\dfrac{l\mu_o}{\delta}$

150 어떤 철심에 도선을 25회 감고, 여기에 1$[A]$의 전류를 흘렸더니 0.01$[Wb]$의 자속이 발생하였다. 자기 인덕턴스를 1$[H]$로 하려면 도선의 권수는 얼마인가?

① 20
② 30
③ 40
④ 50

151 환상철심에 A, B코일이 감겨있다. A코일의 전류가 150[A/sec]로 변화할 때 코일 A에 45[V], 코일 B에 30[V]의 기전력이 유도되었다. 자기인덕턴스 L_A와 상호인덕턴스 M을 구하면?

① $L_A = 0.1[H]$, $M = 0.2[H]$
② $L_A = 0.3[H]$, $M = 0.2[H]$
③ $L_A = 0.1[H]$, $M = 0.1[H]$
④ $L_A = 0.3[H]$, $M = 0.1[H]$

152 전자석의 흡인력은 자속밀도를 B라 할 때 어떻게 되는가?

① B에 비례
② B^2에 비례
③ $B^{\frac{2}{3}}$에 비례
④ $B^{\frac{3}{2}}$에 비례

153 간격 $d[m]$인 두 개의 평행판 전극 사이에 유전율 ϵ의 유전체가 있을 때 전극사이에 전압 $v = V_m \sin\omega t[V]$를 가하면 변위전류밀도 [A/m^2]는?

〈인천교통공사〉

① $\frac{\epsilon}{d} V_m \sin\omega t$
② $\frac{\epsilon}{d}\omega V_m \sin(\omega t + \frac{\pi}{2})$
③ $-\frac{\epsilon}{d}\omega V_m \sin\omega t$
④ $\frac{\epsilon}{d}\omega V_m \sin(\omega t - \frac{\pi}{2})$
⑤ $\frac{\epsilon}{d} D^2 V_m \sin(\omega t - \frac{\pi}{2})$

154 비유전율 $\epsilon_s = 6$, 비투자율 $\mu_s = 1.5$인 공간에서 고유임피던스는 몇 $[\Omega]$인가?

〈부산교통공사〉

① $\frac{1}{2}\sqrt{\frac{\epsilon_o}{\mu_o}}$ ② $2\sqrt{\frac{\epsilon_o}{\mu_o}}$

③ $\frac{1}{2}\sqrt{\frac{\epsilon}{\mu}}$ ④ $\frac{1}{2}\sqrt{\frac{\mu}{\epsilon}}$

⑤ $\frac{1}{2}\sqrt{\frac{\mu_o}{\epsilon_o}}$

155 전자파에 대한 설명으로 옳지 않은 것은?

〈서울교통공사〉

① 전계와 자계는 서로 직교하며, 90^o의 위상 차이를 두고 진행한다.

② 전파와 자파의 진행방향은 수직이다.

③ 전자파의 전달 방향은 $\vec{E} \times \vec{H}$ 이다.

④ $\vec{E}$와 $\vec{H}$의 진행방향의 값은 없다.

⑤ 자유공간의 경우 동일 전원에서 나오는 전파는 자파보다 377배 크다.

156 비유전율이 4이고, 비투자율이 9인 무손실 매질에서 100$[MHz]$인 전파의 파장$[m]$은?

〈국가철도공단〉

① 0.5 ② 1.0

③ 5 ④ 10

157 진공 중인 우주정거장에서 다른 행성으로 전자파를 쏘았을 때 $24[\mu\sec]$ 뒤에 반사파가 들어왔다. 우주정거장에서 행성까지의 거리는 몇 $[Km]$인가?

〈한국남동발전〉

① 1.8 ② 3.6

③ 4.8 ④ 7.2

158 주파수가 18$[MHz]$인 전자파가 자유공간으로 방사될 때 위상정수는 몇 $[rad/m]$인가?

〈한국남동발전〉

① $\frac{\pi}{15}$ ② $\frac{3\pi}{25}$

③ $\frac{25}{3\pi}$ ④ $\frac{15}{\pi}$

159 특성임피던스가 $Z_o = 20[\Omega]$인 선로에 부하임피던스 $Z_L = 80[\Omega]$이 연결 되었을 때 정재파비는?

〈부산교통공사〉

① 0.25 ② 0.4

③ 0.5 ④ 2

⑤ 4

160 콘덴서의 정전용량이 $4[\mu F]$이고 전압이 $v = 20\sin 100t[V]$일 때 변위전류의 최댓값$[mA]$은?

〈한국남동발전〉

① 1 ② 4

③ 8 ④ 10

161 전계와 자계가 함께 존재하는 계에서의 에너지 밀도$[J/m^3]$는?

〈한국남동발전〉

① $\frac{\mu}{\epsilon}EH$ ② $\epsilon\mu EH$

③ $\sqrt{\epsilon\mu EH}$ ④ $\sqrt{\epsilon\mu}\,EH$

162 $3\pi[MW]$의 전력으로 송신하는 전파 안테나에서 $100[m]$ 떨어진 점의 자계의 세기$[A/m]$는? (단, $\epsilon=3$, $\mu=27$)

〈한국남동발전〉

① 5　　② 7

③ 9　　④ 11

163 맥스웰 방정식 중 옳지 않은 것은?

〈한국수력원자력〉

① $rot E = -\frac{\partial B}{\partial t}$　　② $rot H = i_c + \frac{\partial D}{\partial t}$

③ $div B = \frac{\partial D}{\partial t}$　　④ $div D = \rho_v$

164 다음 중 전자계 공식으로 옳게 짝지어진 것은?

〈한국서부발전〉

ㄱ. 가우스 법칙 ㄴ. 패러데이 법칙 ㄷ. 암페어의 주회적분 법칙	a. $div D = \rho$ b. $curl H = i_c + \frac{\partial D}{\partial t}$ c. $curl E = -\frac{\partial B}{\partial t}$

① ㄱ－a, ㄴ－b, ㄷ－c

② ㄱ－a, ㄴ－c, ㄷ－b

③ ㄱ－b, ㄴ－a, ㄷ－c

④ ㄱ－b, ㄴ－c, ㄷ－a

165 진공 중에서 파장이 $60[m]$인 전파의 주파수는?

〈서울주택도시공사〉

① $1[MHz]$
② $2[MHz]$
③ $3[MHz]$
④ $4[MHz]$
⑤ $5[MHz]$

166 파장 $\lambda[m]$, 주기 T, 진폭 최대값 A_m인 진행파를 나타낸 식은? (단, z는 진행방향의 거리를 나타내며, 시간 및 거리의 원점에서는 진폭은 0이다.)

① $A_m \sin 2\pi(t - \frac{Tz}{\lambda})$

② $A_m \sin 2\pi(\frac{\lambda t}{T} - z)$

③ $A_m \sin 2\pi(\lambda t - Tz)$

④ $A_m \sin 2\pi(\frac{t}{T} - \frac{z}{\lambda})$

167 평면 전자파의 전계의 세기가 $E = 5\sin\omega(t - \frac{x}{v})\,[\mu V/m]$인 공기중에서의 자계의 세기는 몇 $[\mu A/m]$인가?

① $-\frac{5\omega}{V} cos\omega(t - \frac{x}{V})$

② $5\omega\cos\omega(t - \frac{x}{V})$

③ $4.8 \times 10^2 \sin\omega(t - \frac{x}{V})$

④ $1.3 \times 10^{-2} \sin\omega(t - \frac{x}{V})$

전기자기학 정답 및 해설

01 정답 ④ **벡터 해석**

$A\times B$는 B벡터가 A벡터로 회전을 하는 연산으로 벡터 A와 벡터B가 만든 평면에 수직으로 향하는 벡터가 된다. 따라서 $A\times B$와 $B\times A$는 정 반대의 방향을 가진 벡터로서 교환법칙이 성립하지 않는다.

$$A\times A=\begin{vmatrix} i & j & k \\ A_x & A_y & A_z \\ A_x & A_y & A_z \end{vmatrix}=i\begin{vmatrix} A_y & A_z \\ A_y & A_z \end{vmatrix}+j\begin{vmatrix} A_z & A_x \\ A_z & A_x \end{vmatrix}+k\begin{vmatrix} A_x & A_y \\ A_x & A_y \end{vmatrix}=0$$

02 정답 ④ **벡터 해석**

div E는 크기만을 다루는 스칼라의 결과를 낸다. 따라서 보기 ①, ②와 같은 벡터로 되지 않는다.

$$div\,E=\nabla\cdot E=\frac{\partial 3x^2}{\partial x}+\frac{\partial 4xy^2}{\partial y}+\frac{\partial x^2yz}{\partial z}=6x+8xy+x^2y$$

03 정답 ② **벡터 해석**

수직이므로 $A\cdot B=|A||B|\cos\theta=0$

$$A\cdot B=(i-j+3k)\cdot(i+ak)=1+3a=0,\ a=-\frac{1}{3}$$

04 정답 ③ **벡터 해석**

$W=F\cdot d\,[J]$

$d=(1-(-2))i+(-3-1)j+(4-(-3))k=3i-4j+7k[m]$

$W=F\cdot d=(5i+2j+4k)\cdot(3i-4j+7k)=15-8+28=35\,[J]$

05 정답 ② **벡터 해석**

$j\times A=j\times(4i+j-k)=-4k-i$

$j\times 4i=-4k,\ j\times j=0,\ j\times(-k)=-i$

06 정답 ②

벡터 해석

두 벡터에 수직이므로 $A\times B$로 구한다.

$$A\times B=\begin{vmatrix} i & j & k \\ 0 & 7 & \frac{5}{2} \\ 4 & 4 & 2 \end{vmatrix}=i\begin{vmatrix} 7 & \frac{5}{2} \\ 4 & 2 \end{vmatrix}+j\begin{vmatrix} \frac{5}{2} & 0 \\ 2 & 4 \end{vmatrix}+k\begin{vmatrix} 0 & 7 \\ 4 & 4 \end{vmatrix}=4i+10j-28k$$

$$\text{단위벡터 } n=\frac{4i+10j-28k}{\sqrt{4^2+10^2+(-28)^2}}=\pm\left(\frac{2}{15}i+\frac{1}{3}j-\frac{14}{15}k\right)$$

07 정답 ④

벡터 해석

$$divE=\nabla\cdot E=\frac{\partial 2x^3}{\partial x}+\frac{\partial 3yz}{\partial y}+\frac{\partial x^2yz^2}{\partial z}=6x^2+3z+2x^2yz$$

08 정답 ③

벡터 해석

$A\cdot B=|A||B|\cos\theta=0$이므로

$A\cdot B=(ix+j2)\cdot(i3-j3-k)=3x-6=0,\quad x=2$

09 정답 ②

벡터 해석

가우스의 선속정리는 발산정리라고도 하며 면적분을 체적적분으로 전환하는 식이다. 면에서 수직으로 향하는 전계의 크기를 합하면 체적에서 발산되는 전계와 크기가 같다는 의미이다. 식에서 s(space)는 면적분이고 v(volume)는 체적이다.

10 정답 ②

벡터 해석

$A\cdot B=|A|\,|B|\,\cos\theta$에서

$$\cos\theta=\frac{A\cdot B}{|A|\,|B|}=\frac{A_xB_x+A_yB_y+A_zB_z}{\sqrt{A_x^2+A_y^2+A_z^2}+\sqrt{B_x^2+B_y^2+B_z^2}}$$

$$=\frac{(-7)\times(-3)+(-1)\times(-4)}{\sqrt{(-7)^2+(-1)^2}\times\sqrt{(-3)^2+(-4)^2}}=\frac{1}{\sqrt{2}}$$

$\theta=45^0$

11 정답 ④ **벡터 해석**

$F_1 + F_2 + F_3 = 0,\ F_3 = ai + bj + ck$

$-2i + 5j - 3k + 7i + 3j - k + ai + bj + ck = 0$

$a = -5,\quad b = -8,\quad c = 4$

$F_3 = -5i - 8j + 4k,\ |F_3| = \sqrt{(-5)^2 + (-8)^2 + 4^2} = \sqrt{105} \fallingdotseq 10$

12 정답 ① **두 전하 간의 작용력, 전계, 전위**

$F = 9\times10^9 \dfrac{Q^2}{r^2} = 9\times10^9 \dfrac{Q^2}{(5\times10^{-2})^2} = 9\times10^3 [N],$

$Q^2 = (5\times10^{-2})^2 \times 10^{-6} = 5^2 \times 10^{-10},\ Q = 5\times10^{-5} [C]$

13 정답 ⑤ **두 전하 간의 작용력, 전계, 전위**

쿨롱의 법칙 $F = 9\times10^9 \dfrac{Q_1 Q_2}{r^2} = 9\times10^9 \times \dfrac{10\times10^{-9}\times1{,}000\times10^{-12}}{(150\times10^{-3})^2} = 4{,}000 [nN]$

14 정답 ③ **두 전하 간의 작용력, 전계, 전위**

쿨롱의 법칙 $F = 9\times10^9 \dfrac{Q_1 Q_2}{r^2} [N]$

두 점간의 거리 $r = (2-1)i + (0-2)j + (5-3)k = i - 2j + 2k [m]$

$|r| = \sqrt{1^2 + (-2)^2 + 2^2} = 3 [m]$

$F = 9\times10^9 \dfrac{Q_1 Q_2}{r^2} = 9\times10^9 \times \dfrac{2\times10^{-4}\times10^{-4}}{3^2} = 20 [N]$

단위벡터 $r_o = \dfrac{i - 2j + 2k}{3}$

$F = 20 \cdot \dfrac{i - 2j + 2k}{3} = \dfrac{20}{3}(i - 2j + 2k) [N]$

15 정답 ②

두 전하 간의 작용력, 전계, 전위

쿨롱의 법칙 $F=9\times10^9\dfrac{Q_1Q_2}{r^2}[N]$

거리 $r=(1-2)i+(1-3)j+(2-4)k=-i-2j-2k\,[m]$

$|r|=\sqrt{(-1)^2+(-2)^2+(-2)^2}=3$

$F=9\times10^9\dfrac{Q_1Q_2}{r^2}=9\times10^9\times\dfrac{4\times10^{-4}\times3\times10^{-4}}{3^2}=120[N]$

단위벡터 $r_o=\dfrac{-i-2j-2k}{3}$

$F=120\times\dfrac{1}{3}(-i-2j-2k)=-40(i+2j+2k)[N]$

16 정답 ②

두 전하 간의 작용력, 전계, 전위

$F=9\times10^9\dfrac{Q_1Q_2}{r^2}=\dfrac{Q_1Q_2}{4\pi\epsilon_o r^2}[N]$

쿨롱의 법칙은 두 전하 간에 작용하는 작용력에 관한 법칙이다.
전하의 극성이 같으면 반발력, 극성이 다르면 흡인력이 발생한다.

17 정답 ⑤

두 전하 간의 작용력, 전계, 전위

$F=9\times10^9\dfrac{Q_1Q_2}{\epsilon_s r^2}=\dfrac{9\times10^9\times10^{-3}\times10^{-3}}{4\times5^2}=90[N]$

두 전하의 극성이 +로 같으므로 반발력(척력)이 작용한다.

18 정답 ⑤

두 전하 간의 작용력, 전계, 전위

$Q=\int i(t)\,dt\,[C]$

$Q=n\int_0^{t_1}Ie^{-\frac{t}{T}}dt=nI\times(-T)[e^{-\frac{t}{T}}]_0^{t_1}=-nIT(e^{-\frac{t_1}{T}}-1)=nIT(1-e^{-\frac{t_1}{T}})\,[C]$

19 정답 ② **두 전하 간의 작용력, 전계, 전위**

$F=9\times10^9\dfrac{Q^2}{r^2}=9\times10^{-3}[N]$, $r=1[m]$이므로

$Q^2=10^{-12}$, $Q=10^{-6}[C]$

20 정답 ② **두 전하 간의 작용력, 전계, 전위**

문제의 핵심은 거리를 구하는 데 있다.

$F=9\times10^9\dfrac{Q_1Q_2}{r^2}\hat{r}[N]$

$r=(-1-3)i+(1-1)j+(-3-0)k=-4i-3k$

$|r|=\sqrt{(-4)^2+(-3)^2}=5$

단위벡터 $\hat{r}=\dfrac{-4i-3k}{5}$

$F=9\times10^9\dfrac{Q_1Q_2}{r^2}\hat{r}=9\times10^9\times\dfrac{50\times10^{-6}\times10\times10^{-6}}{5^2}\times\dfrac{-4i-3k}{5}[N]$

$F=-0.144i-0.108k[N]$

21 정답 ① **두 전하 간의 작용력, 전계, 전위**

$F=9\times10^9\dfrac{Q_1Q_2}{r^2}\hat{r}=9\times10^9\times\dfrac{(-1)\times10^{-6}\times100\times10^{-6}}{0.5^2}\times i=-3.6i$

22 정답 ① **두 전하 간의 작용력, 전계, 전위**

$F=\dfrac{Q_1Q_2}{4\pi\epsilon r^2}=9\times10^9\times\dfrac{5\times10^{-6}\times16\times10^{-6}}{2.1\times0.2^2}=857\times10^{-2}[N]$

23 정답 ④ **전계의 세기**

전계는 동일한 전하의 중심점이므로 합성전계는 0이다.

전위 $V=\dfrac{Q}{4\pi\epsilon_o r}[V]$이고 Q가 6개이므로 전위도 6배를 한다.

$V_6=\dfrac{6Q}{4\pi\epsilon_o r}=\dfrac{6\times8}{4\pi\epsilon_o\times2}=\dfrac{6}{\pi\epsilon_o}[V]$

24 정답 ⑤ **전계의 세기**

전하는 도체가 뾰족할수록(혹은 곡률이 클수록, 곡률 반지름이 작을수록) 많이 모이는 성질이 있다. 표면에 뾰족한 부분이 있으면 첨예한 부분이 면과 이루는 곳에서 곡률반지름이 작다. 따라서 표면 전하밀도는 곡률반지름이 작을수록 크게 된다.

25 정답 ④ **전계의 세기**

선전하에 의한 전계의 세기 $\int_c D dl = \lambda$, $\int_c \epsilon E = \lambda$, $E = \frac{\lambda}{2\pi\epsilon r}[V/m] \propto \frac{1}{r}$ 이므로 E는 거리와 반비례한다. 전계의 세기 E가 1/4배가 되려면 r은 4배가 되어야 한다.

26 정답 ② **전계의 세기**

부호가 다른 전하 간에서 전계 E가 0이 되는 지점은 전하의 절댓값이 작은 쪽의 외측에 존재한다. 따라서 +1[C]의 외측 음의 방향에 전계가 0인 점이 있다.

$$9 \times 10^9 \times \frac{1}{x^2} = 9 \times 10^9 \times \frac{9}{(x+1)^2}$$

$$9x^2 = (x+1)^2, \ 3x = x+1, \ x = 0.5[m]$$

27 정답 ③ **전계의 세기**

$$E = 9 \times 10^9 \frac{Q}{r^2} = \frac{9 \times 10^9 \times 4 \times 10^{-6}}{1.5^2} = 16 \times 10^3 [V/m]$$

28 정답 ③ **전계의 세기**

도체이므로 r > a에서 $\frac{Q}{4\pi\epsilon_o r^2}$, r < a 이면 $E = 0$

29 정답 ② **전계의 세기**

선전하밀도 $\lambda[C/m]$, $E = \frac{\lambda}{2\pi\epsilon r} \propto \frac{1}{r}$, 선전하는 거리에 반비례한다.

30 정답 ② **전계의 세기**

전계와 전위경도는 크기가 같고, 방향이 반대이다.

전계는 전위가 높은 곳에서 낮은 곳으로 향하는 벡터 : $E = -grad\ V[V/m]$

전위경도는 전위가 낮은 곳에서 높은곳 으로 향하는 벡터 : $grad\ V[V/m]$

31 정답 ① **전계의 세기**

$Q = \sigma \cdot dS$, $\int_s E\,dS = \frac{Q}{\epsilon_o} = \frac{\sigma \cdot S}{\epsilon_o}$, $E = \frac{\sigma}{\epsilon_o}[V/m]$

32 정답 ④ **전계의 세기**

전자는 전위가 높은 쪽으로 향하고, 전계는 전위가 낮은 방향으로 향하므로 서로 반대가 된다.

33 정답 ① **전계의 세기**

거리 $r = (6-3)i + (4-0)j = 3i + 4j$이므로 전계의 세기 E는

$E = 9 \times 10^9 \times \frac{Q}{r^2} = 9 \times 10^9 \times \frac{4 \times 10^{-9}}{5^2} = \frac{36}{25}[V/m]$

전계방향의 단위벡터 : 크기가 1이고 방향만을 나타내는 벡터 $r_0 = \frac{E}{|E|} = \frac{r}{|r|} = \frac{3i+4j}{5}$

34 정답 ④ **전계의 세기**

거리 $r = 3i + 4j$이므로 크기 $E = \frac{\lambda}{2\pi\varepsilon_0 r} = 18 \times 10^9 \times \frac{\lambda}{4} = 18 \times 10^9 \times \frac{25 \times 10^{-9}}{5} = 90[V/m]$,

방향 $\frac{E}{|E|} = \frac{r}{|r|} = \frac{3i+4j}{5}$

$E =$ 크기 $\times$ 방향 $= 90 \times \frac{3i+4j}{5} = 54i + 72j[V/m]$

35 정답 ①

전계의 세기

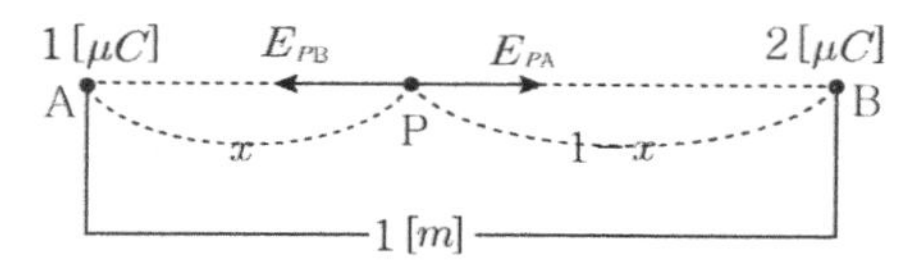

부호가 같을 때 전계의 세기가 0인 점은 두 전하 사이에 있으므로 그림에서 P점의 전계의 세기가 0

이라면 $\dfrac{10^{-16}}{4\pi\varepsilon_0 x^2} = \dfrac{2\times10^{-6}}{4\pi\varepsilon_0(1-x)^2}$

$2x^2 = (1-x)^2$, $\sqrt{2}\,x = 1-x$

$x = \dfrac{1}{\sqrt{2}+1} = \sqrt{2}-1\,[m]$

따라서 전계의 세기가 0이 되는 점은 1[μC]으로부터 $(\sqrt{2}-1)[m]$ 떨어진 점이다.

36 정답 ②

전위

전위는 단위로 [V]를 사용하며, 두 점간의 전위차를 의미한다. 전위가 높은 곳으로부터 낮은 곳으로 전류가 흐르며 전위차와 에너지는 비례한다.

37 정답 ④

전위

$$E = -\,grad\,V = -\nabla V = -\left(\frac{\partial V}{\partial y}j + \frac{\partial V}{\partial z}k\right) = -8yj - 2k = -16j - 2k\,[V/m]$$

38 정답 ⑤

전위

$$V = -\int_{\infty}^{r} Edx = \int_{r}^{\infty} Edx = \int_{r}^{\infty} \frac{\lambda}{2\pi\varepsilon_0 x}dx = \frac{\lambda}{2\pi\varepsilon_0}[\ell_n x]_r^{\infty} = \frac{\lambda}{2\pi\varepsilon_0}(\ell_n \infty - \ell_n r)$$

$V = \infty\,[\mathrm{V}]$

39 정답 ⑤

전위

라플라스방정식 $\nabla^2 V = 0$이므로 두 번 미분할 수 있는 2차 함수는 성립하지 않는다.

40 정답 ① 전위

전계 $E=-grad V=-\nabla V=-\dfrac{\partial 0.5x^2}{\partial x}i=-x=-2[m]$

41 정답 ③ 전위

$grad\ V=\dfrac{\partial V}{\partial x}i+\dfrac{\partial V}{\partial y}j+\dfrac{\partial V}{\partial z}k=(3\cdot 2xy)i+(3x^2-3y^2\cdot z^2)j+(-y^3\cdot 2z)$

$[x=1,\ y=-2,\ z=-1]$ 대입

$=-12i-9j-16k$

42 정답 ③ 전위

$grad V=\nabla\cdot V=4x i+zj+yk=12i+4j-3k$

$\sqrt{12^2+4^2+(-3)^2}=13$

43 정답 ④ 전위

전위의 정의는 단위전하가 한 일이다. $V=\dfrac{W}{Q}[J/C]$, $W=QV[J]$

$V_A=\dfrac{100\sin\theta\cos\varnothing}{r^2}=\dfrac{100\sin 60^o\cos 150^o}{5^2}=-3[V]$

$V_B=\dfrac{100\sin\theta\cos\varnothing}{r^2}=\dfrac{100\sin 45^o\cos 45^o}{1^2}=50[V]$

전위차 $V_{BA}=50-(-3)=53[V]$, $W=QV_{BA}=2\times 53=106[J]$

44 정답 ③ 전위

연속적이라는 표현은 시작이 없다는 뜻이다. $E=-grad V$ 전계는 전위가 높은 곳으로부터 감소한다는 식은 높은 곳으로 부터라는 시작이 있으므로 불연속이 된다.

45 정답 ④ 전위

무한장 직선 : $V = \int_r^\infty E dx = \int_r^\infty \frac{\lambda}{2\pi\varepsilon_0 x} dx = \frac{\lambda}{2\pi\varepsilon_0}[\ln x]_x^\infty = \infty$

무한평면 도체 : $V = \int_r^\infty E\,dx = \frac{\rho}{2\varepsilon_0}[x]_r^\infty = \infty$

46 정답 ④ 전위

발산 $div D = \nabla \cdot D = \frac{\partial D_x}{\partial x} = \frac{\partial 3x^2y^2}{\partial x} = 6xy^2 [C/m^3]$

$\rho[C/m^3]$는 체적당 전하량이므로

$Q = \iiint \rho\, dv = \int_0^2 \int_0^2 \int_0^2 6x^2 y\, dxdydz = \int_0^2 \int_0^2 16y\, dydz$

$= \int_0^2 32dz = [32z]_o^2 = 64[C]$

47 정답 ③ 전위

전속밀도 $D = \epsilon E = \epsilon \frac{V}{d} = 8.855 \times 10^{-12} \times 2 \times \frac{100}{2 \times 10^{-3}} = 8.85 \times 10^{-7} [C/m^2]$

48 정답 ② 전위

$D = \epsilon_o E = \epsilon_o \sqrt{4^2 + 6^2 + 12^2} = 14\epsilon_o [C/m^2]$

49 정답 ③ 전위

점(1, 2, 3)의 전하 밀도

$\rho = div\ D = \frac{\partial D_x}{\partial x} + \frac{\partial D_u}{\partial y} + \frac{\partial D_z}{\partial z} = 2x + 2y + 2z$

$= (2 \times 1) + (2 \times 2) + (2 \times 3) = 12 [C/m^3]$

50 정답 ④ **전위**

$$\nabla \cdot A = \frac{\partial x^2}{\partial x} + \frac{\partial yz}{\partial y} + \frac{\partial xy}{\partial z} = 2x + z$$

51 정답 ② **전위**

전하가 없는 공간이므로 $div E = 0$

$$div E = \frac{\partial x^3}{\partial x} + \frac{\partial(-2y)}{\partial y} + \frac{\partial f(x,\ y)z}{\partial z} = 3x^2 - 2 + f(x,\ y) = 0$$

$f(x,\ y) = -3x^2 + 2$

52 정답 ③ **전위**

$$\rho = div D = \frac{\partial 3x}{\partial x} + \frac{\partial 2y}{\partial y} + \frac{\partial z}{\partial z} = 3 + 2 + 1 = 6[C/m^3]$$

$\rho \Delta v = 6[C/m^3] \times 10^{-9}[m^3] = 6[nC]$

53 정답 ③ **전기 쌍극자**

점 P 의 전위 $V = \frac{M}{4\pi\varepsilon_0}\omega[V]$에서 입체각 $\omega = 2\pi(1-\cos\theta) = 2\pi(1-\frac{x}{\sqrt{a^2+x^2}})$를 대입하면

전위 $V = \frac{M}{2\varepsilon_0} \times (1 - \frac{x}{\sqrt{a^2+x^2}})[V]$

54 정답 ① **전기 쌍극자**

$E = \frac{M}{4\pi\varepsilon_0 r^3}\sqrt{1+3\cos^2\theta}$ 이므로 $E \propto \frac{1}{r^3}$

$\theta = 0^0$일 때 $E = \frac{M}{4\pi\varepsilon_0 r^3}$ 최대가 된다.

55 정답 ② **전기 쌍극자**

부호는 반대이고 크기가 같은 두 전하의 분포를 전기 쌍극자라 한다. 전기 쌍극자는 전체적으로 중성을 띠지만 각 전하의 위치가 흩어져 있는 원자나 분자에서 나타날 수 있어 물질의 전기적인 성질을 결정하는 중요한 개념이 된다.

전계 $E=\frac{M}{4\pi\epsilon_o r^3}\sqrt{1+3\cos^2\theta}\,[V/m]$에서 $M=\pm Q\delta[C\cdot m]$

δ는 두 전하 $+Q[C]$에서 $-Q[C]$까지의 직선거리

56 정답 ② **포아송과 전기력선의 방정식**

$\frac{dx}{E_x}=\frac{dy}{E_y}$, $\frac{dx}{x}=\frac{dy}{-y}$ 양변을 적분하면

$\ln x=-\ln y+\ln C$, $\ln x+\ln y=\ln C$, $xy=c$

$xy=c$, $x=2, y=1$대입 $c=2$

$xy=2$

57 정답 ⑤ **포아송과 전기력선의 방정식**

전기력선은 정전하에서 부전하로 가는 역선이므로 쌍으로 존재하지 않는다.

58 정답 ④ **포아송과 전기력선의 방정식**

$\nabla^2 V=-\frac{\rho}{\epsilon_o}$ $\frac{\partial xy^2z}{\partial y}=2xyz$, $\frac{\partial 2xyz}{\partial y}=2xz$

$2xz=-\frac{\rho}{\epsilon_o}$ 따라서 $\rho=-2xz\epsilon_o[C/m^3]$

59 정답 ③ **포아송과 전기력선의 방정식**

$\frac{dx}{Ex}=\frac{dy}{Ey}$, $\frac{dx}{\frac{3x}{x^2+y^2}}=\frac{dy}{\frac{3y}{x^2+y^2}}$

$\ln x=\ln y+\ln c$

$\ln x-\ln y=\ln c$

$\ln\frac{x}{y}=\ln c$

$\frac{x}{y}=C=\frac{4}{3}$, $x=\frac{4}{3}y$

60 정답 ②

포아송과 전기력선의 방정식

$\nabla^2 V = -\frac{\rho}{\epsilon_o}$

$\frac{\partial V}{\partial x} = 3x^2 - 2y^2,\ \frac{\partial(3x^2 - 2y^2)}{\partial x} = 6x,\ 6 \times (-1) = -6$

$\frac{\partial V}{\partial y} = -4xy - z^3,\ \frac{\partial(-4xy - z^3)}{\partial y} = -4x,\ (-4) \times (-1) = 4$

$\frac{\partial V}{\partial z} = -3yz^2,\ \frac{\partial(-6yz)}{\partial z} = -6y,\ (-6) \times 0 = 0$

$\nabla^2 V = -6 + 4 = -2 = -\frac{\rho}{\epsilon_o}$

$\rho = 2\epsilon_o$

61 정답 ⑤

진공중의 도체계

종이콘덴서의 종이가 겹치면 $C' = \frac{C}{n}$ 이므로

$\epsilon\frac{S}{d} = \frac{1}{n} \times 8.855 \times 10^{-12} \times 2 \times \frac{5 \times 10^{-4}}{0.01 \times 10^{-3}} = 1 \times 10^{-12}$

$n = \frac{8.855 \times 10^{-12}}{1 \times 10^{-12}} \times 10^2 = 885.5$

62 정답 ①

진공중의 도체계

동축케이블의 정전용량 $C = \frac{2\pi\epsilon_o}{\ln\frac{b}{a}} = \frac{2\pi\epsilon_o}{\ln\frac{2.71^2}{2.71}} = 2\pi\epsilon_0 [F/m]$

63 정답 ③

진공중의 도체계

$Q_1 = C_1 V_1 = 2 \times 3 = 6[C]$

$Q_2 = C_2 V_2 = 3 \times 13 = 39[C]$

공통전위 $V = \frac{Q_1 + Q_2}{C_1 + C_2} = \frac{6 + 39}{2 + 3} = 9[V]$로 되려면 $Q_2 = C_2 V = 3 \times 9 = 27[C]$으로 되어 $12[C]$을 이동시켜야 한다. $Q_1 = C_1 V = 2 \times 9 = 18[C]$이 된다.

64 정답 ④ 진공중의 도체계

$$V=\frac{Q}{C}=\frac{Q_1+Q_2}{C_1+C_2}=\frac{C_1V_1+C_2V_2}{C_1+C_2}=\frac{1\times 80+2\times 50}{1+2}=60[V]$$

65 정답 ④ 진공중의 도체계

$$C=\epsilon\frac{S}{d}\Rightarrow\epsilon\frac{S}{\frac{1}{4}d}=\epsilon\frac{4S}{d}$$

66 정답 ④ 진공중의 도체계

두 도체의 전위계수 $V_A=P_{AA}Q_A+P_{AB}Q_B$, $V_B=P_{AB}Q_A+P_{BB}Q_B$

㉠ $Q_A=1[C],\ Q_B=0$

$V_A=P_{AA}\times 1=4[V]$, $V_B=P_{AB}\times 1=6[V]$

$P_{AA}=4,\ P_{AB}=6$

㉡ $Q_A=2[C],\ Q_B=2[C]$

$V_A=P_{AA}Q_A+P_{AB}Q_B=4\times 2+6\times 2=20[V]$

67 정답 ③ 진공중의 도체계

$Q=CV=2\times 16=32[C]$

68 정답 ③ 진공중의 도체계

$$C=\frac{Q}{V}=\frac{4\times 10^{-4}}{10}=40[\mu F]$$

69 정답 ① 진공중의 도체계

동심구형 콘덴서의 정전용량 내외반지름을 각각 2배로 하면 정전용량은 2배가 된다.

$$C=4\pi\epsilon\frac{ab}{b-a}\Rightarrow 4\pi\epsilon\frac{2a\cdot 2b}{2b-2a}=4\pi\epsilon\frac{2ab}{b-a}[F]$$

70 정답 ③ 진공중의 도체계

$$V=\int_a^b E\,dx=\int_a^b \frac{\lambda}{2\pi\varepsilon_0 x}dx=\frac{\lambda}{2\pi\varepsilon_0}[\ln x]_a^b=\frac{\lambda}{2\pi\varepsilon_0}\ln\frac{b}{a}[V]$$

$C=\dfrac{Q}{V}[F]$이므로 단위길이당 정전 용량

$$C=\frac{\lambda}{V}[F/m]=\frac{2\pi\varepsilon_0}{\ln\frac{b}{a}}[F/m],\ (a<b)$$

71 정답 ② 진공중의 도체계

$Q_1=C_1V_1=3\times 6=18[C]$

$Q_2=C_2V_2=4\times 5=20[C]$

$Q_3=C_3V_3=6\times 2=12[C]$

직렬결합이므로 Q값이 일정해야 한다. $Q=12[C]$으로 하면

$$V=\frac{Q}{C_1}+\frac{Q}{C_2}+\frac{Q}{C_3}=\frac{12}{3}+\frac{12}{4}+\frac{12}{6}=9[V]$$

72 정답 ② 진공중의 도체계

정전용량이 $9[\mu F]$인 공기 콘덴서 $C_o=\epsilon_o\dfrac{S}{d}=9[\mu F]$,

유전체를 삽입한 부분의 정전용량

$$C_{\frac{2}{3}S}=\epsilon_o\epsilon_s\frac{\frac{2}{3}S}{d}=\frac{4}{3}\epsilon_o\frac{S}{d}=\frac{4}{3}C_o=\frac{4}{3}\times 9=12[\mu F],$$

$$C_{\frac{1}{3}S}=\epsilon_o\epsilon_s\frac{\frac{1}{3}S}{\frac{1}{2}d}=\frac{4}{3}\epsilon_o\frac{S}{d}=\frac{4}{3}C_o=\frac{4}{3}\times 9=12[\mu F]$$

유전체가 없는 부분의 정전용량 $C_{\frac{1}{3}S}=\epsilon_o\dfrac{\frac{1}{3}S}{\frac{1}{2}d}=\dfrac{2}{3}\epsilon_o\dfrac{S}{d}=\dfrac{2}{3}C_o=\dfrac{2}{3}\times 9=6[\mu F]$,

$\dfrac{1}{3}S$ 부분의 직렬합성 $C_{\frac{1}{3}S}'=\dfrac{C_{유}\times C_{공}}{C_{유}+C_{공}}=\dfrac{12\times 6}{12+6}=\dfrac{72}{18}=4[\mu F]$

전체 병렬합성 $C=C_{\frac{2}{3}S}+C_{\frac{1}{3}S}=12+4=16[\mu F]$

73 정답 ②

진공중의 도체계

$$V=\frac{Q}{C}=\frac{600\times10^{-6}}{6\times10^{-6}}=100[V]$$

$$V=E\cdot d,\ E=\frac{V}{d}=\frac{100}{2}=50[V/mm]$$

74 정답 ②

진공중의 도체계

$$C=\frac{C_1C_2}{C_1+C_2}=\frac{\epsilon_o\frac{2S}{d}\cdot\epsilon\frac{2S}{d}}{\epsilon_o\frac{2S}{d}+\epsilon\frac{2S}{d}}=\frac{\epsilon_o\epsilon\frac{2S}{d}}{\epsilon_o+\epsilon}=\frac{\epsilon}{\epsilon_o+\epsilon}2C_o=\frac{\epsilon_s}{1+\epsilon_s}2C_o[F]$$

75 정답 ⑤

정전계의 에너지

$$W=\frac{1}{2}C_3V^2[J]$$

병렬접속부분 합성 정전용량 $C_{23}=C_2+C_3$

병렬접속부분 전압 $V_{23}=\frac{C_1}{C_1+C_{23}}E=\frac{C_1}{C_1+C_2+C_3}E$

$$W=\frac{1}{2}C_3V_{23}^2=\frac{1}{2}C_3(\frac{C_1}{C_1+C_2+C_3}E)^2=\frac{C_3C_1^2}{2(C_1+C_2+C_3)^2}E^2[J]$$

76 정답 ②

정전계의 에너지

'충전한 다음'이라는 표현으로 전하량 $Q[C]$ 일정, $C=\epsilon\frac{S}{d}\Rightarrow2\epsilon\frac{2S}{2d}=2\epsilon\frac{S}{d}[F]$ 2배로 증가

$W=\frac{1}{2}QV=\frac{1}{2}CV^2=\frac{1}{2}\frac{Q^2}{C}[J]$에서 $Q[C]$일정이면 $W=\frac{1}{2}\frac{Q^2}{C}[J]$ 에너지는 정전용량 C와 반비례하므로 1/2로 감소한다.

77 정답 ④

정전계의 에너지

$$f=\frac{1}{2}DE=\frac{1}{2}\epsilon E^2=\frac{1}{2}\frac{D^2}{\epsilon}[N/m^2]$$

$$F=\frac{1}{2}\epsilon_oE^2S=\frac{1}{2}\epsilon_o(\frac{V}{d})^2S=\frac{1}{2}\epsilon_o(\frac{10}{2})^2\times1=12.5\epsilon_o[N]$$

78 정답 ① 　　정전계의 에너지

$$f = \frac{1}{2}\varepsilon_0 E^2 = \frac{1}{2} \times 8.855 \times 10^{-12} \times (10 \times 10^6)^2$$

$$= 4.43 \times 10^2 [N/m^2]$$

79 정답 ④ 　　정전계의 에너지

$$W = \frac{1}{2}CV^2 = \frac{1}{2}C \times (1{,}000)^2 = 300[J]$$

$$C = 600[\mu F]$$

80 정답 ② 　　유전체

$$\epsilon = \epsilon_o \epsilon_s = 8.855 \times 10^{-12} \times 10 = 88.55 \times 10^{-12} [F/m]$$

81 정답 ① 　　유전체

분극도 $P = \epsilon_o(\epsilon_s - 1)E = D - \epsilon_o E = (1 - \frac{1}{\epsilon_s})D[C/m^2]$

$$P = (1 - \frac{1}{\epsilon_s})D = (1 - \frac{1}{3.5}) \times 3.5 \times 10^{-6} = 2.5 \times 10^{-6} [C/m^2] = 2.5[\mu C/m^2]$$

82 정답 ⑤ 　　유전체

힘 F, 전계 E, 전위 V는 모두 $\frac{1}{4\pi\epsilon}$이므로 비유전률 ϵ_s에 반비례하고, 정전용량 $C = \epsilon\frac{S}{d}[F]$와 같이 유전율에 비례한다. 따라서 전기량도 유전율에 비례한다.

$Q \propto C \propto \epsilon$

에너지에서 $W = \frac{1}{2}QV = \frac{1}{2}CV^2 = \frac{1}{2}\frac{Q^2}{C}[J]$이므로 V가 일정하면 $W = \frac{1}{2}CV^2[J] \propto C \propto \epsilon$ 유전율에 비례하고, Q가 일정하면 $W = \frac{1}{2}\frac{Q^2}{C}[J] \propto \frac{1}{C} \propto \frac{1}{\epsilon}$ 유전율에 반비례한다.

83 정답 ④ 　　유전체

$W=\frac{1}{2}DE=\frac{1}{2}\epsilon E^2=\frac{1}{2}\frac{D^2}{\epsilon}[J/m^3]$에서

$W=\frac{1}{2}\frac{D^2}{\epsilon}=\frac{1}{2}\frac{(4\times10^{-7})^2}{\epsilon}=5\times10^{-3}[J/m^3]$

$\epsilon=\frac{(4\times10^{-7})^2}{2\times5\times10^{-3}}=16\times10^{-12}=1.6\times10^{-11}[F/m]$

84 정답 ② 　　유전체

분극의 세기 $P=\epsilon_o(\epsilon_s-1)E=D-\epsilon_o E=\chi E\ [C/m^2]$

85 정답 ③ 　　유전체

$\nabla^2 V=-\frac{\rho}{\epsilon}[C/m^3]$

$\frac{\partial V}{\partial x}=(x^{-1})'=-x^{-2},\ \frac{\partial(-x^{-2})}{\partial x}=2x^{-3}$

$\frac{\partial V}{\partial y}=2zy,\ \frac{\partial 2zy}{\partial y}=2z$

$\nabla^2 V=2x^{-3}+2z=2(-\frac{1}{2})^{-3}+2\times4=-8$

$\nabla^2 V=-\frac{\rho}{\epsilon}=-8,\ \rho=8\epsilon=8\times1=8[C/m^3]$

86 정답 ③ 　　유전체

경계면 조건에서 전속밀도는 법선에서 연속이다. $D_1\cos\theta_1=D_2\cos\theta_2$

전계는 접선에서 연속이다. $E_1\sin\theta_1=E_2\sin\theta_2$

굴절각은 유전율이 큰 쪽이 크다. $\frac{\tan\theta_1}{\tan\theta_2}=\frac{\epsilon_1}{\epsilon_2}$

87 정답 ① 유전체

$f=\frac{1}{2}DE\,[N/m^2]$에서 응력이 유전율이 큰 쪽에서 작은 쪽으로 작용하므로 $\epsilon_1 > \epsilon_2$,

단위면적당 작용하는 힘은 $f=\frac{1}{2}E_2D_2-\frac{1}{2}E_1D_1\,[N/m^2]$, $D_1=D_2$이므로

$f=\frac{1}{2}(E_2-E_1)D=\frac{1}{2}(\frac{1}{\epsilon_2}-\frac{1}{\epsilon_1})D^2\,[N/m^2]$

88 정답 ① 유전체

$E_1\sin\theta_1=E_2\sin\theta_2$

$60\sin(90^o-30^o)=E_2\sin45^o$

$\frac{E_2}{\sqrt{2}}=60\sin60^o$, $E_2=30\sqrt{6}\,[V/m]$

89 정답 ④ 유전체

분극의 세기 $P=\epsilon_o(\epsilon_s-1)E$, 유전체 구 내의 전계의 세기 $E=\frac{3\epsilon_o}{2\epsilon_o+\epsilon}E_o$,

$P=\epsilon_o(\epsilon_s-1)\cdot\frac{3\epsilon_o}{2\epsilon_o+\epsilon}E_o=\frac{3\epsilon_o(\epsilon_s-1)}{2+\epsilon_s}E_o\,[C/m^2]$

90 정답 ① 전기영상법

중력 $F_1=mg[N]$과 전기영상법에 의해 전하와 평면간의 흡인력이 같도록 하면

영상도체에 의한 흡인력 $F_2=\frac{Q(-Q)}{4\pi\epsilon(2r)^2}=\frac{-Q^2}{16\pi\epsilon r^2}[N]$, $F_1=F_2$

$\frac{Q^2}{16\pi\epsilon r^2}=mg$, $Q=\sqrt{16\pi\epsilon r^2mg}=4r\sqrt{\pi\epsilon mg}\,[C]$

91 정답 ③ 전기영상법

영상법에 의해 무한평면 영상도체와의 힘 $F=\frac{Q(-Q)}{4\pi\epsilon_o(2d)^2}=\frac{-Q^2}{16\pi\epsilon_o d^2}[N]$ 흡인력 작용

$F=\frac{Q^2}{16\pi\epsilon_o d^2}=\frac{1}{16\pi\epsilon_o}=\frac{1}{4\pi\epsilon_o}\times\frac{1}{4}=\frac{9\times10^9}{4}\,[N]$

92 정답 ③ **전기영상법**

점전하와 무한평면간의 작용력이므로 전기영상법을 적용하면

$$F=\frac{Q(-Q)}{4\pi\epsilon_o(2d)^2}=\frac{-Q^2}{16\pi\epsilon_o d^2}=\frac{9\times10^9}{4}\times\frac{2^2}{2^2}=\frac{9}{4}\times10^9[N]$$

93 정답 ① **전기영상법**

접지 구도체에는 영상도체가 항상 반대극성이므로 흡인력이 작용한다.

$Q'=-\frac{a}{d}Q$, 도체 중심과의 거리 $\frac{a^2}{d}$

$F=\frac{1}{4\pi\epsilon}\frac{Q(-\frac{a}{d}Q)}{(d-\frac{a^2}{d})^2}[N]$이 작용한다.

94 정답 ② **전기영상법**

$$E=E_Q+E_{-Q}=\frac{Q}{4\pi\epsilon_o(\frac{a}{2})^2}+\frac{Q}{4\pi\epsilon_o(\frac{3}{2}a)^2}=\frac{Q}{\pi\epsilon_o a^2}+\frac{Q}{9\pi\epsilon_o a^2}=\frac{10Q}{9\pi\epsilon_o a^2}[V/m]$$

95 정답 ① **전류**

$RC=\rho\epsilon$

누설전류 $I=\frac{V}{R}=\frac{CV}{\rho\epsilon}=\frac{10\times10^{-6}\times300\times10^3}{10^{11}\times8.855\times10^{-12}\times3}=\frac{10}{8.855}\fallingdotseq1.1[A]$

96 정답 ① **전류**

전류밀도 $i_c=\sigma E\,[A/m^2]$, σ : 도전율(전기전도도), 체적 V_{vol}내에 전하밀도 $\rho[C/m^3]$인 전하가 속도 $v[m/sec]$를 가지고 이동하면

$\rho v\,[\frac{C}{m^3}\cdot\frac{m}{sec}=\frac{C}{sec}\cdot\frac{1}{m^2}=A/m^2]$,

전류밀도 $i_c=\rho v=\sigma E[A/m^2]$

$v=\frac{\sigma}{\rho}E=\mu E[m/sec]$, μ: 이동도, $\sigma=\rho\mu$

그러므로 도전율 σ는 전하밀도 $\rho[C/m^3]$에 비례하고 이동도 μ에 비례한다.

97 정답 ① 　　　　전류

① 이종금속의 온도차 ⇒ 기전력 : 제어벡 효과
② 이종금속에 전류를 흘려서 열의 흡수 또는 방출 ⇒ 펠티에 효과
③ **홀 효과** : 전류가 흐르고 있는 도체에 자계를 가해서 전위차를 얻는다.
④ **톰슨 효과** : 동일한 금속의 두 점간에 전류를 흘려서 열의 흡수 또는 방출
⑤ **핀치 효과** : 액상도체에 전류를 흘렸을 때 전류가 중심을 따라 흐르는 현상

98 정답 ③ 　　　　전류

① **핀치 효과** : 액상도체에 전류를 흘렸을 때 전류가 중심을 따라 흐르는 현상
② **톰슨 효과** : 동일한 금속의 두 점간에 전류를 흘려서 열의 흡수 또는 방출
③ **홀 효과** : 전류가 흐르고 있는 도체에 자계를 가해서 전위차를 얻는다.
④ 이종금속의 온도차 ⇒ 기전력 : 제어벡 효과
⑤ 이종금속에 전류를 흘려서 열의 흡수 또는 방 ⇒ 펠티에 효과

99 정답 ② 　　　　전류

① 이종금속의 온도차 ⇒ 기전력 : 제어벡 효과
② **톰슨 효과** : 동일한 금속의 두 점간에 전류를 흘려서 열의 흡수 또는 방출
③ 이종금속에 전류를 흘려서 열의 흡수 또는 방출 ⇒ 펠티에 효과
④ **핀치 효과** : 액상도체에 전류를 흘렸을 때 전류가 중심을 따라 흐르는 현상
⑤ **홀 효과** : 전류가 흐르고 있는 도체에 자계를 가해서 전위차를 얻는다.

100 정답 ③ 　　　　정자계

㉠ $1[C] \rightarrow 3\times10^{9}[esu]$
㉡ erg **에르그** : 에너지를 표기하는 CGS단위 $1erg = 1dyn \cdot cm = 10^{-7}[J]$
㉢ dyne **다인** : 일을 표기하는 CGS단위 $1dyne = 1g \cdot cm/s^2 = 10^{-5}N$
㉣ gauss **가우스** : 자속밀도를 표기하는 CGS단위 $1gauss = 10^{-4}\,T$
㉤ oersted **에르스텟** : 자기장을 표기하는 단위 $1Oe = \frac{1,000}{4\pi}[AT/m]$
㉥ esu **일렉트러스태틱 유닛** : 정전기 단위 (쿨롱의 CGS 단위)

101 정답 ① 　　　　정자계

자속밀도 $B = \mu_o H = 4\pi\times10^{-7}\times1 = 4\pi\times10^{-7}[Wb/m^2]$

102 정답 ⑤

정자계

기자력 $F=NI=20\times 2=40[AT]$

103 정답 ②

정자계

전기회로에서 옴의 법칙은 $I=\frac{V}{R}$이고, 자기회로에서 옴의 법칙 $\varnothing=\frac{NI}{R}$이다.

따라서 전기회로에서의 전류는 자기회로의 자속과 대응된다.

※ 전류밀도 = 자속밀도, 기전력 = 기자력, 전기저항 = 자기저항, 도전율 = 투자율

104 정답 ⑤

정자계

유한장에서의 자계의 세기 $H=\frac{I}{4\pi a}(\cos\theta_1+\cos\theta_2)[AT/m]$

$H=\frac{I}{4\pi a}cos60^o=\frac{I}{4\pi\sqrt{3}}\times\frac{1}{2}=\frac{\sqrt{3}I}{24\pi}[AT/m]$

$\theta=60^o$, $\overline{AB}=1[m]$이면 $\overline{AP}=\sqrt{3}[m]$

105 정답 ①

정자계

유한장 자계의 세기 $H=\frac{I}{4\pi a}(\sin\theta_1+\sin\theta_2)=\frac{I}{4\pi\frac{l}{2}}(\sin 45^o+\sin 45^o)=\frac{\sqrt{2}I}{2\pi l}[AT/m]$

정사각형은 변이 4개이므로 $H_{\square}=4\times\frac{\sqrt{2}I}{2\pi l}=\frac{2\sqrt{2}I}{\pi l}=\frac{2\sqrt{2}\times 5\pi}{2\pi\times 0.1}=100\sqrt{2}[AT/m]$

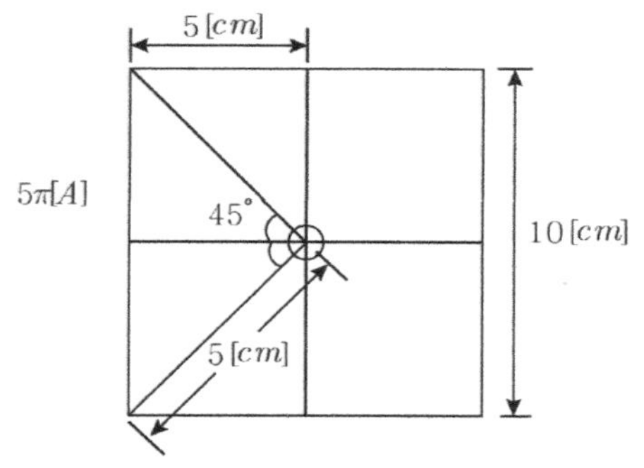

106 정답 ①

정자계

정6각형 회로의 중심점에서의 자계의 세기 $H = \sqrt{3}\frac{I}{\pi l} = \sqrt{3} \times \frac{1}{3\pi}[AT/m]$,

자속밀도 $B = \mu H = \mu\frac{\sqrt{3}}{3\pi} = \frac{2\sqrt{3}}{3\pi}[Wb/m^2]$

107 정답 ③

정자계

거리가 반지름보다 크므로 도선의 외부 자계를 구한다.

$H = \frac{I}{2\pi d} = \frac{\pi}{2\pi \times 5} = 0.1[A/m]$

108 정답 ①

정자계

무한장이므로 $H = \frac{I}{2\pi d} = \frac{2\pi}{2\pi \times 2} = 0.5[AT/m]$

109 정답 ③

정자계

원형도선 중심에서의 자계 $H = \frac{I}{2a} \times \frac{1}{2} = \frac{I}{4a} = \frac{4}{4a} = \frac{1}{a}[AT/m]$

110 정답 ④

정자계

원형 코일 중심에서의 자계의 세기 $H = \frac{NI}{2a}[AT/m]$

$$\frac{H_A + H_B}{H_A} = \frac{\frac{N_A I_A}{2a_A} + \frac{N_B I_B}{2a_B}}{\frac{N_A I_A}{2a_A}} = \frac{\frac{5I_A}{2\times 1} + \frac{4I_B}{2\times 2}}{\frac{5I_A}{2\times 1}} = \frac{\frac{5}{2}I_A + I_B}{\frac{5}{2}I_A} = 1 + \frac{2I_B}{5I_A} = 3$$

$\frac{I_B}{I_A} = 5$

111 정답 ②

정자계

$F = \frac{2I_1 I_2}{r} \times 10^{-7} = \frac{2 \times 2^2}{0.01} \times 10^{-7} = 8 \times 10^{-5}[N/m]$

112 정답 ① 정자계

도체의 길이방향으로 받는 힘은 플레밍의 왼손법칙에 따른 전동기의 원리이다.

$F = l[I \times B] = BIl\sin\theta[N]$에서 폭 b와는 관계가 없고 길이와 비례하므로 길이가 2배가 되면 힘도 2배가 된다.

113 정답 ⑤ 정자계

$T = M \times H = mlHsin\theta = 2 \times 0.1 \times 100 \times \sin 30^o = 10[N \cdot m]$

114 정답 ① 정자계

$Q = It[C],\ \omega = \frac{2\pi}{t},\ t = \frac{2\pi}{\omega}$

$I = \frac{Q}{t} = \frac{Q}{\frac{2\pi}{\omega}} = \frac{Q\omega}{2\pi}[A]$

115 정답 ① 정자계

플레밍의 법칙 $F = l[I \times B] = BIl sin 90^o = BIl[N]$

유도기전력 $e = l[v \times B] = Blv\sin 90^o = Blv[V]$

$Bl = \frac{F}{I} = \frac{e}{v},\ e = \frac{Fv}{I}[V]$

116 정답 ⑤ 정자계

자기인덕턴스 $L = \frac{N^2}{R_m} = \frac{\mu SN^2}{l} \Rightarrow \frac{\mu 2S(10N)^2}{l} = \frac{200\mu SN^2}{l}$ 이므로 l을 200배로 하면 자기인덕턴스의 값은 일정하다.

117 정답 ④ 정자계

$H = \frac{NI}{l} = \frac{N \times 10}{0.4} = 2{,}000[AT/m],\ N = 80$

118 정답 ③

정자계

자기저항 $R_m = \frac{l}{\mu_o S} = \frac{2\pi r}{4\pi \times 10^{-7} \times 10} = \frac{2\pi \times 6 \times 10^{-3}}{4\pi \times 10^{-7} \times 10} = 3{,}000[AT/Wb]$,

반지름 r은 평균반지름을 말하는 것이므로 $6[mm]$

119 정답 ③

정자계

무한장이므로 단위길이당권수를 적용한다. $1[m]$당 권수이므로 $1[cm]$마다 100이면 $1[m]$당 권수는 10,000이다.

$H = \frac{NI}{l} = nI = 10{,}000 \times 50 \times 10^{-3} = 500[AT/m]$

120 정답 ③

정자계

자속 $\varnothing = \frac{NI}{R_m} = \frac{NI}{\frac{l}{\mu S}} = \frac{\mu SNI}{l}[Wb]$

121 정답 ④

정자계

$L = \frac{N^2}{R} = \frac{\mu SN^2}{l} = \frac{4\pi \times 10^{-7} \times 3 \times 30 \times 2^2}{4 \times 10^{-2}} = 3.6\pi \times 10^{-3} = 3.6\pi[mH]$

122 정답 ③

정자계

유한장 $H = \frac{I}{4\pi a}(\sin\theta_1 + \sin\theta_2)$에서 정육각형 중심점 자계의 세기는

$H_6 = \sqrt{3}\frac{I}{\pi l} = \frac{\sqrt{3} \times \sqrt{3}}{\pi \times 1} = \frac{3}{\pi}[A/m]$

123 정답 ③

정자계

$L = \frac{N^2}{R} = \frac{\mu SN^2}{l} = \frac{3 \times 5 \times 8^2}{2} = 480[H]$

124 정답 ③ 정자계

공간에서 자계는 거리에 반비례한다.

125 정답 ③ 정자계

$$\varnothing = \frac{NI}{R} = \frac{\mu SNI}{l} = \frac{4\pi \times 10^{-7} \times 600 \times 10 \times 10^{-4} \times 500 \times 10}{\frac{\pi}{2}} = 2.4 \times 10^{-3}[Wb]$$

126 정답 ② 정자계

$$evB = \frac{mv^2}{r},\ eB = \frac{mv}{r} = m\omega$$

$$B = \frac{m}{e}\omega = \frac{m2\pi}{eT} = \frac{1}{1 \times 10^6} \times \frac{2\pi}{4\pi \times 10^{-4}} = 5 \times 10^{-3}[Wb/m^2]$$

자속밀도와 주기는 반비례한다.

127 정답 ① 정자계

직선도체가 z방향이고 y는 4에서 x점간의 거리가 $4[m]$이므로

$$H = \frac{I}{2\pi r} = \frac{2\pi}{2\pi \times 4} = 0.25[A/m]$$

128 정답 ② 자성체

강자성 상태에서 가열하면 원자의 열에너지가 높아지고, 열운동을 활발히 함으로 원자가 정렬된 상태를 유지할 수 없다. 퀴리온도는 순철에서 770℃ 정도이다.

129 정답 ① 자성체

$$J = \mu_o(\mu_s - 1)H = 4\pi \times 10^{-7}(126 - 1) \times 200 = \pi \times 10^{-2}[Wb/m^2]$$

130 정답 ② 자성체

$$J = \mu_o(\mu_s - 1)H = 4\pi \times 10^{-7}(4 - 1) \times 100 = 12\pi \times 10^{-5}[Wb/m^2]$$

131 정답 ⑤

자성체

와류손 $P_e = \sigma_e (tfk_f B_m)^2 [W/kg]$은 두께 t, 주파수f, 파형률 k_f 및 자속밀도의 제곱과 비례한다. σ_e는 재질에 의한 상수이다.

132 정답 ④

자성체

$B = \mu H [Wb/m^2]$식에 의하여 자속밀도는 H와 비례상태이나, 자속밀도가 포화한 후 자계의 세기H를 계속 증가 하게 되면 식에서 투자율은 감소가 되어야 성립이 된다는 논리적 이유로 투자율은 D와 같은 변화를 하게 된다.

133 정답 ⑤

자성체

$$W = \frac{1}{2}LI^2 = \frac{1}{2}L(\frac{E}{\omega L})^2 = \frac{1}{2}\frac{E^2}{\omega^2 L}[J]$$

$$\omega^2 = \frac{E^2}{2LW}, \ \omega = \frac{E}{\sqrt{2LW}}, \ f = \frac{\frac{E_m}{\sqrt{2}}}{2\pi\sqrt{2LW}} = \frac{E_m}{4\pi\sqrt{LW}}[Hz]$$

134 정답 ②

자성체

$$f = \frac{1}{2}BH = \frac{1}{2}\mu_o H^2 = \frac{1}{2}\frac{B^2}{\mu_o}[N/m^2]$$ 이므로

$$F = \frac{1}{2}\frac{B^2}{\mu_o}S = \frac{1}{2} \times \frac{3^2}{4\pi \times 10^{-7}} \times 2 \times 10^{-4} \fallingdotseq 7 \times 10^2 [N]$$

135 정답 ①

자성체

$$W = \frac{1}{2}LI^2 = \frac{1}{2} \times 60 \times 6^2 = 1{,}080[J]$$

$$1{,}080[J] = 1{,}080[W \cdot \sec] = \frac{1{,}080}{3{,}600} = 0.3[Wh]$$

136 정답 ②

자성체

$$F = \frac{1}{2}\frac{B^2}{\mu_o} \times 2S = \frac{1}{2} \times \frac{2^2 \times 2 \times 314 \times 10^{-4}}{4\pi \times 10^{-7}} = 10^5 [N]$$

137 정답 ④ 자성체

와류손(eddy current loss) $P_e \propto f^2 B^2 \propto e^2$

138 정답 ① 자성체

영구자석의 재료는 잔류자기 및 보자력이 모두 커야 한다. 전자석의 재료는 잔류자기가 크고 보자력 및 히스테리시스곡선의 면적이 작은 것이 적합하다.

139 정답 ① 전자 유도

표피 효과는 전류가 도체 표면에 집중하여 흐르는 현상이다. 표피 효과가 감소하면 침투깊이 δ가 커지고, 유효한 도체단면적이 커지므로 저항은 감소한다. 따라서 R은 침투깊이와 반비례한다.

$\delta = \frac{1}{\sqrt{\pi f \mu \sigma}}[m]$, $R \propto \frac{1}{\delta} \propto \sqrt{f \sigma \mu}$

140 정답 ② 전자 유도

$$e = N\frac{d\varnothing}{dt} = N\frac{dBS}{dt} = 2 \times 6 \times 10^{-3} \times 0.3 = 3.6 \times 10^{-3} = 3.6[mV]$$

141 정답 ④ 전자 유도

침투깊이 $\delta = \frac{1}{\sqrt{\sigma \mu f \pi}}[mm]$ 표피 효과는 침투깊이와 반비례하므로 표피 효과는 주파수, 도전율, 투자율에 비례한다. 도전율에 비례하므로 저항률과는 반비례한다.

142 정답 ① 전자 유도

침투깊이 $\delta = \frac{1}{\sqrt{\sigma \mu f \pi}}[mm]$이므로 침투깊이는 도전율에 반비례한다.

143 정답 ④ 전자 유도

$$\delta = \frac{1}{\sqrt{\sigma \mu \pi f}} = \frac{1}{\sqrt{5.8 \times 10^7 \times 4\pi \times 10^{-7} \times 1 \times 100 \times 10^6}} = 6.61 \times 10^{-3}[mm]$$

144 정답 ② 인덕턴스

변압비 $a=\frac{V_1}{V_2}=\frac{L_1}{M}=\frac{M}{L_2}$ 에서 $M^2=L_1L_2$

이상적 변압기는 누설자속이 없고 1차의 에너지가 2차로 모두 전달된다. 이때 결합계수 $k=1$이며 일반적으로 $k=\frac{M}{\sqrt{L_1L_2}}$, $0<k<1$이다.

145 정답 ⑤ 인덕턴스

$L=\frac{N^2}{R}=\frac{\mu SN^2}{l}[H]$이므로 인덕턴스는 권수의 제곱에 비례한다. 인덕턴스를 처음과 동일하게 하려면 단면적을 1/4배해야 한다.

$$L\propto\frac{SN^2}{l}\Rightarrow\frac{\frac{1}{4}S\times(2N)^2}{l}$$

146 정답 ① 인덕턴스

$L_1+L_2+2M=L$ 이므로 $L_1+L_2-2M=L'=0.6L$

두 식을 더하면 $1.6L=2(L_1+L_2)=2(3+5)=16$. $L=10[mH]$

$L_1+L_2+2M=L$ 에서 $3+5+2M=10$, $M=1[mH]$

결합계수 $k=\frac{M}{\sqrt{L_1L_2}}=\frac{1}{\sqrt{3\times5}}=0.258$

147 정답 ④ 인덕턴스

무한장이므로 $L=\frac{N^2}{R}=\frac{\mu SN^2}{l}\Rightarrow\mu Sn^2l\,[H]$

$$L=\mu Sn^2l=4\pi\times10^{-7}\mu_s\left(\frac{\pi}{4}\right)D^2n^2l=\pi^2\mu_sD^2n^2l\times10^{-7}\,[H]$$

148 정답 ④ 인덕턴스

$$L_1+L_2=41[mH],\ k=\frac{M}{\sqrt{L_1L_2}}=0.739$$

$$\sqrt{L_1L_2}=\frac{M}{k}=\frac{12}{0.739}\fallingdotseq 16.24,\quad L_1L_2\fallingdotseq 264$$

$L_1=8[mH],\ L_2=33[mH]$ 또는 그 반대

149 정답 ② 인덕턴스

영구자석의 기자력 $F=NI=0$

$$F=Hl+H_a\delta=0,\ H_a=\frac{B}{\mu_o}$$

$$F=Hl+\frac{B\delta}{\mu_o}=0,\quad B\delta=-Hl\mu_o,\ \frac{B}{H}=-\frac{l\mu_o}{\delta}$$

150 정답 ④ 인덕턴스

$N\varnothing=LI,\ 25\times0.01=L\times1,\ L=0.25[H]$

$$\frac{N_1}{N_2}=\sqrt{\frac{L_1}{L_2}}\ ,\ N_2=25\ L_1=0.25[H],\ L_2=1[H]$$

$N_1=50$

151 정답 ② 인덕턴스

$$V_A=L_A\frac{di_A}{dt}=L_A\times150=45[V]\ ,\ L_A=0.3[H]$$

$$V_B=M\frac{di_A}{dt}=M\times150=30[V],\ M=0.2[H]$$

152 정답 ② 인덕턴스

$$W=\frac{1}{2}BH=\frac{1}{2}\mu H^2=\frac{1}{2}\frac{B^2}{\mu}[J/m^3]$$

$$f=\frac{1}{2}\frac{B^2}{\mu}[N/m^2]$$

$$F=\frac{1}{2}\frac{B^2}{\mu}S[N]$$

153 정답 ② 전자계

변위전류밀도 $i_d = \frac{\partial D}{\partial t} = \epsilon \frac{\partial E}{\partial t} = \frac{\epsilon}{d}\frac{\partial V}{\partial t} = \frac{\epsilon}{d}\frac{\partial V_m \sin\omega t}{\partial t}$

$= \frac{\omega\epsilon}{d} V_m \cos\omega t = \frac{\omega\epsilon}{d} V_m \sin(\omega t + \frac{\pi}{2})\,[A/m^2]$

154 정답 ⑤ 전자계

고유임피던스 $Z = \frac{E}{H} = \sqrt{\frac{\mu}{\epsilon}} = \sqrt{\frac{\mu_o \mu_s}{\epsilon_o \epsilon_s}} = \sqrt{\frac{1.5\mu_o}{6\epsilon_o}} = \frac{1}{2}\sqrt{\frac{\mu_o}{\epsilon_o}}\,[\Omega]$

155 정답 ① 전자계

전계가 X축 방향으로 진동하고, 자계가 Y축 방향으로 진동하면서 Z방향으로 진행하는 평면파이다. 전계벡터와 자계벡터는 동위상이다.

$P = E \times H\,[W/m^2]$

임피던스 $Z_o = \frac{E}{H} = \sqrt{\frac{\mu_o}{\epsilon_o}} = 120\pi = 377\,[\Omega]$

공기중에서 $E = 377H$

156 정답 ① 전자계

전파속도 $v = \frac{\text{파장}}{\text{주기}} = \frac{\lambda}{T} = \lambda \cdot f = \frac{\omega}{\beta} = \frac{1}{\sqrt{\epsilon\mu}} = \frac{3\times10^8}{\sqrt{\epsilon_s \mu_s}} = \frac{3\times10^8}{\sqrt{4\times9}} = 0.5\times10^8\,[m/\sec]$

$\lambda \cdot f = 0.5\times10^8,\ \lambda = \frac{0.5\times10^8}{f} = \frac{0.5\times10^8}{100\times10^6} = 0.5\,[m]$

157 정답 ② 전자계

$v = \frac{2\lambda}{t} = 3\times10^8\,[m/\sec]$

$\lambda = \frac{t}{2}\times3\times10^8 = \frac{24\times10^{-6}}{2}\times3\times10^8 = 3{,}600\,[m]$

158 정답 ②

전자계

$$v=\lambda \cdot f=\frac{\omega}{\beta}=3\times 10^{8}[m/sec]$$

$$\lambda \cdot f=\frac{\omega}{\beta}=\frac{2\pi f}{\beta}=3\times 10^{8}$$

$$\beta=\frac{2\pi f}{3\times 10^{8}}=\frac{2\pi\times 18\times 10^{6}}{3\times 10^{8}}=\frac{3\pi}{25}[rad/m]$$

159 정답 ⑤

전자계

반사계수 $\rho=\frac{Z_L-Z_o}{Z_L+Z_o}=\frac{80-20}{80+20}=0.6$

정재파비 $\frac{1+\rho}{1-\rho}=\frac{1+0.6}{1-0.6}=\frac{1.6}{0.4}=4$

정재파란 어떤 파동이 진행하다가 다른 매질을 만나서 반사되어 나온 파동과 합쳐지면서 생기는 고정된 파형을 의미한다.

160 정답 ③

전자계

$$i_d=\frac{\partial D}{\partial t}=\epsilon\frac{\partial E}{\partial t}=\frac{\epsilon}{d}\frac{\partial V}{\partial t}=\frac{\epsilon}{d}\frac{\partial 20\sin 100t}{\partial t}=\frac{2{,}000\epsilon}{d}cos100t[A/m^2]$$

$$I=i_d\cdot S=2{,}000\epsilon\frac{S}{d}cos100t[A]$$

$$I_m=2000C=2000\times 4\times 10^{-6}=8[mA]$$

161 정답 ④

전자계

$$W_E=\frac{1}{2}DE[J/m^3],\ W_H=\frac{1}{2}BH\,[J/m^3]$$

$$W=W_E+W_H=\frac{1}{2}DE+\frac{1}{2}BH=\frac{1}{2}\epsilon E^2+\frac{1}{2}\mu H^2[J/m^3]$$

$\frac{E}{H}=\sqrt{\frac{\mu}{\epsilon}}$, $E=\sqrt{\frac{\mu}{\epsilon}}H$, $H=\sqrt{\frac{\epsilon}{\mu}}E$ 대입하면

$$W=\frac{1}{2}\epsilon E^2+\frac{1}{2}\mu H^2=\frac{1}{2}(\epsilon E\cdot\sqrt{\frac{\mu}{\epsilon}}H+\mu H\cdot\sqrt{\frac{\epsilon}{\mu}}E)[J/m^3]$$

$$W=\frac{1}{2}(\sqrt{\epsilon\mu}EH+\sqrt{\epsilon\mu}EH)=\sqrt{\epsilon\mu}EH[J/m^3]$$

162 정답 ① 전자계

$$P=\frac{W}{S}=\frac{W}{4\pi r^2}=\frac{3\pi\times10^6}{4\pi\times100^2}=EH=\sqrt{\frac{\mu}{\epsilon}}H^2[W/m^2]$$

$$\frac{E}{H}=\sqrt{\frac{\mu}{\epsilon}}=\sqrt{\frac{27}{3}}=3$$

$$H^2=\frac{3}{4}\times10^2\times\frac{1}{3}=25,\ H=5[A/m]$$

163 정답 ③ 전자계

$divB=0$으로 N극에서 나오는 자속은 모두 S극으로 들어간다는 의미이다. 자속의 연속성으로 고립된 자극은 없다.

164 정답 ② 전자계

ㄱ. 가우스법칙 – a
ㄴ. 패러데이 법칙 – c
ㄷ. 암페어의 주회적분 법칙 – b

165 정답 ⑤ 전자계

$$v=\lambda\cdot f=3\times10^8[m/sec]$$

$$f=\frac{3\times10^8}{60}=5[MHz]$$

166 정답 ④ 전자계

$$A_m\sin\omega(t-\frac{z}{v})=A_m\sin2\pi f(t-\frac{z}{v})=A_m\sin2\pi(ft-\frac{fz}{v})=A_m\sin2\pi(\frac{t}{T}-\frac{z}{\lambda})$$

167 정답 ④

$$H=\sqrt{\frac{\epsilon_o}{\mu_o}}\cdot 5\cdot \sin\omega(t-\frac{x}{V})=\frac{5}{120\pi}sin\omega(t-\frac{x}{V})=1.3\times 10^{-2}\sin\omega(t-\frac{x}{V})[\mu A/m]$$

시험에 2회 이상 출제된

필수암기노트

❶ 벡터 해석

벡터는 크기와 방향을 가진 양(quantity)이며, 스칼라는 단지 크기만 가진 양이다.

$A = A_x i + A_y j + A_z k$, $|A| = \sqrt{A_x^2 + A_y^2 + A_z^2}$

1) 벡터의 대수

$$\begin{aligned} A \pm B &= (A_x i + A_y j + A_z k) \pm (B_x i + B_y j + B_z k) \\ &= (A_x \pm B_x) i + (A_y \pm B_y) j + (A_z \pm B_z) k \end{aligned}$$

2) 벡터의 내적 : 동일 방향 성분의 곱

$A \cdot B = |A||B| \cos\theta$

$A \cdot B = A_x B_x + A_y B_y + A_z B_z$

3) 벡터의 외적 : 수직 방향 성분의 곱

$A \times B = |A||B| \sin\theta$

θ는 A와 B사이의 각.

$A \times B = -B \times A$ 교환법칙이 성립하지 않는다.

$$\begin{aligned} A \times B &= (A_x i + A_y j + A_z k) \times (B_x i + B_y j + B_z k) \\ &= (A_y B_z - A_z B_y) i + (A_z B_x - A_x B_z) j + (A_x B_y - A_y B_x) k \end{aligned}$$

예) $A = 2i + 4j - 3k$, $B = i - j$일 때 $A \cdot B$ 와 $A \times B$를 구하라

sol) $A \cdot B = (2i + 4j - 3k) \cdot (i - j) = 2 \cdot 1 + 4 \cdot (-1) + (-3) \cdot 0 = -2$

$$A \times B = \begin{vmatrix} i & j & k \\ 2 & 4 & -3 \\ 1 & -1 & 0 \end{vmatrix} = \begin{vmatrix} 4 & -3 \\ -1 & 0 \end{vmatrix} i + \begin{vmatrix} -3 & 2 \\ 0 & 1 \end{vmatrix} j + \begin{vmatrix} 2 & 4 \\ 1 & -1 \end{vmatrix} k$$

$= -3i - 3j - 6k$

4) 벡터의 미분

① **gradient**(구배) : 공간변화율의 최댓값이며 변화율이 최대로 되는 방향을 향하고 있는 벡터이다.

전위 V의 변화가 가장 빠른 벡터를 구하려면

$$grad\,V = \nabla \cdot V = \frac{\partial V}{\partial x}i + \frac{\partial V}{\partial y}j + \frac{\partial V}{\partial z}k$$

전계 $E = -grad\,V[V/m]$는 전위가 높은데서 낮은 곳으로 향하는 계벡터를 구하는 식이다.

② **divergence**(발산) : 유체입자가 벡터장 안에서 발산하는지, 혹은 수렴하는지를 나타낸 다. 벡터를 미분하여 스칼라를 구하는데 사용한다.

div A=0 이면 팽창 및 수축을 하지 않는 것을 의미한다. 연속상태이다.

div I=0 은 유입전류가 모두 유출되는 키르히호프의 제1법칙을 설명하고 있다.

div B=0 은 N극에서 나온 자속이 모두 S극으로 들어가는 것을 의미한다.

③ **rotation = curl**(회전) : 벡터가 얼마나 회전하는지를 나타낸다.

2 두 전하간의 작용력, 전계, 전위

- 전자 $e = -1.602 \times 10^{-19}[C]$, $m = 9.109 \times 10^{-31}[Kg]$
- 양자 $e = +1.602 \times 10^{-19}[C]$, $m = 1.673 \times 10^{-27}[Kg]$

전하량 $Q_1[C]$, $Q_2[C]$인 두 전하가 $d[m]$ 거리에 놓여있을 때, 전하 사이에는 전하량의 곱에 정비례하고, 거리의 자승에 반비례하는 힘이 존재한다. 이것을 쿨롱의 법칙 또는 쿨롱의 힘이라 한다.

- $F = \frac{1}{4\pi\epsilon}\frac{Q_1Q_2}{d^2} = 9 \times 10^9\,\frac{Q_1Q_2}{\epsilon_s d^2}[N]$, 매질의 유전율 $\epsilon[F/m]$

$\epsilon = \epsilon_o \epsilon_s$
ϵ_o: 진공의 유전율 $8.855 \times 10^{-12}[F/m]$, ϵ_s : 비유전율

① 두 전하 사이에 작용하는 작용력은 두 전하의 곱에 비례한다.

② 두 전하 사이에 작용하는 작용력은 두 전하간의 거리의 제곱에 반비례한다.

③ 두 전하 사이에 작용하는 작용력은 두 전하를 연결하는 일직선상에 존재한다.

④ 두 전하 사이에 작용하는 작용력은 주위 매질에 따라 다르다.

1) 쿨롱력(쿨롱의 힘) $F=9\times10^9\frac{Q_1Q_2}{r^2}=\frac{Q_1Q_2}{4\pi\epsilon_o r^2}[N]$

2) 전계 $E=9\times10^9\frac{Q}{r^2}=\frac{Q}{4\pi\epsilon_o r^2}[V/m]$, $F=EQ$, $E=\frac{F}{Q}$

3) 전위 $V=9\times10^9\frac{Q}{r}=\frac{Q}{4\pi\epsilon_o r}[V]$, $V=E\cdot r$

$F, E, V\propto\frac{1}{\epsilon}$

- SI 단위계에서 전하의 단위는 C(쿨롬)으로 1[A]의 전류가 도체의 단면을 1초 동안에 통과하는 전하의 총량과 같다.
- CGS 단위계에는 정전기적 전하 단위esu, 즉 스탯쿨롬(statcoulomb)이 있다.
- 전하 1[C]은 30억esu이며 1[Fr]=1[statcoulomb]=1esu charge이다.

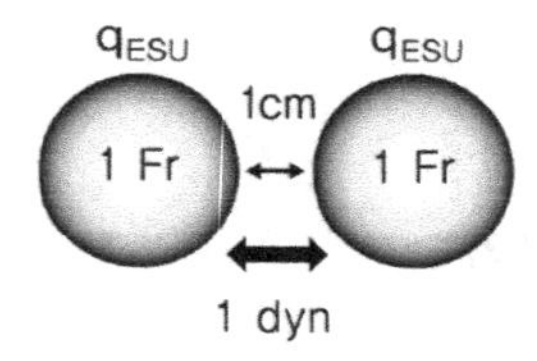

3 전계의 세기

$Q[C]$의 전하가 단위 정전하 1[C]과 작용하는 힘의 세기라 할 수 있으며, 거리에 따른 전위의 변화율로도 이해할 수 있다.

- $E=9\times10^9\frac{Q}{r^2}=\frac{Q}{4\pi\epsilon_o r^2}[V/m]$, $F=EQ$, $E=\frac{F}{Q}$

1) 구 (점) 전하

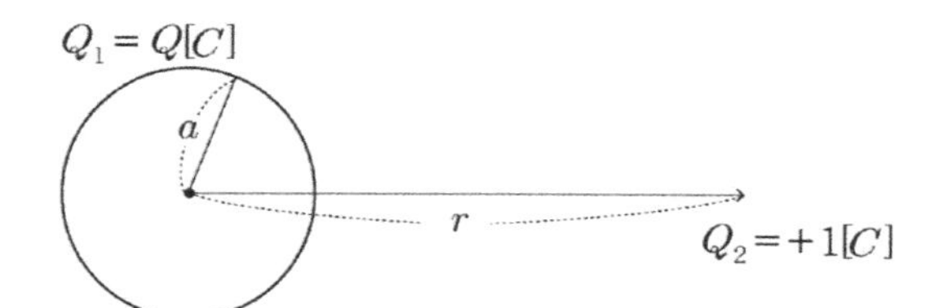

① **구 외부**

㉠ $E = \dfrac{Q \cdot 1}{4\pi\varepsilon_0 r^2} = \dfrac{Q}{4\pi\varepsilon_0 r^2} = 9 \times 10^9 \times \dfrac{Q}{r^2}\,[V/m]$

㉡ 가우스 법칙을 이용

$\int E ds = \dfrac{Q}{\varepsilon_o}$, $E = \dfrac{Q}{4\pi r^2 \epsilon_o}\,[V/m]$

② **구 내부**(단, 전하가 내부에 균일하게 분포된 경우)

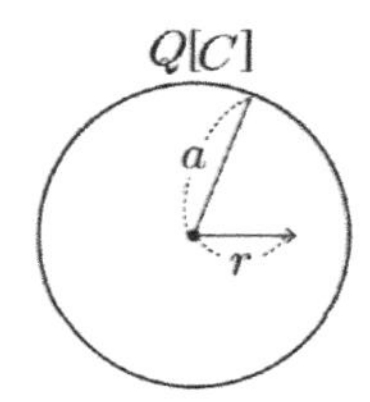

• $E = \dfrac{Q}{4\pi\varepsilon_0 r^2} \times \dfrac{\text{체적}'(r)}{\text{체적}(a)} = \dfrac{Q}{4\pi\varepsilon_0 r^2} \times \dfrac{\frac{4}{3}\pi r^3}{\frac{4}{3}\pi a^3} = \dfrac{rQ}{4\pi\varepsilon_0 a^3}\,[V/m]$

㉠ 내부에서 전계 E는 거리에 비례하여 증가하고, 표면에서 최대크기를 갖는다. (균등분포)

㉡ 도체에서 내부전계 E는 0이다. 도체는 등전위이며 전위차가 발생하지 않아 전계가 0이다.

㉢ 전계는 도체표면에서 수직으로 발산한다.

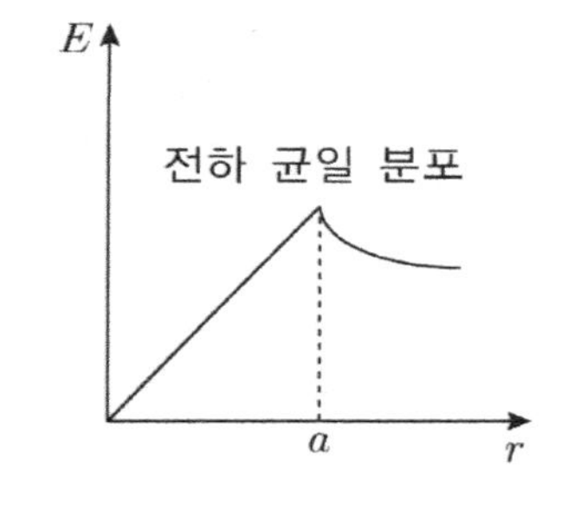

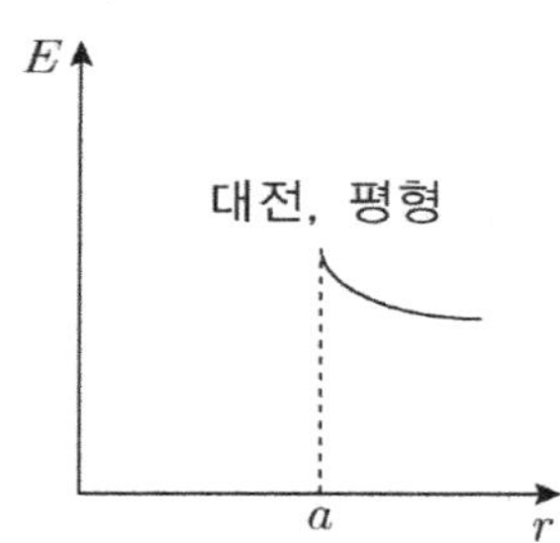

2) 동축 원통 (무한장 직선, 원주)

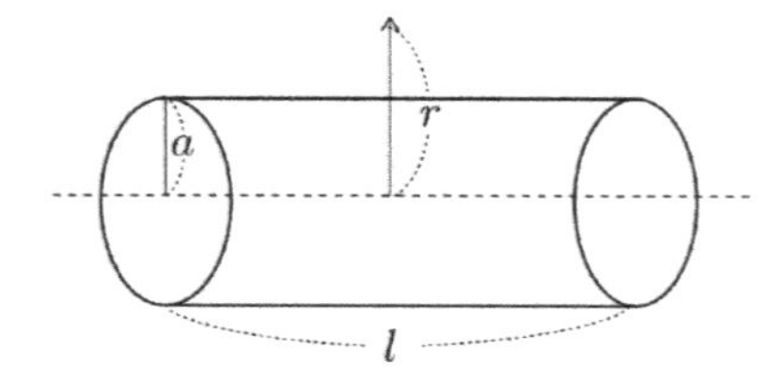

① **외부**

㉠ 가우스 법칙 이용

$$\int E ds = \frac{Q}{\varepsilon_0} = \frac{\lambda \cdot \ell}{\varepsilon_0},\quad E \cdot S = \frac{\lambda \cdot \ell}{\varepsilon_0}$$

$E = \frac{\lambda \cdot \ell}{S \cdot \varepsilon_0}$ 에서 길이 ℓ, 반지름 r인 원통의 표면적 $S = 2\pi r \ell$, $E = \frac{\lambda \cdot \ell}{2\pi r \ell \cdot \varepsilon_0}[V/m]$

$E(\text{외부}) = \frac{\lambda}{2\pi\varepsilon_0 r}\,[V/m]$

② **내부**(단, 전하가 내부에 균일하게 분포된 경우)

$E = \frac{\lambda}{2\pi\varepsilon_0 r} \times \frac{\text{체적}'(r)}{\text{체적}(a)} = \frac{\lambda}{2\pi\varepsilon_0 r} \times \frac{\pi r^2 \ell}{\pi a^2 \ell}$ ⇒길이 ℓ, 반지름 r인 원통의 체적 $v = \pi r^2 \ell$

$E(\text{내부}) = \frac{r\lambda}{2\pi\varepsilon_0 a^2}\,[V/m]$

㉠ 내부전계 E는 전하가 균등분포 시 거리에 비례하여 증가, 표면에서 최댓값을 갖는다.

㉡ 도체에서 전계 E는 0이다. 선전하는 거리에 반비례하는 전계를 가진다.

3) 무한평면

① 도체에서 전계 $E = \frac{\sigma}{\varepsilon_0}$(단, σ는 면전하밀도 $[C/m^2]$

② $+\rho$, $-\rho[\mathrm{C}/m^2]$이 간격 $d[m]$로 분포된 경우 외부전계 E는 0이며, 내부전계 E는 $\frac{\sigma}{\varepsilon_0}$이다. 평면 전하는 길이와 무관한 전계를 가진다.

4 전위

• 전계의 세기가 0인 무한원점으로부터 임의의 점까지 단위 정전하(+1[C])을 이동시킬 때 필요한 일의 양

1) 구(점) 전위

$V=-\int_{\infty}^{r} Edx$ (무한원점에 대한 임의의 점(r)의 전위)

① 전계 내에서 B점에 대한 A점의 전위

$$V=-\int_{B}^{A} Ed\ell$$

$$V=\frac{Q}{4\pi\varepsilon_0 r}[V]=E\cdot\ r[V]$$

2) 동축 원통(무한장 직선, 원주)

$$V=-\int_{\infty}^{r} Edx=\int_{r}^{\infty} Edx=\int_{r}^{\infty}\frac{\lambda}{2\pi\varepsilon_0 x}dx=\frac{\lambda}{2\pi\varepsilon_0}[\ell_n x]_r^{\infty}=\frac{\lambda}{2\pi\varepsilon_0}(\ell_n\infty-\ell_n r)$$

$$V=\infty[V]$$

3) 무한 평면

$$V=-\int_{\infty}^{r} Edx=\int_{r}^{\infty} Edx=\int_{r}^{\infty}\frac{\rho}{2\varepsilon_0}dx=\frac{\rho}{2\varepsilon_0}[x]_r^{\infty}=\frac{\rho}{2\varepsilon_0}[\infty-r]$$

$$V=\infty$$

※ 동축원통이나 무한평면에서 임의의 점(r)의 전위는 $V=\infty$

5 전속과 전속밀도

1) 전속 : 단위 [C]

전계의 인가에 의하여 매질중을 이동하는 전하에 관한 스펙트럼량, 진속밀도는 벡터 값의 점 함수이고, 그 발산을 전하 밀도와 같다. 또, 분극 물질이 존재하지 않는 영역에서는 전계에 비례한다. 분산을 발생하지 않는 매질 중에서는 전속밀도는 다음 식으로 주어진다.

- $D=\epsilon E[C/m^2]$ (D는 전속밀도, ϵ는 유전율, E는 전계벡터이다.)
  - ㉠ 전하에서 나오는 선속을 말한다.
  - ㉡ 항상 전하와 같은 양의 전속이 발생한다.

2) 전속밀도

단위면적당 전속의 양을 나타낸다. 전속밀도는 유전율과는 무관하다.

$$D=\frac{Q}{S}=\frac{Q}{4\pi r^2}[C/m^2]$$

3) 전속밀도와 전계와의 관계

$$\int_s D\,dS=Q,\ \int_s \epsilon E\,dS=Q,\ D=\epsilon E$$

6 전기 쌍극자

1) 전기 쌍극자

부호는 반대이고 크기가 같은 두 전하의 분포를 전기 쌍극자라고 한다. 전기 쌍극자는 전체적으로 중성을 띠지만 각 전하의 위치가 흩어져 있는 원자나 분자에서 나타날 수 있어 물질의 전기적인 성질을 결정하는 중요한 개념이 된다.

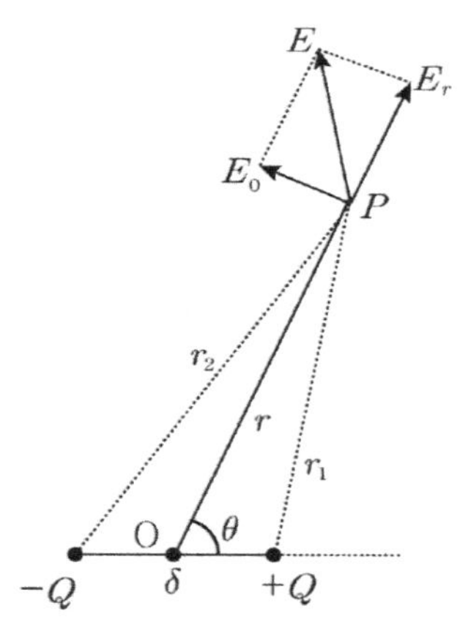

- $\cos\theta = \frac{x}{\frac{\delta}{2}}$, $x = \frac{\delta}{2}cos\theta$, $r_1 = r - \frac{\delta}{2}cos\theta$, $r_2 = r + \frac{\delta}{2}cos\theta$

- $r^2 \gg (\frac{\delta}{2}cos\theta)^2$

- $M = Q\cdot \ \delta[c\ \ m]$, 전기 쌍극자 모멘트

① **전위**

$$V = V_1 + V_2 = \frac{Q}{4\pi\varepsilon_0 r_1} + \frac{-Q}{4\pi\varepsilon_0 r_2} = \frac{Q}{4\pi\varepsilon_0}(\frac{1}{r_1} - \frac{1}{r_2}) = \frac{Q\delta\cos\theta}{4\pi\varepsilon_0 r^2} = \frac{M}{4\pi\varepsilon_0 r^2}\cos\theta\,[V]$$

② 전계의 세기r 3승에 반비례하며 0^0에서 최댓값을 갖는다.

- $E = \sqrt{E_0^2 + E_r^2}$

- $E_\theta = -\frac{1}{r}\frac{\partial V}{\partial\theta} = -\frac{1}{r}\cdot\ \ \frac{M(-\sin\theta)}{4\pi\varepsilon_0 r^2} = \frac{M\sin\theta}{4\pi\varepsilon_0 r^3}$

- $E_r = -\frac{\partial V}{\partial r} = -\frac{M\cos\theta}{4\pi\varepsilon_0} \times (-\frac{2}{r^3}) = \frac{2Mcos\theta}{4\pi\varepsilon_0 r^3}$

- $E = \frac{M}{4\pi\varepsilon_0 r^3}\sqrt{\sin^2\theta + (2\cos\theta)^2} = \frac{M}{4\pi\varepsilon_0 r^3}\sqrt{1 + 3\cos^2\theta}\,[V/m]$

- 전위 $V = \frac{M}{4\pi\varepsilon_0 r^2}cos\theta\,[V]$, 전계의 세기 $E = \frac{M}{4\pi\varepsilon_0 r^3}\sqrt{1+3\cos^2\theta}\,[V/m]$

  $\theta = 0^0$일 때 V, E는 최대가 된다.

  $\theta = 90^0$일 때 $V=0$ $E = \frac{M}{4\pi\varepsilon_0 r^3}$ 최소가 된다.

7 포아송과 전기력선의 방정식

1) 포아송의 방정식 ; 공간에서의 전하밀도를 구하는 식이다.

$\nabla^2 V = -\dfrac{\rho}{\varepsilon_0}$, $\rho[c/m^3]$: 체적(공간) 전하밀도

$$\frac{\partial^2 V}{\partial x^2} + \frac{\partial^2 V}{\partial y^2} + \frac{\partial^2 V}{\partial z^2} = -\frac{\rho}{\varepsilon_0}$$

2) 전기력선의 방정식

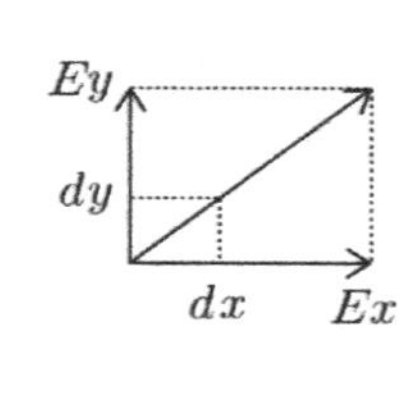

$$\frac{dx}{Ex} = \frac{dy}{Ey} = \frac{dz}{Ez}$$

3) 전기력선의 성질

- **전기력선** : 전기장에서 전기력의 세기와 방향을 나타내는 가상 곡선

① 전기력선의 밀도는 전계의 세기와 같다.

② 전기력선의 방향은 전계의 방향과 같다.

③ 전기력선은 정전하에서 부전하 방향으로 연결된다.

 – 전기력선은 전하가 없는 곳에서 연속

 – 도체 내부에는 전기력선이 존재하지 않음

④ 전기력선은 전위가 높은 곳에서 낮은 곳으로 향한다.

⑤ 전기력선은 도체 표면(등전위면)에 수직

⑥ 전기력선의 수 = $\dfrac{Q}{\varepsilon_0}$(공기중, 진공중)

⑦ 전기력선은 그 자신만으로 폐곡선을 이루지 않는다.

⑧ 전기력선은 도체 내부를 통과하지 못한다.

⑨ 두 개의 전기력선은 서로 반발하며 교차하지 않는다.

• 가우스 법칙(Gauss's law)은 닫혀진 곡면에 대해서 그 곡면을 지나는 전기력선의 수(전기장)와 곡면으로 둘러싸인 공간안의 전하량과의 관계를 나타내는 물리법칙이다.

$$\int_s E\, dS = \frac{Q}{\epsilon_o}$$

가우스 법칙의 미분형은 $div\,D = \rho[C/m^3]$

4) 전하의 성질

① 도체에서 전하는 표면에만 분포

② 전하는 뾰족한 부분일수록 많이 모이려는 성질이 있다.

8 진공중의 도체계

1) 전위 계수

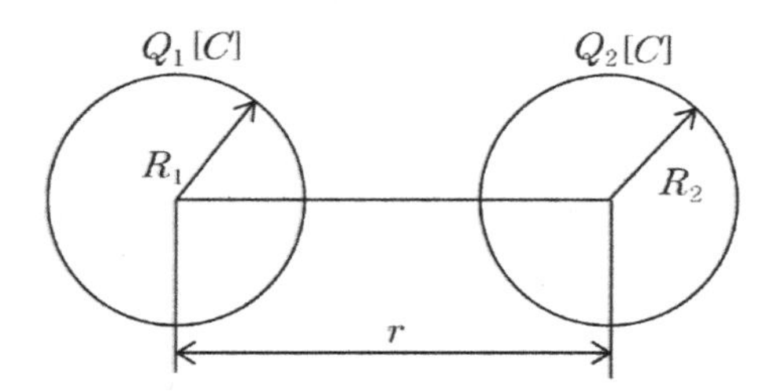

• 도체 1의 전위 $V_1 = \dfrac{Q_1}{4\pi\varepsilon_0 R_1} + \dfrac{Q_2}{4\pi\varepsilon_0 r} = P_{11}Q_1 + P_{12}Q_2[V]$

• 도체 2의 전위 $V_2 = \dfrac{Q_1}{4\pi\varepsilon_0 r} + \dfrac{Q_2}{4\pi\varepsilon_0 R_2} = P_{21}Q_1 + P_{22}Q_2[V]$

P_{11}, P_{12}, P_{21}, P_{22} : 전위계수 $[\frac{1}{F}][\frac{V}{C}]$, $P_{rs} = P_{sr}$

• 성질 : $P_{rr} > 0$, $P_{rs} = P_{sr} \geq 0$, $P_{rr} \geq P_{rs}$ ($P_{rr} = P_{rs}$일 때 s가 r에 속해 있다.)

2) 용량 계수, 유도 계수

- 도체 1 $Q_1 = 4\pi\varepsilon_0 R_1 V_1 + 4\pi\varepsilon_0 r V_2 \quad = q_{11} V_1 + q_{12} V_2 [C]$
- 도체 2 $Q_2 = 4\pi\varepsilon_0 r V_1 + 4\pi\varepsilon_0 R_2 V_2 \quad = q_{21} V_1 + q_{22} V_2 [C]$

$Q_1 = q_{11} V_1 + q_{12} V_2 [C]$

$Q_2 = q_{21} V_1 + q_{22} V_2 [C]$

첨자가 같은 것 : q_{11}, q_{22}(용량계수)$[F]$

첨자가 틀린 것 : q_{12}, q_{21}(유도계수)$[F]$

① **성질** : q_{rr}(용량계수) > 0, $q_{rs} = q_{sr}$(유도계수) $\leqq 0$, $q_{rr} \geqq -q_{rs}$

3) 콘덴서 연결

① **직렬 연결** : 전기량 $Q[C]$가 일정하다.

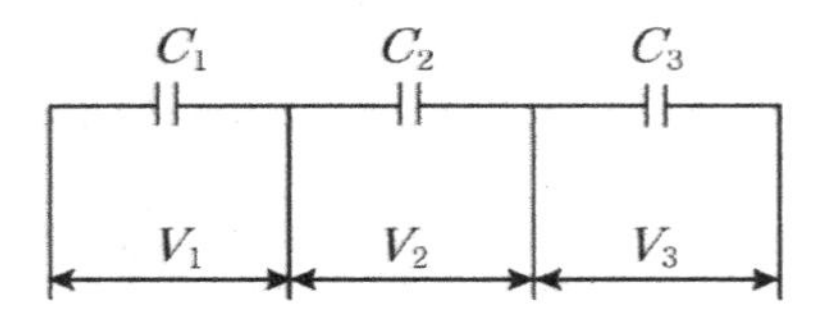

(V_1, V_2, V_3: 내압, 내전압)

$$C = \frac{1}{\frac{1}{C_1} + \frac{1}{C_2} + \frac{1}{C_3}} [F]$$

② 직렬연결에서는 전기량 Q가 일정하므로

$Q = Q_1 = Q_2 = Q_3$

$Q_1 = C_1 V_1$, $Q_2 = C_2 V_2$, $Q_3 = C_3 V_3$

③ **병렬 연결** : 전압이 일정하고 전기량과 정전용량은 합산해서 계산된다.

㉠ 합성 정전 용량 $C = C_1 + C_2 [F]$

㉡ $V = \frac{Q}{C} = \frac{Q_1 + Q_2}{C_1 + C_2} = \frac{C_1 V_1 + C_2 V_2}{C_1 + C_2} [V]$

4) 정전 용량

① **도체구** $C = \frac{Q}{V} = \frac{Q}{\frac{Q}{4\pi\varepsilon_0 a}} = 4\pi\varepsilon_0 a\,[F]$

② **동심구**

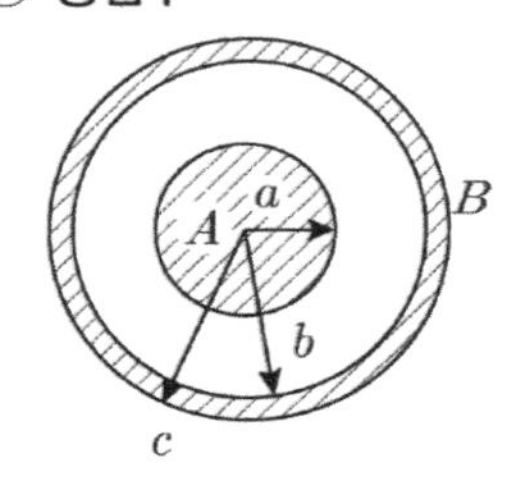

㉠ 내구 A 도체에만 $Q[C]$의 전하를 준 경우 A 도체의 전위(V_A)

$$V_A = \int_a^b E\,dx + \int_c^\infty E\,dx = \int_a^b \frac{Q}{4\pi\varepsilon_0 x^2}dx + \int_c^\infty \frac{Q}{4\pi\varepsilon_0 x^2}dx$$

$$= \frac{Q}{4\pi\varepsilon_0}\left\{[-\frac{1}{x}]_a^b + [-\frac{1}{c}]_c^\infty\right. = \frac{Q}{4\pi\varepsilon_0}\left\{[-\frac{1}{b}+\frac{1}{a}]+[-\frac{1}{\infty}+\frac{1}{c}]\right\} = \frac{Q}{4\pi\varepsilon_0}(\frac{1}{a}-\frac{1}{b}+\frac{1}{c})\,[V]$$

㉡ A 도체에 $+Q[C]$, B 도체에 $-Q[C]$의 전하를 준 경우

$$V_A = \int_a^b E\,dx + \int_c^\infty E\,dx \Rightarrow c \sim \infty \text{ 구간 } E=0$$

$$= \int_a^b \frac{Q}{4\pi\varepsilon_0 x^2}dx = \frac{Q}{4\pi\varepsilon_0}[-\frac{1}{x}]_a^b = \frac{Q}{4\pi\varepsilon_0}(-\frac{1}{b}+\frac{1}{a}) = \frac{Q}{4\pi\varepsilon_0}(\frac{1}{a}-\frac{1}{b})$$

$C = \frac{Q}{V_A} = \frac{4\pi\varepsilon_0}{\frac{1}{a}-\frac{1}{b}}[F]$ $(a<b)$, (a : 내도체 반지름, b : 외도체 반지름)

③ **동축 원통**$(a<b)$

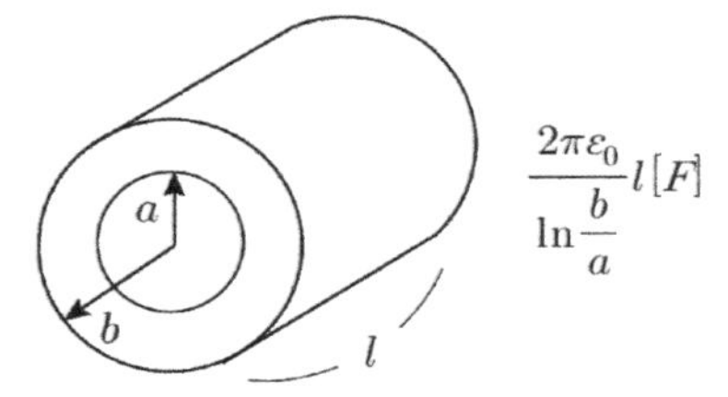

$\frac{2\pi\varepsilon_0}{\ln\frac{b}{a}}l\,[F]$

$C = \frac{\lambda}{V}[\text{F/m}] = \frac{2\pi\varepsilon_0}{\ln\frac{b}{a}}[F/m]$, (a〈b)

④ **평행 도선**

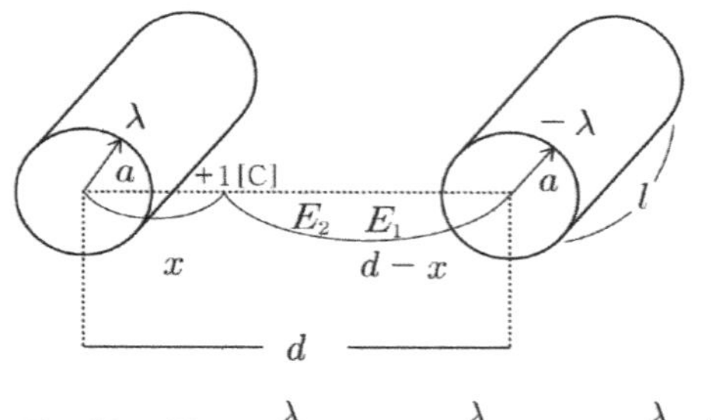

$$E=E_1+E_2=\frac{\lambda}{2\pi\varepsilon_0 x}+\frac{\lambda}{2\pi\varepsilon_0(d-x)}=\frac{\lambda}{2\pi\varepsilon_0}\left(\frac{1}{x}+\frac{1}{d-x}\right)$$

$$C=\frac{\lambda}{V}=\frac{\pi\varepsilon_0}{\ln\frac{d}{a}}[F/m],\quad C\fallingdotseq\frac{\pi\varepsilon_0}{\ln\frac{d}{a}}l[F]$$

⑤ **평행판 도체**(콘덴서)

$$C=\frac{Q}{V}=\frac{D\cdot\ S}{V}=\frac{\varepsilon_0 E\cdot\ S}{V}=\frac{\varepsilon_0\frac{V}{d}\cdot\ S}{V}=\frac{\varepsilon_0\cdot\ S}{d}[F]$$

$S[m^2]$

$d[m]$

9 정전계의 에너지

1) 전하 이동 시 에너지

$W=q\cdot V[J]$ (q : 이동 전하 , V : 전위차)

등전위면(폐곡면)에서 전하 이동시 에너지는 전위차(V)=0이므로 W=0

에너지의 변화가 없으므로 일의 양은 언제나 0이다.

2) 콘덴서에 저장되는 에너지

$$W=\frac{1}{2}QV=\frac{1}{2}CV^2=\frac{1}{2}\frac{Q^2}{C}[J]$$

3) 전계 내에 저장되는 에너지(단위체적당 에너지)

$$W=\frac{1}{2}DE=\frac{1}{2}\epsilon E^2=\frac{1}{2}\frac{D^2}{\epsilon}[J/m^3]$$

단위체적당 저장되는 에너지는 단위면적 당 힘과 같다.

$$\frac{J}{m^3}=\frac{N\cdot m}{m^3}=\frac{N}{m^2}$$

$$f=\frac{1}{2}DE=\frac{1}{2}\epsilon E^2=\frac{1}{2}\frac{D^2}{\epsilon}[N/m^2]$$

4) 대전 도체 표면에 작용하는 힘(정전 응력)

$$F=\frac{1}{2}\epsilon E^2 S=\frac{1}{2}\epsilon(\frac{V}{d})^2 S[N]$$

10 유전체

1) 유전체의 정의

유전체는 절연체와 같은 의미이지만 유전 분극과 같은 전기 작용이 더 있다는 점을 강조한 용어이다. 콘덴서의 두 극판 사이에 유전체를 넣으면 유전 분극 현상이 일어나는데, 일정한 전압에서는 유전 분극이 많이 일어날수록 극판에 전하를 많이 저장할 수 있다.

2) 분극의 세기

$$E=\frac{\rho-\rho'}{\varepsilon_0}=\frac{D-P}{\varepsilon_0},\ \varepsilon_0 E=D-P$$

$$P=\epsilon_o(\epsilon_s-1)E=\chi E=D-\epsilon_o E=(1-\frac{1}{\epsilon_s})D[C/m^2]$$

χ(분극율)$=\varepsilon_0(\varepsilon_0-1)[F/m]$, χ_s(비분극율, 전기감수율)$=(\varepsilon_s-1)$

3) 경계면 조건

① 전속 밀도의 법선 성분의 크기는 같다(연속이다).

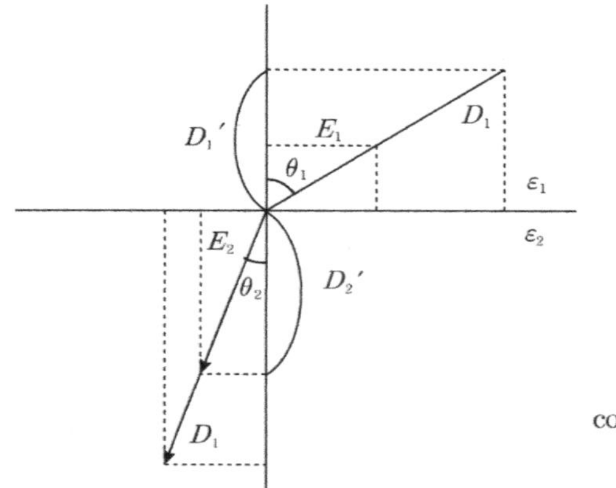

$$\cos\theta_1 = \frac{D_1'}{D_1},\ \cos\theta_2 = \frac{D_2'}{D_2},\ D_1' = D_2'$$

$$D_1\cos\theta_1 = D_2\cos\theta_2$$

② 전계의 접선 성분의 크기는 같다(연속이다).

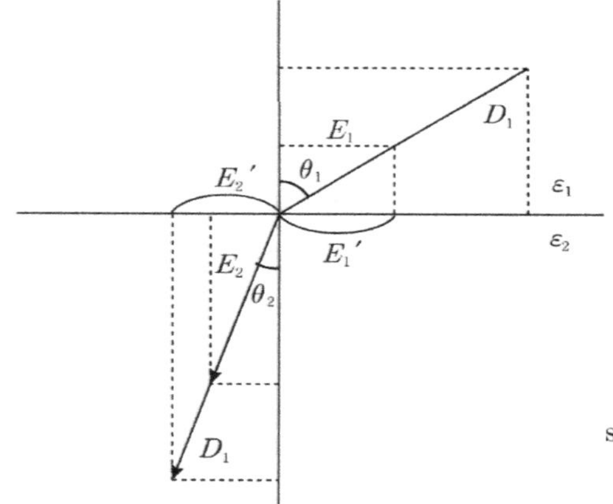

$$\sin\theta_1 = \frac{E_1'}{E_1},\ \sin\theta_2 = \frac{E_2'}{E_2},\ E_1' = E_2'$$

$$E_1\sin\theta_1 = E_2\sin\theta_2 \quad \frac{E_1\sin\theta_1}{D_1\cos\theta_1} = \frac{E_2\sin\theta_2}{D_2\cos\theta_2},\ \frac{E_1\sin\theta_1}{\varepsilon_1 E_1\cos\theta_1} = \frac{E_1\sin\theta_1}{\varepsilon_2 E_2\cos\theta_2},\ \frac{\varepsilon_2}{\varepsilon_1} = \frac{\tan\theta_2}{\tan\theta_1}$$

③ $\varepsilon_1 > \varepsilon_2$일 때 유전률의 크기와 굴절각의 크기는 비례한다.

$\varepsilon_1 > \varepsilon_2$, $\theta_1 > \theta_2$, $E_1 < E_2$, $D_1 > D_2$

※ 전속(선)은 유전율이 큰 쪽으로 모이려는 성질이 있다.

4) 콘덴서 접속

① **직렬 연결**(면적 일정 $S_1 = S_2 = S$)

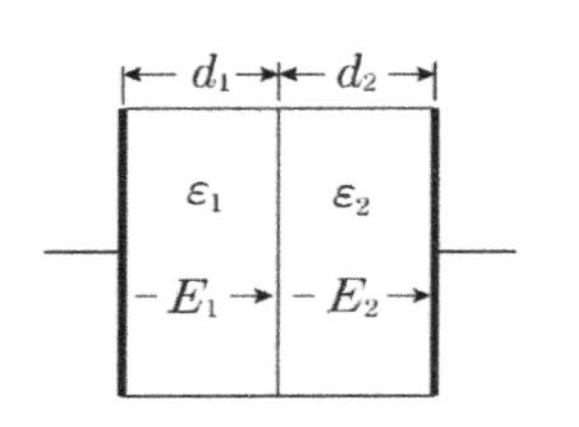

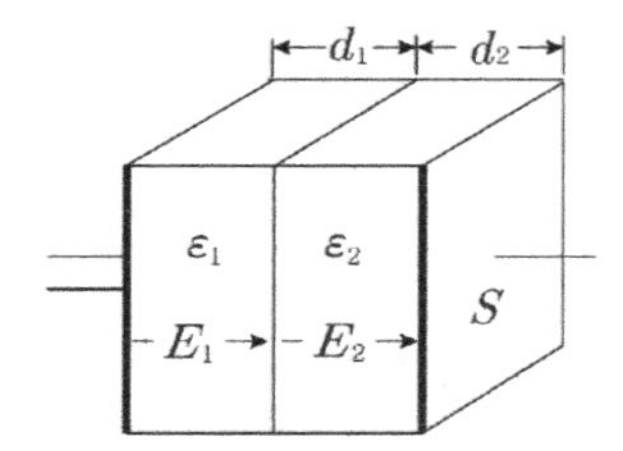

$$C = \frac{C_1 C_2}{C_1 + C_2} = \frac{\frac{\varepsilon_1 S}{d_1} \times \frac{\varepsilon_2 S}{d_2}}{\frac{\varepsilon_1 S}{d_1} + \frac{\varepsilon_2 S}{d_2}} = \frac{\frac{\varepsilon_1 \varepsilon_2 S}{d_1 d_2}}{\frac{\varepsilon_1 d_2 + \varepsilon_2 d_1}{d_1 d_2}} = \frac{\varepsilon_1 \varepsilon_2 S}{\varepsilon_1 d_2 + \varepsilon_2 d_1} [F]$$

② **병렬 연결**(간격 일정 $d_1 = d_2 = d$)

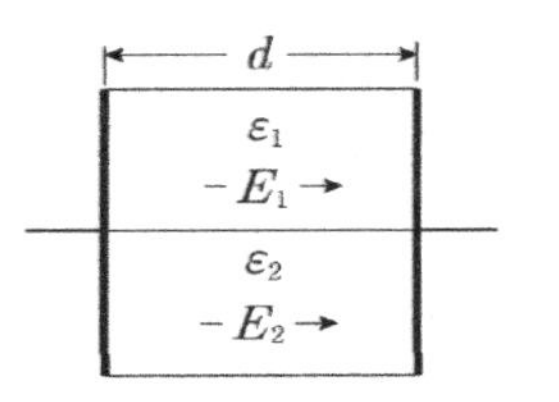

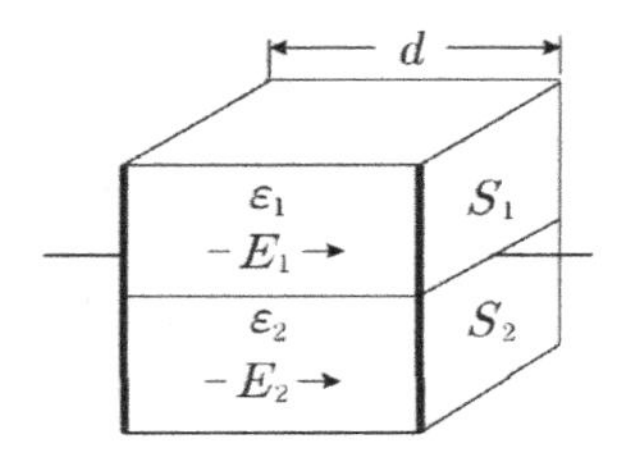

$$C = C_1 + C_2 = \frac{\varepsilon_1 S_1}{d} + \frac{\varepsilon_2 S_2}{d} = \frac{1}{d}(\varepsilon_1 S_1 + \varepsilon_2 S_2) [F]$$

11 전기영상법

1) 무한 평면과 점전하

평면의 반대쪽에 크기는 같고 부호가 반대인 전하가 있다고 가정하고 해석한다.

① **전계의 세기**

$$E = 2E_1 \cos\theta = 2 \cdot \frac{Q}{4\pi\varepsilon_0(\sqrt{a^2 + x^2})^2} \cdot \frac{a}{\sqrt{a^2 + x^2}} = \frac{Q \cdot a}{2\pi\varepsilon_0(a^2 + x^2)^{\frac{3}{2}}} [V/m]$$

② **전속 밀도**

$$\rho = D = -\varepsilon_0 E = -\varepsilon_0 \cdot \frac{Q \cdot a}{2\pi\varepsilon_0 (a^2+x^2)^{\frac{3}{2}}} = -\frac{Q \cdot a}{2\pi (a^2+x^2)^{\frac{3}{2}}} [\mathrm{c}/m^2]$$

※ 표면 전하밀도가 최대인 지점 ($x=0$)

$$\rho_{\max} = D_{\max} = -\frac{Q}{2\pi a^2} [\mathrm{c}/m^2]$$

③ **작용하는 힘**(영상력) : −는 흡인력을 나타낸다.

$$F = \frac{Q \cdot \ -Q}{4\pi\varepsilon_0 (2a)^2} = -\frac{Q^2}{16\pi\varepsilon_0 a^2} [N]$$

④ **일**

$$W = F \cdot a = \frac{Q^2}{16\pi\varepsilon_0 a} [J]$$

2) 접지 도체구와 점 전하

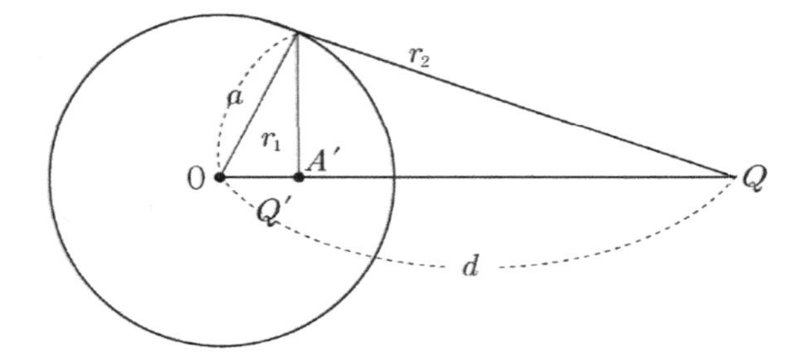

① **영상 전하 위치** : $\frac{a^2}{d}$

② **영상 전하**

$V = V_1 + V_2 = 0$(접지)

$$\frac{Q'}{4\pi\varepsilon_0 r_1} + \frac{Q}{4\pi\varepsilon_0 r_2} = 0,\ \ \frac{Q'}{r_1} = -\frac{Q}{r_2},\ \ Q' = -\frac{r_1}{r_2} Q = -\frac{a}{d} Q$$

③ **작용하는 힘**

$$F = \frac{Q \cdot Q'}{4\pi\varepsilon_0 (d - \overline{OA})^2} = \frac{Q \cdot Q'}{4\pi\varepsilon_0 (\frac{d^2-a^2}{d})^2} [N] (\overline{OA} = \frac{a}{d})$$

3) 무한 평면과 선전하 : 전계는 거리 h에 반비례한다.

① **전계의 세기**

$$E=\frac{-\rho}{2\pi\varepsilon_0(2h)}=\frac{-\rho}{4\pi\varepsilon_0 h}[V/m]$$

② **단위길이당 힘** : $F=\rho\cdot E[N/m]=\frac{-\rho^2}{4\pi\varepsilon_0 h}[N/m]$

⓬ 전류

1) 전류 밀도

- $i_d=\frac{I}{S}=\frac{\frac{V}{R}}{S}=\frac{V}{R\cdot S}=\frac{V}{\frac{l}{\sigma S}\cdot S}=\sigma\frac{V}{l}=\sigma E[A/m^2]$
- $i_d=Q[c/m^3]\times v[m/s]=Qv=nev[A/m^2]]$

  $Q[C/m^3]$: 단위체적당 전하량, $v[m/s]$: 속도

  $e[C]$: 전자의 전하량 = $1.602\times10^{-19}[C]$

  n[개/m^3] : 단위체적당 전자의 개수

2) 도체의 저항

① $R=\rho\frac{l}{S}=\frac{l}{\sigma S}[\Omega]$

ρ : 고유 저항 $[\Omega\cdot m]$

σ : 도전율 $[\mho/m][S/m]$

ℓ : 도선의 길이

S : 도선의 단면적

② $R_2=R_1\{1+a_1(T_2-T_1)\}$

㉠ 동선에서 저항 온도 계수

$0[℃]\Rightarrow a_1=\frac{1}{234.5}$, $t[℃]\Rightarrow a_2=\frac{1}{234.5+t}$

㉡ 온도가 올라가면 저항은 증가한다.

3) 전기 저항과 정전 용량

- $R=\rho\frac{l}{S}$ $C=\frac{\varepsilon \cdot S}{l}$

- $RC=\rho\frac{l}{S}\times\frac{\varepsilon \cdot S}{l}=\rho\ \varepsilon$

4) 누설전류

$i=\frac{V}{R}=\frac{V}{\frac{\rho\epsilon}{C}}=\frac{CV}{\rho\epsilon}[A]$

5) 발열량

$1[J]=0.24[cal]$

$W=P\cdot t[J][w\cdot s]$

$H=0.24Pt[cal](P=VI=I^2R=\frac{V}{R}[w])\fallingdotseq 860PT$, ($t$: 초 단위시간 [sec], T : 단위시간 [$hour$])

전열기 관계식 $860\eta Pt=mc(T_2-T_1)[kacl]$, ($T_1$: 초기 온도, T_2 : 최종 온도)

$1[KWh]=860[Kcal]$

13 정자계

1) 쿨롱의 법칙

- $F=\frac{m_1m_2}{4\pi\mu_0r^2}=6.33\times10^4\times\frac{m_1m_2}{r^2}[N]$

$\mu_0=4\pi\times10^{-7}[H/m]$: 진공 또는 공기의 투자율

μ_s : 비투자율(진공 또는 공기 상태에서 $\mu_s=1$)

MKS 단위		CGS 단위
$1[wb]$	=	$10^8[Maxwell]$
$1[wb/m^2][T]$	=	$10^4[Gauss]$

2) 자계의 세기

자계 내의 임의의 점에 단위정자하 +1[wb]를 놓았을 때 작용하는 힘

① 구

㉠ $H = \dfrac{m \cdot 1}{4\pi\mu_0 r^2} = \dfrac{m}{4\pi\mu_0 r^2} = 6.33 \times 10^4 \times \dfrac{m}{r^2}\,[A/m]$

㉡ $H = \dfrac{F}{m}\,[N/Wb]$, $F = mH[N]$

② 동축 원통에서 자계의 세기

㉠ 외부 : 암페어의 주회적분 법칙 $Hl = NI$

$\int_c H\,dl = I$, $H = \dfrac{I}{2\pi r}\,[AT/m]$

㉡ 내부 : $H = \dfrac{I}{2\pi r} \times \dfrac{체적(r)}{체적(a)} = \dfrac{I}{2\pi r} \times \dfrac{\pi r^2 l}{\pi a^2 l} = \dfrac{rI}{2\pi a^2}\,[AT/m]$

③ 유한장직선

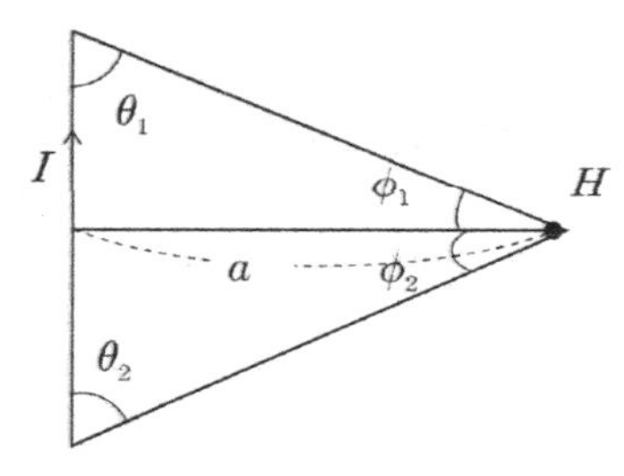

$H = \dfrac{I}{4\pi a}(\cos\theta_1 + \cos\theta_2) = \dfrac{I}{4\pi a}(\sin\varphi_1 + \sin\varphi_2)\,[A/m]$

㉠ 정삼각형 중심 자계 : $H = \dfrac{I}{4\pi a}(\cos 30° + \cos 30°) \times 3 = \dfrac{I}{4\pi \dfrac{\ell}{2\sqrt{3}}}(\dfrac{\sqrt{3}}{2} \times 2) \times 3 = \dfrac{9I}{2\pi \ell}\,[AT/m]$

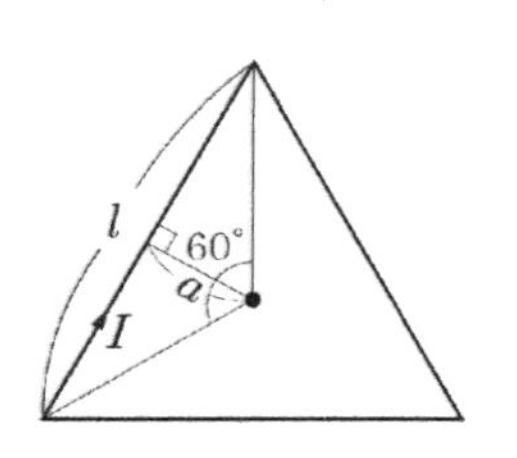

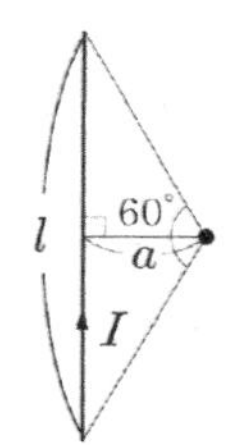

㉡ **정사각형 중심 자계** : $H=\frac{I}{4\pi a}(\cos 45^o+\cos 45^o)\times 4=\frac{I}{4\pi\frac{\ell}{2}}(\frac{\sqrt{2}}{2}\times 2)\times 4=\frac{2\sqrt{2}\,I}{\pi\ell}\,[AT/m]$

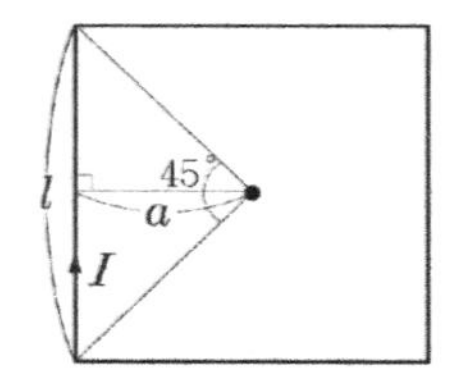

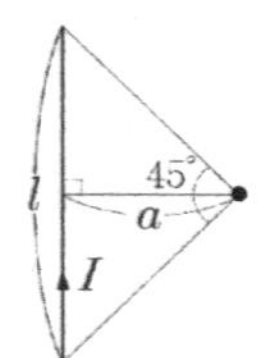

㉢ **정육각형 중심 자계** : $H=\frac{I}{4\pi a}(\cos 60^0+\cos 60^0)\times 6=\frac{I}{4\pi\cdot\frac{\sqrt{3}}{2}\ell}\times 6=\frac{\sqrt{3}\,I}{\pi\ell}\,[AT/m]$

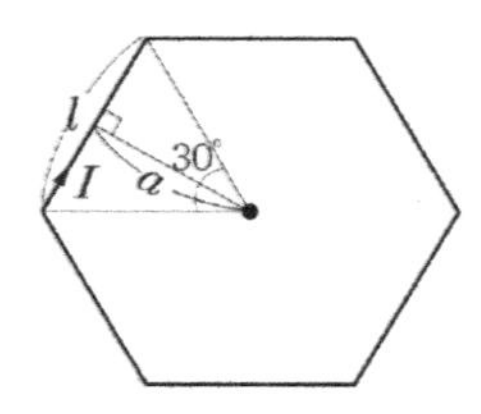

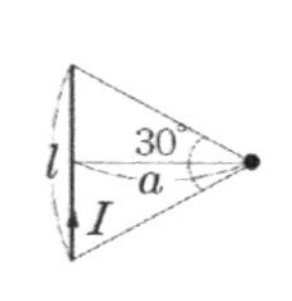

㉣ **한 변의 길이가 l인 정n각형 중심 자계** : $H=\frac{mI}{\pi l}sin\frac{\pi}{n}tan\frac{\pi}{n}$

④ 반지름이 a인 원형코일에 전류 I가 흐를 때 원형 코일 중심에서 x만큼 떨어진 지점

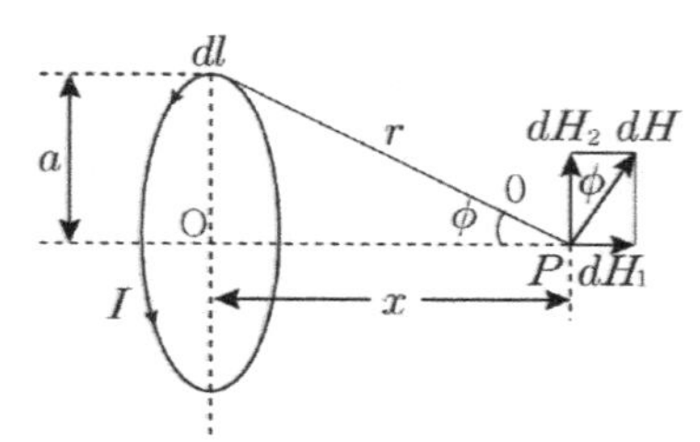

• 비오사바르 법칙 이용

$$dH=\frac{Id\ell}{4\pi r^2}sin\theta=\frac{Id\ell}{4\pi r^2},\ \ \sin\theta=\frac{dH_1}{dH}$$

dH_2는 $d\ell$의 위치에 따라서 방향이 변하므로 전구간의 총합은 0이다.

$$H=\int_a^{2\pi a}dH_1=\int_0^{2\pi a}dH\sin\theta=\int_0^{2\pi a}\frac{Id\ell}{4\pi r^2}\cdot\frac{a}{r},\ \ H=\frac{a^2NI}{2(a^2+x^2)^{\frac{3}{2}}}\,[AT/m]$$

원형 코일 중심 $(x=0)$에서 $H=\frac{NI}{2a}\,[A/m]$

⑤ **환상 솔레노이드** : 내부는 평등자계, 외부자계는 0이다

㉠ 암페어의 주회적분 법칙 이용 $H\ell=NI,\ H=\frac{NI}{2\pi a}\,[AT/m]$

㉡ 무한장 솔레노이드 : $H\ell = NI$, $H = \frac{NI}{\ell} = nI[AT/m]$ n : 단위길이당 권수[회/m]

3) 자위(구, 점자하)

$$u = -\int_{\infty}^{r} Hdx = \int_{r}^{\infty} \frac{m}{4\pi\mu_0 x^2} = \frac{m}{4\pi\varepsilon_0}[-\frac{1}{x}]_r^{\infty} = \frac{m}{4\pi\varepsilon_0}[-\frac{1}{\infty} - (-\frac{1}{r})] = \frac{m}{4\pi\mu_0 r}[AT], [A]$$

4) 전기 쌍극자 자위

$U = \frac{ml}{4\pi\mu_0 r^2} cos\theta = \frac{M}{4\pi\mu_0 r^2} \cos\theta [A]$가 된다.

여기서 $M = ml[Wb \cdot m]$이며 자기 쌍극자 모멘트이다.

r방향의 자계를 H_r이라 하고 이와 직각인 θ성분의 자계를 H_0라 하면 전체 자계 H는 벡터 합이므로 $\dot{H} = |\dot{H}_r + \dot{H}_\theta| = \sqrt{H_r^2 + H_\theta^2}$ 가 된다.

여기서 $H_r = -\frac{dU}{dr} = \frac{2M}{4\mu_0 r^3} cos\theta [AT/m]$, $H_\theta = -\frac{1}{r}\frac{dU}{d\theta} = \frac{M}{4\mu_0 r^3} \sin\theta [AT/m]$가 되므로

전체의 자계의 세기 $H = \sqrt{H_r^2 + H_\theta^2} = \frac{M}{4\pi\mu_0 r^3}\sqrt{4\cos^2\theta + \sin^2\theta}$

$H = \frac{M}{4\pi\mu_0 r^3}\sqrt{4\cos^2\theta + (1 - \cos^2\theta)} = \frac{M}{4\pi\mu_0 r^3}\sqrt{1 + 3\cos^2\theta}\ [AT/m]$가 된다.

$\theta = 0^0$일 때 μ, H 최대, $\theta = 90^0$일 때 $H = \frac{M}{4\pi\mu_0 r^3}$ 최소

5) 회전력

① **토크**

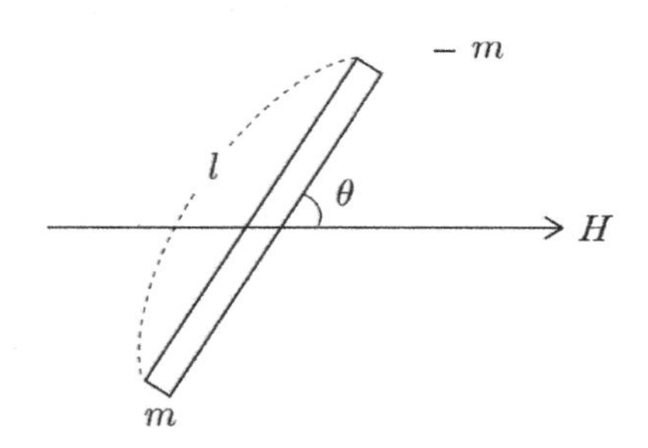

- $M = m \cdot \ell [Wb \cdot m]$
- $T = M \times H = MH\sin\theta = m \cdot \ell H\sin\theta [N \cdot m]$, θ : 막대자석과 자계가 이루는 각

② **평판 코일에 의한 회전력**

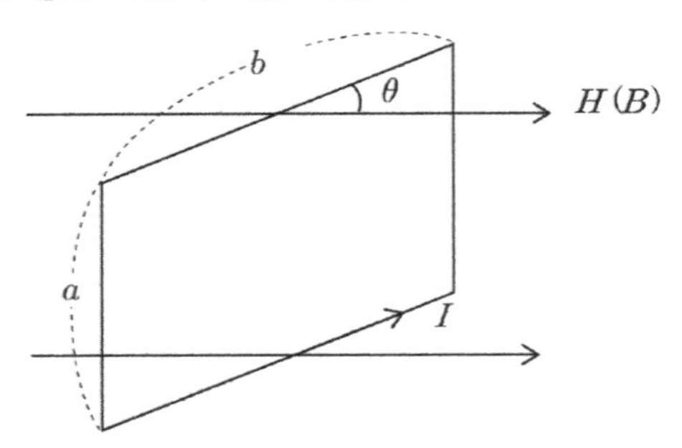

- $T = NBSI\cos\theta\,[N/m]$, θ : B 측 자계와 $S = a \cdot b$(면적)의 이루는 각

6) 플레밍의 법칙

- 전류가 흐르는 직선도선을 자계 내에 놓으면 작용하는 힘
- 플레밍의 왼손법칙(전동기), 플레밍의 오른손법칙(발전기)

  $F = IB\ell\sin\theta = (I \times B)\ell\,[N]$, θ : 전류(I)와 자속밀도(B)가 이루는 각

7) 평행 도선 간에 작용하는 힘

- $F = I_1 B\ell\sin\theta\,[N] = I_1\mu_0 H\ell\sin 90 = I_1\mu_0\dfrac{I_2}{2\pi r}\ell \times \dfrac{1}{\ell}\,[N/m] = \dfrac{\mu_0 I_1 I_2}{2\pi r} = \dfrac{2I_1 I_2}{r} \times 10^{-7}\,[N/m]$

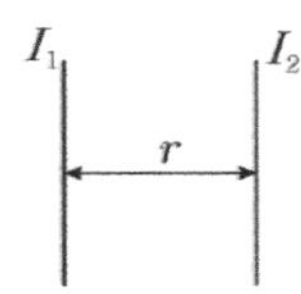

8) 하전 입자에 작용하는 힘(운동 전하에 작용하는 힘, 로렌츠의 힘)

- 자계에 의한 작용힘 $F = I \cdot B \cdot \ell\sin\theta = qvB\sin\theta = q(v \times B)$, θ : v(속도)와 B(자속밀도)가 이루는 각
- 전계에 의한 작용힘 $F_e = qE$

※ 전계와 자계 동시에 존재 시 $F = F_e + F_m = q\{E + (v \times B)\}\,[N]$

※ **유도기전력**

- 플레밍의 오른손 법칙(발전기)

  $F = qvB\sin\theta\,[N]\,qE = qvB\sin\theta$, $\quad E = vB\sin\theta\,[V/m]$

  $e = \int E d\ell = \int vB\sin d\ell = vB\,\ell\sin\theta = (v \times B)\ell$

※ **자계 내에서 수직으로 돌입한 전자의 원 운동**

$$F = qvB\sin 90 = \frac{mv^2}{r}[N],\ qB = \frac{mv}{r}$$

㉠ 궤도반경(원운동) $r = \frac{mr}{qB}$

㉡ 각속도 $\omega = \frac{v}{r} = \frac{v}{\frac{mv}{qB}} = \frac{qB}{m}$

㉢ 주기 $T = \frac{2\pi m}{qB}[\sec]$

㉣ 주파수 $f = \frac{1}{T} = \frac{qB}{2\pi m}$ (m : 질량$[kg]$)

⑭ 자성체

1) 자성체

① 자계 내에 놓았을 때 자석화되는 물질을 자성체라 한다.

② **자화의 근본적인 원인** : 전자의 자전현상

③ 투자율 $\mu = \mu_0 \mu_s [H/m]$

2) 자성체의 종류

① **강자성체** : 철, 니켈, 코발트, 망간, $\mu_s \gg 1$

② **상자성체** : 알루미늄, 텅스텐, 백금, $\mu_s > 1$

③ **반자성체** : 금, 은, 동, 안티몬, 아연, 비스무트, $\mu_s < 1$

3) 자화의 세기

- $J = \mu_0(\mu_s - 1)H = \chi H = \mu_0(\mu_s - 1)\mathrm{H} = B(1 - \frac{1}{\mu_s})[Wb/m^2]$ 단위체적당 자기 쌍극자 모멘트

4) 경계면 조건

① $B_1\cos\theta_1 = B_2\cos\theta_2$(자속밀도의 법선 성분은 연속이다.)

② $H_1\sin\theta_1 = H_2\sin\theta_2$ (자계의 접선성분은 연속이다.)

③ **굴절각과 투자율은 비례** : $\dfrac{\tan\theta_2}{\tan\theta_1} = \dfrac{\mu_2}{\mu_1}$

④ $\mu_1 > \mu_2$일 때 $\theta_1 > \theta_2$, $H_1 < H_2$

5) 자기 저항 (R_m) : $R_m = \dfrac{\ell}{\mu S}[AT/Wb]$

$$R_m = \frac{\ell}{\mu S}[AT/Wb]$$

6) 자속

$$\varnothing = \frac{F}{R_m} = \frac{NI}{\frac{\ell}{\mu s}} = \frac{\mu SNI}{\ell}[Wb]$$

7) 에너지

① **코일에 저장되는 에너지** : $W = \dfrac{1}{2}\varnothing I = \dfrac{1}{2}LI^2 = \dfrac{1}{2}\dfrac{\varnothing^2}{L}[J]$

② 자**계에 저장되는 에너지**(단위체적당 축적에너지) : $W = \dfrac{1}{2}BH = \dfrac{1}{2}\mu H^2 = \dfrac{1}{2}\dfrac{B^2}{\mu}[J/m^3]$

8) 자기이력곡선(히스테리시스 곡선)

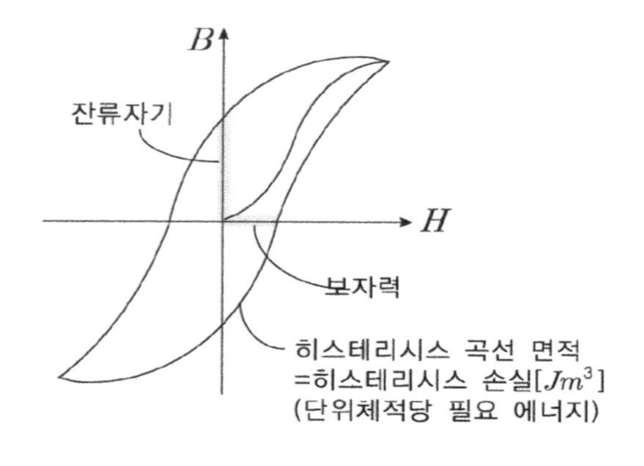

- 횡축은 자계의 세기 $H[AT/m]$
- 종축은 자속밀도 $B[wb/m^2]$
- 곡선의 기울기 = 투자율 μ

히스테리시스손실은 주파수에 비례하고 자속밀도의 1.6승에 비례한다. 이러한 손실을 감소시키기 위해서 철심재료는 규소가 섞인 재료를 사용하고 와류(eddy current)에 의한 손실을 감소시키기 위해 철심을 얇게 하여 성층시켜서 사용한다.

① **히스테리시스손 감소 대책** : 규소강판

② **와류손 감소 대책** : 성층철심

③ **철손**(히스테리시스손 + 와류손) : 규소강판 성층철심

15 전자 유도

1) 패러데이의 전자 유도 법칙

전류변화에 의한 자속이 발생할 때 공극 기전력과는 반대의 유기기전력이 발생한다.

$e = -N\dfrac{d\varnothing}{dt}\,[V]$

- 렌쯔의 법칙 : 전자유도에 의해 발생하는 기전력은 자속변화를 방해하는 방향으로 전류가 흐름

  $e = -L\dfrac{di}{dt}\,[V]$

※ 자속이 순시값으로 주어질 때 유기 기전력

- $\varnothing = \varnothing_m \sin\omega t\,[Wb]$
- $e = -N\dfrac{d\varnothing_m}{dt} sin\omega t = -\omega N\varnothing_m \cos\omega t = -\omega N\varnothing_m \sin(\omega t + 90^o) = \omega N\varnothing_m \sin(\omega t - 90^o)\,[V]$

※ 유기 기전력은 자속보다 위상이 $90^0(\frac{\pi}{2})$만큼 뒤진다.

유기기전력은 주파수와 권수(코일 감은 수)에 비례한다.

2) 표피 효과와 침투 깊이 (δ)

- 도체에 고주파 전류가 흐를 때, 전류가 도체 표면 가까이에 집중하여 흐르는 현상
- 내부저항 증가의 효과
- 표피 두께(침투깊이) $\delta = \dfrac{1}{\sqrt{\pi f \sigma \mu}}\,[m]$
- 주파수 f, 전도율 σ, 투자율 μ가 클수록 표피 효과는 커지며, 표피 두께는 작아진다.

• $\delta = \sqrt{\frac{2}{\omega k \mu}}$ $[m]$, k : 도전율$[\mho/m]$, $[\mho/m]$

⑯ 인덕턴스

1) 인덕턴스 : 전류와 자속의 비례상수 L$[H]$

L_1, L_2 : 자기 인덕턴스$[H]$, M : 상호 인덕턴스$[H]$

• $e = -N\frac{d\varnothing}{dt}[V]$, $e_1 = -L\frac{di_1}{dt}[V]$, $e_2 = -M\frac{di_1}{dt}[V]$

• $L = \frac{N^2}{R_m} = \frac{\mu S N^2}{l}[H]$, $M = \frac{\mu S N_1 N_2}{\ell}[H]$

① 결합계수 $k = \frac{M}{\sqrt{L_1 L_2}}$, $0 \leqq k \leqq 1$

2) 인덕턴스 계산

① 무한장 솔레노이드에 $1[m]$당 N회 감았고 반지름 a, μ, ℓ 일 때 $L[H/m]$의 N과 a 사이의 관계

$$L = \frac{\mu(\pi a^2)(n\ell)^2}{\ell}[H] \times \frac{1}{\ell} = \mu\pi a^2 n^2 [H/m] \propto a^2 n^2$$

② **동축원통** : $L = \frac{\mu_0}{2\pi}\ell_n\frac{b}{a} + \frac{\mu}{8\pi}[H/m]$

㉠ 외부($a < r < b$) $L = \frac{\mu_0}{2\pi}ln\frac{b}{a}[H/m]$

㉡ 내부 $(r < a)$ $L = \frac{\mu}{8\pi}[H/m]$

③ **평행 도선** : $L = \frac{\mu_0 l}{\pi}ln\frac{d}{a} + \frac{\mu l}{4\pi}[H/m]$

㉠ 외부 $L = \frac{\mu_0}{\pi}ln\frac{d}{a}[H/m]$

㉡ 내부 $L = \frac{\mu}{4\pi}[H/m]$

3) 인덕턴스 접속

① **직렬 접속**

㉠ 가극성 $L = L_1 + L_2 + 2M = L_1 + L_2 + 2k\sqrt{L_1 L_2}\,[H]$

㉡ 감극성 $L = L_1 + L_2 - 2M = L_1 + L_2 - 2k\sqrt{L_1 L_2}\,[H]$

② **병렬 접속**

㉠ 가극성 $L = M + \dfrac{(L_1 - M)(L_2 - M)}{(L_1 - M) + (L_2 - M)} = \dfrac{L_1 L_2 - M^2}{L_1 + L_2 - 2M}$

㉡ 감극성 $L = \dfrac{L_1 L_2 - M^2}{L_1 + L_2 + 2M}\,[H]$

4) 코일의 축적 에너지 : $W = \dfrac{1}{2} L I^2 [J]$

단위체적당 축적 에너지 $W = \dfrac{1}{2} L I^2 [J]$, $W = \dfrac{1}{2} BH = \dfrac{1}{2} \mu H^2 = \dfrac{1}{2} \dfrac{B^2}{\mu} [J/m^3]$

17 전자계

1) 변위전류 밀도

변위전류(유전체 내에서 전속밀도의 시간적 변화에 의해 생긴다)

$$i_d = \frac{\partial D}{\partial t} = \frac{\partial \epsilon E}{\partial t} = \frac{\epsilon}{d} \frac{\partial V}{\partial t} [A/m^2]$$

변위전류 $i_d = wCV_m \cos wh$

* 변위전류는 90도 앞선전류이며 회전하는 자계를 형성한다.

2) 고유임피던스(자유공간, 즉 공기 또는 진공 기준)

• $Z_0 = \frac{E}{H} = \sqrt{\frac{\mu_0}{\varepsilon_0}} = \sqrt{\frac{4\pi \times 10^{-7}}{8.855 \times 10^{-12}}} = 377[\Omega]$

임의의 매질 $Z_0 = \frac{E}{H} = \sqrt{\frac{\mu}{\varepsilon}} = \sqrt{\frac{\mu_s \mu_0}{\varepsilon_s \varepsilon_0}} = 377\sqrt{\frac{\mu_s}{\varepsilon_s}}\ [\Omega]$

$$\sqrt{\varepsilon_0} E = \sqrt{\mu_0} H$$

$$E = \sqrt{\frac{\mu_0}{\varepsilon_0}} H = 377H$$

$$H = \sqrt{\frac{\varepsilon_0}{\mu_0}} E = \frac{1}{377E}$$

3) 전파 속도

$$v = \lambda f = \frac{\omega}{\beta} = \frac{1}{\sqrt{\epsilon\mu}}[m/\sec] = \frac{3 \times 10^8}{\sqrt{\varepsilon_s \mu_s}}[m/s]$$

(자유공간, 즉 공기 또는 진공 기준) $v = \frac{1}{\sqrt{\epsilon_0 \mu_0}} = 3 \times 10^8 [m/s]$

* 매질에 따라 속도의 고유한 값이 결정되므로 전자파의 전파 속도는 주파수와 무관

4) 포인팅 벡터$[W/m^2]$

단위 면적을 단위 시간에 통과하는 에너지

$$\overrightarrow{P} = E \times H = EH = 377H^2 = \frac{1}{377}E^2$$

5) 맥스웰 방정식

① $rot\, H = i_c + i_d = \sigma E + \frac{\partial D}{\partial t}$, σ : 도전율$[S/m]$

② $rot E = -\frac{\partial B}{\partial t}$

③ $div\, D = \rho$

④ $div\, B = 0$

6) 전자기파의 성질

① 전파(전계), 자파(자계)가 서로 90°로 작용한다.

② 전파(전계), 자파(자계)는 동위상으로 작용한다. 즉, 서로간의 위상차는 없다.

③ 전자기파의 진행 방향은 $\dot{E} \times \dot{H}$이다.

④ 전자기파의 진행 방향 E, H의 성분은 0이다.

⑤ 전파(전계), 자파(자계)의 축에 대한 전체적인 변화량(도함수)은 0이다.

⑥ 전자기파 진행 방향의 전체적인 변화량(도함수)은 0이 아니다.

⑦ 전파속도는 주파수와 관계없이 매질에 따라 결정된다.

P A R T
02
회로이론

회로이론 핵심 기출문제

01 전선의 체적을 동일하게 유지하면서 3배의 길이로 늘였을 때 저항은 어떻게 되는가?

〈한국전력공사〉

① 원래 도체 저항값의 3배가 된다.
② 원래 도체 저항값의 6배가 된다.
③ 원래 도체 저항값의 9배가 된다.
④ 원래 도체 저항값의 18배가 된다.
⑤ 원래 도체 저항값의 36배가 된다.

02 다음 중 $1.8[\Omega]$에 흐르는 전류$[A]$를 구하시오.

〈한국전력공사〉

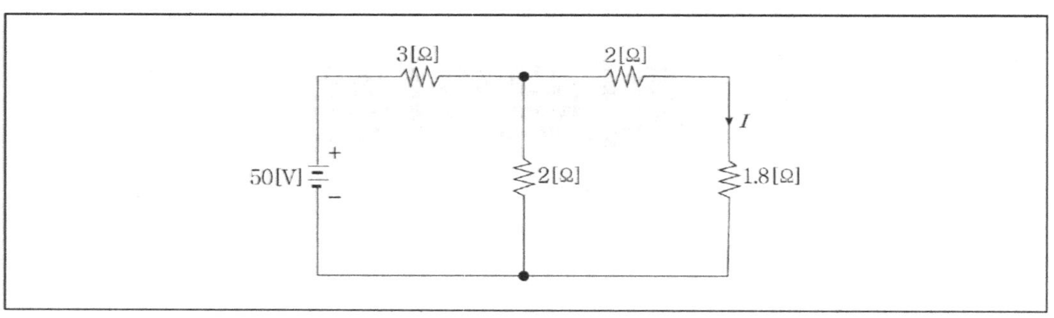

① 1
② 2
③ 3
④ 4
⑤ 5

03 다음 단어의 정의로 올바르지 않는 것은?

〈한국전력공사〉

① 전류 : 단위 시간 당 흐르는 전하의 양

② 주파수 : 교류 전압 또는 전류가 1초 동안 반복되는 수

③ 전력 : 전기가 단위 시간당 한 일

④ 전압 : 두 점간의 전위 에너지 차이로 전하를 이동시키는 전류의 양

⑤ 옴의 법칙 : 도체에 흐르는 전류가 전압에 비례, 저항에 반비례한다는 법칙

04 100[V], 200[W]의 전열기가 있다. 이 전열기에 30[V]의 전압을 인가한다면 소비전력[W]은?

〈한국남동발전〉

① 6
② 18
③ 60
④ 200

05 기전력이 10[V], 내부저항 2[Ω]인 전지 6개를 3개씩 직렬로 하여 2조 병렬 접속한 것에 부하저항 3[Ω]을 접속하면 부하저항에서 소비하는 전력[W]은?

〈한국남동발전〉

① 18
② 60
③ 75
④ 250

06 다음과 같이 전류원과 컨덕턴스로 주어진 회로의 컨덕턴스 2[℧] 에서 소비되는 전력[W]은?

〈한국남동발전〉

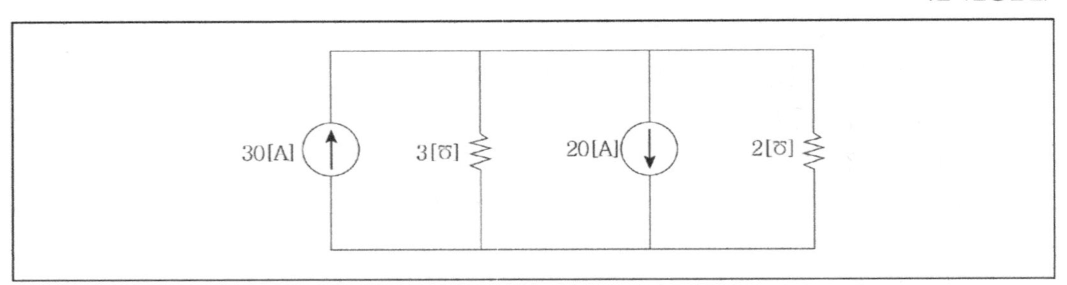

① 2
② 4
③ 6
④ 8

07 직류전압계 내부저항이 3,000[Ω]일 때 4배의 전압을 측정하기 위해서 배율기 저항은 몇 [Ω]을 사용해야 하는가?

〈한국수력원자력〉

① 6,000
② 9,000
③ 12,000
④ 15,000

08 3[Ω]과 9[Ω]을 병렬연결하고 10[V]를 인가하였을 경우 9[Ω]에 발생하는 열량은 3[Ω]에서 발생하는 열량에 비해 몇배가 되는가?

〈한국서부발전〉

① 3
② 1/3
③ 9
④ 1/9

09 분류기를 사용하여 전류를 측정하는 경우 전류계의 내부저항이 $0.4[K\Omega]$, 분류기의 저항이 $0.2[K\Omega]$이면 그 배율은?

〈한국중부발전〉

① 3　　② 4
③ 5　　④ 6

10 다음 회로에서 단자 a와 b사이의 합성저항$[\Omega]$은?

〈한국중부발전〉

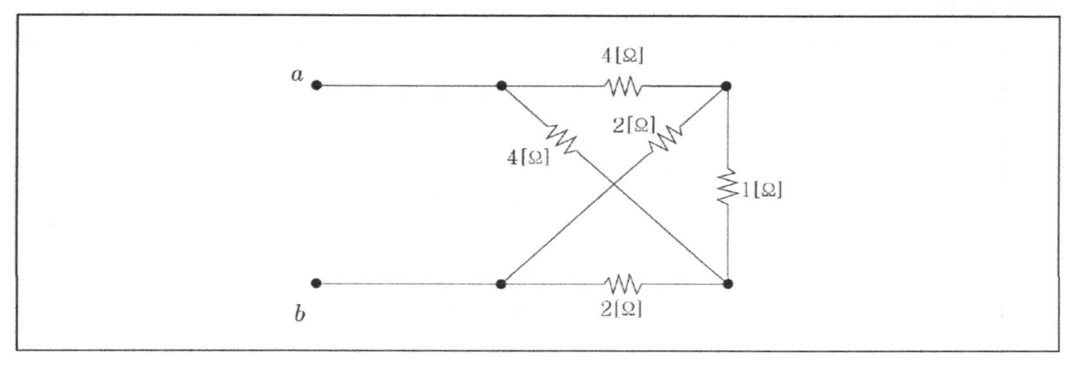

① 1　　② 2
③ 3　　④ 4

11 최대50[mV]를 측정할 수 있는 전압계로 5$[V]$의 전압을 측정하기 위해서 외부에 접속해야하는 배율기의 저항$[\Omega]$은? (단, 전압계의 내부저항은 10$[\Omega]$이다.)

〈한전KPS〉

① 260　　② 540
③ 650　　④ 870
⑤ 990

12 내부저항이 15[$K\Omega$]이고 최대눈금이 600[V]인 전압계와 내부저항이 45[$K\Omega$]이고 최대눈금이 600[V]인 전압계가 있다. 두 전압계를 직렬접속하여 측정하면 최대 몇 [V]까지 측정할 수 있는가?

〈한전KPS〉

① 200
② 400
③ 600
④ 800
⑤ 1,000

13 그림과 같은 회로의 r저항에 전류가 흐르지 않는다고 할 때 A, B, C, D저항의 값은?

〈한전KPS〉

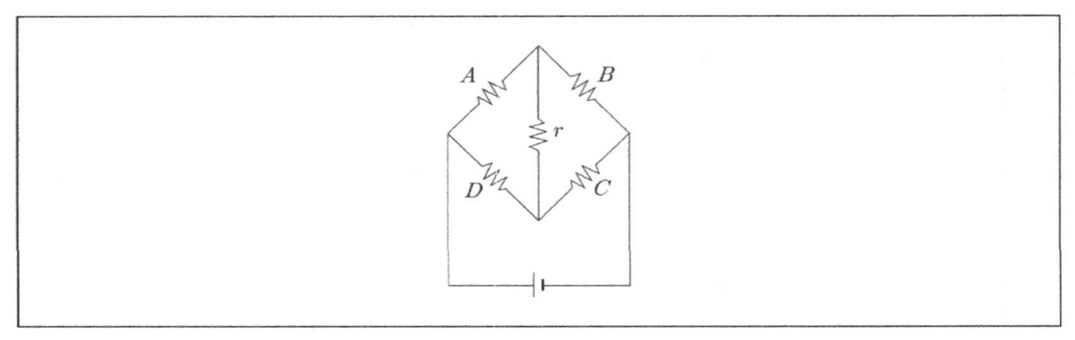

① A : 1, B : 2, C : 0.1, D : 0.2
② A : 20, B : 10, C : 1, D : 0.2
③ A : 10, B : 20, C : 0.1, D : 0.2
④ A : 0.1, B : 0.2, C : 0.1, D : 0.2
⑤ A : 2, B : 1, C : 10, D : 20

14 전압이 10[V]이고 내부저항이 1[Ω]인 축전지에 9[Ω]의 부하를 연결하였을 때 부하에서 소비하는 전력[W]은?

〈한전KPS〉

① 6
② 7
③ 8
④ 9
⑤ 10

15 $1[\Omega]$, $2[\Omega]$, $4[\Omega]$의 저항을 병렬 연결할 경우 합성저항$[\Omega]$은?

〈한전KPS〉

① 1
② 1/3
③ 4/7
④ 7/4
⑤ 1/2

16 3개의 같은 저항 $R[\Omega]$을 그림과 같이 △ 결선하고, 기전력V$[V]$, 내부저항 $r[\Omega]$인 전지를 n개 직렬 접속했다. 이때 회로의 전류를 $I[A]$라 하면 $R[\Omega]$은?

〈한국전력거래소〉

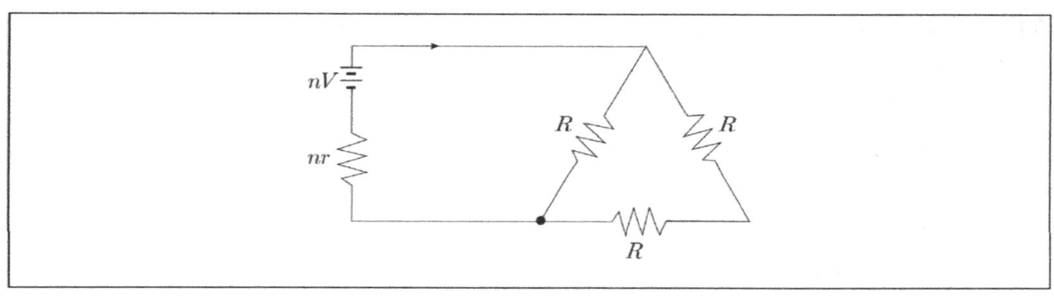

① $\frac{3}{2}n(\frac{V}{I}-r)$

② $\frac{3}{2}n(\frac{V}{I}-r)$

③ $\frac{3}{2}n(\frac{V}{I}-r)$

④ $\frac{3}{2}n(\frac{V}{I}-r)$

17 R-L-C 직렬공진에서 제 n차 고조파의 공진 주파수 $f_n[Hz]$ 은?

〈한국전력공사〉

① $\frac{1}{2\pi n\sqrt{LC}}$
② $\frac{1}{2\pi\sqrt{LC}}$
③ $\frac{1}{2\pi n^2\sqrt{LC}}$
④ $\frac{1}{2\pi\sqrt{nLC}}$
⑤ $\frac{n}{2\pi\sqrt{LC}}$

18 R-L-C 직렬회로에서 직렬공진이 일어났을 경우 전압과 전류의 위상은?

〈한국전력공사〉

① 전압이 앞선다.
② 전류가 앞선다.
③ 공진 이전과 같다.
④ 동상이다.
⑤ 저항의 값에 따라 달라진다.

19 어떤 부하에 100[V]의 전압을 가했을 때 전류가 10[A], 전압과 전류의 위상차가 $\frac{\pi}{6}$이었다. 이때 부하의 리액턴스[Ω] 값은?

〈한국전력공사〉

① 5
② 10
③ 15
④ 20
⑤ 25

20 삼각파의 최댓값이 $V_m\,[V]$라고 하면 평균값$[V]$은 얼마인가?

〈한국전력공사〉

① V_m

② $\frac{V_m}{2}$

③ $\frac{V_m}{\sqrt{2}}$

④ $\frac{V_m}{\pi}$

⑤ $\frac{V_m}{\sqrt{3}}$

21 자기인덕턴스가 60[H]인 코일에 $6[A]$의 전류가 흐를 때 코일에 축적된 자기에너지는 몇 $[Wh]$인가?

〈한국전력공사〉

① 0.3

② 0.6

③ 3

④ 6

⑤ 12

22 각속도 $\omega = 4{,}000[rad/\sec]$ 인 정현파 교류회로에서 $50[mH]$인 유도성 리액턴스의 크기와 같은 용량성 리액턴스를 갖는 정전용량 $C[\mu F]$의 값은?

〈한국전력공사〉

① 0.125

② 0.15

③ 1.0

④ 1.25

⑤ 2.5

23 $50[Hz]$, 실효전압 $100[V]$의 회로에 $L=0.1[H]$의 인덕턴스를 연결하였을 때 전류[A]는?

〈한국동서발전〉

① $\frac{50}{\pi}$　　② $\frac{40}{\pi}$

③ $\frac{25}{\pi}$　　④ $\frac{10}{\pi}$

24 그림과 같은 $v=200\sin\omega t[V]$인 정현파 교류전압의 반파정류에 있어서 사선부분의 평균값$[V]$은?

〈한국남동발전〉

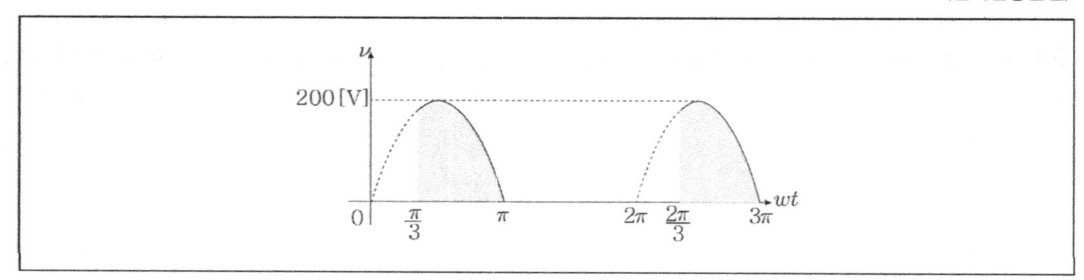

① $\frac{50}{\pi}$　　② $\frac{70}{\pi}$

③ $\frac{75}{\pi}$　　④ $\frac{150}{\pi}$

25 교류전압 $e_1=100\sin(60\pi t-\frac{\pi}{3})$, $e_2=282\cos(60\pi t-60^o)$의 위상차를 시간으로 표시하면 몇 초[sec] 인가?

〈한국남동발전〉

① 1/60　　② 1/120

③ 1/240　　④ 1/360

26 정현파의 평균값이 220[V]일 때 실횻값은?

〈한국남동발전〉

① $220 \times \frac{\pi}{2\sqrt{2}}$　　② $220\sqrt{2}$

③ $220 \times \frac{\pi}{2}$　　④ $220\sqrt{3}$

27 반원파의 파형률에 가장 가까운 것은?

〈한국남동발전〉

① 1.04　　② 1.11

③ 1.16　　④ 1.73

28 R-C 병렬회로에서 $R = 10[\Omega]$, $C = 200[\mu F]$, $V = 200[V]$일 때 충전되는 전기량[C]은 ?

〈한국남동발전〉

① 0.04　　② 0.06

③ 0.08　　④ 0.12

29 정현파 교류전압의 평균값이 100[V]로 주어질 경우 최댓값은 몇[V]인가?

〈한국남동발전〉

① 50π ② $\frac{\pi}{50}$

③ $25\sqrt{2}\pi$ ④ $\frac{50}{\sqrt{2}}$

30 권수250, 전류 2[A], 자속이 0.02[Wb]일 때 인덕턴스[H]는?

① 2.5 ② 3.5

③ 4.5 ④ 5.5

31 저항 R, 리액턴스 X의 직렬회로에서 $\frac{X}{R}=\frac{1}{2}$일 때 회로의 역률은?

〈한국수력원자력〉

① $\sqrt{5}$ ② $\frac{\sqrt{5}}{2}$

③ $\frac{2}{\sqrt{5}}$ ④ $\sqrt{2}$

32 콘덴서에 1,000[V]의 전압을 가하여 충전하는데 300[J]의 에너지가 필요하다면 이 때 콘덴서의 정전용량[μF]은?

〈한국서부발전〉

① 300 ② 400

③ 500 ④ 600

33 R-L-C 직렬회로에서 전원전압을 V라하고 L 및 C에 걸리는 전압을 각각 V_L, V_c라 하면 선택도 Q를 나타낸 것은? (단, 공진 주파수는 ω_r 이다.)]

〈한국서부발전〉

① $\frac{CL}{R}$ ② $\frac{\omega_r R}{L}$

③ $\frac{V_L}{V}$ ④ $\frac{V}{V_c}$

34 여러 교류파형의 최댓값을 V_m라 할 때, 각 파형의 실횻값으로 옳지 않은 것은?

〈한국중부발전〉

① 정현전파 $\frac{V_m}{\sqrt{2}}$ ② 정현반파 $\frac{V_m}{2}$

③ 삼각파 $\frac{V_m}{\sqrt{3}}$ ④ 구형반파 $\frac{V_m}{2}$

35 임피던스 $Z=6+j8[\Omega]$인 회로에 전류 $I=4+j3[A]$를 흘리는데 필요한 전압$[V]$를 구하면?

〈한국중부발전〉

① $48+j50$ ② $j50$

③ $14+j48$ ④ $50+j48$

36 어떤 회로에 $v(t)=100\sqrt{2}\,sin\omega t[V]$를 인가하면 $i(t)=20\sin\omega t[A]$가 흐른다고 한다. 이 회로는 어떤 소자로 구성된 회로인가?

〈한국중부발전〉

① 순저항 회로 ② 순코일 회로

③ 저항+코일 회로 ④ 커패시터 회로

37 RC직렬회로에 교류전압을 인가하였을 경우 옳지 않은 것은?

〈한국중부발전〉

① 임피던스 $Z=R-j\dfrac{1}{\omega C}[\Omega]$이다.

② 위상 $\theta=\tan^{-1}\dfrac{1}{\omega CR}$이다.

③ 전류는 전압보다 θ만큼 뒤쳐진다.

④ 교류전원을 직류전원으로 바꾸면 일정시간 후 회로는 개방상태로 된다.

38 다음 R-L-C 병렬회로의 특징 중 옳지 않은 것은?

〈한국중부발전〉

① 합성 어드미턴스 $Y = \frac{1}{R} + j(\omega C - \frac{1}{\omega L})$이다

② $X_c > X_L$ 이면 유도성 부하이다

③ 역률 $\cos\theta = \frac{B}{|Y|}$이다

④ 위상각 $\theta = \tan^{-1}\frac{\frac{1}{X_c} - \frac{1}{X_L}}{\frac{1}{R}}$이다

39 전압 $20[V]$를 한 코일에 인가하였을 때 $10[A]$의 전류가 흐른다고 한다. 이 전류를 $5[ms]$ 동안 $2[A]$로 변화시킬 때 코일의 자기용량$[mH]$은?

〈한국중부발전〉

① 8.25

② 12.5

③ 14.4

④ 16.8

40 다음과 같은 파형의 파고율은 얼마인가?

〈한전KPS〉

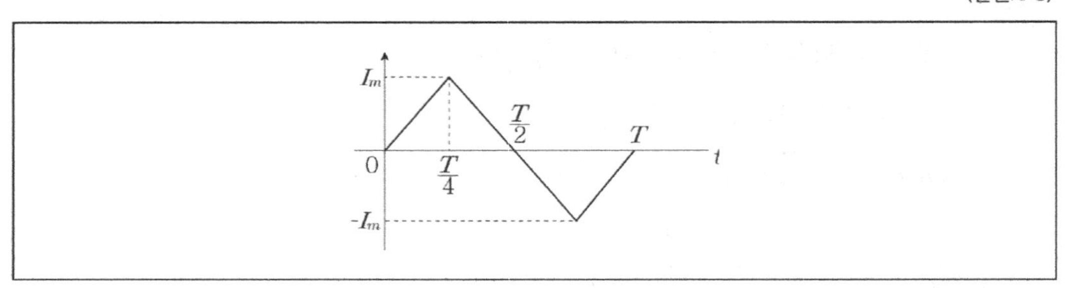

① $\frac{1}{\sqrt{3}}$ ② $\frac{2}{\sqrt{3}}$

③ $\sqrt{3}$ ④ 1

⑤ $\sqrt{6}$

41 평균값이 120[V]인 톱니파의 최댓값은?

〈한전KPS〉

① 60 ② 120

③ 240 ④ 360

⑤ 480

42 R-C 직렬회로에서 $E = 1\angle 0^o[V]$, $I = 1\angle 45^o[A]$ 일 때 C는 몇[F]인가?

〈한전KPS〉

① $\frac{2}{\omega}$ ② $\frac{\omega}{\sqrt{2}}$

③ $\frac{\sqrt{2}}{\omega}$ ④ ω

⑤ $\sqrt{3}\,\omega$

43 정현파 $v = V_m \sin(\omega t + \theta)[V]$의 주기 T를 바르게 표기한 것은?

〈한전KPS〉

① $2\pi\omega$

② $\frac{2\pi}{\omega}$

③ $\frac{\omega}{2\pi}$

④ $2\pi f$

⑤ $\frac{1}{2\pi f}$

44 정전용량이 같은 콘덴서 2개를 병렬로 연결했을 때 합성용량은 직렬로 연결했을 때의 몇 배인가?

〈한전KPS〉

① 1

② 2

③ 4

④ 6

⑤ 8

45 $v = 120\sqrt{2}\sin(\omega t + \frac{\pi}{3})[V]$를 복소수로 표현하면?

〈한전KPS〉

① $60\sqrt{3} + j60\sqrt{3}$

② $60 + j60\sqrt{3}$

③ $60 + j60$

④ $60\sqrt{3} + j60$

⑤ $60\sqrt{2} + j60\sqrt{2}$

46 R–L–C 병렬회로에서 L 및 C의 값은 고정시켜 놓고 저항R의 값만 큰값으로 변화시킬 때 옳게 설명한 것은?

〈한전KPS〉

① 선택도 Q는 커지고 공진주파수는 변화 없다.
② 선택도 Q는 작아지고 공진주파수는 변화 없다.
③ 선택도 Q와 공진주파수는 둘 다 변화 없다.
④ 선택도 Q와 공진주파수는 둘 다 커진다.
⑤ 선택도 Q와 공진주파수는 둘 다 작아진다.

47 다음 정현파 교류전압의 실횻값으로 옳은 것은?

〈한전KPS〉

① $V=\sqrt{\frac{1}{T}\int_0^T v dt}$

② $V=\frac{1}{T}\sqrt{\int_0^T v^2 dt}$

③ $V=\sqrt{T\int_0^T v dt}$

④ $V=\sqrt{\frac{1}{T}\int_0^T v^2 dt}$

⑤ $V=\sqrt{T\int_0^T v^2 dt}$

48 다음 회로에서 $V_{ab}[V]$는?

〈한전KPS〉

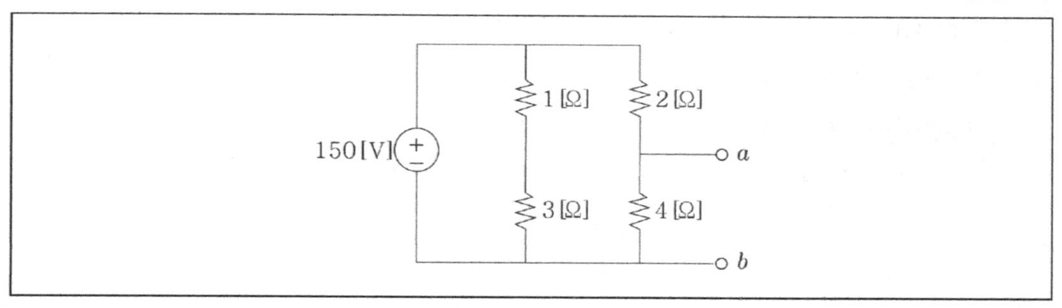

① 50
② 80
③ 100
④ 120
⑤ 150

49 R–L직렬회로의 저항이 $3[\Omega]$이고 인덕턴스가 $\frac{1}{25\pi}[H]$, 주파수가 $50[Hz]$이다. $10\sqrt{2}[V]$의 전압을 가하였을 경우 이 회로의 역률은?

〈한전KPS〉

① 0.3
② 0.6
③ 0.8
④ 0.9
⑤ 1.0

50 전압 $v = 100\sin(10t - 50^o)[V]$에 리액터 $20[mH]$를 연결하면 전류 $[A]$의 값은?

〈한국전력거래소〉

① $500\sin 10t$

② $500\sin(10t + 140^o)$

③ $500\sin(10t - 140^o)$

④ $50\sin(10t - 140^o)$

51 기전력 $e_1 = 60\sqrt{2}\,sin(\omega t + \frac{\pi}{2})[V]$, $e_2 = 80\sqrt{2}\,sin\omega t[V]$의 합성기전력 $e_1 + e_2$의 실횻값 $[V]$은?

〈한국철도공사〉

① 60

② 80

③ 100

④ $60\sqrt{2}$

⑤ $80\sqrt{2}$

52 인덕턴스 $100[mH]$에 그림과 같이 전류를 가했을 경우 전압의 그래프로 옳은 것은?

〈한국철도공사〉

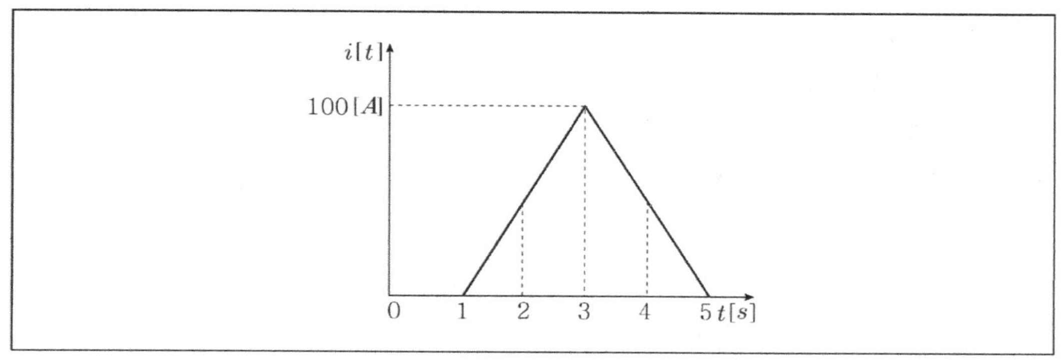

①

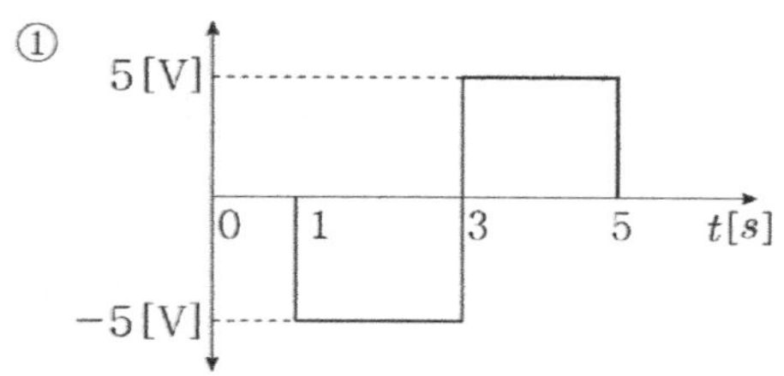

②

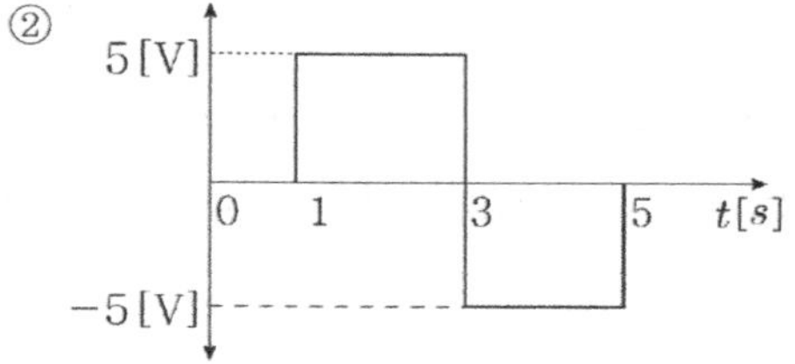

③

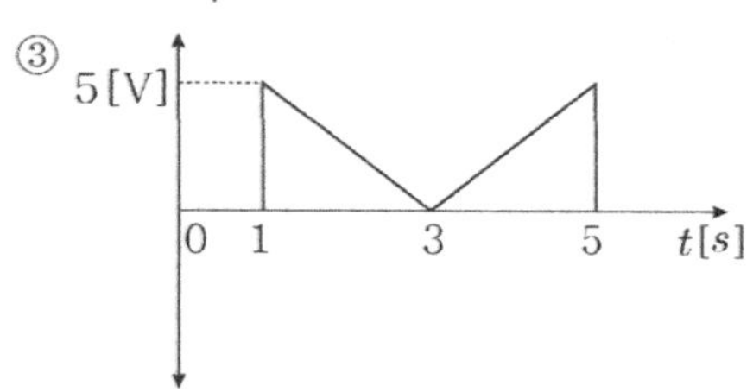

④

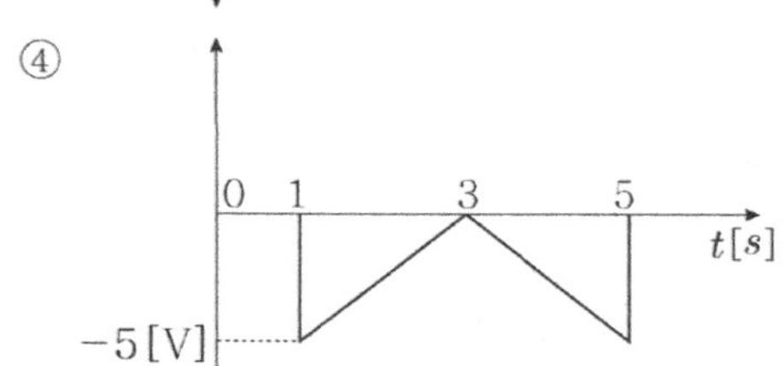

⑤

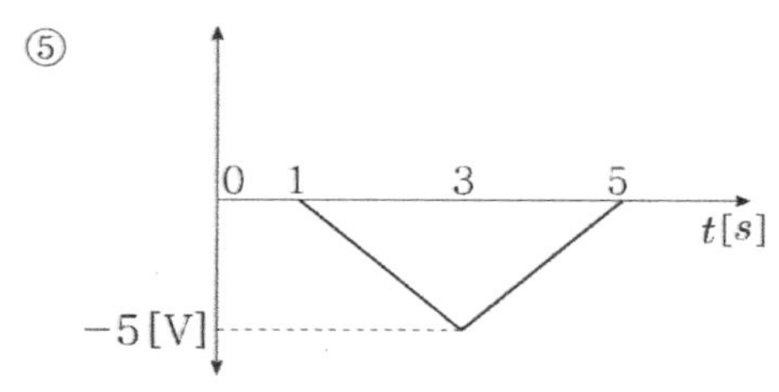

53 어떤 정현파 회로의 전압 $V=3-j3\sqrt{3}\,[V]$이고 주파수 $f=60\,[Hz]$이다. 이 회로의 순시전압$[V]$은?

〈한국철도공사〉

① $6\sin(377t-60^o)$

② $6\sin(377t+60^o)$

③ $6\sqrt{2}\,sin(377t+60^o)$

④ $6\sqrt{2}\,sin(377t-60^o)$

⑤ $6\sqrt{2}\,cos(377t+60^o)$

54 정현파 교류전압 $v=V_m\sin(\omega t+\theta)[V]$가 인가된 RLC 직렬회로에서 $\omega L>\frac{1}{\omega C}$일 경우 이 회로에 흐르는 전류의 위상은 어떻게 되는가?

〈한국철도공사〉

① $\tan^{-1}\frac{\omega^2LC-1}{\omega C}$ 앞선다.

② $\tan^{-1}R\frac{(\omega^2LC-1)}{\omega C}$ 뒤진다.

③ $\tan^{-1}\frac{\omega^2LC-1}{\omega CR}$ 앞선다.

④ $\tan^{-1}\frac{\omega RC}{\omega^2LC-1}$ 앞선다.

⑤ $\tan^{-1}\frac{\omega^2LC-1}{\omega CR}$ 뒤진다.

55 부하에 $50\angle 60^o\,[V]$의 전압을 가하였을 때 $10\angle 30^o\,[A]$의 전류가 흘렀다. 부하에 소비되는 유효전력$[W]$은 얼마인가?

〈한국전력공사〉

① 250

② $250\sqrt{3}$

③ 500

④ $250\sqrt{2}$

⑤ $500\sqrt{3}$

56 부하저항 R_L이 전원의 내부저항 R_o의 4배가 되면 부하저항 R_L에서 소비되는 전력은 최대 전송전력의 몇 배가 되는가?

〈한국전력공사〉

① 0.16
② 0.36
③ 0.64
④ 0.75
⑤ 0.81

57 단상교류회로의 전압 500[V], 전력 10[kW], 역률이 0.8일 때 부하의 리액턴스[Ω]는?

〈한국남동발전〉

① 12
② 15
③ 20
④ 25

58 복소전압 $E=3+j2[V]$를 회로에 인가할 경우 복소전류 $I=2+j[A]$가 흐른다. 이 회로의 역률은?

〈한국남동발전〉

① $\frac{1}{\sqrt{65}}$
② $\frac{4}{\sqrt{65}}$
③ $\frac{6}{\sqrt{65}}$
④ $\frac{8}{\sqrt{65}}$

59 정격전압 220[V], 4[kW]의 부하에 187[V]를 가하였을 경우 소비전력은 몇 [kW]가 되는가?

〈한국중부발전〉

① 1.87
② 1.92
③ 2.12
④ 2.89

60 어떤 회로에 $V = 10 + j4$ [V]인 전압을 가했을 때, $I = 6 + j5$ [A]인 전류가 흘렀다. 이 회로의 소비전력[W]과 무효전력[Var]은?

〈한국중부발전〉

① 유효전력 80[W], 무효전력 26[Var]
② 유효전력 70[W], 무효전력 38[Var]
③ 유효전력 60[W], 무효전력 64[Var]
④ 유효전력 40[W], 무효전력 74[Var]

61 어떤 부하에 $v = 1{,}000\sqrt{2}\cos(\omega t + \frac{\pi}{6})$ [V]의 전압과 $i = 20\sqrt{2}\sin(\omega t + \frac{5\pi}{6})$ [A]의 전류를 흘렸을 때 유효전력과 무효전력은?

〈한국전력거래소〉

① 10[KW]의 유효전력과 $20\sqrt{2}$ [$KVar$]의 무효전력 흡수
② $10\sqrt{3}$ [KW]의 유효전력과 10[$KVar$]의 무효전력 공급
③ $10\sqrt{2}$ [KW]의 유효전력과 $10\sqrt{2}$ [$KVar$]의 무효전력 흡수
④ 10[KW]의 유효전력과 10[$KVar$]의 무효전력 공급

62 서로 결합된 2개의 코일을 직렬로 연결하면 합성 자기인덕턴스가 $470[mH]$이고, 한 쪽 코일의 연결을 반대로 하면 $70[mH]$가 되었다. 두 코일의 상호인덕턴스$[mH]$는?

〈한국전력공사〉

① 50 ② 100
③ 150 ④ 200
⑤ 300

63 $10[mH]$인 두 개의 자기 인덕턴스가 있다. 결합계수를 0.1로부터 0.9까지 변화시킬 수 있다면 이것을 접속하여 얻을 수 있는 합성 인덕턴스의 비 $\frac{\text{최댓값}}{\text{최솟값}}$은 얼마인가?

〈한국전력거래소〉

① 9 ② 11
③ 19 ④ 22

64 다음 회로의 궤적에 대한 설명이다 옳은 것은?

〈한국철도공사〉

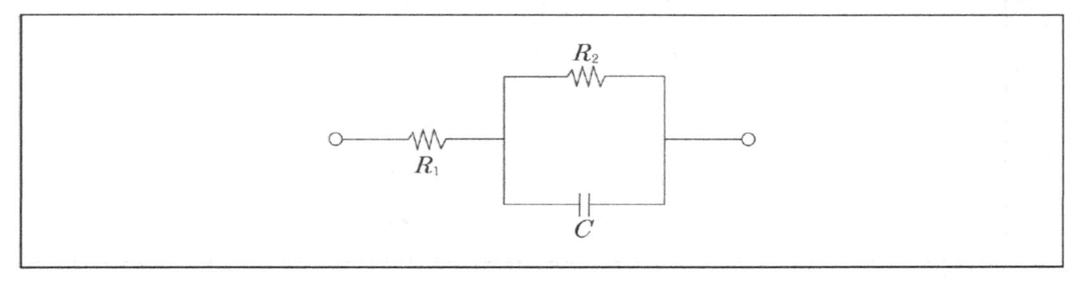

① 원의 중심은 음의 실수, $\omega=\infty$일 경우 $Z=R_1+R_2$
② 원의 중심은 양의 실수, $\omega=\infty$일 경우 $Z=R_1+R_2$
③ 원의 중심은 양의 실수, $\omega=0$일 경우 $Z=R_1+R_2$
④ 원의 중심은 허수, $\omega=\infty$일 경우 $Z=R_1+R_2$
⑤ 원의 중심은 허수, $\omega=0$일 경우 $Z=R_1+R_2$

65 그림과 같은 회로에서 단자 b, c에 걸리는 전압 V_{ab}는 몇 $[V]$인가?

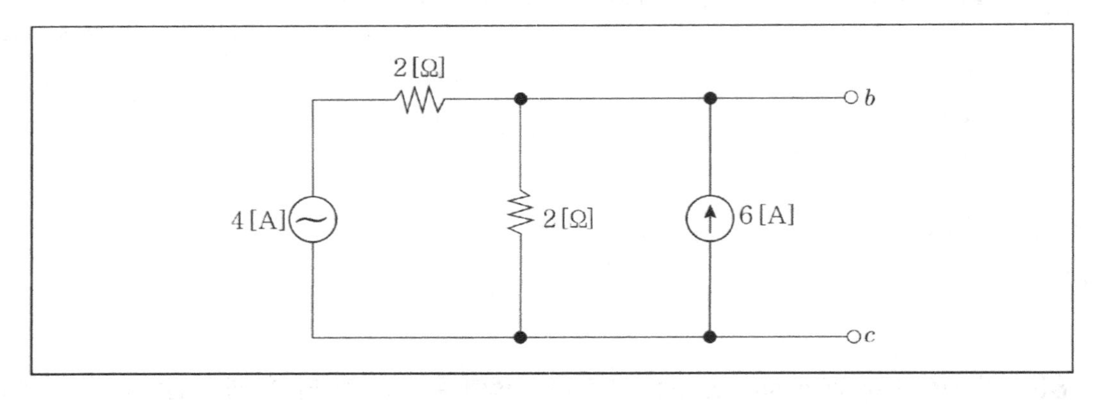

① 4
② 6
③ 8
④ 10

66 그림과 같은 회로에서 $E_1 = 6[V]$, $E_2 = 4[V]$, $R_1 = 4[\Omega]$, $R_2 = 2[\Omega]$일 때 a, b 단자에 $R_3 = 1[\Omega]$을 추가로 접속하면 a, b 단자간의 전압 $V_{ab}[V]$은?

〈한국남동발전〉

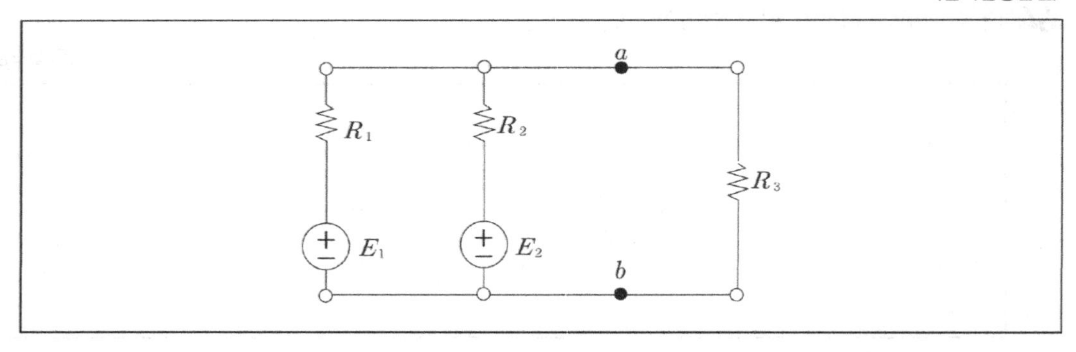

① 10
② 5
③ 4
④ 2

67 다음의 회로를 등가시키면 전압[V]과 저항[Ω]은?

〈한국수력원자력〉

① 저항 3, 전압 12
② 저항 5, 전압 20
③ 저항 6, 전압 12
④ 저항 4.5 전압 20

68 중첩의 원리를 이용하여 회로를 해석할 때 전압원과 전류원은 어떻게 하여야 하는가?

〈한국서부발전〉

① 전압원, 전류원을 둘 다 개방한다.
② 전압원, 전류원을 둘 다 단락시킨다.
③ 전압원은 단락, 전류원은 개방시킨다.
④ 전압원은 개방, 전류원은 단락시킨다.

69 그림과 같은 회로를 등가회로로 바꾸려고 한다. 이때 $V[V]$, $R[\Omega]$의 값은 각각 얼마인가?

〈한국중부발전〉

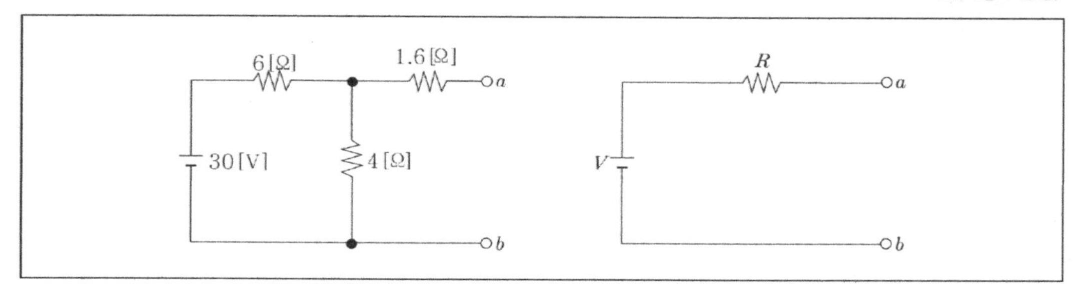

① V=12, R=4
② V=18, R=2.4
③ V=18, R=4
④ V=12, R=2.4

70 그림과 같은 그래프의 나무를 만드는 가지의 수(나무 수)는?

① 3
② 4
③ 5
④ 6
⑤ 7

71 다음 중 10[V]의 전압원을 통해 소비되는 전력은 몇 [W]인가?

〈한전KPS〉

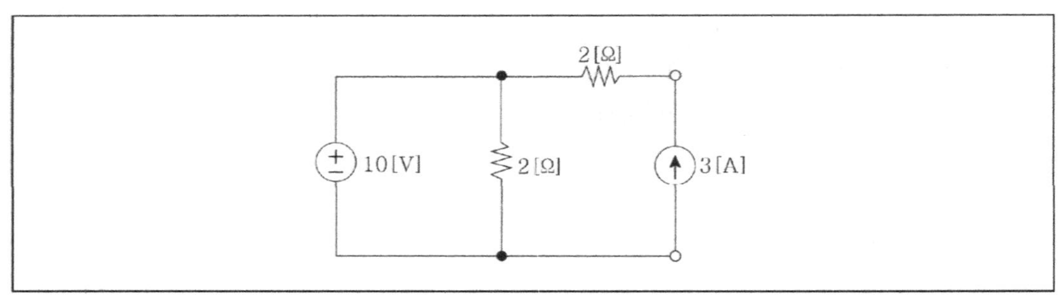

① 10
② 20
③ 30
④ 40
⑤ 50

72 그림과 같은 회로에서 부하 R_L에서 소비되는 최대전력은 몇 $[W]$인가?

〈한전KPS〉

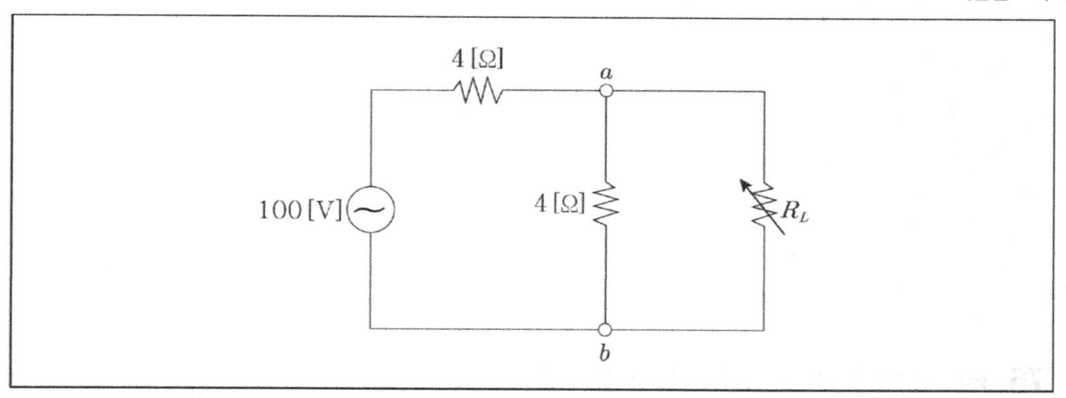

① 50
② 125
③ 312.5
④ 330.5
⑤ 350.5

73 전압 $v = V_m \sin\omega t[V]$의 교류회로에 내부저항r과 부하저항 $R[\Omega]$이 있을 때 소비하는 최대전력$[W]$은?

〈한국전력거래소〉

① $\dfrac{V_m^2}{R}$
② $\dfrac{V_m^2}{2R}$
③ $\dfrac{V_m^2}{4R}$
④ $\dfrac{V_m^2}{8R}$

74 3상 불평형 전압에서 역상전압이 10[V]이고, 정상전압이 200[V], 영상전압이 50[V]라고 할 때 전압의 불평형률[%]은?

〈한국전력공사〉

① 1
② 2
③ 3
④ 5
⑤ 6

75 3상 회로에서 3상 단락일 때 옳지 않은 것은?

〈한국수력원자력〉

① $V_o = V_2 = 0$
② $I_o = I_2 = 0$
③ $I_1 = I_2 = 0$
④ $Z_o = Z_2 = 0$

76 다음 중 대칭좌표법에 대한 설명으로 틀린 것은?

〈한국수력원자력〉

① 정상분은 a-b-c상이 시계방향으로 120^o의 위상차를 갖는다.
② 역상분은 a-b-c상이 반시계방향으로 120^o의 위상차를 갖는다.
③ 불평형 전압은 영상분 전압, 정상분 전압, 역상분 전압이 모두 존재한다.
④ 불평형 3상회로의 비접지식 회로에는 영상분이 존재한다.

77 다음 중 정상분 전압을 구하는 식으로 옳은 것은?

〈한국서부발전〉

① $\frac{1}{3}(V_a + a^2 V_b + a V_c)$

② $\frac{1}{3}(V_a + a V_b + a^2 V_c)$

③ $\frac{1}{3}(V_a + a V_b + V_c)$

④ $\frac{1}{3}(V_a - V_b - V_c)$

78 $V_a = 16 + j2[V]$, $V_b = -20 - j9[V]$, $V_c = -2 + j[V]$ 를 3상 불평형 전압이라고 할 때 영상전압$[V]$은?

〈한전KPS〉

① $-2 - j2$
② $-6 - j3$
③ $-9 - j6$
④ $-18 - j9$
⑤ $-24 - j12$

79 3상평형 회로의 대칭분 전류를 I_o, I_1, I_2라 하고 선전류를 I_a, I_b, I_c라 할 때 $I_b[A]$는?

〈한국전력거래소〉

① $I_a + I_b + I_c$
② $I_o + aI_1 + a^2 I_2$
③ $I_o + I_1 + I_c$
④ $I_o + a^2 I_1 + aI_2$

80 그림과 같은 회로가 정저항 회로가 되기 위한 $R[\Omega]$의 값은 얼마인가?

〈한국중부발전〉

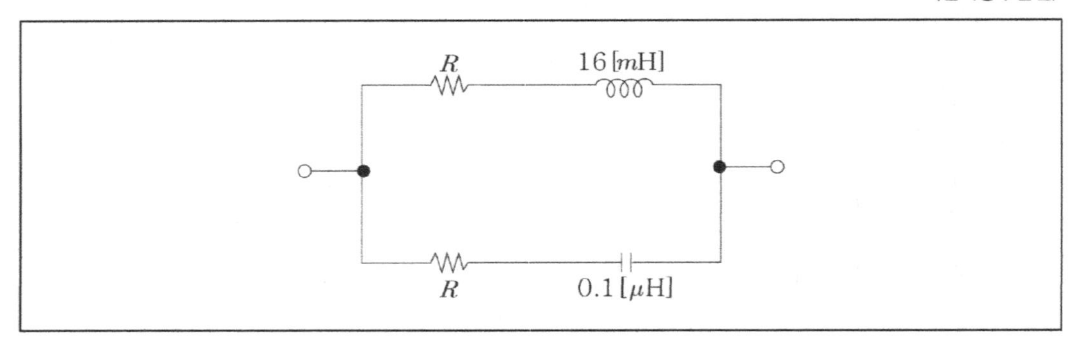

① 200
② 250
③ 300
④ 400

81 $Z(s) = \dfrac{8s^2+1}{s(s^2+1)}$로 표시되는 리액턴스 2단자 회로망은?

〈한국철도공사〉

①
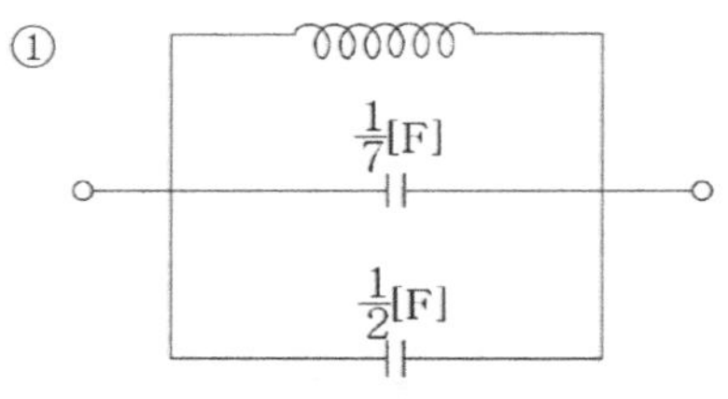

②
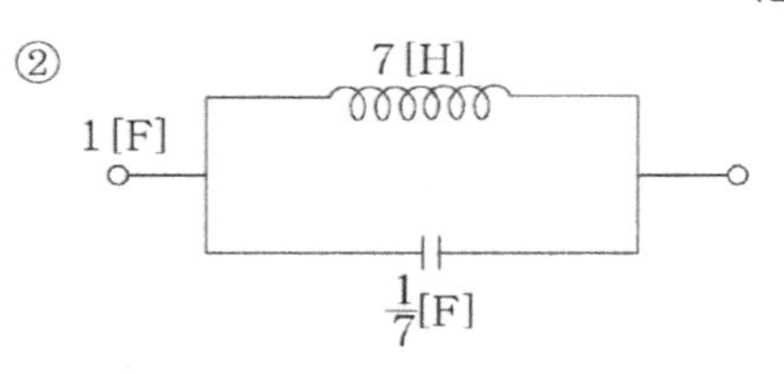

③
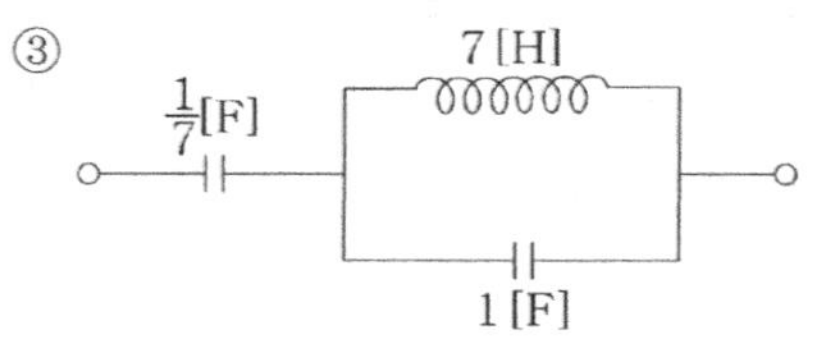

④
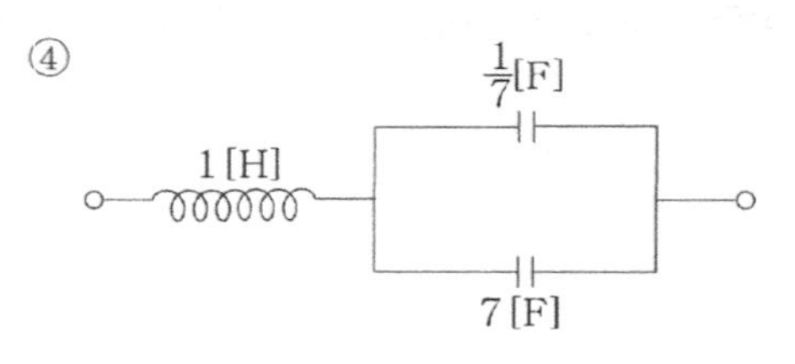

⑤
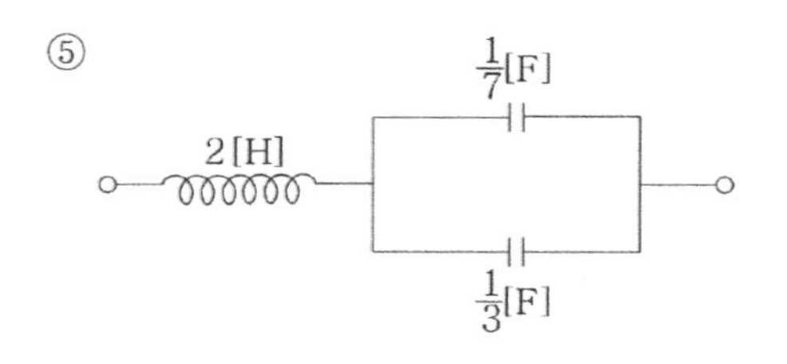

82 그림과 같은 4단자 회로의 4단자 정수 중 CD의 값은?

〈한국남동발전〉

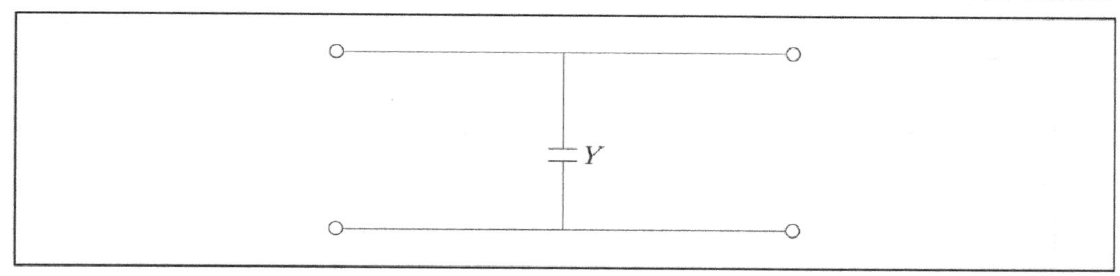

① 0　　② $\frac{1}{Y}$

③ 1　　④ Y

83 다음 4단자 회로의 영상 임피던스 Z_{01}은 몇 $[\Omega]$인가?

〈한국남동발전〉

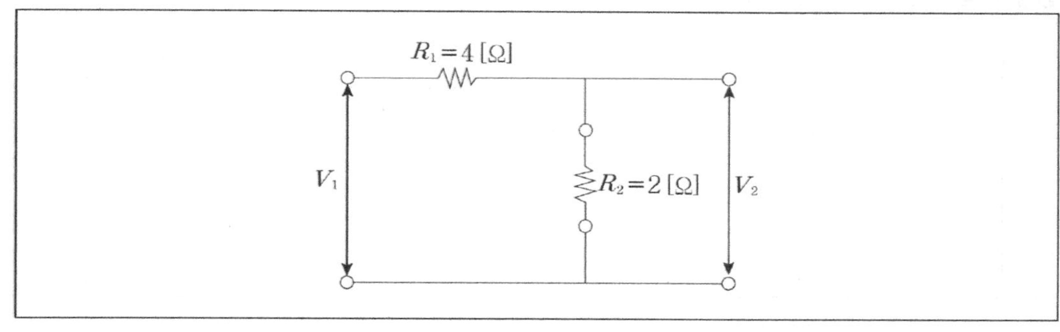

① $\sqrt{24}$　　② $\sqrt{36}$

③ 36　　④ 24

84 다음과 같은 T형 4단자망에서의 4단자 정수 C를 구하면? (단, $\omega = 20[rad/\sec]$이고, $L = 1[mH]$, $C = 2[\mu F]$이다.)

〈한국남동발전〉

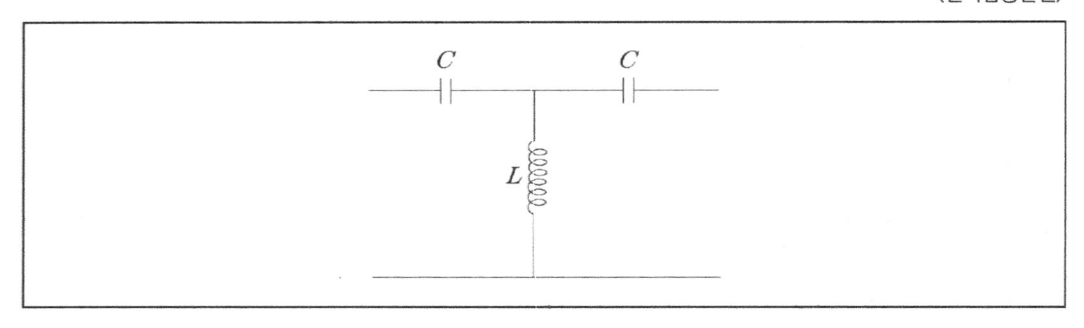

① $j20$　　② $-j50$

③ $j50$　　④ $-j20$

85 다음과 같은 회로에 있어서 합성 4단자 정수 중 D의 값은?

〈한국수력원자력〉

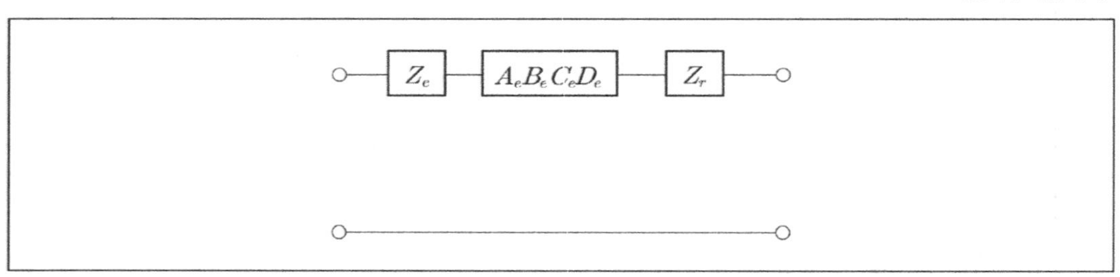

① $A_e + Z_e C_e$

② C_e

③ $Z_r C_e + D_e$

④ $Z_e A_e + C_e + Z_r D_e$

86 어드미턴스회로 $\begin{vmatrix} I_1 \\ I_2 \end{vmatrix} = \begin{vmatrix} Y_{11} & Y_{12} \\ Y_{21} & Y_{22} \end{vmatrix} \begin{vmatrix} V_1 \\ V_2 \end{vmatrix}$에서 Y_{21}에 대한 설명으로 옳은 것은?

〈한국전력거래소〉

① 1차 측 개방 출력 임피던스

② 2차 측 단락 입력 어드미턴스

③ 2차 측 단락 전달 어드미턴스

④ 1차 측 개방 전달 임피던스

87 4단자 회로망에서 4단자 정수를 A, B, C, D라 하면 영상임피던스 Z_{01}, Z_{02}, θ는?

〈한국철도공사〉

① $Z_{01} = \sqrt{\dfrac{AB}{CD}}$, $Z_{02} = \sqrt{\dfrac{DB}{CA}}$, $\theta = \ln(\sqrt{AD} + \sqrt{BC})$

② $Z_{01} = \sqrt{\dfrac{AB}{CD}}$, $Z_{02} = \sqrt{\dfrac{DB}{CA}}$, $\theta = \ln(\sqrt{AB} + \sqrt{DC})$

③ $Z_{01} = \sqrt{\dfrac{DB}{CA}}$, $Z_{02} = \sqrt{\dfrac{AB}{CD}}$, $\theta = \ln(\sqrt{AD} + \sqrt{BC})$

④ $Z_{01} = \sqrt{\dfrac{DB}{CA}}$, $Z_{02} = \sqrt{\dfrac{AB}{CD}}$, $\theta = \ln(\sqrt{AB} + \sqrt{DC})$

⑤ $Z_{01} = \sqrt{\dfrac{AB}{CD}}$, $Z_{02} = \sqrt{\dfrac{DB}{CA}}$, $\theta = \ln(\sqrt{AD} - \sqrt{BC})$

88 그림과 같은 T형 회로에서 4단자 정수 중 $\sqrt{\dfrac{B}{C}}$의 값은 얼마인가?

〈한국철도공사〉

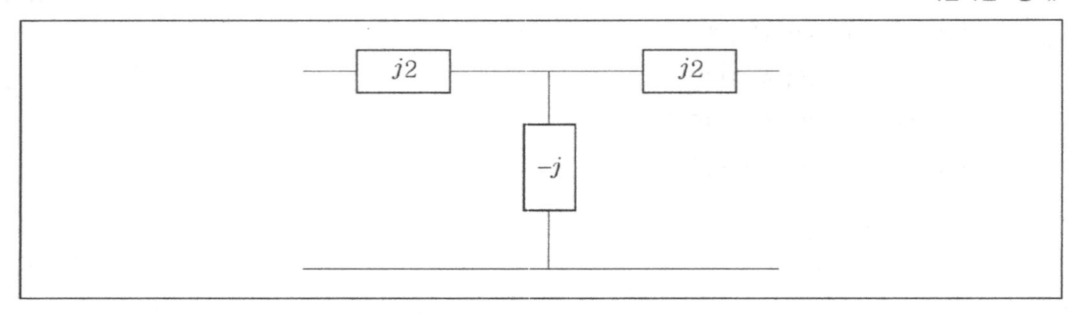

① $2\sqrt{2}$
② $2\sqrt{3}$
③ $3\sqrt{2}$
④ $3\sqrt{3}$
⑤ 0

89 $15[\Omega]$의 저항 3개를 Y로 결선한 것을 등가 △ 결선으로 환산한 저항의 크기는?

〈한국동서발전〉

① 3
② 15
③ 30
④ 45

90 다음과 같이 △ 결선된 회로에서 선에 흐르는 전류 $I[A]$는? (단, $r=\sqrt{3}\,[\Omega]$이다.)

〈한국남동발전〉

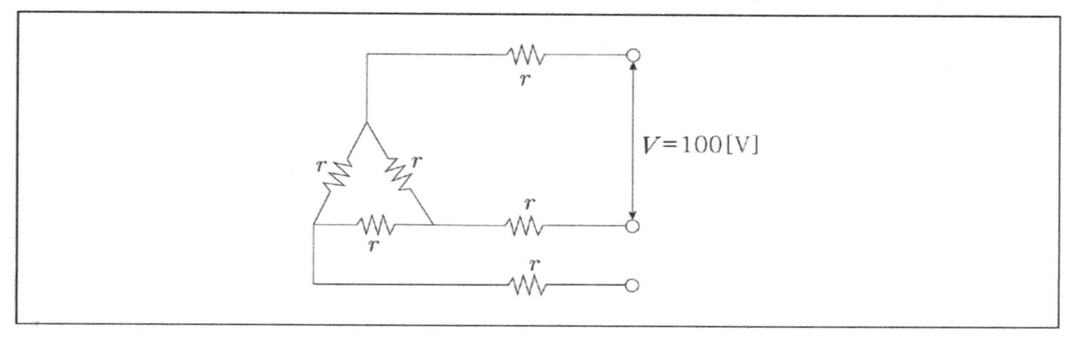

① $75\sqrt{3}$ ② 70
③ $25\sqrt{3}$ ④ 25

91 3상 선로가 △ 결선이고 선간전압이 100$[V]$, 한 상의 임피던스 $Z=3+j4[\Omega]$일 때 3상 전력 $[W]$은 얼마인가?

〈한국수력원자력〉

① 1,200 ② 1,800
③ 3,600 ④ 4,800

92 전원과 부하가 다같이 △ 결선된 3상 평형회로가 있다. 전원 전압이 200$[V]$, 부하 임피던스가 $Z=60+j80\,[\Omega]$일 때 선전류 $[A]$는?

〈한국서부발전〉

① 2 ② $\frac{2}{\sqrt{3}}$
③ $2\sqrt{3}$ ④ $\sqrt{3}$

93 $Z = 4 + j3[\Omega]$인 평형 Y부하에 선간전압 $220\sqrt{3}[V]$인 대칭 3상전압을 가할 때 선전류$[A]$는?

〈한국중부발전〉

① 11
② 22
③ 33
④ 44

94 두 대의 전력계를 사용하여 평형 3상 회로의 역률을 측정하려고 한다. 전력계의 지시가 각각 0$[W]$, 300$[W]$이면 이 회로의 역률은?

① 0.4
② 0.5
③ 0.6
④ 0.8

95 한 상의 임피던스 $Z = 3 + j[\Omega]$인 △부하에 대칭 선간전압 200$[V]$를 인가할 때 3상 전력은 몇 $[KW]$인가?

〈한전KPS〉

① 3.6
② 36
③ 9
④ 18
⑤ 54

96 다음 다상교류회로의 설명 중 잘못된 것은?

〈한전KPS〉

① 환상결선에서 상전류와 선전류의 위상차는 $\frac{\pi}{2}(1-\frac{2}{n})[rad]$이다.

② n상전력 $P=\frac{n}{2\sin\frac{\pi}{n}}V_lI_l\cos\theta$ 이다.

③ n상 스타결선에서 선간전압과 상전압의 위상차는 30^o이다.

④ 비대칭 교류전류에 의한 자계는 타원형으로 회전한다.

⑤ 스타결선의 선전류와 상전류는 같다.

97 Y로 결선한 변압기에서 불평형 전압이 발생하였다. $V_{ab}=42[KV]$, $V_{bc}=42[KV]$, $V_{ca}=56[KV]$일 때 부하저항은 $R_{an}=2[K\Omega]$, $R_{bn}=4[K\Omega]$, $R_{cn}=8[K\Omega]$이다. 이때의 3상 전력$[KW]$ 값은?

〈한국전력거래소〉

① 521　　② 529
③ 539　　④ 547

98 기본파의 30[%]인 제3고조파와 40[%]인 제5고조파를 포함하는 전압의 왜형률[%]은?

〈한국남동발전〉

① 30　　② 40
③ 50　　④ 60

99 전압이 $v = 180\sqrt{2}\sin 20t + 50\sqrt{2}\sin(50t - 30^o)[V]$이고 전류가 $i = 2\sqrt{2}\sin(20t - 60^o) + 4\sqrt{2}\sin(50t + 30^o)$이면 소비전력$[W]$은?

〈한국남동발전〉

① 280　　② 360
③ 1,200　　④ 2,560

100 비정현파 전압 $v_1 = 12\sqrt{2}\sin\omega t[V]$, $v_2 = 16\sqrt{2}\sin 3\omega t[V]$일 때 실효전압$[V]$은?

〈한국남동발전〉

① 15　　② 20
③ 30　　④ 40

101 어떤 교류회로에 $v = 4\sqrt{2}\sin\omega t + 2\sqrt{2}\sin 3\omega t + \sqrt{2}\sin 5\omega t[V]$인 전압을 가했을 때 전류가 $i = 10\sin\omega t + 15\sin 2\omega t + 30\sin 3\omega t[A]$와 같다면, 이 회로에 소비되는 전력은 몇 [W]인가?

〈한국남동발전〉

① $100\sqrt{2}$　　② $75\sqrt{2}$
③ $25\sqrt{2}$　　④ $50\sqrt{2}$

102 비정현파 전류 $i = 10\sin(\omega t + \frac{\pi}{3}) + 5\sin(2\omega t + \frac{\pi}{3}) + 3\sin(3\omega t + \frac{\pi}{3})[A]$가 $2[\Omega]$의 저항에 흐르고 있을 때 저항에서 소비되는 전력$[W]$은?

〈한국남동발전〉

① 34 ② 134
③ 248 ④ 268

103 다음 중 푸리에변환(Fourier Transform)의 성질에 대한 설명으로 옳지 않은 것은?

〈한국남동발전〉

① 주기함수는 푸리에급수를 이용하여 나타낼 수 있다.
② 주기T가 무한히 증가하면 주파수 스펙트럼은 비연속함수가 된다.
③ 푸리에변환은 비주기성을 갖는 신호에 대하여 적용한다.
④ 우함수 푸리에변환은 우함수이다.

104 다음 중 푸리에급수로 비정현파 교류를 해석하는 데 적당하지 않은 것은?

〈한국수력원자력〉

① 반파대칭인 경우 직류분은 없다.
② 우함수인 비정현파에서는 sin항이 없다.
③ 기함수인 경우 사인항을 구할 때 반주기만을 적분하여 2배 한다.
④ 반파대칭에서 반주기마다 동일한 파형이 반복되나 부호의 변화가 없다.

105 비정현파의 푸리에 급수 전개에 대한 설명으로 틀린 것은?

〈한국서부발전〉

① 주기적인 비정현파는 주파수가 없다.

② 푸리에 급수는 무수히 많은 정현파의 합으로 구성되어 있다.

③ 비정현파는 기본파, 고조파, 직류분의 합으로 나타낸다.

④ 반파대칭 파형은 기수(홀수)만 포함한다.

106 왜형파 전류 $i = 200\sqrt{2}\,\sin\omega t + 80\sqrt{2}\,\sin 2\omega t + 60\sqrt{2}\,\sin 3\omega t[A]$의 왜형률을 구하면?

〈한국중부발전〉

① 0.2　　② 0.3

③ 0.4　　④ 0.5

107 전송신호 주파수 $500[MHz]$ 주파수에서 1/2파장의 안테나 길이$[m]$는 얼마인가?

〈한국남동발전〉

① 1/10　　② 2/10

③ 3/10　　④ 4/10

108 다음 중 무손실 회로의 설명 중 옳지 않은 것은?

〈한국서부발전〉

① 무손실 회로의 감쇠정수는 1이다.

② 위상정수는 $\omega\sqrt{LC}$이다.

③ 특성임피던스는 $\sqrt{\dfrac{L}{C}}$이다.

④ 속도는 $\dfrac{1}{\sqrt{LC}}$이다.

109 라플라스함수 $F(s)=\dfrac{2(2s+3)}{s^3+2s^2+3s}$의 최종값은?

〈한국남동발전〉

① 1　　② 2

③ 3　　④ 6

110 $F(s)=\dfrac{2s(3s+2)}{s^3+2s^2+s}$일 때 $f(t)$의 초깃값은?

〈한국남동발전〉

① 2　　② 4

③ 6　　④ 8

111 다음과 같은 $I(s)$의 초깃값 $I(0_+)$가 바르게 구한 것은?

〈한국서부발전〉

$$I(s)=\frac{4(s+1)}{s^2+2s+3}$$

① 1
② 2
③ 3
④ 4

112 임펄스 응정답 제어계에서 $C(t)=1-1.8e^{-4t}+0.8e^{-9t}$를 라플라스 변환하면?

① $\frac{36}{s(s+4)(s+9)}$
② $\frac{36}{s(s+4)(s+9)}$
③ $\frac{36}{s(s+4)(s+9)}$
④ $\frac{36}{s(s+4)(s+9)}$

113 함수 $f(t)=\sin t$를 옳게 라플라스 변환시킨 것은?

〈한국서부발전〉

① $\frac{s}{s^2+1}$
② $\frac{1}{s^2+1}$
③ $\frac{s^2}{s^2+1}$
④ $\frac{s}{s^2-1}$

114 $F(s)=\dfrac{2s}{(s+2)(s+1+j)(s+1-j)}$ 의 역라플라스 변환은?

〈한국철도공사〉

① $e^{-2t}(\cos t-1)$

② $-2e^{-2t}+2e^{-t}\cos t$

③ $2e^{-2t}-2e^{-t}\cos t$

④ $e^{-2t}(\cos t+1)$

⑤ $2(e^{-2t}-\cos t)$

115 R–C 직렬회로에서 $t=0$에 스위치 S를 닫으면 저항 R 양단에 걸리는 전압[V]은 얼마인가?

〈한국수력원자력〉

① $E(1-e^{-\frac{1}{RC}t})$

② $E(1-e^{-RCt})$

③ $Ee^{-\frac{1}{RC}t}$

④ Ee^{-RCt}

116 R–L직렬회로의 저항이 $100[\Omega]$, 전원전압은 10[V]이다. 회로의 스위치를 닫고 0.001초 후에 전류의 값이 $0.0632[A]$라면 이 회로의 인덕턴스 L의 값[H]은?

① 100

② 10

③ 1

④ 0.1

⑤ 0.01

117 그림의 회로에서 $\frac{1}{8}[F]$의 콘덴서에 흐르는 전류는 일반적으로 $i(t)=A+Be^{-\alpha t}[A]$로 표시된다. B의 값은? (단, $E=16[V]$이다.)

〈한국전력거래소〉

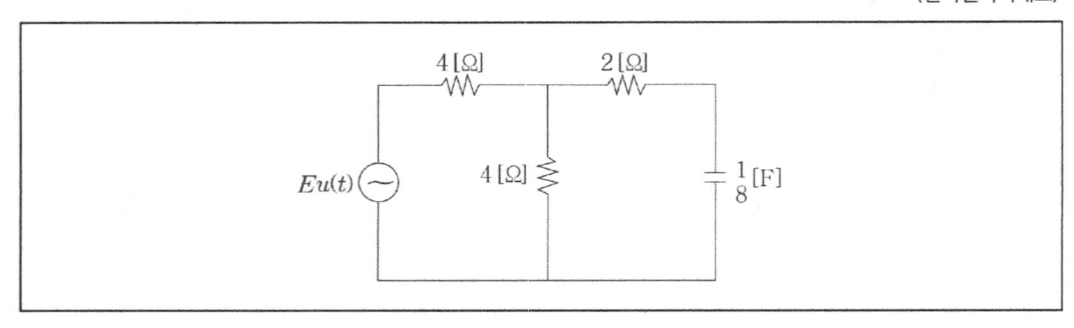

① 1 ② 2
③ 3 ④ 4

118 R–C 직렬회로에서 초기전류와 정상전류를 각각 구하면? (단, 커패시터의 초기전압은 Q이다.)

〈한국철도공사〉

① $\frac{E-Q}{R}$, ∞ ② $\frac{E}{R}$, ∞
③ $\frac{E}{R}$, 0 ④ 0, $\frac{E}{R}$
⑤ $\frac{E-Q}{R}$, 0

회로이론 정답 및 해설

01 정답 ③ 직류

$vol = S \times l$ 이므로 $vol = \frac{S}{3} \times 3l)$

$R = \rho \frac{l}{S} \Rightarrow \rho \frac{3l}{\frac{S}{3}} = 9\rho \frac{l}{S} [\Omega]$

9배가 된다.

02 정답 ④ 직류

합성저항 $R_o = 3 + \frac{2 \times (2+1.8)}{2+(2+1.8)} = 4.31 [\Omega]$

전체 전류 $I_o = \frac{E}{R_o} = \frac{50}{4.31} = 11.6 [A]$

1.8[Ω]에 흐르는 전류[A] $I_{1.8[\Omega]} = \frac{2}{2+(2+1.8)} \times 11.6 = 4 [A]$

03 정답 ④ 직류

$i = \frac{dq}{dt} [C/\sec = A]$, $P = \frac{dW}{dt} [J/\sec = W]$

$v = \frac{dW}{dQ} [J/C = V]$

전압은 단위전하가 한 일의 양으로 정의된다.

04 정답 ② 직류

전열기의 저항 $R = \frac{V^2}{P} = \frac{100^2}{200} = 50 [\Omega]$

전력 $P = \frac{V^2}{R} = \frac{30^2}{50} = 18 [W]$

05 정답 ③ 　　직류

전지의 합성내부저항 $r_o = \frac{2\times3}{2} = 3[\Omega]$, 기전력 $E = 10\times3 = 30[V]$

$$P = I^2R = (\frac{E}{r_o+R})^2R = (\frac{30}{3+3})^2\times3 = 75[W]$$

06 정답 ④ 　　직류

합성전류는 $10[A]$

$$I_2 = \frac{G_2}{G_2+G_3}\cdot I = \frac{2}{2+3}\times10 = 4[A]$$

$$P = I^2R = \frac{I^2}{G_2} = \frac{4^2}{2} = 8[W]$$

07 정답 ② 　　직류

전압계와 배율기는 직렬로 연결한다.
전압계 내부저항과 배율기 저항이 1 : 1이면 2배의 전압을 측정할 수 있다.
전압계 내부저항과 배율기 저항이 1 : 2이면 3배의 전압을 측정할 수 있다.
전압계 내부저항과 배율기 저항이 1 : 3이면 4배의 전압을 측정할 수 있다.
따라서 4배의 전압을 측정하려면 $R = 3r = 3\times3{,}000 = 9{,}000[\Omega]$

08 정답 ② 　　직류

열량은 I^2R 비례하므로 $I_3 = \frac{10}{3} = 3.33[A]$, $I_9 = \frac{10}{9} = 1.11[A]$ 으로 $I_3 : I_9 = 3 : 1$

$$\frac{H_9}{H_3} = \frac{I_9^2R_9}{I_3^2R_3} = \frac{1.11^2\times9}{3.33^2\times3} = \frac{1}{3}$$

09 정답 ① 　　직류

분류기는 작은저항을 병렬로 연결하여 큰 전류를 측정하기 위해 설치하는 것이다.
전류계 내부저항과 분류기 저항이 1 : 1이면 2배의 전류를 측정 할 수 있다.
전류계 내부저항과 분류기 저항이 1 : 1/2이면 3배의 전류를 측정 할 수 있다.
주어진 조건이면 3배의 전류를 측정할 수 있다.

10 정답 ③ 직류

그림은 브릿지 평형회로이다. 중앙의 $1[\Omega]$에는 전류가 흐르지 않는다.

따라서 합성저항 $R_o = \dfrac{(4+2)(4+2)}{(4+2)+(4+2)} = \dfrac{36}{12} = 3[\Omega]$

11 정답 ⑤ 직류

최대50[mV]를 측정할 수 있는 전압계로 5[V]의 전압을 측정한다면 100배의 크기의 전압을 측정하려는 것이다. 그러자면 99배의 전압이 외부저항에 걸려야 하므로 배율기의 저항은 전압계 내부저항의 99배가 되어야 한다.

배율기의 저항[Ω]은 $10 \times 99 = 990[\Omega]$

12 정답 ④ 직류

전압은 저항과 비례하여 걸리게 되므로

내부저항의 비가 1 : 3, 전압의 비는 200 : 600으로 걸린다.

그러므로 측정가능한 전압은 800[V]가 된다.

13 정답 ⑤ 직류

브릿지 평형이므로 $AC = BD$

14 정답 ④ 직류

$P = I^2R = (\dfrac{10}{1+9})^2 \times 9 = 9[W]$

15 정답 ③ 직류

$\dfrac{1}{R} = \dfrac{1}{1} + \dfrac{1}{2} + \dfrac{1}{4} = \dfrac{7}{4}$, $R = \dfrac{4}{7}[\Omega]$

16 정답 ③ 직류

$$nV = I(nr + \frac{R \cdot 2R}{R+2R}) = I(nr + \frac{2}{3}R)$$

$$R = \frac{3}{2}(\frac{nV}{I} - nr) = \frac{3n}{2}(\frac{V}{I} - r)[\Omega]$$

17 정답 ① 교류

$$n\omega L = \frac{1}{n\omega C},\ \omega^2 = \frac{1}{n^2 LC},\ \omega = 2\pi f = \frac{1}{n\sqrt{LC}}$$

$$f = \frac{1}{2\pi n\sqrt{LC}}[Hz]$$

18 정답 ④ 교류

직렬공진 $\omega L = \frac{1}{\omega C}$ 로서 임피던스의 허수부가 0이 된다.

따라서 전압과 전류는 동상이 되고 역률은 1이 된다.

19 정답 ① 교류

$$Z = \frac{V}{I} = \frac{100}{10} = 10[\Omega]$$

$$Z = 10\angle\frac{\pi}{6} = 10(\cos\frac{\pi}{6} + j\sin\frac{\pi}{6}) = 10(\frac{\sqrt{3}}{2} + j\frac{1}{2}) = 5\sqrt{3} + j5[\Omega]$$

$R = 5\sqrt{3}[\Omega]$, $X = 5[\Omega]$

20 정답 ② 교류

삼각파에서 실효값 $\frac{V_m}{\sqrt{3}}$, 평균값 $\frac{V_m}{2}$

21 정답 ① 교류

$W=\frac{1}{2}LI^2=\frac{1}{2}\times 60\times 6^2=1{,}080[J]$

$J/\sec = W$, $J=W\cdot \sec$이므로 $W\cdot h=\frac{J}{3{,}600}=\frac{1{,}080}{3{,}600}=0.3$

22 정답 ④ 교류

$\omega L=\frac{1}{\omega C}$, $C=\frac{1}{\omega^2 L}=\frac{1}{4{,}000^2\times 50\times 10^{-3}}=1.25[\mu F]$

23 정답 ④ 교류

$I=\frac{V}{\omega L}=\frac{100}{2\pi f\times 0.1}=\frac{10}{\pi}[A]$

24 정답 ④ 교류

$V_{av}=\frac{1}{2\pi}\int_{\frac{\pi}{3}}^{\pi}200\sin\omega t\, d\omega t=\frac{200}{2\pi}[-\cos\omega t]_{\frac{\pi}{3}}^{\pi}=\frac{100}{\pi}(1+\frac{1}{2})=\frac{150}{\pi}[V]$

25 정답 ② 교류

$e_2=282\cos(60\pi t-60^o)=282\sin(60\pi t-60^o+90^o)=282\sin(60\pi t+30^o)$

위상차 $\theta=30^o-(-\frac{\pi}{3})=90^o$

지금 $\omega=2\pi f=60\pi$, $f=30[Hz]$

$T=\frac{1}{f}=\frac{1}{30}[\sec]$ 이므로 90^o즉 1/4 회전에는 $\frac{1}{30}\times\frac{1}{4}=\frac{1}{120}[\sec]$

26 정답 ① 교류

$V_{av}=\frac{2V_m}{\pi}=\frac{2\sqrt{2}\ V}{\pi}=220[V]$, $V=220\times\frac{\pi}{2\sqrt{2}}[V]$

27 정답 ①

교류

파형률은 $\frac{\text{실횻값}}{\text{평균값}}$으로 구한다. 그림과 같이 반원파를 그려보면 평균값 $V_{av} = \frac{\pi}{4} V_m$,

실횻값 원방정식에서 $y^2 + (x - V_m)^2 = V_m^2$, $y = \sqrt{V_m^2 - (x - V_m)^2} = \sqrt{-x^2 + 2x V_m}$

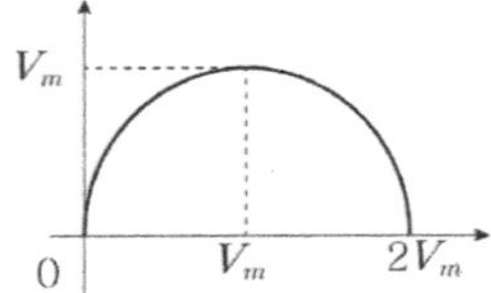

$$V_s = \sqrt{\frac{1}{2V_m}\int_0^{2V_m}(-x^2 + 2x V_m)\, dx} = \sqrt{\frac{1}{2V_m}[-\frac{1}{3}x^3 + x^2 V_m]_o^{2V_m}} = \sqrt{\frac{1}{2}(-\frac{8}{3} + 4) V_m^2}$$

$$= \sqrt{\frac{2}{3}}\ V_m$$

$$\text{파형률} = \frac{V_s}{V_{av}} = \frac{\sqrt{\frac{2}{3}}\ V_m}{\frac{\pi}{4} V_m} = 1.04$$

28 정답 ①

교류

충전은 C에 관한 것이고, C에는 200[V]가 인가되었으므로

$Q = CV = 200 \times 10^{-6} \times 200 = 0.04[C]$

29 정답 ①

교류

$V_{av} = \frac{2V_m}{\pi} = 100[V]$, $V_m = 50\pi[V]$

30 정답 ①

교류

$N\varnothing = LI$, $L = \frac{N\varnothing}{I} = \frac{250 \times 0.02}{2} = 2.5[H]$

31 정답 ③ 교류

$\frac{X}{R}=\frac{1}{2}$ 이므로 $X=1$, $R=2$

R-X 직렬회로에서 역률 $\cos\theta=\frac{R}{|Z|}=\frac{R}{\sqrt{R^2+X^2}}=\frac{2}{\sqrt{2^2+1^2}}=\frac{2}{\sqrt{5}}$

32 정답 ④ 교류

$W=\frac{1}{2}CV^2=\frac{1}{2}\times C\times 1{,}000^2=300[J]$

$C=600[\mu F]$

33 정답 ③ 교류

직렬회로에서 선택도 $Q=\frac{V_L}{V}=\frac{V_c}{V}$, $Q=\frac{1}{R}\sqrt{\frac{L}{C}}$

34 정답 ④ 교류

정현전파 $\frac{V_m}{\sqrt{2}}$, 정현반파 $\frac{V_m}{2}$, 구형반파 $\frac{V_m}{\sqrt{2}}$

35 정답 ② 교류

$V=IZ=(4+j3)(6+j8)=j50[V]$

36 정답 ① 교류

전압과 전류가 위상이 같으므로 순저항 회로이다. 순코일 회로는 전압이 전류보다 위상이 90도 앞선다.

37 정답 ③ 교류

R-C회로는 전류가 전압보다 θ만큼 위상이 앞선다.

$Z=R+\frac{1}{j\omega C}=R-j\frac{1}{\omega C}[\Omega]$

직류전원으로 바꾸면 C가 충전이 되어 전위가 전원과 같아지면 전류가 흐르지 않는 개방상태가 된다.

38 정답 ③ 교류

역률 $\cos\theta = \frac{G}{|Y|}$ 이다.

39 정답 ② 교류

$e = L\frac{di}{dt}[V]$, $20 = L \times \frac{10-2}{5 \times 10^{-3}}$

$L = 12.5[mH]$

40 정답 ③ 교류

파고율은 최댓값, 실횻값이다. 따라서 삼각파의 파고율은 파고율 $= \frac{\text{최댓값}}{\text{실횻값}} = \frac{I_m}{\frac{I_m}{\sqrt{3}}} = \sqrt{3}$ 이다.

41 정답 ③ 교류

톱니파의 평균값 $V_{av} = \frac{V_m}{2} = 120[V]$, $V_m = 240[V]$

42 정답 ③ 교류

$Z = \frac{E}{I} = \frac{1\angle 0^o}{1\angle 45^o} = 1\angle -45^o = \cos 45^o - j\sin 45^o = \frac{1}{\sqrt{2}} - j\frac{1}{\sqrt{2}}[\Omega]$

$X_c = \frac{1}{\omega C} = \frac{1}{\sqrt{2}}$, $\omega C = \sqrt{2}$, $C = \frac{\sqrt{2}}{\omega}[F]$

43 정답 ② 교류

$\omega = 2\pi f = \frac{2\pi}{T}$, $T = \frac{2\pi}{\omega}$

44 정답 ③ 교류

직렬 $C_o = \dfrac{C \cdot C}{C+C} = \dfrac{1}{2}C$

병렬 $C_o = C+C = 2C$ 그러므로 병렬접속은 직렬접속의 4배가 된다.

45 정답 ② 교류

$v = 120\sqrt{2}\sin(\omega t + \frac{\pi}{3}) = 120\angle\frac{\pi}{3} = 120(\cos\frac{\pi}{3} + j\sin\frac{\pi}{3}) = 60 + j60\sqrt{3}\,[V]$

46 정답 ① 교류

병렬회로에서 선택도 $Q = R\sqrt{\dfrac{C}{L}}$ 이므로 R이 커지면 선택도 Q도 커진다. L, C값이 고정되면 주파수 변화는 없다.

47 정답 ④ 교류

실횻값은 각파의 실횻값의 제곱의 합의 제곱근과 같다.

48 정답 ③ 교류

병렬회로이므로 양측에 150[V]가 걸린다. 4[Ω]에 흐르는 전류는 $I = \dfrac{V}{R} = \dfrac{150}{2+4} = 25[A]$이므로 $V_{ab} = 4 \times 25 = 100[V]$이다.

49 정답 ② 교류

R-L직렬회로의 역률 $\cos\theta = \dfrac{R}{|Z|} = \dfrac{R}{\sqrt{R^2 + (\omega L)^2}} = \dfrac{3}{\sqrt{3^2 + (2\pi \times 50 \times \frac{1}{25\pi})^2}} = \dfrac{3}{5} = 0.6$

50 정답 ③ 교류

$$I=\frac{V}{Z}=\frac{V}{j\omega L}=\frac{\frac{100}{\sqrt{2}}\angle-50^o}{10\times20\times10^{-3}\angle90^o}=\frac{500}{\sqrt{2}}\angle-140^o$$

$i=500\sin(\omega t-140^o)[A]$

51 정답 ③ 교류

$e_1=60\angle90^o, e_2=80\angle0^o$이므로 $e_1+e_2=\sqrt{60^2+80^2}=100[V]$

52 정답 ① 교류

$e=-L\frac{di}{dt}[V]$이므로 $t=1\sim3$에서 $e=-L\frac{di}{dt}=-100\times10^{-3}\times\frac{100}{2}=-5[V]$

$t=3\sim5$에서 $e=-L\frac{di}{dt}=-100\times10^{-3}\times\frac{-100}{2}=5[V]$

53 정답 ④ 교류

전압 $V=3-j3\sqrt{3}$, $|V|=\sqrt{3^2+(3\sqrt{3})^2}=6[V]$ $V_m=6\sqrt{2}[V]$

$\omega=2\pi f=2\pi\times60=120\pi=377[rad/sec]$

$\theta=\tan^{-1}\frac{-3\sqrt{3}}{3}=\tan^{-1}\sqrt{3}=-60^o$

54 정답 ⑤ 교류

유도성 회로이므로 전류의 위상이 전압의 위상보다 뒤진다.

$$\theta=\tan^{-1}\frac{\omega L-\frac{1}{\omega C}}{R}=\tan^{-1}\frac{\omega^2LC-1}{\omega CR}$$

55 정답 ② 전력

$P=VI\cos\theta=50\times10\times\cos(60-30)^o=500\cos30^o=250\sqrt{3}[W]$

56 정답 ③ 전력

부하저항과 전원의 내부저항이 같은 경우

최대 전송전력 $P_m = I^2R_L = (\frac{V}{R_o + R_L})^2 R_L = (\frac{V}{2R_o})^2 R_L = \frac{V^2}{4R_o}[W]$,

부하저항 R_L이 전원의 내부저항 R_o의 4배가 되는 경우

전송전력 $P = I^2R_L = (\frac{V}{R_o + 4R_o})^2 \cdot 4R_o = (\frac{V}{5R_o})^2 \cdot 4R_o = \frac{4V^2}{25R_o}[W]$

따라서 $\frac{P}{P_m} = \frac{\frac{4V^2}{25R_o}}{\frac{V^2}{4R_o}} = \frac{16}{25} = 0.64$

57 정답 ① 전력

피상전력 $P_a = \frac{P}{\cos\theta} = \frac{10}{0.8} = 12.5 = \frac{V^2}{Z}[KVA]$

$Z = \frac{500^2}{12.5 \times 10^3} = 20[\Omega]$

$Z = 20(\cos\theta + j\sin\theta) = 20(0.8 + j0.6) = 16 + j12[\Omega]$

$X = 12[\Omega]$

58 정답 ④ 전력

전력 $P_a = \overline{E} \cdot I = (3 - j2)(2 + j) = 8 - j[V]$

역률 $\cos\theta = \frac{8}{\sqrt{8^2 + 1}} = \frac{8}{\sqrt{65}}$

59 정답 ④ 전력

$P = \frac{V^2}{R}[W]$, $R = \frac{V^2}{P} = \frac{220^2}{4 \times 10^3} = 12.1[\Omega]$

$P = \frac{V^2}{R} = \frac{187^2}{12.1} = 2{,}890[W] = 2.89[KW]$

60 정답 ① 전력

복소전력이므로 $P=\overline{V}I=(10-j4)(6+j5)=80+j26$ 에서 유효전력은 $80[W]$, 무효전력은 $26[Var]$ 이다.

61 정답 ② 전력

$v=1,000\sqrt{2}\,cos(\omega t+\frac{\pi}{6})=1,000\sqrt{2}\,sin(\omega t+\frac{\pi}{6}+\frac{\pi}{2})=1,000\angle 120^o[V]$

$i=20\sqrt{2}\,sin(\omega t+\frac{5\pi}{6})=20\angle 150^o[A]$

유효전력 $P=VIcos\theta=1,000\times 20\times\cos 30^o=10,000\sqrt{3}=10\sqrt{3}\,[KW]$

무효전력 $P_r=VI\sin\theta=1,000\times 20\times\sin 30^o=10,000=10[KVar]$

전류의 위상이 앞서므로 용량성회로 C회로는 무효전력을 공급한다.

62 정답 ② 결합회로

합성인덕턴스가 큰 것이 가극성, 작은 것이 감극성이다.

$L_{가}=L_1+L_2+2M=470[mH]$, $L_{감}=L_1+L_2-2M=70[mH]$

두 식을 빼면 $L_{가}-L_{감}=4M=400[mH]$, $M=100[mH]$

63 정답 ③ 결합회로

합성 인덕턴스

$L=L_1+L_2\pm 2M=L_1+L_2\pm 2k\sqrt{L_1L_2}\,[H]$에서

$L=L_1+L_2\pm 2k\sqrt{L_1L_2}=10+10\pm 2\times 0.9\times\sqrt{100}\,[H]$ 가극성(+) 38, 감극성(−) 2

$L=L_1+L_2\pm 2k\sqrt{L_1L_2}=10+10\pm 2\times 0.1\times\sqrt{100}\,[H]$ 가극성(+) 22, 감극성(−) 18

$\frac{최댓값}{최솟값}$은 k=0.9에서 19, k=0.1에서 $\frac{11}{9}$

64 정답 ③ **결합회로**

$$Z = R_1 + \frac{R_2 \cdot \frac{1}{j\omega C}}{R_2 + \frac{1}{j\omega C}} = R_1 + \frac{R_2}{j\omega C R_2 + 1}[\Omega]\text{이므로}$$

$\omega = 0$에서 $Z = R_1 + R_2$, $\omega = \infty$에서 $Z = R_1$

R-C 병렬회로에서 임피던스는 원점을 지나는 반원의 궤적을 갖는다.

ω의 변화로 $Z = R_1 + R_2$, $Z = R_1$로 변하는 것이므로 중심점은 $R_1 + \frac{R_2}{2}$가 되어 양의 실수 축상에 있다.

65 정답 ③ **선형 회로망**

중첩의 정리에 의해 전압원만 존재하는 경우 전류원을 개방하면 V_{ab1}는 $2[V]$, 전류원만 존재하는 경우 전압원을 단락시키면 전류는 각각의 $2[\Omega]$저항으로 3[A]가 흐르게 되므로 $V_{ab2} = 2 \times 3 = 6[V]$

$V_{ab} = V_{ab1} + V_{ab2} = 2 + 6 = 8[V]$

66 정답 ④ **선형 회로망**

밀만의 정리를 적용한다.

$$V_{ab} = \frac{\frac{E_1}{R_1} + \frac{E_2}{R_2}}{\frac{1}{R_1} + \frac{1}{R_2} + \frac{1}{R_3}} = \frac{\frac{6}{4} + \frac{4}{2}}{\frac{1}{4} + \frac{1}{2} + \frac{1}{1}} = \frac{\frac{7}{2}}{\frac{7}{4}} = 2[V]$$

67 정답 ① **선형 회로망**

테브난의 정리에 의해 단자전압은 $V_{TH} = \frac{3}{2+3} \times 20 = 12[V]$, 등가저항은 전압원을 단락시키고 구한다.

$R_{TH} = 1.8 + \frac{2 \times 3}{2+3} = 3[\Omega]$

68 정답 ③ **선형 회로망**

이상적인 전압원은 전류의 크기와 관계없이 일정한 전압이 걸린다. 단자에서 볼 때 전압원의 크기와 같은 전압이 부하에 걸리자면 전압원의 내부저항은 작을수록 좋다. 따라서 이상적 전압원은 내부저항을 단락상태로 한다. 이상적인 전류원은 전류원의 크기와 같은 전류가 부하로 흐르자면 전류원과 병렬로 되어 있는 내부저항이 클수록 유리하다. 그러므로 이상적 전류원은 내부저항을 무한대에 가깝게 한다(개방).

69 정답 ① **선형 회로망**

테브난의 정리를 적용한다.

$V=\frac{4}{6+4}\times 30=12[V],\quad R=1.6+\frac{6\times 4}{6+4}=4[\Omega]$

70 정답 ① **선형 회로망**

자기의 수는 node보다 1이 적다. 그림의 node는 4개이므로 가지의 수는 3이다.

71 정답 ⑤ **선형 회로망**

전류원을 개방하면 전압원에 의한 전류는 $2[\Omega]$으로 흐르는 전류밖에 없다.

$I=\frac{E}{R}=\frac{10}{2}=5[A],\ I^2R=5^2\times 2=50[W]$

72 정답 ③ **선형 회로망**

등가회로에서 전압은 $50[V]$, 등가저항은 $2[\Omega]$이므로 최대전력은 $R_o=R_L$

$P_{\max}=I^2R_L=(\frac{V}{R_o+R_L})^2R_L=\frac{V^2}{4R_L}=\frac{50^2}{4\times 2}=312.5[W]$

73 정답 ④ **선형 회로망**

$P_{\max}=\frac{V^2}{4R}=\frac{(\frac{V_m}{\sqrt{2}})^2}{4R}=\frac{V_m^2}{8R}[W]$

74 정답 ④ **대칭좌표법**

$$불평형률 = \frac{역상분}{정상분} = \frac{10}{200} = 0.05,\ 5\%$$

75 정답 ③ **대칭좌표법**

3상 단락에서는 정상분만 존재하므로 영상분과 역상분은 0이다.

$I_1 \neq 0$

76 정답 ④ **대칭좌표법**

비접지식회로에는 영상분이 존재하지 않는다.

77 정답 ② **대칭좌표법**

영상분 전압 $V_o = \frac{1}{3}(V_a + V_b + V_c)$

정상분 전압 $V_1 = \frac{1}{3}(V_a + aV_b + a^2V_c)$

역상분 전압 $V_2 = \frac{1}{3}(V_a + a^2V_b + aV_c)$

78 정답 ① **대칭좌표법**

영상전압 $V_o = \frac{1}{3}(V_a + V_b + V_c)[V]$

$V_o = \frac{1}{3}(V_a + V_b + V_c) = \frac{1}{3}(16 + j2 - 20 - j9 - 2 + j) = \frac{1}{3}(-6 - j6) = -2 - j2[V]$

79 정답 ④ **대칭좌표법**

I_b는 b상의 전류이므로 정상분의 위상이 $-120^o = a^2$에 있고 만약 역상이라면 위상이 $120^o = a$가 된다.

$I_b = I_o + a^2I_1 + aI_2$

80 정답 ④ 2단자망

정저항 회로의 조건 $R^2 = \frac{L}{C} = \frac{16\times 10^{-3}}{0.1\times 10^{-6}}$, $R = 400[\Omega]$

81 정답 ② 2단자망

$Z(s) = \frac{8s^2+1}{s(s^2+1)} = \frac{1}{s} + \frac{7s}{s^2+1} = \frac{1}{s} + \frac{1}{\frac{s}{7}+\frac{1}{7s}}$ 로 전개를 하면 직렬과 병렬로 만들어진 것을 알 수 있다. A+B는 직렬 $\frac{1}{A+B}$는 병렬이다. 또한 $\frac{1}{sC} = \frac{1}{j\omega C}$이므로 $C = 1[F]$ 가 맨 앞 직렬부분의 소자이다. 병렬 부분에서는 $\frac{1}{\frac{s}{7}+\frac{1}{7s}}$이므로 하나는 L, 다른 하나는 C임을 알 수 있다. 일반적 LC병렬 회로에서 $Z = \frac{1}{\frac{1}{j\omega L}+\frac{1}{\frac{1}{j\omega C}}} = \frac{1}{\frac{1}{j\omega L}+j\omega C} \Rightarrow \frac{1}{\frac{1}{sL}+sC}$와 비교해보면 $C = \frac{1}{7}[F]$, $L = 7[H]$이다.

82 정답 ④ 4단자망

그림의 4단자 정수 $\begin{vmatrix} A & B \\ C & D \end{vmatrix} = \begin{vmatrix} 1 & 0 \\ Y & 1 \end{vmatrix}$ 이므로 CD=Y

83 정답 ① 4단자망

$$\begin{vmatrix} A & B \\ C & D \end{vmatrix} = \begin{vmatrix} 1 & 4 \\ 0 & 1 \end{vmatrix} \begin{vmatrix} 1 & 0 \\ \frac{1}{2} & 1 \end{vmatrix} = \begin{vmatrix} 3 & 4 \\ \frac{1}{2} & 1 \end{vmatrix}$$

$$A = 3, B = 4, C = \frac{1}{2}, D = 1$$

$$Z_{01} = \sqrt{\frac{AB}{CD}} = \sqrt{\frac{3\times 4}{\frac{1}{2}\times 1}} = \sqrt{24}[\Omega]$$

84 정답 ② **4단자망**

$$\begin{vmatrix} A & B \\ C & D \end{vmatrix} = \begin{vmatrix} 1 & \frac{1}{j\omega C} \\ 0 & 1 \end{vmatrix} \begin{vmatrix} 1 & 0 \\ \frac{1}{j\omega L} & 1 \end{vmatrix} \begin{vmatrix} 1 & \frac{1}{j\omega C} \\ 0 & 1 \end{vmatrix} = \begin{vmatrix} 1-\frac{1}{\omega^2 LC} & \frac{1}{j\omega C}(2-\frac{1}{\omega^2 LC}) \\ \frac{1}{j\omega L} & 1-\frac{1}{\omega^2 LC} \end{vmatrix}$$

$$C = \frac{1}{j\omega L} = \frac{1}{j20\times 10^{-3}} = -j50$$

85 정답 ③ **4단자망**

합성 4단자

$$\begin{vmatrix} A & B \\ C & D \end{vmatrix} = \begin{vmatrix} 1 & Z_e \\ 0 & 1 \end{vmatrix} \begin{vmatrix} A_e & B_e \\ C_e & D_e \end{vmatrix} \begin{vmatrix} 1 & Z_r \\ 0 & 1 \end{vmatrix} = \begin{vmatrix} A_e + Z_e C_e & B_e + Z_e D_e \\ C_e & D_e \end{vmatrix} \begin{vmatrix} 1 & Z_r \\ 0 & 1 \end{vmatrix} = \begin{vmatrix} A_e + Z_e & C_e(A_e + Z_e C_e)Z_r + B_e + Z_e D_e \\ C_e & C_e Z_r + D_e \end{vmatrix}$$

$$D = Z_r C_e + D_e$$

86 정답 ③ **4단자망**

$$I_2 = Y_{21}V_1 + Y_{22}V_2\,[A],\ Y_{21} = \frac{I_2}{V_1}(V_2 = 0)$$

2차 단락 $V_2 = 0$ 전달 어드미턴스이다.

87 정답 ① **4단자망**

$$Z_{01} = \sqrt{\frac{AB}{CD}},\ Z_{02} = \sqrt{\frac{DB}{CA}},\ \theta = \ln(\sqrt{AD} + \sqrt{BC})$$

대칭인 경우 $A = D$ $\quad Z_{01} = Z_{02} = \sqrt{\frac{B}{C}}$

88 정답 ⑤ **4단자망**

$$A = 1 + \frac{j2}{-j} = -1$$

$$B = \frac{j2\times j2 + j2\times(-j) + j2\times(-j)}{-j} = 0,\ C = \frac{1}{-j} = j$$

$$\sqrt{\frac{B}{C}} = 0$$

89 정답 ④ 다상교류

$R_{\triangle}=3R_Y=3\times 15=45[\Omega]$

90 정답 ④ 다상교류

△ 결선된 부분을 Y로 하면 저항 $r\Rightarrow\frac{r}{3}$ 으로 되어 합성저항은 $r+\frac{r}{3}=\frac{4r}{3}$

선전류 $I=\frac{V}{r_o}=\frac{\frac{100}{\sqrt{3}}}{\frac{4r}{3}}=\frac{300}{4\sqrt{3}\,r}=\frac{300}{4\sqrt{3}\times\sqrt{3}}=25[A]$

91 정답 ③ 다상교류

$P=3I^2R=3(\frac{V}{Z})^2R=3\frac{V^2R}{R^2+X^2}=3\times\frac{100^2\times 3}{3^2+4^2}=3{,}600[W]$

92 정답 ③ 다상교류

상전류 $I_p=\frac{V_p}{Z}=\frac{200}{60+j80}=\frac{200}{\sqrt{60^2+80^2}}=2[A]$

△ 결선에서 선전류 $I_l=\sqrt{3}\,I_p=\sqrt{3}\times 2=2\sqrt{3}[A]$

93 정답 ④ 다상교류

Y결선에서는 선전류 I_l과 상전류 I_p가 같다.

상전류 $I_p=\frac{V_p}{Z}=\frac{\frac{220\sqrt{3}}{\sqrt{3}}}{4+j3}=44[A]=I_l$

94 정답 ② 다상교류

2전력계법에서 역률 $\cos\theta=\frac{P_1+P_2}{2\sqrt{P_1^2+P_2^2-P_1P_2}}$ 이므로 한 대가 0이면 역률은 0.5가 된다.

95 정답 ② 다상교류

$$P=3\frac{V^2R}{R^2+X^2}=\frac{3\times200^2\times3}{3^2+1^2}=36[KW]$$

96 정답 ③ 다상교류

n상의 선간전압과 상전압의 위상차는 $\frac{\pi}{2}(1-\frac{2}{n})[rad]$이다.

n이 3상인 경우에만 선간전압과 상전압의 위상차는 30^o이다.

97 정답 ③ 다상교류

저항을 △로 전환하면

$$R_{ab}=\frac{R_{an}\cdot R_{bn}+R_{bn}\cdot R_{cn}+R_{cn}\cdot R_{an}}{R_{cn}}=\frac{2K\cdot8K+8K\cdot4K+4K\cdot2K}{8K}=7[K\Omega]$$

같은 방식으로 $R_{bc}=\frac{56K^2}{2K}=28[K\Omega]$, $R_{ca}=\frac{56K^2}{4K}=14[K\Omega]$

$$P=\frac{V_{ab}^2}{R_{ab}}+\frac{V_{bc}^2}{R_{bc}}+\frac{V_{ca}^2}{R_{ca}}=\frac{42^2}{7}+\frac{42^2}{28}+\frac{56^2}{14}=539[KW]$$

98 정답 ① 비정현파회로

$THD=\sqrt{0.3^2+0.4^2}=0.5,\ 50[\%]$

왜형률(THD)은 고조파의 실횻값을 기본파의 실횻값으로 나눈값이다.

$$\frac{\text{3고조파의 실횻값}}{\text{기본파의 실횻값}}=30[\%]$$

99 정답 ① 비정현파회로

소비전력은 전압과 전류의 실횻값을 곱하고 위상차의 코사인값으로 구한다.

$$P=vi\cos\theta=180\times2\times\cos60^o+50\times4\times\cos(30-(-30))^o=360\times\frac{1}{2}+200\times\frac{1}{2}=280[W]$$

100 정답 ② **비정현파회로**

실효전압은 각 파의 실횻값의 제곱의 합을 제곱근으로 하여 구한다.

$v = \sqrt{12^2 + 16^2} = 20[V]$

101 정답 ④ **비정현파회로**

$$P = vi\cos\theta = 4 \times \frac{10}{\sqrt{2}}\cos 0^o + 2 \times \frac{30}{\sqrt{2}}cos 0^o = \frac{40}{\sqrt{2}} + \frac{60}{\sqrt{2}} = 50\sqrt{2}[W]$$

102 정답 ② **비정현파회로**

$$P = I_1^2 R + I_2^2 R + I_3^2 R = (\frac{10}{\sqrt{2}})^2 \times 2 + (\frac{5}{\sqrt{2}})^2 \times 2 + (\frac{3}{\sqrt{2}})^2 \times 2 = 134[W]$$

103 정답 ② **비정현파회로**

주기 T가 무한히 증가하면 진폭이 증가하여 연속함수가 된다.

104 정답 ④ **비정현파회로**

반파대칭 $f(t) = -f(t+\pi)$ 반주기마다 동일한 파형이나 부호의 변화가 있다. 반파대칭과 정현대칭은 직류분이 없다.

105 정답 ② **비정현파회로**

정현대칭, 여현대칭, 반파대칭 등으로 나눈수 있으므로 정현파만의 합으로 구성된 것이 아니다. 비정현파는 직류분과 기본파, 고조파 등으로 구성되어 있다.

106 정답 ④ **비정현파회로**

왜형률은 고조파의 실횻값/기본파의 실횻값이므로 $THD = \frac{\sqrt{80^2 + 60^2}}{200} = 0.5$

107 정답 ③ 분포정수회로

$v=\lambda \cdot f=3\times 10^8[m/sec]$, 파장 $\lambda=\dfrac{3\times 10^8}{f}=0.6[m]$ 이므로 1/2 파장이면 $0.3[m]$

108 정답 ① 분포정수회로

무손실회로의 감쇠정수는 0이다.

$\gamma=\alpha+j\beta=\sqrt{ZY}=\sqrt{(R+j\omega L)(G+j\omega C)}$ 에서 무손실이면 $R=G=0$

$\gamma=\alpha+j\beta=j\omega\sqrt{LC}$ 이므로 감쇠정수 $\alpha=0$

109 정답 ② 라플라스

최종값 정리 $\lim\limits_{t=\infty} f(t)=\lim\limits_{s\to 0} sF(s)$

$$\lim_{t=\infty} f(t)=\lim_{s\to 0} sF(s)$$

$$\lim_{s\to 0} sF(s)=\lim_{s\to 0} s\cdot \frac{2(2s+3)}{s(s^2+2s+3)}=\frac{6}{3}=2$$

110 정답 ③ 라플라스

초깃값 정리 $\lim\limits_{t\to 0} f(t)=\lim\limits_{s\to\infty} sF(s)$

$$\lim_{s\to\infty} s\,F(s)=\lim_{s\to\infty} s\cdot \frac{2s(3s+2)}{s(s^2+2s+1)}=\lim_{s\to\infty}\frac{6s^2+4s}{s^2+2s+1}=\lim_{s\to\infty}\frac{6+\frac{4}{s}}{1+\frac{2}{s}+\frac{1}{s^2}}=6$$

111 정답 ④ 라플라스

$$\lim_{t\to 0} f(t)=\lim_{s\to\infty} sF(s)$$

$$\lim_{s\to\infty} s\,I(s)=\lim_{s\to\infty} s\cdot \frac{4(s+1)}{s^2+2s+3}=\lim_{s\to\infty}\frac{4s^2+4s}{s^2+2s+3}=\lim_{s\to\infty}\frac{4+\frac{4}{s}}{1+\frac{2}{s}+\frac{3}{s^2}}=4$$

112 정답 ①

라플라스

$C(t) = 1 - 1.8e^{-4t} + 0.8e^{-9t}$

$$C(s) = \frac{1}{s} - \frac{1.8}{s+4} + \frac{0.8}{s+9} = \frac{(s+4)(s+9) - 1.8s(s+9) + 0.8s(s+4)}{s(s+4)(s+9)}$$

$$= \frac{s^2 + 13s + 36 - 1.8s^2 - 16.2s + 0.8s^2 + 3.2s}{s(s+4)(s+9)} = \frac{36}{s(s+4)(s+9)}$$

113 정답 ②

라플라스

$A\angle\theta = Ae^{j\theta} = A(\cos\theta + j\sin\theta)$, $A\angle-\theta = Ae^{-j\theta} = \cos\theta - j\sin\theta$

$e^{j\theta} = \cos\theta + j\sin\theta$, $e^{-j\theta} = \cos\theta - j\sin\theta$

$$e^{j\theta} - e^{-j\theta} = 2j\sin\theta,\ \sin\omega t = \frac{1}{2j}(e^{j\omega t} - e^{-j\omega t}) \Rightarrow \frac{1}{2j}\left(\frac{1}{s-j\omega} - \frac{1}{s+j\omega}\right) = \frac{1}{2j}\left(\frac{s+j\omega-(s-j\omega)}{(s-j\omega)(s+j\omega)}\right)$$

$\mathcal{L}[\sin\omega t] = \dfrac{\omega}{s^2+\omega^2}$ $\omega = 1$이면 $\dfrac{1}{s^2+1}$

114 정답 ②

라플라스

$F(s) = \dfrac{2s}{(s+2)(s+1+j)(s+1-j)}$ 을 역변환하면

$$F(s) = \frac{2s}{(s+2)(s+1+j)(s+1-j)} = \frac{A}{s+2} + \frac{B}{s+1+j} + \frac{C}{s+1-j}$$

$A = \dfrac{2s}{(s+1+j)(s+1-j)}$ ($s=-2$ 대입) $= \dfrac{2(-2)}{(-2+1+j)(-2+1-j)} = \dfrac{-4}{2} = -2$

$$B = \frac{2s}{(s+2)(s+1-j)}(s=-1-j) = \frac{2(-1-j)}{(-1-j+2)(-1-j+1-j)} = \frac{-2(1+j)}{(1-j)(-2j)} = 1$$

$$C = \frac{2s}{(s+2)(s+1+j)}(s=-1+j) = 1$$

$$F(s) = \frac{2s}{(s+2)(s+1+j)(s+1-j)} = \frac{-2}{s+2} + \frac{1}{s+1+j} + \frac{1}{s+1-j}$$

$$F(s) = \frac{-2}{s+2} + \frac{s+1-j+s+1+j}{(s+1)^2+1} = \frac{-2}{s+2} + \frac{2(s+1)}{(s+1)^2+1}$$

$\mathcal{L}^{-1}[F(s)] = -2e^{-2t} + 2e^{-t}\cos t$

115 정답 ③ 과도현상

스위치를 인가하면 C에 충전이 생긴다. C는 전압이 0[V]에서 E[V]까지 상승하고, R은 처음에 E[V]에서 0[V]로 감소한다.

$$E_R = R \cdot I = R \cdot \frac{E}{R}e^{-\frac{1}{RC}t} = Ee^{-\frac{1}{RC}t}[V]$$

116 정답 ④ 과도현상

$$i = \frac{V}{R}(1-e^{-\frac{R}{L}t}) = \frac{10}{100}(1-e^{-\frac{100}{L}\times 0.001}) = 0.0632[A]$$

정상전류가 0.1[A]이고 정상전류의 63.2%에 도달하는 상황이므로

시정수 $\frac{L}{R} = 0.001$, $L = R \times 0.001 = 0.1[H]$

117 정답 ② 과도현상

테브난의 등가회로로 만들면 전압원은 8[V], 내부합성 저항은 4[Ω], RC회로이므로

$$i(t) = \frac{V_{TH}}{R_{TH}}e^{-\frac{1}{R_{TH}C}t} = \frac{8}{4}e^{-2t} = 2e^{-2t}[A]$$

118 정답 ⑤ 과도현상

R-C 직렬회로전류 $i(t) = \frac{E-Q}{R}e^{-\frac{1}{RC}t}[A]$이므로 초기전류 $\frac{E-Q}{R}$이 시간이 지남에 따라 0으로 된다.

시험에 2회 이상 출제된

필수암기노트

1 직류

1) 전기저항 R[Ω]

$R = \rho \frac{L}{A} [\Omega]$ 도체의 저항은 도체의 길이 L에 비례하고 단면적 A에 반비례한다.

ρ : 고유저항 또는 저항률 ; $\rho [\Omega \cdot \mathrm{m}]$

① 저항의 직렬접속

㉮ 합성저항 : $R_n = R_1 + R_2 + R_3 + \cdots + R_n [\Omega] \quad R = \sum_{k=1}^{n} R_k$

㉯ $E_1 + IR_1 = \frac{R_1}{R_1 + R_2} E[\mathrm{V}], \ E_2 = IR_2 = \frac{R_2}{R_1 + R_2} E[V]$

② 저항의 병렬접속

㉮ 합성저항 $R[\Omega]$; $R_n = \frac{1}{\frac{1}{R_1} + \frac{1}{R_2} + \frac{1}{R_3} + \cdots + \frac{1}{R_n}} [\Omega]$

㉯ $I_1 = \frac{E}{R_1} = \frac{RI}{R_1} = \frac{R_2}{R_1 + R_2} I\ [\mathrm{A}], \ I_2 = \frac{E}{R_2} = \frac{RI}{R_2} = \frac{R_1}{R_1 + R_2} I[A]$

2) 분류기

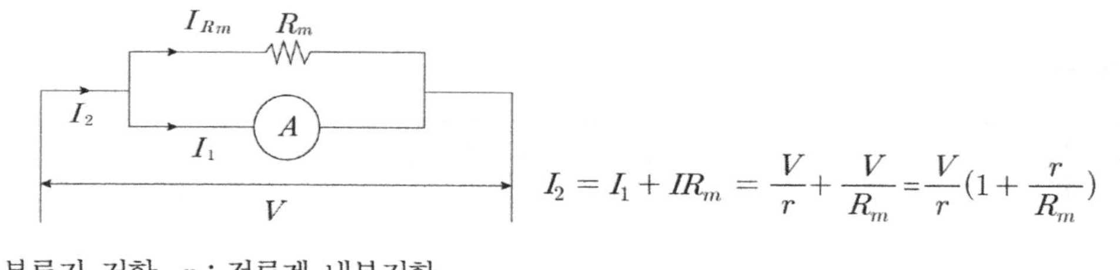

$$I_2 = I_1 + IR_m = \frac{V}{r} + \frac{V}{R_m} = \frac{V}{r}(1 + \frac{r}{R_m})$$

R_m : 분류기 저항, r : 전류계 내부저항

전류 I_1의 m배의 전류 I_2를 흘려보내려면 $I_2 = mI_1$ 즉 $m = 1 + \frac{r}{R_m}$, $R_m = \frac{r}{m-1}$

100배의 전류를 흘리려면 분류기 외부에는 전류계 내부저항의 1/99배의 저항이 병렬로 연결되면 측정할 수가 있게 된다.

3) 배율기

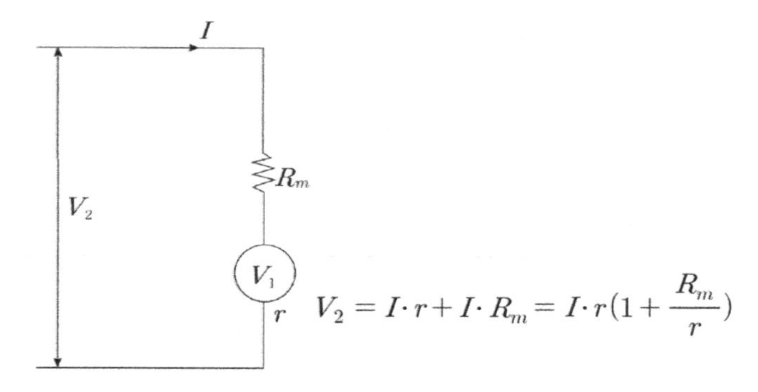

$$V_2 = I \cdot r + I \cdot R_m = I \cdot r(1 + \frac{R_m}{r})$$

$V_2 = mV$에서 $m = 1 + \frac{R_m}{r}$이므로 $R_m = (m-1)r$ 즉 외부에는 전압계 내부저항의 m−1배의 큰 저항을 연결해서 큰 전압을 구할 수가 있다.

R_m : 배율기 저항, r : 전압계 내부저항

❷ 교류

1) 실횻값과 평균값

명칭	파형	평균값	실횻값	파형률	파고율
정현파 (전파)	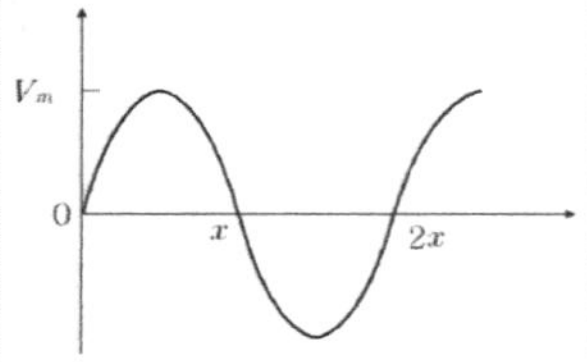	$\dfrac{2V_m}{\pi}$	$\dfrac{V_m}{\sqrt{2}}$	$\dfrac{\frac{V_m}{\sqrt{2}}}{\frac{2V_m}{\pi}} = 1.11$	$\dfrac{V_m}{\frac{V_m}{\sqrt{2}}} = \sqrt{2}$
정현파 (반파)	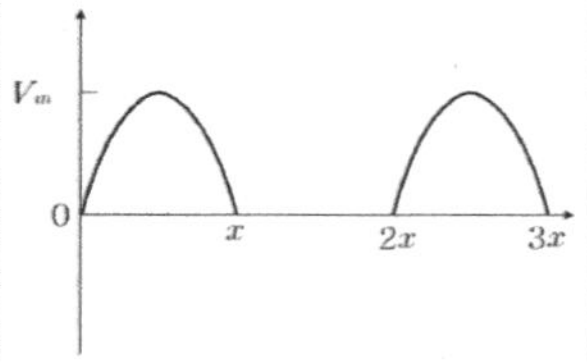	$\dfrac{V_m}{\pi}$	$\dfrac{V_m}{2}$	$\dfrac{\frac{V_m}{2}}{\frac{V_m}{\pi}} = \dfrac{\pi}{2}$	$\dfrac{V_m}{\frac{V_m}{2}} = 2$
구형파 (전파)	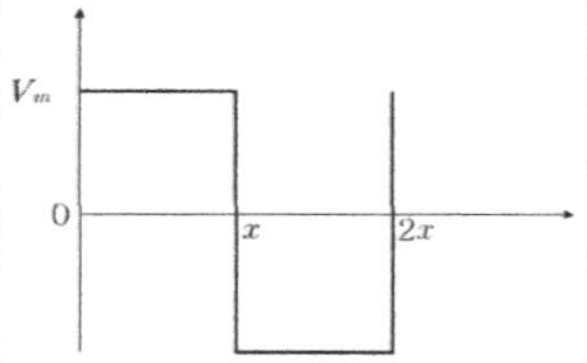	V_m	V_m	1	1
구형파 (반파)	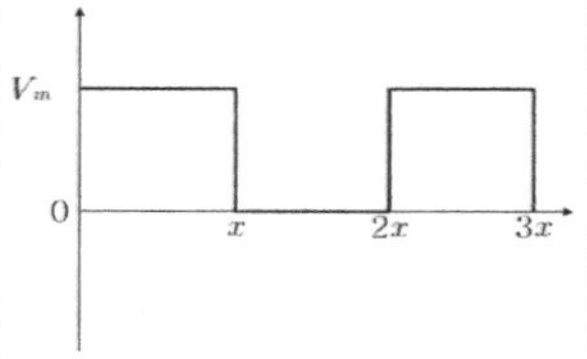	$\dfrac{V_m}{2}$	$\dfrac{V_m}{\sqrt{2}}$	$\dfrac{\frac{V_m}{\sqrt{2}}}{\frac{V_m}{2}} = \sqrt{2}$	$\dfrac{V_m}{\frac{V_m}{\sqrt{2}}} = \sqrt{2}$
삼각파 (톱니파)	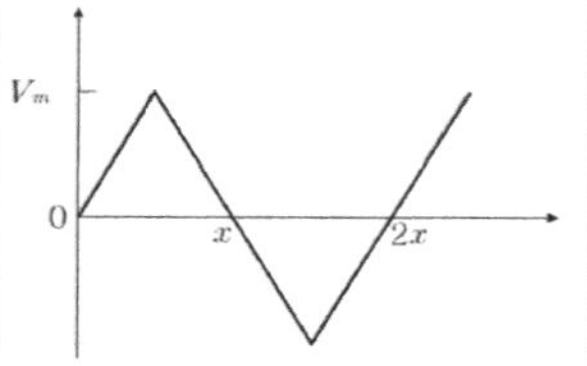	$\dfrac{V_m}{2}$	$\dfrac{V_m}{\sqrt{3}}$	$\dfrac{\frac{V_m}{\sqrt{3}}}{\frac{V_m}{2}} = \dfrac{2}{\sqrt{3}}$	$\dfrac{V_m}{\frac{V_m}{\sqrt{3}}} = \sqrt{3}$

2) R-L-C 직렬회로

① **임피던스** : $Z = R + j\omega L + \frac{1}{j\omega C} = R + j(\omega L - \frac{1}{\omega C}) = R + j(X_L - X_C)[\Omega]$

② **전류** : $i(t) = \frac{v}{Z} = \frac{V\angle 0^\circ}{|Z|\angle \pm\theta} = \frac{V}{\sqrt{R^2 + (\omega L - \frac{1}{\omega C})^2}}\angle \mp \theta$

$$= \frac{V_m}{\sqrt{R^2 + (\omega L - \frac{1}{\omega C})^2}}\sin(\omega t \mp \theta)[A]$$

* 전류의 위상

① $\omega L > \frac{1}{\omega C}$ 일 때 리액턴스는 유도성이 되므로 전류위상이 전압위상보다 뒤진다.

② $\omega L < \frac{1}{\omega C}$ 일 때 리액턴스는 용량성이 되므로 전류위상이 전압위상보다 앞선다.

③ $\omega L = \frac{1}{\omega C}$ 일 때 리액턴스는 0이므로 전류와 전압위상은 같다.
이때, 회로는 공진상태가 되므로 공진전류는 최대가 되며 역률이 1이다.

3) 역률과 무효율

역률 $\cos\theta = \frac{R}{|Z|} = \frac{R}{\sqrt{R^2 + (X_L - X_C)^2}}$

무효율 $\sin\theta = \frac{X}{|Z|} = \frac{X_L - X_C}{\sqrt{R^2 + (X_L - X_C)^2}}$

4) 공진회로

구분	직렬공진	병렬공진
조건	$\omega L = \frac{1}{\omega C}$	$\omega C = \frac{1}{\omega L}$
공진의 의미	• 허수부가 0이다. • 전압과 전류가 동상이다. • 역률이 1이다. • 임피던스가 최소이다. • 흐르는 전류가 최대이다.	• 허수부가 0이다. • 전압과 전류가 동상이다. • 역률이 1이다. • 임피던스가 최대이다. • 흐르는 전류가 최소이다.
전류	$I = \frac{V}{R}$	$I = GV$
공진 주파수	$f_0 = \frac{1}{2\pi\sqrt{LC}}$	
선택도, 첨예도	$Q = \frac{V_R}{V} = \frac{V_L}{V}$ $= \frac{X}{R} = \frac{\omega L}{R}$ $= \frac{1}{\omega CR} = \frac{1}{R}\sqrt{\frac{L}{C}}$	$Q = \frac{I_L}{I_R} = \frac{I_C}{I_R}$ $= \frac{R}{X} = \frac{R}{\omega L}$ $= \omega CR = R\sqrt{\frac{C}{L}}$

③ 전력

1) 피상전력[VA]

$$P_a = VI[VA],\ P_a = VI = I^2|Z| = \frac{V^2 Z}{R^2 + X^2} = \sqrt{P^2 + P_r^2}\,[VA]$$

2) 유효전력[W]

① **저항 R만의 회로** : $P = VI\cos\theta = I^2 R = \frac{V^2}{R}[W]$

② **R-L, R-C회로** : $P = VI\cos\theta = I^2 R = (\frac{V}{Z})^2 R = \frac{V^2 R}{R^2 + X^2}[W]$

3) 무효전력[Var]

① **X만의 회로** : $P_r = VI\sin\theta = I^2X = \dfrac{V^2}{X}[Var]$

② **R-L, R-C회로** : $P = VI\sin\theta = I^2X = (\dfrac{V}{Z})^2X = \dfrac{V^2X}{R^2+X^2}[Var]$

4) 복소전력

$V = V_1 + jV_2 \quad I = I_1 + jI_2$일 때

$P_a = \overline{V}I = (V_1 - jV_2)(I_1 + jI_2) = V_1I_1 + V_2I_2 + j(V_1I_2 - V_2I_1) = P + jP_r$

여기서 P는 유효전력, P_r은 무효전력

5) 최대전력 송전조건

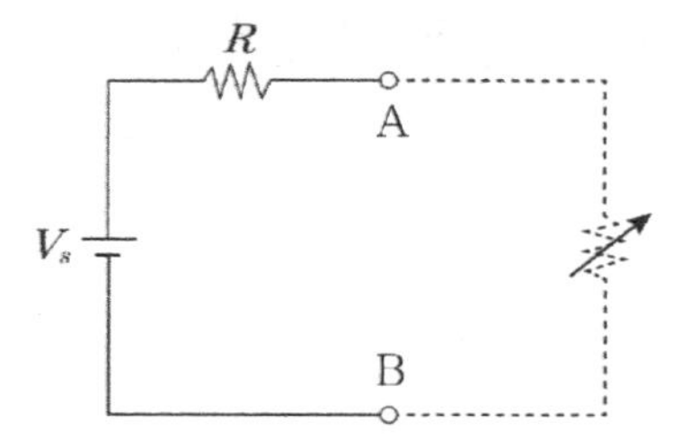

$I = \dfrac{V_s}{R_L + R_s}[A]$

송전전력 $P = I^2R_L = \dfrac{V_s^2R_L}{(R_L+R_s)^2}[W]$

$$\frac{dP}{dR_L} = \frac{d}{dR_L}\frac{V_s^2R_L}{(R_L+R_s)^2} = \frac{V_s^2(R_L+R_s)^2 - V_s^2R_L2(R_L+R_s)}{(R_L+R_s)^4} = \frac{V_s^2(R_L+R_s-2R_L)}{(R_L+R_s)^3} = 0$$

$R_L + R_s - 2R_L = 0$ 그러므로 $R_L = R_s$

$P_{max} = \dfrac{V_s^2}{4R_L}[W]$

❹ 결합회로

1) 전자유도

$$e=-N\frac{d\varnothing_m}{dt}sin\omega t=-\omega N\varnothing_m\cos\omega t$$

$$=-\omega N\varnothing_m\sin(\omega t+90)=\omega N\varnothing_m\sin(\omega t-90)[V]$$

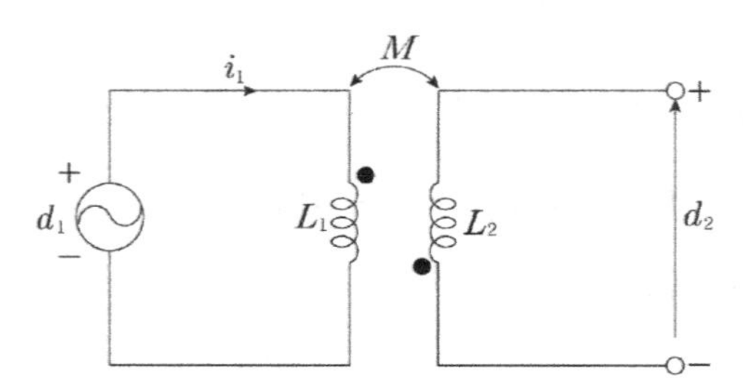

$$v_1=-L_1\frac{di_1}{dt}\Rightarrow -M\frac{di_2}{dt}[\mathrm{V}],\quad v_2=-L_2\frac{di_2}{dt}\Rightarrow -M\frac{di_1}{dt}[V]$$

결합계수 $k=\dfrac{M}{\sqrt{L_1L_2}}\ (0\le k\le 1)$

2) 코일의 직렬 접속

① **가극성**

- 합성 인덕턴스 : $L=L_1+M+L_2+M=L_1+L_2+2M=L_1+L_2+2k\sqrt{L_1L_2}\,[H]$

② **감극성**

- 합성 인덕턴스 : $L=L_1-M+L_2-M=L_1+L_2-2M=L_1+L_2-2k\sqrt{L_1L_2}\,[H]$

3) 코일의 병렬 접속

① **가극성**

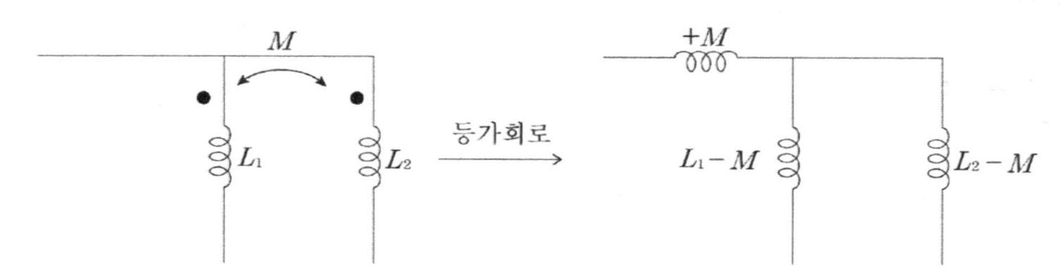

• 합성 인덕턴스

$$L = M + \frac{(L_1 - M)(L_2 - M)}{(L_1 - M) + (L_2 - M)} = \frac{L_1 L_2 - M^2}{L_1 + L_2 - 2M}[H]$$

② **차동 결합** (감극성)

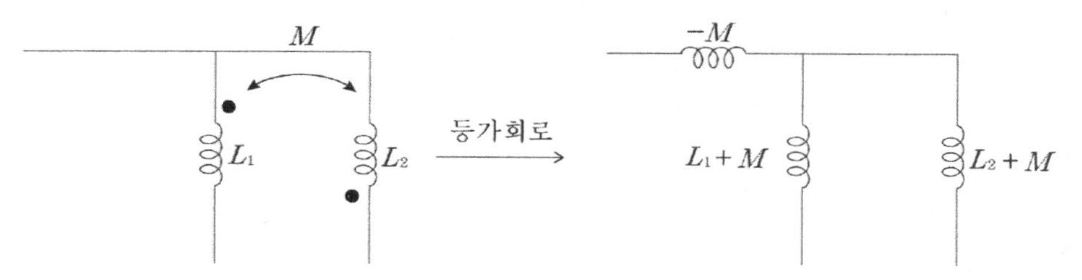

• 합성 인덕턴스

$$L = -M + \frac{(L_1 + M)(L_2 + M)}{L_1 + M + L_2 + M} = \frac{L_1 L_2 - M^2}{L_1 + L_2 + 2M}[H]$$

5 선형 회로망

1) 중첩의 정리 : 선형 회로망에서만 성립한다.

한 회로망 내에 다수의 전원(전류원, 전압원)이 동시에 존재할 때 각 지로에 흐르는 전류는 전원이 각각 단독으로 존재할 때 흐르는 전류의 벡터 합과 같다.

전원을 제거할 때 전압원은 내부저항이 0이므로 단락시켜야 하고, 전류원은 내부저항이 ∞ 이므로 개방시켜야 한다.

2) 테브낭의 정리 : 전압원에 의한 정리

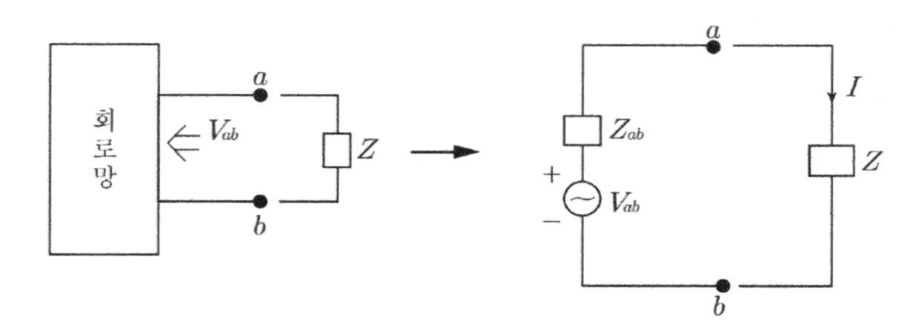

$$I = \frac{V_{ab}}{Z_{ab} + Z}[A]$$

Z_{ab} : 단자 a, b에서 전압원, 전류원을 모두 제거한 상태에서 단자 a, b에서 본 합성 임피던스

V_{ab} : 단자 a, b를 개방했을 때 단자 a, b에 나타나는 단자전압

위의 테브난 회로를 노튼의 회로로 나타내면 다음과 같다.

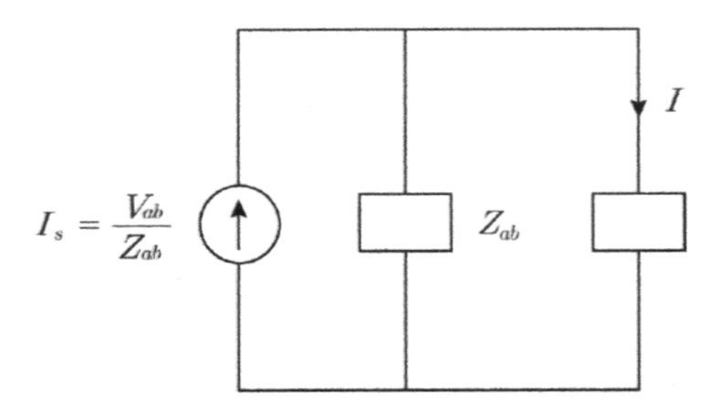

$$I = \frac{Z_{ab}}{Z_{ab} + Z}\frac{V_{ab}}{Z_{ab}} = \frac{V_{ab}}{Z_{ab} + Z}[\text{A}]$$

3) 밀만의 정리 : 중성점 전위를 구하는 식

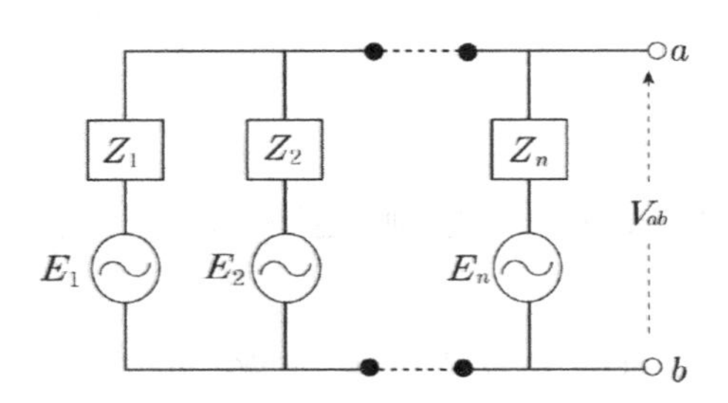

$$V_{ab} = IZ = \frac{\sum_{k=1}^{m} I_k}{\sum_{k=1}^{n} Y_k} = \frac{\frac{V_1}{Z_1} + \frac{V_2}{Z_2} + \cdots + \frac{V_n}{Z_n}}{\frac{1}{Z_1} + \frac{1}{Z_2} + \cdots + \frac{1}{Z_n}}$$

6 대칭좌표법

1) 3상 전압 : 사고가 나면 각상의 전압은 영상분 + 정상분 + 역상분으로 나뉘어진다.

$\begin{bmatrix} V_a \\ V_b \\ V_c \end{bmatrix} = \begin{bmatrix} 1 & 1 & 1 \\ 1 & a^2 & a \\ 1 & a & a^2 \end{bmatrix} \begin{bmatrix} V_0 \\ V_1 \\ V_2 \end{bmatrix}$ 행렬식을 전개하면

$V_a = V_0 + V_1 + V_2$, $V_b = V_0 + a^2 V_1 + a V_2$, $V_c = V_0 + a V_1 + a^2 V_2$

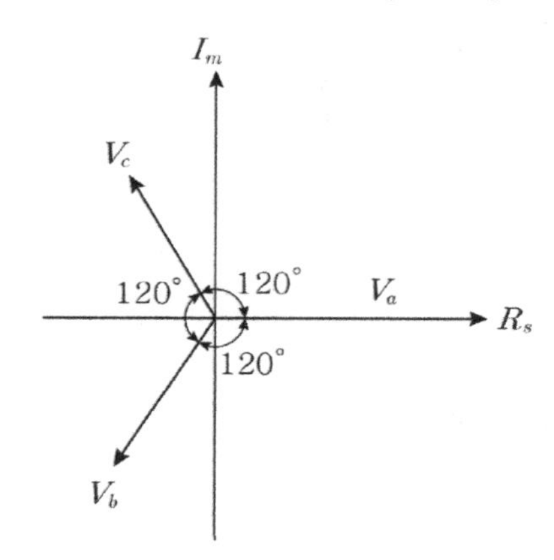

① **영상분전압**(V_0) : $V_0 = \frac{1}{3}(V_a + V_b + V_c)$

② **정상분전압**(V_1) : $V_1 = \frac{1}{3}(V_a + a V_b + a^2 V_c)$

③ **역상분전압**(V_2) : $V_2 = \frac{1}{3}(V_a + a^2 V_b + a V_c)$

2) 1선 지락사고 : 지락사고이므로 반드시 영상분을 동반한다.

영상분 + 정상분 + 역상분으로 되어 있으며 각성분의 전류성분의 크기가 같다

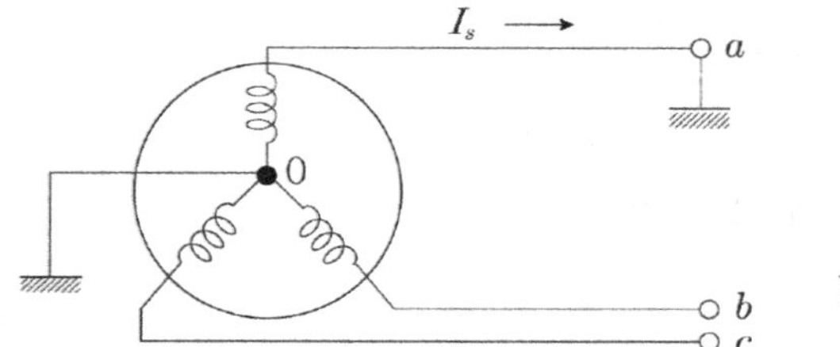

$V_a = 0$, $I_b = I_c = 0$

$$I_0 = \frac{1}{3}(I_a + I_b + I_c) = \frac{I_a}{3}$$

$$I_1 = \frac{1}{3}(I_a + aI_b + a^2 I_c) = \frac{I_a}{3}$$

$$I_2 = \frac{1}{3}(I_a + a^2 I_b + aI_c) = \frac{I_a}{3}$$

$$I_0 = I_1 = I_2 = \frac{I_a}{3} \neq 0$$

$$V_a = V_0 + V_1 + V_2 = -I_0 Z_0 + E_a - I_1 Z_1 - I_2 Z_2 = 0$$

$$I_0 (Z_0 + Z_1 + Z_2) = E_a$$

$$I_0 = \frac{E_a}{Z_0 + Z_1 + Z_2} = I_1 = I_2$$

지락전류는 $I_a = 3I_0 = \dfrac{3E_a}{Z_0 + Z_1 + Z_2}$ [A]

7 2단자망

1) **구동점 임피던스** : 회로망 내의 임피던스는 다음과 같이 복소함수로 표현이 될 수가 있다. 이때 분자를 0으로 하는 근을 영점이라고 하고 분모를 0으로 하는 근을 극점이라고 한다.

$$Z(s) = \frac{b_0 + b_1 s + b_2 s^2 + \cdots + b_m s^m}{a_1 s + a_2 s^2 + a_3 s^3 + \cdots + a_n s^n} \quad (\text{단 } j\omega = s)$$

① **영점**(zero) : $Z(s) = 0$이 되는 s의 근
(분자가 0이 되는 근으로 회로의 단락을 의미)

② **극**(pole) : $Z(s) = \infty$가 되는 s의 근
(분모가 0이 되는 근으로 회로의 개방을 의미)

2) 정저항회로

주파수에 관계없이 2단자 임피던스의 허수부가 항상 0이고 실수부도 항상 일정한 회로

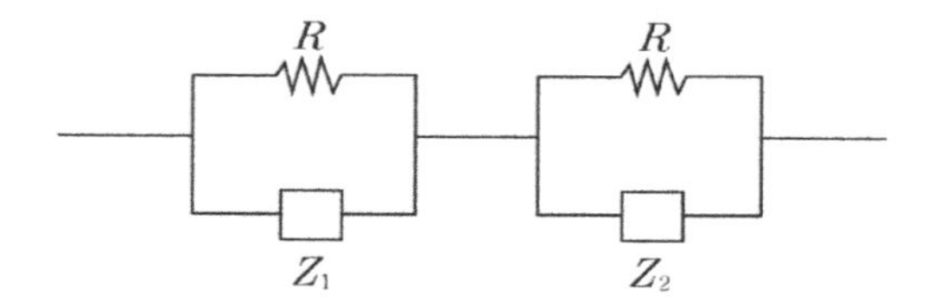

2단자 회로의 구동점 임피던스가 정저항 회로가 되기 위한 Z_1과 Z_2의 조건을 구하면

$$Z=\frac{RZ_1}{R+Z_1}+\frac{RZ_2}{R+Z_2}=R\frac{Z_1(R+Z_2)+Z_2(R+Z_1)}{(R+Z_1)(R+Z_2)}=R\frac{(Z_1+Z_2)R+2Z_1Z_2}{(R+Z_1)(R+Z_2)}$$

$$Z_1R+Z_2R+2Z_1Z_2=R^2+Z_1R+Z_2R+Z_1Z_2$$

$$Z_1Z_2=R^2$$

$Z_1Z_2=R^2=\dfrac{L}{C}$이 조건을 따르면 주파수와 무관한 저항만의 회로가 된다.

3) 역회로 : 구동점 임피던스가 Z_1, Z_2인 2단자 회로망에서 $Z_1Z_2=K^2$의 관계가 성립할 때 Z_1, Z_2 는 K에 대해 역회로라고 한다.

L-C회로의 역회로 조건은 $K^2=\dfrac{L_1}{C_1}=\dfrac{L_2}{C_2}$이다.

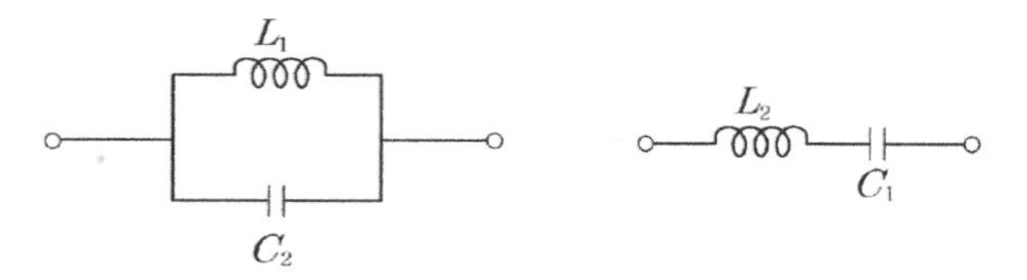

8 4단자망

1) 임피던스 파라미터

$$\begin{bmatrix} V_1 \\ V_2 \end{bmatrix} = \begin{bmatrix} Z_{11} & Z_{12} \\ Z_{21} & Z_{22} \end{bmatrix} \begin{bmatrix} I_1 \\ I_2 \end{bmatrix}$$

$V_1 = Z_{11}I_1 + Z_{12}I_2$, $V_2 = Z_{21}I_1 + Z_{22}I_2$

$Z_{11} = \dfrac{V_1}{I_1} \mid_{I_2=0}$, $Z_{12} = \dfrac{V_1}{I_2} \mid_{I_1=0}$, $Z_{21} = \dfrac{V_2}{I_1} \mid_{I_2=0}$, $Z_{22} = \dfrac{V_2}{I_2} \mid_{I_1=0}$

2) 어드미턴스 파라미터

$$\begin{bmatrix} I_1 \\ I_2 \end{bmatrix} = \begin{bmatrix} Y_{11} & Y_{12} \\ Y_{21} & Y_{22} \end{bmatrix} \begin{bmatrix} V_1 \\ V_2 \end{bmatrix}$$

$I_1 = Y_{11}V_1 + Y_{12}V_2$, $I_2 = Y_{21}V_1 + Y_{22}V_2$

$Y_{11} = \dfrac{I_1}{V_1} \mid_{V_2=0}$, $Y_{12} = \dfrac{I_1}{V_2} \mid_{V_1=0}$, $Y_{21} = \dfrac{I_2}{V_1} \mid_{V_2=0}$, $Y_{22} = \dfrac{I_2}{V_2} \mid_{V_1=0}$

3) F파라미터

$$\begin{bmatrix} V_1 \\ I_1 \end{bmatrix} = \begin{bmatrix} A & B \\ C & D \end{bmatrix} \begin{bmatrix} V_2 \\ I_2 \end{bmatrix}$$

$V_1 = AV_2 + BI_2$, $I_1 = CV_2 + DI_2$ (단, $AD - BC = 1$)

$A = \dfrac{V_1}{V_2} \mid_{I_2=0}$, $B = \dfrac{V_1}{I_2} \mid_{V_2=0}$, $C = \dfrac{I_1}{V_2} \mid_{I_2=0}$, $D = \dfrac{I_1}{I_2} \mid_{V_2=0}$

대칭회로의 경우에는 $A = D$이다.

4) 영상파라미터

$$Z_{01} = \sqrt{\frac{AB}{CD}}\,[\Omega]$$

$$Z_{02} = \sqrt{\frac{BD}{AC}}\,[\Omega]$$

대칭회로에서는 $A = D$, $Z_{01} = Z_{02} = \sqrt{\dfrac{B}{C}}\,[\Omega]$

5) 전달정수(θ)

전력비의 제곱근에 자연대수를 취한 값으로 입력과 출력의 전력전달 효율을 나타내는 상수이다

$e^{\theta} = \sqrt{AD} + \sqrt{BC}$

$\theta = \log_e(\sqrt{AD} + \sqrt{BC}) = \cos h^{-1}\sqrt{AD} = \sin h^{-1}\sqrt{BC}$

$A = \sqrt{\frac{Z_{01}}{Z_{02}}}\cosh\theta$, $B = \sqrt{Z_{01}Z_{02}}\sinh\theta$

$C = \frac{1}{\sqrt{Z_{01}Z_{02}}}\sinh\theta$, $D = \sqrt{\frac{Z_{02}}{Z_{01}}}\cosh\theta$

9 다상교류

1) 3상교류

항목	Y결선	△ 결선
전압	$V_l = \sqrt{3}\,V_P \angle 30$	$V_l = V_p$
전류	$I_l = I_p$	$V_l = \sqrt{3}\,I_P \angle -30$
전력	$P_a = 3V_pI_p = \sqrt{3}\,V_lI_l = 3\frac{V_p^2Z}{R^2+X^2}[VA]$ $P = 3V_pI_p\cos\theta = \sqrt{3}\,V_lI_l\cos\theta = 3\frac{V_p^2R}{R^2+X^2}[W]$ $P_r = 3V_pI_p\sin\theta = \sqrt{3}\,V_lI_l\sin\theta = 3\frac{V_p^2X}{R^2+X^2}[Var]$	

2) n상교류

결선	Y(성형결선)	△(환상결선)
전압	$V_l = 2\sin\frac{\pi}{n} V_p$	$V_l = V_p$
전류	$I_l = I_p$	$I_l = 2\sin\frac{\pi}{n} I_p$
위상	$\theta = \frac{\pi}{2} - \frac{\pi}{n}$ 만큼 선간 전압이 앞선다.	$\theta = \frac{\pi}{2} - \frac{\pi}{n}$ 만큼 선전류가 뒤진다.
전력	$P = n V_p I_p \cos\theta = \frac{n}{2\sin\frac{\pi}{n}} V_l I_l \cos\theta\,[W]$	

3) 3상회로의 전력

① **유효전력**

$$P = 3P_1 = 3V_P I_P \cos\theta = \sqrt{3}\ VI\cos\theta = 3I_P^2 R\,[W]$$

② **무효전력**

$$P_r = 3P_{r1} = 3V_P I_P \sin\theta = \sqrt{3}\ VI\sin\theta = 3I_P^2 X\,[Var]$$

③ **피상전력**

$$P_a = 3P_1 a = 3V_P I_P = \sqrt{3}\ VI = 3I_P^2 |Z|\,[VA]$$

④ **역률** $\cos\theta = \frac{P}{P_a}$

⑤ **n상 회로의 전력**

유효전력 $P = nP_1 = nV_P I_P \cos\theta = \frac{n}{2\sin\frac{\pi}{n}} VI\cos\theta = nI_P^2 R$

4) 2전력계법

역률 $\cos\theta = \frac{P}{P_a} = \frac{W_1 + W_2}{2\sqrt{W_1^2 + W_2^2 - W_1 W_2}}$

10 비정현파회로

1) 푸리에급수 비정현 주기적인 반복을 하는 파를 여러 개의 정현파의 합으로 표시하는 방법으로 직류성분+기본파+고조파로 구성된다.

$$f(t) = a_0 + \sum_{n=1}^{\infty} a_n \cos n\omega t + \sum_{n=1}^{\infty} b_n \sin n\omega t$$

2) 비정현파의 대칭식

① **여현대칭파** (우함수파 : Y축 대칭)

함수식 : $f(t) = f(-t)$, $b_n = 0$ (sin항) 이므로 직류성분 a_0와 cos항 계수 a_n만 존재한다.

$$f(t) = a_0 + \sum_{n=1}^{\infty} a_n \cos n\omega t$$

② **정현대칭파**(기함수파 : 원점대칭)

함수식 : $f(t) = -f(-t)$, a_0(직류성분)$=0$이므로 sin항의 계수 b_n만 존재한다.

$$f(t) = \sum_{n=1}^{\infty} b_n \sin nwt$$

③ **반파대칭파**(우수파는 상쇄되고 기수파만 남는다.)

함수식 : $f(t) = -f(t+\pi)$ ⇒ 반주기마다 반대부호의 파형이 반복된다.

a_0(직류성분)$=0$이고 cos항과 sin항의 계수 a_n과 b_n이 존재한다.

$$f(t) = \sum_{n=1}^{\infty} a_n \cos nwt + \sum_{n=1}^{\infty} b_n \sin nwt \text{ (단, } n\text{은 기수)}$$

3) 비정현파의 실횻값

$$|i(t)| = \sqrt{I_0^2 + (\frac{I_{m1}}{\sqrt{2}})^2 + (\frac{I_{m2}}{\sqrt{2}})^2 + \ldots + (\frac{I_{mn}}{\sqrt{2}})^2} = \sqrt{I_0^2 + I_1^2 + I_2^2 + \cdots + I_n^2}$$

4) 비정현파 교류의 전력계산

① **유효전력** : 같은 고조파 전압전류의 곱에 cos값으로 얻는다.

$$P = V_0 I_0 + \sum_{n=1}^{\infty} V_n I_n \cos\theta_n \ [W]$$

② **무효전력** : $P_r = \sum_{n=1}^{\infty} V_n I_n \sin\theta_n$ [Var]

③ **피상전력** : 전압전류의 각각의 실횻값의 곱으로 얻는다

$$P_a = \sqrt{V_0^2 + V_1^2 + \cdots + V_n^2} \quad \sqrt{I_0^2 + I_1^2 + \cdots + I_n^2} = VI\,[VA]$$

④ **역률** $\cos\theta = \dfrac{P}{P_a} = \dfrac{P}{VI}$

⑤ **왜형률**

$$D = \frac{\text{전 고조파의 실횻값}}{\text{기본파의 실횻값}} = \frac{\sqrt{I_2^2 + I_3^2 + \cdots + I_n^2}}{I_1}$$

11 분포정수회로

1) 분포회로정수의 기초방정식

① **직렬 임피던스** : $Z = R + j\omega L\,[\Omega]$

② **병렬 어드미턴스** : $Y = G + j\omega C\,[℧]$

2) 특성임피던스

$$Z_0 = \sqrt{\frac{Z}{Y}} = \sqrt{\frac{R + j\omega L}{G + j\omega C}}\,[\Omega]$$

3) 전파정수

$$\gamma = \sqrt{ZY} = \sqrt{(R + j\omega L)(G + j\omega C)} = \sqrt{RG} + j\omega\sqrt{LC} = a + j\beta$$

단, a : 감쇠정수 – 거리가 멀어질수록 점점 작아지는 것을 의미

β : 위상정수 – 거리가 멀어질수록 점점 느려지는 것을 의미

4) 무손실

① 조건 $R=0$, $G=0$

② 특성 임피던스 $Z_0=\sqrt{\frac{L}{C}}[\Omega]$

$\alpha=0 \quad \beta=j\omega\sqrt{LC}$, $\gamma=a+j\beta=j\omega\sqrt{LC}$

③ 파장 $\lambda=\frac{2\pi}{\beta}=\frac{2\pi}{\omega\sqrt{LC}}=\frac{1}{f\sqrt{LC}}[m]$

④ 전파속도 $v=\lambda f=\frac{\omega}{\beta}=\frac{\omega}{\omega\sqrt{LC}}=\frac{1}{\sqrt{LC}}[m/\sec]$

5) 무왜형선로 ; 파형의 일그러짐이 없는 회로

① **조건** : $\frac{R}{L}=\frac{G}{C} \Rightarrow LG=RC$

② 특성 임피던스 $Z_0=\sqrt{\frac{R+j\omega L}{G+j\omega C}}[\Omega]$

③ **전파정수** : $\gamma=a+j\beta=\sqrt{RG}+j\omega\sqrt{LC}$

6) 분포정수 회로의 4단자 정수

$V_1=\cosh rl V_2+Z_0\sinh rl I_2$

$I_1=\frac{1}{Z_0}\sinh rl V_2+\cosh rl I_2$

① **단락사고 시 단락전류**$(V_2=0)$

$V_1=Z_0\sinh rl I_2$

$I_1=\cosh rl I_2=\frac{\cosh rl}{Z_0\sinh rl}V_1=\frac{1}{Z_0}cotanh rl V_1[A]$

② **무부하전류** $I_2=0$

$V_1=\cosh rl V_2$

$I_1=\frac{1}{Z_0}\sinh rl V_2=\frac{\sinh rl V_1}{Z_0\cosh rl}=\frac{1}{Z_0}tanh rl V_1[A]$

12 라플라스

1) 라플라스 변환

$$\mathcal{L}[f(t)] = F(s) = \int_0^\infty f(t) \cdot e^{-st} dt$$

2) 변환식 정리

	함수명	$f(t)$	$F(s)$
1	단위 임펄스 함수	$\delta(t)$	1
2	단위 인디셜 함수	$u(t)=1$	$\frac{1}{s}$
3	단위 램프 함수	t	$\frac{1}{s^2}$
4	단위 포물선 함수	t^2	$\frac{2}{s^3}$
5	n차 램프 함수	t^n	$\frac{n!}{s^{n+1}}$
6	지수 감쇠 함수	e^{-at}	$\frac{1}{s+a}$
7	지수 감쇠 램프 함수	te^{-at}	$\frac{1}{(s+a)^2}$
8	지수 감쇠 포물선 함수	t^2e^{-at}	$\frac{2}{(s+a)^3}$
9	지수 감쇠 n차 램프 함수	t^ne^{-at}	$\frac{n!}{(s+a)^{n+1}}$
10	정현파 함수	$\sin\omega t$	$\frac{\omega}{s^2+\omega^2}$
11	여현파 함수	$\cos\omega t$	$\frac{s}{s^2+\omega^2}$
12	지수 감쇠 정현파 함수	$e^{-at}\sin\omega t$	$\frac{\omega}{(s+a)^2+\omega^2}$

13	지수 감쇠 여현파 함수	$e^{-at}\cos\omega t$	$\frac{s+a}{(s+a)^2+\omega^2}$
14	쌍곡 정현파 함수	$\sinh at$	$\frac{a}{s^2-a^2}$
15	쌍곡 여현파 함수	$\cosh at$	$\frac{s}{s^2-a^2}$

3) 실미분 정리

$$\mathcal{L}\left[\frac{d^n}{dt^n}f(t)\right]=s^nF(s)-s^{n-1}f(0_+)\quad (\text{단, } f(0_+)=\lim_{t\to 0}f(t) \text{ 로서 상수인 경우})$$

$$\mathcal{L}\left[\frac{d^n}{dt^n}f(t)\right]=s^nF(s)\quad (\text{단, } f(0_+)=\lim_{t\to 0}f(t)=0 \text{ 인 경우})$$

4) 실적분 정리

$$\mathcal{L}\left[\int_{\infty}^{t}f(t)dt\right]=\frac{1}{2}F(s)+\frac{1}{s}f^{-1}(0)$$

$$\mathcal{L}\left[\int\int\cdot\cdot\cdot\int f(t)dt^n\right]=\frac{1}{s}F(s)\quad (\text{단, } f(0_+)=\lim_{t\to 0}f(t)=0 \text{ 인 경우})$$

5) 초기값 정리 : $\lim_{t\to 0}f(t)=\lim_{s\to\infty}sF(s)$, 최종값 정리 : $\lim_{t\to\infty}f(t)=\lim_{s\to 0}sF(s)$

6) 복소 미분 정리 : $\mathcal{L}\left[t^nf(t)\right]=(-1)^n\frac{d^n}{ds^n}F(s)$

7) 복소적분정리 : $\mathcal{L}\left[\frac{f(t)}{t}\right]=\int_{s}^{\infty}F(s)ds$

⑬ 과도현상

1) R–L 직렬회로

① $i(t) = \frac{E}{R}(1 - e^{-\frac{R}{L}t})[A]$

② **시정수**(τ) : $\frac{L}{R}$ [sec]

시정수의 정의에 의하여 시정수가 길면 길수록 정상값의 63.2[%]까지 도달하는데 걸리는 시간이 오래 걸리므로 과도현상은 오래 지속된다.

③ **특성근**(s) : 시정수(τ)의 음(−)의 역수($-\frac{1}{\tau}$)이다.

$s = -\frac{1}{\tau} = -\frac{R}{L}$

2) R–C직렬회로

① $i(t) = \frac{E}{R}e^{-\frac{1}{RC}t}[A]$

$\lim_{t \to 0} i(t) = \frac{E}{R}$ → C는 $t=0$인 순간에는 단락(shorts) : 정상전류

$\lim_{t \to \infty} i(t) = 0$ → C는 $t = \infty$에서 개방(open) : 전류가 흐르지 않는다.

② **시정수**(τ) : RC[sec]

③ **특성근**(s) : 시정수(τ)의 음(−)의 역수 ($-\frac{1}{\tau}$)이다.

$s = -\frac{1}{\tau} = -\frac{1}{RC}$

3) R–L–C 직렬회로(단, 초기 충전전하는 없다.)

자유 진동 각 주파수 $\omega_n = \beta = \sqrt{(\frac{R}{2L})^2 - \frac{1}{CL}}$

① **비진동 조건**

$$(\frac{R}{2L})^2 > \frac{1}{LC} \Rightarrow R^2 > 4\frac{L}{C}$$

② **진동 조건**

$$(\frac{R}{2L})^2 < \frac{1}{LC} \Rightarrow R^2 < 4\frac{L}{C}$$

③ **임계 조건**

$$(\frac{R}{2L})^2 = \frac{1}{LC} \Rightarrow R^2 = 4\frac{L}{C}$$

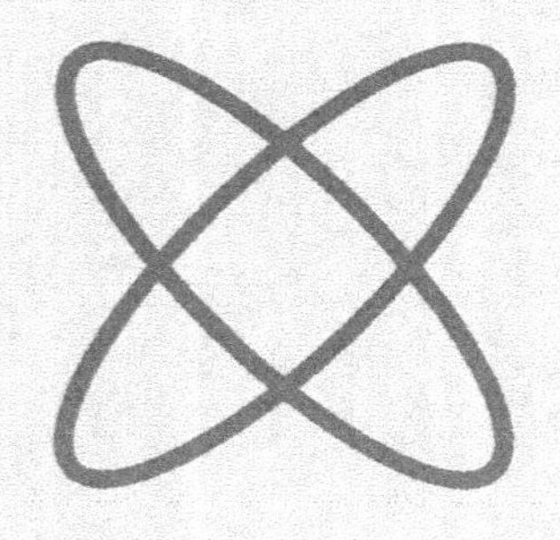

P A R T
03
전력공학

전력공학 핵심 기출문제

01 전선의 고저차가 없는 경간 300[m]에 이도가 10[m]인 송전선로가 있다. 지금 이 이도를 11[m]로 증가시키고자 할 경우 경간에 더 늘여서 보내주어야 할 전선의 길이[m]는?

〈한국철도공사〉

① 0.15
② 0.16
③ 0.17
④ 0.18
⑤ 0.19

02 가공전선로 지지물의 설명으로 옳지 않은 것은?

〈서울교통공사〉

① 우두형 : 중앙부를 좁게 하고 그 윗부분을 넓힌 형태로 산압 지대의 1회선 철탑 등에 사용한다.
② 각도형 : 수평각도가 3^o를 넘는 장소에 세워지는 철탑으로 30° 이하는 B종이다.
③ 방형 : 단면이 직사각형이고 2면이 마주보는 형태이며, 주로 1회선 철탑에 사용한다.
④ 회전형 철탑 : 암(arm) 밑에서 90° 회전한 철탑이다.
⑤ MC형 철탑 : 콘크리트를 채운 강관을 사용하여 조립한 철탑이다.

03 이도가 3[m]이고 전선의 평균높이가 15[m]일 때 콘크리트주의 높이[m]는 얼마인가?

〈서울교통공사〉

① 15.5
② 16
③ 16.5
④ 17
⑤ 17.5

04 경간 200$[m]$인 가공 전선로가 있다. 이도를 고려한다면 사용전선의 길이는 경간보다 몇 $[m]$더 길게 하면 되는가? (단, 사용전선의 1$[m]$당 무게는 2.0$[Kg]$, 인장하중은 4,000$[Kg]$이고, 전선의 안전율은 2로 하고 풍압하중은 무시한다.)

〈대구도시철도공사〉

① $\frac{1}{2}$

② $\sqrt{2}$

③ $\frac{1}{3}$

④ $\sqrt{3}$

05 공칭단면적 $200[mm^2]$, 전선의 무게 1.85$[Kg/m]$, 전선의 바깥지름 18.5$[mm]$인 경동연선을 경간 200$[m]$로 가설하는 경우 이도 D_1과 두 곳의 연결점이 풀렸을 경우 이도 D_2의 값은? (단, 경동연선의 인장강도는 4,000$[Kg]$, 빙설하중 0.46$[Kg/m]$, 풍압하중 1.55$[Kg/m]$이고 안전율은 2라 한다.)

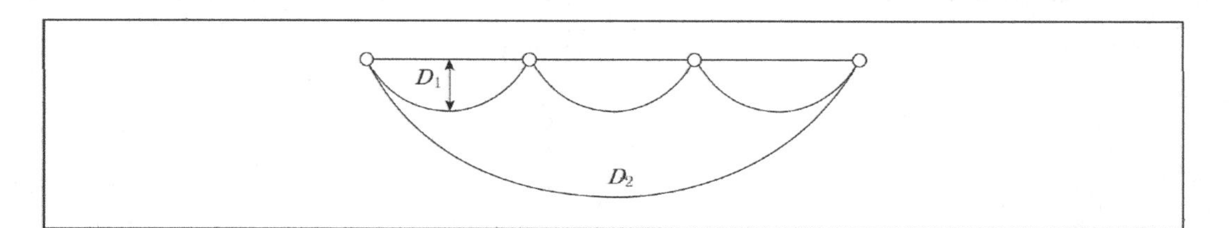

① $D_1 = 6.95$, $D_2 = 13.09$

② $D_1 = 6.95$, $D_2 = 20.85$

③ $D_1 = 5.95$, $D_2 = 13.09$

④ $D_1 = 5.95$, $D_2 = 20.85$

⑤ $D_1 = 7.95$, $D_2 = 13.09$

06 송전거리50$[Km]$, 송전전력 6,000$[KW]$일 때의 송전전압은 대략 몇$[KV]$정도가 적당한가?

〈한국도로공사〉

① 30
② 40
③ 53
④ 56
⑤ 59

07 다음의 설명 중 옳은 것의 개수는?

〈한국도로공사〉

ⓐ 전선의 굵기가 굵어질수록 표피효과가 커진다. ⓑ 3층 연선의 소선총수는 19개이다. ⓒ 전선의 진동방지를 위해 댐퍼와 아머롯드를 사용한다. ⓓ 경제적인 전선의 굵기를 구하기 위해 스틸의 식을 사용한다.

① 4
② 3
③ 2
④ 1
⑤ 0

08 가공전선로의 지지물에 시설하는 지선의 설치 기준으로 옳은 것은?

〈한국전력공사〉

① 지선의 안전율은 2.5 이하이다.
② 소선은 2조 이상 꼬아서 합친 것이다.
③ 소선은 지름 1.2$[mm]$ 이상인 금속선을 사용한 것이다.
④ 허용 인장하중의 최저는 4.31$[KN]$으로 할 것이다.
⑤ 도로를 횡단하여 시설되는 지선의 높이는 4.5$[m]$ 이상으로 할 것이다.

09 도체의 재료로 주로 사용되는 구리와 알루미늄의 물리적 성질을 비교한 것으로 옳은 것은?

〈한국전력공사〉

① 구리가 알루미늄보다 비중이 작다.
② 구리가 알루미늄보다 저항률이 크다
③ 구리가 알루미늄보다 도전율이 크다
④ 구리가 알루미늄보다 비열이 크다
⑤ 구리와 같은 저항을 갖기 위해서 알루미늄 전선의 지름을 구리보다 작게 한다.

10 직류송전방식에 대한 설명으로 틀린 것은?

〈한국전력공사〉

① 선로의 리액턴스가 없으므로 안정도가 높다.
② 고조파 및 고주파 억제대책이 필요하다.
③ 비동기 연계가 가능하다.
④ 지중송전의 경우 충전전류와 유전체손을 고려하지 않아도 되므로 절연이 쉽다.
⑤ 표피효과나 근접효과가 없으므로 실효저항의 증대가 없다.

11 가공전선로와 비교한 지중전선로의 특징으로 옳지 않은 것은?

〈한국전력공사〉

① 차폐를 시키므로 유도장해가 경감된다.
② 증설이 용이하여 동일 루트에 전력공급하기에 유리하다.
③ 인축에 대한 안정성이 높으며 환경조화를 이룰 수 있다.
④ 도심의 쾌적한 환경을 조성한다.
⑤ 유지보수가 비교적 수월하다.

12 가공전선로에 사용되는 전선의 구비요건으로 틀린 것은?

〈한국전력공사〉

① 도전율이 높아야 한다.

② 허용전류가 커야 한다.

③ 기계적 강도가 커야 한다.

④ 전압 강하가 적어야 한다.

⑤ 비중이 커야 한다.

13 철탑의 중앙부를 좁게 하고 그 위 부분을 넓힌 형태의 것으로서 765$[KV]$와 같이 전압이 높은 1회선 철탑이나 산악지대의 1회선 철탑 등에 사용된다. 철탑의 중앙부 이하는 사각 철탑으로 하는 경우가 많은 것에 해당하는 철탑은 무엇인가?

〈한국전력공사〉

① 사각 철탑

② 우두형 철탑

③ 방형 철탑

④ 문형 철탑

⑤ MC 철탑

14 다음 중 애자에 대한 설명으로 옳지 않은 것은?

〈한국전력공사〉

① 특고압 배전선로의 내장 또는 인류 개소에 사용되는 내염형 현수애자의 색깔은 회색이다.

② 접지 측 애자의 색깔은 적색이다

③ 저압 가공전선로에 설치된 애자(접지 측 제외)의 색깔은 백색이다

④ 전선을 지지할 수 있는 충분한 기계적 강도를 갖추고 있어야 한다

⑤ 비, 눈, 안개 등에 대해서도 충분한 절연저항을 가지며, 누설전류가 적어야 한다

15 장거리 대전력 송전에 있어 교류송전과 비교하여 직류송전방식의 장점이 아닌 것은?

〈한국전력공사〉

① 유전체손 및 충전용량이 없고 절연내력이 강하다.
② 변압이 용이하여 고압송전을 하는데 유리하다.
③ 비동기연계가 가능하다.
④ 단락전류가 적고, 임의 크기의 교류계통과 연계시킬 수 있다.
⑤ 표피효과나 근접효과가 없으므로 실효저항의 증대가 없다.

16 경간 200$[m]$, 전선 자체의 무게 W=1.2$[Kg/m]$, 인장하중 4,000$[Kg]$, 안전율 2.0인 선로의 이도는 약 몇 $[m]$인가?

〈한국전력공사〉

① 1.25
② 2.5
③ 3
④ 3.75
⑤ 4.5

17 송전선로에 소호환을 설치하는 목적은?

〈한국남동발전〉

① 코로나 손실 방지
② 이상전압 제한
③ 전력손실 감소
④ 섬락사고시 애자의 보호

18 연동연선의 도전율은?

〈한국남동발전〉

① $\frac{1}{55} \times 10^{-6}$　　② $\frac{1}{58} \times 10^{-6}$

③ 55×10^{6}　　④ 58×10^{6}

19 어느 전선로의 온도가 $20[℃]$일 때의 이도는 $4[m]$이다. 온도가 $32[℃]$일 때의 이도는 몇 $[m]$ 증가하겠는가? (단, 경간은 $2[m]$, 온도계수는 0.5이다.)

〈한국남동발전〉

① 1　　② 2

③ 3　　④ 4

20 가공전선로의 지지물에 시설하는 지선의 안전율과 허용 인장하중$[KN]$의 최저치로 바른 것은?

〈한국서부발전〉

① $5.16[KN]$, 2.2

② $4.31[KN]$, 2.5

③ $4.31[KN]$, 2.0

④ $3.41[KN]$, 2.5

21 이도에 대한 설명으로 옳지 않은 것은?

〈한국중부발전〉

① 이도는 합성중량에 비례한다.

② 이도는 경간에 비례한다.

③ 이도는 수평장력에 반비례한다.

④ 이도가 너무 작으면 단선의 우려가 있다.

22 장거리 대전력 송전에 있어 교류송전과 비교하여 직류송전방식의 장점이 아닌 것은?

〈한국중부발전〉

① 유전체손 및 충전용량이 없고 절연내력이 강하다.

② 변압이 용이하여 고압송전을 하는데 유리하다.

③ 절연계급을 낮출 수가 있다.

④ 단락전류가 적고 임의 크기의 교류계통과 연계시킬 수 있다.

23 전선의 지지점 높이가 30$[m]$이고, 전선의 이도가 9$[m]$이면 전선의 평균 높이$[m]$는 얼마인가?

〈한전KPS〉

① 31　　② 30

③ 26　　④ 25

⑤ 24

24 66[KV], 50[Hz], 길이 100[Km]인 3상 송전선로의 정전용량이 $0.01[\mu F/km]$일 때 1선에 흐르는 충전전류[A]와 무부하 충전용량[$KVar$]은?

〈한국철도공사〉

① 6.6π, 66π

② $\frac{6.6\pi}{\sqrt{3}}$, 435.6π

③ 2.2π, $\frac{66\pi}{\sqrt{3}}$

④ $2.2\sqrt{3}\pi$, 14.52π

⑤ $6.6\sqrt{3}\pi$, 43.56π

25 정전용량 0.01[$\mu F/Km$], 길이 100[Km], 상전압 200[KV], 주파수 60[Hz]인 Y-Y송전선로의 충전전류는 대략 몇 [A]인가?

〈대구도시철도공사〉

① 21.8
② 37.7
③ 64.3
④ 75.4

26 다음 중 코로나 임계전압이 높아지는 경우가 아닌 것은?

〈한국도로공사〉

① 복도체를 사용하였다.
② 가선금구를 개량하였다.
③ 전선의 지름을 크게 하였다.
④ 전선의 표면을 매끈하게 하였다.
⑤ 기압이 낮아지거나 온도가 높아졌다.

27 60$[Hz]$, 154$[KV]$, 길이 200$[Km]$인 3상 송전선로의 대지정전용량 $C_s = 0.008[\mu F/Km]$ 선간정전용량 $C_m = 0.002[\mu F/Km]$일 때 1선에 흐르는 충전전류$[A]$는?

〈한국도로공사〉

① 68.9
② 78.9
③ 89.9
④ 93.8
⑤ 108.9

28 정전용량이 $0.08[\mu F/Km]$, 선로길이 100$[km]$, 대지전압 3,000$[V]$, 주파수 60$[Hz]$인 송전선로의 충전전류는 약 몇 $[A]$인가?

〈국가철도공단〉

① 8
② 9
③ 10
④ 11

29 복도체에 대한 설명 중 옳지 않은 것은?

〈한국전력공사〉

① 같은 단면적의 단도체에 비해 인덕턴스는 감소, 정전용량은 증가한다.
② 코로나 개시전압이 높고, 코로나 손실이 적다.
③ 같은 전류용량에 대하여 단도체보다 단면적을 적게 할 수 있다.
④ 단락 시 등의 대전류가 흐를 때 다도체간에 반발력이 발생하는데 이를 방지하기 위해 스페이서를 설치한다.
⑤ 선로의 임피던스의 감소하여 안정도와 송전용량이 증가한다.

30 코로나 방지 대책으로 적당하지 않은 것은?

〈한국서부발전〉

① 전선의 외경을 증가시킨다.
② 선간거리를 증가시킨다.
③ 가선금구를 개량한다.
④ 복도체로 구성된 선로를 단도체로 교체한다.

31 3상 3선식 송전선로에 있어서 각선의 대지 정전용량이 $0.004[\mu F]$이고, 선간 정전용량이 $0.008[\mu F]$일 때 1선의 작용 정전용량은 몇 $[\mu F]$인가?

〈한국중부발전〉

① 0.014
② 0.028
③ 0.036
④ 0.048

32 다음 중 코로나 손실을 줄이는 방법으로 옳지 않은 것은?

〈한국중부발전〉

① 상대공기밀도가 증가하면 코로나손실은 감소한다.
② 전선의 직경이 감소하면 코로나손실은 감소한다.
③ 주파수가 증가하면 코로나손실은 감소한다.
④ 임계전압이 증가하면 코로나손실은 감소한다.

33 다음 중 송전선로의 선로정수가 아닌 것은?

〈한전KPS〉

① 저항
② 리액턴스
③ 인덕턴스
④ 정전용량
⑤ 누설 콘덕턴스

34 3상 3선식 선로에서 수전단 전압 3.3[KV], 역률 80[%](지상), 200[KVA]의 3상 평형부하가 연결되어있다. 선로의 임피던스 $R=2[\Omega]$, $X=3[\Omega]$인 경우 송전단 전압은 몇 [V]인가?

〈인천교통공사〉

① 약 3,420
② 약 3,500
③ 약 3,520
④ 약 3,540
⑤ 약 3,460

35 송전단 전압이 66[KV]이고, 수전단 전압이 62[KV]로 송전 중이던 선로에서 부하가 급격히 감소하여 수전단 전압이 63.5[KV]가 되었다. 전압 강하율은 약 몇 [%]인가?

〈한국전력공사〉

① 2.28
② 3.93
③ 6.06
④ 6.45

36 3상 3선식 배전선로에 역률 0.8, 출력 16$[KW]$인 3상 평형 유도부하가 접속되어 있다. 부하의 수전단 전압이 1$[KV]$, 배전선 1조의 저항 및 리액턴스가 각각 $10[\Omega]$, $5[\Omega]$이라고 하면 송전단 전압은 몇 $[V]$인가?

〈한국남동발전〉

① 1,220 ② 2,440

③ $1,220\sqrt{3}$ ④ 440

37 송전단 전압이 7.7$[KV]$, 수전단 전압이 7$[KV]$였다. 수전단의 부하를 끊은 경우 수전단 전압이 7.315$[KV]$라면 이 회로의 전압 강하율과 전압 변동률은 각각 몇 $[\%]$인가?

〈한국서부발전〉

① 4.5, 10 ② 8, 10

③ 8, 4.5 ④ 10, 4.5

38 지상부하를 가진 3상 3선식 배전선 또는 단거리 송전로에서 선간전압 강하 $[V]$는? (단, $\sin\theta=0.6$, $R=\frac{\sqrt{3}}{10}[\Omega]$, $X=\frac{2\sqrt{3}}{15}[\Omega]$, $I=50[A]$이다.)

〈한국중부발전〉

① 12 ② 24

③ 36 ④ 48

39 지상 부하를 가진 3상 3선식 배전선 또는 단거리 송전선에서 선간전압 강하를 나타내는 식은?

〈한전KPS〉

① $I(R\cos\theta + X\sin\theta)$

② $I(R\cos\theta - X\sin\theta)$

③ $2I(R\cos\theta + X\sin\theta)$

④ $\sqrt{3}\,I(R\cos\theta + X\sin\theta)$

⑤ $3I(R\cos\theta + X\sin\theta)$

40 4단자 정수 A, B, C, D 중에서 임피던스차원을 가진 정수는?

〈대구도시철도공사〉

① A

② B

③ C

④ D

41 무한장 무손실 전송 선로상의 어떤 점에서 전압이 100[V]였다. 이 선로의 인덕턴스가 $7.5[\mu H/m]$이고, 커패시턴스가 $0.003[\mu F/m]$일 때 이 점에서 전류[A]는?

〈국가철도공단〉

① 1

② 2

③ 3

④ 4

42 다음과 같은 회로에 있어서 합성 4단자 정수 D의 값은?

〈한국수력원자력〉

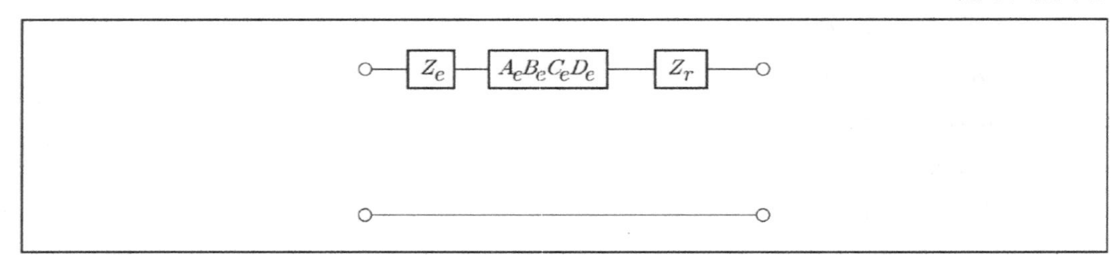

① $A_e + Z_e C_e$　　② C_e

③ $Z_r C_e + D_e$　　④ $Z_e A_e + C_e + Z_r D_e$

43 페란티 현상의 방지 대책 중 옳은 것은?

〈한국수력원자력〉

① 동기조상기를 과여자한다.

② 수전단에 분로리액터를 설치한다.

③ 선로에 흐르는 전류가 진상이 되도록 한다.

④ 수전단에 전력용 콘덴서를 설치한다.

44 다음 무손실 선로의 설명 중 옳지 않은 것은?

〈한국서부발전〉

① 무손실 선로의 감쇠정수는 1이다.

② 위상정수는 $\beta = \omega\sqrt{LC}$

③ 특성 임피던스는 $Z_o = \sqrt{\dfrac{L}{C}}$

④ 속도는 $v = \dfrac{1}{\sqrt{LC}}$

45 선로의 길이가 100[Km]인 3상 3선식 송전선로가 있다. 중성선에 대한 1선 1[Km]의 리액턴스는 4[Ω], 용량성 리액턴스는 $1.6 \times 10^{-3}[s]$이다. 이 선로의 특성 임피던스는 약 몇 [Ω]인가?

〈한국중부발전〉

① 50 ② 100

③ 150 ④ 200

46 송전단 전압 154[KV], 수전단 전압 136[KV], 상차각 30^0, 리액턴스 30.8[Ω]일 때 선로손실을 무시하면 전송전력은 약 몇 [MW]인가?

〈한국철도공사〉

① 300 ② 340

③ 440 ④ 554

⑤ 680

47 다음 중 무한대 모선에 대한 설명으로 올바른 것은?

〈서울교통공사〉

① 모선이 무한대가 연결되어 있다고 가정을 하여 계통의 고장 전류를 파악하기 위한 방식이다.

② 길이가 무한대라고 가정하고 고장상과 건전상의 영상, 정상, 역상을 영상대칭법으로 고장해석한 것이다.

③ 실제 모선이 무한대가 아니지만, 모선의 개수가 매우 많아 마치 무한대인 것처럼 해석되어 사용하는 용어이다.

④ 내부임피던스가 없고 부하에 상관없이 전압이 일정하며 용량 무한대인 전원이다.

⑤ 모선의 임피던스값이 무한대라고 가정하여 전력을 공급만 해주는 전원의 역할을 해주는 모선이다.

48 그림과 같은 수전단 전력원선도에서 직선 OL은 지상역률이 $\cos\theta$인 부하직선을 나타낸 것이다. 다음 설명 중 옳지 않은 것은?

〈대구도시철도공사〉

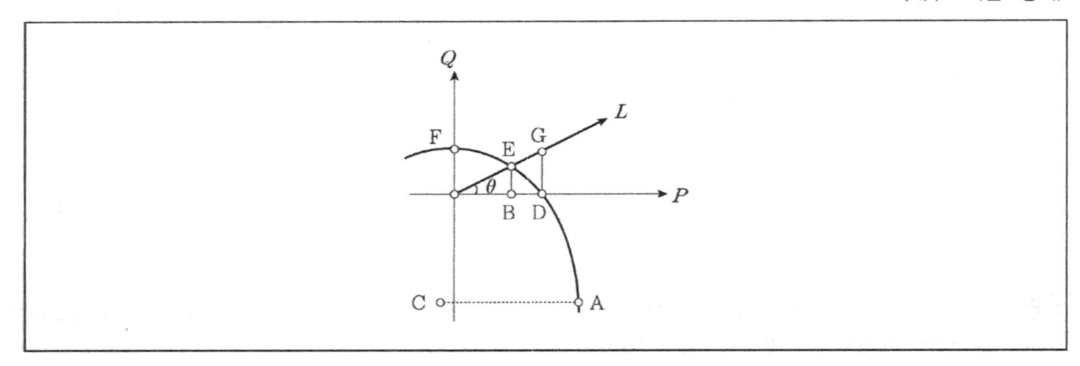

① 송, 수전단 전력은 언제나 이 원선도 원주 상에 존재하지 않으면 안 된다.
② D점은 부하역률이 1일 때의 수전전력을 표시한다.
③ G점은 전압조정을 위하여 진상 무효전력이 필요하다.
④ F점은 전력이 0이므로 역률조정이 필요 없다.

49 전력원선도에서 알 수 없는 것은?

〈한국도로공사〉

① 전력 ② 손실
③ 효율 ④ 역률
⑤ 과도안정극한전력

50 송전단전압 161$[KV]$, 수전단전압 154$[KV]$, 상차각 40°, 리액턴스 $45[\Omega]$일 때, 선로손실을 무시하면 송전전력은 몇 $[MW]$인가?

〈한국도로공사〉

① 244 ② 256
③ 354 ④ 454
⑤ 550

51 다음 중 자기여자 방지대책으로 옳지 않은 것은?

① 변압기 2대를 병렬 연결한다.
② 단락비가 큰 발전기를 사용한다.
③ 발전기의 정격전압을 높게 한다.
④ 임피던스가 큰 선로를 사용한다.
⑤ 선로의 충전전압을 낮게 한다.

52 다음 중 안정도 향상 대책이 아닌 것은?

〈한국도로공사〉

① 고속도 재폐로 방식을 채용한다.
② 속응여자 방식을 선택한다.
③ 직렬리액턴스를 크게 한다.
④ 중간조상방식을 채용한다.
⑤ 전압 변동을 작게 한다.

53 다음 중 안정도에 대한 설명으로 옳지 않은 것은?

〈한국전력공사〉

① 정태안정도는 정상운전 중에 급격한 교란으로부터 부하에 대하여 계속 송전할 수 있는 능력을 의미한다.

② 과도안정도는 계통에 갑자기 고장사고와 같은 급격한 외란이 발생하였을 때에도 탈조하지 않고 새로운 평형상태를 회복하여 송전을 계속할 수 있는 능력을 의미한다.

③ 동태안정도는 자동전압조정 장치로부터 동기기의 여자전류를 제어할 경우의 정태안정도를 말한다.

④ 송전전력 $P = \frac{V_s V_r}{X} sin\delta$이다.

⑤ 안정도의 종류는 정태안정도, 과도안정도, 동태안정도가 있다.

54 다음 중 동기조상기에 대한 설명으로 옳은 것은?

〈한국전력공사〉

① 선로의 시충전이 불가능하다.

② 전압조정이 비연속적이다.

③ 전부하로 운전하는 동기전동기이다.

④ 선로의 페란티 현상만 억제 가능하다.

⑤ 중부하시에는 과여자로 운전하여 앞선전류를 취하여 콘덴서 역할을 한다.

55 전력계통의 안정도 향상대책으로 옳지 않은 것은?

〈한국전력공사〉

① 전압 변동을 적게 한다.

② 발전기나 변압기의 리액턴스를 크게 한다.

③ 선로의 병행 회선수를 늘이거나 복도체 또는 다도체 방식을 채용한다.

④ 고속 제폐로 방식을 채용한다.

⑤ 계통을 연계한다.

56 전력원선도의 횡축과 종축은 각각 다음 중 어느 것을 나타내는가?

〈한국남동발전〉

① 유효전력과 무효전력
② 유효전압과 무효전압
③ 무효전력과 유효전력
④ 무효전류와 유효전류

57 조상설비의 설명으로 옳지 않은 것은?

〈한국남동발전〉

① 동기조상기의 전력손실은 약 0.6[%] 이하이다.
② 전력용 콘덴서는 시충전이 불가능하다.
③ 분로 리액터는 지상용이다.
④ 분로 리액터는 유지 및 보수가 용이하다.

58 다음 중 무효전력을 공급하는 것이 아닌 것은?

〈한국남동발전〉

① 발전기의 지상운전
② 동기조상기의 진상운전
③ 변압기
④ 전력용 콘덴서

59 다음 중 직렬리액턴스를 작게하여 안정도를 향상시키는 방법이 아닌 것은?

〈한국남동발전〉

① 승압 ② 병렬회선의 증가
③ 중간조상방식 ④ 직렬콘덴서의 설치

60 전력계통의 안정도 향상 대책으로 옳지 않은 것은?

〈한국남동발전〉

① 계통의 직렬 리액턴스를 낮게 한다.
② 고속도 재폐로 방식을 채용한다.
③ 지락전류를 크게 하기 위하여 직접 접지방식을 채용한다.
④ 고속도 차단방식을 채용한다.

61 다음 조상설비에 대한 설명으로 옳지 않은 것은?

〈한국중부발전〉

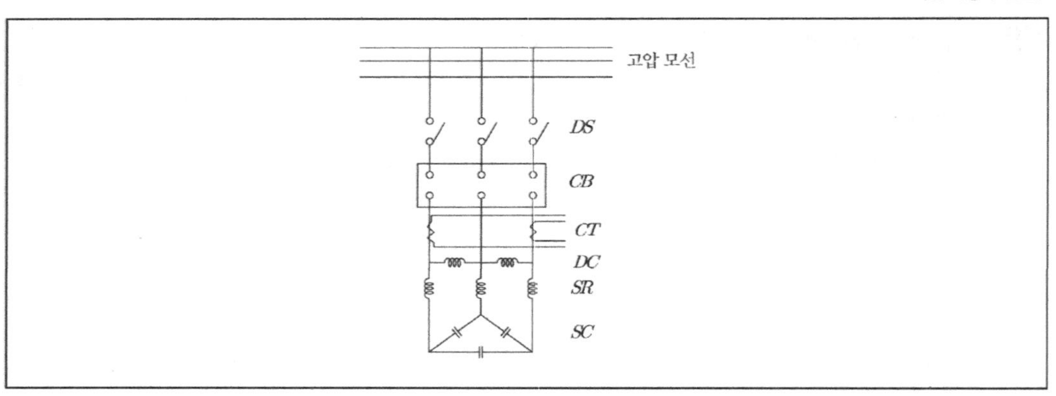

① CT : 대전류를 소전류로 변성하여 계측기에 전류를 입력한다.
② DC : 콘덴서에 축적된 잔류전하를 제거한다.
③ SR : 제 3고조파를 제거한다.
④ SC : 진상 무효전력을 발생하여 역률을 개선하는 역할을 한다.

62 3상 불평형 전압에서 역상전압이 10[V]이고, 정상전압이 200[V], 영상전압이 50[V]라고 할 때 전압의 불평형률[%]은?

〈한국전력공사〉

① 1
② 2
③ 3
④ 5
⑤ 6

63 3상 회로에서 3상 단락일 때 옳지 않은 것은?

〈한국수력원자력〉

① $V_o = V_2 = 0$
② $I_o = I_2 = 0$
③ $I_1 = I_2 = 0$
④ $Z_o = Z_2 = 0$

64 다음 중 대칭좌표법에 대한 설명으로 틀린 것은?

〈한국수력원자력〉

① 정상분은 a–b–c상이 시계방향으로 120^o의 위상차를 갖는다.
② 역상분은 a–b–c상이 반시계방향으로 120^o의 위상차를 갖는다.
③ 불평형 전압은 영상분 전압, 정상분 전압, 역상분 전압이 모두 존재한다.
④ 불평형 3상회로의 비접지식 회로에는 영상분이 존재한다.

65 다음 중 정상분 전압을 구하는 식으로 옳은 것은?

〈한국서부발전〉

① $\frac{1}{3}(V_a + a^2 V_b + a V_c)$

② $\frac{1}{3}(V_a + a V_b + a^2 V_c)$

③ $\frac{1}{3}(V_a + a V_b + V_c)$

④ $\frac{1}{3}(V_a - V_b - V_c)$

66 $V_a = 16 + j2[V]$, $V_b = -20 - j9[V]$, $V_c = -2 + j[V]$를 3상 불평형 전압이라고 할 때 영상전압$[V]$은?

〈한전KPS〉

① $-2 - j2$

② $-6 - j3$

③ $-9 - j6$

④ $-18 - j9$

⑤ $-24 - j12$

67 3상평형 회로의 대칭분 전류를 I_o, I_1, I_2라 하고 선전류를 I_a, I_b, I_c라 할 때 $I_b[A]$는?

〈한국전력거래소〉

① $I_a + I_b + I_c$

② $I_o + aI_1 + a^2 I_2$

③ $I_o + I_1 + I_c$

④ $I_o + a^2 I_1 + aI_2$

68 어느 3상 회로의 상전압을 측정하니 $V_a=16[V]$, $V_b=-8-j6[V]$, $V_c=-8+j6[V]$이었다 불평형률[%]은?

〈인천교통공사〉

① 약20
② 약25
③ 약30
④ 약35
⑤ 약40

69 3상 불평형 전류가 다음과 같다. 영상전류 I_o는?

〈부산교통공사〉

$$I_a=30+j20,\ I_b=-40-j4,\ I_c=-5-j28$$

① $-15-j12$
② $15+j12$
③ $-5+j4$
④ $5-j4$
⑤ $-5-j4$

70 불평형 3상 전류 $I_a=15+j2[A]$, $I_b=-20-j14[A]$, $I_c=-3+j10[A]$일 때 영상전류 I_o는?

〈대구도시철도공사〉

① $2.67+j0.36$
② $-2.67-j0.67$
③ $15.7-j3.25$
④ $1.19+j6.24$

71 선로에 3상 단락이 발생했을 경우 존재하는 성분은?

〈국가철도공단〉

① 정상분, 역상분, 영상분 ② 정상분
③ 영상분, 역상분 ④ 정상분, 역상분

72 다음 중 대칭좌표법에 대한 설명으로 틀린 것은?

〈한국수력원자력〉

① 정상분은 a-b-c상이 시계방향으로 120^o의 위상차를 갖는다.
② 역상분은 a-b-c상이 반시계방향으로 120^o의 위상차를 갖는다.
③ 불평형 전압은 영상분전압, 정상분전압, 역상분전압이 모두 존재한다.
④ 불평형 3상회로 비접지식 회로에는 영상분이 존재한다.

73 그림과 같은 154$[KV]$ 송전계통의 S점에서 무부하시 3상 단락고장이 발생하였을 경우 S점에서의 %임피던스는? (단, 기준용량은 1,000$[KVA]$이다.)

〈한국철도공사〉

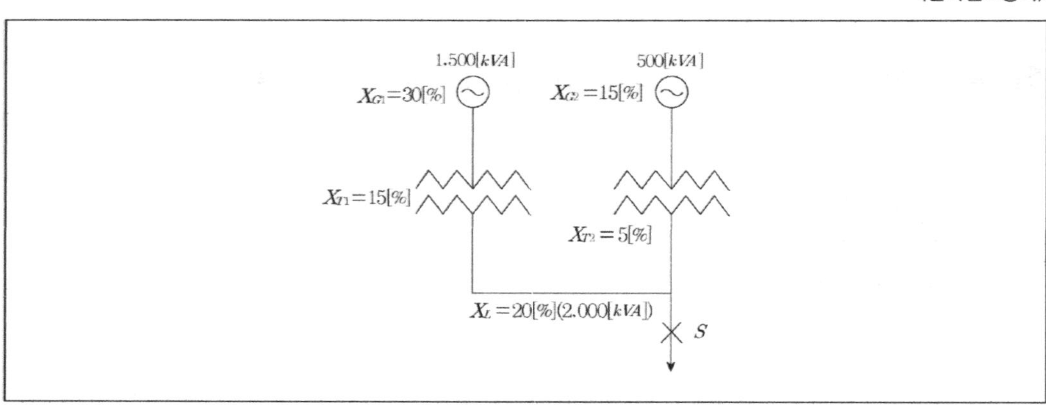

① 20 ② 25
③ 30 ④ 35
⑤ 40

74 6,000/300[V], 3상 3선식에서 발전기 %임피던스는 16[%], 변압기 %임피던스는 4[%] 단락점에서 전선로의 %임피던스는 8[%]이다. 전선로의 단락점에서 3상 단락전류[KA]는? (단, 기준용량은 220[KVA]이다.)

〈인천교통공사〉

① 약 1.1　② 약 1.2
③ 약 1.3　④ 약1.4
⑤ 약 1.5

75 1,000[KVA], %임피던스 8[%]인 3상 변압기가 2차 측에서 3상 단락 되었을 때 단락용량[KVA]은?

〈대구도시철도공사〉

① 8,000　② 10,000
③ 12,500　④ 16,000

76 그림의 F점에서 3상 단락고장이 발생하였다. 발전기 측에서 본 3상 단락전류[A]는? (단, 154[KV] 송전선의 리액턴스는 500[MVA]를 기준으로 하여 1.5[%/Km]이다.)

〈한국도로공사〉

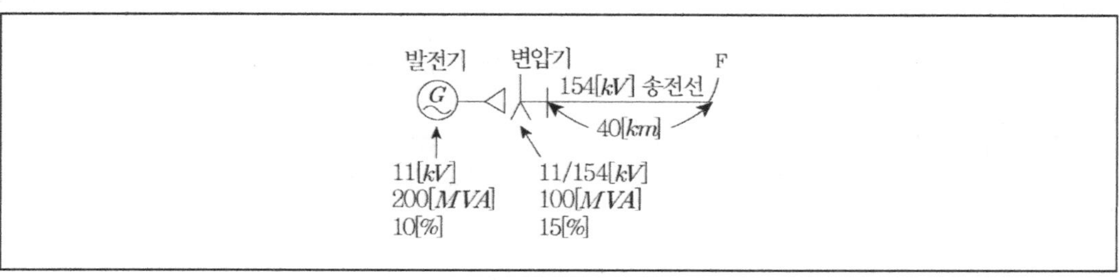

① 12,202　② 15,402
③ 16,402　④ 17,402
⑤ 17,202

77 한류리액터를 사용하는 가장 큰 목적은?

〈국가철도공단〉

① 접지 전류 제한
② 충전 전류 제한
③ 단락 전류 제한
④ 누설 전류 제한

78 3상 송전선로의 선간전압을 150[KV], 3상 기준용량을 15,000[KVA]로 할 때, 선로 리액턴스(1선당) 300[Ω]을 %임피던스로 환산하면 얼마인가?

〈한국전력공사〉

① 1
② 6
③ 20
④ 30
⑤ 90

79 변압기의 퍼센트 임피던스는 Z, 선간전압이 V[V], 정격용량이 P[KVA]일 때 임피던스[Ω]의 값은?

〈한국남동발전〉

① $\frac{ZV^2}{P}$
② $\frac{ZV^2}{P}\times 10^{-2}$
③ $\frac{ZV^2}{P}\times 10^{5}$
④ $\frac{ZV^2}{P}\times 10^{-5}$

80 10[MVA], 2[KV], %Z=10[%] 변압기에서 기준용량 100[MVA], 5[KV]의 기준으로 %Z를 산정하면 %Z는 얼마[%]가 되는가?

〈한국남동발전〉

① 8
② 16
③ 24
④ 30

81 정격전압 20[KV], 3상 3선식 송전선로에서 1선당 리액턴스를 100[MVA] 기준으로 환산 시 40[%] 일 때 리액턴스는 몇 [Ω]인가?

〈한국남동발전〉

① 0.5
② 0.8
③ 1.0
④ 1.6

82 그림의 결선도에서 A점에서의 차단기 용량[MVA]을 구하면?

〈한국중부발전〉

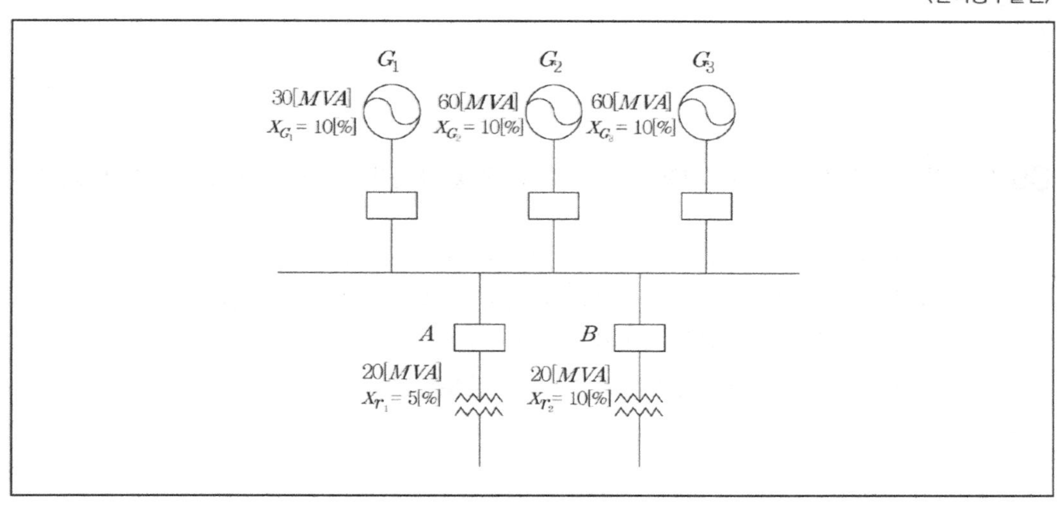

① 600
② 1,200
③ 1,000
④ 1,500

83 다음 중 직접 접지의 특징이 아닌 것은?

〈한국도로공사〉

① 보호 계전기 동작이 확실하다.
② 지락전류가 작아진다.
③ 과도안정도가 나쁘다.
④ 절연내력을 낮출 수 있다.
⑤ 장거리 송전선로에 유리하다.

84 비접지 3상 3선식 배전방식과 비교하여 3상 4선식 다중접지 배전방식의 장단점으로 옳지 않은 것은?

〈한국전력공사〉

① 1선 지락 시 건전상의 대지전위가 거의 상승하지 않는다.
② 1선 지락 시 보호 계전기 동작이 확실하다.
③ 지락사고 시 병행 통신선에 유도장해를 일으킨다.
④ 지락전류는 고역률 소전류이므로 과도안정도가 좋아진다.
⑤ 변압기의 단절연이 가능하고, 변압기 및 부속설비의 중량 및 가격절감이 가능하다.

85 비접지 3상 송전선로에 1선지락 사고가 발생하였을 때 전위상승을 올바르게 설명한 것은?

〈한국전력공사〉

① 지락이 일어난 상의 전압은 상승하고, 나머지 두 상의 전압은 떨어진다.
② 지락이 일어난 상의 전압은 떨어지고, 나머지 두 상의 전압은 상승한다.
③ 지락이 일어난 상의 전압과 나머지 두 상의 전압은 모두 떨어진다.
④ 지락이 일어난 상의 전압과 나머지 두 상의 전압은 모두 상승한다.

86 비접지 선로에 지락이 발생하였을 경우 지락전류를 계산하기 위해서 고려해야할 정전용량은?

〈한국남동발전〉

① 대지정전용량
② 합성정전용량
③ 작용정전용량
④ 선간정전용량

87 송전계통의 접지방식의 설명 중 옳은 것은?

〈한국남동발전〉

① 비접지 : 접지 임피던스의 크기가 0인 접지방식
② 직접 접지 : 정격전압이 낮은 피뢰기의 사용이 가능한 접지방식
③ 소호리액터접지 : 지락사고 발생시 지락전류가 최대가 되는 접지방식
④ 저항접지 : 접지저항이 클수록 통신선 유도장해 발생 확률이 큰 접지방식

88 1상의 대지정전용량이 $1[\mu F]$, 각주파수 $\omega = 100[rad/\sec]$인 3상 송전선로가 있다. 이 선로에 소호리액터를 설치하면 소호리액터의 인덕턴스$[H]$는 얼마인가?

〈한국남동발전〉

① $\frac{10^4}{3}$　② $\frac{10^3}{3}$
③ $\frac{10^2}{3}$　④ $\frac{10}{3}$

89 송전선로의 중성점 접지에 대한 설명으로 옳지 않은 것은?

〈한국서부발전〉

① 중성점 직접 접지방식의 유도장해가 가장 적다.
② 보호 계전기의 확실한 동작을 위해 접지한다.
③ 소호리액터 접지는 지락전류가 가장 적다.
④ 이상전압을 방지한다.

90 직접 접지와 비접지방식을 비교한 것으로 옳지 않은 것은?

〈한국중부발전〉

	구분	직접 접지방식	비접지방식
①	절연레벨	작다	크다
②	지락전류	크다	작다
③	유도장해	작다	크다
④	건전상 전위상승	작다	크다

91 통신선에 인접한 전력선과 상호임피던스는 20$[mH]$이다. 전류변화가 0.01$[\sec]$인 동안 1$[KA]$ 변했다면 통신선에 유도장해를 일으키는 전압$[V]$은?

〈부산교통공사〉

① 1,600
② 2,000
③ 2,400
④ 2,800
⑤ 3,200

92 통신선 전자유도장해 경감 대책 중 전력선측 대책이 아닌 것은?

〈한국전력공사〉

① 절연변압기를 설치하여 구간을 분리한다.

② 접지저항값을 조정하여 지락전류를 조절한다.

③ 지중전선로 방식을 채용한다.

④ 고속도 지락보호 계전기를 채용한다.

⑤ 송전선로와 통신선로의 이격거리를 크게 한다.

93 그림과 같이 파동 임피던스 $Z_1 = 500[\Omega]$, $Z_2 = 300[\Omega]$의 2개의 선로의 접속점 P에 피뢰기를 설치하였을 경우 Z_1의 선로로부터 파고 $E = 600[KV]$의 전압파가 내습하였다. 선로 Z_2의 전압 투과파를 200$[KV]$로 억제하기 위한 피뢰기 저항의 값$[\Omega]$은?

〈한국철도공사〉

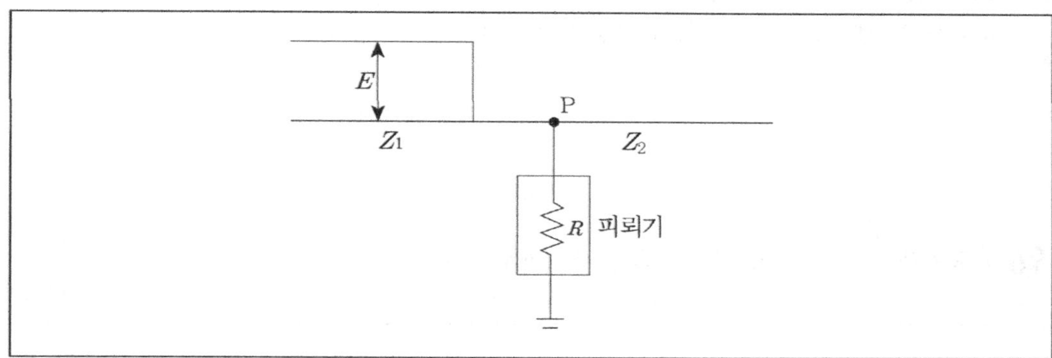

① 75

② 150

③ 163

④ 196

⑤ 210

94 특성 임피던스가 $Z_o = 20[\Omega]$인 선로에 부하 임피던스 $Z_L = 80[\Omega]$이 연결되었을 때 정재파비는?

〈부산교통공사〉

① 0.25
② 0.4
③ 0.5
④ 2
⑤ 4

95 자기차단기의 특징 중 옳지 않은 것은?

〈한국도로공사〉

① 회로의 고유 주파수에 차단성능이 좌우되지 않는다.
② 압축공기가 필요하다.
③ 화재의 위험이 적다.
④ 보수, 점검이 비교적 쉽다.
⑤ 고전압 절단에 의한 와전류가 발생되지 않는다.

96 피뢰기가 구비해야할 조건으로 옳은 것의 개수는?

〈한국도로공사〉

ⓐ 충격방전개시전압이 높은 것
ⓑ 상용주파방전개시전압이 높은 것
ⓒ 속류차단 능력이 큰 것
ⓓ 제한전압이 높은 것

① 4
② 3
③ 2
④ 1
⑤ 없음

97 파동임피던스 $Z_1 = 400[K\Omega]$인 가공선로에 임피던스가 $100[\Omega]$인 케이블을 접속하였다. 이 때 가공선로에 $e = 500[KV]$인 전압파가 들어왔다면 접속점에서 전압의 투과파는?

〈한국도로공사〉

① 100
② 200
③ 300
④ 600
⑤ 800

98 다음 차단기의 설명 중 옳지 않은 것은?

〈한국도로공사〉

① 유입차단기는 방음설비가 필요 없다.
② 진공차단기는 화재위험이 없다.
③ 자기차단기는 전류절단에 의한 고전압이 발생하지 않는다.
④ 가스차단기는 밀폐형구조이다.
⑤ 공기차단기는 소음이 작다.

99 뇌서지 통로의 파동 임피던스 $300[\Omega]$, 가공지선의 파동 임피던스 $400[\Omega]$, 철탑의 접지저항이 $30[\Omega]$일 때 철탑정점의 뇌격 시 철탑정점에서 본 등가 임피던스$[\Omega]$는 약 얼마인가?

〈국가철도공단〉

① 22
② 23
③ 24
④ 25

100 갭레스형 피뢰기에 대한 설명으로 옳지 않은 것은?

〈국가철도공단〉

① 속류에 의한 열화발생에 대비하는 장치가 있다.
② 구조가 간단하고 소형, 경량이다.
③ 초고압 송전계통에 적용이 가능하다.
④ 급격한 서지전류에 대해 높은 제한전압 특성을 유지한다.

101 다음 중 부하전류 차단 능력이 없는 것은?

〈한국전력공사〉

① NFB
② MCCB
③ OCB
④ VCB
⑤ DS

102 다음 설명 중 옳지 않은 것은?

〈한국전력공사〉

① 차단기의 차단시간은 개극시간과 아크시간을 합친 것을 말하며 대개 3 ~ 8 사이클이다.
② 고속도 재투입용 차단기의 표준동작 책무는 O-3분-CO-3분-CO이다.
③ 팽창 차단기의 소호방식은 자력식이다.
④ 재폐로 차단기는 송전선로의 고장구간을 고속차단하고 재송전하는 동작을 자동적으로 시행하는 재폐로 차단장치를 장착한 자동 차단기이다.
⑤ 초고압용 차단기에서 개폐저항기를 사용하는 이유는 개폐서지 이상전압(SOV) 억제이다.

103 합성 임피던스가 0.1[%](5,000[KVA]기준)인 발전소에 시설할 차단기의 필요한 차단용량은 몇 [KVA]인가?

〈한국전력공사〉

① 1,000
② 1,500
③ 2,000
④ 2,500
⑤ 5,000

104 345[KV] 송전계통의 절연협조에서 충격절연내력을 크기순으로 나열한 것은?

〈한국전력공사〉

① 선로애자 > 차단기 > 변압기 > 피뢰기
② 선로애자 > 변압기 > 차단기 > 피뢰기
③ 변압기 > 차단기 > 선로애자 > 피뢰기
④ 변압기 > 선로애자 > 차단기 > 피뢰기
⑤ 차단기 > 변압기 > 선로애자 > 피뢰기

105 다음 중 파워퓨즈의 특징으로 옳지 않은 것은?

〈한국전력공사〉

① 보수가 간단하다.
② 비보호 영역이 존재한다.
③ 고속도 차단이 가능하다.
④ 과전류에 용단되지 않는다.
⑤ 재투입이 불가능하다.

106 피뢰기가 구비해야할 조건 중 옳지 않은 것은?

〈한국전력공사〉

① 속류 차단 능력이 클 것
② 상용주파 방전개시전압이 높을 것
③ 방전내량이 크고 제한전압이 낮을 것
④ 충격방전 개시전압이 높을 것
⑤ 특성이 변화하지 않을 것

107 다음 중 전력퓨즈의 특징으로 옳지 않은 것은?

〈한국전력공사〉

① 소형이며, 차단용량이 작다.
② 재투입이 불가능하다.
③ 고속도 차단이 가능하다.
④ 차단 시 과전압이 발생한다.
⑤ 가격이 저렴하다.

108 피뢰기의 공칭전압으로 정하고 있는 것은?

〈한국전력공사〉

① 제한전압
② 상규대지전압
③ 상용주파허용 단자전압
④ 충격방전개시전압

109 송배전 계통에서의 내부 이상전압 원인으로 알맞지 않은 것은?

〈한국남동발전〉

① 아크접지
② 개폐서지
③ 선로의 이상상태
④ 뇌뢰(뇌운)

110 피뢰기의 제한전압이 800$[KV]$이고, 변압기의 기준충격 절연강도가 1,200$[KV]$라면, 보호여유도는 약 몇 $[\%]$인가?

〈한국남동발전〉

① 50
② 33
③ 25
④ 60

111 서지 임피던스 $Z_1 = 100[\Omega]$의 선로 측에서 $Z_2 = 400[\Omega]$의 선로 측으로 입사할 때의 입사파 전압이 2[KV]라 하면 투과파 전류[A]는?

〈한국남동발전〉

① 4
② 8
③ 2/3
④ 6

112 다음 중 피뢰기에 대한 설명으로 옳지 않은 것은?

〈한국중부발전〉

① 피뢰기의 정격전압이란 속류를 차단하는 최소의 교류 전압이다.
② 피뢰기는 제한전압 및 충격방전 개시전압이 낮아야 한다.
③ 가공전선로에 접속되는 배전용 변압기의 고압 측 및 특고압 측은 모두 피뢰기를 설치해야 한다.
④ 피뢰기는 방전내량이 크고 속류 차단 능력이 우수해야 한다.

113 피뢰기의 제한전압이 800$[KV]$이고 변압기의 기준 충격 절연 강도가 1,200$[KV]$라 하면 보호여유도는 약 몇 $[\%]$인가?

〈한국중부발전〉

① 67　　② 50
③ 33　　④ 25

114 다음 중 전력퓨즈의 특징이 아닌 것은?

〈한국중부발전〉

① 고속도 차단이 가능하다.
② 비보호영역이 존재한다.
③ 동작시간, 전류특성을 조정할 수 있다.
④ 용량에 비해 큰 차단용량을 가진다.

115 다음 중 방향성을 가지고 있는 계전기는?

〈한국전력공사〉

① 선택지락 계전기
② 부족전압 계전기
③ 거리 계전기
④ 차동 계전기
⑤ 지락 계전기

116 변전소에서 비접지 선로의 접지 보호용으로 사용되는 계전기에 영상전류를 공급하는 계전기는?

〈한국전력공사〉

① CT
② GPT
③ ZCT
④ PT

117 최소 동작전류 이상의 전류가 흐르면 즉시 동작하는 계전기는?

〈한국전력공사〉

① 반한 시 계전기
② 정한 시 계전기
③ 순한 시 계전기
④ Notching 한시 계전기

118 공급전압이 일정치 이하로 감소하여 선로나 기기에 과전류가 흐르지 않도록 동작하는 계전기는?

〈한국남동발전〉

① OC
② UV
③ OV
④ DS

119 발전기, 변압기, 모선 등에서 보호용으로 주로 사용되는 계전기는 무엇인가?

〈한국수력원자력〉

① 유도형 계전기
② 과전류 계전기
③ 비율차동 계전기
④ 과전압 계전기

120 다음의 설명 중 틀린 것은?

〈한국서부발전〉

① 전력퓨즈는 가격이 싸고 차단용량이 크다.
② 비접지 선로의 접지보호용으로 사용되는 계전기에 영상전류를 공급하는 계전기는 ZCT이다.
③ 단로기는 부하전류 및 고장전류에는 개폐가 불가능하다.
④ 정격 차단시간이란 가동접촉자 시동부터 소호까지의 시간을 말한다.

121 다음 그림은 6.6[KV] 수전설비에서 정지형 접지 변압기(GPT)의 결선도이다. 정격 1차 전압은 $\frac{6,600}{\sqrt{3}}$[V]이다. 1선 지락 고장 시 2차 전압 V_2[V]와 3차 전압 V_3[V]은? (단, 변압비는 6,600/110이다.)

〈한국중부발전〉

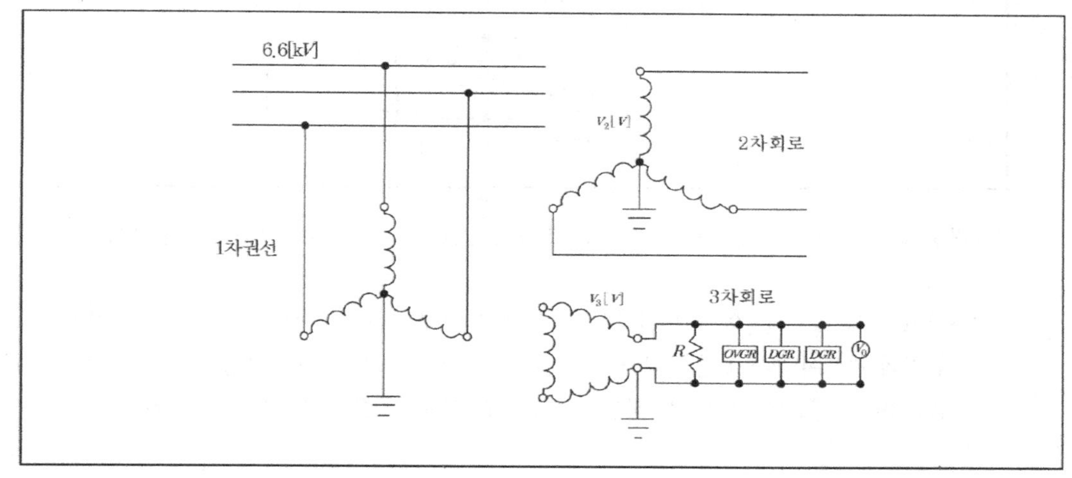

① $V_2 = 190[V]$, $V_3 = 190[V]$

② $V_2 = 110[V]$, $V_3 = 110[V]$

③ $V_2 = 190[V]$, $V_3 = 110[V]$

④ $V_2 = 110[V]$, $V_3 = 190[V]$

122 보호 계전기가 구비해야 할 조건이 아닌 것은?

〈한전KPS〉

① 보호동작이 신속 정확하고 감도가 예민할 것

② 열적, 기계적으로 튼튼할 것

③ 주위온도에 민감하게 작용할 것

④ 가격이 싸고 소비전력이 작을 것

⑤ 오래 사용하여도 특성의 변화가 없을 것

123 그림은 변압기 보호에 사용되는 비율차동계전기에 대한 결선도이다. 다음 중 옳지 않은 것은?

〈한국중부발전〉

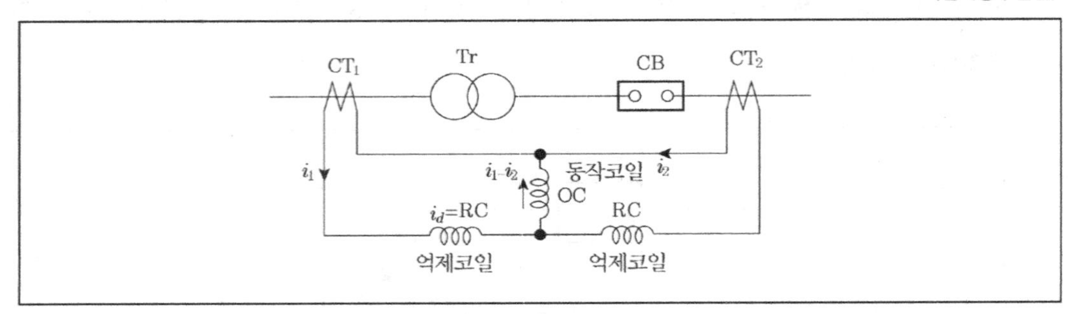

① 평상시 또는 외부 고장 시 CT 2차 측 전류가 CT회로를 순환하게 되므로 계전기는 부동작하게 된다.

② 내부고장 시 1차 전류와 2차 전류의 차가 커서 억제코일이 작동하여 계전기가 동작한다.

③ 변압기의 결선이 $\Delta - Y$일 경우 1-2차 간에 위상차가 발생하므로 CT결선은 이와 반대로 한다.

④ 1차와 2차의 전류의 차전류가 정상치 범위이면 억제코일은 동작코일보다 전류가 많이 흐른다.

124 단상 2선식 배전에 의한 경우와 3상 3선식 배전에 의한 경우에 있어서 배전선의 길이, 배전선에 사용되는 전선의 총 중량이 같다고 할 경우 3상 3선식 배전방식으로 보낼 수 있는 전력은 단상 2선식의 경우의 몇 배인가? (단, 부하의 역률은 일정하고, 3상 3선식 배전의 선로 손실은 기존 손실보다 4배 많다.)

〈인천교통공사〉

① 약 0.3　　② 약 0.4

③ 약 0.5　　④ 약 0.6

⑤ 약 0.7

125 저압 뱅킹(Banking) 배전방식에 대한 설명으로 옳지 않은 것은?

〈인천교통공사〉

① 고장 시 정전 범위가 축소되어 공급 신뢰도가 향상된다.
② 전압 변동 및 전력손실이 감소된다.
③ 플리커(Flicker)가 자주 나타난다.
④ 캐스케이딩(Cascading) 현상의 염려가 있다.
⑤ 부하의 증가에 대한 융통성이 있다.

126 1선당 전력공급비를 비교한 표이다. 다음의 빈칸의 (가), (나), (다)의 합은?

〈한국도로공사〉

종별	전력	1선당 전력공급 비 (단상2선식 기준)
단상2선식	$P = VI\cos\theta$	1
단상3선식	$P = 2VI\cos\theta$	1.33
3상3선식	$P = \sqrt{3}\,VI\cos\theta$	(가)
3상4선식	$P = $ (다) $VI\cos\theta$	(나)

① 4.85
② 5.35
③ 5.65
④ 5.85
⑤ 6.25

127 단상 배전에서 옥내배선의 길이가 $l[m]$, 부하전류가 $I[A]$일 때, 배선의 전압 강하를 $v[V]$로 하기 위한 전선의 굵기는 다음 중 어느 요소에 비례하는가?

〈한국도로공사〉

① $l\sqrt{\frac{v}{I}}$
② $\sqrt{\frac{lv}{I}}$
③ $\sqrt{vlI}$
④ $l\sqrt{\frac{Il}{v}}$
⑤ $\sqrt{\frac{v}{Il}}$

128 25개의 가로등이 500$[m]$ 거리에 균등하게 배치되어 있다. 한 등의 소요전류는 2$[A]$, 전선의 단면적은 $38[mm^2]$, 도전율이 $56[\mho]$라면 한쪽 끝에서 110$[V]$로 급전할 때 최종 전등에 가해지는 전압$[V]$은?

〈한국도로공사〉

① 86.5
② 89.65
③ 98.25
④ 99.81
⑤ 101.41

129 역률 80[%]의 3상 평부하에 공급하고 있는 길이 10$[Km]$의 3상 3선식 배전선로가 있다. 부하의 단자전압이 60$[KV]$일 때 전력손실이 10$[\%]$라고 하면 공급전압$[KV]$은? (단, $R=1[\Omega/Km]$, $X=[0.5\Omega/Km]$)

〈한국도로공사〉

① 63
② 65
③ 69
④ 72
⑤ 75

130 3상 3선식 선로에서 수전단 전압 3.3[KV], 역률 80[%](지상), 200[KVA]의 3상 평형부하가 연결되어 있다. 선로의 임피던스 $R=2[\Omega]$, $X=3[\Omega]$인 경우 송전단 전압은 몇 [V]인가?

① 약 3,480
② 약 3,500
③ 약 3,520
④ 약 3,540
⑤ 약 3,560

131 역률 0.8의 3상 평형 부하에 공급하고 있는 선로의 길이가 1[Km]의 3상 3선식 배전선로가 있다. 부하의 단자전압을 30[KV]로 유지하였을 경우 선로의 전압 강하율이 10[%]를 넘지 않게 하기 위한 부하전력[KW]은? (단, 전력 1선당의 저항은 $15[\Omega/Km]$, 리액턴스는 $20[\Omega/Km]$라 하고 그 밖의 정수는 무시한다.)

〈국가철도공단〉

① 3,000
② 3,200
③ 3,600
④ 4,000

132 3상 배전선로에 지상역률 80[%], 4,000[KW]인 평형 3상 부하가 있다. 부하점에 부하와 병렬로 전력용 콘덴서를 접속하여 선로손실을 최소로 하려면 전력용 콘덴서 용량은 몇[KVA]가 필요한가? (단, 부하단 전압은 변하지 않는 것으로 한다.)

〈한국전력공사〉

① 2,400
② 2,500
③ 2,800
④ 2,900
⑤ 3,000

133 다음에서 설명하는 배전방식의 특징 중 옳지 않은 것은?

〈한국전력공사〉

① 루프식의 경우 수지식에 비해 보호방식이 복잡하다.
② 수지식의 경우 공급신뢰도가 낮고 정전의 범위가 넓다.
③ 저압 네트워크방식은 전력손실을 낮출 수 있다.
④ 저압 뱅킹방식은 전압 강하와 전력손실이 작다.
⑤ 방사선식의 경우 정전의 범위가 좁고 전압 변동이 작다.

134 부하의 위치가 (1, 1)$[Km]$, (3, 1)$[Km]$, (1.5, 2)$[Km]$ 점에 있고, 각 점의 전류가 50$[A]$, 150$[A]$, 2000$[A]$일 때 변전소를 설치하는데 적합한 부하의 중심은?

〈한국남동발전〉

① (2, 3/2)
② (3/2, 2)
③ (1/2, 2/3)
④ (2/3, 1/2)

135 배전 선로의 전기방식에서 전선의 중량(전선의 비용)이 2번째로 적게 소요되는 방식은? (단, 전압, 거리, 전력, 선로손실은 같다고 본다.)

〈한국남동발전〉

① 단상 2선식
② 3상 3선식
③ 단상 3선식
④ 3상 4선식

136 단상 2선식 결선방식을 채용한 선로에 6[A]가 흐른다고 할 때, 전선의 중량비, 전력손실이 동일하다면 3상3선식으로 결선하였을 경우 선로에 흐르는 전류[A]는 얼마가 되겠는가?

〈한국남동발전〉

① 2
② 4
③ 8
④ 11

137 다음 중 Z-보상에 대한 설명으로 옳은 것은?

〈한국남동발전〉

① 부하전압을 일정하게 유지하기 위해 AVR을 사용한다.
② 송전선의 무효전력량을 통해 수용가의 전압을 보상하는 방식이다.
③ 뱅킹방식에 적합하다.
④ 설정이 용이하며 네트워크 전송방식에 유리하다.

138 단상2선식에서 배전선로의 끝에 부하가 집중되어 있는 경우 전선 1가닥의 저항을 $R[\Omega]$, 선로 전류를 I[A]라 하면 이 배전선로의 전압 강하는 몇 [V]인가?

〈한국수력원자력〉

① RI
② $\frac{1}{3}RI$
③ $2RI$
④ $\frac{1}{2}RI$

139 사용전압, 전력손실이 일정한 경우 3상 3선식 대비 단상3선식의 총전선량(중량비)은 얼마인가?

〈한국수력원자력〉

① 3/8　　② 3/4
③ 1/2　　④ 1/3

140 선로의 부하가 균일하게 분포되어 있을 때 배전선로의 전력손실은 이들의 부하가 선로의 말단에 집중되어 있을 때에 비하여 어느 정도가 되는가?

〈한국서부발전〉

① 1/3　　② 1/2
③ 3　　④ 2

141 배전선로의 전기방식에 대한 설명이다 옳지 않은 것은?

〈한국서부발전〉

① 루프 계통의 전압 변동률이 가장 크다.
② 수지식은 신규 부하의 증설이 용이하다.
③ 환상식 선로는 수지식 선로에 비해 전력손실이 적다.
④ 3상 4선식 선로는 불평형에 의한 손실이 가장 크다.

142 정격이 100$[KVA]$인 배전용 변압기가 지상 역률 0.8, 용량 50$[KVA]$인 부하에 전력을 공급하고 있다. 변압기 2차 측에 20$[KVA]$의 전력용 콘덴서를 접속하면 변압기에 걸리는 유효전력$[KW]$과 무효전력$[Kvar]$은 각각 얼마인가?

〈한국중부발전〉

① 유효전력 40$[KW]$, 무효전력 30$[Kvar]$

② 유효전력 80$[KW]$, 무효전력 40$[Kvar]$

③ 유효전력 40$[KW]$, 무효전력 10$[Kvar]$

④ 유효전력 80$[KW]$, 무효전력 80$[Kvar]$

143 배전선로의 전기방식 중 1선당 공급전력량을 비교한 것으로 알맞은 것은?

〈한국중부발전〉

① 3상 4선식 > 단상 3선식 > 3상 3선식 > 단상 2선식

② 3상 3선식 > 3상 4선식 > 단상 2선식 > 단상 3선식

③ 단상 2선식 > 3상 3선식 > 3상 4선식 > 단상 3선식

④ 단상 3선식 > 단상 2선식 > 3상 4선식 > 3상 3선식

144 다음의 저압 네트워크 배전방식의 특징 중 옳지 않은 것은?

〈한국중부발전〉

① 무정전 공급이 가능하므로 공급신뢰도가 좋다.

② 전력손실이 감소한다.

③ 인축사고가 적어지고 건설비가 저렴하다.

④ 부하증가에 대한 적응성이 좋다.

145 1,000$[KW]$, 역률 60$[\%]$(지역률)의 부하에 전력을 공급하고 있는 변전소에 콘덴서를 설치하여 변전소의 역률을 90$[\%]$로 향상시키는 데 필요한 콘덴서 용량$[KVar]$은? (단, $\frac{\sqrt{19}}{9}=0.48$로 한다.)

〈한국철도공사〉

① 853
② 833
③ 813
④ 783
⑤ 713

146 다음 중 배전선로의 역률개선 방법으로 옳지 않은 것은?

〈서울교통공사〉

① 고압콘덴서를 변전소에 설치한다.
② 고압콘덴서를 주상변압기에 설치한다.
③ 고압콘덴서를 자가용 수용가의 변전실에 설치한다.
④ 저압콘덴서를 부하에 설치한다.
⑤ 동기조상기를 배전선로에 설치한다.

147 설비용량이 500$[Kw]$, 부등률 1.4, 수용률이 60$[\%]$일 때 합성 최대 전력은 몇 $[Kw]$인가?

〈인천교통공사〉

① 154
② 198
③ 214
④ 270
⑤ 1,830

148 동력용 변압기에 연결된 동력부하의 설비용량이 1,200$[Kw]$, 부하역률이 80[%], 효율이 60[%], 수용률이 40[%]라고 할 때, 동력용 3상 변압기의 용량$[KVA]$은?

〈대구도시철도공사〉

① 480
② 900
③ 1,000
④ 1,250

149 총 설비의 용량이 600$[Kw]$인 빌딩의 수용률이 60[%]이다. 이 빌딩의 변압기 용량$[KVA]$은? (단, 역률은 75[%]이다.)

〈한국도로공사〉

① 200
② 240
③ 270
④ 480
⑤ 750

150 A수용가의 설비용량은 40$[KW]$, B수용가의 설비용량은 60$[KW]$이고 수용률은 60[%]이다 각 수용가의 부등률은 1.5이고 수용가 상호간 부등률이 1.6일 때 최대부하$[KW]$는?

〈한국도로공사〉

① 14
② 25
③ 35
④ 45
⑤ 47

151 부하에 120$[KW]$, 역률 60$[\%]$의 설비를 사용하고 있다. 여기에 60$[KW]$, 역률 80$[\%]$의 설비를 추가하면서 역률을 90$[\%]$로 개선하려면 설치해야 할 콘덴서의 용량$[KVA]$은?

〈한국도로공사〉

① 52　　② 62
③ 117　　④ 132
⑤ 224

152 변전소의 역할에 대한 설명으로 옳지 않은 것은?

〈국가철도공단〉

① 유효전력 및 무효전력의 제어
② 전력의 발생과 분배
③ 전압의 승압 및 강압
④ 전력조류의 제어

153 전력소비기기가 동시에 사용되는 것을 나타내는 것은?

〈국가철도공단〉

① 부등률　　② 수용률
③ 부하율　　④ 실효율

154 어느 변전소의 공급 구역 내에 총 설비 부하 용량은 동력 30,000$[KW]$, 전등 20,000$[KW]$이다. 각 수용가의 수용률은 동력 50[%], 전등 60[%], 각 수용가 간의 부등률은 동력 1.25, 전등 1.2, 역률은 80[%]라고 하면 이 변전소에서 공급하는 최대전력은 몇 $[KVA]$인가? (단, 부하나 선로의 전력손실은 10[%]로 한다.)

〈한국전력공사〉

① 12,500
② 13,750
③ 27,500
④ 30,250
⑤ 42,750

155 설비용량이 각각 70$[KW]$, 80$[KW]$, 60$[KW]$, 80$[KW]$, 150$[KW]$의 설비부하가 0.6, 0.6, 0.5, 0.5, 0.4의 수용률일 때 변압기의 최소 용량은 몇 $[KVA]$인가? (단, 변압기의 부등률은1.3, 역률은 0.8이다.)

〈한국전력공사〉

① 141
② 154
③ 188
④ 211

156 소비전력이 600$[W]$인 기기를 하루 5시간 사용하고, 소비전력이 120$[W]$인 기기를 하루 10시간 사용할 때, 한 달 동안 사용한 총 소비전력량은 몇 $[KVA]$인가?

〈한국남동발전〉

① 106
② 116
③ 126
④ 136

157 전등 40[KW], 동력 100[KW], 각각의 수용률이 50[%], 40[%]이고 용량이 100[KVA]일 때 부하 역률은? (단, 여유율은 20[%], 전등부하와 동력부하간의 부등률은 1.2라 한다.)

〈한국남동발전〉

① 0.7
② 0.8
③ 0.6
④ 0.65

158 10[KW], 역률 0.5의 부하에 전력을 공급하고 있는 변전소가 있다. 역률을 $\frac{\sqrt{3}}{2}$만큼 향상시키기 위한 전력용 콘덴서의 용량은 몇 [KVA]인가?

〈한국남동발전〉

① $\frac{20}{3}$
② $\frac{20}{\sqrt{3}}$
③ $\frac{1}{2}$
④ $\frac{\sqrt{3}}{2}$

159 총 설비용량 100[KW], 수용률이 80[%], 부하율이 50[%]인 설비가 있다. 10일간 사용 전력량 [MWh]는?

〈한국남동발전〉

① 8.4
② 9.6
③ 10.8
④ 14.4

160 40[Hz], 3[A]로 공급하던 전력용 콘덴서를 같은 전압과 60[Hz]로 공급하면 전류[A]는?

〈한국남동발전〉

① 1.6　　② 2.0

③ 4.5　　④ 6.0

161 부하설비 용량이 900[KW], 역률이 0.9이고 변압기 용량이 600[KVA]라면 수용률[%]은?

〈한국서부발전〉

① 50　　② 60

③ 70　　④ 80

162 다음을 보고 수용가의 최대 수용전력[KW]을 구하면?

〈한국중부발전〉

- 수용가의 설비용량은 400[KW]이다.
- 수용가의 부하율은 60[%]이다.
- 수용가의 수용률은 80[%]이다.
- 다른 수용가와의 부등률은 1.2이다.

① 120　　② 240

③ 320　　④ 800

163 한 달의 사용전력이 216,000[KW], 최대전력 500[KW]인 공장의 부하율[%]은? (단, 한 달은 30일로 한다.)

① 60　　② 50
③ 40　　④ 30

164 캐비테이션(Cavitation)의 방지대책으로 옳은 것은?

〈인천교통공사〉

① 비속도를 크게 한다.
② 출구쪽 압력을 증가시킨다.
③ 흡출고를 높게 한다.
④ 러너의 표면을 매끄럽게 한다.
⑤ 과부하 운전을 한다.

165 유효낙차 20[m], 최대 사용수량 $2[m^3/\sec]$, 설비 이용률 85[%]의 수력발전소의 연간 발전 전력량[KWh]는 약 얼마인가? (단, 수차 발전기의 종합 효율은 90[%]이다.)

〈인천교통공사〉

① 1.31×10^5
② 1.31×10^6
③ 1.31×10^7
④ 2.62×10^6
⑤ 2.62×10^7

166 수차의 유효낙차와 안내날개, 그리고 노즐의 열린 정도를 일정하게 놓은 상태에서 조속기가 동작하지 않게 하고, 전부하 정격속도로 운전 중에 무부하로 하였을 경우 도달하는 최고속도를 무엇이라 하는가?

〈대구도시철도공사〉

① 특유속도

② 동기속도

③ 무구속속도

④ 임펄스속도

167 조압수조의 설치목적으로 옳지 않은 것은?

〈국가철도공단〉

① 수압관의 보호

② 유량 조절

③ 수격작용의 방지

④ 흡출관의 보호

168 정격부하에서 회전수 400$[rpm]$으로 프란시스 수차를 운전하고 있다. 속도변동률이 20[%]라고 한다면 수차의 최대속도$[rpm]$은?

〈국가철도공단〉

① 440

② 480

③ 520

④ 600

169 수력발전소에서 사용되는 수차 중 15[m] 이하의 저낙차에 적합하여 조력발전용으로 알맞은 수차는 어느 것인가?

〈한국전력공사〉

① 카플란 수차
② 펠톤 수차
③ 프란시스 수차
④ 튜블러 수차

170 유효낙차 100[m], 최대 사용수량 20[m^3/sec], 수차 및 발전기의 합성효율이 85[%]인 발전소의 최대 출력 [KW]은?

〈한국전력공사〉

① 15,600
② 16,660
③ 17,640
④ 18,620

171 평균 유효낙차 60[m]의 저수지식 발전소에서 6,000[m^3]의 저수량은 몇 [KWh]의 전력량에 해당하는가? (단, 수차 및 발전기의 종합효율은 60[%]이다.)

〈한국남동발전〉

① 477
② 344
③ 294
④ 588

172 수력발전소의 수차에 있어서 N_e를 어떤 부하시의 회전 속도, N_o를 조속기를 조절하지 않고 무부하로 했을 때의 회전속도, N을 규정속도라고 할 때 수차의 속도조정률[%]은?

〈한국수력원자력〉

① $\frac{N-N_e}{N} \times 100$

② $\frac{N_o-N}{N} \times 100$

③ $\frac{N_o-N_e}{N} \times 100$

④ $\frac{N-N_e}{N_o} \times 100$

173 수심 100[m]에서의 수압 [$Kg \cdot f/cm^2$]은 얼마인가?

〈한국서부발전〉

① 10

② 100

③ 1,000

④ 10,000

174 다음의 화력발전 계통도에서 절탄기의 위치는?

〈한국철도공사〉

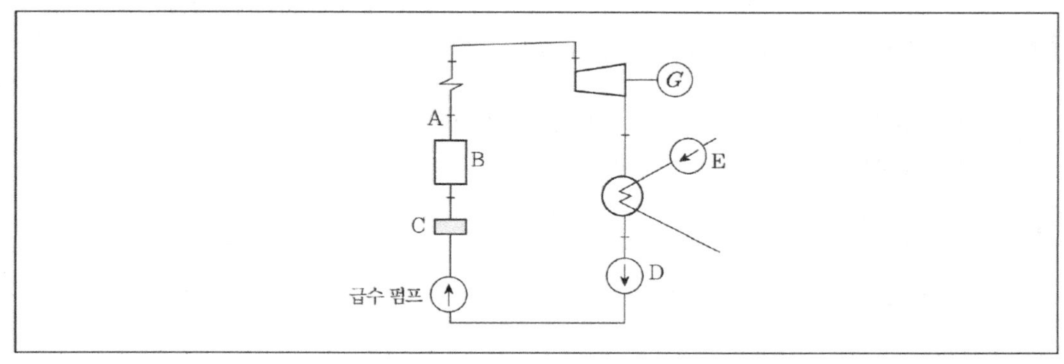

① A

② B

③ C

④ D

⑤ E

175 발열량 5,000$[Kcal/Kg]$의 석탄 8$[ton]$을 연소하여 10,000$[KWh]$의 전력을 발생하는 화력발전소의 열효율은 약 몇$[\%]$인가?

〈한국철도공사〉

① 15
② 20
③ 21.5
④ 30.5
⑤ 35.5

176 우리나라 원자력발전소 최초 상업운전 순서 중 옳은 것은?

〈서울교통공사〉

① 고리－월성－한빛－한울
② 고리－월성－한울－한빛
③ 월성－고리－한빛－한울
④ 월성－고리－한울－한빛
⑤ 고리－한울－월성－한빛

177 다음 원자력 발전에 대한 설명으로 옳지 않은 것은?

〈인천교통공사〉

① 비등수형 원자로는 농축우라늄을 연료로 사용한다.
② 비등수로는 경수를 감속재로 사용한다.
③ 고속증식로는 감속재를 사용하지 않는다.
④ 가압수로는 중수를 감속재로 사용한다.
⑤ 가압수로는 경수를 냉각재로 사용한다.

178 다음 중 화력발전소에서 가장 큰 손실은?

〈대구도시철도공사〉

① 소내용 동력
② 연도 배출가스 손실
③ 복수기 손실
④ 송풍기 손실

179 다음 중 기력발전소의 특징으로 틀린 것은?

〈대구도시철도공사〉

① 기력발전소에서 가장 많이 쓰이는 복수기는 표면복수기이다.
② 터빈은 원통형으로 직축이 횡축보다 크다.
③ 기력발전소에서 포밍의 원인은 급수의 불순물이다.
④ 터빈 발전기의 극수는 2 또는 4이다.

180 APR 1400의 특징으로 올바르지 않는 것은?

〈대구도시철도공사〉

① 설계수명이 60년이다.
② 내진설계가 SSE 0.3g이다.
③ 대용량이므로 순환펌프가 불필요하다.
④ 가압중수형이다.

181 60[Hz], 2극의 터빈발전기 과속도 트립(Trip)시 회전수[rpm]는?

〈국가철도공단〉

① 3,600 ② 3,960

③ 4,320 ④ 4,680

182 어떤 화력 발전소에서 과열기 출구의 증기압이 $169[Kg/cm^2]$이다. 이것은 몇[atm]인가?

〈한국전력공사〉

① 127.1 ② 163.6

③ 16,500 ④ 128,500

183 우라늄 ${}_{92}U^{235}$ $1[g]$에서 하루에 얻을 수 있는 에너지는 얼마인가?

〈한국남동발전〉

① 24[MW] ② 1[MW]

③ $10^5[W]$ ④ $10^7[W]$

184 증기터빈의 팽창증기의 대부분을 다른 목적으로 사용하는 터빈은?

〈한국남동발전〉

① 복수터빈
② 배압터빈
③ 추기터빈
④ 배기터빈

185 평균 발열량 $6,100[Kcal/Kg]$의 석탄이 있다. 탄소와 회분으로 되어 있다면 회분은 약 몇 $[\%]$인가? (단, 탄소만인 경우의 발열량은 $7,800[Kcal/Kg]$이다.)

〈한국남동발전〉

① 12
② 22
③ 32
④ 38

186 냉각재의 특징이 아닌 것은?

〈한국남동발전〉

① 중성자 흡수 단면적이 크다.
② 비열 및 열 전도도가 크다.
③ 융점이 낮다.
④ 부식성 및 화학 특성이 낮다.

187 랭킨 사이클이 취하는 급수 및 증기의 올바른 순환과정은?

〈한국서부발전〉

① 등압가열 – 단열팽창 – 등압냉각 – 단열압축
② 등압가열 – 단열압축 – 단열팽창 – 등압냉각
③ 등온가열 – 단열팽창 – 등온압축 – 단열압축
④ 단열압축 – 단열팽창 – 등압냉각 – 등압가열

188 화력발전소에서 매일 최대출력 100,000$[KW]$, 부하율 90$[\%]$로 60일간 연속으로 운전할 때 필요한 석탄량은 약 몇$[ton]$인가? (단, 사이클효율 40$[\%]$, 보일러효율 86$[\%]$, 발전기효율 80$[\%]$로 하고 석탄의 발열량은 5,000$[Kcal/Kg]$이라 한다.)

〈한국중부발전〉

① 1,350
② 3,375
③ 40,500
④ 81,000

189 다음의 화력발전 설비의 설명으로 옳지 않은 것은?

① 재열기 : 보일러에서 발생한 배기가스의 여열을 회소하여 보일러의 급수를 가열하는 장치이다.
② 과열기 : 보일러에서 발생한 증기를 과열증기로 만들어 터빈에 공급한다.
③ 복수기 : 증기터빈에서 일한 증기를 물로 만드는 장치로 열손실이 크다.
④ 탈기기 : 급수 중 용존산소 및 이산화탄소를 분리시키는 역할을 한다.

190 화력발전소가 출력 $W[KWh]$로 발열량 $H[Kcal/Kg]$의 석탄을 $m[Kg]$의 비율로 소비하고 있다면 이 발전소의 열효율[%]은?

〈한전KPS〉

① $\eta=\frac{860H}{mW}\times 100$

② $\eta=\frac{860HW}{m}\times 100$

③ $\eta=\frac{860W}{mH}\times 100$

④ $\eta=\frac{mH}{860W}\times 100$

⑤ $\eta=860mHW\times 100$

전력공학 정답 및 해설

01 정답 ⑤ **전선로**

이도 10[m]인 경우 전선의 길이 $L_{10}=S+\frac{8D^2}{3S}=300+\frac{8\times10^2}{3\times300}=300.89[m]$

이도 11[m]인 경우 전선의 길이 $L_{11}=S+\frac{8D^2}{3S}=300+\frac{8\times11^2}{3\times300}=301.08[m]$

추가로 공급해야 하는 전선의 길이 $L=301.08-300.89=0.19[m]$

02 정답 ② **전선로**

수평각도가 3^o를 넘는 장소에 세워지는 철탑으로서 20° 이하의 경각도로 설계한 것은 B형철탑이라 하고 30° 이하의 중각도로 설계한 것은 C형 철탑이라고 부르고 있다. 이 철탑에서의 애자련은 모두 내장형을 사용한다.

03 정답 ④ **전선로**

전선의 평균 높이 $h=$ 지지물의 높이 $-\frac{2}{3}D=15[m]$

콘크리트주의 높이 $H=15+\frac{2}{3}D=15+\frac{2}{3}\times3=17[m]$

04 정답 ③ **전선로**

사용전선의 길이 $L=S+\frac{8D^2}{3S}[m]$은 경간 S보다 $\frac{8D^2}{3S}$ 만큼 더 긴 것이다.

이도 $D=\frac{WS^2}{8T/k}=\frac{2\times200^2}{8\times4{,}000}\times2=5[m]$

$\frac{8D^2}{3S}=\frac{8\times5^2}{3\times200}=\frac{1}{3}[m]$

05 정답 ② 전선로

전선의 하중 $W=\sqrt{(자중+빙설하중)^2+풍압하중^2}$

$$D_1=\frac{WS^2}{8T/k}=\frac{\sqrt{(1.85+0.46)^2+1.55^2}\times200^2}{8\times4,000}\times2=6.95[m]$$

$$D_2=3D_1=3\times6.95=20.85[m]$$

06 정답 ③ 전선로

스틸의 식을 적용한다.

$$KV=5.5\sqrt{0.6l+\frac{P}{100}}=5.5\times\sqrt{0.6\times50+\frac{6,000}{100}}=52.17[KV]$$

07 정답 ③ 전선로

n=3이면 $N=3n(n+1)+1=3\times3\times4+1=37$

경제적인 전선의 굵기를 구하는 식은 캘빈의 법칙이며, 스틸의 식은 경제적인 송전전압을 구하는 식이다.

08 정답 ④ 전선로

한국전기설비규정 331.11(지선의 시설)

ⓐ 가공전선로의 지지물로 사용하는 철탑은 지선을 사용하여 그 강도를 분담시켜서는 안 된다.
ⓑ 지선의 안전율은 2.5 이상일 것. 이 경우에 허용 인장하중의 최저는 4.31 kN으로 한다.
ⓒ 소선 3가닥 이상의 연선일 것.
ⓓ 소선의 지름이 2.6mm 이상의 금속선을 사용한 것일 것.
ⓔ 지중부분 및 지표상 0.3m까지의 부분에는 내식성이 있는 것 또는 아연도금을 한 철봉을 사용하고 쉽게 부식되지 않는 근가에 견고하게 붙일 것.
ⓕ 도로를 횡단하여 시설하는 지선의 높이는 지표상 5m 이상으로 하여야 한다. 다만, 기술상 부득이한 경우로서 교통에 지장을 초래할 우려가 없는 경우에는 지표상 4.5m 이상, 보도의 경우에는 2.5m 이상으로 할 수 있다.

09 정답 ③ 전선로

경동선의 경우 도전율이 97%로 알루미늄전선의 61%보다 높다.

10 정답 ② 전선로

직류는 주파수가 0이므로 고조파, 고주파가 없다.

11 정답 ② 전선로

지중전선로는 시설한 후 증설이 용이하지 않다. 고장점을 찾는 것이 쉽지 않을 듯하여 유지보수가 어렵다고 생각될 수 있는데 기술적 보완으로 설비의 단순 고도화로 비교적 간단히 유지보수 할 수 있다.

12 정답 ⑤ 전선로

전선의 비중은 낮은 것이 좋다. 전선의 비중이 낮다는 것은 가볍다는 의미로서 공사가 용이하게 된다.

13 정답 ② 전선로

중앙부가 좁고 그 상부를 넓힌 것은 우두형 철탑이다.

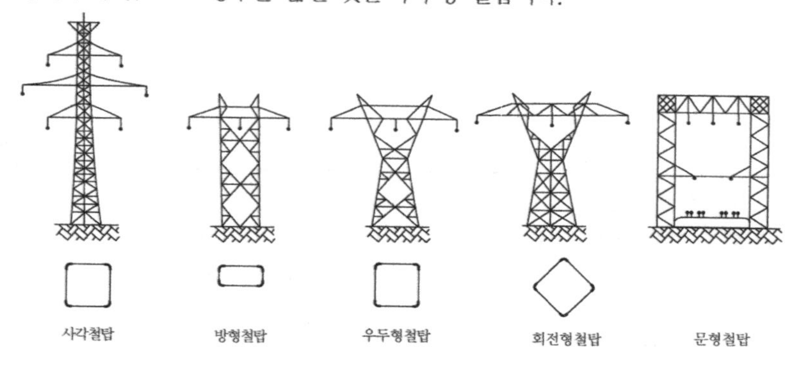

14 정답 ② 전선로

고압 및 특고압 : 적색
저압(접지측 전선지지 제외) : 백색
저압(중성선측 전선지지) : 녹색

15 정답 ② 전선로

교류송전의 특징 … 승압강압 및 회전자계 얻기가 용이하다.

16 정답 ③ 전선로

$$D=\frac{WS^2}{8T}k=\frac{1.2\times200^2}{8\times4,000}\times2=3[m]$$

17 정답 ④ 전선로

소호각(arcing horn,/ 소호환(arcing ring,) … 송전선에 뇌가 가해져서 애자에 섬락이 생길 경우 애자나 전선의 손상을 막기 위해 설치하는 것

18 정답 ④ 전선로

국제 표준 연동선의 고유저항 : $1.7241\times10^{-2}[\Omega\cdot mm^2/m]$

도전율은 고유저항의 역수이므로 $\frac{100}{1.7241}\times10^6=58\times10^6[\Omega\cdot m]$

19 정답 ① 전선로

$$D_{32[℃]}=\sqrt{D^2_{20[℃]}\pm\frac{3}{8}\alpha tS^2}=\sqrt{4^2\pm\frac{3}{8}\times0.5\times(32-20)\times2^2}=5[m]$$

그러므로 증가된 이도의 길이는 $1[m]$이다.

20 정답 ② 전선로

한국전기설비규정 331.11(지선의 시설)
ⓐ 가공전선로의 지지물로 사용하는 철탑은 지선을 사용하여 그 강도를 분담시켜서는 안 된다.
ⓑ 지선의 안전율은 2.5 이상일 것. 이 경우에 허용 인장하중의 최저는 4.31kN으로 한다.
ⓒ 소선 3가닥 이상의 연선일 것

21 정답 ② 전선로

$D=\frac{WS^2}{8T}[m]$이므로 이도는 경간 제곱과 비례한다.

22 정답 ② 전선로

교류송전방식에서 변압이 용이하다.

23 정답 ④ 전선로

전선의 평균 높이 $h = H(\text{지지물높이}) - \frac{2}{3}D = 30 - \frac{2}{3} \times 9 = 24[m]$

24 정답 ② 선로정수와 코로나

충전전류 $I_c = \omega C \frac{V}{\sqrt{3}} l = 2\pi \times 50 \times 0.01 \times 10^{-6} \times \frac{66 \times 10^3}{\sqrt{3}} \times 100 = \frac{6.6\pi}{\sqrt{3}}[A]$

충전용량 $Q = 3EI_c = 3\omega C (\frac{V}{\sqrt{3}})^2 l = 3 \times \frac{66 \times 10^3}{\sqrt{3}} \times \frac{6.6\pi}{\sqrt{3}} = 435.6\pi[KVar]$

25 정답 ③ 선로정수와 코로나

$I_c = \omega CEl = 2\pi \times 60 \times 0.01 \times 10^{-6} \times 200 \times 10^3 \times 100 = 75.4[A]$

26 정답 ⑤ 선로정수와 코로나

코로나 임계전압은 높아야 코로나현상이 잘 발생하지 않는다.

$E_0 = 24.3 m_0 m_1 \delta d \log_{10} \frac{2D}{d} [kV]$

$\delta = \frac{0.386b}{273 + t}$ 로서 상대적 공기밀도를 높게 하려면 기압이 높거나 온도가 낮아야 한다.

27 정답 ④ 선로정수와 코로나

3상 3선식 $C = C_s + 3C_m = (0.008 + 3 \times 0.002) \times 200 = 2.8[\mu F/Km]$

충전전류 $I_c = \omega C \frac{V}{\sqrt{3}} l = 2\pi \times 60 \times 2.8 \times 10^{-6} \times \frac{154 \times 10^3}{\sqrt{3}} \times 200 = 93.85[A]$

28 정답 ②

선로정수와 코로나

$I_c = \omega CEl = 2\pi \times 60 \times 0.08 \times 10^{-6} \times 3{,}000 \times 100 = 9[A]$

대지전압이므로 $\sqrt{3}$ 으로 나누지 않는다.

29 정답 ④

선로정수와 코로나

복도체는 대전류가 흐를시 소도체간에 흡인력이 발생하여 전선이 부딪히거나 꼬이는 현상이 발생한다. 이를 방지하기 위해 스페이서를 사용한다.

30 정답 ④

선로정수와 코로나

복도체는 같은 면적의 단도체보다 등가반지름이 큰 방식으로 코로나 임계전압을 상승시켜 코로나 현상을 방지하기에 적당하다.

31 정답 ②

선로정수와 코로나

대지정전용량 C_s, 상호(선간)정전용량 C_m

작용정전용량 단상2선식 $C = C_s + 2C_m$

3상3선식 $C = C_s + 3C_m = 0.004 + 3 \times 0.008 = 0.028[\mu F]$

32 정답 ②

선로정수와 코로나

코로나 임계전압 ; $E_0 = 24.3 m_0 m_1 \delta d \log_{10} \dfrac{2D}{d} [kV]$

코로나손실 : $P_c = \dfrac{241}{\delta}(f+25)\sqrt{\dfrac{r}{D}}(E-E_0)^2 \times 10^{-5}$ [kW/km/선]

상대공기밀도 δ가 증가하면 코로나 임계전압은 상승, 코로나 손실 감소

전선의 직경 d가 감소하면 코로나 임계전압 감소, 코로나 손실 증가

(코로나 임계전압 식을 보면 d가 두 개가 있는데 $d \gg \log\dfrac{D}{2d}$)

코로나 임계전압이 증가하면 코로나가 발생하지 않는다.

33 정답 ②

선로정수와 코로나

송전선로의 선로정수는 R, L, C, G로서 리액턴스는 선로정수가 아니다.

34 정답 ① 단거리 송전

$$V_s = V_r + \sqrt{3}\,I(Rcos\theta + X\sin\theta) = V_r + \frac{P}{V_r}(R + X\tan\theta)$$
$$= 3{,}300 + \frac{200 \times 10^3}{3{,}300}(2 + 3\tan\frac{0.6}{0.8}) = 3{,}423[V]$$

35 정답 ④ 단거리 송전

전압 강하율 $\epsilon = \frac{V_1 - V_2}{V_2} \times 100 = \frac{66 - 62}{62} \times 100 = 6.45[\%]$

36 정답 ① 단거리 송전

$$V_s = V_r + \sqrt{3}\,I(Rcos\theta + X\sin\theta)$$
$$= V_r + \frac{P}{V_r}(R + X\tan\theta)$$
$$= 1{,}000 + \frac{16 \times 10^3}{1{,}000}(10 + 5 \times \frac{0.6}{0.8}) = 1{,}220[V]$$

37 정답 ④ 단거리 송전

전압 강하율 $\frac{7.7 - 7}{7} \times 100 = 10[\%]$

전압 변동률 $\frac{7.315 - 7}{7} \times 100 = 4.5[\%]$

38 정답 ② 단거리 송전

3상 3선식의 전압 강하

$$e = \sqrt{3}\,I(Rcos\theta + X\sin\theta) = \sqrt{3} \times 50(\frac{\sqrt{3}}{10} \times 0.8 + \frac{2\sqrt{3}}{15} \times 0.6) = 24[V]$$

39 정답 ④ 단거리 송전

전압강하는 보낸전압과 받은전압의 차로서 ①은 1선당 전압강하, ③은 단상2선식의 전압강하, ④는 3상3선식의 전압강하이다.

40 정답 ② 중거리, 장거리 송전

$V_1 = AV_2 + BI_2$, $I_1 = CV_2 + DI_2$ 이므로

$A = \frac{V_1}{V_2}$ $(I_2 = 0)$ 전류비, $B = \frac{V_1}{I_2}$ $(V_2 = 0)$ 임피던스

$C = \frac{I_1}{V_2}$ $(I_2 = 0)$ 어드미턴스, $D = \frac{I_1}{I_2}$ $(V_2 = 0)$ 전류비

41 정답 ② 중거리, 장거리 송전

특성 임피던스 $Z_o = \sqrt{\frac{L}{C}} = \sqrt{\frac{7.5}{0.003}} = 50[\Omega]$

전류 $I = \frac{V}{Z_o} = \frac{100}{50} = 2[A]$

42 정답 ③ 중거리, 장거리 송전

$$\begin{vmatrix} 1 & Z_e \\ 0 & 1 \end{vmatrix}\begin{vmatrix} A_e & B_e \\ C_e & D_e \end{vmatrix}\begin{vmatrix} 1 & Z_r \\ 0 & 1 \end{vmatrix} = \begin{vmatrix} A_e + C_e Z_e & B_e + D_e Z_e \\ C_e & D_e \end{vmatrix}\begin{vmatrix} 1 & Z_r \\ 0 & 1 \end{vmatrix}$$

합성 4단자 정수 $D = C_e Z_r + D_e$

43 정답 ② 중거리, 장거리 송전

페란티 현상 … 장거리 선로에서 부하가 매우 작아진 상태이거나 무부하 상태일 경우 충전 전류의 영향이 더 크기 때문에 전압보다 앞서는 전류가 흐르게 되어 수전단 전압이 송전단 전압보다 높아지는 현상. 선로의 정전 용량이 클수록 현저하게 나타나며, 절연에 부담을 주게 된다. 교류에서만 나타난다.

44 정답 ① 중거리, 장거리 송전

무손실 선로에서 감쇠정수는 $R = G = 0$이므로 $\alpha = 0$이다.

45 정답 ① 중거리, 장거리 송전

장거리 무손실 선로 $R = G = 0$

$Z_o = \sqrt{\frac{Z}{Y}} = \sqrt{\frac{R + jX_L}{G + jB}} = \sqrt{\frac{4 \times 100}{1.6 \times 10^{-3} \times 100}} = 50[\Omega]$

46 정답 ② 전력원선도와 안정도

전송전력 $P=\frac{E_sE_r}{X}sin\delta=\frac{154\times136}{30.8}\times\sin30^o=340[MW]$

47 정답 ④ 전력원선도와 안정도

무한대 모선… 전 부하 조건하에서 전압의 크기, 위상, 주파수가 예측되고 일정하게 유지되는 전력망의 모선. 내부 임피던스가 없고 전압의 크기와 위상이 부하의 증감에 관계없이 전혀 변하지 않으며 매우 큰 관성 상수를 가지고 있는 용량 무한대의 전원으로 표현한다.

48 정답 ④ 전력원선도와 안정도

- 전력원선도의 가로축은 유효전력이고 세로축은 무효전력이다.
- 원선도의 중심점은 C이며, A점은 정상상태극한전력을 의미한다.
- 운전점은 항상 원선도 상에 위치해야 안정한 운전을 할 수 있다.
- D점은 역률이 1인 점이고, F점은 역률이 0인 점이다.
- G점은 원선도를 이탈한 점이므로 D점에서 운전하도록 무효전력을 감소해야 한다.

따라서 진상무효전력을 공급하여 무효분을 상쇄하여야 한다. F점은 무효전력이 존재하므로 전력이 0이라고 한 예시가 옳지 않다.

49 정답 ⑤ 전력원선도와 안정도

전력원선도는 정태안정극한전력을 구할 수 있으나 과도안정극한전력은 구할 수 없다. 과도안정극한전력은 계통에 사고가 났을 때 송전을 지속하는 능력에 대한 안정도를 말한다.

50 정답 ③ 전력원선도와 안정도

전송전력 $P=\frac{E_sE_r}{X}sin\delta=\frac{161\times154}{45}\times\sin40^o=354\,[MW]$

51 정답 ④ 　　　　**전력원선도와 안정도**

발전기의 자기 여자 현상

발전기 용량이 선로의 충전용량보다 작은 경우 선로에 충전전류가 흐르면 발전기 전압보다 90° 앞선 충전전류 때문에 발전기가 전압을 자기 스스로 확립하는 현상으로 교류 발전기의 전자기 반작용에 의하여 발전기의 단자전압이 이상 상승하여 발전기의 절연을 위협하게 된다.

※ 자기 여자 방지법

㉠ 병렬 리액터(분로 리액터)등을 사용한다.

㉡ 발전기의 용량을 선로의 충전용량보다 크게 한다.

㉢ 발전기의 용량 $>3\times$ 선로의 충전용량

52 정답 ③ 　　　　**전력원선도와 안정도**

㉠ 계통의 직렬 리액턴스(X)를 작게 한다.

㉡ 계통의 전압 변동을 작게 한다.

ⓐ 속응 여자를 방지한다.

ⓑ 계통 연계를 한다.

ⓒ 중간 조상 방식을 채택한다.

㉢ 고장 전류를 줄이고 고장 구간을 신속하게 차단한다.

ⓐ 적당한 중성점 접지 방식을 채용하여 지락 전류를 줄인다.

ⓑ 고속도 계전기, 고속도 차단기를 채용한다.

ⓒ 고속도 재폐로 방식을 채용

53 정답 ① 　　　　**전력원선도와 안정도**

정태안정도는 여자전류를 일정하게 유지한 상태에서 (발전기 부하 증가 시) 동기를 벗어나지 않고 안정된 운전을 계속할 수 있는 정도를 지칭하는 것으로 최대 송전전력의 기준으로 사용된다.

54 정답 ⑤ 　　　　**전력원선도와 안정도**

동기조상기는 무부하로 운전되는 동기전동기로서 시충전이 가능하고, 진상과 지상을 연속적으로 전압 조정을 한다. 따라서 부족여자로 운전하면 리액터로 작용하여 페란티 현상을 억제하며, 과여자로 운전하면 콘덴서로 운전이 된다.

55 정답 ② 　　　　　　　　　　　　　　　　　　　　　　　　　　**전력원선도와 안정도**

안정도 향상 대책

ⓐ 계통의 직렬 리액턴스(X)를 작게 한다.

- 발전기나 변압기의 리액턴스를 작게 한다.
- 선로의 병행회선수를 늘리거나 복도체 또는 다도체 방식을 사용한다.

ⓑ 계통의 전압 변동을 작게 한다.

- 계통 연계를 한다.

ⓒ 고장 전류를 줄이고 고장 구간을 신속하게 차단한다.

- 고속도 재폐로 방식을 채용

56 정답 ① 　　　　　　　　　　　　　　　　　　　　　　　　　　**전력원선도와 안정도**

전력원선도 … 송전 계통의 송전단, 수전단의 전압을 일정하다고 하고, 수전단 전압에 대한 송전단 전압의 앞선각을 θ로 하면, 송전 전력 P_s+jQ_s 및 수전 전력 P_r+jQ_r는 각각 유효 전력 P 및 무효 전력 Q를 가로축 및 세로축 성분으로 하는 직각 좌표 상에서 일정 반지름의 원으로 주어진다. 원의 중심, 반지름, θ=0의 위치는 선로 파라미터로 구할 수 있다. 이와 같은 원선도로부터 정전압 송전 계통에 대한 송전 특성의 어림값을 구한다.

57 정답 ① 　　　　　　　　　　　　　　　　　　　　　　　　　　**전력원선도와 안정도**

동기 조상기 : 진상용이나 지상용으로 사용할 수 있는 조상설비

모터의 경우 회전 방향에 따라 전동기가 되기도 하며 반대방향으로 돌릴 경우 발전기가 되기도 한다. 이때 전동기(유도성 부하)로 사용하거나, 발전기(용량성 부하)로 사용하면서 선로의 무효전력을 조정하게 된다.

동기 조상기의 가장 큰 단점은 전력손실에 있다. 모터로 사용하기 때문에 전력손실이 많다. 상시 일정 회전수를 맞추어 일반적인 경우 역률을 1에 맞추어야 하기 때문에 단점으로 작용하게 된다. 동기 조상기 전력손실은 출력의 1.5 ~ 2.5[%], 리액터의 경우 0.6[%], 콘덴서의 경우 0.3[%]

58 정답 ③ 　　　　　　　　　　　　　　　　　　　　　　　　　　**전력원선도와 안정도**

발전기를 통한 무효전력의 공급은 공급 가능한 무효전력의 능력의 사전예측이 가능하며 중앙의 지시를 받아 운영 가능한 무효전력의 공급원이다. 무효전력의 공급은 계통에서 송전손실을 감소하고 모선 전압을 기준 범위 내에서 유지하여 소비자들의 기기 사용을 보호하는 역할을 한다. 변압기는 교류전압을 변성하는 장치로 무효전력의 공급과 관계가 적다.

59 정답 ③

전력원선도와 안정도

계통의 직렬 리액턴스(X)를 작게 한다.

ⓐ 발전기나 변압기의 리액턴스를 작게 한다.

ⓑ 선로의 병행회선수를 늘리거나 복도체 또는 다도체 방식을 사용한다.

ⓒ 직렬 콘덴서를 삽입하여 선로의 리액턴스를 보상한다.

ⓓ 승압

60 정답 ③

전력원선도와 안정도

직접접지 방식은 지락전류가 커서 과도안정도가 나쁘다.

61 정답 ③

전력원선도와 안정도

SR 직렬리액터는 주로 5고조파를 제거하는 목적으로 사용하며, DC 방전코일은 잔류전하를 방전하여 감전사고를 방지한다.

62 정답 ④

대칭좌표법

$$불평형률 = \frac{역상분}{정상분} = \frac{10}{200} = 0.05,\ 5\%$$

63 정답 ③

대칭좌표법

3상 단락에서는 정상분만 존재하므로 영상분과 역상분은 0이다

$I_1 \neq 0$

64 정답 ④

대칭좌표법

비접지식회로에는 영상분이 존재하지 않는다.

65 정답 ② 대칭좌표법

영상분 전압 $V_o = \frac{1}{3}(V_a + V_b + V_c)$

정상분 전압 $V_1 = \frac{1}{3}(V_a + aV_b + a^2V_c)$

역상분 전압 $V_2 = \frac{1}{3}(V_a + a^2V_b + aV_c)$

66 정답 ① 대칭좌표법

영상전압 $V_o = \frac{1}{3}(V_a + V_b + V_c)[V]$

$V_o = \frac{1}{3}(V_a + V_b + V_c) = \frac{1}{3}(16 + j2 - 20 - j9 - 2 + j) = \frac{1}{3}(-6 - j6) = -2 - j2[V]$

67 정답 ④ 대칭좌표법

I_b는 b상의 전류이므로 정상분의 위상이 $-120^o = a^2$에 있고 만약 역상이라면 위상이 $120^o = a$가 된다.

$I_b = I_o + a^2I_1 + aI_2$

68 정답 ⑤ 대칭좌표법

$불평형률 = \frac{역상분}{정상분}$

정상분전압

$V_1 = \frac{1}{3}(V_a + aV_b + a^2V_c) = \frac{1}{3}(16 + (-\frac{1}{2} + j\frac{\sqrt{3}}{2})(-8 - j6) + (-\frac{1}{2} - j\frac{\sqrt{3}}{2})(-8 + j6)$

$= 11.46[V]$

역상분전압

$V_2 = \frac{1}{3}(V_a + a^2V_b + aV_c) = \frac{1}{3}(16 + (-\frac{1}{2} - j\frac{\sqrt{3}}{2})(-8 - j6) + (-\frac{1}{2} + j\frac{\sqrt{3}}{2})(-8 + j6)$

$= 4.54[V]$

$불평형률 = \frac{역상분}{정상분} = \frac{4.54}{11.46} = 0.396$, 39.6[%]

69 정답 ⑤ 대칭좌표법

$$I_o = \frac{1}{3}(I_a + I_b + I_c) = \frac{1}{3}(30 + j20 - 40 - j4 - 5 - j28) = -5 - j4$$

70 정답 ② 대칭좌표법

$$I_o = \frac{1}{3}(I_a + I_b + I_c) = \frac{1}{3}(15 + j2 - 20 - j14 - 3 + j10) = -\frac{8}{3} - j\frac{2}{3} = -2.67 - j0.67[A]$$

71 정답 ② 대칭좌표법

선로에 3상 단락이 발생한 경우 정상분만 존재한다. 영상분은 지락사고에서 발생한다.

72 정답 ④ 대칭좌표법

비접지식에는 영상분이 존재하지 않는다.

73 정답 ① 단락용량

기준용량으로 환산하면

X_{G1} $1,500 : 30 = 1,000 : x \Rightarrow x = 20\%$

X_{T1} $1,500 : 15 = 1,000 : x \Rightarrow x = 10\%$

X_L $2,000 : 20 = 1,000 : x \Rightarrow x = 10[\%]$

X_{G2} $500 : 15 = 1,000 : x \Rightarrow x = 30\%$

X_{T2} $500 : 5 = 1,000 : x \Rightarrow x = 10\%$

S점에서 %임피던스는 $\dfrac{(X_{G1} + X_{T1} + X_L)(X_{G2} + X_{T2})}{X_{G1} + X_{T1} + X_L + X_{G2} + X_{T2}} = \dfrac{(20 + 10 + 10)(30 + 10)}{20 + 10 + 10 + 30 + 10} = 20[\%]$

74 정답 ⑤ 단락용량

$$I_s = \frac{100}{\%Z} I_n = \frac{100}{16 + 4 + 8} \times \frac{220 \times 10^3}{\sqrt{3} \times 300} = 1,512[A],\ 1.5[KA]$$

75 정답 ③ 단락용량

$$P_s = \frac{100}{\%Z}P_n = \frac{100}{8} \times 1,000 = 12,500[KVA]$$

76 정답 ③ 단락용량

500[MVA]를 기준으로 환산하면 발전기 %Z $200MVA:10\% = 500MVA:25\%$,

변압기 %Z $100MVA:15\% = 500MVA:75\%$,

송전선 %Z $1.5 \times 40 = 60\%$

발전기 측에서 본 전류이므로 발전기 측 전압을 적용한다.

$$I_s = \frac{100}{\%Z}I_n = \frac{100}{25+75+60} \times \frac{500 \times 10^3}{\sqrt{3} \times 11 \times 10^3} = 16,402[A]$$

77 정답 ③ 단락용량

한류리액터는 송배전, 급전 선로 따위의 전력 회로에서, 단락 사고에 의하여 흐르는 전류를 제한하는 리액터이다. 기동, 동기 따위의 조작 상태에서 회로에 흐르는 전류를 제한하기도 한다.

78 정답 ③ 단락용량

$$\%Z = \frac{PZ}{10V^2} = \frac{15,000 \times 300}{10 \times 150^2} = 20[\%]$$

79 정답 ④ 단락용량

$$\%Z = \frac{P[KVA]Z}{V^2} \times 100 = \frac{PZ}{V^2} \times 10^5$$

$$Z = \frac{\%ZV^2}{P} \times 10^{-5}[\Omega]$$

80 정답 ② 단락용량

$$\%Z_{10MVA} = \frac{PZ}{10V^2} = 10[\%], \quad Z = \frac{10V^2}{P} \times 10 = \frac{10 \times 2^2}{10 \times 10^3} \times 10 = 0.04[\Omega]$$

$$\%Z_{100MVA} = \frac{PZ}{10V^2} = \frac{100 \times 10^3 \times 0.04}{10 \times 5^2} = 16[\%]$$

81 정답 ④ **단락용량**

$$\%X = \frac{PX}{10V^2} = \frac{100 \times 10^3 \times X}{10 \times 20^2} = 40, \quad X = 1.6[\Omega]$$

82 정답 ④ **단락용량**

기준용량을 정하고 %Z값을 환산한다. 기준용량 60[MVA]로 하면 $X_{G_1} = 20[\%]$가 되므로

$$\%Z = \frac{1}{\frac{1}{20} + \frac{1}{10} + \frac{1}{10}} = 4[\%]$$

A점에서 단락용량(차단기용량) $P_s = \frac{100}{\%Z} P_n = \frac{100}{4} \times 60 = 1{,}500[MVA]$

83 정답 ② **중성점 접지**

직접 접지의 특징

ⓐ 지락 전류 최대
ⓑ 1선 지락 고장 시 건전상 대지 전압 상승이 거의 없다
ⓒ 지락전류가 크기 때문에 기기에 대한 기계적 충격을 주어 손상을 주기 쉽다.
ⓓ 변압기의 단절연이 가능하기 때문에 경제적이다.
ⓔ 고장의 선택 차단이 신속 확실하다.
ⓕ 과도 안정도가 나쁘다.

84 정답 ④ 중성점 접지

지락전류는 저역률 대전류이므로 과도안정도가 나쁘다.

85 정답 ② **중성점 접지**

비접지 방식에서 1선 지락사고가 발생하면 고장점으로부터 건전상의 대지 정전 용량에 의해 고장 전류가 흐르게 된다. 대지정전용량에 의한 용량성 리액턴스의 값이 아주 크기 때문에 지락전류는 상대적으로 작아지며, 지락전류는 영점을 통과하는 순간 자연 소멸되어 송전을 계속할 수 있다는 장점이 있다. 지락이 일어난 상의 전압은 낮아지고, 다른 두 상의 전압은 상승한다.

86 정답 ① **중성점 접지**

비접지계통은 전선과 대지간의 대지정전용량을 고려한다.
충전전류를 구할 때에는 작용정전용량(대지정전용량+선간정전용량)

87 정답 ② **중성점 접지**

직접 접지 계통은 지락전류가 최대이고 건전상의 이상전압이 낮다. 중성점 전위가 낮아 변압기 등에 단절연을 할 수 있다.

88 정답 ③ **중성점 접지**

$$\omega L = \frac{1}{3\omega C},\ L = \frac{1}{3\omega^2 C} = \frac{1}{3 \times 100^2 \times 10^{-6}} = \frac{10^2}{3}[H]$$

89 정답 ① **중성점 접지**

직접 접지방식은 지락전류가 가장 크며 따라서 건전상의 이상전압이 가장 낮아 유효 접지라 한다. 지락전류가 크므로 보호계전기의 동작이 확실하지만 지중에서의 통신선 유도작용이 가장 크다.

90 정답 ③ **중성점 접지**

직접 접지방식은 지락전류가 접지방식 중 가장 크기 때문에 통신선 유도장해가 크다

91 정답 ② **유도장해**

$$V = M\frac{di}{dt} = 20 \times 10^{-3} \times \frac{1{,}000}{0.01} = 2{,}000[V]$$

92 정답 ① **유도장해**

근본적인 대책은 전자 유도 전압의 억제이며 전력선측, 통신선측 대책은 다음과 같다.

※ **전력선측 대책**

ⓐ 송전선로를 가능한 통신선로로부터 멀리 떨어져 건설한다.
ⓑ 접지장소를 적당히 선정해서 기유도 전류의 분포를 조절한다.
ⓒ 고속도 지락 보호 계전 방식을 채용한다.
ⓓ 지중전선로 방식을 채용한다.

※ **통신선측 대책**

ⓐ 절연 변압기를 설치하여 구간을 분리한다.
ⓑ 연피케이블을 사용한다.
ⓒ 통신선에 성능이 우수한 피뢰기를 설치한다.
ⓓ 차폐선을 설치한다.
ⓔ 전력선과 교차 시 수직교차한다.

93 정답 ② **이상전압과 방호 대책**

피뢰기의 제한전압 $\frac{2Z_2}{Z_1+Z_2}E-\frac{Z_1Z_2}{Z_1+Z_2}i=200[KV]$

$$\frac{2Z_2}{Z_1+Z_2}E-\frac{Z_1Z_2}{Z_1+Z_2}i=\frac{2\times300\times600\times10^3}{500+300}-\frac{500\times300}{500+300}i=200\times10^3$$

$i=1,333[A]$

$$R=\frac{v}{i}=\frac{200[KV]}{1,333[A]}=150[\Omega]$$

94 정답 ⑤ **이상전압과 방호 대책**

반사계수 $\rho=\frac{Z_L-Z_o}{Z_L+Z_o}=\frac{80-20}{80+20}=0.6$

정재파비 $\frac{1+\rho}{1-\rho}=\frac{1+0.6}{1-0.6}=4$

95 정답 ② **이상전압과 방호 대책**

압축공기가 필요한 차단기는 공기차단기(ABB)와 가스차단기(GCB)이다.

96 정답 ③ **이상전압과 방호 대책**

충격방전개시전압과 제한전압은 낮은 것이 좋다.

97 정답 ② **이상전압과 방호 대책**

전압의 투과파 $e_t = \dfrac{2Z_2}{Z_2+Z_1}e_i = \dfrac{2\times 100}{100+400}\times 500 = 200[KV]$

98 정답 ⑤ **이상전압과 방호 대책**

공기차단기는 압축공기를 사용하므로 소음이 크다.

99 정답 ③ **이상전압과 방호 대책**

정점에서 보는 임피던스는 모두병렬이다. 가공지선이 양쪽에 연결된 것을 참조한다.

$$Z_o = \dfrac{1}{\dfrac{1}{300}+\dfrac{1}{400}+\dfrac{1}{400}+\dfrac{1}{30}} = 24[\Omega]$$

100 정답 ① **이상전압과 방호 대책**

Gapless형 피뢰기는 직렬 갭이 존재하지 않고 산화 아연 (ZnO)이 주성분으로 하는 피뢰기로서 특정 전압 이하에서는 거의 전류가 흐르지 않기 때문에 선로 전압을 조정하면 속류를 차단할 필요가 없어 직렬 갭이 필요 없게 된다.

101 정답 ⑤ **이상전압과 방호 대책**

B는 Breaker 차단기를 의미한다. DS는 단로기로서 부하전류의 차단능력이 없다.

102 정답 ② 이상전압과 방호 대책

차단기의 표준 동작 책무

• 일반용 (갑) 0 - 1분 - CO - 3분 - CO
  (을) CO - 15초 - CO

• 고속도 재투입용 : O - 임의시간 - CO - 1분 - CO

임의시간은 대개 0.35초정도 이다.

103 정답 ⑤ 이상전압과 방호 대책

$$P_s = \frac{100}{\%Z} P_n = \frac{100}{0.1} \times 5{,}000 = 5{,}000 \times 10^3 [KVA] = 5{,}000 [MVA]$$

104 정답 ① 이상전압과 방호 대책

절연 협조(Insulation Coordination)

절연 협조란 계통 내의 각 기기, 기구, 애자 등의 상호간에 적절한 절연 강도를 갖게 해서 계통 설계를 합리적이고 경제적으로 할 수 있게 한 것을 말한다. 계통의 각 기기는 자체 절연 강도 뿐만 아니라 사고가 발생했을 때 그 범위를 조정하여 계통 전체의 신뢰도를 높일 필요가 있다. 일반적으로 애자의 절연강도 > 기기의 절연강도 > 피뢰기의 제한전압의 형태로 한다.

105 정답 ④ 이상전압과 방호 대책

전력용 퓨즈의 특징

ⓐ 소형, 경량이다. (소호실이 없다)

ⓑ 릴레이와 변성기가 필요 없다. (검출부, 판정부가 필요 없다.)

ⓒ 차단시 무소음, 무방출이다.

ⓓ 고속도로 차단한다.

※ **차단기** : 트립코일 여자부터 소호시간까지 : 3 ~ 8[Cycle/sec]
  전력용 퓨즈 : 1/2 [Cycle/sec]이내

ⓔ 보수가 용이하다.

ⓕ 한류 효과가 우수하다. (전류 제한)

ⓖ 차단용량이 크다.

ⓗ 재투입할 수 없다.

ⓘ 과전류(과부하 전류)에 용단될 수 있다.

ⓙ 동작시간-전류특성을 계전기처럼 조정할 수 없다.

ⓚ 비보호 영역이 있어서 사용 중에 열화작용에 의해 결상될 수 있다.

ⓛ 차단 시 과전압이 발생할 수 있다. (한류형 퓨즈)

106 정답 ④ 이상전압과 방호 대책

피뢰기의 구비조건

ⓐ 충격 방전 개시 전압이 낮을 것

ⓑ 상용 주파 방전 개시 전압이 높을 것

ⓒ 방전 내량이 크면서 제한 전압이 낮을 것

ⓓ 속류 차단 능력이 충분할 것

충격방전개시전압이란 충격파가 내습하였을 때 방전을 개시하는 전압으로 그 기준을 낮게 하는 것이 이상전압 방전에 유리하다.

107 정답 ① 이상전압과 방호 대책

전력용 퓨즈의 특징

ⓐ 소형, 경량이다. (소호실이 없다)

ⓑ 릴레이와 변성기가 필요 없다. (검출부, 판정부가 필요 없다.)

ⓒ 차단시 무소음, 무방출이다.

ⓓ 고속도로 차단한다.

※ **차단기** : 트립코일 여자부터 소호시간까지 : $3 \sim 8[Cycle/\mathrm{sec}]$

전력용 퓨즈 : $1/2[Cycle/\mathrm{sec}]$ 이내

ⓔ 보수가 용이하다.

ⓕ 한류 효과가 우수하다. (전류 제한)

ⓖ 차단용량이 크다.

ⓗ 재투입할 수 없다.

ⓘ 과전류(과부하 전류)에 용단될 수 있다.

ⓙ 동작시간-전류특성을 계전기처럼 조정할 수 없다.

ⓚ 비보호 영역이 있어서 사용 중에 열화작용에 의해 결상될 수 있다.

ⓛ 차단 시 과전압이 발생할 수 있다. (한류형 퓨즈)

108 정답 ③ 이상전압과 방호 대책

피뢰기의 상용주파허용 단자전압 : 피뢰기에서 속류를 차단할 수 있는 최고의 상용주파수의 교류전압의 실효값으로 피뢰기의 정격전압이라고 정의된다.

109 정답 ④ 이상전압과 방호 대책

외부적원인은 뇌(직격뇌, 유도뇌), 내부적 원인은 개폐서지이다.

110 정답 ① 이상전압과 방호 대책

보호여유도는 피뢰기 제한전압에 대한 다른 기기류의 절연강도 여유율을 의미한다.

$$피뢰기의\ 보호\ 여유율 = \frac{보호기기 BIL - 피뢰기\ 제한전압}{피뢰기\ 제한전압} \times 100 = \frac{1,200-800}{800} \times 100 = 50[\%]$$

111 정답 ② 이상전압과 방호 대책

투과파 전압 $e_t = \frac{2Z_2}{Z_1+Z_2}e_i = \frac{2\times 400}{100+400}\times 2 = 3.2[KV]$

투과파 전류 $i_t = \frac{3,200}{400} = 8[A]$

112 정답 ① 이상전압과 방호 대책

피뢰기의 정격전압은 속류가 차단이 되는 최고의 교류전압으로 한다.

113 정답 ② 이상전압과 방호 대책

보호여유도 : 피뢰기 제한전압에 대한 다른 기기류 (변압기)의 절연강도의 여유율

$$\frac{기준충격절연강도[KV] - 제한전압[KV]}{제한전압[KV]} \times 100 = \frac{1,200-800}{800} \times 100 = 50[\%]$$

114 정답 ③ 이상전압과 방호 대책

전력용 퓨즈의 특징

ⓐ 소형, 경량이다. (소호실이 없다)
ⓑ 릴레이와 변성기가 필요 없다. (검출부, 판정부가 필요 없다.)
ⓒ 차단시 무소음, 무방출이다.
ⓓ 고속도로 차단한다.
※ 차단기 : 트립코일 여자부터 소호시간까지 : $3 \sim 8[Cycle/sec]$
전력용 퓨즈 : $1/2[Cycle/sec]$ 이내
ⓔ 보수가 용이하다.
ⓕ 한류 효과가 우수하다. (전류 제한)
ⓖ 차단용량이 크다.
ⓗ 재투입할 수 없다.
ⓘ 과전류(과부하 전류)에 용단될 수 있다.
ⓙ 동작시간-전류특성을 계전기처럼 조정할 수 없다.

ⓚ 비보호 영역이 있어서 사용 중에 열화작용에 의해 결상될 수 있다.
ⓛ 차단 시 과전압이 발생할 수 있다. (한류형 퓨즈)

115 정답 ① **보호 계전기**

방향성 계전기란 전압, 전류, 전력 따위의 방향이 정상적인 방향과 반대 방향이 되고 미리 정한 값 이상 또는 이하가 될 때에 작동하는 계전기를 말한다. 선택 지락 계전기는 배전선 지락 사고에서, 계전기 설치점에 나타나는 영상 전압과 영상 지락 고장 전류를 검출하여 사고 회선만을 선택적으로 차단하는 '방향성 계전기'이다.

116 정답 ③ **보호 계전기**

영상변류기(ZCT : Zero phase Current Transformer) … 영상전류를 검출하기 위해 설치하는 변류기로서 계전기에 영상전류를 공급한다.

117 정답 ③ **보호 계전기**

순한 시 계전기 … 설정된 최소 작동 전류 이상의 전류가 흐르면 그 전류의 크기와 관계없이 즉시 작동하는 계전기. 보통 0.3초 이내에 작동하도록 되어 있다.

118 정답 ② **보호 계전기**

OC : 과전류 계전기, UV : 부족전압 계전기, OV : 과전압 계전기, DS : 단로기

119 정답 ③ **보호 계전기**

비율차동 계전기는 보호구간 내로 유입되는 전류와 유출되는 전류의 벡터 차와 출입하는 전류와의 관계비로 동작되는 것으로 발전기, 변압기, 모선보호 외에 표시선 릴레이로서 구간보호를 하는 것으로 사용되고 있으며, 보호장치의 원리나 구조는 각각 다르지만 계전기의 기본동작은 동작력과 억제력을 하나의 가동부에 주는 형식으로 구성되어 있다.

120 정답 ④ **보호 계전기**

차단기의 정격차단시간이란 트립코일이 여자되는 순간(개극시간) 부터 아크가 소호될 때까지의 시간이다.

121 정답 ② **보호 계전기**

그림에서 1차회로 PT 1차 6,600[V], 전선과 대지 간에 $\frac{6,600}{\sqrt{3}}$[V] 전압

→1선 지락고장 시 $\frac{6,600}{\sqrt{3}}$[V]전압은 6,600[V]로 상승

→PT 2차회로 $\frac{110}{\sqrt{3}}$[V]에서 110[V]로 상승

→3차회로 상에서는 $\frac{110}{\sqrt{3}}$[V]에서 110[V]로 상승

따라서 영상전압계에는 190[V]가 나타난다.

122 정답 ② **보호 계전기**

내부고장 시 1차 전류와 2차 전류의 차가 커지면 동작코일이 작동하여 계전기가 동작한다.

123 정답 ③ **보호 계전기**

보호 계전기의 구비 조건

ⓐ 고장 상태를 식별하여 정도를 정확하게 파악할 수 있을 것

ⓑ 고장 개소를 정확히 선택할 수 있을 것

ⓒ 동작이 예민하고 오동작이 없을 것

ⓓ 적절한 후비 보호 능력이 있을 것

ⓔ 보호맹점이 없을 것

124 정답 ④ **배전방식**

단상 2선식 $P_1 = VI_1\cos\theta\,[KW]$

3상 3선식 $P_3 = \sqrt{3}\;V_3I_3\cos\theta[KW]$

$\frac{P_3}{P_1} = \frac{\sqrt{3}\;VI_3\cos\theta}{VI_1\cos\theta} = \sqrt{3}\times\frac{I_3}{I_1} = \sqrt{3}\times\frac{1}{3} = 0.577 \fallingdotseq 0.6$

$R_1 = \rho\frac{l}{A_1}[\Omega],\ R_3 = \rho\frac{l}{A_3}[\Omega]$ 전선의 중량이 같으므로

$2R_1 = 3R_3,$

선로 손실이 같으므로 $2I_1^2R_1 = 4\times 3I_3^2R_3,\ \frac{I_3}{I_1} = \sqrt{\frac{R_1}{6R_3}} = \sqrt{\frac{1}{6}\times\frac{2}{3}} = \frac{1}{3}$

125 정답 ③

배전방식

저압 뱅킹 배전방식은 변압기 2차 측을 서로 접속 시켜 사용하는 배전방식이다. 즉 변압기 2차 측을 병렬로 사용하는 것인데 이로 인해 저압 측 사고에 의해 건전한 변압기가 피해를 발생하는 캐스케이딩 현상의 우려가 있다. 저압 뱅킹 배전방식의 특징은 전압 변동이 적다, 전압 강하와 전력손실이 적다, 부하증가에 대한 융통성이 좋기 때문에 변압기 용량을 줄일 수 있다, 공급 신뢰성이 좋다 등이 있다.

126 정답 ③

배전방식

(가) 1.15, (나) 1.5, (다) 3

단상 3선식 $\dfrac{\dfrac{2VI\cos\theta}{3}}{\dfrac{VI\cos\theta}{2}}=\dfrac{4}{3}=1.33$, 3상3선식 $\dfrac{\dfrac{\sqrt{3}\,VI\cos\theta}{3}}{\dfrac{VI\cos\theta}{2}}=\dfrac{2\sqrt{3}}{3}=1.15$

3상 4선식 $\dfrac{\dfrac{3VI\cos\theta}{4}}{\dfrac{VI\cos\theta}{2}}=\dfrac{6}{4}=1.5$

127 정답 ④

배전방식

전압 강하 $v=2IR=I\rho\dfrac{l}{A}=I\rho\dfrac{l}{\dfrac{\pi}{4}d^2}[V]$, $d\propto\sqrt{\dfrac{Il}{v}}$

128 정답 ③

배전방식

가로등은 균등분포 부하이므로 전압 강하가 말단집중 부하보다 1/2로 된다.

$e=2IR=2I\rho\dfrac{l}{A}=2\times2\times\dfrac{1}{56}\times\dfrac{500\times25}{38}=23.5[V]$

최종 전등에 가해지는 전압 $110-\dfrac{23.5}{2}=98.25[V]$

129 정답 ② 배전방식

$$V_1 = V_2 + \sqrt{3}I(R\cos\theta + X\sin\theta) = V_2 + \frac{P}{V_2}(R + X\tan\theta)[V]$$

전력손실율 $K = \frac{P_{loss}}{P} = \frac{3I^2R}{P} = 3\times(\frac{P}{\sqrt{3}\,V\cos\theta})^2 \times \frac{R}{P} = \frac{PR}{V^2\cos^2\theta} = 0.1$

$$P = \frac{0.1\,V^2\cos^2\theta}{R} = \frac{0.1\times(60\times10^3)^2\times0.8^2}{10}\times10^{-6} = 23.04[MW]$$

$$V_1 = V_2 + \frac{P}{V_2}(R + X\tan\theta) = 60{,}000 + \frac{23.04\times10^6}{60\times10^3} = 65.28[KV]$$

130 정답 ⑤ 배전방식

$$V_1 = V_2 + \frac{P}{V_2}(R + X\tan\theta) = 3{,}300 + \frac{200}{3.3}(2 + 3\times\frac{0.6}{0.8}) = 3{,}557.6[V]$$

131 정답 ① 배전방식

부하전력 $P = \sqrt{3}\,V_2 I\cos\theta[KW]$에서 전류를 구하면 된다.

$V_1 = V_2 + \sqrt{3}I(R\cos\theta + X\sin\theta)[V]$에서 전압 강하율이 10[%]이므로 $V_1 = 33[KV]$

$V_1 - V_2 = \sqrt{3}I(R\cos\theta + X\sin\theta)$, $3000 = \sqrt{3}I(15\times0.8 + 20\times0.6)$

$I = 72.2[A]$

$P = \sqrt{3}\,V_2 I\cos\theta = \sqrt{3}\times30{,}000\times72.2\times0.8 = 3{,}001{,}129[W] = 3{,}001[KW]$

132 정답 ⑤ 배전방식

선로손실 최소이면 역률을 1로 한다.

$$Q = P(\tan\theta_1 - \tan\theta_2) = P\tan\theta_1 = 4{,}000\times\frac{0.6}{0.8} = 3{,}000[KVA]$$

133 정답 ⑤ 배전방식

방사선식(수지식)은 정전의 범위가 넓고, 전압 변동이 크다.

134 정답 ① **배전방식**

부하중심점 $X=\frac{1\times50+3\times150+1.5\times200}{50+150+200}=2[Km]$, $Y=\frac{1\times50+1\times150+2\times200}{50+150+200}=\frac{3}{2}[Km]$

135 정답 ③ **배전방식**

전선의 중량 … 단상2선식 100% > 3상3선식 75[%] > 단상3선식 37.5[%] > 3상4선식 33.3[%]

136 정답 ② **배전방식**

손실비가 같으므로 $2I_1^2R_1=3I_3^2R_3$, $\frac{I_3^2}{I_1^2}=\frac{2R_1}{3R_3}$

전선의 중량이 동일하므로 전선의 중량 $2A_1l=3A_3l$, $\frac{A_1}{A_3}=\frac{3}{2}$,

$\frac{I_3^2}{I_1^2}=\frac{2R_1}{3R_3}=\frac{2}{3}\times\frac{A_3}{A_1}$, $\frac{I_3}{I_1}=\frac{2}{3}$, $I_3=\frac{2}{3}\times I_1=\frac{2}{3}\times6=4[A]$

137 정답 ② **배전방식**

Z-보상(Z-compensation) : 부하의 크기에 관계없이 선로 말단의 전압을 일정하게 하기 위하여, 필요한 전압상승[%]을 구하여 이를 AVR에 설정하는 방식으로서 변압기의 과도한 전압상승을 방지하고 일정한 전압보상을 행하기 위해 적용한다.

138 정답 ③ **배전방식**

1선당 전압 강하가 IR이므로 2선식은 2IR이 된다. 균등분포부하는 말단집중부하에 비해 50[%]이다.

139 정답 ③ **배전방식**

$\frac{\text{단상3선식}}{\text{3상3선식}}=\frac{\frac{3}{8}}{\frac{3}{4}}=\frac{1}{2}$

140 정답 ① 배전방식

균등 분포부하는 말단집중 부하에 비해 선로손실이 1/3, 전압 강하가 1/2이다.

141 정답 ① 배전방식

환상식(루프식)

ⓐ 부하가 밀집되어 있는 시가지에 사용된다.

ⓑ 전기를 양쪽에서 공급할 수 있어서 수지식보다 신뢰도가 좋다.

ⓒ 배전거리가 짧아 전압 강하 및 전력손실도 감소하고 전압 변동률이 작다.

ⓓ 구성이 복잡하고 시설비가 늘어날 수 있다.

142 정답 ③ 배전방식

역률 0.8, 용량 50$[KVA]$이면 유효전력 40$[KW]$, 무효전력30$[Kvar]$이다. 여기에 진상 무효전력 20 $[Kvar]$을 공급하였으므로 합성 무효전력은 30−20=10$[Kvar]$

143 정답 ① 배전방식

3상 4선식 150[%], 단상3선식 133[%], 3상3선식 115[%], 단상2선식 100[%]

144 정답 ③ 배전방식

저압 네트워크(network) 방식

㉠ 장점

- 배전 신뢰도가 높다.
- 전압 변동이 적다.
- 전력 손실이 감소된다.
- 기기 이용률이 향상된다.
- 부하 증가 시 적응성이 양호하다.

㉡ 단점

- 건설비가 비싸다.
- 특별한 보호 장치를 필요로 한다.
- 인축의 접지사고가 많다.

145 정답 ① 변압기 용량

$$Q = P(\tan\theta_1 - \tan\theta_2) = 1{,}000\left(\frac{\sqrt{1-0.6^2}}{0.6} - \frac{\sqrt{1-0.9^2}}{0.9}\right) = 853.33[KVar]$$

146 정답 ⑤ 변압기 용량

역률을 개선하는 것은 전력손실을 저감하기 위함이다. 선로나 부하의 지상역률을 개선할 목적으로 콘덴서를 주로 사용하게 되는데 배전에서는 변압기나 수용가의 변전실에 주로 시설된다. 동기조상기는 선로의 안정도를 위해 중간변전소에 설치하지만 가격이 높아 많이 사용되지 않는다. 배전에서는 동기조상기를 적용하지 않는다.

147 정답 ③ 변압기 용량

$$\text{합성 최대 전력 } KW = \frac{\text{설비용량} \times \text{수용률}}{\text{부등률}} = \frac{500 \times 0.6}{1.4} = 214[KW]$$

148 정답 ③ 변압기 용량

$$KVA = \frac{\text{설비용량} \times \text{수용률}}{\text{역률} \times \text{효율}} = \frac{1{,}200 \times 0.4}{0.8 \times 0.6} = 1{,}000[KVA]$$

149 정답 ④ 변압기 용량

$$KVA = \frac{\text{설비용량} \times \text{수용률}}{\text{부등률} \times \text{역률}} = \frac{600 \times 0.6}{1 \times 0.75} = 480[KVA]$$

150 정답 ② 변압기 용량

$$\text{최대부하} = \frac{\frac{40 \times 0.6}{1.5} + \frac{60 \times 0.6}{1.5}}{1.6} = 25[KW]$$

151 정답 ③ **변압기 용량**

$$Q_1 = P(\tan\theta_1 - \tan\theta_2) = 120(\frac{0.8}{0.6} - \frac{\sqrt{1-0.9^2}}{0.9}) = 120(1.33 - 0.484) = 101.52[KVA]$$

$$Q_2 = P(\tan\theta_1 - \tan\theta_2) = 60(\frac{0.6}{0.8} - \frac{\sqrt{1-0.9^2}}{0.9}) = 60(0.75 - 0.484) = 15.96[KVA]$$

$$Q = Q_1 + Q_2 = 117.48[KVA]$$

152 정답 ② **변압기 용량**

전력의 발생은 변전소가 아니고 발전소의 역할이다.

153 정답 ① **변압기 용량**

부등률은 각각의 최대 수용전력의 합을 합성최대수용전력으로 나눈 값으로 어느 시간에 부하설비의 사용이 분산될수록 큰 값을 나타낸다.

154 정답 ④ **변압기 용량**

$$KVA = \frac{\text{설비용량} \times \text{수용율}}{\text{부등률} \times \text{역률}} \times 1.1 = \frac{\frac{30,000 \times 0.5}{1.25} + \frac{20,000 \times 0.6}{1.2}}{0.8} \times 1.1 = 30,250[KVA]$$

155 정답 ④ **변압기 용량**

$$KVA = \frac{\text{설비용량} \times \text{수용율}}{\text{부등률} \times \text{역률}} = \frac{(70+80) \times 0.6 + (60+80) \times 0.5 + 150 \times 0.4}{1.3 \times 0.8} = 211[KVA]$$

156 정답 ③ **변압기 용량**

$$KWh = (0.6 \times 5 + 0.12 \times 10) \times 30 = 126[KWh]$$

157 정답 ③ **변압기 용량**

$$KVA = \frac{\text{설비용량} \times \text{수용율}}{\text{부등률} \times \text{역률}} = \frac{40 \times 0.5 + 100 \times 0.4}{1.2 \times \cos\theta} \times 1.2 = 100[KVA]$$

역률 $\cos\theta = 0.6$

158 정답 ② **변압기 용량**

$$Q_2 = P(\tan\theta_1 - \tan\theta_2) = 10 \times \left(\frac{\sqrt{1-0.5^2}}{\frac{1}{2}} - \frac{\sqrt{1-0.866^2}}{\frac{\sqrt{3}}{2}}\right) = 10\left(\frac{\frac{\sqrt{3}}{2}}{\frac{1}{2}} - \frac{\frac{1}{2}}{\frac{\sqrt{3}}{2}}\right) = \frac{20}{\sqrt{3}}[KVA]$$

159 정답 ② **변압기 용량**

$$\text{부하율} = \frac{\text{소비전력/시간}}{\text{최대수용전력}} = \frac{\text{소비전력/시간}}{\text{설비용량} \times \text{수용률}} \times 10 = 50[\%]$$

$\text{소비전력(사용전력량)} = 0.5 \times 100[KW] \times 0.8 \times 24 \times 10 = 9{,}600[KWh] = 9.6[MWh]$

160 정답 ③ **변압기 용량**

콘덴서를 흐르는 전류 $I_c = \omega CV[A]$이므로 전압이 같으면 전류는 주파수에 비례한다. 주파수가 $40[Hz]$에서 $60[Hz]$로 증가하였으므로 전류는 1.5배가 된다.

$3 \times 1.5 = 4.5[A]$

161 정답 ② **변압기 용량**

변압기 용량 $KVA = \frac{\text{설비용량} \times \text{수용률}}{\text{역률}}$, $\text{수용률} = \frac{600 \times 0.9}{900} = 0.6$, $60[\%]$

162 정답 ③ **변압기 용량**

최대수용전력은 설비용량에 수용률을 적용한 것이다.

$\text{최대수용전력} = 400 \times 0.8 = 320[KW]$

163 정답 ① **변압기 용량**

$$\text{부하율} = \frac{\text{평균소비전력}}{\text{최대수용전력}} \times 100 = \frac{\frac{216{,}000}{24 \times 30}}{500} \times 100 = 60[\%]$$

164 정답 ④ **수력**

수력발전에서 액체가 가속되어 정압이 어느 한계의 압력보다 내려가면 캐비티(기포)가 통상 기포핵에서 발생하고 다음으로 감속되어 정압이 올라가면 기포는 붕괴한다. 이 현상을 캐비테이션이라고 한다. 이 상태를 그림으로 나타낸다. 캐비테이션은 펌프 수차 등의 수력기계나 선박용 프로펠러 등에서 발생하는데, 그에 따라서 성능의 저하, 진동, 소음이나 괴식이 일어나기 때문에 불합리한 일이 많다. 캐비테이션의 발생 및 그 정도의 판단기준으로서 캐비테이션 계수가 정의되어 있으며, 이 계수가 작을수록 캐비테이션은 일어나기 쉬우며 또 격렬해진다.
따라서 캐비테이션 현상을 방지하려면 러너의 표면을 매끄럽게 하고, 흡출고를 너무 높게 하지 말아야 한다.

165 정답 ④ **수력**

수력발전소의 연간 발전량

$PH[KWh] = 9.8HQ\eta \times 365 \times 24 = 9.8 \times 20 \times 2 \times 0.9 \times 365 \times 24 = 2.62 \times 10^6[KWh]$

166 정답 ③ **수력**

어떤 유효낙차, 베인 개도 및 흡출높이에서 운전중의 수차의 발전기 부하를 제거하면 수차 및 발전기의 기계손실과 균형 잡힌 출력으로 런너의 회전수는 최대로 된다. 이 값을 무구속 속도라 부르고, 수차 및 발전기는 이 속도에 대하여 안전하게 되도록 설계한다.

167 정답 ④ **수력**

조압수조란 주철관, 양질의 주철과 강을 배합하여 제조한 관으로 수압관 및 도수관에서 발생하는 수압의 급격한 증감을 조정하는 수조이다. 관내의 압축된 흐름을 큰 수조 내에 유입시켜 수조 내에서 물이 진동함으로써 압력에너지가 마찰에 의해 차차 감소되도록 함으로서, 펌프의 급가동, 급정지 밸브의 급 개폐로 인하여 발생되는 수격작용의 피해를 감소시킬 수 있다. 흡출관은 압력수관의 진공도로서 낙차를 늘이는 효과를 주는 시설이다.

168 정답 ② **수력**

$\delta = \frac{N_o - N_n}{N_n} \times 100 = 20[\%]$, $N_{\max} = N_o = 0.2N_n + N_n = 480[rpm]$

169 정답 ④ 수력

튜블러수차는 케이싱이 수로에 함께 내장된, 둥근 통 모양의 프로펠러 수차로서 흐름이 축에 따라 거의 직선적으로 흐르는 구조로 되어 있다. 유효낙차가 아주 작은 경우 물이 입구에서 반지름 방향으로 유입되고 러너 날개에서 축 방향으로 바뀐 다음 방수로에서 다시 90^o로 방향을 바꾸어 유출되는 프로펠러수차의 통상적인 유수방법으로는 방향전환에 따른 손실수두가 무시할 수 없기 때문에 원통형으로 개발된 원통형수차를 말한다. 팔당발전소에 설치 운영되고 있다.

170 정답 ② 수력

$P=9.8HQ\eta=9.8\times100\times20\times0.85=16,660[KW]$

171 정답 ④ 수력

$PH=\dfrac{9.8HQ\eta}{3,600}=\dfrac{9.8\times60\times6,000\times0.6}{3,600}=588[KWh]$

172 정답 ③ 수력

어떤 출력으로 운전 중인 수차 조속기를 그대로 둔 채 부하만이 변화하였을 때 정상상태에서의 회전속도의 변화분과 발전기부하의 변화분과의 비를 속도조정률이라 한다.

173 정답 ① 수력

압력수두 $H=\dfrac{P}{\omega}[m]$, $P=H\omega\,[Kg\cdot f/cm^2]$

물에서 $\omega=1,000\,[Kg\cdot f/m^2]=0.1[Kg\cdot f/cm^2]$

$P=\omega H=0.1\times100=10[Kg\cdot f/cm^2]$

174 정답 ③

화력과 원자력

절탄기는 보일러에서 나온 연소 배기가스의 남은 열로 보일러로 공급되고 있는 급수를 미리 예열하는 장치이다. 그림에서 B는 보일러, D는 복수펌프, C는 절탄기이다.

※ 절탄기의 장점

- 열효율의 증가
- 열 이용률의 증가로 인한 연료 소비량의 감소
- 증발량의 증가
- 보일러 몸체에 일어나는 열응력의 경감
- 스케일의 감소 등

175 정답 ③

화력과 원자력

화력발전소의 열효율 $\eta = \dfrac{\text{출력}}{\text{입력}} = \dfrac{10,000}{\dfrac{5,000 \times 8 \times 10^3}{860}} \times 100 = 21.5[\%]$

176 정답 ①

화력과 원자력

- 고리 원자력발전소 : 1971년 11월 착공, 1978년 운전
- 월성 원자력발전소 : 1977년 10월 착공, 1983년 운전
- 한빛 원자력발전소 : 1981년 12월 착공, 1986년 운전
- 한울 원자력발전소 : 1982년 3월 착공, 1988년 운전

177 정답 ④

화력과 원자력

구분		연료	감속재	냉각재
경수로	PWR 가압수형	농축 우라늄	경수	경수
	BWR 비등수형	농축 우라늄	경수	경수
중수로		천연/농축우라늄	중수	중수
가스 냉각로		천연 우라늄	흑연	탄산가스
고속증식로		농축우라늄/프루토늄	사용하지 않는다.	나트륨

178 정답 ③ **화력과 원자력**

화력발전소에서 가장 큰 손실은 복수기 손실이다. 복수기는 증기터빈이나 실린더 내에서 사용한 수증기를 냉각수와의 열교환에 의해 냉각 응축시켜 물로 복원하는(되돌리는) 장치이다. 화력발전소에서 복수기에 의한 손실은 50%정도에 이른다.

179 정답 ② **화력과 원자력**

기력발전소는 화력발전소를 말한다. 터빈은 원통형과 돌극형이 있는데 원통형은 고속이며 직축 리액턴스와 횡축 리액턴스가 같다. 돌극형은 직축이 횡축보다 큰 구조로 되어 있다. 포밍이나 스케일링 등은 급수의 불순물이 원인이다.

180 정답 ④ **화력과 원자력**

차세대 한국형 원전은 전기출력 1400MW급으로서 1999년 기본설계를 완료하였고, OPR1000의 안전성과 경제성을 크게 높인 개선된 원전이라는 뜻의 'Advanced Power Reactor'의 머리글자를 따서 APR1400 명칭을 확정하였으며, 2002년 5월 7일 정부로부터 표준설계인가를 취득하였다.
경제성과 함께 제3세대 원전에서 가장 강조하는 점은 안전성이다. APR1400은 안전정지 내진 설계값이 0.3g으로, 리히터 규모 7.0의 지진까지 견디도록 설계되었으며, 원자로 냉각재 배관이 파단되어 핵연료를 냉각하는 냉각재가 모두 유출되는 최악의 가상 사고가 발생할 경우, 이에 대비해 설치한 비상노심냉각계통의 물이 원자로 용기에 직접 주입되는 방식을 채택하였다.
설계수명 60년, 가압경수로형 원자로이다.

181 정답 ② **화력과 원자력**

$N=\frac{120f}{P}=\frac{120\times 60}{2}=3{,}600[rpm]$

터빈 발전기는 회전속도의 급격한 속도상승에 의한 큰 사고를 방지하기 위해서 비상조속기가 설치되어 있다. 회전속도가 정격의 $10\pm 1\%$를 초과하면 동작하고, 터빈에 흐르는 증기의 공급을 차단하여 터빈을 정지시킨다.
$N=3{,}600\times 1.1=3{,}960[rpm]$

182 정답 ② **화력과 원자력**

$1[atm]=760[mmHg]=1013.25[mb]=1.013[bar]$

$1[bar]=1.019716[Kg/cm^2]=0.987[atm]$

$1.019716:0.987=169:x\ ,\quad x=163.58[Kg/cm^2]$

183 정답 ② 화력과 원자력

우라늄-235 1g이 분열할 때 발생하는 열량은 석탄 3t을 연소했을 때 나오는 열량과 맞먹는다. 원전이 연료 질량 대비 석탄 화력발전보다 300만 배 많은 에너지이다.

우라늄-235 1g의 발열량 23,032$[kWh]$ = 959.67$[KW]$, 약 1$[MW]$이다.

184 정답 ② 화력과 원자력

ⓐ **복수 터빈 :** 배기를 복수기에 유도해서 복수시킴으로써 기내를 고진공으로 하고 열낙차를 크게해서 보다 많은 출력을 발생할 수 있게 한 동력발생용 터빈이다. 이 때 응축된 복수는 다시 보일러 급수로 쓰이게 된다.

ⓑ **배압식 터빈 :** 배압식 터빈은 복수기가 없는 터빈이다. 이 터빈은 증기를 대기압 이하로 팽창시키지 않고 일정한 압력 까지만 떨어뜨려서 발전에 이용한 다음 이 증기를 다른 목적의 작용 증기로 이용한다.

ⓒ **추기 터빈 :** 추기 터빈은 터빈에서 증기가 팽창하는 도중 그 일부를 추기하여 재열기에 보내어 효율을 높이고자 다시 재가열하는 터빈을 말한다.

185 정답 ② 화력과 원자력

$\frac{6,100}{\text{탄소}+\text{회분}} = \frac{7,800}{\text{탄소}}$, 6,100탄소 = 7,800(탄소 + 회분)

$\frac{6,100 \times 1000}{7,800} = 782[g]$ 1$[Kg]$당 탄소량 782$[g]$, 회분량 218$[g]$회분은 21.8[%] 포함

186 정답 ① 화력과 원자력

냉각재의 특징

냉각재는 원자로 내에서 발생한 열에너지를 외부로 배출시키기 위한 열매체이다. 열전달 특성이 좋고, 중성자 흡수가 적으며, 열용량이 큰 것이 요구된다.

187 정답 ① 화력과 원자력

- **단열 상태의 변화 :** 단열 팽창, 단열 압축
- **등압 상태의 변화 :** 등압 가열, 등압 냉각
- **급수 및 증기의 순환과정 :** 보일러(등압가열) – 터빈(단열팽창) – 복수기(등압냉각) – 급수펌프(단열압축)

188 정답 ④ **화력과 원자력**

화력발전의 효율 $\eta = \dfrac{PH}{\dfrac{Q}{860}} \times 100 = \dfrac{860 \times 100{,}000 \times 0.9 \times 24 \times 60}{5{,}000 \times x[Kg]} \times 100$

$\eta = 0.4 \times 0.86 \times 0.8 = 0.2752$

$x = 81{,}000[ton]$

189 정답 ① **화력과 원자력**

재열기는 고압터빈의 배기를 저압터빈에 넣기 전에 다시 과열해서 당초의 과열온도 가까이 까지 올려 주는 장치를 말한다.

190 정답 ③ **화력과 원자력**

$\eta = \dfrac{\text{전력량출력}}{\text{열환산입력}} = \dfrac{W}{\dfrac{mH}{860}} \times 100 = \dfrac{860\,W}{mH} \times 100$

시험에 2회 이상 출제된

필수암기노트

❶ 전선로

(1) 가공전선로

1) 전선의 구비요건

도전율이 클 것, 기계적 강도가 클 것, 내구성이 있을 것, 중량이 가벼울 것

2) 연선

① 소선의 총수 N과 소선의 층수 n : $N=3n(n+1)$

② 연선의 바깥지름 D와 소선의 지름 d : $D=(2n+1)\cdot d[mm]$

3) 캘빈의 법칙 : 가장 경제적인 전선의 굵기 결정

4) 스틸의 식 : 중거리 송전선로에서 경제적인 전압의 산출식

사용전압 $[kV]=5.5\sqrt{0.6\times \text{송전거리}[Km]+\dfrac{\text{송전전력}[KW]}{100}}$

5) 전선의 진동

전선의 고유 진동 주파수 $f_c=\dfrac{1}{2l}\sqrt{\dfrac{Tg}{W}}[Hz]$, 진동 방지대책 ; 댐퍼 또는 아머롯드

6) 전선의 도약

전선이 상부의 전선과 단락이 일어나는 것, 방지책으로 전선의 오프셋 (off set)이 있다.

7) 전선의 이도와 전선의 실제길이

① **이도** : $D = \frac{WS^2}{8T}[m]$

② **전선의 실제 길이** : $L = S + \frac{8D^2}{3S}[m]$

8) 전선의 하중

① **빙설 하중** : $W_i = 0.9 \times \frac{\pi}{4}[(d+12)^2 - d^2] \times 10^{-3} = 0.054\pi(d+6)\,[Kg/m]$

② **풍압 하중** : $W_w = \frac{Pd}{1000}[kg/m]$ 빙설이 적은 곳, $Ww = \frac{P(d+12)}{1000}[kg/m]$ 많은 곳

③ **합성 하중** : $W = \sqrt{(W_p + W_i)^2 + W_w^2}\,[Kg/m]$

(2) 지선

지선이 받는 장력 $T_o = \frac{T}{\cos\theta} = \frac{T\sqrt{H^2+a^2}}{a}$

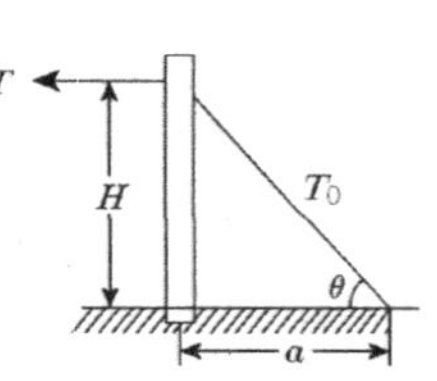

(3) 애자

1) 애자의 연능률 : $\eta = \frac{V_n}{nV_1} \times 100$

2) 애자의 섬락 전압 (245[mm] 현수 애자 1개 기준)

주수 섬락 전압 : 50[kV], 건조 섬락 전압 : 80[kV],

충격 섬락 전압 : 125[kV], 유중 섬락 전압 : 140[kV] 이상

3) 소호각 또는 초호환 : 낙뢰 등으로 인한 역섬락 시 애자련을 보호하기 위한 것

(4) 연가

선로정수 (L, C)가 선로 전체적으로 평형

(5) 지중 송전 방식

1) 특징

낙뢰나 풍수해 등 자연재해가 적다, 전기적 보안상 용이하다, 미관상 좋다.

고장점을 찾기가 어렵고, 온도의 제약을 받는다.

2) 시설방법

직접 매설식, 관로인입식, 암거식

2 선로정수와 코로나

(1) 인덕턴스와 정전용량

1) 인덕턴스 L

$$L = 0.05 + 0.4605\log_{10}\frac{D}{r}[\mu F/km],\quad \text{n도체 } L_n = \frac{0.05}{n} + 0.4605\log_{10}\frac{D}{r_e}[mH/km]$$

2) 정전용량 C

$$C = C_s + 2C_m = \frac{0.02413}{\log_{10}\frac{D}{r}}[\mu F/km]$$

(2) 충전전류와 충전용량Q_c

$$I_c = \frac{E}{X} = \frac{E}{\frac{1}{\omega C}} = \omega CE = 2\pi f CE = 2\pi f C\frac{V}{\sqrt{3}}[A]$$

$$Q_c = 3Q_{c_1} = 3\omega CE^2 = 3\omega C(\frac{V}{\sqrt{3}})^2 = \omega CV^2 = 2\pi f CV^2 \times 10^{-3}[KVA]$$

(3) 복도체

1) 특징

① 코로나 임계전압, 정전용량, 송전용량 15~20[%] 정도 상승

② 선로의 인덕턴스 20~30[%] 정도 감소

③ 정전용량이 커지기 때문에 페란티 효과 우려가 있다.

④ 강풍 또는 빙설부착에 의한 전선의 진동, 동요가 발생

⑤ 단락사고 시 등에 각 소도체에 도체간의 흡입력으로 인한 충돌로 전선표면이 손상되어 코로나 임계전압이 낮아지므로 코로나의 발생을 용이하게 한다.

(4) 코로나 현상

1) 코로나 임계전압 ; $E_0 = 24.3 m_0 m_1 \delta d \log_{10} \frac{2D}{d} [kV]$

2) 코로나 손실 전력

① Peek식 $P_c = \frac{241}{\delta}(f+25)\sqrt{\frac{r}{D}}(E-E_0)^2 \times 10^{-5} [kW/km/선]$

② **코로나 영향**

㉠ 전력 손실 발생, 코로나 잡음, 소호 리액터에 대한 영향(소호 불능)

㉡ 오존(O_3)의 발생으로 인한 전선의 부식

③ **코로나 방지 대책** : 굵은 전선을 사용, 복도체를 사용, 가선금구 개선

(5) 표피 효과

표피 현상의 침투깊이 $\delta = \sqrt{\frac{2}{wk\mu}} = \sqrt{\frac{1}{\pi f k \mu}}$

❸ 단거리 송전

(1) 송전단 전압

$E_s = E_r + I(R\cos\theta_r + X\sin\theta_r)\ [V]$

(2) 전압 강하

① 단상 2선식

$E_s = E_r + 2I(R\cos\theta + X\sin\theta)$

② 3상 3선식

$V_s = V_r + \sqrt{3}\,I(R\cos\theta + X\sin\theta)$

(3) 전압 강하율

$$\varepsilon = \frac{E_s - E_r}{E_r} \times 100 = \frac{I(R\cos\theta_r + X\sin\theta_r)}{E_r} \times 100 = \frac{P}{{E_r}^2}(R + X\tan\theta_r) \times 100$$

(4) 전압 변동률 δ

$$\delta = \frac{V_{ro} - V_r}{V_r} \times 100$$

(5) 전력손실

$$P_l = 3I^2R = 3\left(\frac{P}{\sqrt{3}\,V\cos\theta}\right)^2 R = \frac{P^2R}{V^2\cos^2\theta} = \frac{P^2\rho L}{V^2\cos^2\theta A}\,[KW]$$

(6) n배 승압

① 송전전력은 n^2배 (단, 전력 손실률이 일정할 경우)

② 선로손실은 $\frac{1}{n^2}$배

③ 전압 강하는 전압과 반비례하므로 1/n배

④ 전압 강하율은 $\frac{1}{n^2}$배

⑤ 전선의 단면적은 $\frac{1}{n^2}$배

4 중거리, 장거리 송전

(1) 중거리 송전선로

1) F파라미터

$$\begin{bmatrix} V_1 \\ I_1 \end{bmatrix} = \begin{bmatrix} A\,B \\ C\,D \end{bmatrix} \begin{bmatrix} V_2 \\ I_2 \end{bmatrix}$$

$V_1 = AV_2 + BI_2$

$I_1 = CV_2 + DI_2$

(단, AD - BC = 1)

① $A = \frac{V_1}{V_2} |_{I_2=0}$: 2차 측 개방 시 송, 수전단간의 전압비

② $B = \frac{V_1}{I_2} |_{V_2=0}$: 임피던스[Ω] 차원

③ $C = \frac{I_1}{V_2} |_{I_2=0}$: 어드미턴스[℧] 차원

④ $D = \frac{I_1}{I_2} |_{V_2=0}$: 2차 측 단락 시 송, 수전단간의 전류비

2) T형 회로

$E_s = (1+\frac{ZY}{2})E_r + Z(1+\frac{ZY}{4})I_r$

$I_s = YE_r + (1+\frac{ZY}{2})I_r$

3) π형 회로

$$E_s = \left(1+\frac{ZY}{2}\right)E_r + ZI_r$$
$$I_s = Y\left(1+\frac{ZY}{4}\right)E_r + \left(1+\frac{ZY}{2}\right)I_r$$

(2) 장거리 송전선로

장거리 송전선로에서는 선로정수가 선로에 따라서 균일하게 분포되어 있기 때문에 분포정수로서 취급하여야 한다.

- 직렬 임피던스 $Z= r+jwL[\Omega/km]$, 병렬 어드미턴스 $Y= g+jwC[\Omega/km]$
- 분포 정수회로의 4단자

$$E_s = E_r \cos hrl + I_r Z_o \sin hrl$$
$$I_s = E_r \frac{1}{Z_o}\sin hrl + I_r \cos hrl$$

1) 특성 임피던스

$$Z_o = \sqrt{\frac{Z}{Y}} = \sqrt{\frac{r+jwL}{g+jwC}} \fallingdotseq \sqrt{\frac{L}{C}}\,[\Omega]$$

2) 전파 정수

$$\gamma = \sqrt{ZY} \fallingdotseq \sqrt{(r+jwL)(g+jwC)} \fallingdotseq jw\sqrt{LC}$$

5 전력원선도와 안정도

(1) 송전용량

1) 고유 부하법

$$P = \frac{{V_r}^2}{Z_o}\times 10^{-6}\ [W] \fallingdotseq 2.5\,{V_r}^2\,[kW]$$

2) 송전용량 계수법

$$P_r = k\frac{V_r^2}{l}\ [kW]$$

3) 송전전력

$$P = \frac{V_s V_r}{X}\sin\delta\ [MW]$$

(2) 전력원선도

전력원선도에서 알 수 있는 사항

① 필요한 전력을 보내기 위한 송 · 수전단 전압간의 위상각

② 송 · 수전할 수 있는 최대 전력

③ 선로 손실과 송전 효율

④ 수전단 역률(조상 용량의 공급에 의해 조성된 후의 값)

⑤ 부하 전력을 수전단에서 받기 위해서 필요로 하는 조상 용량

(3) 조상설비 ; 전력계통에 무효전력을 공급하여 안정도를 유지한다.

1) 동기 조상기

① 회전기이기 때문에 진상전류, 지상전류 모두 공급이 가능하므로 광범위하게 연속적인 전압조정을 할 수 있다.

② 발전기로 사용하여 선로에 충전전류를 공급하여 송전선의 시송 전에 이용할 수 있다.

③ 계통의 안정도를 증진시켜 송전전력을 늘일 수 있다.

2) 전력용 콘덴서

배전선의 역률 개선용으로 사용할 때는 콘덴서를 전선로와 병렬로 접속하며 1차 변전소에 설치하는 경우에는 송전계통의 전압조정을 목적으로 한다.

* 직렬 리액터 용량 : 용량 리액턴스의 4[%]이지만 대지 정전용량 (C_s)때문에 5~6[%]의 직렬 리액터를 설치한다.

(4) 안정도

1) 정태 안정도

전력계통에서 극히 완만한 부하 변화가 발생하더라도 안정하게 계속적으로 송전할 수 있는 안정도

바그너의 식 : $\tan\delta = \dfrac{M_G + M_m}{M_G - M_m}\tan\beta$

2) 동태 안정도

고속 자동 전압 조정기(AVR)로 동기기의 여자 전류를 제어할 경우의 정태 안정도

3) 과도 안정도

계통에 갑자기 고장사고(지락, 단락, 재폐로)와 같은 급격한 외란이 발생 하였을 때에도 탈조하지 않고 새로운 평형 상태를 회복하여 송전을 계속 할 수 있는 능력을 과도 안정도라 한다.

4) 안정도 향상 대책

① 계통의 직렬 리액턴스(X)를 작게 한다.
- ⓐ 발전기나 변압기의 리액턴스를 작게 한다.
- ⓑ 선로의 병행회선수를 늘리거나 복도체 또는 다도체 방식을 사용한다.
- ⓒ 직렬 콘덴서를 삽입하여 선로의 리액턴스를 보상한다.

② 계통의 전압 변동을 작게 한다.
- ⓐ 속응 여자를 방지한다.
- ⓑ 계통 연계를 한다.
- ⓒ 중간 조상 방식을 채택한다.

③ 고장 전류를 줄이고 고장 구간을 신속하게 차단한다.
- ⓐ 적당한 중성점 접지 방식을 채용하여 지락 전류를 줄인다.
- ⓑ 고속도 계전기, 고속도 차단기를 채용한다.
- ⓒ 고속도 재폐로 방식을 채용한다.

④ 고장 시 발전기 입·출력의 불평형을 작게 한다.
- ⓐ 조속기의 동작을 빠르게 한다.
- ⓑ 고장발생과 동시에 발전기 회로의 저항을 직렬 또는 병렬로 삽입하여 발전기 입·출력의 불평형을 작게 한다.

6 대칭좌표법

(1) 평형3상

1) 대칭분 전압

$$\begin{bmatrix} V_0 \\ V_1 \\ V_2 \end{bmatrix} = \frac{1}{3}\begin{bmatrix} 1 & 1 & 1 \\ 1 & a & a^2 \\ 1 & a^2 & a \end{bmatrix}\begin{bmatrix} V_a \\ V_b \\ Vc \end{bmatrix}$$

2) 상전압

$$\begin{bmatrix} V_a \\ V_b \\ V_c \end{bmatrix} = \frac{1}{3}\begin{bmatrix} 1 & 1 & 1 \\ 1 & a & a^2 \\ 1 & a^2 & a \end{bmatrix}\begin{bmatrix} V_0 \\ V_1 \\ V_2 \end{bmatrix}$$

3) 3상 교류 발전기의 기본식

$V_0 = -I_0 Z_0$, $V_1 = E_a - I_1 Z_1$, $V_2 = -I_2 Z_2$, Z_0 : 영상 임피던스, Z_1 : 정상 임피던스, Z_2 : 역상 임피던스

4) 발전기 단자에서의 고장 계산

① 1선 지락 사고

• 조건 : $V_a = 0,\ I_b = I_c = 0$
$V_a = V_0 + V_1 + V_2 = -Z_0 I_0 + E_a - Z_1 I_1 - Z_2 I_2 = 0$

대칭분 전류 $I_0 = I_1 = I_2 = \frac{1}{3} I_a = \dfrac{E_a}{Z_0 + Z_1 + Z_2}$

지락 전류 $I_a = I_0 + I_1 + I_2 = 3I_0 = \dfrac{3E_a}{Z_0 + Z_1 + Z_2}$

② 2선 단락 고장

• 조건 : $I_a = 0,\ I_b = -I_c,\ V_b = V_c$

대칭분 전류 $I_0 = 0,\ I_1 = -I_2 = \dfrac{E_a}{Z_1 + Z_2}$

대칭분 전압 $V_0 = 0,\ V_1 = V_2 = \dfrac{Z_2}{Z_1 + Z_2} E_a$

단락 전류 $I_b = -I_c = \dfrac{(a^2 - a) E_a}{Z_1 + Z_2}$

③ **2선 지락 고장**

• 조건 : $I_0 = 0$, $V_b = V_c = 0$

대칭분 전류

$$I_0 = \frac{-Z_2 E_a}{Z_0 Z_1 + Z_1 Z_2 + Z_2 Z_0},\ I_1 = \frac{(Z_0 + Z_2) E_a}{Z_0 Z_1 + Z_1 Z_2 + Z_2 Z_0},\ I_2 = \frac{-Z_0 E_a}{Z_0 Z_1 + Z_1 Z_2 + Z_2 Z_0}$$

대칭분 전압 $V_0 = V_1 = V_2$

④ **3상 단락 고장**

• 조건 : $V_a = V_b = V_c = 0$, $I_a + I_b + I_c = 0$

대칭분 전류 $I_a = I_0 + I_1 + I_2 = I_1 = \dfrac{E_a}{Z_1}$, $I_b = I_0 + a^2 I_1 + a I_2 = a^2 I_1 = \dfrac{a^2 E_a}{Z_1}$

$I_c = I_0 + a I_1 + a^2 I_2 = a I_1 = \dfrac{a E_a}{Z_1}$

대칭분 전압 $V_0 = V_1 = V_2$

7 단락용량

(1) 단락전류계산

1) 옴(ohm)법

① **단락 전류**(단상) : $I_s = \dfrac{E}{Z} = \dfrac{E}{Z_g + Z_t + Z_l} [A]$

② **단락 전류**(3상) : $I_s = \dfrac{\frac{V}{\sqrt{3}}}{Z} = \dfrac{V}{\sqrt{3}\, Z} [A]$

2) 단락용량

① **퍼센트 임피던스**

$$\%Z = \frac{Z[ohm]\, I[A]}{E[V]} \times 100 = \frac{Z \cdot I}{10E[kV]} = \frac{P_a \cdot Z}{10E^2} [\%]$$

② **임피던스** : Z

$$Z = \frac{\%Z \cdot 10E^2}{P_a}[\Omega]$$

③ **단락 전류**(차단 전류) : $I_s = \frac{E}{Z} = \frac{E}{\frac{\%Z \cdot TE}{100}} I_n = \frac{100}{\%Z} I_n [A]$

④ **단락 용량**(차단 용량) : $P_s = \frac{100}{\%Z} P_n [MVA]$

8 중성점 접지

(1) 중성점 접지 방식의 종류

1) 비접지 방식 : 저전압 단거리

$$I_g = I_b + I_c = j\omega C_s E_{ab} + j\omega C_s E_{ac} = j3\omega C_s E = j\sqrt{3}\omega C_s V[A]$$

2) 직접 접지방식

① **특징**

ⓐ 지락 전류 최대

ⓑ 1선 지락 고장 시 건전상 대지 전압 상승이 거의 없다

ⓒ 피뢰기 책무를 경감시켜 피뢰기의 효과를 증대시킬 수 있다.

ⓓ 변압기의 단절연이 가능하기 때문에 경제적이다.

ⓔ 고장의 선택 차단이 신속 확실하다.

ⓕ 과도 안정도가 나쁘다.

ⓖ 지락고장 시 유도장해를 주며, 평상시에도 불평형 전류 및 변압기의 제3고조파로 유도장해를 일으킨다.

ⓗ 지락전류가 크기 때문에 기기에 대한 기계적 충격을 주어 손상을 주기 쉽다.

② 계통사고의 70~80[%]는 1선 지락 사고이므로 차단기가 큰 고장전류를 자주 차단하게 되며, 대용량의 차단기가 필요하다.

• 유효접지 : 1선 지락고장(접지고장)시 건전상의 전압상승이 상시대지 전압의 1.3배 이하가 되도록 중성점 임피던스를 조절하여 접지하는 것

3) 저항 접지방식

저항값에 따라 고저항 접지방식 ($R = 100 \sim 1000[\Omega]$)과 저저항 접지방식($R = 30[\Omega]$정도)으로 나누어진다.

4) 소호리액터 접지방식

- **소호 리액터의 합조도** : 소호 리액터의 탭이 공진점을 벗어난 정도를 합조도(P)라 한다.

  $P = \dfrac{I - I_c}{I_c} \times 100[\%]$ 항상 과보상 상태를 유지해야 한다.

  $P > 0 \rightarrow \omega L < \dfrac{1}{3\omega C}$: 과보상

  $P < 0 \rightarrow \omega L > \dfrac{1}{3\omega C}$: 부족 보상

  공진탭을 사용하였을 때의 소호 리액턴스의 용량

  $I_c = 3w\, C_s \dfrac{V}{\sqrt{3}} \times 10^{-6}[A]$

  $P_c = EI_c = \dfrac{C}{\sqrt{3}} \cdot 3w\, C_s \dfrac{C}{\sqrt{3}} = w\, C_s V^2 \times 10^{-9}[KVA]$

- 소호리액터 접지방식은 지락점에서 보았을 때 송전선로의 대지 정전 용량과 리액터를 병렬로 접지하는 방식으로서 병렬공진을 이용하므로 다른 접지방식에 비해서 지락전류가 최소이다.

9 유도장해

(1) 유도 장해의 종류

1) 정전 유도

정전용량과 영상전압에 관계있으며 전선로와 통신선간의 병행길이와는 관계없다

① **정전 유도 전압** : $E_0 = \dfrac{C_m}{C_m + C_0} E_1$

② **중성점 전위**

$$|E_0| = \frac{\sqrt{C_a(C_a - C_b) + C_b(C_b - C_c) + C_c(C_c - C_a)}}{C_a + C_b + C_c + C_0} \times \frac{V}{\sqrt{3}}$$

2) 전자 유도

상호인덕턴스와 영상전류에 관계있으며 전선로와 통신선간의 병행길이에 비례한다.

① **전자 유도 전압** : E_m

$$E_m = -j\omega Ml(I_a + I_b + I_c) = -j\omega Ml \times 3I_0$$

② **기유도 전류 1[A]당의 유도전압** : e_m

$$e_m = Kf\left\{\sum \frac{l_{12}}{\frac{1}{2}(b_1+b_2)} + \sum \frac{l}{100}\right\}[V/A]$$

(2) 유도 장해 방지 대책

1) 전력선측 대책

• 통신선과의 이격거리를 크게 하여 상호 인덕턴스 M을 줄인다.

① 선로 정수를 평형 시켜 중성점 잔류전압을 최대한 적게 하기 위해 연가를 충분히 한다.

② 케이블을 사용(통신선에 대한 정전유도는 거의 없어지고 전자유도는 50[%]정도 감소한다.)

③ 소호 리액터의 채택(기유도전류가 억제되어 전자유도를 감소)

④ 고장회선의 고속도 차단

⑤ 고주파의 발생 억제(△결선)

⑥ 통신선과의 교차를 직각으로 한다.

⑦ 차폐선의 시설(유도장해를 30~50[%] 감소)

2) 통신선측 대책

① 통신선의 도중에 배류코일(절연 변압기)을 넣어서 구간을 분할한다. (병행길이의 단축)

② 연피 통신 케이블 사용(상호 인덕턴스 M의 저감)

③ 성능이 우수한 피뢰기의 사용(유도 전압의 저감)

④ 통신선과 통신기기의 절연 향상

⑤ 통신선의 교차(연가)

⑥ 통신 전류의 레벨을 높이고 반송식의 이용

⑩ 이상전압과 방호 대책

(1) 이상전압

① **내부적 원인** : 계통 조작과 고장시의 지속 이상 전압

② **외부적 원인** : 직격뇌, 유도뇌, 수목과의 접촉

③ **이상전압 방지대책**

ⓐ 피뢰기 설치

ⓑ 가공지선에 의한 뇌차폐, 매설지선에 의한 탑각 저항의 저감책

• 표준 충격 전압 파형 : $1.2 \times 50\ [\mu s]$

(2) 진행파

1) 전위 진행파

① 반사 계수 $\sigma = \dfrac{Z_2 - Z_1}{Z_2 + Z_1}$

② 투과 계수 $\rho = \dfrac{2Z_2}{Z_1 + Z_2}$

2) 전류 진행파

① 반사 계수 $\sigma = \dfrac{Z_2 - Z_1}{Z_2 + Z_1}$

② 투과 계수 $\rho = \dfrac{2Z_1}{Z_1 + Z_2}$

(3) 피뢰기

1) 역할

이상전압을 방전시켜 대지로 방류함으로서 그 파고치를 저감시켜 설비를 보호

2) 구성

특성요소와 직렬갭

3) **피뢰기의 정격전압** : 속류가 차단이 되는 최고의 교류전압

4) **피뢰기의 제한전압** : 충격파전류가 흐르고 있을 때의 피뢰기의 단자전압

5) 피뢰기의 구비조건

ⓐ 충격 방전 개시 전압이 낮을 것

ⓑ 상용 주파 방전 개시 전압이 높을 것

ⓒ 방전 내량이 크면서 제한 전압이 낮을 것

ⓓ 속류 차단 능력이 충분할 것

(4) 가공 지선

1) 설치 목적

직격뢰, 유도뢰에 대한 정전 차폐 효과 / 통신선에 대한 전자 유도 장애 경감 효과

2) 역섬락

철탑에서 송전선으로 섬락을 일으키는 것으로 따라서 역섬락을 방지하려면 탑각 접지 저항을 작게 하여야 하며 이를 위하여 매설 지선을 설치한다.

(5) 차단기

1) 차단기의 정격 전압

규정의 조건하에서 그 차단기에 과할 수 있는 사용 회로 전압의 상한값(선간전압)

2) 차단기의 정격 차단 용량 P_s

$$P_s = \sqrt{3}\, V \cdot I_s \times 10^{-6} [MVA]$$

$$= \sqrt{3} \times \text{정격전압} \times \text{정격 차단전류}$$

3) 차단기의 표준 동작 책무

- 일반용 (갑) 0 – 1분 – CO – 3분 – CO
  (을) CO – 15초 – CO
- 고속도 재 투입용 : O – 임의시간 – CO – 1분 – CO

4) 차단시간

가동접촉자의 개극 시간부터 아크 소호시간을 합친 것으로 3~8$[cycle/s]$이다.

5) 차단기의 종류

① 유입 차단기(OCB)

② 공기 차단기(ABB)

③ **자기 차단기**(MBB)

- 전류 절단에 의한 과전압을 발생하지 않는다.
- 회로의 고유주파수에 차단성능이 좌우되는 일이 없다.

④ 진공 차단기(VCB)

⑤ **가스 차단기**(GCB) : SF_6(육불화황) 사용

- 밀폐 구조이므로 소음이 없다.
- 인체에 무취, 무미, 무색, 무독가스 발생

11 보호 계전기

(1) 보호 계전기

1) 보호 계전기의 구비 조건

① 고장 상태를 식별하여 정도를 정확하게 파악할 수 있을 것

② 고장 개소를 정확히 선택할 수 있을 것

③ 동작이 예민하고 오동작이 없을 것

④ 적절한 후비 보호 능력이 있을 것

⑤ 보호맹점이 없을 것

2) 후비 보호 시스템

주 보호 시스템이 고장제거를 실패할 경우에 그 역할을 대신할 수 있는 시스템

3) 보호 계전기의 동작 시간에 의한 분류

① **순한 시 계전기** : 최소 종작 전류 이상의 전류가 흐르면 즉시 동작하는 것

② **반한 시 계전기** : 동작 전류가 커질수록 동작시간이 짧게 되는 것

③ **정한 시 계전기** : 설정된 최소 동작전류 이상의 전류가 흐르면 동작전류의 크기에 관계 없이 일정한 시간에 동작 하는 것

④ **반한 시 정한 시 계전기** : 동작전류가 적은 동안에는 반한 시로, 어떤 전류 이상이면 정한 시로 동작하는 것

4) 보호 계전기의 기능상의 분류

① **과전류 계전기**(OCR 51) : 발전기, 변압기, 선로 등의 단락 보호용으로 사용되며 일정한 전류 이상이 흐르면 동작한다.

② **과전압 계전기**(OVR 59) : 발전기의 무부하 운전 시 과전압 보호용

③ **비율 차동 계전비**(RDFR 87) : 발전기 또는 변압기의 내부 고장 보호용으로 사용되며 고장시의 불평형 차단전류가 평형전류의 어떤 이상으로 되었을 때 동작

④ **부족 전류 계전기**(UCR) : 교류 발전기의 계자 보호용, 직류기의 기동용등에 사용되는 보호 계전기

⑤ **선택 접지 계전기**(SGR 50G) : 다회선에서 접지 고장 회선의 선택

⑥ **거리 계전기** : 선로의 단락보호 및 사고의 검출용으로 사용하며 고장 후에도 건전 전압을 잠시 유지하는 기억 등이 있다.

⑦ **방향 · 단락 계전기** : 환상 선로의 단락 사고 보호에 사용

5) 파일럿 와이어(pilot wire) 계전방식

① 고장점의 위치에 관계없이 양단을 동시에 고속 차단할 수 있다.

② 송전선에 평형 되도록 표시선을 설치하여 양단을 연락하게 한다.

③ 시한차에 구애되지 않고 양단을 동시에 고속차단

⑫ 배전방식

(1) 배전선의 종류

1) 수지식

2) 환상(loop system)식

① **장점**

고장구간의 분리조작이 용이하다./ 공급 신뢰도가 높다./ 전력손실이 적다./전압 강하가 적다.

② **단점**

보호 방식이 복잡하다./설비비가 비싸다.

3) 망상(network system) 방식

배전간선을 망상으로 접속하고 여러 곳의 접속점에 급전선을 연결한 것

① **장점**

- 공급 신뢰도가 높다.
- 기기의 이용률이 향상된다.
- 전력손실이 적다.
- 전압 강하가 적다.
- 부하 증가에 대해 융통성이 좋다.

② **단점**

- 설비비가 비싸다./ 운전 보수비가 크다.

4) 저압 뱅킹(banking) 식

고압선(모선)에 접속된 2대 이상의 변압기의 저압 측을 병렬 접속하는 방식으로 캐스케이딩 현상을 일으킬 수 있다.

① **장점**

- 플리커(flicker)가 경감한다.
- 전압 강하 및 전력손실이 경감
- 변압기 용량 및 저압선 동량이 절감

- 부하 증가에 대한 탄력성이 향상
- 고장 보호방법이 적당할 때 공급 신뢰도 향상

② **캐스케이딩**(cascading)

변압기 또는 선로의 사고에 의해서 뱅킹 내의 건전한 변압기의 일부 또는 전부가 연쇄적으로 회로로부터 차단되는 현상

5) 저압 네트워크(network) 방식

① **장점**

- 배전 신뢰도가 높다.
- 전압 변동이 적다.
- 전력 손실이 감소
- 기기 이용률이 향상
- 부하 증가 시 적응성 양호
- 변전소수를 줄일 수 있다.

② **단점**

- 건설비가 비싸다.
- 특별한 보호 장치를 필요로 한다.

3) 전송방식 비교

	단상 2선식	단상 3선식	3상 3선식	3상 4선식
송전 전력	$VI\cos\theta$	$VI\cos\theta$	$\sqrt{3}\ VI\cos\theta$	$\sqrt{3}\ VI\cos\theta$
전선 비용	1	$\frac{3}{8}$	$\frac{3}{4}$	$\frac{1}{3}$
1선당 배전전력	1	1.33	1.15	1.5

⑬ 변압기 용량

(1) 배전선로의 전기적 특성

1) 전압 강하율

$$\text{전압강하율 } \varepsilon = \frac{V_s - V_r}{V_r} \times 100\ [\%]$$

2) 전압 변동률

$$\text{전압변동률} = \frac{V_{ro} - V_r}{V_r} \times 100\ [\%]$$

$$\text{전압손실률} = \frac{I^2R}{P_r} \times 100 = \frac{I^2R}{V_rI} \times 100\ [\%]$$

(2) 부하의 특성

1) 수용률

최대 수용 전력과 부하 설비의 정격 용량의 합계와의 비로서 보통 1보다 작으며 각각의 부하의 사용정도를 나타낸다. (1보다 크면 과부하)

$$\text{수용률} = \frac{\text{최대수용전력}}{\text{부하설비용량합계}} \times 100\,[\%]$$

2) 부등률

2개 이상의 부하간의 수용전력의 관계로서 최대 전력의 발생시각 또는 발생시기의 분산을 나타내는 지표로서 부등률이 높으면 가동률이 낮다.

(부등률 ≥ 1)

$$\text{부등률} = \frac{\text{각부하의 최대수용 전력의 합계}}{\text{각부하를 종합하였을 때의 최대수용전력(합성최대수용전력)}}$$

3) 부하율

어느 기간 중에 평균전력과 그 기간 중에서의 최대전력과의 비로서 부하율이 높을수록 설비가 효율적으로 사용되고 있다는 것이다.

$$부하율 = \frac{평균수용\ 전력}{최대수용\ 전력} \times 100 = \frac{총\ 전력량/총\ 시간}{최대부하} \times 100\ [\%]$$

4) 변압기 용량

$$KVA = \frac{설비용량 \times 수용률}{부등률 \times 역률}$$

14 수력

(1) 수두

① 위치 수두 $H_0[m]$

② 압력 수두 $H_p = \frac{P}{w}[m]$

③ 속도 수두 $H_v = \frac{v^2}{2g}[m]$

1) 물의 기본원리

① **베르누이 정리**

$$H_a + \frac{P_a}{w} + \frac{{v_a}^2}{2g} = H_b + \frac{P_b}{w} + \frac{{v_b}^2}{2g} = 일정$$

② **연속의 원리**

임의의 점에서의 유량은 항상 일정하다.

$$A_1 v_1 = A_2 v_2 = Q\ [m^3/s] \Rightarrow \frac{\pi D^2}{4} \times v$$

2) 수력 발전의 개요

유량 $Q[m^3/s]$, 낙차 $H[m]$, 발전기 효율 η_g, 수차의 효율 η_t일 때

이론적 출력 $P_0 = 9.8QH[kW]$

실제적 출력 $P_g = 9.8QH\eta_t\eta_g[kW]$

(2) 유량 Q [㎥/s]

연평균 유량 $Q[m^3/s]$, 유역면적 b$[km^2]$, 강수량 a$[mm]$, 유출계수 k

$$Q = k\frac{b \times 10^6 \times a \times 10^{-3}}{365 \times 24 \times 60 \times 60}[m^3/s]$$

1) 유량의 변동

① **갈수량** : 1년 365일 중 355일 이 양 이하로 내려가지 않는 유량

② **저수량** : 1년 365일 중 275일은 이 양 이하로 내려가지 않는 유량

③ **평수량** : 1년 365일 중 185일은 이 양 이하로 내려가지 않는 유량

④ **풍수량** : 1년 365일 중 95일은 이 양 이하로 내려가지 않는 유량

2) 유황곡선

횡축에 일수를, 종축에는 유량을 표시하고 유량이 많은 일수를 역순으로 차례로 배열하여 맺은 곡선으로 저수지 용량 결정에 중요하며 사용유량 출력, 발전기 대수 등을 구할 수 있다.

3) 수조

수조는 수로와 수압철관을 연결하는 설비로서 유수에 포함된 부유물을 최종적으로 제거시키고 상당량의 수량을 보유하여 부하의 급변에 따라 사용 수량(1~2분간)을 조절한다.

4) 역조정지

발전소 하류에 시설되는 조정지로서 조정지에 의해서 조성된(첨두 부하 시) 변동수량을 다시 원래의 자연유량으로 환원시키기 위한 것

(3) 수차의 종류

1) 충동 수차

① **펠톤 수차** : 고 낙차용 (300$[m]$ 이상)

② 디플렉터(deflector : 전향 장치)

2) 반동 수차

① **중낙차 이하에서 사용**

- 프란시스 수차 (Francis 수차) : 낙차 30~300[m]
- 프로펠러 수차 (Propeller 수차) : 저낙차 40[m] 이하

② **흡출관** : 반동수차에만 설치
유효낙차를 늘리기 위한 것으로 수차 러너의 출구로부터 방수면까지의 접속관으로 7~8[m]을 늘일 수 있다.

3) 수차의 특성

① **특유속도**(비교 회전수) : $N_s = \dfrac{N\sqrt{P}}{H^{\frac{5}{4}}}[rpm]$

② **무구속 속도**
어떤 지정된 유효낙차에서 수차가 무부하로 운전할 때 생기는 최대 회전 속도

㉠ 정격 회전수에 대한 백분율

- 펠톤 수차 : 150~200[%] ($12 \leq N_s \leq 21$)
- 프란시스 수차 : 160~220[%] ($N_s = \dfrac{13000}{H+20}+50$)
- 프로펠러 수차 : 200~250[%] ($N_s = \dfrac{20000}{H+20}+50$)

㉡ 속도 변동률 $\delta = \dfrac{N_o - N_L}{N} \times 100$

3) 케비테이션(cavitation) : 공동 현상

① **방지책**

- 흡출고를 낮게 한다.
- 특유속도를 작게 한다.
- 러너의 표면이 매끄러워야 한다.
- 수차의 경부하 운전을 하지 않는다.

15 화력과 원자력

(1) 용어

1) 엔탈피(entalpy) : 증기 $1[kg]$의 보유 열량 $[kcal/kg]$

포화증기 엔탈피 = 액체열 + 증발열

과열증기 엔탈피 = 액체열 + 증발열 + (평균비열 × 과열도)

2) 엔트로피(entropy) : 증기 $1[kg]$의 증발열을 절대온도로 나눈 것, $[kcal/kg°K]$

3) 증발열(heat of evaporation) : 포화온도의 물을 포화증기로 하는데 필요한 열량(1기압 100 [℃]에서의 증발열 : $539[kcal/kg]$

(2) 화력 발전

① 화력 발전의 열효율 $\eta = \dfrac{860 \cdot P}{WC} \times 100[\%]$

② 증기의 상태변화 ($1[kg]$의 물)

1) 카르노 사이클(carnot cycle)

가장 효율이 좋은 이상적인 사이클

2) 랭킨 사이클(rankine cycle)

증기를 작업 유체로 사용하는 기력 발전소의 가장 기본적인 사이클이다.

3) 재생 사이클

증기 터빈에서 팽창 도중에 있는 증기를 일부 추기하여 급수가열에 이용한 열 사이클

4) 재열 사이클

어느 압력까지 터빈에서 팽창한 증기를 보일러에 되돌려 재열기로 적당한 온도까지 재 과열시킨 다음 다시 터빈에 보내서 팽창한 열 사이클

- **과열도** : 과열증기의 온도와 그 압력에 상당한 포화증기의 온도와의 차

5) 재생 · 열 사이클

재생 사이클과 재열 사이클을 겸용하여 사이클의 효율을 향상시킨다.

6) 부속설비

① **과열기**

ⓐ 보일러에서 발생한 포화증기를 가열하여 증기 터빈에 과열증기를 공급하는 장치

ⓑ **과열증기를 쓰는 이유**
터빈 열효율 증대/터빈 마찰손실 적게./터빈 날개부분 부식작용 경감/증기의 비체적이 적다

② **절탄기**(가열기)

ⓐ 급수를 예열한다.

ⓑ **효과**
폐기 가스의 열 손실이 감소/연료 절약/보일러 효율 증가

③ **재열기**
터빈에서 팽창하여 포화온도에 가깝게 된 증기를 추기하여 다시 보일러에서 처음의 과열온도에 가깝게까지 온도를 올린다.

④ **공기 예열기**
연도에서 배출되는 연소가스가 갖는 열량을 회수하여 연소용 공기의 온도를 높인다.

(3) 원자력발전

1) 원자로의 종류

① **가압수형 원자로**(PWR) : 저농축 우라늄을 연로로 하고 경수를 감속재, 냉각재로 사용하는 원자로

② **비등수형 원자로**(BWR) : 저농축 우라늄의 산화물을 소결한 연료를 사용하고 감속재, 냉각재로서 물을 사용하며 열교환기가 없다.

③ **고속 증식로**(FBR) : 감속재를 필요로 하지 않는다.

- 결합 에너지 : 원자핵에서 일어나는 질량 결손과 같은 에너지
$E = mC_2$ (단 m : 질량, C : 빛의 속도)

2) 냉각재와 제어재

① **냉각재** : 원자로 속에서 발생한 열에너지를 외부로 배출시키기 위한 열 매체로서 열전도 특성이 좋고 중성자 흡수가 적으며 비등점이 높은 것이 좋다. 일반적으로 흑연(C), 경수(H_2O), 중수(D_2O)등이 사용된다.

② **제어재** : 원자로내의 중성자를 흡수되는 비율을 제어하기 위한 것으로 카드뮴(Cd), 붕소(B), 하프늄(Hf)등이 사용된다.

③ **감속재** : 핵분열에 의해 생긴 고속중성자를 열중성자로 감속시키며 일반적으로 흑연(C), 경수(H_2O), 중수(D_2O), 베릴륨(Be)등이 사용된다.

01 핵심 기출문제

02 정답 및 해설

03 필수암기노트

전기기기 핵심 기출문제

01 극수가 P인 직류 발전기가 있다. 정류자의 지름이 $D[m]$이고, 정류자 편수가 K개, 브러시의 두께가 $b[m]$, 중권인 이 발전기가 $N[rpm]$으로 운전되고 있을 때 1개 코일의 정류주기[sec]는 얼마인가?

〈한국철도공사〉

① $\frac{2b-\pi K}{\pi DN}\times 60$

② $\frac{120bK-\pi D}{\pi DNK}$

③ $\frac{2bK-\pi D}{\pi DNK}\times 60$

④ $\frac{2bK-\pi D}{N}\times 60$

⑤ $\frac{2b-\pi NK}{\pi DK}\times 60$

02 직류 발전기의 극수가 6, 전기자 도체수 600, 단중파권일 때 매극의 자속수 $0.01[Wb]$, 회전수 $600[rpm]$이면 기전력$[V]$은?

〈부산교통공사〉

① 90

② 180

③ 240

④ 360

⑤ 540

03 단자전압이 $220[V]$, 부하전류가 $50[A]$인 분권 발전기가 있다. 계자권선저항이 $110[\Omega]$, 전기자 저항이 $0.5[\Omega]$일 때 유기기전력$[V]$은? (단, 발전기는 정격속도로 회전하고 있다.)

〈대구도시철도공사〉

① 194

② 225

③ 233

④ 246

04 직류 발전기의 극수가 10, 전기자 도체수가 500, 단중파권일 때 매극의 자속수가 0.01[Wb]이면 60[rps]에서 기전력[V]은?

〈대구도시철도공사〉

① 1.5
② 2.5
③ 1,500
④ 2,500

05 자극수 4, 슬롯수 60, 슬롯내부 코일변수 4인 단중중권 직류기의 정류자편수는?

〈한국도로공사〉

① 30
② 40
③ 60
④ 75
⑤ 120

06 다음 중 양호한 정류를 얻는 방법으로 옳지 못한 것은?

〈한국도로공사〉

① 평균 리액턴스전압을 브러시 접촉면 전압강하보다 크게 한다.
② 접촉저항이 큰 탄소브러시를 사용한다.
③ 정류주기를 길게 한다.
④ 보극을 설치한다.
⑤ 전기자 코일의 인덕턴스를 작게 한다.

07 1,000[KW], 500[V]의 분권 발전기가 있다. 회전수는 246[rpm]이며 슬롯수가 192, 슬롯내부 도체수 6, 자극수 12일 때 전부하 시의 자속[Wb]은 얼마인가? (단, 전기자 저항은 0.006[Ω]이고, 단중중권이다.)

〈한국도로공사〉

① 약 1.11
② 약 0.18
③ 약 0.11
④ 약 0.0185
⑤ 약 0.001

08 다음 중 와류손에 대한 설명으로 옳지 않은 것은?

〈한국전력공사〉

① 철심 두께의 제곱에 비례한다.
② 파형률의 제곱에 비례한다.
③ 주파수의 제곱에 비례한다.
④ 최대자속밀도의 제곱에 비례한다.
⑤ 저항률에 비례한다.

09 정격속도로 회전하고 있는 무부하의 분권 발전기가 있다. 계자권선의 저항이 50[Ω], 계자전류 2[A], 전기자 저항이 3[Ω]일 때 유기기전력[V]은?

〈한국동서발전〉

① 97
② 100
③ 103
④ 106

10 전기자 지름 $D[m]$, 길이 $l[m]$가 되는 전기자에 권선을 감은 직류 발전기가 있다. 자극의 수 p, 각각의 자속수가 $\varnothing[Wb]$일 때 전기자 표면의 자속밀도 $[Wb/m^2]$는?

〈한국남동발전〉

① $\frac{\pi Dp}{60}$

② $\frac{p\varnothing}{\pi Dl}$

③ $\frac{\pi Dl}{p\varnothing}$

④ $\frac{\pi Dl}{p}$

11 직류기에서 정류코일의 자기 인덕턴스를 L이라 할 때 정류코일의 전류가 정류기간 T_c 사이에 I_c에서 $-I_c$로 변했다면 정류코일의 리액턴스 전압(평균값)은?

〈한국남동발전〉

① $L\frac{2I_c}{T_c}$

② $L\frac{I_c}{T_c}$

③ $L\frac{2T_c}{I_c}$

④ $L\frac{T_c}{I_c}$

12 포화하고 있지 않은 직류 발전기의 회전수를 1/2로 감소한다면 유기기전력을 그대로 유지하기 위한 자속수는 몇 배를 하여야 하는가?

〈한국남동발전〉

① 1/2배

② 1배

③ 2배

④ 4배

13 200[V], 100[KW]의 직류 발전기의 극수가 4이고 슬롯수가 100, 슬롯내부 도체수가 6, 회전수가 240[rpm]이면 단중중권일 때 자속수는 몇 [Wb]인가? (단, 전기자 저항 0.08[Ω]이다.)

〈한국남동발전〉

① 1/10
② 1/5
③ 1/2
④ 1

14 직류분권 발전기의 단자전압은 600[V], 계자전류는 10[A]일 때 계자권선의 저항이 20[Ω]이라면 계자 저항기의 저항[Ω]은?

〈한국남동발전〉

① 10
② 20
③ 40
④ 50

15 어느 직류기의 극수가 6, 전기각이 120[°]일 때의 기계각을 구하면?

〈한국남동발전〉

① 45
② 40
③ 20
④ 10

16 직류분권 발전기의 단자전압이 200[V], 출력이 1.6[KW]일 때 전압변동률 [%]은? (단, 전기자저항은 0.5[Ω], 계자저항은 50[Ω]이다.)

〈한국남동발전〉

① 2.0
② 2.5
③ 3.0
④ 3.5

17 직류 발전기의 극수가 8일 때 파권으로 한 경우와 중권으로 한 경우 중권과 파권의 유기기전력의 관계는?

〈한국수력원자력〉

① 파권이 중권보다 4배 크다.
② 파권이 중권보다 4배 작다.
③ 중권이 파권보다 2배 크다.
④ 중권이 파권보다 2배 작다.

18 200$[KW]$, 200$[V]$의 직류분권 발전기가 있다. 전기자 권선의 저항 $0.025[\Omega]$일 때 전압변동률은 몇 $[\%]$인가?

〈한국수력원자력〉

① 6.0 ② 12.5
③ 20.5 ④ 25.0

19 직류 발전기의 극수가 20이고, 전기자도체수가 300이며 단중파권일 때 매극의 자속수가 0.01 $[Wb]$이면 1,200$[rpm]$에서 기전력$[V]$은?

〈한국수력원자력〉

① 300 ② 400
③ 600 ④ 900

20 직류기에 대한 설명으로 옳지 않은 것은?

〈한국수력원자력〉

① 분권 발전기는 계자와 전기자가 직렬로 연결되어 있다.
② 직권 발전기는 무부하시 전압확립이 불가능하다.
③ 타여자 발전기는 잔류자기가 없어도 발전이 가능하다.
④ 분권 발전기는 계자저항기를 통해 전압을 조정할 수 있다.

21 직류분권 발전기 전기자 권선의 중권과 파권의 내용으로 옳지 않은 것은?

〈한국중부발전〉

	구분	중권	파권
①	병렬회로 수	극수와 동일	2
②	브러시의 수	극수와 동일	2
③	균압결선	불필요	4극이상 필요
④	용도	대전류 저전압	소전류 고전압

22 직류 발전기, 전동기의 양호한 정류를 얻는 방법으로 옳지 않은 것은?

〈한국중부발전〉

① 보극을 설치한다.
② 정류주기를 길게 한다.
③ 보상권선을 설치한다.
④ 브러시 접촉저항을 작게 한다.

23 부하전류가 30[A], 단자 전압이 200[V]인 타여자 발전기가 있다. 전기자 저항 0.1[Ω],전기자 반작용에 의한 전압강하가 2[V], 브러시 접촉에 의한 전압강하가 1[V]이면 이 발전기의 유기기전력[V]은?

〈한국중부발전〉

① 203 ② 204

③ 205 ④ 206

24 직류 발전기 중 부하전류가 증가하면 전압강하도 함께 증가하여 무부하 전압이 단자전압보다 커지는 발전기는?

〈한국중부발전〉

① 타여자 발전기, 분권 발전기

② 과복권 발전기, 분권 발전기

③ 직권 발전기, 평복권 발전기

④ 분권 발전기, 직권 발전기

25 직류분권 발전기의 정격전압 200[V], 정격출력 10[KW], 이때의 계자전류는 2[A], 전압 변동률은 3[%]라고 한다. 발전기의 무부하전압[V]은?

〈한전KPS〉

① 200 ② 204

③ 206 ④ 210

⑤ 212

26 6극 직류 발전기의 정류자 편수가 80, 단자전압이 120[V], 직렬도체수가 80개이고 중권이다. 정류자 편간 전압[V]은 얼마인가?

〈한전KPS〉

① 5
② 6
③ 7
④ 8
⑤ 9

27 직류자여자 발전기만의 특징으로 옳은 것은?

〈한전KPS〉

① 정출력의 특징을 가지고 있다.
② 부하의 변동에 대해 속도의 변화가 적다.
③ 잔류자기가 없으면 발전이 불가능하다.
④ 계자저항으로 속도조정이 가능하다.
⑤ 전기자 반작용은 직류기만 가지는 특징이다.

28 직류분권 전동기의 단자전압이 205[V], 입력전류가 51.7[A], 계자전류가 1.7[A], 회전자속도가 1,500[rpm]이라고 할 때 토크[$Kg \cdot m$]는? (단, 전기자 저항은 $0.1[\Omega]$이다.)

〈한국철도공사〉

① 6.5
② 7.5
③ 8.5
④ 9.5
⑤ 10.5

29 3상 2극 BLDC 모터에 대한 설명으로 옳지 않은 것은?

〈서울교통공사〉

① 기계적 접점이 없으므로 신뢰성이 높다.

② 영구자석의 위치를 검출하기 위한 홀센서가 3개 필요하다.

③ BLDC 모터는 AC 모터와 다르게 기계적 소음과 전기적 잡음이 적다.

④ 회전방향을 바꾸는데 3선 중 2선만 반대로 하면 된다.

⑤ DC 모터에 비해 제어가 쉽다.

30 스테핑 모터의 특징 중 옳지 않은 것은?

〈인천교통공사〉

① 모터에 가동부분이 없으므로 보수가 용이하고 신뢰성이 높다.

② 피드백이 필요치 않아 제어가 간단하고 염가이다.

③ 회전각 오차는 스테핑마다 누적되지 않는다.

④ 모터의 회전각과 속도는 펄스 수에 반비례한다.

⑤ 기동이 용이하고 응답성이 좋다.

31 지름 30$[cm]$, 출력 2$[KW]$, 회전속도 1,500$[rpm]$의 전동기가 있다. 이 전동기에 작용하는 힘은 몇 $[N]$인가?

〈한국도로공사〉

① 84.89

② 42.44

③ 8.66

④ 4.33

⑤ 2.74

32 직권 전동기에 있어 평균자속밀도가 일정할 때 회전력(T)과 전기자전류(I_a)의 관계는?

〈한국도로공사〉

① $T \propto I_a$
② $T \propto I_a^{\frac{1}{2}}$
③ $T \propto I_a^{\frac{3}{2}}$
④ $T \propto I_a^2$
⑤ $T \propto I_a^3$

33 직류 전동기 전압제어의 특징 중 옳은 것만을 고른 것은?

〈한국도로공사〉

a. 제어범위가 넓다	b. 구조가 간단하다.
c. 효율이 나쁘다.	d. 설비비가 많이 든다.

① a, b
② a, c
③ a, d
④ b, c
⑤ b, d

34 직류 전동기의 제동법 중 동일 제동법이 아닌 것은?

〈한국동서발전〉

① 회전자의 운동에너지를 전기에너지로 변환한다.
② 전기에너지를 저항에서 열에너지로 소비시켜 제동시킨다.
③ 전동기의 계자권선의 접속을 반대로 한다.
④ 전동기의 극성을 반대로 한다.

35 직류기의 손실 중 부하의 변화에 따라서 현저하게 변화하는 손실은 다음 중 어느 것인가?

〈한국남동발전〉

① 표유부하손
② 철손
③ 풍손
④ 기계손

36 정격속도 375[rpm]으로 운전 중인 직류 전동기의 속도 변동률이 30[%]일 때 동기속도는 몇 [rpm]인가?

〈한국수력원자력〉

① 262.5
② 375
③ 487.5
④ 637.5

37 직류 전동기의 속도제어방법 중 효율이 가장 낮은 방법은?

〈한국서부발전〉

① 저항제어
② 계자제어
③ 전압제어
④ 워드레오나드제어

38 E종 절연의 최고 허용온도[℃]는 얼마인가?

〈한국서부발전〉

① 105
② 120
③ 130
④ 155

39 전기기기의 손실 중 무부하손실에 해당하지 않는 것은?

〈한국중부발전〉

① 히스테리시스손　② 마찰손
③ 기계손　④ 브러시손

40 직류분권 전동기가 있다. 총도체수 100, 단중파권으로 자극수는 4, 1극당 자속수 $2\pi[Wb]$, 부하를 가하여 전기자에 5$[A]$가 흐르고 있을 때, 이 전동기의 토크$[N \cdot m]$는?

〈한국중부발전〉

① 500　② 1,000
③ 1,500　④ 2,000

41 단자전압이 100$[V]$이고 전기자 저항이 $0.1[\Omega]$인 분권 전동기가 있다. 전기자전류가 50$[A]$일 때, 전동기의 출력$[W]$은?

〈한전KPS〉

① 5,000　② 4,950
③ 4,850　④ 4,750
⑤ 4,650

42 극수 8극, 회전수 1,500$[rpm]$의 교류 발전기와 병렬로 운전하는 극수 6극의 교류 발전기의 회전수$[rpm]$는?

〈한국전력공사〉

① 100　② 200
③ 500　④ 1,000
⑤ 2,000

43 단락비가 큰 동기 발전기에 대해 옳지 않은 것은?

〈한국전력공사〉

① 전기자 반작용이 작다.
② 동기 임피던스가 작다.
③ 전압변동률이 작다.
④ 안정도가 높다.
⑤ 효율이 높다.

44 3상 8극 슬롯수 72개의 동기 발전기가 있다. 어떤 전기자 코일이 제 2슬롯과 제 7슬롯에 들어 있을 때, 단절권의 계수는?

〈한국철도공사〉

① $\cos 40^o$
② $\sin 50^o$
③ $\cos 50^o$
④ $\sin 60^o$
⑤ $\tan 70^o$

45 단락비가 1.25이고 전압이 3,000[V], 전력이 4,000[KW]일 때 동기임피던스는?

〈한국철도공사〉

① 1.8
② 1.3
③ 2.88
④ 2.45
⑤ 1.6

46 동기 발전기의 정격전류가 10$[A]$, 단락전류가 500$[A]$일 때, %동기 임피던스[%]는 얼마인가?

〈서울교통공사〉

① 1
② 2
③ 3
④ 4
⑤ 5

47 3상 동기 발전기 병렬운전과 직류 발전기 병렬운전에 대한 설명으로 맞는 것은?

〈서울교통공사〉

① 동기 발전기 : 발전기 출력이 같을 것
직류 발전기 : 발전기 회전방향이 일치할 것
② 동기 발전기 : 발전기 역률이 같을 것
직류 발전기 : 전기자 지름이 서로 같을 것
③ 동기 발전기 : 발전기 파형이 같을 것
직류 발전기 : 회전속도와 방향이 같을 것
④ 동기 발전기 : 임피던스 비가 같을 것
직류 발전기 : 수하특성일 것
⑤ 동기 발전기 : 주파수가 같을 것
직류 발전기 : 단자전압과 극성이 같을 것

48 정격전압 6,000$[V]$, 용량 4,000$[KVA]$의 Y결선 3상 동기 발전기가 있다. 여자전류 300$[A]$에서 무부하 단자전압이 6,000$[V]$, 단락전류가 500$[A]$일 때, 이 발전기의 단락비는?

〈인천교통공사〉

① 약 1.1
② 약 1.2
③ 약 1.3
④ 약 1.4
⑤ 약 1.5

49 동기 발전기를 병렬운전할 때, 고조파무효전류가 흘러 권선이 과열되는 경우는?

〈부산교통공사〉

① 기전력의 파형이 불일치할 때

② 기전력의 위상이 불일치할 때

③ 기전력의 주파수가 불일치할 때

④ 기전력의 크기가 불일치할 때

⑤ 극성이 불일치할 때

50 비돌극형 발전기의 특징으로 옳은 것은?

〈부산교통공사〉

	회전속도	단락비	수소냉각	리액턴스
①	느리다	크다	사용 안함	직축 리액턴스가 크다
②	느리다	작다	사용	직축과 횡축 리액턴스가 같다
③	빠르다	작다	사용	직축과 횡축 리액턴스가 같다
④	빠르다	크다	사용	횡축 리액턴스가 크다
⑤	느리다	크다	사용 안함	횡축 리액턴스가 크다

51 6극 60[Hz] Y결선 3상 동기 발전기의 극당 자속이 0.1[Wb], 회전수 1,000[rpm], 1상의 권수 200일 때 단자전압[V]은?

〈부산교통공사〉

① 3,767

② $3,767\sqrt{3}$

③ 5,328

④ $5,328\sqrt{2}$

⑤ $5,328\sqrt{3}$

52 다음 단락비가 큰 동기기의 특징 중 옳은 것의 개수는?

〈한국도로공사〉

a. 동기 임피던스가 작다.
b. 기계의 중량과 부피가 크다.
c. 전압변동률이 작고 효율이 좋다.
d. 전기자 반작용이 작다.
e. 안정도가 높다.
f. 기계의 가격이 비싸다.

① 6개
② 5개
③ 4개
④ 3개
⑤ 2개

53 3상 4극, 36개의 슬롯을 갖는 권선의 분포계수는?

〈한국도로공사〉

① 0.92
② 0.93
③ 0.94
④ 0.95
⑤ 0.96

54 두 대의 3상 동기 발전기를 병렬운전하여 역률 0.8, 500[A]의 부하전류를 공급하고 있다. 각 발전기의 유효전류는 같고, A기의 전류가 230[A]일 때 B기의 전류는 몇[A]인가?

〈한국도로공사〉

① 193
② 203
③ 213
④ 223
⑤ 273

55 다음 자기여자 방지 대책으로 옳지 않은 것은?

〈한국도로공사〉

① 변압기 2대를 병렬 연결한다.
② 단락비가 큰 발전기를 사용한다.
③ 병렬리액터를 설치한다.
④ 임피던스가 큰 선로를 사용한다.
⑤ 선로의 충전전압을 작게 한다.

56 다음 중 안정도 향상 대책이 아닌 것은?

〈한국도로공사〉

① 고속도 재폐로 방식을 채용한다.
② 속응여자 방식을 선택한다.
③ 직렬리액턴스를 크게 한다.
④ 중간조상방식을 채용한다.
⑤ 전압변동을 작게 한다.

57 정격전압 3,300[V], 정격전류 240[A]인 3상 교류 동기 발전기의 여자전류 100[A]에 해당하는 무부하 단자전압은 3,300[V]이며, 단락전류는 300[A]라고 할 때, 이 발전기의 단락비는?

〈국가철도공단〉

① 0.8
② 1.0
③ 1.25
④ 1.5

58 12극 500$[rpm]$, △결선 3상 동기 발전기의 극당 자속이 0.25$[Wb]$, 한 상의 권선수가 110일 때 단자전압$[V]$은?

〈국가철도공단〉

① 5,716　　② 6,105
③ 8,634　　④ 10,574

59 6극의 정격회전수 1,200$[rpm]$의 3상 동기 발전기와 병렬운전하는 10극 3상 동기 발전기의 정격 회전수$[rpm]$은?

〈국가철도공단〉

① 600　　② 720
③ 840　　④ 960

60 동기 발전기의 병렬운전 시 고조파 순환전류가 발생하는 경우는?

〈국가철도공단〉

① 기전력의 파형이 다른 경우
② 기전력의 크기가 다른 경우
③ 기전력의 위상차가 다른 경우
④ 기전력의 주파수가 다른 경우

61 3상 동기 발전기를 병렬운전시키는 경우 고려하지 않아도 되는 조건은?

〈한국동서발전〉

① 발생전압이 같을 것
② 전압파형이 같을 것
③ 회전수가 같을 것
④ 상회전이 같을 것

62 발전기의 단자 부근에서 단락이 일어났을 때의 단락전류는?

〈한국동서발전〉

① 계속 증가한다.
② 처음은 큰 전류이나 점차 감소한다.
③ 일정한 큰 전류가 흐른다.
④ 발전기가 즉시 정지한다.

63 기전력이 E이고, 동기 임피던스 1상이 Z_s인 2대의 발전기를 무부하 병렬운전하여 대응하는 기전력 사이에 δ의 위상차가 있다고 할 때, 동기화력은?

〈한국남동발전〉

① $\dfrac{E^2}{2Z_s}$　　② $\dfrac{E^2}{Z_s}$

③ $\dfrac{E^2}{2Z_s}sin\delta$　　④ $\dfrac{E^2}{2Z_s}cos\delta$

64 정격전압이 6,000$[V]$, 용량이 5,000$[KVA]$인 Y결선 3상 동기 발전기의 여자전류를 250$[A]$에서의 무부하 단자전압이 6,000$[V]$, 단락전류가 300$[A]$라고 할 때, 이 발전기의 단락비는?

〈한국남동발전〉

① 0.4　　② 0.6
③ 0.8　　④ 1.0

65 60$[Hz]$, 4극 동기 발전기 자극면의 주변속도를 313$[m/\sec]$로 하기 위한 회전자의 외경$[m]$은?

〈한국남동발전〉

① 1.15　　② 3.33
③ 6.66　　④ 8.16

66 3상 동기 발전기의 정격전류는 400[A], 단락전류는 600[A]이다. 이때의 단락비는?

〈한국남동발전〉

① 1.2 ② 1.5

③ 1.75 ④ 2.0

67 동기 발전기의 권선을 분포권으로 사용할 경우에 대한 설명으로 옳지 않은 것은?

〈한국수력원자력〉

① 집중권에 비해 기전력이 낮다.

② 왜형파가 되어 파형이 일그러진다.

③ 권선의 누설리액턴스가 감소된다.

④ 권선의 발생열을 고루 발생시킨다.

68 90[KVA], 역률 0.8, 효율 0.9인 동기 발전기용 원동기의 입력[KW]은? (단, 원동기의 효율은 0.8이다.)

〈한국서부발전〉

① 60 ② 80

③ 100 ④ 120

69 다음 수차발전기와 터빈발전기를 비교한 내용으로 옳지 않은 것은?

〈한국중부발전〉

① 수차발전기는 돌극형이며 주로 종축형을 사용한다.

② 터빈발전기는 수차발전기에 비해 극수가 많다.

③ 수차발전기는 터빈발전기에 비해 단락비가 크다.

④ 수차발전기는 자연냉각 방식을, 터빈발전기는 수소냉각 방식을 주로 사용한다.

70 동기 발전기에 회전계자형을 사용하는 경우가 많은 이유로 적당하지 않은 것은?

〈한국중부발전〉

① 전기자보다 계자에 철성분이 많아 기계적으로 튼튼하다.

② 전기자는 권선이 많이 감기므로 형체가 커진다.

③ 계자가 회전하면 전기자가 회전하는 것과 비교해 파형이 좋아진다.

④ 계자가 브러시 인출이 용이하고, 회전 시 위험이 낮다.

71 병렬운전하고 있는 두 개의 3상 동기 발전기에 난조가 발생했다면, 그 원인으로 적절한 것은?

〈한국중부발전〉

① 기전력 크기

② 위상

③ 주파수

④ 파형

72 여자전류 및 단자전압이 일정한 비철극형 동기 발전기 출력과 부하각 δ와의 관계를 나타낸 것은?

〈한전KPS〉

① $\cos\delta$에 반비례한다.

② $\sin\delta$에 반비례한다.

③ $\cos\delta$에 비례한다.

④ $\sin\delta$에 비례한다.

⑤ 부하각 δ에 비례

73 다음 동기기의 특징 중 맞는 것의 개수는?

〈한국도로공사〉

a. 동기 전동기는 기동이 쉽다. b. 동기 전동기는 속도 조정이 쉽다. c. 유도기에 비해 난조가 심하다. d. 역률이 우수하다. e. 자기여자 현상이 발생할 경우, 동기조상기를 과보상한다.

① 5개
② 4개
③ 3개
④ 2개
⑤ 1개

74 다음 중 동기 전동기의 기동법에 해당하지 않는 것은?

〈국가철도공단〉

① 자기기동법
② 기동전동기법
③ 저주파기동법
④ 전전압기동법

75 동기 전동기의 안정도를 증진시키기 위한 조건으로 적합하지 않은 것은?

〈국가철도공단〉

① 영상 및 역상임피던스를 크게 한다.
② 정상 과도리액턴스를 작게 한다.
③ 회전자의 관성을 크게 한다.
④ 자동전압 조정기의 속응도를 작게 한다.

76 다음 동기 전동기에 대한 설명 중 옳지 않은 것은?

〈한국전력공사〉

① 동기 전동기의 진상전류는 감자작용을 한다.

② 속도조정이 자유롭다.

③ 동기 전동기는 난조가 일어나기 쉽다.

④ 필요시 진상, 지상 운전이 가능하다.

⑤ 역률 $\cos\theta = 1$로 운전이 가능하다.

77 공급전압의 변화에 대한 동기 전동기의 토크를 적절하게 설명한 것은?

〈한전KPS〉

① 무관계

② 정비례

③ 평방근에 비례

④ 2승에 비례

⑤ 3승에 비례

78 인가전압과 여자전류가 일정한 동기 전동기에서 전기자저항과 동기리액턴스가 같을 때, 최대출력을 내는 부하각은?

① 0도

② 30도

③ 45도

④ 60도

⑤ 90도

79 변압기의 기름이 가져야 할 성능이 아닌 것은?

〈한국전력공사〉

① 인화점이 높고 응고점이 낮을 것
② 점도가 낮을 것
③ 절연내력이 작을 것
④ 절연재료 및 금속에 화학작용이 일어나지 않을 것
⑤ 고온에서 석출물이 생기거나 산화되지 않을 것

80 100[KVA], 전 부하 동손 3,2[KW], 무부하손 1,8[KW]인 단상 변압기의 부하역률 95[%]에 대한 전부하 효율은?

〈한국전력공사〉

① 9.2
② 9.5
③ 90
④ 92
⑤ 95

81 다음 변압기 결선에 대한 설명으로 옳지 않은 것은?

〈한국전력공사〉

① Y-Y결선은 중성점 접지로 건전상의 전위상승을 억제하고 단절연이 용이하다.
② $\Delta-\Delta$ 결선은 제 3고조파 전류가 Δ 결선 내를 순환하며, 유도장해 및 통신장해가 없다.
③ $\Delta-Y$결선은 1차, 2차 선간전압 사이에 위상변위가 없다.
④ Y-Y결선은 상전류와 선전류 간의 위상변위가 없다.
⑤ V-V결선은 변압기 2대로 3상 전력 공급이 용이하다.

82 와전류 손실의 특징으로 옳은 것은?

〈한국철도공사〉

① 도전율이 클수록 작다.

② 주파수에 비례한다.

③ 최대자속밀도의 1.6배에 비례한다.

④ 주파수의 제곱에 비례한다.

⑤ 자속밀도에 비례한다.

83 2,000/100[V]의 변압기의 2차 임피던스가 2[Ω]이면 1차 환산 임피던스는 몇 [Ω]인가?

〈한국전력공사〉

① 200

② 400

③ 600

④ 800

⑤ 1,000

84 60[Hz], 권수비 $a=1$인 단권 변압기가 있다. 1차에 $v_1 = 200\sqrt{2}\cos\omega t$ [V]의 전압을 가했을 때, 무부하전류 $i_o = 3\sqrt{2}\,sin\omega t - 9\sqrt{2}\sin 3\omega t + 3\sqrt{2}\cos\omega t + \sqrt{2}\cos 3\omega t$ [A]가 흐른다면 여자전류[A]와 철손[W]은 각각 얼마인가?

〈한국철도공사〉

	여자전류	철손
①	5	300
②	$5\sqrt{2}$	400
③	10	600
④	10	1,200
⑤	$10\sqrt{2}$	600

85 Y-△ 결선의 3상 변압기군 A와 △-Y 결선의 변압기군 B를 병렬로 사용할 때, A군의 변압기 권수비가 30이라면 B군 변압기의 권수비는?

① 30
② 60
③ 90
④ 120
⑤ 150

86 다음 기기의 병렬운전 조건으로 옳지 않은 것은?

〈인천교통공사〉

① 동기기는 기전력의 파형이 같아야 한다.
② 동기기는 기전력의 크기가 같아야 한다.
③ 각 변압기는 권수비가 같고, 1차와 2차의 정격전압이 같아야 한다.
④ 각 변압기의 임피던스가 정격용량에 비례해야 한다.
⑤ 각 변압기의 상회전 방향 및 각 변위가 같아야 한다.

87 전부하에서 동손50[W], 철손20[W]인 변압기가 최대 효율을 나타내는 부하율[%]은?

〈인천교통공사〉

① 33
② 44
③ 54
④ 63
⑤ 72

88 단상 변압기 180[KVA] 3대로 △결선하여 급전하고 있는데 변압기 1대가 고장으로 제거되었다. 이때의 부하가 450[KVA]라면 나머지 2대의 변압기는 몇 [%]의 과부하로 운전되는가?

〈인천교통공사〉

① 130
② 135
③ 140
④ 145
⑤ 150

89 3,300/200[V], 40[KVA] 인 단상 변압기의 2차 측을 단락하여 1차 측에 300[V]를 가하니 2차에 120[A]가 흘렀다. 이 변압기의 백분율 임피던스 강하[%]는?

① 약 9.1
② 약 11.1
③ 약 13.1
④ 약 15.2
⑤ 약 16.2

90 어떤 변압기의 백분율 저항 강하가 3[%], 백분율 리액턴스 강하가 4[%]일 때 역률(지역률) 80 [%]인 경우의 전압변동률[%]은?

〈인천교통공사〉

① 4.8
② 3.6
③ 2.4
④ 0
⑤ −1.2

91 3,000/220[V]인 변압기의 용량이 각각 200[KVA], 150[KVA]이고, %임피던스 강하가 각각 2[%] 와 3[%]일 때 그 병렬 합성용량[KVA]은?

〈인천교통공사〉

① 100 ② 200
③ 300 ④ 400
⑤ 500

92 3상에서 6상으로 변환하고자 할 때 필요한 결선법으로 옳지 않은 것은?

〈부산교통공사〉

① 환상결선 ② 2중 Y결선
③ 대각결선 ④ 포크결선
⑤ 스코트결선

93 다음 중 송유풍냉식 변압기의 올바른 약호는?

〈부산교통공사〉

① ONAN ② OFAF
③ OFWF ④ ONAF
⑤ OFWN

94 24[KVA]의 변압기 철손이 3[KW]일 때 전부하 효율이 80[%]이면 이 변압기의 동손[KW]은? (단, 역률은 1이다)

〈부산교통공사〉

① 1 ② 2
③ 3 ④ 4
⑤ 5

95 1차 전압이 100[V], 2차 전압이 200[V], 선로 출력이 40[KVA]인 단권 변압기의 자기용량은 몇 [KVA]인가?

〈부산교통공사〉

① 20
② 40
③ 200
④ 400
⑤ 600

96 전압비가 10[KV]/100[V], 1차 누설임피던스가 $Z_1 = 11 + j12[\Omega]$, 2차 누설임피던스가 $Z_2 = 0.0012 + j0.0013[\Omega]$인 변압기가 있다. 1차로 환산한 등가 임피던스[Ω]는?

〈부산교통공사〉

① $23 + j25$
② $24 + j25$
③ $23 - j25$
④ $24 - j25$
⑤ $1 + j$

97 변압기 내 절연유의 아크방전에 의해 생기는 가스 중 가장 많이 발생하는 것은?

〈대구도시철도공사〉

① 수소
② 일산화탄소
③ 아세틸렌
④ 산소

98 어느 변압기의 백분율 저항강하가 2[%], 백분율 리액턴스강하가 3[%]일 때 역률(진상)이 80[%]인 경우의 전압변동률[%]은?

〈대구도시철도공사〉

① −0.2
② 3.4
③ 0.2
④ −3.4

99 다음 변압기에 대한 설명 중 맞는 것의 개수는?

〈한국도로공사〉

ㄱ. 단권 변압기는 1차, 2차 절연이 어렵다.
ㄴ. 변압기 병렬운전 시에는 용량이 같아야 한다.
ㄷ. 계기용 변압기 교체 시에는 2차 측을 단락시켜야 한다.
ㄹ. 병렬운전 시 부하전류는 용량에 비례하고, 누설임피던스에 반비례한다.
ㅁ. 변압기 등가회로 작성 시에는 개방시험과 단락시험을 해야 한다.
ㅂ. 가동시간이 길수록 동손은 작게 하고 철손은 크게 해야 한다.
ㅅ. 변압기의 임피던스와트를 구하기 위해서는 무부하시험을 한다.

① 7개
② 6개
③ 5개
④ 4개
⑤ 3개

100 다음 중 몰드 변압기 중 금형 방식은?

〈한국도로공사〉

a. 주형법
b. 디핑법
c. 함침법
d. 프리프레스 절연법

① a, b
② a, c
③ a, d
④ b, d
⑤ c, d

101 어떤 변압기의 동손은 1[W]이고, 철손은 2[W]이다. 이 변압기를 무부하에서 4시간, 1/2부하에서 8시간, 전부하에서 12시간을 가동할 때 전일손실전력량[Wh]은?

〈한국도로공사〉

① 42
② 48
③ 56
④ 62
⑤ 64

102 다음과 같은 정격을 갖는 A, B, 2대의 3상 변압기를 병렬운전하여 3상 부하에 전력을 공급했을 때, 변압기 1차 측에 66[KV] 전압을 인가한 경우 변압기에 흐르는 순환전류[A]는 얼마인가? (단, 변압기의 여자전류 및 권선의 저항은 무시한다.)

〈한국도로공사〉

구분	A변압기	B변압기
용량[KVA]	5,000	5,000
전압[KV]	67/6.9	69/6.9
%임피던스	4.3	8.1
결선	Y-Y	Y-Y

① 73
② 84
③ 89
④ 93
⑤ 101

103 다음 변압기에 대한 설명으로 옳은 것의 개수는?

〈한국도로공사〉

a. 변압기는 철심의 자기저항을 작게 설계한다.
b. 전압이 일정할 때 주파수를 높이면 철손이 증가한다.
c. 3상을 6상으로 상수변환하기 위해 메이어결선을 한다.
d. 병렬운전 시 부하분담은 %임피던스에 비례하고 용량에 반비례한다.
e. Y-Y결선하면 절연내력을 1/3배 만큼 줄일 수 있다.

① 5개
② 4개
③ 3개
④ 2개
⑤ 1개

104 2차 측에 접속한 15$[K\Omega]$의 임피던스를 1차 측으로 환산했을 때 600$[\Omega]$이 되었다. 이 변압기의 권수비는?

〈국가철도공단〉

① 5
② 1/5
③ 1/10
④ 10

105 출력이 10$[KVA]$, 정격전압에서의 철손이 110$[W]$, 동손이 180$[W]$인 단상 변압기가 있다. 이 변압기의 역률이 0.8, 3/4부하일 때 효율[%]은?

〈국가철도공단〉

① 95.6
② 96.6
③ 97.7
④ 98.8

106 단상 변압기를 병렬운전하는 경우 부담전력과 누설임피던스의 관계로 적절한 것은?

〈국가철도공단〉

① 누설임피던스에 비례한다.
② 누설임피던스의 제곱에 비례한다.
③ 누설임피던스에 반비례한다.
④ 누설임피던스의 제곱에 반비례한다.

107 3상 전원에서 6상 전압을 얻을 수 없는 변압기 결선 방법은?

〈한국전력공사〉

① 우드브릿지결선
② 환상결선
③ 2중 성형결선
④ 포크결선
⑤ 대각결선

108 10$[KVA]$, 2,000/100$[V]$인 변압기에서 1차에 환산한 등가 임피던스는 $6.2+j7[\Omega]$이다. 이 변압기의 $[\%]$리액턴스 강하는?

〈한국동서발전〉

① 3.5
② 1.75
③ 0.35
④ 0.175

109 공기 중에 존재하는 수분에 의해 변압기 절연유가 산화되는 것을 막기 위해 흡습제인 실리카겔 등을 사용한 열화방지 장치는?

〈한국남동발전〉

① 콘서베이터　　② 브리더

③ 수소봉입　　④ 흡착제

110 변압기의 퍼센트 임피던스가 Z, 선간전압이 $V[V]$, 정격용량이 $P[KVA]$일 때 임피던스 $Z'[\Omega]$의 값은?

〈한국남동발전〉

① $\dfrac{ZV^2}{P}$　　② $\dfrac{ZV^2}{P} \times 10^{-2}$

③ $\dfrac{ZV^2}{P} \times 10^5$　　④ $\dfrac{ZV^2}{P} \times 10^{-5}$

111 다음은 변압기의 손실 곡선을 나타낸 것이다. 다음 중 동손에 해당하는 그래프는?

〈한국남동발전〉

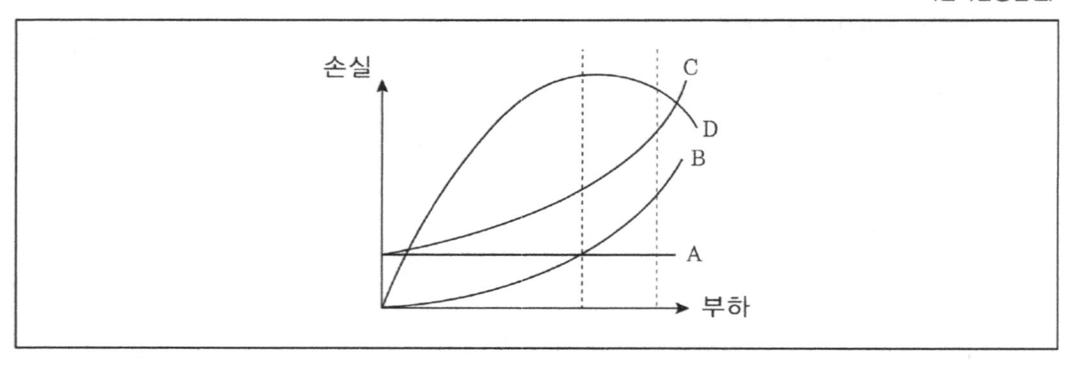

① A　　② B

③ C　　④ D

112 단권 변압기의 특징으로 옳지 않은 것은?

〈한국남동발전〉

① 누설임피던스가 크므로 단락전류가 증가한다.
② 분로권선은 공통권선이므로 누설자속이 없어 전압변동률이 작다.
③ 변압비가 1에 가까울수록 용량이 커진다.
④ 2차 측 권선은 공통권선이므로 절연강도를 낮출 수 없다.

113 1차 측에 일정전압을 가하였을 때 2차 측 부하임피던스에 관계없이 2차 전류가 일정하며, 1차 권선과 2차 권선의 자기적 결합을 고의로 나쁘게 만들기 위하여 누설자속의 통로를 설치하여 분로시키거나, 1차 권선과 2차 권선 사이에 철편을 삽입하는 변압기는 어떤 변압기인가?

〈한국남동발전〉

① 정전류 변압기
② 탭절환변압기
③ 단권 변압기
④ 시험용변압기

114 역률이 1일 때, 출력이 4$[KW]$ 및 8$[KW]$에서의 효율이 96$[\%]$가 되는 단상 주상 변압기가 있다. 역률이 1일 때의 철손$P_i[W]$와 동손 $P_c[W]$를 구하면? (단, 주상변압기의 정격용량은 8$[KVA]$이다.)

〈한국남동발전〉

① $P_i = 111[W]$, $P_c = 222[W]$
② $P_i = 110[W]$, $P_c = 200[W]$
③ $P_i = 150[W]$, $P_c = 200[W]$
④ $P_i = 100[W]$, $P_c = 200[W]$

115 변압기의 1차, 2차 권선이 모두 Y결선인 경우 고조파 중 가장 큰 제 3고조파의 전류, 전압을 억제하거나 영상임피던스를 작게 하는 목적으로 △결선의 3차 권선을 설치한다. 다음 중 권선 단자를 변압기 외부에 인출하지 않거나 1개 또는 2개의 단자만을 인출하여 접지시킬 수 있게 하는 권선은?

〈한국남동발전〉

① 안정권선
② 분로권선
③ 직렬권선
④ 연속권선

116 다음 중 철손을 구하기 위한 방법으로 적절한 것은?

〈한국수력원자력〉

① 무부하시험
② 단락시험
③ 저항측정법
④ 절연저항측정법

117 다음 중 변압기의 철손을 줄이는 방법으로 옳지 않은 것은?

〈한국수력원자력〉

① 철심으로 고배향성 규소강판을 사용한다.
② 자속밀도를 작게 한다.
③ 철심을 얇은 강판으로 성층한다.
④ 권수를 작게 한다.

118 단상 변압기 2차 권선을 단락했을 때의 1차 단락전류 식으로 맞는 것은?

〈한국수력원자력〉

① $I_{1s} = \dfrac{E_1}{\sqrt{(r_1 + a^2 r_2)^2 + (x_1 + a^2 x_2)^2}}$

② $I_{1s} = \dfrac{E_1}{a\sqrt{(r_1 + a^2 r_2)^2 + (x_1 + a^2 x_2)^2}}$

③ $I_{1s} = \dfrac{E_1}{\sqrt{(\dfrac{r_1}{a^2} + r_2)^2 + (\dfrac{x_1}{a^2} + x_2)^2}}$

④ $I_{1s} = \dfrac{aE_1}{\sqrt{(\dfrac{r_1}{a^2} + r_2)^2 + (\dfrac{x_1}{a^2} + x_2)^2}}$

119 2,000/200[V], 2[KVA] 단상 변압기의 %임피던스 강하는 5[%]이다. 변압기의 1차를 단락시키고 2차에 정격전압을 가할 경우 1차 단락전류[A], 2차를 단락시키고 1차에 정격전압을 가할 경우 2차의 단락전류[A]를 각각 구하면?

〈한국수력원자력〉

① 10, 100
② 10, 200
③ 20, 100
④ 20, 200

120 다음 중 변압기의 병렬운전이 불가능한 경우는?

〈한국서부발전〉

① Y−Y와 △−△
② △−Y와 Y−△
③ △−△와 △−Y
④ △−△와 Y−Y

121 변압기 2차 측 부하 임피던스 Z가 $30[\Omega]$일 때 1차 측에서 본 임피던스가 $27[K\Omega]$이라면, 이 변압기의 권수비는 얼마인가? (단, 변압기의 내부 임피던스는 무시한다.)

〈한국중부발전〉

① 15 ② 20
③ 25 ④ 30

122 최고 허용온도 130[℃]에서 절연이 불가능한 절연의 종류는?

〈한국중부발전〉

① B ② F
③ C ④ E

123 단상 변압기를 병렬운전하는 경우 부하전류의 분담의 관계로 적절한 것은?

〈한국중부발전〉

① 변압기의 용량과 누설임피던스 모두 비례한다.
② 변압기의 용량에 반비례하고, 누설임피던스에 비례한다.
③ 변압기 용량에 비례하고, 누설임피던스에 반비례한다.
④ 변압기 용량과 누설임피던스 모두 반비례한다.

124 출력 $100[KVA]$인 변압기의 80[%] 부하에서의 손실이 $100[W]$이고, 60[%] 부하에서의 손실이 $80[W]$라면 40[%] 부하에서의 손실$[W]$은?

〈한국중부발전〉

① 82 ② 74
③ 66 ④ 58

125 변압기에 자속이 유도되면 주기적으로 전류가 발생하는 현상이 나타나는데, 이러한 현상을 제거하기 위해 전기강판을 적층하여 손실을 줄이려고 한다. 이때 발생하는 손실은 어떤 손실인가?

〈한전KPS〉

① 히스테리시스손실
② 와전류손실
③ 철손
④ 동손
⑤ 표유부하손

126 다음 중 유도 전동기의 기동법에 대한 설명으로 옳지 않은 것은?

〈한국전력공사〉

① 전전압 기동법은 전동기에 별도의 기동장치를 사용하지 않고 직접 정격전압을 인가하여 기동하는 방식이다.
② 리액터 기동법은 1차 측에 병렬로 철심이 든 리액터를 설치하고 그 값을 조정하여 전동기에 인가되는 전압을 제어함으로써 기동전류 및 기동토크를 제어하는 방식이다.
③ $Y-\Delta$ 기동법은 5~15[KW] 정도의 농형 유도 전동기 기동에 적용하는 방식이다.
④ 콘도르퍼법은 기동보상 기법과 리액터기동 방식을 혼합한 방식이다.
⑤ 기동보상 기법은 3상 단권 변압기를 이용하여 전동기에 인가되는 기동전압을 감소시킴으로써 기동전류를 감소시키는 방식이다.

127 다음 중 권선형 유도 전동기의 제어로 옳지 않은 것은?

〈한국전력공사〉

① 극수제어법
② 2차 저항 제어법
③ 2차 여자 제어법
④ 크레머 방식
⑤ 세르비우스 방식

128 4극 60[Hz], 100[KW]인 3상 유도 전동기의 전부하 슬립이 6[%]라고 할 때, 다음 중 매 분당 회전수[rpm]는?

〈한국전력공사〉

① 1,128 ② 1,410
③ 1,692 ④ 1,816
⑤ 2,412

129 6극 60[Hz], 120[V], 7.2[KW]인 3상 유도 전동기가 1,120[rpm]으로 회전하고 있을 때, 회전자 전류의 주파수[Hz]는? (단, $\frac{1}{15}$는 0.067로 계산한다.)

〈한국철도공사〉

① 4.02 ② 3.08
③ 5.02 ④ 3.02
⑤ 2.02

130 유도 전동기 A를 전전압으로 기동하여 전류는 정격전류의 5.1배, 토크는 정격토크의 2.4배였다. 이 전동기를 $Y-\triangle$ 기동법으로 기동할 경우 토크와 전류는 몇 배가 되는가?

〈한국철도공사〉

① 전류 1.14배, 토크 0.51배
② 전류 1.7배, 토크 0.8배
③ 전류 3.4배, 토크 1.6배
④ 전류 3.4배, 토크 0.8배
⑤ 전류 5.1배, 토크 2.4배

131 2차 측에서 본 임피던스가 $1.1+j1.2[\Omega]$이고, 2차 회전자가 Y결선이며, 매 상의 저항이 $0.2[\Omega]$인 권선형 3상 유도 전동기가 있다. 이 전동기를 기동할 때, 최대토크 발생을 위해 삽입해야 하는 매 상당 외부저항$[\Omega]$은 얼마인가?

〈한국철도공사〉

① 2.1
② 1.9
③ 1.7
④ 1.5
⑤ 1.3

132 주파수 $f[Hz]$, 슬립 s, 동기속도와 회전자속도가 각각 $N_s[rps]$, $N[rps]$라고 할 때, 유도 전동기의 극수 P는?

〈서울교통공사〉

① $P=\dfrac{60f(1-s)}{N}$
② $P=\dfrac{120f}{sN_s}$
③ $P=\dfrac{60f(1-s)}{fN_s}$
④ $P=\dfrac{2f(1-s)}{N}$
⑤ $P=\dfrac{120f(1-s)}{N}$

133 12극 60$[Hz]$, 800$[KW]$인 3상 유도 전동기의 전부하 슬립이 2[%]라고 할 때, 회전수 $[rpm]$는?

〈인천교통공사〉

① 9.8
② 58.8
③ 98
④ 588
⑤ 612

134 농형 유도 전동기의 Y−△ 기동 방식에 대한 설명으로 옳은 것은?

〈부산교통공사〉

① 3[KW]의 용량에서 사용 가능하며 기동전압은 전전압의 $\frac{1}{\sqrt{3}}$ 배이다.

② 10[KW]의 용량에서 사용 가능하며 기동전압은 전전압의 $\frac{1}{\sqrt{3}}$ 배이다.

③ 20[KW]의 용량에서 사용 가능하며 기동전압은 전전압의 $\sqrt{3}$ 배이다.

④ 15[KW]의 용량에서 사용 가능하며 기동전압은 전전압의 $\frac{1}{3}$ 배이다.

⑤ 5[KW]의 용량에서 사용 가능하며 기동전압은 전전압의 3배이다.

135 6극 60[Hz], 120[V], 7.5[KW]인 3상 유도 전동기가 1,080[rpm]으로 회전하고 있을 때, 회전자 전류의 주파수[Hz]는?

〈부산교통공사〉

① 14　　② 15

③ 6　　④ 9

⑤ 3

136 2.5[KW], 회전자의 속도가 975[rpm]인 유도 전동기의 전부하 시 토크 [$Kg \cdot m$]는?

〈부산교통공사〉

① 1.25　　② 2.5

③ 3.75　　④ 5

⑤ 7.5

137 50$[Hz]$, 슬립이 0.2일 때, 회전자속도가 1,200$[rpm]$라면 3상 유도 전동기의 극수는?

〈대구도시철도공사〉

① 16
② 12
③ 8
④ 4

138 6극 60$[Hz]$, 200$[V]$, 7.5$[KW]$인 3상 유도 전동기가 960$[rpm]$으로 회전하고 있을 때, 회전자 전류의 주파수$[Hz]$는?

〈대구도시철도공사〉

① 8
② 10
③ 12
④ 14

139 3상 유도 전동기의 슬립이 $s < 0$인 경우에 대한 설명으로 옳지 않은 것은?

① 동기속도 이상이다.
② 유도 발전기로 사용된다.
③ 유도 전동기 단독으로 동작이 가능하다.
④ 속도를 증가시키면 출력이 가능하다.

140 50[Hz]인 3상 8극 및 2극의 유도 전동기를 차동접속으로 접속하여 운전할 때의 무부하속도 [rpm]는?

〈한국도로공사〉

① 500
② 1,000
③ 1,500
④ 2,000
⑤ 1,200

141 8극 60[Hz]인 3상 유도 전동기의 전부하 슬립이 3[%]라고 한다. 이때의 회전수[rpm]는?

〈한국도로공사〉

① 388
② 825
③ 776
④ 873
⑤ 1,164

142 다음 유도기에 관한 설명으로 옳은 것의 개수는?

〈한국도로공사〉

a. 아라고 원판 원리를 이용한다.
b. 3상 유도 전동기는 교번자계를 이용한다.
c. 단상유도 전동기의 저항을 조정하면 최대토크가 변화한다.
d. 농형 유도 전동기의 직입기동 시 기동전류는 정격전류의 2~4배이다.
e. 전동기를 전원으로부터 분리한 후 1차에 직류전원을 공급하여 발전기로 동작하여 발생된 전력을 저항에서 열로 소비하는 방법은 회생제동법이다.
f. 단상유도 전동기의 입력전압과 출력전압은 위상차이가 없다.
g. 유도 전동기의 회전자는 동기속도보다 항상 느리게 회전한다.

① 3개
② 4개
③ 5개
④ 6개
⑤ 7개

143 슬립 s에서 최대토크를 발생하는 3상 유도 전동기의 2차 1상의 저항을 $r[\Omega]$이라고 할 때, 최대토크로 기동하기 위해 2차 1상의 외부로부터 가해주어야 하는 저항 $[\Omega]$은?

〈한국도로공사〉

① $\frac{1+s}{s}r$
② $\frac{1-s}{s}r$
③ $\frac{r}{s}$
④ $\frac{s}{1-s}r$
⑤ $\frac{s}{s-1}r$

144 4극의 유도 전동기의 슬립이 4[%], 매 분당 회전수가 1,440$[rpm]$일 때, 이 전동기의 1차 주파수 $[Hz]$는?

〈국가철도공단〉

① 30
② 50
③ 60
④ 100

145 3상 유도 전동기의 전압이 20[%] 낮아졌을 때 기동토크는 약 몇 [%]가 되는가?

〈국가철도공단〉

① 91
② 85
③ 72
④ 65

146 다음 3상 유도 전동기의 원선도에서 동기와트는?

〈국가철도공단〉

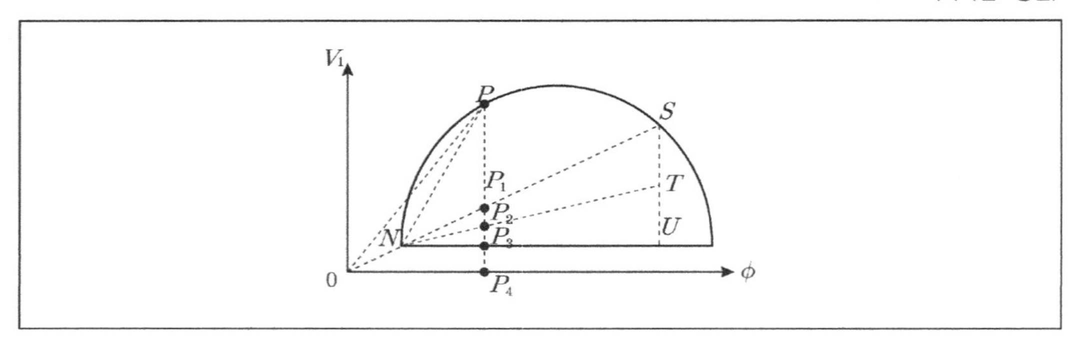

① $\overline{PP_4}$　　② $\overline{P_1P_2}$

③ $\overline{PP_2}$　　④ $\overline{P_2P_3}$

147 200[V], 60[Hz]인 6극의 3상 농형유도 전동기가 1,080[rpm]으로 회전하고 있다. 이 전동기의 회전자 도체에 흐르는 전류의 주파수[Hz]는?

〈국가철도공단〉

① 3　　② 6

③ 9　　④ 12

148 3상 유도 전동기에서 제5차 고조파에 의한 기자력의 회전방향 및 속도를 기본파 회전자계와 비교한 내용으로 가장 적절한 것은?

〈국가철도공단〉

① 기본파와 같은 방향이며 5배의 속도이다.

② 기본파와 같은 방향이며 1/5배의 속도이다.

③ 기본파와 역방향이며 5배의 속도이다.

④ 기본파와 역방향이며 1/5배의 속도이다.

149 4극 60$[Hz]$, 120$[V]$, 7.2$[KW]$인 3상 유도 전동기가 1,500$[rpm]$으로 회전하고 있을 때, 회전자 전류의 주파수$[Hz]$는?

〈한국전력공사〉

① 4
② 6
③ 8
④ 10
⑤ 12

150 4극 60$[Hz]$인 유도 전동기가 슬립 4[%]로 전부하 운전하고 있을 때, 2차 권선의 손실이 90.4 $[W]$라고 하면 토크는 약 몇 $[N \cdot m]$인가?

〈한국전력공사〉

① 1.0
② 1.2
③ 10.0
④ 12.0
⑤ 16.0

151 4극 60$[Hz]$인 유도 전동기가 슬립 5[%]로 전부하 운전하고 있을 때, 2차 권선의 손실이 94.25 $[W]$라고 하면 토크는 약 몇 $[N \cdot m]$인가?

〈한국동서발전〉

① 1.02
② 2.04
③ 10.0
④ 20.0

152 60$[Hz]$인 3상 8극 및 2극의 유도 전동기를 차동접속하여 운전할 때의 무부하속도$[rpm]$는?

〈한국동서발전〉

① 3,600
② 1,200
③ 900
④ 720

153 전부하 슬립 4[%], 1상의 저항이 2[Ω]인 3상 권선형 유도 전동기의 슬립링을 거쳐 2차의 외부에 저항을 삽입하여 그 기동토크를 전부하 토크와 같게 하려고 한다. 이때의 저항값[Ω]은?

〈한국남동발전〉

① 24　　② 25
③ 48　　④ 49

154 3상 농형 유도 전동기의 전압이 일정한 경우, 주파수가 60[Hz]에서 50[Hz]로 변할 때 생기는 현상으로 옳지 않은 것은?

〈한국남동발전〉

① 자속의 증가　　② 철손의 증가
③ 누설리액턴스의 증가　　④ 여자전류의 증가

155 3상 유도 전동기에서 전전압 기동토크는 전부하할 때의 5배이다. 전전압의 80[%]로 기동할 경우 토크는 전부하할 때의 몇 배인가?

〈한국남동발전〉

① 1.6　　② 2
③ 3.2　　④ 4

156 유도 전동기의 속도제어를 위한 계통으로 잘못된 것은?

〈한국남동발전〉

① 교류전원 - PWM인버터 - 유도 전동기
② 교류전원 - 제어정류회로 - 필터 - 인버터 -- 유도 전동기
③ 직류전원 - 초퍼 - 필터 - 인버터 - 유도 전동기
④ 직류전원 - PWM인버터 - 유도 전동기

157 다음 중 유도 전동기에 대한 설명으로 옳지 않은 것은?

〈한국남동발전〉

① 전압을 낮게 하면 전동기의 기동시간이 길어진다.
② 상전압이 불평형이면 권선온도가 상승한다.
③ 주파수가 증가하면 자속은 감소한다.
④ 주파수가 감소하면 역률은 높아진다.

158 3상 유도 전동기의 극수가 4, 출력이 19.6$[KW]$, 토크가 10$[Kg \cdot m]$일 때의 회전수$n[rps]$은?

〈한국남동발전〉

① $\frac{200}{\pi}$
② $\frac{\pi}{200}$
③ $\frac{100}{\pi}$
④ $\frac{10}{\pi}$

159 역률이 $\frac{1}{\sqrt{2}}$, 400$[KW]$인 전동기에 100$[KW]$의 전동기를 접속하여 역률을 0.8로 증가시키고자 할 때, 전동기의 무효전력$[Kvar]$은?

〈한국남동발전〉

① 5
② 15
③ 20
④ 25

160 3상 유도 전동기의 극수가 6, 주파수가 150$[Hz]$, 회전수가 1,200$[rpm]$이라고 할 때, 이 전동기의 회전자 전류 주파수$[Hz]$는?

〈한국남동발전〉

① 30
② 60
③ 90
④ 120

161 3상 유도 전동기의 정격전압이 200[V], 주파수가 60[Hz], 전부하 슬립이 3[%]이라고 할 때, 전압을 180[V]로 강압하고 주파수를 50[Hz]로 낮춘다면 이때의 슬립[%]은?

〈한국남동발전〉

① 11.73
② 2.43
③ 3.7
④ 4.21

162 다음 농형 유도 전동기의 기동법 중 기동전류를 저하시키지 않고 기동시킬 수 있는 기동법은?

〈한국남동발전〉

① 직입기동
② Y−△ 기동
③ 1차 저항 기동
④ 콘도르파 기동

163 유도 전동기의 1차 접속을 △에서 Y로 바꿔 기동할 때, 1차 선전류 $I_{\triangle}$와 1차 선전류 I_Y의 비 $\frac{I_Y}{I_{\triangle}}$는?

〈한국수력원자력〉

① 1/3
② $\sqrt{3}$
③ 3
④ 1

164 다음 중 농형 유도 전동기의 기동법이 아닌 것은?

〈한국수력원자력〉

① Y−델타 기동법
② 게르게스 기동법
③ 기동보상 기법
④ 리액터 기동법

165 주파수가 60[Hz]이고, 회전수가 891[rpm]인 유도 전동기의 극수와 슬립을 구하면? (단, 동기속도는 900[rpm]이다.)

〈한국수력원자력〉

① 4극, 0.01　　② 4극, 0.02
③ 8극, 0.01　　④ 8극, 0.02

166 유도 전동기의 슬립 범위로 알맞은 것은?

〈한국수력원자력〉

① $0 < s < 10$　　② $s < 1$
③ $0 < s < 1$　　④ $s > 1$

167 슬립이 4[%]인 유도 전동기의 등가부하저항은 2차 저항의 몇 배인가?

〈한국중부발전〉〈한전KPS〉

① 25　　② 24
③ 20　　④ 19

168 8극 60[Hz], 500[W]인 3상 유도 전동기의 전부하 슬립이 3[%]라 한다. 이 때의 회전수[rpm]는?

〈한국중부발전〉

① 873　　② 900
③ 1,164　　④ 1,200

169 20[KW]인 3상 유도 전동기의 기계손이 400[W], 전부하 슬립이 4[%]이라고 할 때, 전부하 시의 2차 동손[KW]은?

〈한국중부발전〉

① 0.7
② 0.75
③ 0.8
④ 0.85

170 60[Hz] 8극인 3상 유도 전동기의 전부하에서 회전수가 864[rpm]일 때 3상 유도 전동기의 슬립 [%]은?

① 4
② 5
③ 6
④ 7
⑤ 9

171 8극과 4극, 2대의 유도 전동기를 종속법에 의한 직렬종속법으로 속도제어할 때, 전원 주파수가 60[Hz]인 경우 무부하속도[rpm]는?

〈한전KPS〉

① 600
② 900
③ 300
④ 450
⑤ 150

172 실효전압 V, 출력 $P[HP]$, 역률 $\cos\theta_1$, 효율이 η인 단상 전동기에 콘덴서 $[Var]$ 설치하여 역률 $\cos\theta_2$를 100%로 할 때, 무효율 $\sin\theta_1$은? (단, $P[HP]=746P_r[W]$이다.)

〈한국철도공사〉

① $\sin\theta_1 = \dfrac{\eta\cos\theta_1 Q_c}{746P_r}$

② $\sin\theta_1 = \dfrac{P_r\cos\theta_1}{\sqrt{\cos^2\theta_1\eta}}$

③ $\sin\theta_1 = \dfrac{\eta\cos\theta_1 Q_c}{746\eta P_r^2}$

④ $\sin\theta_1 = \dfrac{P^2}{\cos\theta_1\eta P_r}$

⑤ $\sin\theta_1 = \dfrac{\cos\theta_1 Q_c}{746\eta P_r}$

173 다음 중 단상유도 전동기 기동법이 아닌 것은?

① 반발 유도형

② 세이딩 코일형

③ 단상 슬립형

④ 반발 기동형

⑤ 분상 기동형

174 다음 단상유도 전동기의 설명 중 옳은 것의 개수는?

〈한국도로공사〉

a. 슬립s가 0이 되기 전에 토크는 0이 된다.
b. 2차 저항이 어느 정도 이상이 되면 토크는 부(-)가 된다.
c. 무부하에서는 완전히 동기속도가 되지 않고 조금의 슬립이 있다.
d. 기계손이 없어도 부하속도는 동기속도보다 작다.

① 4개

② 3개

③ 2개

④ 1개

⑤ 0개

175 다음의 단상 직권정류자 전동기에 대한 설명으로 옳지 않은 것은?

〈한국도로공사〉

① 약계자, 강전기자형으로 사용한다.
② 보상권선을 설치하여 사용한다.
③ 회전속도가 빨라지면 역률이 좋아진다.
④ 2차 저항을 변화시키면 최대토크가 변화한다.
⑤ 전기자코일과 정류자편 사이의 접속에 저저항의 도선을 사용하여 단락전류를 제한한다.

176 다음 중 단상유도 전동기에 대한 설명으로 옳지 않은 것은?

〈한국남동발전〉

① 슬립이 1일 때 기동토크가 발생하지 않는다.
② 용량이 커지면 치수가 커진다.
③ 2차 저항을 조절하더라도 최대토크는 불변이다.
④ 회전자는 농형의 것을 사용한다.

177 단상유도 전동기의 기동토크가 큰 순서대로 바르게 나열한 것은?

〈한국수력원자력〉

a. 반발 유도형	b. 분상 기동형
c. 모노 싸이클릭형	d. 반발 기동형

① a > b > c > d
② c > a > b > d
③ d > a > b > c
④ d > a > c > b

178 다음 중 시라게 전동기에 대한 설명으로 옳지 않은 것은?

〈한전KPS〉

① 1차 권선은 고정자, 2차 권선은 회전자이다.
② 정류자를 이용한다.
③ 브러시의 간격을 바꾸어 속도를 조정한다.
④ 권선형 유도 전동기의 일종이다.
⑤ 3차 권선이 존재한다.

179 고정자에 쉐이딩 코일이라는 단락코일을 끼워넣어 이동자계를 얻는 구조로, 기동토크가 매우 작고 효율과 역률이 떨어지며 회전방향을 변경할 수 없다는 단점이 있지만 구조가 간단해 선풍기 등의 소형 전동기로 많이 사용하는 쉐이딩 코일형 전동기는 다음 중 어떤 종류에 속하는가?

〈한전 KPS〉

① 직권정류자 전동기
② 3상 농형 유도 전동기
③ 유도전압 조정기
④ 단상유도 전동기
⑤ 3상 분권 정류자 전동기

180 6상 회전 변류기의 직류 측 전력이 1,500[KW], 전압이 500[V]일 때, 교류 측 선전류의 크기[A]는? (단, 역률 및 효율은 모두 100[%]이다.)

〈한국철도공사〉

① $200\sqrt{2}$
② $350\sqrt{2}$
③ $500\sqrt{2}$
④ $1,000\sqrt{2}$
⑤ $1,500\sqrt{2}$

181 6상 수은정류기 교류값이 $\frac{\pi}{\sqrt{2}}$[V]일 때, 직류전압 E_d값과 역호 방지 방법으로 적절한 것은?

〈서울교통공사〉

	E_d	역호 방지 방법
①	$\pi\sqrt{3}$	정류기가 과부하 되지 않도록 할 것
②	$3\sqrt{2}$	양극에 수은증기가 부착되지 않도록 할 것
③	3	냉각장치에 주의하여 과열, 과냉각을 피할 것
④	$\frac{\pi}{\sqrt{2}}$	진공도를 충분히 높일 것
⑤	$2\sqrt{3}$	극의 바로 앞에 그리드를 설치하여 이를 부전위로 할 것

182 다음과 같은 회로에 교류 측 공급전압이 $100\pi\sin 314t$[V], 직류 측 저항이 10[Ω]이라고 할 때, 직류 측 전압의 평균값[V]은?

〈부산교통공사〉

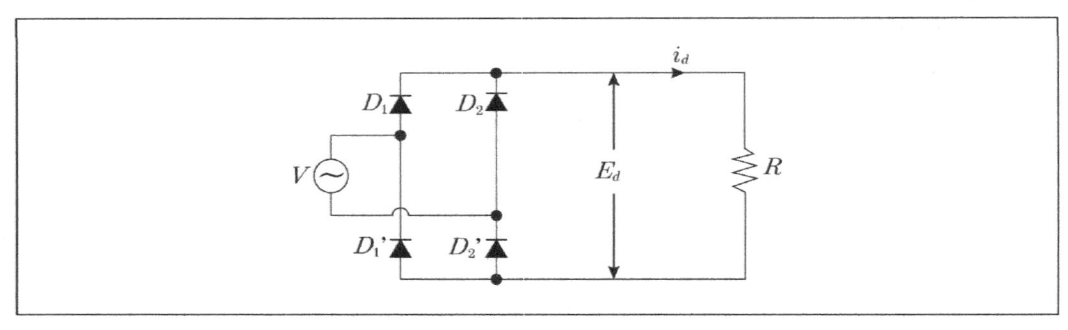

① 100
② $100\sqrt{2}$
③ 200
④ $200\sqrt{2}$
⑤ 300

183 3상 반파 정류회로에서 맥동률은 몇[%]인가?

〈한국도로공사〉

① 4
② 10
③ 17
④ 28
⑤ 52

184 다음 중 전력변환장치에 대한 설명으로 옳은 것은?

〈한국도로공사〉

① 컨버터는 직류를 교류로 변환시키는 장치이다.
② 인버터 출력전압 제어 방식은 펄스폭 변조 방식이다.
③ 인버터는 교류를 직류로 변환시킨다.
④ 교류전력의 증폭에 초퍼를 사용한다.
⑤ 사이클로 컨버터는 직류전원과 교류전원을 증폭시키는 장치이다.

185 다음 SCR의 특징 중 옳은 것의 개수는?

〈한국도로공사〉

a. 과전압에 강하다.
b. 고온에 강하다.
c. 스위칭 시간이 짧다.
d. 역률각 이하에서 제어되지 않는다.
e. 양방향 3단자 소자이다.
f. 전류가 흐르고 있을 때 양극의 전압강하가 작다.

① 2개
② 3개
③ 4개
④ 5개
⑤ 6개

186 다음 중 다이오드를 사용한 정류 회로 여러 개를 직렬로 연결하여 사용할 경우에 얻는 효과로 적절한 것은?

〈한국전력공사〉

① 과전류로부터의 다이오드 보호
② 과전압으로부의 다이오드 보호
③ 부하출력의 맥동률 감소
④ 부하출력의 맥동률 증가
⑤ 전력공급의 증대

187 어떤 정류기의 부하전압이 2,000[V]이고 맥동률이 3[%]이면 교류분은 몇 [V]가 포함되어 있는가?

〈한국동서발전〉

① 20 ② 30
③ 50 ④ 60

188 다이오드를 사용한 정류회로에서 과대한 부하전류에 의해 다이오드가 파손될 우려가 있을 때 할 수 있는 조치로 가장 적절한 것은?

〈한국동서발전〉

① 다이오드 양단에 적당한 값의 콘덴서를 추가한다.
② 다이오드 양단에 적당한 값의 저항을 추가한다.
③ 다이오드를 직렬로 추가한다.
④ 다이오드를 병렬로 추가한다.

189 다음 중 사이리스터에서 게이트 전류가 증가하는 경우에 해당하는 것은?

〈한국동서발전〉

① 순방향 저지전압이 증가한다.
② 순방향 저지전압이 감소한다.
③ 역방향 저지전압이 증가한다.
④ 역장향 저지전압이 감소한다.

190 단상 전파정류회로를 이용하여 직류 평균전압 180[V]를 얻기 위한 변압기 1차의 교류공급전압은 몇 [V]인가?

〈한국남동발전〉

① 380 ② 162
③ 100 ④ 200

191 주된 맥동전압 주파수가 전원 주파수의 6배가 되는 회로는?

〈한국남동발전〉

① 단상 브릿지 정류회로 ② 단상 전파 정류회로
③ 3상 반파 정류회로 ④ 3상 전파 정류회로

192 다음 중 정류회로에서 리플 함유율을 감소시키는 방법으로 적절하지 않은 것은?

〈한국남동발전〉

① 입력전원의 주파수를 높인다.
② 반파 정류회로보다는 전파정류회로를 사용한다.
③ 콘덴서 입력형 평활회로에서 콘덴서용량을 크게 한다.
④ 초크 입력형 평활회로에서 초크의 인덕턴스를 작게 한다.

193 정격전압이 300[V], 1,000[KW]인 6상 회전 변류기의 교류 측에 300[V]의 전압을 가할 때, 직류 측의 유도기전력은 몇 [V]인가? (단, 교류 측 역률은 100[%]이고, 손실은 무시한다.)

〈한국남동발전〉

① 470
② 600
③ 740
④ 840

194 사이리스터에서 래칭전류에 관한 설명으로 옳은 것은?

〈한국수력원자력〉

① 게이트를 개방한 상태에서 사이리스터 도통 상태를 유지하기 위한 최소의 순전류
② 게이트 전압을 인가한 후에 급히 제거한 상태에서 도통상태가 유지되는 최소의 순전류
③ 사이리스터의 게이트를 개방한 상태에서 전압을 상승하면 급히 증가하게 되는 순전류
④ 사이리스터가 턴온하기 시작하는 순전류

195 다음 중 SCR에 대한 설명으로 옳지 않은 것은?

〈한국수력원자력〉

① 브레이크 오버전압은 게이트 바이어스 전압이 역으로 증가함에 따라 감소한다.
② 부성저항의 영역을 갖는다.
③ 양극과 음극 간에 바이어스 전압을 가하면 pn 다이오드의 역방향 특성과 비슷하다.
④ 브레이크오버 전압 이하의 전압에서도 역포화 전류와 비슷한 낮은 전류가 흐른다.

196 다음 중 순방향 바이어스에 대해 설명으로 적절한 것은?

① 다수 캐리어에 의한 전류가 0이 된다.
② 소수 캐리어에 의한 전류가 0이 된다.
③ 전위장벽이 높아진다.
④ 전위장벽이 낮아진다.

197 다음 중 반도체 정류기에 대한 설명으로 옳지 않은 것은?

〈한국서부발전〉

① 실리콘 정류기는 고전압 대전류의 정류에 많이 사용된다.
② 사이리스터는 열용량이 작아 고온에 약하다.
③ 사이리스터는 소형 경량이다.
④ 다이오드를 직렬 연결하면 과전류에 대비할 수 있다.

198 4개의 SCR를 사용하여 입력 250[V]의 단상 교류를 브릿지 제어 정류하려고 할 때, 사용할 1개 SCR의 최대 역전압(내압)은 약 몇 [V] 이상이어야 하는가?

〈한전KPS〉

① $150\sqrt{2}$
② $200\sqrt{2}$
③ $250\sqrt{2}$
④ $300\sqrt{2}$
⑤ $400\sqrt{2}$

199 6상 회전 변류기의 직류 측 선전류가 $300[A]$일 때 교류 측 선전류의 크기는? (단, 역률 및 효율은 모두 $100[\%]$이다.)

〈한전KPS〉

① $50\sqrt{2}$
② $100\sqrt{2}$
③ $150\sqrt{2}$
④ $200\sqrt{2}$
⑤ $250\sqrt{2}$

200 단상 전파정류회로에서 교류전압 $v=628\sin 315t[V]$이고, 부하저항이 $20[\Omega]$일 때, 직류 측 전압의 평균값$[V]$은?

〈한전KPS〉

① 약100
② 약200
③ 약400
④ 약600
⑤ 약800

201 단상 전파정류회로에서 직류전압 $100[V]$를 얻는 데 필요한 변압기 2차 상전압을 구하면? (단, 부하는 순저항, 변압기 내 전압강하를 무시하며 정류기 내의 전압강하는 $8[V]$로 한다.)

〈한전KPS〉

① 50
② 80
③ 100
④ 120
⑤ 140

전기기기 정답 및 해설

01 정답 ③ **직류 발전기**

속도 $v=\frac{\text{거리}}{\text{시간}}=\frac{\text{절연물두께}-\text{브러시두께}}{\text{주기}}[m/\sec]$

정류주기 $T=\frac{b-\delta}{v}[\sec]$, $v=\pi D\frac{N}{60}[m/\sec]$, $K(b+\delta)=\pi D$, $\delta=\frac{\pi D}{K}-b$

$$T=\frac{b-\delta}{v}=\frac{b-\delta}{\pi DN}\times 60=\frac{b-\frac{\pi D}{K}+b}{\pi DN}\times 60=\frac{2b-\frac{\pi D}{k}}{\pi DK}\times 60=\frac{\frac{2bk-\pi D}{k}}{\pi DK}\times 60=\frac{2bK-\pi D}{\pi DNK}\times 60$$

02 정답 ② **직류 발전기**

유기기전력 단중파권에서 병렬회로수가 2이므로

$E=\frac{Z}{a}P\varnothing\frac{N}{60}=\frac{600}{2}\times 6\times 0.01\times\frac{600}{60}=180[V]$

03 정답 ④ **직류 발전기**

발전기이므로 $E=V+I_aR_a=220+I_a\times 0.5=220+52\times 0.5=246[V]$

단자전압 $V=I_fR_f=I_f\times 110=220[V]$, $I_f=2[A]$

전기자 전류 $I_a=I+I_f=50+2=52[A]$

04 정답 ③ **직류 발전기**

단중파권이므로 병렬회로수는 2이다.

$E=\frac{Z}{a}P\varnothing n=\frac{500}{2}\times 0.01\times 10\times 60=1{,}500[V]$

05 정답 ⑤ **직류 발전기**

정류자편수 $K=\frac{\text{슬롯수}\times\text{코일변수}}{2}=\frac{60\times 4}{2}=120$

06 정답 ① 　　직류 발전기

양호한 정류를 얻기 위하여 리액턴스전압을 작게 해야 한다. $e=L\frac{2I_c}{T}[V]$이 작아지려면 정류주기는 길게, 인덕턴스는 작아야 한다. 접촉저항이 커야 하므로 탄소브러시를 사용한다.

07 정답 ③ 　　직류 발전기

$E=\frac{Z}{a}P\varnothing\frac{N}{60}[V]$, 중권 $P=a$

$E=V+I_aR_a=500+\frac{1,000\times10^3}{500}\times0.006=512[V]$

$E=\frac{Z}{a}P\varnothing\frac{N}{60}$, $512=\frac{192\times6}{12}\times12\times\varnothing\times\frac{246}{60}$

$\varnothing=0.11[Wb]$

08 정답 ⑤ 　　직류 발전기

$P_e=k_e\frac{(t\cdot f\cdot k'\cdot B_m)^2}{\rho}=k_e\cdot k(t\cdot f\cdot k'\cdot B_m)^2$ 와류손은 도전율 k에 비례하고, 파형률과 두께 t는 각각 제곱에 비례한다.

09 정답 ④ 　　직류 발전기

$E=V+I_aR_a=I_fR_f+I_aR_a=2\times50+2\times3=106[V]$, 무부하 $I_a=I_f$

10 정답 ② 　　직류 발전기

$B=\frac{p\varnothing}{S}=\frac{p\varnothing}{\pi Dl}[Wb/m^2]$

11 정답 ① 　　직류 발전기

$e_L=L\frac{di}{dt}=L\frac{I_c-(-I_c)}{T}=L\frac{2I_c}{T}[V]$

12 정답 ③ **직류 발전기**

$E = \frac{Z}{a} P \varnothing \frac{N}{60} = K \varnothing N[V]$

유기기전력을 일정하게 하고 회전수를 1/2로 하면 자속은 2배로 증가한다.

13 정답 ① **직류 발전기**

$E = V + I_a R_a = 200 + \frac{100 \times 10^3}{200} \times 0.08 = 240[V]$

$E = \frac{Z}{a} P \varnothing \frac{N}{60}$, $240 = \frac{100 \times 6}{4} \times 4 \times \varnothing \times \frac{240}{60}$

$\varnothing = 0.1[Wb]$

14 정답 ③ **직류 발전기**

분권 발전기 $V = I_f R_f = 600[V]$, $R_f = 60 = 20 + x$, $x = 40[\Omega]$

15 정답 ② **직류 발전기**

전기각과 기계각의 관계 : 전기각$= \frac{P}{2} \times$ 기계각

극수가 2극이면 360[°], 극수가 4극이면 720[°], 극수가 6극이면 1,080[°]가 된다. 즉, 4극 전동기가 한 바퀴 회전하면 2극 전동기는 2회전한 것과 같다.

극수가 2극이면 전기각과 기계각이 같다.

극수가 4극이면 전기각 : 기계각 = 2 : 1

극수가 6극이면 전기각 : 기계각 = 3 : 1

따라서 전기각 120[°]는 기계각 40[°]와 같다.

16 정답 ③ **직류 발전기**

전압변동률 $\epsilon = \frac{V_o - V_n}{V_n} \times 100 = \frac{206 - 200}{200} \times 100 = 3[\%]$

$E = V_o = V + I_a R_a = 200 + (\frac{P}{V} + \frac{V}{R_f}) R_a = 200 + (\frac{1.6 \times 10^3}{200} + \frac{200}{50}) \times 0.5 = 206[V]$

17 정답 ① 직류 발전기

$E=\frac{Z}{a}P\varnothing\frac{N}{60}[V]$ P가 8인 경우 중권 $E=Z\varnothing\frac{N}{60}[V]$, 파권 $E=4Z\varnothing\frac{N}{60}[V]$

18 정답 ② 직류 발전기

전압변동률 $\epsilon=\frac{V_o-V_n}{V_n}\times 100=\frac{225-200}{200}\times 100=12.5[\%]$

$E=V_o=200+I_aR_a=200+\frac{200\times 10^3}{200}\times 0.025=225[V]$

19 정답 ③ 직류 발전기

$E=\frac{Z}{a}P\varnothing\frac{N}{60}=\frac{300}{2}\times 20\times 0.01\times\frac{1,200}{60}=600[V]$

파권 병렬회로수 a=2

20 정답 ① 직류 발전기

분권 발전기는 계자와 전기자가 병렬로 된 것이고, 직권 발전기는 계자와 전기자가 직렬로 된 것, 직권 발전기는 무부하 시 계자 자속이 없어 전압확립을 할 수 없다.

21 정답 ③ 직류 발전기

중권은 병렬회로의 전압균형을 위해 균압선이 필요하고 파권은 필요하지 않다.

22 정답 ④ 직류 발전기

저항정류를 위해 브러시 접촉저항을 크게 하며, 탄소브러시를 고려한다.

23 정답 ④ 직류 발전기

$E=V+I_aR_a+e_a+e_b=200+30\times 0.1+2+1=206[V]$

- e_a : 전기자 반작용에 의한 전압강화$[V]$
- e_b : 브러시 접촉에 의한 전압강화$[V]$

24 정답 ① **직류 발전기**

- 직권 발전기는 무부하에서 발전이 되지 않으므로 전압강하율이 (-)이다.
- 과복권발전기도 무부하전압이 단자전압보다 낮으므로 전압강하율이 (-)이다.
- 무부하 전압이 단자전압보다 커지면 전압강하율이 (+)가 되는 것으로 타여자 방식과 분권 발전기가 해당된다.
- 평복권은 무부하전압과 단자전압이 같아 전압강하율이 0이다.

25 정답 ③ **직류 발전기**

전압변동률 $\epsilon = \frac{E-V}{V} \times 100 = \frac{E-200}{200} \times 100 = 3$

무부하전압 $V_o = E = 206[V]$

26 정답 ⑤ **직류 발전기**

$e = \frac{6 \times 120}{80} = 9[V]$

27 정답 ③ **직류 발전기**

자여자 발전기는 잔류자기가 반드시 있어야 발전을 할 수 있다.

28 정답 ① **직류 전동기**

$P = \frac{1}{975} TN = EI_a[KW], \quad T[Kg \cdot m]$

$P = EI_a =$ 역기전력 × 전기자전류

$E = V - I_a R_a = 205 - (51.7 - 1.7) \times 0.1 = 200[V]$

$I_a = I - I_f = 51.7 - 1.7 = 50[A]$

$P = \frac{1}{975} TN = EI_a = 200 \times 50 = 10,000[W] = 10[KW]$

$T = \frac{975 \times 10}{1,500} = 6.5[Kg \cdot m]$

29 정답 ⑤ **직류 전동기**

BLDC모터는 DC모터와 비슷한 면이 있으나 구동 방식상 3상 유도 전동기의 특성과 유사하여 저속, 고속에서 토크가 비교적 높고 고속회전도 가능하다. 무접점의 반도체 소자로 코일의 전류를 드라이브 하므로 그 수명이 매우 길고, 소음과 전자적인 잡음을 거의 발생시키지 않으며, 모터 드라이브 회로 자체에서 직접 속도조절을 할 수 있는 장점이 있다. 단점으로는 회전자에 영구자석을 사용하는 것으로서 영구자석의 한계로 대용량의 모터 제작이 안되고 브러시형 모터에 비해서 제어가 복잡하다.

30 정답 ④ **직류 전동기**

모터의 회전각과 속도는 펄스 수에 비례한다. 스테핑 모터는 일정한 각도의 회전을 하는 모터로서 일반적인 아날로그 전원보다는 디지털 펄스 형식 제어에 적합하다. 가변 릴럭턴스형(VR형), 영구자석형(PM형), 복합형(Hybrid Type) 등의 종류로 구분된다. 스테핑 모터의 총 회전각은 입력 펄스 수에 의해 결정되기 때문에 DC 서보 모터 등과 같이 회전각을 검출하기 위한 피드백이 불필요하게 되고 제어계가 간단해서 가격이 저렴한 장점을 가진다. 스테핑 모터는 각종 모터 중에서도 외부의 DC전압 또는 전류를 모터의 각 상 단자에 스위칭 방식으로 입력시켜줌에 따라 일정한 각도의 회전을 하는 모터이다. 이는 일종의 디지털 제어 방식의 기기로서 일반적인 아날로그 전원보다는 디지털 펄스 형식의 제어에 적합하다. 또한 DC 모터와 같이 브러시 교환 등과 같은 보수를 필요로 하지 않는다. 어느 주파수에서 진동, 공진 현상이 발생하기 쉽고 관성이 있는 부하에 약하며, 고속 운전 시 탈조되기 쉽다는 것이 단점이다.

31 정답 ① **직류 전동기**

$$P = T\omega = T\frac{2\pi N}{60}[KW],\ \ 2{,}000 = [N \cdot m] \times \frac{2\pi \times 1{,}500}{60}$$

$$N = \frac{2{,}000 \times 60}{2\pi \times 1{,}500 \times 0.15} = 84.89[N]$$

32 정답 ① **직류 전동기**

직권 전동기는 일반적으로 $T \propto K\varnothing I_a \propto I_a^2$이나 이것은 여자전류와 부하전류가 동일하기 때문에 그렇다. 문제에서 평균자속밀도가 일정한 경우이므로 자속이 일정하게 되어 토크는 전기자 전류와 비례하게 된다.

33 정답 ③ **직류 전동기**

직류전동기속도제어방식은 전압제어, 계자제어, 저항제어가 있으며 전압제어가 가장 효율이 좋다. 워드레오너드 방식과 일그너 방식이 있는데 워드레오너드 방식은 연속적이고, 광범위한 제어가 가능하며 일그너 방식은 플라이휠을 적용한 방식으로 설비비가 많이 든다.

34 정답 ④ **직류 전동기**

제동이 되지 않는 것을 찾는다. 전원을 끊었을 때 전동기가 발전해 만든 전기에너지를 내부에서 열로 소비를 하면 발전제동이고, 발생전력을 전원으로 보내면 회생제동이다. 전동기의 계자권선의 접속을 반대로 하는 것은 역상제동으로 전동기를 급속히 제동하는데 적용한다. 전동기의 극성을 바꾸어도 전동기는 그대로 운전을 계속하므로 전기자권선이나 계자권선 중 어느 한 가지의 극성을 바꾸어야 역상 회전력을 얻을 수 있다.

35 정답 ① **직류 전동기**

부하손은 부하의 변화에 따라 변화하는 손실이다. 철손, 풍손, 기계손은 거의 일정한 크기를 유지하는 손실로서 부하의 변화와 연관이 적다.

※ **표류부하손**(stay load loss) : 철손(iron loss)과 동손(copper loss)을 제외한 전기적인 손실을 나타내는 양으로 베어링, 외함 등에 자속이 쇄교하여 발생하는 손실과 철심의 아주 작은 공차에 의한 손실 등 정확하게 손실의 원천을 알 수 없는 손실들의 합이다.

36 정답 ③ **직류 전동기**

속도변동률 $\delta = \dfrac{N_o - N_n}{N_n} \times 100 = \dfrac{N_o - 375}{375} \times 100 = 30[\%]$, $N_o = 487.5[rpm]$

37 정답 ① **직류 전동기**

저항제어는 열손실이 크므로 제어효율이 낮다. 가장 효율이 높은 속도제어 방식은 전압제어로, 워드 레오나드 방식과 일그너 방식이 있다.

38 정답 ② **직류 전동기**

E종 : 120[℃]
F종 : 155[℃]
B종 : 130[℃]

39 정답 ④ **직류 전동기**

무부하손실로는 철손과 기계손이 있다. 철손에는 와류손과 히스테리시스손이 있고, 기계손에는 마찰손과 풍손 등이 있다. 브러시손은 가변손에 해당한다.

40 정답 ② 직류 전동기

$P = T\omega[W]$

$P = EI_a = \frac{Z}{a}P\varnothing\frac{N}{60}I_a = T\frac{2\pi N}{60}[W]$, $T = \frac{ZP\varnothing}{2\pi a}I_a = \frac{100\times4\times2\pi\times5}{2\pi\times2} = 1{,}000[N\cdot m]$

41 정답 ④ 직류 전동기

출력 $P = EI_a = (V - I_aR_a)I_a = (100 - 50\times0.1)\times50 = 4{,}750[W]$

42 정답 ⑤ 동기 발전기

$N = \frac{120f}{P}[rpm]$, $120f = NP = 8\times1{,}500 = 6\times x$

$x = 2{,}000[rpm]$

43 정답 ⑤ 동기 발전기

단락비는 동기 발전기의 무부하 포화 곡선에서 구한 정격전압에 대한 여자전류와 3상 단락 곡선에서 구한 정격전류에 대한 여자전류의 비를 말한다. 단락비가 크면 전기자 반작용이 작으므로 철기계 특성을 가진다. 따라서 효율은 낮다. 그러나 전압변동률이 낮아 안정도가 높다는 장점이 있다.

44 정답 ② 동기 발전기

8극에 슬롯수 72개이면 1극당 9개의 슬롯이 있다.

단절권 계수 $K_p = \sin\frac{\beta\pi}{2}$

$\beta = \frac{\text{권선피치}}{\text{자극피치}} = \frac{7-2}{9} = \frac{5}{9}$

$K_p = \sin\frac{\beta\pi}{2} = \sin\frac{\frac{5}{9}\pi}{2} = \sin\frac{5\pi}{18} = \sin\frac{5\times180^\circ}{18} = \sin50^\circ$

45 정답 ① 동기 발전기

단락비 $K=\frac{I_s}{I_n}=\frac{100}{\%Z}=1.25$, $\%Z=80$

$\%Z=\frac{PZ}{10V^2}=80$, $Z=\frac{10V^2\times 80}{P}=\frac{10\times 3^2\times 80}{4,000}=1.8[\Omega]$

46 정답 ② 동기 발전기

단락비 $K=\frac{I_s}{I_n}=\frac{500}{10}=50=\frac{100}{\%Z}$, $\%Z=2[\%]$

47 정답 ⑤ 동기 발전기

- 직류 발전기 병렬운전 : 단자전압과 극성이 같을 것, 외부 특성이 수하 특성일 것
- 동기 발전기 병렬운전 : 기전력의 크기, 위상, 주파수, 파형이 같을 것

48 정답 ③ 동기 발전기

정격전류 $I_n=\frac{P}{\sqrt{3}\,V}=\frac{4,000\times 10^3}{\sqrt{3}\times 6,000}=384.9[A]$

단락비 $K=\frac{I_s}{I_n}=\frac{500}{384.9}\fallingdotseq 1.3$

49 정답 ① 동기 발전기

기전력의 파형이 불일치할 경우에는 고조파 무효전류(고조파 횡류)가 흐르고, 기전력의 크기가 불일치하면 무효횡류가 흐른다. 또한 기전력의 위상이 불일치하면 유효횡류(동기화력)이 흐르고, 기전력의 주파수가 불일치하면 동기화전류가 주기적으로 흐른다.

50 정답 ③ 동기 발전기

비돌극형(원통형) 발전기는 고속기로서 회전속도가 빠르고, 직축과 횡축 리액턴스가 같다.

51 정답 ⑤ 동기 발전기

1상의 전압 $E=4.44fN\varnothing=4.44\times60\times200\times0.1=5{,}328[V]$

Y결선이므로 단자전압은 $5{,}328\sqrt{3}\,[V]$

52 정답 ② 동기 발전기

단락비가 큰 동기기는 전압변동률이 작고 효율은 낮다.

53 정답 ⑤ 동기 발전기

$$K=\frac{\sin\frac{\pi}{2m}}{q\sin\frac{\pi}{2mq}}=\frac{\sin\frac{\pi}{6}}{3\sin\frac{\pi}{2\times3\times3}}=0.96$$

54 정답 ⑤ 동기 발전기

부하전류 $500(0.8-j0.6)=400-j300[A]$

A기 전류 $230=200-jx,\ x=113.58[A]$

B기 전류 $200-jy=200-j(300-113.58)=200-j186.42=273.4[A]$

55 정답 ④ 동기 발전기

발전기의 자기여자 현상은 무부하로 운전하는 동기 발전기를 장거리 송전선로에 접속한 경우 송전선로의 충전용량으로, 진상전류가 흐르게 된다. 이 진상전류는 발전기에 전기자 반작용 (앞선전류에 의한 증자작용) 기전력이 증가하거나 무부하 동기 발전기의 잔류자기로 인한 미소전압 발생 시 송전선로의 정전용량 때문에 흐르는 진상전류에 의해 발전기가 스스로 여자되어 전압이 상승하는 현상을 말한다.

※ 자기여자현상 방지 대책

㉠ 발전기용량을 선로의 충전용량보다 크게 한다.
㉡ 수전단에 병렬리액터를 설치하여 리액턴스를 줄인다.
㉢ 단락비가 큰 철기계를 사용한다.
㉣ 송전단 전압을 80%로 낮추어 충전한다.
㉤ 발전기 2~3대를 병렬운전하여 충전한다.
㉥ 주파수를 낮추어 충전한다.

56 정답 ③ **동기 발전기**

직렬리액턴스를 작게 해야 한다. 따라서 직렬콘덴서를 적용하거나 회전수를 증가시키고, 복도체를 적용한다.

57 정답 ③ **동기 발전기**

$K = \frac{I_s}{I_n} = \frac{300}{240} = 1.25$

58 정답 ② **동기 발전기**

$E = 4.44f\varnothing NK = 4.44 \times 50 \times 0.25 \times 110 = 6{,}105[V]$

△ 결선이므로 단자전압과 상전압이 같다.

$N_s = \frac{120f}{P} = 500[rpm]$, $P = 12$, $f = 50[Hz]$

59 정답 ② **동기 발전기**

$N_s = \frac{120f}{P}$ [rpm]

$120f = PN_s = 6 \times 1{,}200 = 10 \times N_s$, $N_s = 720[rpm]$

60 정답 ① **동기 발전기**

- 기전력의 파형이 다른 경우 : 고조파 순환전류가 흐른다.
- 기전력의 크기가 다른 경우 : 무효순환전류가 흐른다.
- 기전력의 위상차가 다른 경우 : 유효횡류(동기화력)가 흐른다.
- 기전력의 주파수가 다른 경우 : 동기화전류가 주기적으로 흐른다.

61 정답 ③ **동기 발전기**

3상 동기 발전기 병렬운전은 기전력, 위상, 파형, 주파수, 상회전이 같아야 한다.

62 정답 ② **동기 발전기**

단락이 일어나면 작은 누설리액턴스에 의해 제한을 받아 큰 전류가 흐르게 되나 곧 전기자반작용리액턴스가 커지므로 단락전류는 점차 감소하게 된다. 동기리액턴스로 인해 단락전류는 작은 규모로 흐르게 된다.

63 정답 ④ **동기 발전기**

위상이 다른 경우 동기화 전류가 흐른다.

$$I_s = \frac{E_1 - E_2}{2Z_s} = \frac{2E_1}{2Z_s} sin\frac{\delta}{2} [A]$$

수수전력 $P = E_1 I_s \cos\frac{\delta}{2} = \frac{E_1^2}{Z_s} sin\frac{\delta}{2} cos\frac{\delta}{2} = \frac{E_1^2}{2Z_s} sin\delta [W]$

동기화력 $P_s = \frac{\partial P}{\partial \delta} = \frac{E_1^2}{2Z_s} cos\delta [W]$

64 정답 ② **동기 발전기**

$$K = \frac{I_s}{I_n} = \frac{300}{\frac{5000 \times 10^3}{\sqrt{3} \times 6,000}} = 0.62$$

65 정답 ② **동기 발전기**

$v = \pi D \frac{N_s}{60} [m/\sec]$, $N_s = \frac{120f}{P} = \frac{120 \times 60}{4} = 1,800 [rpm]$

$313 = \pi D \frac{1,800}{60}$, $D = 3.33 [m]$

66 정답 ② **동기 발전기**

$$K = \frac{I_s}{I_n} = \frac{600}{400} = 1.5$$

67 정답 ② **동기 발전기**

분포권은 집중권에 비해 유기기전력은 낮으나 파형이 좋아진다.

68 정답 ③ **동기 발전기**

$$P=\frac{KVA\cos\theta}{\eta}=\frac{90[KVA]\times 0.8}{0.9\times 0.8}=100[KW]$$

69 정답 ② **동기 발전기**

수차발전기는 다극형이고 터빈발전기는 2극 또는 4극을 사용한다.

70 정답 ③ **동기 발전기**

회전계자형은 기계적으로 튼튼하며, 전기적으로 3상의 전기자를 회전하는 것보다 2상의 계자권선을 회전하는 편이 안정적이므로 채택하는 경우가 많다.

71 정답 ③ **동기 발전기**

병렬운전의 조건 중 주파수가 일치하지 않기 때문이다. 주파수가 일치하지 않으면 주기적으로 동기화 전류가 흘러 난조의 원인이 된다.

72 정답 ④ **동기 발전기**

$P=\frac{EV}{X}sin\delta[W]$이므로 출력은 $\sin\delta$에 비례한다.

73 정답 ④ **동기 전동기**

동기전동기는 기동이 어려우며 자기동법, 원동기를 사용하는 방법이 있다. 또한, 동기속도로만 운전되므로 속도가 조정되지 않고, 난조가 심해 제동권선을 필요로 한다. 동기전동기는 역률이 1로 가장 우수하다고 할 수 있다. 자기여자 현상의 원인은 페란티 현상이므로 동기 조상기를 부족여자로 하여 리액터로 사용한다.

74 정답 ④ **동기 전동기**

동기 전동기의 기동법으로는 자기동법과 기동전동기법, 저주파기동법이 있다.

- 기동전동기법 : 기계적으로 직렬한 기동용 전동기에 의해 동기속도로 병렬운전하는 방법
- 저주파기동법 : 저주파 저전압 전원으로 기동하고 동기화한 후에 그 전원의 전압주파수를 서서히 올려 동기속도로 병렬운전하는 방법

75 정답 ④ 동기 전동기

안정도를 증진시키기 위해서는 다음과 같은 조건이 필요하다.

㉠ 단락비를 크게 한다.

㉡ 속응여자 방식을 크게 한다.

㉢ 발전기 입출력 불평형을 작게 한다.

㉣ 영상, 역상임피던스를 크게 한다.

㉤ 직렬리액턴스를 작게 한다.

㉥ 회전자의 관성을 크게 한다.

76 정답 ② 동기 전동기

동기 전동기는 동기속도로만 운전하므로 속도 조정이 어렵다.

77 정답 ② 동기 전동기

$P = T\omega[KW]$ 토크는 공급전압에 정비례하며, 유도기의 토크는 전압의 제곱과 비례한다.

78 정답 ③ 동기 전동기

출력식 $P = EI\cos\varnothing = EI\cos(\alpha - \delta)[W]$

최대 출력일 때는 $\alpha = \delta$, $\tan\alpha = \frac{x_s}{r_a} = 1, \alpha = \delta = 45^o$

79 정답 ③ 변압기

변압기의 기름은 광유로서 절연기능을 갖으므로 절연내력이 커야 한다.

80 정답 ⑤ 변압기

전부하효율 $\eta = \frac{[KVA]\cos\theta}{[KVA]\cos\theta + 동손 + 철손} \times 100 = \frac{100 \times 0.95}{100 \times 0.95 + 3.2 + 1.8} \times 100 = 95[\%]$

81 정답 ③ 변압기

$\triangle - Y$결선은 1차, 2차 선간전압 사이에 30^o의 위상변위가 있다.

82 정답 ④ 변압기

$P_e = \delta_e(\frac{f \cdot t \cdot K_f \cdot E_1}{4N_1A})^2 \propto f^2B_m^2$ 이므로 와전류손은 주파수 제곱에 비례한다.

83 정답 ④ 변압기

$\frac{V_1}{V_2} = \sqrt{\frac{R_1}{R_2}} = 20$, $R_1 = 20^2R_2 = 400 \times 2 = 800[\Omega]$

84 정답 ③ 변압기

무부하전류가 여자전류이므로 $i_o = \sqrt{3^2+(-9)^2+3^2+1^2} = 10[A]$, 철손은 유효전력이므로 고조파성분이 같아야 한다.

$v_1 = 200\sqrt{2}\cos\omega t\,[V]$

$i_o = 3\sqrt{2}\,sin\omega t + 3\sqrt{2}\,cos\omega t = 6\sin45^o[A]$

$P = v_1 i_o = 200 \times \frac{6}{\sqrt{2}} cos45^o = 600[W]$

85 정답 ③ 변압기

A군 권수비 $a_A = \frac{E_1}{E_2} = \frac{\frac{V_1}{\sqrt{3}}}{V_2}$

B군 권수비 $a_B = \frac{E_1}{E_2} = \frac{V_1}{\frac{V_2}{\sqrt{3}}}$

$\frac{a_A}{a_B} = \frac{\frac{1}{\sqrt{3}}}{\sqrt{3}} = \frac{1}{3}$, $a_B = 3a_A = 3 \times 30 = 90$

86 정답 ④ 변압기

- 동기기 병렬운전 : 기전력, 위상, 주파수, 파형
- 변압기 병렬운전 : 극성, 권수비 및 1, 2차 정격전압, 상회전, 저항과 리액턴스 비

87 정답 ④ 변압기

$$\frac{1}{m}=\sqrt{\frac{P_i}{P_c}}=\sqrt{\frac{20}{50}}=0.63\,,\ 63[\%]$$

88 정답 ④ 변압기

△결선 시 출력 $P=3\times180=540[KVA]$

1대 고장 후 V결선 출력 $P_V=\sqrt{3}\times180=311.77[KVA]$

과부하율 $\frac{450}{311.77}=1.44,\ 144[\%]$

89 정답 ④ 변압기

$$\%Z=\frac{IZ}{E}\times100=\frac{PZ}{10\,V^2},\ Z_2=\frac{V_2}{I_2}=\frac{300\times\frac{200}{3,300}}{120}=0.1515$$

$$\%Z=\frac{PZ}{10\,V^2}=\frac{40\times0.1515}{10\times0.2^2}\fallingdotseq15.2[\%]$$

90 정답 ① 변압기

$\epsilon=p\cos\theta+q\sin\theta=3\times0.8+4\times(\sqrt{1-0.8^2})=4.8[\%]$

91 정답 ③ 변압기

일단 두 변압기의 용량을 합치면 200+150=450$[KVA]$이므로 그보다는 작은 용량이며, 200$[KVA]$보다는 클 것임을 알 수 있다. %임피던스가 다르므로 %임피던스가 큰 것의 용량을 다 쓸 수 없다.

$$\frac{I_A}{I_B}=\frac{P_A\times\%Z_B}{P_B\times\%Z_A}=\frac{200\times3}{150\times2}=2$$

2:1의 비율로 사용할 수 있으므로 $P_A=200[KVA],P_B=100[KVA]$로 사용하여 합성용량은 300 $[KVA]$이다.

92 정답 ⑤ 변압기

스코트결선은 3상을 2상으로 변환하는 결선 방식이다.

93 정답 ② **변압기**

각 방식의 변압기 약호는 다음과 같다.

- 송유풍냉식 Oil Forced, Air Forced(OFAF)

※ 첫 번째 문자 A : 공기
O : 절연유(광유)
두 번째 문자 N(Natural) : 자연 순환식
F(Foreced) : 강제 순환식
세 번째 문자 A : 공기
W : 물
네 번째 문자 N(Natural) : 자연 순환
F(Foreced) : 강제 순환

94 정답 ③ **변압기**

전부하 효율 $\eta = \frac{KVA\cos\theta}{KVA\cos\theta + P_i + P_c} \times 100 = \frac{24}{24+3+P_c} \times 100 = 80$

동손 $P_c = 3[KW]$

95 정답 ① **변압기**

$\frac{\text{자기용량}}{\text{부하용량}} = \frac{V_H - V_L}{V_H} = \frac{200-100}{200} = 0.5$

단권 변압기의 자기용량은 부하용량의 1/2가 되므로 $20[KVA]$이다.

96 정답 ① **변압기**

$a = \frac{V_1}{V_2} = \sqrt{\frac{R_1}{R_2}}$, $R_1 = a^2 R_2$, $a = \frac{10[KV]}{100[V]} = 100$

$Z = Z_1 + a^2 Z_2 = 11 + j12 + 12 + j13 = 23 + j25[\Omega]$

97 정답 ① **변압기**

변압기 내 상부의 절연유가 들어 있지 않은 공간은 통상 질소로 충전되어 있으며 약간의 압력이 있다. 새 변압기의 경우에는 이 내부의 질소가 깨끗한 상태를 유지하고 있으나 시간이 흘러 효율이 떨어지면 변압기 내부에 아크가 발생하고 절연유로부터 가연성 가스인 수소, 메탄, 에칠렌 가스 등이 발생한다. 주요 성분은 수소이다.

98 정답 ①

변압기

전압변동률 $\epsilon = p\cos\theta - q\sin\theta$ (진상) $= 2\times0.8 - 3\times0.6 = 1.6 - 1.8 = -0.2[\%]$

99 정답 ④

변압기

ㄴ. 변압기 병렬운전 시에서 반드시 용량이 같지 않아도 된다.

ㄷ. 2차 측을 단락시키는 것은 계기용 변류기를 교체할 때이다.

ㅅ. 변압기 임피던스와트(동손)을 구하려면 단락시험을 해야 한다.

100 정답 ②

변압기

함침법은 코일권선 내부에 순수 유리섬유로 절연 및 충진한 후 금형을 조립하여 진공상태에서 하부로부터 에폭시수지를 주입, 가열 경화시키는 방법이다. 주형법은 코일을 권선한 후 금형을 조립한 후 진공상태에서 충진제가 혼입된 에폭시수지를 상부로부터 주입, 가열 경화시키는 방식을 말한다.

101 정답 ④

변압기

전일손실전력량은 철손+동손이므로 $2\times24 + (\frac{1}{2})^2\times1\times8 + 1^2\times1\times12 = 62[Wh]$

102 정답 ④

변압기

변압기 병렬운전에서 순환전류 $I = \frac{E_A - E_B}{Z_A + Z_B}[A]$

$E_A = 66\times\frac{6.9}{67}\times\frac{1}{\sqrt{3}} = 3.92[KV]$, $E_B = 66\times\frac{6.9}{69}\times\frac{1}{\sqrt{3}} = 3.81[KV]$

$\%Z = \frac{PZ}{10V^2}$, $Z_A = \frac{10\%ZV^2}{P} = \frac{10\times4.3\times6.9^2}{5,000} = 0.409[\Omega]$

$Z_B = \frac{10\%ZV^2}{P} = \frac{10\times8.1\times6.9^2}{5,000} = 0.771[\Omega]$

$I = \frac{E_A - E_B}{Z_A + Z_B} = \frac{(3.92-3.81)\times10^3}{0.409+0.771} = 93[A]$

103 정답 ⑤ 변압기

b. 철손과 주파수는 반비례한다.

c. 3상을 6상으로 상수변환하는 방법은 포크결선, 환상결선, 대각결선이다. 메이어결선은 스코트결선과 함께 3상을 2상으로 변환하는 방식이다.

d. 병렬운전 시 부하분담은 %Z에 반비례하고 용량에 비례한다.

e. 상전압은 선간전압의 $\frac{1}{\sqrt{3}}$이므로 절연도 $\frac{1}{\sqrt{3}}$만큼 줄일 수 있다.

104 정답 ② 변압기

$$a=\frac{V_1}{V_2}=\sqrt{\frac{Z_1}{Z_2}}=\sqrt{\frac{600}{15\times10^3}}=\sqrt{\frac{1}{25}}=\frac{1}{5}$$

105 정답 ② 변압기

$$\eta=\frac{\frac{1}{m}KVA\cos\theta}{\frac{1}{m}KVA\cos\theta+P_c+(\frac{1}{m})^2P_c}=\frac{\frac{3}{4}\times10\times0.8}{\frac{3}{4}\times10\times0.8+0.11+(\frac{3}{4})^2\times0.18}\times100=96.6[\%]$$

106 정답 ③ 변압기

$\frac{I_A}{I_B}=\frac{\%Z_B\cdot P_A}{\%Z_A\cdot P_B}$ 전압을 곱하면 기기의 전력분담은 정격용량에 비례하고 %임피던스와 반비례한다.

107 정답 ① 변압기

- 3상 전원에서 2상 전압을 얻는 변압기 결선 방법: 우드브릿지결선, 스코트결선, 메이어결선
- 3상 전원에서 6상 전압을 얻는 변압기 결선 방법: 포크결선, 2중 성형결선, 대각결선, 환상결선

108 정답 ②

$$\%X=\frac{PX}{10V^2}=\frac{10\times7}{10\times2^2}=1.75[\%]$$

109 정답 ② 변압기

브리더(breather)는 숨을 쉰다는 뜻으로 변압기 호흡작용과 관련이 있다. 변압기의 호흡작용은 변압기의 온도변화로 인해 외부 공기가 출입하는 것을 말하는데, 이때 공기 중의 수분으로 인한 변압기유의 산화를 방지하기 위해 흡습제를 사용한다.

110 정답 ④ 변압기

$Z = \dfrac{PZ'}{10V^2 \times 10^{-6}}$, $Z' = \dfrac{10^{-5}V^2 Z}{P}$ 단위를 고려해야 한다.

111 정답 ② 변압기

A : 철손, B : 동손, C : 손실, D : 효율

112 정답 ① 변압기

단권 변압기의 장단점

㉠ 동량이 적게 들어 경제적이다.
㉡ 동손이 감소하므로 효율이 좋아진다.
㉢ 전압강하, 전압변동률이 작다.
㉣ 1차 측에 이상전압 발생시 2차 측에도 고전압 걸려 위험하다.
㉤ 누설임피던스가 적어 단락사고 시 단락전류가 크다.
㉥ 변압비가 1에 가까울수록 용량이 커진다.
㉦ 2차 측 권선은 공통권선이므로 절연강도를 낮출 수 없다.

113 정답 ① 변압기

자기누설 변압기(누설 자속을 증가시킨 변압기)는 정전류를 공급하며 정전류 공급이 필요한 용접용 변압기에 사용한다.

114 정답 ① 변압기

$$\eta = \frac{4,000\times 1}{4,000\times 1 + P_i + (\frac{1}{2})^2 P_c} = \frac{8,000}{8,000 + P_i + P_c} = 0.96$$

$$P_i + \frac{1}{4}P_c = 166.67[W],\quad P_i + P_c = 333.33[W]$$

$$P_c = 222[W], P_i = 111[W]$$

115 정답 ① 변압기

안정권선 : 전자유도 장애를 감소시키기 위해 델타결선을 한 3차 권선. 변압기의 1차, 2차 권선이 모두 Y 결선인 경우에 철심의 비선형 특성 때문에 홀수차 고조파를 포함한 찌그러진 파형의 전압과 전류가 흘러 인접 통신선에 전자유도 장애를 발생시키는데, 안정권선은 이를 감소시키기 위해 추가된 권선을 말한다.

116 정답 ① 변압기

철손 : 철에 발생하는 히스테리스손과 맴돌이전류손(와류손)을 합친 것이다. 변압기에 관계되는 손실은 부하에 관계된 손실과 무부하에 관계된 손실 등 두 가지가 있으며, 무부하 손실은 철손과 유전체손으로 이루어진다. 철손은 무부하시험으로 구하고 동손은 단락시험으로 구한다.

117 정답 ④ 변압기

철손을 줄이는 방법으로 히스테리시스손은 규소강판을 사용하고, 철손은 성층을 한다. 와류손이 자속밀도 제곱에 비례하므로 지속밀도를 작게 하는것도 좋은 방법이다. 그러나 권수와 철손은 관계가 없다.

118 정답 ① 변압기

$I_{1s} = \frac{E_1}{Z} = \frac{E_1}{\sqrt{R^2+X^2}}[A]$, $R = r_1 + a^2 r_2, X = x_1 + a^2 x_2$ 2차를 1차로 환산

119 정답 ④ 변압기

$$I_{1s} = \frac{100}{\%Z} I_n = \frac{100}{5} \times \frac{2 \times 10^3}{2,000} = 20[A]$$

$$I_{2s} = \frac{100}{\%Z} I_n = \frac{100}{5} \times \frac{2 \times 10^3}{200} = 200[A]$$

120 정답 ③ 변압기

$\Delta - \Delta$와 $\Delta - Y$, $Y - Y$와 $\Delta - Y$는 위상의 문제로 병렬운전을 할 수 없다.

121 정답 ④ 변압기

$$a = \frac{V_1}{V_2} = \frac{N_1}{N_2} = \sqrt{\frac{Z_1}{Z_2}} = \sqrt{\frac{27 \times 10^3}{30}} = 30$$

122 정답 ④ 변압기

최고 허용온도 이상에서 절연한 것만 가능하므로 E종은 120[℃]의 절연으로 130[℃]에서 사용이 불가능하다. 참고로 B종은 130[℃], F종은 155[℃], C종은 180[℃]이다.

123 정답 ③ 변압기

$$\frac{I_A}{I_B} = \frac{P_A[KVA] \cdot \%Z_B}{P_B[KVA] \cdot \%Z_A}$$

따라서 변압기 용량에 비례하고, 누설임피던스에 반비례한다.

124 정답 ③ 변압기

$P_i + 0.8^2 P_c = 100$, $P_i + 0.6^2 P_c = 80$

$0.64P_c - 0.36P_c = 20$, $P_c = 71.43[W]$, $P_i = 54.28[W]$

따라서 40[%] 부하에서는 $P_i + 0.4^2 P_c = 66[W]$이다.

125 정답 ② **변압기**

철손은 자성체 내에서 자속의 변화에 의한 것이다. 회전자 철심에 쇄교하는 자속은 N, S극이 교번하여 변하므로 회전자에는 와전류손(eddy current loss)과 히스테리시스손(hysteresis loss)이 발생한다. 회전자의 와류손을 막기 위해서는 얇은 철심을 적층하여 사용(성층철심)해야 한다. 히스테리시스손은 재료에 완전히 종속적인 손실로, 히스테리시스 면적이 적은 전기강판(규소강판)을 사용해야 한다.

126 정답 ② **유도기**

리액터 기동법은 농형 유도 전동기 감전압 기동법 중 하나이다. 기동법을 사용하는 이유는 모터 기동 시 기동전류를 낮춤으로써 배전선상의 전압강하를 낮춰 다른 설비들의 이상동작, 고장을 방지시킬 수 있을 뿐만 아니라 자기의 열적인 부담도 낮출 수 있기 때문이다.

127 정답 ① **유도기**

권선형 유도 전동기의 속도제어법에는 2차 저항법, 2차 여자법(크레머 방식, 세르비우스 방식) 등이 있다. 크레머 방식은 유도 전동기와 직결한 직류 전동기를 회전시켜 직류 전동기의 계자를 제어, 회전수를 조정하는 방식이며, 세르비우스 방식은 사이리스터를 이용하여 위상을 제어하여 속도를 조정하는 방식이다. 농형 유도 전동기의 속도제어법에는 주파수 제어법과 극수 제어법, 전원전압 제어법 등이 있다.

128 정답 ③ **유도기**

$$N=(1-s)\frac{120f}{P}=(1-0.06)\frac{120\times 60}{4}=1,692[rpm]$$

129 정답 ① **유도기**

슬립을 통해 회전자 전류의 주파수를 구한다.

$$N_s=\frac{120f}{P}=\frac{120\times 60}{6}=1,200[rpm]$$

$$s=\frac{1,200-1,120}{1,200}=0.067$$

따라서 회전자 전류의 주파수 $f_2=sf_1=0.067\times 60=4.02[Hz]$이다.

130 정답 ② 유도기

$Y-\triangle$ 기동법으로 기동하면 토크와 전류를 각각 1/3로 낮출 수 있다.

$$T_s = \frac{2.4}{3} T_n = 0.8 T_n$$

$$I_s = \frac{5.1}{3} I_n = 1.7 I_n$$

131 정답 ⑤ 유도기

최대토크 발생 슬립 $s_t = \dfrac{r_2'}{\sqrt{r_1^2 + (x_1 + x_2')^2}}$

$Z = (r_1 + r_2') + j(x_1 + x_2') = 1.1 + j1.2[\Omega]$, $r_2' = 0.2$, $r_1 = 0.9$

외부저항 $R = \sqrt{r_1^2 + (x_1 + x_2')^2} - r_2' = \sqrt{0.9^2 + 1.2^2} - 0.2 = 1.3[\Omega]$

132 정답 ④ 유도기

$$N_s = \frac{2f}{P}[rps], \quad N = (1-s)N_s$$

$$P = \frac{2f}{N_s} = \frac{2f(1-s)}{N}$$

133 정답 ④ 유도기

$$N = \frac{120f}{P}(1-s) = \frac{120 \times 60}{12} \times (1-0.02) = 588[rpm]$$

134 정답 ② 유도기

Y기동 시 전전압에 대한 토크와 전류는 1/3, 전압은 $\dfrac{1}{\sqrt{3}}$ 배의 감압기동 방식이다.

135 정답 ③ 유도기

슬립을 계산하여 회전자 전류의 주파수를 구한다.

$$N_s = \frac{120f}{P} = \frac{120 \times 60}{6} = 1,200[rpm]$$

$$s = \frac{1,200 - 1,080}{1,200} = 0.1$$

따라서 회전자 주파수 $f_2 = sf_1 = 0.1 \times 60 = 6[Hz]$이다.

136 정답 ② 유도기

$P = \frac{1}{975}TN[KW]$에서 $2.5 = \frac{1}{975} \times T \times 975$, $T = 2.5[Kg \cdot m]$

137 정답 ④ 유도기

$N = \frac{120f}{P}(1-s)[rpm]$, $1,200 = \frac{120 \times 50}{P}(1-0.2)$

$P = 4$

138 정답 ③ 유도기

슬립을 계산하여 회전자 전류의 주파수를 구한다.

$$N_s = \frac{120f}{P} = \frac{120 \times 60}{6} = 1,200[rpm]$$

$$s = \frac{1,200 - 960}{1,200} = 0.2$$

따라서 회전자 주파수 $f_2 = sf_1 = 0.2 \times 60 = 12[Hz]$이다.

139 정답 ③ 유도기

유도 발전기는 전동기가 동기속도보다 빠르게 설정되어 전력을 발생시키는 것을 말한다. 발전기가 동작할 때, 원동기(터빈 또는 엔진)는 동기속도(음극 슬립)회전자를 구동한다. 고정자에서 회전자로 에너지를 보낼 때 전동기, 회전자에서 고정자로 에너지를 보내는 것이 발전기이다. 유도 전동기는 슬립이 존재하므로 고정자의 동기속도의 회전자계보다 늦게 회전하지만 이를 가속하여 동기속도 이상으로 회전시키면 발전기가 된다. 단독으로는 불가능하다.

140 정답 ② 유도기

$P = P_1 - P_2 = 3 - 2 = 6$

$N = \frac{120f}{P} = \frac{120 \times 50}{6} = 1,000[rpm]$

141 정답 ④ 유도기

$N = \frac{120f}{P}(1-s) = \frac{120 \times 60}{8}(1-0.03) = 873[rpm]$

142 정답 ② 유도기

b. 3상 유도 전동기는 회전자계를 이용한다.

d. 직입기동 시 기동전류는 정격전류의 5~8배이다.

e. 열로 소비하는 방법은 발전제동이다.

143 정답 ② 유도기

$\frac{r}{s} = r + R,\ R = \frac{r}{s} - r = \frac{1-s}{s}r$

144 정답 ② 유도기

$f_2 = sf_1$

$N = \frac{120f_1}{P}(1-s),\quad 1,440 = \frac{120f_1}{4}(1-0.04),\ f_1 = 50[Hz]$

145 정답 ④ 유도기

$T \propto V^2$이므로 전압이 20[%] 감소하면 토크는 $0.8^2 = 0.64$로 낮아진다.

146 정답 ③ 유도기

동기와트는 2차 입력이므로 $\overline{PP_2}$,

2차 출력 $\overline{PP_1}$, 2차 동손 $\overline{P_1P_2}$, 2차 입력 $\overline{PP_2}$

1차 동손 $\overline{P_2P_3}$, 철손 $\overline{P_3P_4}$

전 입력 $\overline{PP_4}$

147 정답 ② 유도기

슬립을 계산하여 회전자 전류의 주파수를 구한다.

$$N_s = \frac{120f}{P} = \frac{120 \times 60}{6} = 1{,}200[rpm]$$

$$s = \frac{1{,}200 - 1{,}080}{1{,}200} = 0.1$$

따라서 회전자 주파수 $f_2 = sf_1 = 0.1 \times 60 = 6[Hz]$이다.

148 정답 ④ 유도기

- 2nm : 6, 12, 18... 동상이며 회전자계가 없다.
- 2nm+1 : 7, 13, 19... 기본파와 같은 방향이며 1/n 속도이다.
- 2nm−1 : 5, 11, 17... 기본파와 역방향이며 1/n 속도이다.

149 정답 ④ 유도기

슬립을 계산하여 회전자 전류의 주파수를 구한다.

$$N_s = \frac{120f}{P} = \frac{120 \times 60}{4} = 1{,}800[rpm]$$

$$s = \frac{1{,}800 - 1{,}500}{1{,}800} = \frac{1}{6}$$

따라서 회전자 주파수 $f_2 = sf_1 = \frac{1}{6} \times 60 = 10[Hz]$이다.

150 정답 ④ 유도기

$$s = \frac{\text{동손}}{\text{2차 입력}} = \frac{90.4}{P_2} = 0.04, \quad P_2 = 2.26[KW]$$

$$P_2 = T\omega = T\frac{2\pi N_s}{60}[W], \quad T = \frac{60P_2}{2\pi N_s} = \frac{60 \times 2{,}260}{2\pi \times 1{,}800} \fallingdotseq 12[N \cdot m]$$

151 정답 ③ 　　유도기

$$s = \frac{동손}{2차 입력} = \frac{94.25}{P_2} = 0.05,\ P_2 = 1885[W]$$

$$P_2 = T\omega = T\frac{2\pi N_s}{60}[W],\ T = \frac{60P_2}{2\pi N_s} = \frac{60 \times 1,885}{2\pi \times 1,800} \fallingdotseq 10[N \cdot m]$$

152 정답 ② 　　유도기

$$N = \frac{120f}{P_1 - P_2} = \frac{120 \times 60}{8-2} = 1,200[rpm]$$

153 정답 ③ 　　유도기

$$\frac{r_2}{s} = \frac{r_2 + R}{1},\quad \frac{2}{0.04} = \frac{2+R}{1}$$

$$R = 48[\Omega]$$

154 정답 ③ 　　유도기

유도 전동기의 기전력 $E \propto 4.44f\varnothing_m N[V]$에서 전압이 일정하면 주파수가 감소할 때의 자속은 증가하며, 철손과 주파수는 반비례한다. 누설리액턴스는 주파수와 비례하므로 주파수가 감소하면 누설리액턴스는 감소한다.

155 정답 ③ 　　유도기

$$T \propto V^2$$

$$T_s = 5T \times 0.8^2 = 3.2T$$

156 정답 ① 　　유도기

인버터의 전원은 직류전원이다. 쵸퍼는 직류전원의 크기를 조절한다.

157 정답 ④ 유도기

- 유기기전력 $E \propto f\varnothing$ 에서 주파수와 자속은 반비례한다.
- 주파수가 감소하면 자속이 증가하고 무효분이 증가하므로 역률은 낮아진다.
- 상전압이 불평형이면 손실이 증가하여 권선온도가 상승한다.

158 정답 ③ 유도기

$P = T\omega = T2\pi n$,　$19.6 \times 10^3 = 9.8 \times 10 \times 2\pi n$

$n = \dfrac{19.6 \times 10^3}{20\pi \times 9.8} = \dfrac{100}{\pi}[rps]$

159 정답 ④ 유도기

역률이 $\dfrac{1}{\sqrt{2}}$ 이면 각도가 45° 이므로 유효전력과 무효전력은 같다. 여기에 유효전력 $400[KW]$를 추가한 것이므로 유효전력 $500[KW]$, 무효전력 $400[Kvar]$이다.

$Q = P(\tan\theta_1 - \tan\theta_2) = P\left(\tan\theta_1 - \dfrac{\sqrt{1-\cos\theta_2}}{\cos\theta_2}\right) = 500(\dfrac{400}{500} - \dfrac{0.8}{0.8}) = 25[Kvar]$

160 정답 ③ 유도기

$N_s = \dfrac{120f}{P} = \dfrac{120 \times 150}{6} = 3,000[rpm]$

$s = \dfrac{3,000 - 1,200}{3,000} = 0.6$

$f_2 = sf_1 = 0.6 \times 150 = 90[Hz]$

161 정답 ③ 유도기

슬립은 전압의 제곱에 반비례한다.

$\dfrac{1}{200^2} : 0.03 = \dfrac{1}{180^2} : x$

$x = 3.7[\%]$

162 정답 ① 유도기

직입기동, 즉 전전압 기동법은 정격전압으로 기동하는 방식으로, 다른 기동방식은 모두 감압기동 방식에 해당한다.

163 정답 ① 유도기

$I_{\triangle} = \frac{\sqrt{3}\,V}{Z}$, $I_Y = \frac{V}{\sqrt{3}\,Z}$

$$\frac{I_Y}{I_{\triangle}} = \frac{\frac{V}{\sqrt{3}\,Z}}{\frac{\sqrt{3}\,V}{Z}} = \frac{1}{3}$$

164 정답 ② 유도기

게르게스 기동법은 권선형 유도 전동기의 기동법으로, 회전자에 소권수의 코일 2개를 설치하고 이를 병렬로 사용하여 기동 시의 전류를 제한, 기동 후에는 각상 권선이 단락하여 큰 토크를 발생시켜 기동전류를 적게 기동하는 방법이다.

165 정답 ③ 유도기

$$s = \frac{N_s - N}{N_s} = \frac{900-891}{900} = 0.01$$

$N_s = \frac{120f}{P} = 900[rpm]$, $f = 60[Hz]$이면 $P = 8$

166 정답 ③ 유도기

슬립이 0이면 동기속도, 슬립이 1이면 정지 상태이므로 운전 상태의 유도 전동기 슬립은 $0<s<1$이며 슬립이 작을수록 속도가 빠르다. 슬립이 1보다 크면 제동 상태가 되고, 슬립이 0보다 작으면 발전 상태가 된다.

167 정답 ② 유도기

$\frac{r_2}{s} = r_2 + R$, $R = \frac{r_2}{s} - r_2 = (\frac{1}{s} - 1)r_2 = (\frac{1}{0.04} - 1)r_2 = 24r_2$

168 정답 ① 유도기

$$N=\frac{120f}{P}(1-s)=\frac{120\times 60}{8}(1-0.03)=873[rpm]$$

169 정답 ④ 유도기

$$s=\frac{\text{동손}}{\text{2차입력}}=\frac{\text{동손}}{\text{출력}+\text{기계손}+\text{동손}}=\frac{\text{동손}}{20\times 10^3+400+\text{동손}}=0.04$$

따라서 동손 $850[W]=0.85[KW]$이다.

170 정답 ① 유도기

$$N_s=\frac{120f}{P}=\frac{120\times 60}{8}=900[rpm]$$

$$s=\frac{900-864}{900}\times 100=4[\%]$$

171 정답 ① 유도기

$$N=\frac{120f}{P_1+P_2}=\frac{120\times 60}{8+4}=600[rpm]$$

172 정답 ① 단상유도 전동기

유효분전력이 $\frac{746P_r}{\eta}$, 무효분전력이 Q_c일 때,

피상전력 $\cos\theta_1=\frac{\text{유효전력}}{\text{피상전력}}=\frac{\frac{746P_r}{\eta}}{\text{피상전력}}$, 피상전력$=\frac{746P_r}{\eta\cos\theta_1}$ 이므로

무효율 $\sin\theta_1=\frac{\text{무효전력}}{\text{피상전력}}=\frac{Q_c}{\frac{746P_r}{\eta\cos\theta_1}}=\frac{Q_c\eta\cos\theta_1}{746P_r}$ 이다.

173 정답 ③ 단상유도 전동기

단상유도 전동기 기동법의 토크를 크기순으로 나열하면 다음과 같다.

반발 기동형 > 반발 유도형 > 콘덴서 기동형 > 분상 기동형 > 세이딩 코일형

174 정답 ①

단상유도 전동기

단상유도 전동기의 특징

- 교번자계를 발생한다.
- 기동 시 기동토크가 없어 기동장치가 필요하다.
- 3상 유도 전동기와 달리 비례 추이가 불가하다.
- 슬립이 0이 되기 전에 토크는 미리 0이 된다.
- 3상 유도 전동기에 비해 역률, 효율이 나쁘다.
- 2차 저항이 증가하면 최대토크는 감소한다.
- 2차 저항이 어느 일정값 이상이 되면 토크는 부(−)가 된다.
- 용량이 커지면 최대토크의 운전범위가 좁다.
- 사용이 간단하여 1[KW]전후의 소동력용으로 많이 쓰인다.

175 정답 ⑤

단상유도 전동기

정류자전동기는 교류를 입력으로 직류기를 사용하는 방법이다. 직류기에 교류를 바로 사용하면 역률과 효율이 낮으므로 약계자 강전기자로 하여 사용하며, 전기자 반작용이 크므로 보상권선을 사용한다. 회전속도가 빨라지면 역률이 좋아지고 2차 저항을 변화시키면 최대토크가 변화한다. 단락전류를 제한하기 위해 고저항의 도선을 사용한다.

176 정답 ③

단상유도 전동기

단상유도 전동기는 교번자계를 발생하며, 기동 시 기동토크가 없어 기동장치가 필요하다. 2차 저항을 변화시키면 최대토크가 변한다.

177 정답 ③

단상유도 전동기

d. 반발 기동형 > a. 반발 유도형 > b. 분상 기동형 > c. 모노 싸이클릭 기동형

모노 싸이클릭 기동형은 3상 농형 전동기의 3상 권선에 저항과 리액턴스를 적당하게 접속하고 단상 전원에 접속하여 불평형 3상 교류를 각 권선에 흘려서 기동하는 방식으로, 기동토크가 가장 작다.

178 정답 ①

단상유도 전동기

선형 유도 전동기는 보통 1차 권선이 고정자이고 회전자가 2차인데, 이것을 반대로 하고 또 회전자에 직류기의 전기자와 같은 3차 권선을 두어 정류자에 접속한 전동기가 시라게 전동기이다. 브러시의 간격을 바꿈으로써 속도 제어를 원활하게 할 수 있으므로 정방기, 제지기 따위에 사용한다.

179 정답 ④ 단상유도 전동기

쉐이딩 코일형 전동기는 단상유도 전동기의 일종으로, 기동토크가 작고 회전방향을 바꾸지 못한다는 단점이 있다.

180 정답 ④ 정류기

$$I_a = \frac{2\sqrt{2}}{m\cos\theta} I_d = \frac{2\sqrt{2}}{6\times 1} \times \frac{1{,}500\times 10^3}{500} = 1{,}000\sqrt{2}\,[A]$$

181 정답 ③ 정류기

6상 수은정류기는 $\dfrac{E_a}{E_d} = \dfrac{\dfrac{\pi}{m}}{\sqrt{2}\,sin\dfrac{\pi}{m}} = \dfrac{\dfrac{\pi}{6}}{\sqrt{2}\,sin\dfrac{\pi}{6}} = \dfrac{\dfrac{\pi}{6}}{\dfrac{\sqrt{2}}{2}} = \dfrac{\dfrac{\pi}{\sqrt{2}}}{E_d}$ 이므로 $E_d = 3[V]$이다.

역호는 정류동작의 실패, 양극 위에 음극점을 만들고 이 때문에 주전자류의 흐름이 역전하는 것으로 양극표면에 불순물이 있거나, 양극재료가 불량하면 발생한다. 역호를 방지하려면 양극재료를 잘 선택해야 하고, 진공도를 충분히 높게, 정류기가 과부하되지 않도록, 냉각장치에 주의하여 과열, 과냉을 피해야 한다.

182 정답 ③ 정류기

전파정류이므로 교류입력의 90[%]가 정류된다. 따라서 교류입력 실효값은 $\dfrac{100\pi}{\sqrt{2}}[V]$이고,

$E_d = \dfrac{2\sqrt{2}}{\pi} E_a = \dfrac{2\sqrt{2}}{\pi} \times \dfrac{100\pi}{\sqrt{2}} = 200[V]$ 또는 $E_d = 0.9E_a = 0.9 \times \dfrac{100\pi}{\sqrt{2}} = 200[V]$이다.

183 정답 ③ 정류기

맥동률 $= \dfrac{\text{직류전압에 포함된 교류전압}}{\text{직류전압}} \times 100$이므로 단상반파는 121[%], 단상전파는 48[%], 3상 반파는 17.7[%], 3상 전파는 4.04[%]이다.

184 정답 ② 정류기

- 인버터 : 직류를 교류로 변환기키는 장치
- 컨버터 : 교류를 직류로 변환시키는 장치
- 초퍼 : 직류를 직류로 변환시키는 장치
- 사이클로 컨버터 : 교류를 교류로 변환시키는 장치

185 정답 ② 정류기

SCR은 과전압과 고온에 약하며 단일방향 3단자 소자이다.

186 정답 ② 정류기

다이오드를 직렬로 여러 개 사용하면 전압을 분산하여 과전압으로부터 다이오드를 보호할 수 있고, 병렬로 여러 개 사용하면 전류를 분산하여 과전류로부터 다이오드를 보호할 수 있다.

187 정답 ④ 정류기

정류기는 교류전압을 완전한 직류전압으로 변환할 때 가장 이상적이나 실제 정류기는 교류성분을 포함한다. 맥동률이란 직류전압에 포함된 교류전압을 직류전압으로 나눈 것이므로 교류분의 크기는 $2{,}000 \times 0.03 = 60[V]$이다.

188 정답 ④ 정류기

다이오드를 병렬로 사용하여 전류를 분산시킬 수 있다.

189 정답 ② 정류기

게이트전류가 증가하면 브레이크오버전압(순방향 저지전압)이 감소하여 도통할 수 있게 된다.

190 정답 ④ 정류기

$$E_d = \frac{2\sqrt{2}E_a}{\pi} = 0.9E_a,\ E_a = \frac{E_d}{0.9} = \frac{180}{0.9} = 200[V]$$

191 정답 ④ 정류기

- 단상반파 : 맥동 주파수 f
- 단상전파 : 맥동 주파수의 2f
- 3상 반파 : 맥동 주파수의 3f
- 3상 전파 : 맥동 주파수의 6f

192 정답 ④ 정류기

정류 및 평활회로에서 리플전압의 원인은 회로 방식과 콘덴서가 원인이다. 따라서 콘덴서의 용량을 증가시켜 시정수를 키우면 리플을 작게 할 수 있다. 초크 입력형 평활회로에서도 시정수를 키우려면 L값을 크게 해야 한다.

193 정답 ④ 정류기

$\frac{E_a}{E_d} = \frac{1}{\sqrt{2}} sin\frac{\pi}{m}$, $\frac{300}{E_d} = \frac{1}{\sqrt{2}} sin\frac{\pi}{6}$

$E_d = 840[V]$

194 정답 ④ 정류기

래칭전류는 사이리스터에서 전력 반도체 소자를 턴온 하기 위해 필요한 최소한의 순방향 전류이다. 소자 양단에 순방향 전압이 걸려 있고 턴온을 하기 위한 제어 신호가 인가되더라도 소자 양단을 단락시켰을 때 흐를 수 있는 전류가 이 전류보다 작으면 턴온 되지 않는다.

195 정답 ① 정류기

브레이크 오버전압은 게이트전류가 증가할수록 감소한다. 게이트 바이어스 전압이 역방향으로 증가한다는 것은 음의 값으로 커지는 것을 의미한다. 게이트 바이어스 전압이 음으로 커지는 것은 항복전압과 관계가 있다.

196 정답 ④ 정류기

순방향 바이어스를 걸면 전위장벽이 낮아져 다수 캐리어가 확산하게 된다.

197 정답 ④ 정류기

다이오드는 직렬연결로 과전압에 대비가 되며, 병렬로 과전류를 피할 수 있다.

198 정답 ③ 정류기

브릿지 회로의 최대 역전압 $V_m = \sqrt{2}\,V = 250\sqrt{2}\,[V]$이다.

199 정답 ② 정류기

$\frac{I_a}{I_d} = \frac{2\sqrt{2}}{m\cos\theta} = \frac{2\sqrt{2}}{6}$, $I_a = \frac{\sqrt{2}}{3} I_d = \frac{\sqrt{2}}{3} \times 300 = 100\sqrt{2}\,[A]$

200 정답 ③ 정류기

$V_d = \frac{2V_m}{\pi} = \frac{2 \times 628}{\pi} = 400\,[V]$

201 정답 ④ 정류기

$E_d = \frac{2\sqrt{2}\,E_a}{\pi} - e\,[V]$, $100 = \frac{2\sqrt{2}\,E_a}{\pi} - 8$, $E_a = 120\,[V]$

시험에 2회 이상 출제된

필수암기노트

1 직류 발전기

(1) 직류 발전기의 구조

1) 계자(Field)

계자는 철심과 코일로 구성되어 있으며, 외부에서 코일에 전류를 흘려주었을 때 자속을 만드는 부분으로 직류기에서 계자는 고정자이다.

2) 전기자(Amature)

전기자는 전기자 권선과 철심으로 구성되어 있으며, 계자에서 발생된 주자속을 끊어서 기전력을 유도하는 부분으로, 이때 전기자에 유도된 기전력은 교류이다. 또한 전기자 철심은 철손을 적게 하기 위해 규소가 함유된 규소강판을 사용하여 히스테리시스손을 작게 하며, $0.35 \sim 0.5[mm]$ 두께로 여러 장 겹쳐서 성층하여 와류손을 감소시킨다.

3) 정류자(Commutator)

정류자는 전기자에 유도된 기전력 교류를 직류로 변화시켜 주는 부분으로, 교류를 직류로 변화시켜주며 브러시와 함께 정류작용을 한다.

4) 브러시(Brush)

브러시는 정류자에 접촉하여 정류자와 함께 정류작용을 한다. 이때 변환된 직류를 외부로 유출하는 부분으로 적당한 접촉저항을 갖고 있어야 하며, 정류자면을 손상시키지 않도록 연마성이 커야 한다.

(2) 전기자에 유도되는 기전력

총도체수를 z, 병렬회로수를 a라 하면, 전체 유기기전력 $E = p\varnothing n\frac{z}{a}[V]$

$K = \frac{pz}{a}$를 기계상수라 놓으면, $E = K\varnothing n[V]$이므로 $E \propto \varnothing n \propto I_f n$

만약 회전수가 $N[rpm]$일 때는 $E = \frac{z}{a}p\varnothing\frac{N}{60}[V]$이다.

(3) 전기자 반작용

① **매극당 감자기자력** : $AT_d = \frac{z}{2p}\frac{I_a}{a}\frac{2\alpha}{180}[AT/pole]$

② **매극당 교차기자력** : $AT_c = \frac{z}{2p}\frac{I_a}{a}\frac{\beta}{180}[AT/pole]$

(4) 발전방식의 종류

① **타여자 발전기**

타여자발전기는 계자와 전기자가 별개의 독립적으로 되어 있는 발전기로서, 발전기외부에서 별도의 여자장치가 필요하다. 타여자 발전기의 전류관계는 $I_a = I$, I_f이다.

부하에 걸리는 단자전압은 $V = E - I_aR_a[V]$

그러므로 유기기전력은 $E = V + I_aR_a[V]$이다. 무부하 시에는 $I_a = I = 0$이므로 무부하단자전압 $V_0 = E$가 된다.

② **자여자 발전기**

㉠ 직권 발전기

직권 발전기는 계자와 전기자 그리고 부하가 직렬로 구성되어 있으므로 전류관계는 $I = I_a = I_s$이다. 단자전압 $V = E - I_aR_a - I_sR_s = E - I_a(R_a + R_s)[V]$이며, 직권발전기 유기기전력은 $E = V + I_a(R_a + R_s)$이다.

직권 발전기의 가장 중요한 특성은 무부하 시에 $I = I_a = I_s$이므로 계자에 전류가 흐르지 못하며 자속이 발생되지 않아 전기자에 기전력이 유기되지 않는다. 그러므로 무부하 시에 단자전압은 $V_{0=0}$이고 직권 발전기는 전압이 확립되지 않는다.

㉡ 분권 발전기

분권 발전기는 전기자와 계자 권선이 병렬로 구성되어 있으므로 전기자전류 $I_a=I_f+I$이다.

단자전압 $V=E-I_aR_a[V]$, 유기기전력 $E=V+I_aR_a$

무부하 시에는 부하전류 $I=0$이므로 $I_a=I_f$

그러므로 무부하 시에 단자전압은 $V_0=E-I_fR_a[V]$이며, 이 값은 거의 $V_0 \fallingdotseq E$와 같다.

분권발전기는 계자와 전기자가 병렬이므로 부하에 걸리는 단자전압 V는 계자권선에 걸리는 전압과 같다. 이때 계자권선의 전압강하 $V=I_fR_f$이며, 이 식은 단자전압과 같다.

(5) 자여자 발전기의 전압 확립 조건

- 계자에 잔류자기가 있을 것
- 계자의 저항은 임계저항보다 작을 것
- 회전자의 방향은 잔류자기와 같은 방향일 것(잔류자기의 방향과 회전자 방향이 동일할 것)

자여자 발전기는 계자권선이나 전기자권선 중 한 권선의 전류방향을 바꾸면 발전되지 않는다. 그 이유는 회전자가 잔류자기를 소멸시키기 때문이다.

(6) 전압 변동률

전압 변동률을 ε이라 하면,

$$\varepsilon=\frac{V_0-V_n}{V_n}\times 100$$

여기서, V_0 : 무부하 단자 전압, V_n : 정격전압

- $\varepsilon(+)$: 타여자, 분권, 부족, 차동복권
- $\varepsilon=0$: 평복권
- $\varepsilon(-)$: 직권, 과복권

(7) 직류 발전기의 병렬운전 조건

① 극성이 같을 것

② 정격전압이 같을 것

③ 두 발전기의 외부 특성이 약간의 수하 특성을 가질 것

이러한 세 가지 조건이 만족되어야 병렬운전이 가능하며, 특히 복권 발전기와 직권 발전기는 꼭 균압선을 설치하고 병렬운전을 해야 한다.

② 직류 전동기

(1) 속도 특성

직류 전동기 역기전력 $E=\frac{z}{a}p\varnothing n[V]$, $K=\frac{z}{a}P$라고 하면, $E=K\varnothing n[V]$, 속도 $n=\frac{E}{K\varnothing}$ $[rps]$이다. 여기서, K는 기계상수이므로 $n\propto K\frac{E}{\varnothing}[rps]$이다. 즉, 직류 전동기 속도는 자속에 반비례하고, 역기전력에 비례한다.

(2) 분권 전동기 속도 및 속도 특성

① **속도** : $n=K\frac{E}{\varnothing}=K\frac{V-I_aR_a}{\varnothing}$

② **분권전동기가 위험 상태에 놓일 때** : 정격전압 무여자 시이다.($I_f=0\rightarrow\varnothing=0\rightarrow n=\infty$가 되어 위험하다.)

(3) 직권 전동기의 속도 및 특성

① **속도** : $n=K\frac{V-I_a(R_a+R_s)}{\varnothing}$이나 직권 전동기는 $I_a=I_s=I$가 되어 계자전류와 자속 $\varnothing$는 정비례하므로 $n=K\frac{V-I_a(R_a+R_s)}{I}[rps]$로 나타낼 수 있다.

② **직권 전동기가 위험 상태에 놓일 때** : 정격전압 무부하 시이다.
무부하 시 $I=I_s=I_a=0$이므로 무부하 시에는 속도가 무한대에 이르게 되기 때문이다.

(4) 직류 전동기 토크와 토크 특성

1) 토크

① $\tau=\frac{p\varnothing I_az}{2\pi a}[N\cdot m]$ 여기서 $K=\frac{pz}{2\pi a}$의 기계상수를 정의하면,

② $\tau=K\varnothing I_a[\text{Nm}]$, $\tau\propto\varnothing I_a$로써 직류 전동기 토크는 자속과 전기자 전류에 비례한다.

2) 직류 분권 전동기의 토크 특성

직류 전동기는 부하의 변화에 따라서, 계자전류 I_f는 일정하므로 자속 $\varnothing$가 일정하게 된다.

$\tau \propto \varnothing I_a$에서 자속이 일정하므로 $\tau \propto I_a \propto I$, $\tau \propto \dfrac{1}{N}$의 특성을 갖는다.

3) 직류 직권 전동기 토크 특성

직권 전동기는 $I_a = I = I_s$가 되고 $I_s \propto \varnothing$로서 정비례하게 되므로 $r \propto \varnothing I_a$에서 $r \propto I_s I_a \propto I_a^2 \propto I^2$

그러므로 직권 전동기의 토크는 부하전류의 2승에 비례한다. 또한 $r \propto \dfrac{1}{N}$을 $r \propto I^2$에 대입하면,

$r \propto \dfrac{1}{N^2}$

(5) 직류 전동기 속도 제어

① 계자제어법

② 저항제어법

③ 전압제어법

(6) 전동기의 제동

① **발전제동**

발전제동이란 운전 중인 전동기를 전원으로부터 분리시켜 발전기로 작용시켜서 회전체의 운동 에너지를 전기에너지로 변화시킨 다음 이것을 저항 내에서 열에너지로 소비시켜서 제동하는 방법이다.

② **회생제동**

권상기, 엘리베이터, 기중기 등으로 물건을 내릴 때 또는 전기기관차나 전차가 언덕을 내려가는 경우, 강하중량의 위치에너지로 전동기를 발전기로 동작시켜 발생한 전력을 전원에 반환하면서 과속을 방지하는 것을 회생제동이라 한다.

③ **역상제동**

운전 중인 전동기의 전기자 전류를 반대로 전환하면 자속은 변하지 않으나, 전기자전류만 반대로 되기 때문에 반대 방향의 토크가 발생되어 제동을 하게 된다. 이것을 역상제동이라 한다.

(7) 직류기 손실 및 효율

1) 손실

① **가변손**(부하손)

- 동손 $P_c = I^2 R[W]$
- 표유 부하손

② **고정손**(무부하손)

- 철손 – 히스테리시스손 $P_h = f\, B^{1.6}\,[W]$
  – 와류손 $P_e = f^2 B^2 t^2\,[W]$
- 기계손 – 마찰손
  – 풍손

손실 중 부하손의 대부분은 동손이며 무부하손의 대부분을 차지하는 것은 철손이다.

2) 효율

효율은 다음 식으로 나타낼 수 있다.

$$효율 = \frac{출력}{입력} \times 100[\%]$$

위 식에서 출력 및 입력을 직접 측정해서 구하는 효율을 실측효율이라 한다.

– 발전기 효율 $= \dfrac{출력}{출력 + 손실} \times 100[\%]$

– 전동기 효율 $= \dfrac{입력 - 손실}{입력} \times 100[\%]$

❸ 동기 발전기

(1) 동기 발전기 전기자 권선법

1) 단절계수(K_d)

① **전절권**

코일 간격을 극간격과 똑같이 하는 권선법이다.

② **단절권**

• 단절계수(K_d)$=\dfrac{\text{단절권의 합성기전력}}{\text{전절권의 합성기전력}}$

n차 고조파의 단절계수 $K_d = \sin\dfrac{n\beta\pi}{2} < 1$

2) 분포계수(K_p)

• 분포계수(K_p)$=\dfrac{\text{분포권의 합성기전력}}{\text{집중권의 합성기전력}}$

$$K_p = \frac{\sin\dfrac{n\pi}{2m}}{q\sin\dfrac{n\pi}{2mq}} < 1$$

(2) 동기 발전기의 전기자 반작용

1) 횡축 반작용

전기자전류와 유기기전력이 동상인 경우 전기자전류와 기전력 E가 동시에 최대인 경우로써 편자작용(교차자화작용)이 일어난다.

2) 직축 반작용

① 전기자전류가 유기기전력보다 90[°] 뒤질 때 감자작용이 일어난다.

② 전기자전류가 유기기전력보다 90[°] 앞설 때 증자작용이 일어난다.

(3) 동기 임피던스와 유기기전력

$$P=3\frac{EV_1}{x_s}\sin\delta[KW]$$

δ는 전기각으로 나타내고 보통 전부하에서 30[°] 전후로 취해진다.

부하가 늘면 δ가 증가해서 부하의 크기에 대응하는데, δ가 90[°]에서 최대가 되고 이것을 넘으면 출력은 감소하므로 운전할 수 없게 된다. 이것을 동기 탈조라 한다.

(4) 단락비(K_s)

$$K_s=\frac{I_s}{I_n}=\frac{1}{\%Z_s}$$

① **단락비가 큰 기계**(철기계)

단락비가 큰 기계는 자속의 분포를 크게 하기 위하여 철심 형태를 크게 하여 계자의 구조가 크게 된다.

장점	단점
• 동기 임피던스가 작다. • 전압 변동이 작다. • 공극이 크다. • 전기자 반작용이 작다. • 계자의 기자력이 크다. • 전기자 기자력은 작다. • 출력이 향상 • 자기 여자를 방지 할 수 있다.	• 철손이 크다. • 효율이 나쁘다. • 설비비가 고가이다. • 단락전류가 커진다.

② **수차 발전기 단락비** : 0.9-1.2

터빈 발전기 단락비 : 0.6-1.0

③ **퍼센트 동기 임피던스**($\%Z_s$)

동기 발전기의 동기 임피던스를 [Ω]으로 나타내지 않고 백분율로 나타낸 퍼센트 동기 임피던스 $\%Z_s$는 다음 식으로 표현되며, 또한 퍼센트 동기 임피던스는 단락비의 역수다.

$\%Z_s=\frac{I_n\times Z_s}{E_n}\times100[\%]$, I_n : 한상의 정격 전류, E_n : 한상의 정격 전압(상전압)

(5) 동기 발전기의 병렬운전

① 기전력의 크기가 같을 것

② 기전력의 위상이 같을 것

③ 기전력의 주파수가 같을 것

④ 기전력의 파형이 같을 것

⑤ 기전력의 상회전이 일치할 것

※ 기전력의 크기가 서로 같지 않을 때

A발전기의 유기기전력의 크기와 B발전기의 유기기전력의 크기가 서로 같지 않을 때 기전력의 차 때문에 순환전류가 발생되는데 이 순환 전류는 기전력이 큰 쪽에서 작은 쪽으로 흐르게 된다. 이때 이 순환 전류를 무효 순환 전류 또는 무효 횡류라고 한다.

$$I_c = \frac{E_a - E_b}{Z_s + Z_s} = \frac{E_a - E_b}{2Z_s}$$

이 무효순환전류는 두 발전기의 무효부의 크기만 변화시키므로 두 발전기의 역률이 변하게 된다. A발전기의 여자전류를 증가시키면 자속이 증가하여 기전력 E_a가 증가하므로 무효분이 증가하게 되고 역률이 나빠진다. 반대로 B발전기는 역률이 좋아진다.

※ 기전력의 위상이 같지 않을 때

위상차 때문에 A발전기에서 B발전기로 순환전류가 흐르게 되는데, 이 순환전류는 두 발전기의 위상을 같게 하려고 하는 전류가 되기 때문에 동기화 전류라 하며 또한 유효분의 크기만 변화시키므로 유효횡류라고도 한다.

$$I_s = \frac{2E_a}{2Z_s} sin\frac{\delta}{2}$$

$$P_s = E_a I_s \cos\frac{\delta_s}{2} = E_a \frac{2E_a}{2Z_s} \sin\frac{\delta_s}{2} \cos\frac{\delta_s}{2} = \frac{{E_a}^2}{2Z_s} 2\sin\frac{\delta_s}{2} \cos\frac{\delta_s}{2} = \frac{{E_a}^2}{2Z_s} \sin\delta_s$$

4 동기 전동기

(1) 동기 속도 및 토크와 동기 와트

1) 동기 속도

$$N_s = \frac{120f}{p}\,[rpm]$$

2) 토크

$$\tau = 0.975\frac{P_0}{N_s}\,[K \cdot gm]$$

3) 동기 와트

전동기 속도가 동기 속도일 때 토크 r와 출력 P_0는 정비례하므로 토크의 개념을 와트로도 환산할 수 있다. 이때 이 와트를 동기 와트라고 하며 곧 토크를 의미한다.

(2) 동기 전동기 기동법

동기 전동기는 동기 속도에서만 토크를 발생하므로 가동 시 $N=0$에서 기동토크가 발생하지 않으므로 기동을 시켜주어야 한다.

• **기동법** – 자기동법 : 제동 권선 이용한다.
　　　　– 유도전동기법 : 유도전동기를 이용하여 토크를 발생한다.

(3) 동기 전동기 특성

1) 장점

① 속도가 일정하다.

② 언제나 역률 1로 운전할 수 있다.

③ 효율이 좋다.

④ 공극이 크고 기계적으로 튼튼하다.

2) 단점

① 기동 시 토크를 얻기가 어렵다.

② 속도 제어가 어렵다.

③ 구조가 복잡하다.

④ 난조가 일어나기 쉽다.

⑤ 가격이 고가이다.

⑥ 직류 전원 설비가 필요하다.(직류 여자 방식)

(4) 동기 전동기 전기자 반작용

① **전기자 전류와 공급 전압이 동위상일 경우** : 교차자화작용

② **전기자 전류가 공급 전압보다 90[°] 뒤진 경우** : 자화작용(증자작용)

③ **전기자 전류가 공급 전압보다 90[°] 앞선 경우** : 감자작용

(5) 위상 특성 곡선(V곡선)

공급전압 V와 부하를 일정하게 유지하고 계자 전류 I_f변화에 대한 전기자전류 I_a의 변화관계를 그린 곡선이다. 역률이 1인 상태에서 계자 전류를 증가시키면 부하전류의 위상이 앞서고, 계자전류를 감소하면 전기자 전류의 위상은 뒤진다.

(6) 동기 발전기의 안정도

송전계통에서 사고가 일어났을 때 동기기는 가능한 한 운전을 계속하고 정전을 피하지 않으면 안된다. 안정된 운전이 계속될 수 있는 정도를 안정도라 하며, 안정도에는 정태 안정도, 동태 안정도, 및 과도 안정도가 있다.

1) 정태 안정도

여자를 일정하게 유지하고 부하를 서서히 증가하는 경우 탈조하지 않고 어느 범위까지 안정하게 운전할 수 있는 정도를 말하는 것으로 그 극한에 있어서의 전력을 정태 안정 극한 전력이라고 한다.

2) 동태 안정도

발전기를 송전선에 접속하고 자동 전압조정기(AVR)로 여자 전류를 제어하며 발전기 단자 전압이 정전압으로 안정하게 운전할 수 있는 정도를 말한다.

3) 과도 안정도

부하의 급변, 선로의 개폐, 접지, 단락등의 고장 또는 기타의 원인에 의해서 운전상태가 급변하여도 계통이 안정을 유지하는 정도를 말한다.

4) 안정도 증진법

① 동기 임피던스를 작게 한다.

② 속응 여자 방식을 채택한다.

③ 회전자에 플라이 휘일을 설치하여 관성 모멘트를 크게 한다.

④ 정상 임피던스는 작고, 영상, 역상 임피던스를 크게 한다.

⑤ 단락비를 크게 한다.

(7) 난조(Hunting)

부하의 급변, 속도가 너무 예민하거나, 송전계통 이상 현상, 계자에 고조파가 유기될 때 발전기 회전자가 동기 속도를 찾지 못하고 심하게 진동하게 되어 차후 탈조가 일어나는 이러한 현상을 말하며 이 난조 방지법으로는 자극면을 제동 권선을 설치하는 방법이 주로 사용된다.

5 변압기

1. 변압기 원리와 유기기전력

변압기의 원리는 전자유도의 법칙에서 $e=-N\frac{d\varnothing}{dt}[V]$, 전압의 최대치는 $E_m=N\varnothing_m w$이므로 유기기전력의 실효치는 $E=\frac{E_m}{\sqrt{2}}=\frac{N\varnothing_m w}{\sqrt{2}}=\frac{2\pi}{\sqrt{2}}fN\varnothing_m=4.44fN\varnothing_m$ 이 된다.

(1) 여자 전류

무부하전류 $I_0=I_i+I_\varnothing$, $|I_0|=\sqrt{I_i^2+I_\varnothing^2}$, I_i : 철손전류 = $gV_1[A]$, $I_\varnothing$: 자화전류 = $bV_1[A]$

(2) 철손 (P_i) : $P_i=I_i\ V_i=gV_1^2[W]$

① **히스테리시스손**(P_h)

$P_h=fB^{1.6}=\frac{f^{1.6}B^{1.6}}{f^{0.6}}\propto\frac{E^{1.6}}{f^{0.6}}$가 성립되므로 주파수의 0.6승에 반비례하고 유기기전력의 1.6승에 비례한다. 즉, $E\propto fB$에서 주파수와 자속밀도가 반비례하고, 주파수와 자속밀도가 반비례하므로 주파수가 변하더라도 전압은 변하지 않는다. 주파수가 증가하면 히스테리시스손이 감소하므로 철손이 감소하며, 따라서 여자전류는 감소하게 된다.

② **와류손**(P_e)

$P_e=f^2B^2t^2$에서 강판의 두께 t는 일정하므로 $P_e\propto f^2B^2\propto E^2$의 관계를 갖는다. 단, 와류손은 전압의 2승에 비례할 뿐이고 주파수와는 무관하다.

(3) 전압 변동률

① **전압 변동률** $\varepsilon=p\cos\theta+q\sin\theta$

여기서 p는 퍼센트 저항 강하, q는 퍼센트 리액턴스 강하이다. $\cos\theta=1$일 때 전압 변동률은 퍼센트 저항 강하와 같다. 즉, $\varepsilon=p$

② **전압 변동률의 최댓값**

$\varepsilon_{max}=\sqrt{p^2+q^2}$ 이때 $\cos\theta=\frac{p}{\sqrt{p^2+q^2}}$

(4) 변압기의 효율(η)

① 전부하 효율 $\eta = \dfrac{출력}{출력+손실} \times 100$

변압기 규약 효율일 때 $\eta = \dfrac{P}{P+P_i+P_c} \times 100$, $P[W]$: 변압기 정격 출력, $P_i[W]$: 철손, P_c : 동손

② $\dfrac{1}{m}$ 부하 시 효율 $\eta_{\frac{1}{m}} = \dfrac{\frac{1}{m}P}{\frac{1}{m}P+P_i+(\frac{1}{m})^2 \times P_c} \times 100$

③ 최대 효율 $P_i = (\dfrac{1}{m})^2 P_c$이며, $\dfrac{1}{m} = \sqrt{\dfrac{P_i}{P_c}}$ 가 된다.

$\eta_{\max} = \dfrac{최대효율시출력}{최대효율시출력+2P_i} \times 100$

(5) 변압기 병렬운전

① 단상변압기 두 대로 병렬운전하기 위해서는 다음의 4가지 조건을 만족시켜야 한다.

- 극성이 같을 것.
- 정격 전압과 권수비가 같을 것
- 퍼센트 저항 강하와 리액턴스 강하가 같을 것
- 부하 분담 시 용량에는 비례하고 퍼센트 임피던스 강하에는 반비례할 것

② 3상은 위의 4가지 조건 외에 다음 두 가지 조건을 더 만족시켜야 한다.

- 상회전이 일치할 것
- 각 변위가 같을 것

(6) 단권 변압기

부하용량 $= V_2 I_2$

자기용량(직렬 권선 용량) $= (V_2 - V_1) I_2$

$\dfrac{자기용량}{부하용량} = \dfrac{(V_2-V_1)I_2}{V_2 I_2} = \dfrac{V_2-V_1}{V_2} = \dfrac{V_h-V_l}{V_h}$

단권 변압기 3상 결선

① **Y 결선**: $\dfrac{\text{자기용량}}{\text{부하용량}} = \dfrac{V_h - V_l}{V_h}$

② **Δ 결선**: $\dfrac{\text{자기용량}}{\text{부하용량}} = \dfrac{{V_h}^2 - {V_l}^2}{\sqrt{3}\, V_h V_l}$

③ **V 결선**: $\dfrac{\text{자기용량}}{\text{부하용량}} = \dfrac{2}{\sqrt{3}} \dfrac{V_h - V_l}{V_h}$

❻ 유도기

(1) 슬립과 속도

$$s = \frac{N_s - N}{N_s}$$

이때 회전 자계의 회전자에 대한 상대 속도는 $N_s - N = sN_s[rpm]$

$N = (1-s)N_s[rpm]$

이 슬립의 크기는 $0 < s < 1$의 범위를 갖고 $s = 1$이면 $N = 0$에서 전동기가 정지 상태이며, $s = 0$이면 $N = N_s$가 되어 전동기가 동기 속도로 회전한다. 부하가 증가하면 상대적으로 슬립도 증가한다.

(2) 회전 시 2차 전류 (I_2')

- 정지 시 $I_2 = \dfrac{E_2}{\sqrt{{r_2}^2 + {x_2}^2}}$
- 회전 시 $I_2' = s\dfrac{E_2}{\sqrt{{r_2}^2 + (sx_2)^2}}$, $I_2' = \dfrac{E_2}{\sqrt{(\frac{r_2}{s})^2 + {x_2}^2}}$

분모의 $\dfrac{r_2}{s} = r_2 + R$로 하면 유도전동기 2차에 외부저항을 삽입하여 출력을 변화시킬 수 있음을 나타낸다. 따라서 이때의 R을 2차 출력의 정수 또는 기계적인 출력의 정수라고 한다.

$\dfrac{r_2}{s} = r_2 + R$에서 외부저항을 구하면, 즉, $R = \dfrac{r_2}{s} - r_2 = \dfrac{1-s}{s}r_2$

(3) 2차 입력과 2차 출력과의 관계

① **2차 동손**(P_{c2}) : $P_{c2} = sP_2$

② **2차 출력**(P_0)

2차 출력 = 2차 입력 - 2차 동손

$P_0 = P_2 - sP_2 = (1-s)P_2[W]$

③ **2차 효율**(η_2)

$$2차\ 효율 = \frac{2차출력}{2차입력},\ \eta_2 = \frac{P_0}{P_2} = \frac{(1-s)P_2}{P_2} = 1-s$$

(4) 유도전동기 기동법

1) 권선형 유도전동기 기동법

권선형 유도전동기는 2차 권선에 슬립링을 끼워서 기동 저항을 접속함에 따라 토크의 비례추이에 의한 기동 토크를 크게 함과 동시에 기동전류를 제한할 수 있다.

2) 농형 유도 전동기의 기동법

① **전전압 기동**(line starting)

② **Y-Δ 기동**

기동할 때 선간전압 V_1은 $\frac{1}{\sqrt{3}}$, 기동전류는 처음부터 △결선으로 기동하는 때의 1/3이 된다.
또한 기동 토크는 1/3으로 감소한다.
일반적으로 기동 전류는 전부하 전류의 200~250[%], 기동 토크는 전부하 토크의 30~40[%] 정도가 된다.

③ **기동 보상기에 의한 기동**

기동 보상기는 단권 변압기의 일종으로 공급전압을 낮추어 기동시키는 방법이며, 스위치를 기동 쪽으로 닫고, 단권 변압기 탭전압을 전동기에 가하여 기동 전류를 제한한다. 가속 후에는 운전 쪽으로 변환하여 전전압을 가한다. 이렇게 기동전류를 제한하도록 한 장치를 기동 보상기라 한다. 기동보상기의 Tap 전압은 50[%], 65[%], 80[%]로 되어 있다.

④ **리액터 기동**

리액터 기동은 전동기의 단자 사이에 리액터를 삽입해서 기동하고, 기동 완료 후에 리액터를 단락하는 방법이다. 이 방법은 전동기가 가속함에 따라 기동전류가 감소하고 리액터의 전압강하도 작게 되며 가속이 부드럽게 되는 이점이 있다. 그러나 Y-△ 기동 및 기동 보상기에 의한 기동법에 비교해서 토크 효율이 나쁘고 같은 기동전류에 대해서도 기동 토크가 작게 되는 결점이 있다.

(5) 속도 제어

$$N=(1-s)N_s,\ N_s=\frac{120f}{p}$$

1) 슬립제어(2차 저항을 가감하는 방법)

토크의 비례추이를 응용한 것으로 2차 회로에 저항을 넣어 같은 토크에 대한 슬립을 변화시키는 방법이다. 2차 동손이 증가하고 효율이 나빠진다는 결점이 있다.

2) 주파수 제어

전동기의 회전 속도는 $N=(1-s)N_s,\ N_s=\frac{120f}{p}$

$N=\frac{120f}{p}(1-s)$ 이므로, 전원의 주파수를 변경시키면 연속적으로 원활하게 속도 제어를 할 수 있다. 그러나 이 방법은 가변 주파수의 용량이 크므로 설비비가 많이 들어 인조 공장의 포트 전동기(pot motor)나 선박의 전기 추진용으로 사용하는 유도전동기등과 같은 특수한 경우에만 사용한다.

3) 극수 변경

농형 전동기에 쓰이는 방법이며 권선형에는 거의 쓰이지 않는다.

4) 2차 여자 제어

유도전동기의 2차 전류의 크기는 2차 회로의 임피던스와 2차 유기기전력으로 정하여지며 회전자 권선에 2차 기전력 sE_2와 같은 주파수의 전압 E_1을 2차 기전력과 반대 방향으로 가하고 전원 회로의 임피던스를 무시하면 2차 전류 I_2는 다음과 같다.

$$I_2=\frac{sE_2-E_c}{r_2}$$

5) 종속법

2대의 유도전동기를 서로 종속시켜서 전체 극수를 달리하여 속도를 제어하는 방식으로, 이때 변환되는 속도는 동기 속도로 된다.

① **직렬 종속** : 두 전동기의 극수의 합으로 속도가 변한다. (p_1+p_2)

② **차동 종속** : 두 전동기의 극수의 차로 속도가 변한다. (p_1-p_2)

③ **병렬 종속** : 두 전동기의 극수의 평균치로 속도가 변환된다. $(\frac{p_1+p_2}{2})$

(6) 유도전동기 이상 현상

1) 크로우링 현상

농형유도전동기에서 일어나는 현상으로 농형유도전동기 계자에 고조파가 유기되거나 공극이 일정하지 않을 때 전동기 회전자가 정격 속도에 이르지 못하고 도중에서 주저앉아버리는 현상을 말한다.

- **방지책** : 사구(skew slot)

2) Gorges 현상

3상 유도전동기를 무부하 또는 경부하 운전 중 한상이 결상이 되어서 전동기가 소손되지 않고 정격 속도의 1/2배의 속도에서 운전되는 현상을 말한다. 게르게스 현상이 슬립은 대략 0.5의 값을 갖는다.

7 전압 조정기, 단상유도 전동기

(1) 단상유도 전동기

3상유도 전동기에 단상을 인가하면 전동기는 기동되지 못한다. 그러므로 단상유도 전동기에 기동을 시켜주어야 하는데, 이때 계자에 주권선과 기동 권선을 설치하여 2상전류에 의한 회전자계를 발생시켜서 기동 토크를 얻게 된다.

① 분상 기동형

② 콘덴서 전동기

③ 콘덴서 기동형

④ 반발 유도형

⑤ 반발 기동형

⑥ 세이딩 코일형

(2) 유도전압 조정기

유도전압 조정기는 유도 전동기의 원리와 단권 변압기의 원리를 이용한 것으로 단상과 3상이 있으며 다음과 같은 차이점과 공통점이 있다.

1) 단상과 3상의 차이점

① **단상**

- 교번 자계 이용
- 입력 전압과 출력 전압의 위상이 같다
- 단락 코일이 설치되어 있다.

여기서, 단락 코일은 리액턴스로 인한 전압강하를 방지하기 위한 것으로 1차 권선과 90[°]의 위상각을 가지고 있다.

② **3상**

- 회전자계 이용
- 입력과 출력 전압의 위상차가 있다.
- 단락 코일이 없다.

2) 공통점

- 1차 권선(분로권선)과 2차 권선(직렬권선)이 분리되어 있다.
- 회전자의 위상각으로 전압이 조정된다.
- 원활한 전압 조정 가능

3) 전압 조정 범위

회전자의 위상각 a를 0–180[°] 범위 안에서 조정하여 전압 조정하며, 이때 2차로 나오는 전압 V_2는 다음과 같다.

$V_2 = V_1 + E_2 \cos a = V_1 \pm E_2$, V_2 : 2차 전압, V_1 : 1차 전압, E_2 : 조정 전압, a : 회전자 위상각

4) 정격용량과 부하용량

- 단상 정격용량 $P = E_2 I_2 [W]$
- 3상 정격용량 $P = \sqrt{3}\, E_2 I_2 [W]$
- 단상 부하용량 $P = V_2 I_2 [W]$
- 3상 부하용량 $P = \sqrt{3}\, V_2 I_2 [W]$

8 정류기

(1) 실리콘 정류기와 회로

[정류기의 종류]

분류		원리
전자유도	전동 발전기	교류 전동기 + 직류 발전기
	회전 변류기	동기 전동기와 직류 발전기를 합한 것
방전 현상	당가 정류관	아르곤을 수 $10[mmHg]$로 봉합한 2극 정류판에서 저전압대 전류에 적합함
	계소트론	열음극 2극 정류판
	수은 정류기	진공 중에서 수은증기의 정류작용을 이용한 것
	사이라트론	격자에 의해 병전을 시동하는 열음극 방전관으로 수은, 아르곤등을 봉입한 제어정류관
반도체 정류기	세렌 정류기	철판 또는 알루미늄 엷은막에 셀렌의 층을 형성시켜 그 위에 카드뮴등을 합금층을 만들어 셀렌에서 합금으로의 전류를 쉽게 마르게 하여 정류작용을 하게 한 것
	이산화동 정류기	게르마늄 반도체의 PN 접합부의 정류작용을 이용한 것
	실리콘 정류기	실리콘 반도체의 PN 접합부의 정류작용을 이용한 것
	사이리스터	실리콘 반도체 PNPN 접합에 게이트 단자를 설치해 제어작용을 준 정류기

1) 단상 반파 정류회로

직류전력을 P_d라 하면 $P_d = V_d \ I_d$로 나타낸다. 즉, $V_d = \dfrac{E_m}{\pi} = \dfrac{\sqrt{2}\,E}{\pi} = 0.45E$

$$I_d = \frac{I_m}{\pi} = \frac{\sqrt{2}\,I}{\pi} = 0.45I$$

$$P_d = V_d \times I_d = 0.45^2 IE = 0.45^2 \frac{E^2}{R}$$

2) 단상 전파 정류회로

$$P_d = V_d \times I_d = 0.9^2 IE = 0.9^2 \frac{E^2}{R} (5.3)$$

이 회로는 본질적으로 2상 반파정류회로로 중성점부 변압기가 필요로 하는 것이다.

3) 3상 반파 정류회로

$$V_d = \frac{3}{2\pi}\int_{\frac{5}{6}\pi}^{\frac{\pi}{6}} \sqrt{E}\, sin\omega\, td\,\omega\, t = \frac{3\sqrt{3E}}{\sqrt{2\pi}} \fallingdotseq 1.17E$$

부하전류의 평균치 I_d는 $I_d = \frac{E_d}{R} = \frac{1.17E}{R}$

전력 $P_d = E_d I_d = \frac{1.17^2 E^2}{R} = \frac{1.37E^2}{R}$

4) 3상 브리지 정류회로

평균치를 V_d라 하면 $V_d = \frac{1}{\pi/3}\int_{\frac{\pi}{6}}^{\frac{\pi}{6}} \sqrt{3}\, E_m \sin w\omega\, td\,\omega\, t = \frac{3\sqrt{3}\, E_m}{\pi} = \frac{3\sqrt{3}\,\sqrt{2}\, E}{\pi} \fallingdotseq 2.34E$

$$I_d = \frac{E_d}{R} = 2.34\frac{E}{R}$$

(2) 사이리스터와 그 회로

사이리스터는 4층 이상의 PN 접합을 갖고, 전기자 회로의 off(개로)의 상태로부터 on(폐로)의 상태로서 바뀜 또는 그 역의 바뀜을 할 수 있는 반도체 스위치의 총칭이다. 이 사이리스터 중에서 PNPN 4층으로 되어 게이트 단자를 갖는 실리콘 반도체 제어정류소자(silicon controlled rectifier)의 것을 SCR이라 부르고 있다.

1) 단상 반파 정류회로

$$V_d = \frac{1}{2\pi}\int_a^x \sqrt{2}\, E\sin\omega\, td\,\omega\, t = \frac{E}{\sqrt{2\pi}}(1+\cos a) = 0.225E(1+\cos a)$$

$$I_d = \frac{V_d}{R} = \frac{E}{\sqrt{2}\,\pi R}(1+\cos a) = o.225\ \frac{E}{R}(1+\cos a)$$

2) 단상전파 정류회로

$$V_d = \frac{1}{\pi}\int_a^{\pi} \sqrt{2}\, E\sin\omega\, td\,\omega\, t = \frac{\sqrt{2E}}{\pi}(1+\cos a) = 0.45E(1+\cos a)$$

3) 단상 브리지 정류회로

$$V_d = \frac{1}{\pi}\int_a^{\pi} \sqrt{2}E\sin\omega t d\omega t = \frac{\sqrt{2E}}{\pi}(1+\cos a) = 0.45E(1+\cos a)$$

4) 각종 정류회로

[정류회로 방식의 비교]

직류전압평균의 최대 V_{d0}		직류전압의 평균치(저항부하) V_d	맥동률 [%]	변압기용량		제어각 a
				1차권선	2차권선	
단상반파	0.45E	$\frac{1+\cos a}{2}\times V_d$	121	$3.48P_d$	$3.48P_d$	$0\sim\pi$
단상반파 (2상반파)	0.9E	$\frac{1+\cos a}{2}\times V_d$	48.4	$1.11P_d$	$1.57P_d$	"
단상브리지	0.9E	$\frac{1+\cos a}{2}\times V_d$	48.4	$1.11P_d$	$1.11P_d$	"
3상반파	1.17E	$0\le a\le\frac{\pi}{6}, \cos a\times V_d$ $\frac{\pi}{3}\le a\le\frac{2\pi}{3}$ $0.577\{1+\cos(a+\frac{\pi}{3})\}V_d$	18.7	$1.21P_d$	$1.48P_d$	$0\sim\frac{5}{6}\pi$
3상브리지	2.34E	$0\le a\le\frac{\pi}{6}, \cos a\times V_d$ $\frac{\pi}{3}\le a\le\frac{2\pi}{3}$ $0.577\{1+\cos(a+\frac{\pi}{3})\}V_d$	4.2	$1.95P_d$	1.05	$0\sim\frac{2}{3}\pi$

① V_d는 1장 실리콘 정류기의 직류전압과 같다.

② 맥동율 $= \frac{\text{맥동전압의 교류분 실효치}}{\text{직류전압 평균치}}\times 100[\%]$

③ E : 교류 상전압 실효치

④ P_d : 직류출력

⑤ a의 범위는 순저항 부하의 경우를 나타낸다.

[각종 반도체 소자의 비교]

<table>
<tr><th colspan="3">명칭</th><th>단자</th><th>신호</th><th>응용 예시</th></tr>
<tr><td rowspan="7">사
이
리
스
터</td><td rowspan="4">역저지
사이리스터</td><td>SCR</td><td rowspan="3">3단자</td><td>게이트 신호</td><td>정류기 인버터</td></tr>
<tr><td>LASCR</td><td>빛 또는 게이트 신호</td><td>정지스위치 및
응용스위치</td></tr>
<tr><td>GTO</td><td>게이트 신호 on, off</td><td>쵸퍼 직류스위치</td></tr>
<tr><td>SCS</td><td>4단자</td><td></td><td></td></tr>
<tr><td rowspan="3">쌍방향
사이리스터</td><td>SSS</td><td>2단자</td><td>과전압 또는
전압상승율</td><td>초광장치, 교류스위치</td></tr>
<tr><td>TRIAC</td><td>3단자</td><td>게이트 신호</td><td>초광장치, 교류스위치</td></tr>
<tr><td>역도통 사이리스터</td><td></td><td>게이트 신호</td><td>직류효과</td></tr>
<tr><td colspan="3">다이오드</td><td>2단자</td><td></td><td>정류기</td></tr>
<tr><td colspan="3">트랜지스터</td><td>3단자</td><td></td><td>증폭기</td></tr>
</table>

P A R T
05
제어공학

제어공학 핵심 기출문제

01 조작량 $y(t)=8z(t)+2.4\frac{d}{dt}z(t)+\int Z(t)dt$로 표시되는 PID 동작에 있어서 비례감도 K, 미분시간 T_2, 적분시간 T_1으로 알맞은 것은?

〈한국철도공사(코레일)〉

① K=8, T_1=0, T_2=0.4
② K=8, T_1=1, T_2=2.4
③ K=8, T_1=0.3, T_2=8
④ K=8, T_1=8, T_2=0.4
⑤ K=8, T_1=8, T_2=0.3

02 제어요소가 제어대상에 주는 양은?

〈한국전력공사〉

① 기준입력
② 동작신호
③ 제어량
④ 조작량
⑤ 외란

03 오차가 변하는 속도에 비례하여 조작량을 조절하며 오차가 커지는 것을 방지하기위한 제어동작은?

〈한국동서발전〉

① 비례
② 미분
③ 적분
④ on-off

04 조작량 $y(t)$가 다음과 같이 표시되는 PID 동작에서 비례감도, 미분시간, 적분시간은?

〈한국남동발전〉

$$y(t) = 4z(t) + \frac{dz(t)}{dt} + 2\int z(t)dt$$

① 4, $\frac{1}{4}$, $\frac{1}{2}$

② 4, $\frac{1}{4}$, 2

③ 4, 4, 2

④ 4, $\frac{1}{4}$, 4

05 제어량 성질에 의한 제어의 분류가 아닌 것은?

〈한국서부발전〉

① 서보기구

② 자동제어

③ 프로세스제어

④ 추종제어

06 목표값이 1,000[℃]의 전기로에서 열전온도계의 지시에 따라 전압조정기로 전압을 조절하여 온도를 일정하게 유지시킨다면 온도는 다음 어느것에 해당되는가?

〈한국중부발전〉

① 조작부

② 제어량

③ 검출부

④ 조절부

07 그림과 같은 계단 함수의 라플라스변환은?

〈한국철도공사(코레일)〉

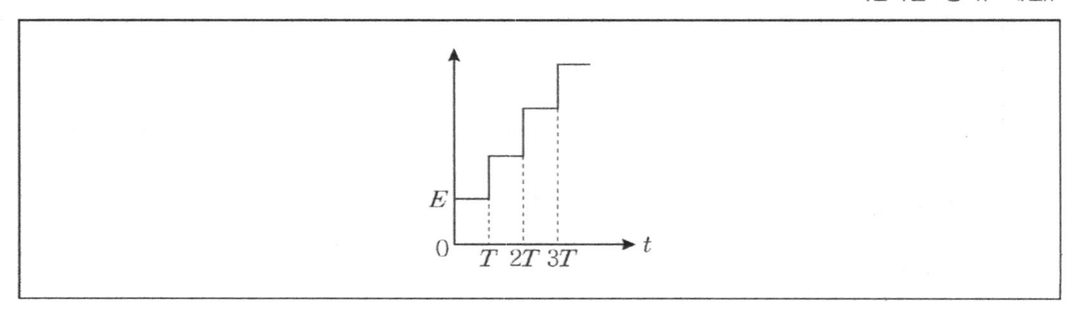

① $E(1+e^{-Ts})$

② $\dfrac{E}{1-e^{-Ts}}$

③ $\dfrac{E}{s(1-e^{-Ts})}$

④ $\dfrac{E}{s(1-e^{-\frac{Ts}{2}})}$

⑤ $\dfrac{E}{s(1-e^{Ts})}$

08 $F(s)=\dfrac{2s}{(s+2)(s+1+j)(s+1-j)}$ 의 역라플라스 변환은?

〈한국철도공사(코레일)〉

① $e^{-2t}(\cos t-1)$

② $-2e^{-2t}+2e^{-t}\cos t$

③ $2e^{-2t}-2e^{-t}\cos t$

④ $e^{-2t}(\cos t+1)$

⑤ $2(e^{-t}-\cos t)$

09 $f_{t1}(t)=10te^{-5t}\sin 3t,\ f_{t2}(t)=5t\cos 2t$의 라플라스 변환은?

〈서울교통공사〉

① $F_{t1}(s)=\dfrac{60(s+5)}{(s+5)^2+9}$, $F_{t2}(s)=\dfrac{5(s^2-4)}{s^2+4}$

② $F_{t1}(s)=\dfrac{60(s+5)}{[(s+5)^2+3]^2}$, $F_{t2}(s)=\dfrac{5(s^2-4)}{(s^2+2)^2}$

③ $F_{t1}(s)=\dfrac{60(s-5)}{[(s+5)^2-9]^2}$, $F_{t2}(s)=\dfrac{5(s^2+4)}{(s^2-4)^2}$

④ $F_{t1}(s)=\dfrac{60(s+5)}{[(s+5)^2+9]^2}$, $F_{t2}(s)=\dfrac{5(s^2-4)}{(s^2+4)^2}$

⑤ $F_{t1}(s)=\dfrac{60(s+5)^2}{(s+5)^2+9}$, $F_{t2}(s)=\dfrac{5(s^2-4)^2}{s^2+4}$

10 $I(s)=\dfrac{5s+16}{2s^3-4s^2+8s}$의 최종값 $i(t)$는?

〈서울교통공사〉

① 8
② 3
③ 2.5
④ 2
⑤ 1

11 $F(s)=\dfrac{2s+3}{s^3+4s^2+5s+2}$의 역라플라스 변환을 구하면?

〈인천교통공사〉

① $e^{-t}+te^{-t}+e^{-2t}$

② $-e^{-t}+te^{-t}+e^{-2t}$

③ $e^{-t}-te^{-t}+e^{-2t}$

④ $e^{-t}+te^{-t}+e^{2t}$

⑤ $e^{-t}+te^{-t}-e^{-2t}$

12 $F(s)=\dfrac{3s+4}{s^3+s^2+2s}$ 일 때 $f(t)$의 최종값은?

〈부산교통공사〉

① 0
② 1
③ 2
④ 4
⑤ 8

13 다음과 같은 $I(s)$의 초기값 $I(0_+)$가 바르게 구해진 것은?

〈부산교통공사〉

$$I(s)=\frac{4s+1}{2s^2+s+6}$$

① 0
② 1
③ 2
④ 4
⑤ ∞

14 $F(s)=\dfrac{2(s+2)}{s^3+3s^2-4s}$ 일 때 $f(t)$의 최종값은?

〈대구도시철도공사〉

① 1
② −1
③ 4
④ −4

15 $f(t)=\sin t\cos t$의 라플라스변환은?

〈국가철도공단〉

① $\frac{1}{s^2+4}$

② $\frac{1}{s}$

③ $\frac{1}{(s+4)^2}$

④ $\frac{1}{s^2+2}$

16 $\frac{d^2}{dt^2}x(t)+3\frac{d}{dt}x(t)+2x(t)=\delta(t)$에서 $X(s)$는 얼마인가? (단, $x(0)=2$, $x'(0)=1$ 이다)

〈한국남동발전〉

① $\frac{2s+8}{s^2+3s+2}$

② $\frac{2s+9}{s^2+3s+2}$

③ $\frac{2s+8}{2s^2+3s+2}$

④ $\frac{2s+9}{2s^2+3s+2}$

17 미분방정식이 다음과 같이 주어질 때 해를 구하시오.

〈한국남동발전〉

$$2\frac{dy(t)}{dt}-5y(t)+\int 2y(t)dt=2u(t),\ y(0)=1,\ y'(0)=0$$

① $\frac{2s+2}{2s^2-5s+2}$

② $\frac{3s+2}{2s^2-5s+2}$

③ $\frac{s+3}{2s^2-5s+2}$

④ $\frac{s+2}{2s^2-5s+2}$

18 함수 $f(t)=\sin t$를 옳게 라플라스 변환시킨 것은?

〈한국서부발전〉

① $\dfrac{s}{s^2+1}$ ② $\dfrac{1}{s^2+1}$

③ $\dfrac{s^2}{s^2+1}$ ④ $\dfrac{s}{s^2-1}$

19 어떤 제어계의 출력이 $c(t)=\dfrac{8}{s(2s^2+s+4)}$로 주어질 때 정상값은?

〈한국중부발전〉

① 2 ② 3

③ 4 ④ 8

20 그림과 같은 액면계에서 $q_i(t)$를 입력, $q_o(t)$를 출력으로 본 전달함수는? (단, 액면 높이는 $h(t)$이며, 펌프는 정지상태이다)

〈한국철도공사(코레일)〉

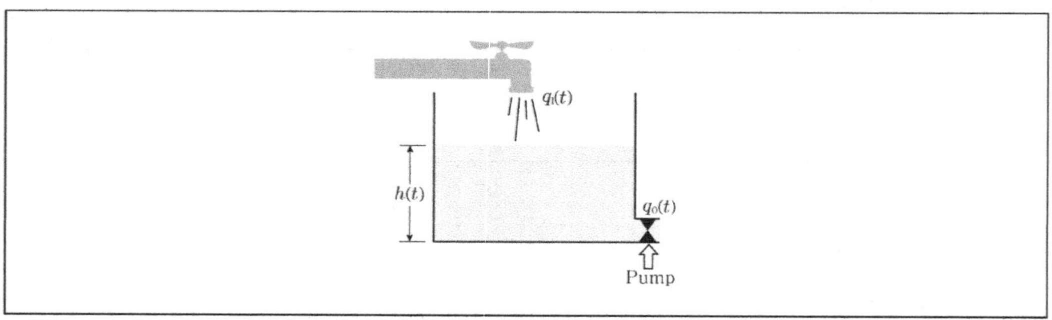

① $q_i(t)$ ② $\dfrac{1}{Cs}$

③ $\dfrac{q_i}{q_o}$ ④ $1+Cs$

⑤ $\dfrac{1}{1+Cs}$

21 다음과 같은 신호흐름선도에서 전달함수 $\frac{C}{R}$의 값은?

(단, $G_1=2$, $G_2=4$, $G_3=2$, $G_4=5$, $H_1=0.1$, $H_2=2$이다)

〈한국철도공사(코레일)〉

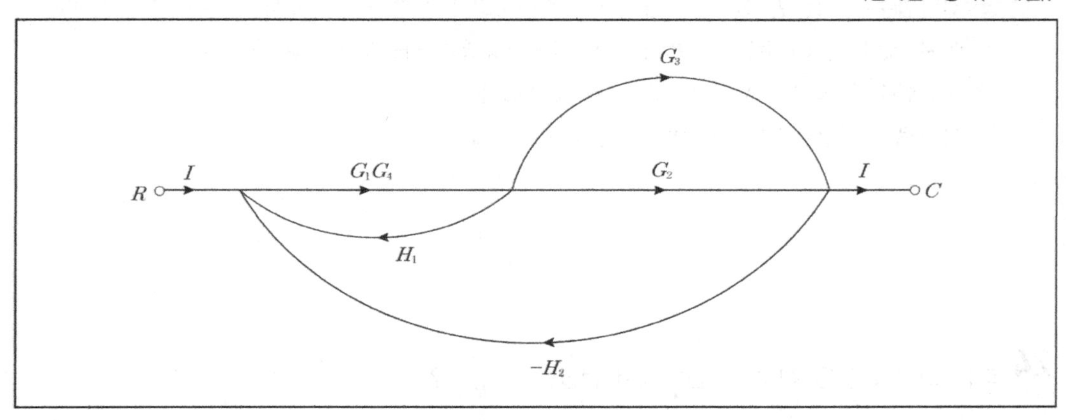

① 0.5 ② 1.5

③ 12.5 ④ 22

⑤ 23.5

22 $Z(s)=\frac{s^2+3s+2}{s^2+7s+12}$일 때, $Z(0)$와 $Z(\infty)$를 구하시오

〈서울교통공사〉

① $Z(0)=-1,-2$, $Z(\infty)=3,4$

② $Z(0)=-1,-2$, $Z(\infty)=-1,-2$

③ $Z(0)=3,4$, $Z(\infty)=1,2$

④ $Z(0)=-1,-2$, $Z(\infty)=-3,-4$

⑤ $Z(0)=3,4$, $Z(\infty)=-3,-4$

23 제어시스템의 전달함수에 대한 설명으로 옳지 않은 것은?

〈서울교통공사〉

① 전달함수는 시스템의 입력과 관련이 있다

② 전달함수는 시불변 선형시스템에서만 존재하고 비선형 시스템에서는 존재하지 않는다

③ 어떤 계의 전달함수는 그 계에 대한 임펄스응답의 라플라스 변환과 같다

④ 전달함수를 정의할 때 모든 초기값을 0으로 한다

⑤ 아날로그 전달함수는 복소변수 s만의 함수로 표현된다.

24 다음 그림과 같은 신호흐름선도에서 전달함수 $\frac{C}{R}$는?

〈서울교통공사〉

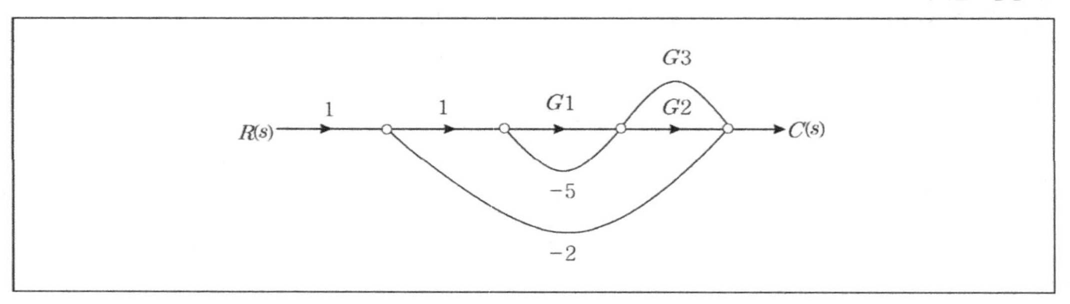

① $\dfrac{G_1(G_2+G_3)}{1+5G_1+2G_1(G_2-G_3)}$

② $\dfrac{G_1(G_2+G_3)}{1+5G_1+2G_1(G_2+G_3)}$

③ $\dfrac{G_1(G_2-G_3)}{1+5G_1+2G_1(G_2+G_3)}$

④ $\dfrac{G_1(G_2+G_3)}{1+5G_1+G_2+G_3}$

⑤ $\dfrac{G_1(G_2+G_3)}{1-5G_1-2G_1(G_2+G_3)}$

25 물리계의 전달함수에서 전기계를 기계계로 유추한 것이다. 빈칸에 알맞은 것은?

〈서울교통공사〉

전기계	기계계	
	직선운동	회전운동
전압	힘	㉢
전류	㉠	각속도
전하	변위	각변위
인덕턴스	㉡	관성모멘트

① ㉠ 속도, ㉡ 넓이, ㉢ 토크
② ㉠ 가속도, ㉡ 질량, ㉢ 토크
③ ㉠ 속도, ㉡ 질량, ㉢ 토크
④ ㉠ 속력, ㉡ 넓이, ㉢ 관성모멘트
⑤ ㉠ 가속도, ㉡ 거리, ㉢ 관성모멘트

26 그림의 회로명은?

〈인천교통공사〉

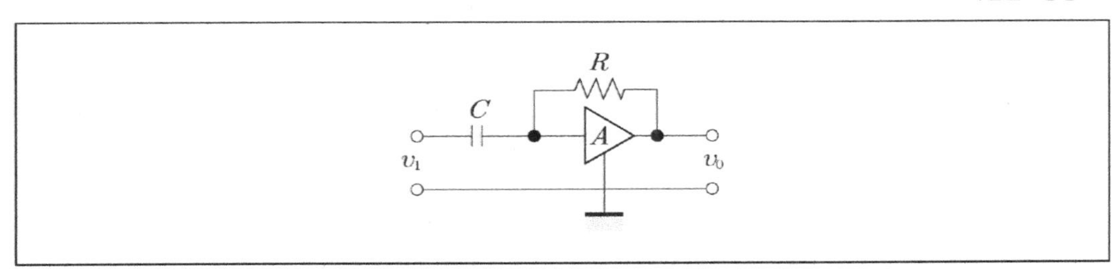

① 미분기
② 비례미분기
③ 적분기
④ 부호변환기
⑤ 비례적분기

27 그림과 같은 신호흐름선도의 전달함수 $\frac{C}{R}$는?

〈한국남동발전〉

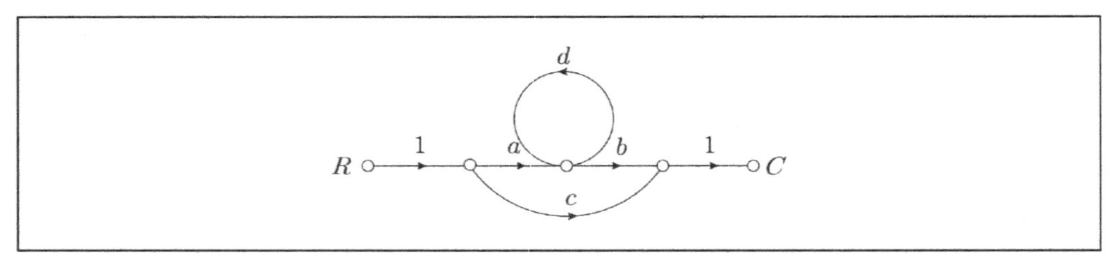

① $\frac{ab}{1-d}$　　② $\frac{ab+c}{1-d}$

③ $\frac{ab+c+cd}{1-d}$　　④ $\frac{ab+c-cd}{1-d}$

28 다음 그림에서 V_o는 몇 $[\mu V]$인가?

〈한국남동발전〉

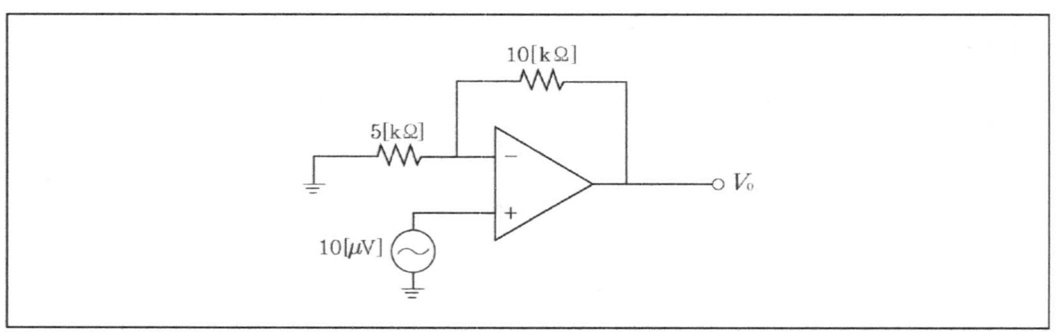

① 10　　② 20

③ 30　　④ 40

29 다음 그림에서 V_o는 몇 $[KV]$인가?

〈한국남동발전〉

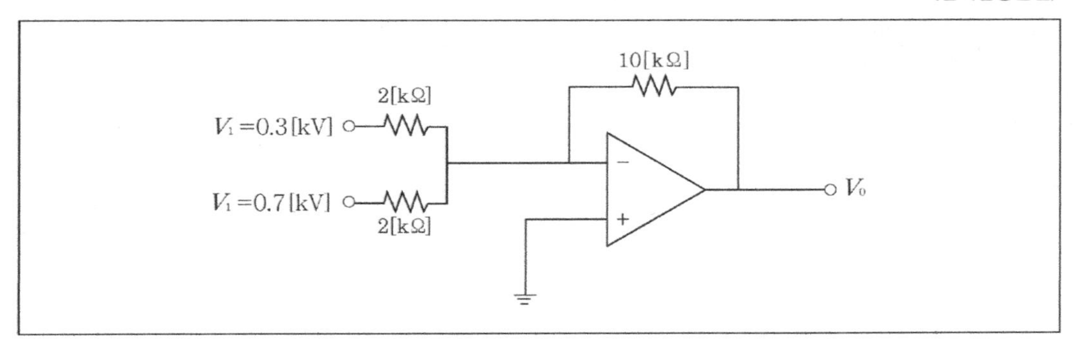

① −2　　② −3

③ −4　　④ −5

30 차동증폭기에 대한 설명으로 옳은 것은?

〈한국남동발전〉

① 2개의 입력과 출력의 비를 나타내는 회로

② 2개의 입력과 출력에서 최솟값을 찾아내는 회로

③ 2개의 입력에 동시에 들어가는 잡음성분을 제거시키는 회로

④ 2개의 입력을 상쇄기켜 출력을 일정하게 하는 회로

31 단위피드백계에서 입력과 출력이 같다면 전향 전달함수 $|G|$의 값은?

〈한국서부발전〉

① 0　　② 1

③ 10　　④ 무한대

32 임펄스응답 제어계에서 $c(t)=1-1.8e^{-4t}+0.8e^{-9t}$를 라플라스 변환하면?

〈한국서부발전〉

① $\dfrac{36}{s(s+4)(s+9)}$
② $\dfrac{36}{(s+4)(s+9)}$
③ $\dfrac{s-9}{s(s+4)(s+9)}$
④ $\dfrac{s-4}{s(s+4)(s+9)}$

33 개루프 전달함수가 $G(s)=\dfrac{s+1}{s(2s+1)}$일 때 단위 부궤환 폐루프 전달 함수는?

〈한국중부발전〉

① $\dfrac{s}{2s^2+2s+1}$
② $\dfrac{s+1}{2s^2+2s+1}$
③ $\dfrac{2s^2+2s+1}{s+1}$
④ $\dfrac{2s^2+2s+1}{s}$

34 그림의 블록선도의 입력 R=7 이라면 출력 C의 값은?

〈인천교통공사〉

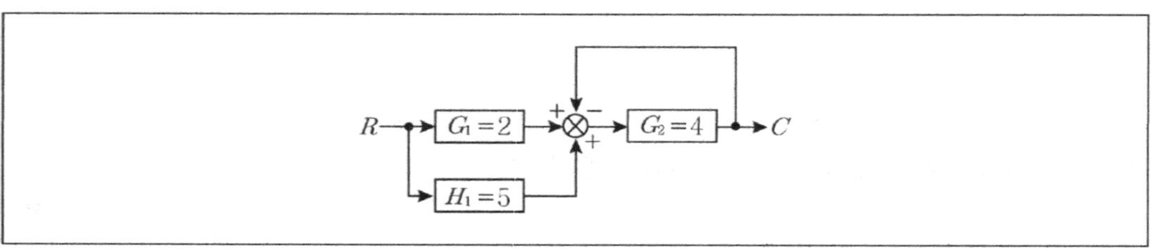

① 5.6
② 20
③ 39.2
④ 56
⑤ 78.4

35 다음과 같은 블록선도에서 $\frac{C}{R}$의 값은?

〈한국서부발전〉

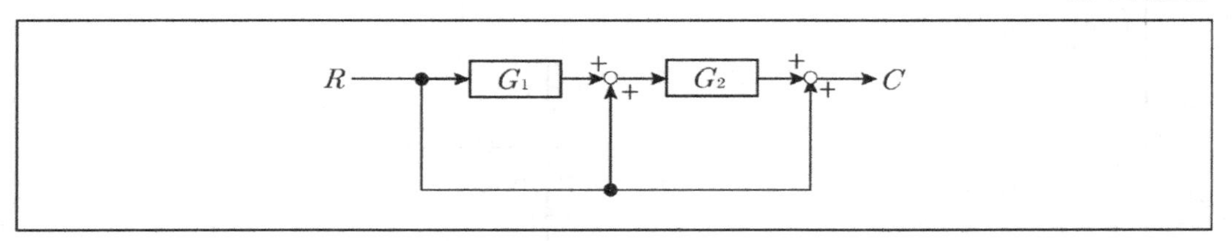

① $1+G_1+G_1G_2$

② $1+G_2+G_1G_2$

③ $\dfrac{G_1+G_2}{1-G_2-G_1G_2}$

④ $\dfrac{G_1+G_2}{1-G_2-G_1}$

36 다음 중 오버슈트에 대한 설명으로 옳지 않은 것은?

〈서울교통공사〉

① 오버슈트는 응답 중에 생기는 입력과 출력 사이의 최대편차를 말한다

② 제어시스템의 안정도의 척도다

③ 백분율 오버슈트는 $\dfrac{\text{제2오버슈트}}{\text{최대오버슈트}}\times 100[\%]$이다

④ 상대 오버슈트는 $\dfrac{\text{최대오버슈트}}{\text{최종희망값}}\times 100[\%]$이다

⑤ 상대가 절대보다 비교하기 쉽다

37 $G(s)=\dfrac{1}{s+1}$인 계의 단위계단 응답에서의 지연시간은?

〈한국동서발전〉

① 0.5

② 0.7

③ 1.0

④ 1.2

38 s평면상에 4개의 극점이 있을 때 이 중 안정도가 가장 높은 것은?

〈한국수력원자력〉

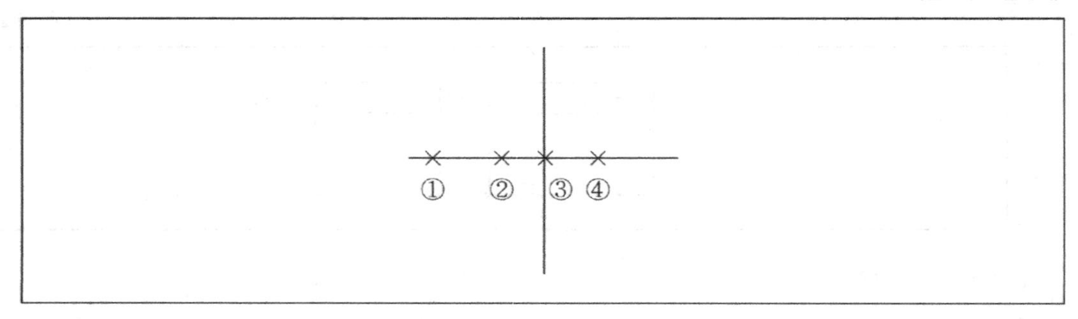

① 1
② 2
③ 3
④ 4

39 개루프 전달함수 $G(s)=\dfrac{5}{s(s+1)(s+3)}$의 입력 $R(t)=5t$라 할 때 정상편차 e_{ss}는?

〈한국철도공사(코레일)〉

① 0
② 3
③ 5
④ 25
⑤ ∞

40 제어시스템의 정상상태 오차에서 포물선 입력 $\frac{1}{2}t^2u(t)$를 가했을 경우 편차상수는?

〈한국철도공사(코레일)〉

① $\lim_{s\to 0} G(s)$
② $\lim_{s\to 0} sG(s)$
③ $\lim_{s\to 0} s^2G(s)$
④ $\lim_{s\to 0} s^3G(s)$
⑤ $\lim_{t\to 0} s^3G(s)$

41 보드선도의 안정한 제어계는? (단, A_n은 이득교점, B_n은 위상교점이다)

〈한국철도공사(코레일)〉

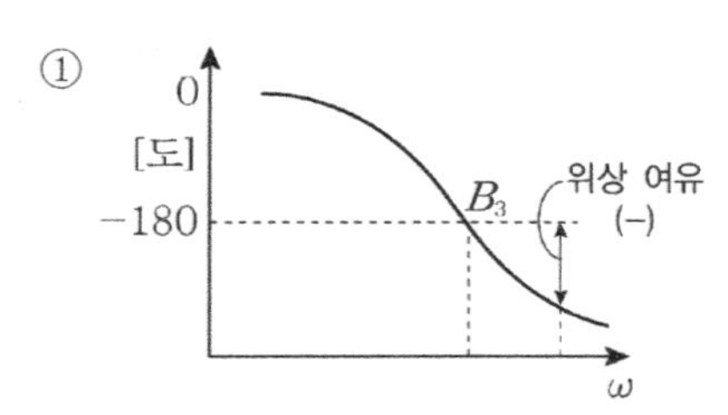

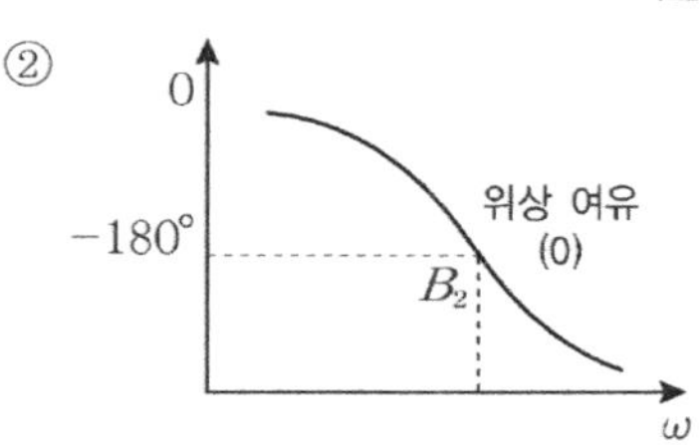

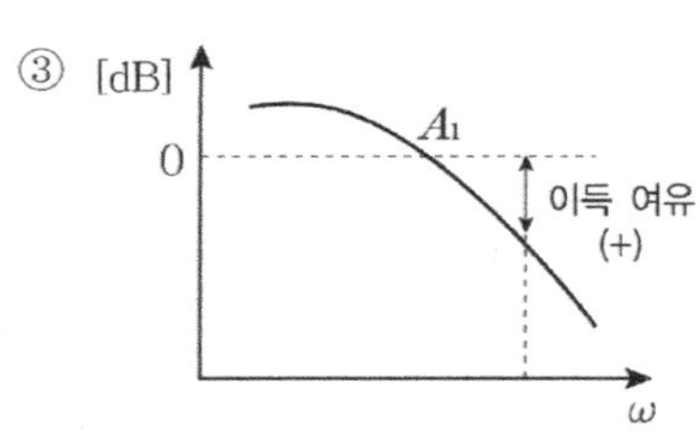

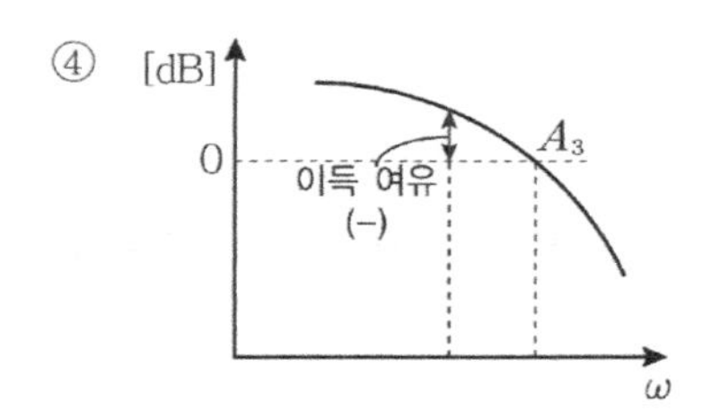

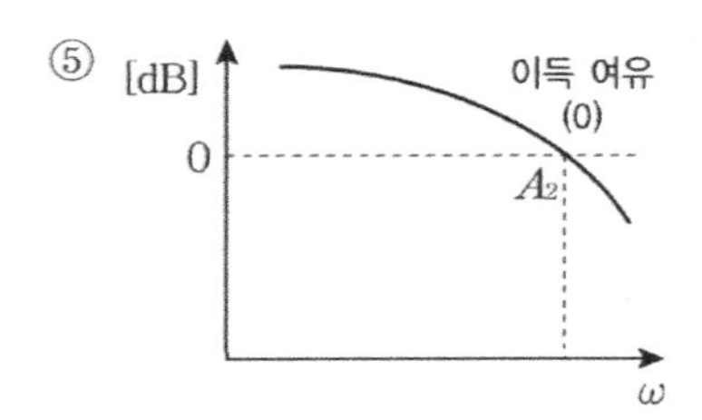

42 $G(s)=\dfrac{1}{1+10s}$ 인 1차 지연요소의 $G[dB]$는? (단, $\omega=0.1[rad/\sec]$이다)

〈인천교통공사〉

① 약3
② 약−3
③ 약10
④ 약−15
⑤ 약20

43 $G(j\omega)=\dfrac{3}{3+j10\omega}$ 로 주어지는 계의 절점 주파수는 몇 $[rad/\sec]$ 인가?

〈인천교통공사〉

① 0
② 0.3
③ 3.3
④ 5
⑤ 10

44 주파수응답에 의한 위치제어계의 설계에서 계통의 안정도 척도와 관계가 적은 것은?

〈한국동서발전〉

① 공진치
② 위상여유
③ 이득여유
④ 고유주파수

45 $G(s)H(s)=\dfrac{2}{(s+1)(s+2)}$ 의 이득여유$[dB]$는?

〈한국동서발전〉

① 3
② 7
③ 0
④ 1

46 $G(s)H(s)$ 가 다음과 같이 주어지는 계가 있다. 이득여유가 20$[dB]$이면 이때 K의 값은?

〈한국남동발전〉

$$G(s)H(s)=\frac{K}{(1+s)(1+2s)(1+3s)}$$

① 1
② 10
③ 10^{-1}
④ 20

47 $G(s)=\frac{1}{0.1s}$ 인 선형 제어계에서 $\omega=0.1$일 때 주파수의 전달함수의 이득$[dB]$은?

〈한국서부발전〉

① −40 ② 40

③ 20 ④ −20

48 다음 특성방정식 중 안정한 것은?

〈한국철도공사(코레일)〉

① $s^3+2s^2+3s+7=0$

② $s^3+s^2+s+1=0$

③ $2s^3+2s^2+3s+6=0$

④ $s^3+5s^2+7s+3=0$

⑤ $3s^3+s^2+8s+5=0$

49 다음 특성방정식 중 불안정한 것은?

〈한국남동발전〉

① $s^3+2s^2+3s+4=0$

② $s^3+s^2+7s+3=0$

③ $s^3+5s^2+4s+6=0$

④ $s^3+4s^2+2s+9=0$

50 $G(s)H(s)=\dfrac{K(s+1)}{s(s+3)(s+5)}$ 에서 근궤적의 수는?

〈한국철도공사(코레일)〉

① 0
② 1
③ 2
④ 3
⑤ 4

51 $G(s)H(s)=\dfrac{K(s+1)}{s^2(s+2)(s+3)}$ 에서 근궤적의 수는?

〈한국동서발전〉

① 4
② 3
③ 2
④ 1

52 개루프 전달함수 $G(s)H(s)=\dfrac{K(s-5)}{s(s-1)^2(s+2)^2}$ 일 때 주어지는 계에서 점근선의 교차점은?

〈한국남동발전〉

① $-\dfrac{3}{2}$
② $-\dfrac{7}{4}$
③ $\dfrac{5}{3}$
④ $-\dfrac{1}{5}$

53 $G(s)H(s)=\dfrac{K(s+3)}{s^2(s^2+s+3)}$ 에서 근궤적의 수는?

〈한국서부발전〉

① 1
② 2
③ 3
④ 4

54 A^t인 함수의 Z변환으로 알맞은 것은?

〈한국철도공사(코레일)〉

① $\frac{Z}{Z-1}$

② $\frac{Z}{Z-A}$

③ $\frac{Z}{Z+A}$

④ $\frac{Z}{s(Z+A)}$

⑤ $\frac{Z}{s(Z-1)}$

55 다음 중 Z변환에 대한 설명으로 옳지 않은 것은?

〈한국철도공사(코레일)〉

① Z변환은 DTFT보다 조금 더 큰 범주가 된다

② 극점이 Z평면 내부에 위치할 경우 시스템은 안정하다

③ 최종값 정리는 모든 영역에서 사용 가능하다

④ Z변환을 통해 이산 시스템의 입출력 관계를 쉽게 표현할 수 있다

⑤ Z변환은 신호를 시간적으로 대역 제한할 필요가 없다.

56 $f(t)=tu(t)$의 Z변환은?

〈인천교통공사〉

① 1

② $\frac{Z}{Z-1}$

③ $\frac{Z}{Z-e^{-at}}$

④ $\frac{Z}{(Z-1)^2}$

⑤ $\frac{TZ}{(Z-1)^2}$

57 상태방정식 $\dot{x}=Ax(t)+Bu(t)$에서 $A=\begin{vmatrix} 0 & 1 \\ -2 & 2 \end{vmatrix}$일 때 특성방정식의 근은?

〈인천교통공사〉

① $1 \pm j$
② $1 \pm 2j$
③ $2 \pm j$
④ $2 \pm 2j$
⑤ 2

58 $f(t)=1-e^{-sT}$인 시간함수를 이산시스템으로의 z변환은?

〈한국남동발전〉

① $\dfrac{(1-e^{-aT})z}{(z-1)(z-e^{-aT})}$
② $\dfrac{1-e^{-aT}}{(z-1)(z-e^{-aT})}$
③ $1-e^{-aT}$
④ $z-e^{-aT}$

59 다음과 같은 z변환 함수를 역변환하면?

〈한국남동발전〉

$$R(z)=\frac{(2z-1-e^{-aT})z}{z^2-z-e^{-aT}z+e^{-aT}}$$

① $r(t)=2z-1-e^{-at}$
② $r(t)=z-1-e^{-at}$
③ $r(t)=-1-e^{-at}$
④ $r(t)=1+e^{-at}$

60 상태방정식 $\dot{x} = Ax(t) + Bu(t)$ 에서 $A = \begin{vmatrix} 0 & 1 \\ -2 & -3 \end{vmatrix}$, $B = \begin{vmatrix} 4 \\ 5 \end{vmatrix}$ 일 때 특성방정식의 근은?

〈한국서부발전〉

① −2. −3　　② 1, 2
③ −1, −3　　④ −1, −2

61 다음 중 $(A+B+\overline{C})\cdot(A\overline{B}C+AB\overline{C})$ 와 같은 것은?

〈서울교통공사〉

① $\overline{A}C+\overline{B}$　　② $A(\overline{B}C+B\overline{C})$
③ $C(\overline{B}+A)$　　④ $\overline{A}(\overline{B}C+B\overline{C})$
⑤ $A(B+C\overline{B})$

62 다음 회로와 동일한 논리 심벌은?

〈인천교통공사〉

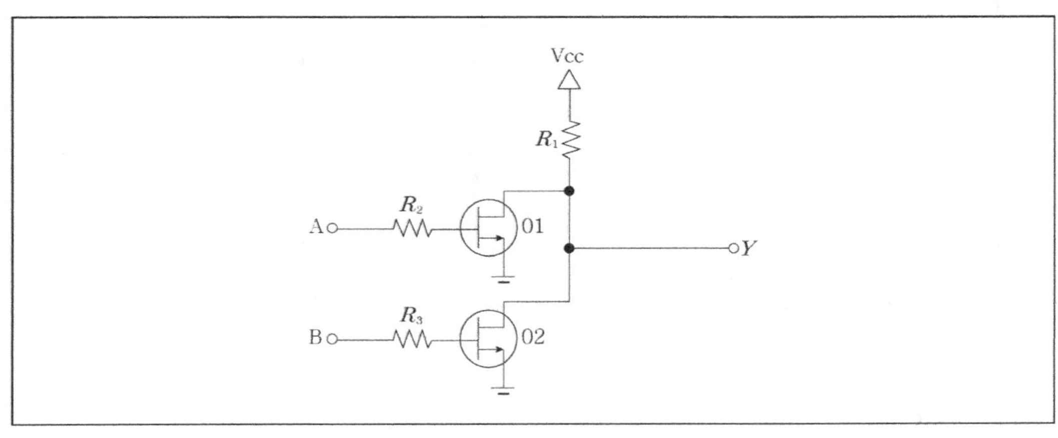

① A B Y　　② A B Y
③ A B Y　　④ A B Y
⑤ A B Y

63 다음 진리표의 Gate는?

〈한국동서발전〉

입력		출력
A	B	X
0	0	1
0	1	0
1	0	0
1	1	0

① AND ② OR

③ NOR ④ NAND

64 다음의 인터록 회로에서 (a), (b)에 차례대로 들어 갈 접점 기호는?

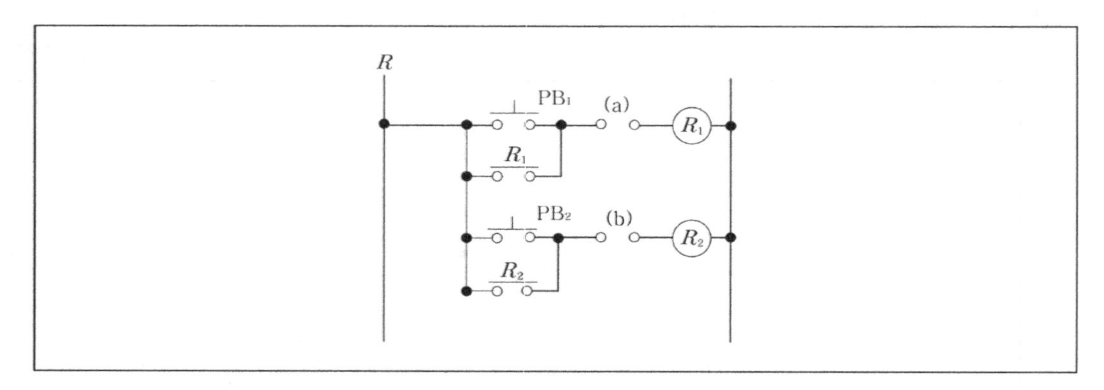

① R_1, R_2

② R_2, R_1

③ R_2, R_1

④ R_2, R_1

65 다음 부울 대수 식을 간소화 하면?

〈한국남동발전〉

$$X = ABC + \overline{A}BC + A\overline{B}C + AB\overline{C} + \overline{A}B\overline{C}$$

① $\overline{B} + AC$
② $B + AC$
③ $A + BC$
④ $C + AB$

66 다음 카르노 맵의 출력식은?

〈한국수력원자력〉

YZ \ WX	00	01	11	10
00	1	0	0	1
01	1	1	1	1
11	1	1	1	1
10	1	0	0	1

① WX+Y
② Y+Z
③ $\overline{X} + Z$
④ $Y\overline{Z} + W$

67 다음 무접점 회로의 출력식은?

〈한국수력원자력〉

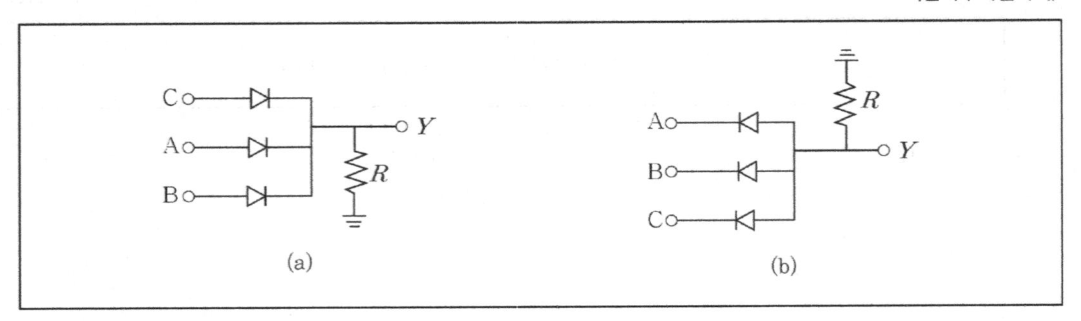

① (a) $Y=A+B+C$, (b) $Y=ABC$

② (a) $Y=A+B+\overline{C}$, (b) $Y=ABC$

③ (a) $Y=ABC$, (b) $Y=A+B+C$

④ (a) $Y=A+B+C$, (b) $Y=\overline{ABC}$

68 다음 논리식 중 다른값을 나타내는 논리식은?

〈한국서부발전〉

① $(X+Y)(X+\overline{Y})$

② $X(\overline{X}+Y)$

③ $X(X+Y)$

④ $XY+X\overline{Y}$

제어공학 정답 및 해설

01 정답 ④

$$y(t)=8z(t)+2.4\frac{d}{dt}z(t)+\int Z(t)dt$$

$$y(t)=K(z(t)+T_2\frac{d}{dt}Z(s)+\frac{1}{T_1}\int z(t))$$

$$Y(s)=8Z(s)+2.4sZ(s)+\frac{1}{s}Z(s)=8(Z(s)+0.3sZ(s)+\frac{1}{8s}Z(s))$$

비례감도 K=8, 미분시간 $T_2=0.3$, 적분시간 $T_1=8$

02 정답 ④

해설) 제어요소는 조절부와 조작부로 되어있으며 제어대상에 조작량을 공급한다.

03 정답 ②

미분동작은 조작량이 동작 신호의 미분 값에 비례하는 제어 동작. D 동작이라고도 한다. 동작 신호가 커질 듯할 때 그것을 정해진 크기로 수정하여 조작을 안정되게 하기 위하여 사용된다.

04 정답 ②

$$y(t)=4z(t)+\frac{dz(t)}{dt}+2\int z(t)dt=4(z(t)+\frac{1}{4}\frac{dz(t)}{dt}+\frac{1}{2}\int z(t)dt)$$

비례감도 4, 미분시간 1/4, 적분시간 2

05 정답 ④

제어량의 성질에 의한 분류

• 서보기구 : 위치, 각도 자세 등

–프로세스제어(공정제어) : 밀도, 농도, 압력 등

–자동조정 : 주파수, 장력, 전압, 전류

• 추종제어는 목표값이 시간적으로 임의변화하는 제어계를 말한다.

06 정답 ②

제어대상 : 전기로, 검출부 : 열전온도계, 조작량 : 전압
온도는 제어량이다 (프로세스제어)

07 정답 ③

$f(t) = Eu(t) + Eu(t-T) + Eu(t-2T)....$

$\mathcal{L}[f(t)] = \frac{E}{s} + \frac{E}{s}e^{-Ts} + \frac{E}{s}e^{-2ts} + ... = \frac{E}{s}(1 + e^{-Ts} + e^{-2Ts} + ...)$

$F(s) = \frac{E}{s} \cdot \frac{1}{1-e^{-Ts}}$

08 정답 ②

$F(s) = \frac{2s}{(s+2)(s+1+j)(s+1-j)} = \frac{A}{s+2} + \frac{B}{s+1+j} + \frac{C}{s+1-j}$

$A = \frac{2s}{(s+1+j)(s+1-j)}$ [$s=-2$ 대입], $A = \frac{2(-2)}{(-1+j)(-1-j)} = -2$

$B = \frac{2s}{(s+2)(s+1-j)}$ [$s=-1-j$ 대입], $B = \frac{2(-1-j)}{(-1-j+2)(-1-j+1-j)} = \frac{2(-1-j)}{(1-j)(-2j)} = 1$

$C = \frac{2s}{(s+2)(s+1+j)}$ [$s=-1+j$ 대입], C=1

$F(s) = \frac{A}{s+2} + \frac{B}{s+1+j} + \frac{C}{s+1-j} = \frac{-2}{s+2} + \frac{1}{s+1+j} + \frac{1}{s+1-j} = \frac{-2}{s+2} + \frac{2(s+1)}{(s+1)^2+1}$

역변환하면

$f(t) = -2e^{-2t} + 2e^{-t}\cos^{t}$

09 정답 ④

$F_{t2}(s) = -\frac{d}{ds}\frac{5s}{s^2+2^2} = \frac{-5(s^2+4)+5s \cdot 2s}{(s^2+4)^2} = \frac{5(s^2-4)}{(s^2+4)^2}$

$F_{t1}(s) = -\frac{d}{ds}\frac{30}{(s+5)^2+3^2} = \frac{60(s+5)}{[(s+5)^2+9]^2}$

10 정답 ④

최종값정리 $\lim_{s \to 0} sI(s) = \lim_{s \to 0} s \cdot \frac{5s+16}{2s^3-4s^2+8s} = \lim_{s \to 0}\frac{5s+16}{2s^2-4s+8} = 2$

11 정답 ⑤

$$F(s)=\frac{2s+3}{s^3+4s^2+5s+2},\qquad s^3+4s^2+5s+2=(s+1)^2(s+2)$$

$$F(s)=\frac{2s+3}{(s+1)^2(s+2)}=\frac{A}{(s+1)^2}+\frac{B}{s+1}+\frac{C}{s+2}\Rightarrow Ate^{-t}+Be^{-t}+Ce^{-2t}$$

$A=\frac{2s+3}{s+2}=1$ 양변에 $(s+1)^2$을 곱하고 $s=-1$ 대입

$B=\frac{d}{ds}\frac{2s+3}{s+2}=\frac{2(s+2)-(2s+3)}{(s+2)^2}=\frac{1}{(s+2)^2}$에 $s=-1$대입 $B=1$

$C=\frac{2s+3}{(s+1)^2}=-1$, $s=-2$대입

12 정답 ③

최종값정리 $\lim_{s\to0}sF(s)=\lim_{s\to0}s\cdot\frac{3s+4}{s^3+s^2+2s}=2$

13 정답 ③

초기값정리 $\lim_{s\to\infty}s\cdot I(s)=\lim_{s\to\infty}\frac{4s^2+s}{2s^2+s+6}=\lim_{s\to\infty}\frac{4+\frac{1}{s}}{2+\frac{1}{s}+\frac{6}{s^2}}=2$

14 정답 ②

최종값 정리 $\lim_{s\to0}sF(s)=\lim_{s\to0}s\cdot\frac{2(s+2)}{s^3+3s^2-4s}=-1$

15 정답 ①

$\sin(t+t)=\sin t\cos t+\cos t\sin t=2\sin t\cos t$

$\sin t\cos t=\frac{1}{2}\sin 2t$

$\mathcal{L}[\sin t\cos t]=\mathcal{L}[\frac{1}{2}\sin 2t]=\frac{1}{2}\times\frac{2}{s^2+2^2}=\frac{1}{s^2+4}$

16 정답 ①

$\frac{d^2}{dt^2}x(t)+3\frac{d}{dt}x(t)+2x(t)=\delta(t)$ 라플라스변환을 하면

$s^2X(s)-sx(0)-x'(0)+3[sX(s)-x(0)]+2X(s)=1$

$s^2X(s)-2s-1+3[sX(s)-2]+2X(s)=1$

$X(s)(s^2+3s+2)-2s-7=1$

$X(s)=\frac{2s+8}{s^2+3s+2}$

17 정답 ①

$2\frac{dy(t)}{dt}-5y(t)+\int 2y(t)dt=2u(t)$ 라플라스변환을 하면

$2[sY(s)-y(0)]-5Y(s)+\frac{2}{s}Y(s)=\frac{2}{s}$

$Y(s)=\frac{\frac{2}{s}+2}{2s+\frac{2}{s}-5}=\frac{2s+2}{2s^2-5s+2}$

18 정답 ②

$\mathcal{L}[f(t)]=\mathcal{L}[\sin t]=\frac{1}{s^2+1}$

19 정답 ①

$\lim_{s\to 0} sF(s)=\lim_{s\to 0} s\cdot\frac{8}{s(2s^2+s+4)}=2$

20 정답 ②

전달함수 $G(s)=\dfrac{Q_o(s)}{Q_i(s)}$

단면적을 C라 하면 $C\cdot h(t)=\int q_1(t)\,dt,\ \ CH(s)=\dfrac{1}{s}Q_1(s)$

단면적과 높이를 곱한 것이 입력과 같다

$C\cdot h(t)=\int q_1(t)\,dt,\ \ CH(s)=\dfrac{1}{s}Q_1(s)$

펌프가 정지상태이므로 출력은 높이의 증가로 나타난다.

전달함수 $G(s)=\dfrac{H(s)}{Q_i(s)}=\dfrac{1}{Cs}$

21 정답 ①

전달함수는 $\dfrac{경로}{1-폐로}$ 이므로

$$\frac{C}{R}=\frac{G_1G_4G_2+G_1G_4G_3}{1-G_1G_4H_1+G_1G_4G_2H_2+G_1G_4G_3H_2}=\frac{40+20}{1-1+80+40}=0.5$$

22 정답 ④

분자를 0으로 하는 영점과, 분모를 0으로 하는 극점을 구하는 문제이다.

$Z(s)=\dfrac{s^2+3s+2}{s^2+7s+12}=\dfrac{(s+1)(s+2)}{(s+3)(s+4)}$ 이므로

영점은 -1, −2 이고 극점은 -3, −4 이다.

23 정답 ①

시스템의 초기상태를 0으로 하고, 라플라스 변환된 출력과 입력의 비를 일반적으로 전달함수라고 한다. 시스템이 유한차원의 시불변한 선형동적 시스템의 경우, 전달함수는 복소매개변수 s의 유리함수가 된다. 전달함수의 입력은 신호의 종류와 관계가 적다.

24 정답 ②

전달함수는 $\dfrac{경로}{1-폐로}$ 이므로

$$\frac{C}{R}=\frac{G_1(G_2+G_3)}{1-G_1G_2(-2)-G_1(-5)-G_1G_3(-2)}=\frac{G_1(G_2+G_3)}{1+5G_1+2G_1G_2+2G_1G_3}$$

25 정답 ③

$V=L\dfrac{di}{dt}$, $F=ma=m\dfrac{dv}{dt}$, $T=J\dfrac{d\omega}{dt}$ 로 유추가 된다.

따라서 전압과 힘, 토크. 인덕턴스는 질량과 관성모멘트, 전류는 속도와 각속도로 각각 대응된다.

26 정답 ①

전달함수 $\dfrac{v_o}{v_1}=\dfrac{R}{R+\dfrac{1}{Cs}}=\dfrac{RCs}{RCs+1}$ 이므로 RC값을 작게하면 미분기가 된다.

27 정답 ④

전달함수는 $\dfrac{경로}{1-폐로}=\dfrac{ab+c}{1-d}$ 로 볼 수 있겠지만 지금 c경로일 때 접하지 않은 폐로를 감안해야 한다.

그러므로 $\dfrac{경로}{1-폐로}=\dfrac{ab+c(1-d)}{1-d}=\dfrac{ab+c-cd}{1-d}$

28 정답 ③

그림은 증폭기이다 흘러들어가는 전류와 나가는 전류가 같으므로

$$\frac{-10\times10^{-6}[V]}{5\times10^3[\Omega]}=\frac{10\times10^{-6}-V_o}{10\times10^3[\Omega]},\qquad V_o=30[\mu V]$$

29 정답 ④

$$V_o=-\left(\frac{10\times10^3}{2\times10^3}\times0.3\times10^3+\frac{10\times10^3}{2\times10^3}\times0.7\times10^3\right)=-5\times10^3[V]$$

30 정답 ③

차동증폭기는 두개의 입력을 가지고, 두 입력의 전압차에 비례한 출력을 얻을 수 있도록 제작된 증폭기이다.

주로, 공통모드신호 잡음 제거를 위한 회로로 사용된다.

31 정답 ④

단위피드백 전달함수 $\frac{G}{1+G} = \frac{\text{출력}}{\text{입력}} = 1$

$\frac{G}{1+G} = \frac{1}{\frac{1}{G}+1} = 1,\ G = \infty$

32 정답 ①

$c(t) = 1 - 1.8e^{-4t} + 0.8e^{-9t}$

$C(s) = \frac{1}{s} - \frac{1.8}{s+4} + \frac{0.8}{s+9} = \frac{(s+4)(s+9) - 1.8s(s+9) + 0.8s(s+4)}{s(s+4)(s+9)}$

$C(s) = \frac{s^2 + 13s + 36 - 1.8s^2 - 16.2s + 0.8s^2 + 3.2s}{s(s+4)(s+9)} = \frac{36}{s(s+4)(s+9)}$

33 정답 ②

전달함수는 $\frac{G(s)}{1+G(s)} = \frac{\frac{s+1}{s(2s+1)}}{1+\frac{s+1}{s(2s+1)}} = \frac{s+1}{s(2s+1)+s+1} = \frac{s+1}{2s^2+2s+1}$

34 정답 ③

전달함수 $\frac{C}{R} = \frac{G_1G_2 + H_1G_2}{1+G_2} = \frac{2\times4+5\times4}{1+4} = \frac{28}{5} = 5.6$

출력 C는 전달함수에 입력을 곱하는 것이므로 39.2가 된다.

35 정답 ②

경로뿐이므로 모든 경로를 합하면 된다.

36 정답 ③

오버슈트(Overshoot)는 신호 처리, 제어이론 등에서 어떤 신호의 값이 목표값보다 더 크게 나오는 현상을 의미한다. 이 현상은 보통 저주파 필터와 같은 대역 제한 시스템에서 계단 응답을 했을 때 일어난다.

㉠ **최대오버슈트** : 제어량이 목표값을 초과하여 최대로 나타나는 최대편차량으로 계단응답의 최종값의 백율율로 자주 사용된다

㉡ 상대오버슈트(백분율 오버슈트) = 최대오버슈트 / 최종목표값 × 100

㉢ 최대 오버슈트는 제어계통의 상대적인 안정도를 측정하는데 자주 이용된다. 오버슈트가 큰 제동은 항상 바람직하지 못하다.

37 정답 ②

지연시간은 최종값의 50%에 도달하는 시간이므로

$$C(s) = G(s)R(s) = \frac{1}{s+1} \cdot \frac{1}{s} = \frac{1}{s(s+1)}$$

최종값 $\lim_{s \to 0} s \cdot \frac{1}{s(s+1)} = 1$

$$c(t) = \mathcal{L}^{-1}C(s) = \mathcal{L}^{-1}[\frac{1}{s(s+1)}] = \mathcal{L}^{-1}[\frac{1}{s} - \frac{1}{s+1}] = 1 - e^{-t}$$

최종값의 50%에 도달하는시간 $0.5 = 1 - e^{-T_d}$, $e^{-T_d} = 0.5$

지연시간 $e^{T_d} = 2$, $T_d = \ln 2 = 0.693$

38 정답 ①

불안정 평면에서 가장 먼곳이 가장 안정하다.

39 정답 ②

전달함수가 1형제어계이고 입력이 속도입력이기 때문에 유한편차가 있다.

$$e_{ss} = \lim_{s \to 0} \frac{sR(s)}{1 + G(s)} = \lim_{s \to 0} \frac{s}{1 + \frac{5}{s(s+1)(s+3)}} \cdot \frac{5}{s^2} = \lim_{s \to 0} \frac{5}{s + \frac{5}{(s+1)(s+3)}} = 3$$

40 정답 ③

위치편차상수 $\lim_{s \to 0} G(s)$, 속도편차상수 $\lim_{s \to 0} sG(s)$, 가속도편차상수 $\lim_{s \to 0} s^2 G(s)$

포물선 입력이므로 가속도편차상수를 이용한다.

41 정답 ③

보드선도는 대상으로 하는 계의 입출력 특성을 주파수 영역으로 나타내기 위한 선도로, 대상으로 하는 계에 정현파 입력을 가하고, 정상 상태에서 출력에 나타나는 같은 주파수의 정현파를 관찰하여, 입출력의 진폭의 비(게인), 위상의 관계를 필요한 주파수 범위에서 구하고, 횡축에 각주파수 ω [rad/s] 를 $\log 10\omega$ 로 눈금하고, 게인과 위상을 각각 따로따로의 종축에 잡아서 그린 것이고, 게인은 데시빌[dB]이고, 위상은 도 또는 라디안[rad]으로 눈금한다.

이득여유는 0[dB]에서, 위상여유는 -180^o를 축으로하며 0보다 커야 안정하다.

42 정답 ②

$$G(j\omega) = \frac{1}{1+10j\omega} = \frac{1}{1+j},\ |G(j\omega)| = \frac{1}{\sqrt{2}}$$

이득 $G[dB] = 20\log|G(j\omega)| = 20\log\frac{1}{\sqrt{2}} = -3[dB]$

43 정답 ②

$$G(j\omega) = \frac{3}{3+j10\omega} = \frac{1}{1+j\frac{10}{3}\omega}$$

절점주파수 $\omega \times \frac{10}{3} = 1,\ \omega = 0.3$

44 정답 ④

제어계가 안정하려면 위상여유와 이득여유가 0보다 커야 하며 안정도 척도와 관계가 크다. 공진치가 너무 높으면 제어계가 불안정해 진다.

45 정답 ③

이득여유는 $j\omega=0$일 때의 값이므로

$G(j\omega)H(j\omega)=1$

$$g(dB)=20\log\left|\frac{1}{G(j\omega)H(j\omega)}\right|=20\log1=0[dB]$$

46 정답 ①

이득여유 $g_{m=}\ 20\log\frac{1}{|G(j\omega)H(j\omega)|}[dB]$

$G(s)H(s)=\frac{K}{(1+s)(1+2s)(1+3s)}=\frac{K}{1+6s+11s^2+6s^3}$ 허수부를 0으로 하면

$G(s)H(s)=\frac{K}{1+6s+11s^2+6s^3}=\frac{K}{1+11s^2+6s(1+s^2)}$ $s^2=-1$

$G(s)H(s)=-\frac{K}{10}$

$g_{m=}\ 20\log\frac{1}{|G(j\omega)H(j\omega)|}=20\log\frac{1}{\frac{K}{10}}=20[dB]$ 에서 K=1

47 정답 ②

$G(s)=\frac{1}{0.1s}$, $G(j\omega)=\frac{1}{0.1j\omega}=\frac{1}{0.01j}$

이득 $g=20\log|G(j\omega)|=20\log\left|\frac{1}{0.01}\right|=40[dB]$

48 정답 ④

루드표의 1열의 부호변환이 없는 것을 찾는다.

$s^3+2s^2+3s+7=0$의 경우 다음과 같이 계수를 배치한다.

s^3 1 3

s^2 2 7

s A

s^0 7

A의 부호가 양이면 안정, 음이면 불안정인 것이다.

$A=\frac{2\times3-1\times7}{2}=-\frac{1}{2}$이므로 부호가 두 번 바뀌어 불안정근이 2개가 있다.

$s^3+s^2+s+1=0$ 의 경우 $A=1-1=0$

$2s^3+2s^2+3s+6=0$ 의 경우 $A=2\times 3-2\times 6=-6$

$s^3+5s^2+7s+3=0$ 의 경우 $A=5\times 7-3\times 1=32$로 1열의 모든 수가 양이므로 안정하다

$3s^3+s^2+8s+5=0$ 의 경우 $A=1\times 8-3\times 5=-7$

49 정답 ④

루드표의 1열의 부호변환을 보면

$as^3+bs^2+cs+d=0$에서 $\dfrac{bc-ad}{b}$가 0보다 커야 한다.

① $\dfrac{bc-ad}{b}=\dfrac{6-4}{2}$, ② $\dfrac{bc-ad}{b}=\dfrac{7-3}{1}$, ③ $\dfrac{bc-ad}{b}=\dfrac{20-6}{5}$ 모두 0보다 커서 안정하다.

④ $\dfrac{bc-ad}{b}=\dfrac{8-9}{4}$ 로 음이 되므로 불안정하다.

50 정답 ④

근궤적의 수는 극점 또는 영점의 수 중 큰것과 일치하므로 3개가 된다.

극점3, 영점1

51 정답 ①

극점이 4개, 영점이 1개이므로 근궤적은 4개이다.

근궤적은 영점의 수와 극점의 수 중에 큰것과 일치한다.

극점은 0에 2개, −2, −3

영점은 −1

52 정답 ②

$$\delta=\frac{\sum G(s)H(s)\text{의 극점}-\sum G(s)H(s)\text{의 영점}}{P-Z}$$

극점 1에 두 개, −2에 두 개, 0 총5개

영점 5에 한 개

$$\delta=\frac{1+1-2-2-5}{5-1}=-\frac{7}{4}$$

53

정답 ④

근궤적의 수는 극점의 수와 영점의 수 중 큰것과 일치한다.

$G(s)H(s)=\dfrac{K(s+3)}{s^2(s^2+s+3)}$ 에서 영점은 1개, 극점은 4개(4차식)이므로 근궤적은 4개이다.

54 정답 ②

$$X(z)=\sum_{n=0}^{\infty}A^n\cdot z^{-n}=\sum_{n=0}^{\infty}(Az^{-1})^n=\frac{1}{1-AZ^{-1}}=\frac{Z}{Z-A}$$

55 정답 ③

Z변환은 이산시간 신호 및 시스템을 해석하기 위한 도구이다. 실수 또는 복소수 수열 형태의 시간 영역 신호를 복소 주파수 영역인 Z영역에 표현한다. DTFT는 Z변환의 한 종류이다. 임펄스응답의 Z 변환이 DTFT(이산시간 푸리에변환)이다.

최종값정리는 안정한 영역에서 적용된다.

56 정답 ⑤

$f^*(t)=\sum_{k=0}^{\infty}kT\delta(t-kT)$ 라플라스변환을 하면 $F^*(s)=\sum_{k=0}^{\infty}kTe^{-kTs}$

$e^{-kTs}=z^{-k}$

$$F(z)=\sum_{k=0}^{\infty}kTz^{-k}=T\sum_{k=0}^{\infty}kz^{-k}=T(z^{-1}+2z^{-2}+3z^{-3}....)$$

$$zF(z)=T(1+2z^{-1}+3z^{-2}...)$$

$$zF(z)-F(z)=(z-1)F(z)=T(1+z^{-1}+z^{-2}...)=\frac{T}{1-z^{-1}}$$

$$F(z)=\frac{Tz}{(z-1)^2}$$

57 정답 ①

특성방정식 $sI-A=0$

$$\begin{vmatrix} s & 0 \\ 0 & s \end{vmatrix} - \begin{vmatrix} 0 & 1 \\ -2 & 2 \end{vmatrix} = \begin{vmatrix} s & -1 \\ 2 & s-2 \end{vmatrix} = s(s-2)+2 = s^2-2s+2=0$$

$(s-1+j)(s-1-j)=0, \quad s=1\pm j$

58 정답 ①

$f(t)=1-e^{-sT}$를 z변환 하면

$$F(z)=\frac{z}{z-1}-\frac{z}{z-e^{-aT}}=\frac{z(z-e^{-aT})-z(z-1)}{(z-1)(z-e^{-aT})}=\frac{z(1-e^{-aT})}{(z-1)(z-e^{-aT})}$$

59 정답 ④

$$R(z)=\frac{(2z-1-e^{-aT})z}{z^2-z-e^{-aT}z+e^{-aT}}$$

$$\frac{R(z)}{z}=\frac{(2z-1-e^{-aT})}{z^2-z-e^{-aT}z+e^{-aT}}=\frac{(2z-1-e^{-aT})}{z(z-1)+e^{-aT}(1-z)}=\frac{(2z-1-e^{-aT})}{(z-1)(z-e^{-aT})}$$

$\dfrac{R(z)}{z}=\dfrac{A}{z-1}+\dfrac{B}{z-e^{-aT}}$ 에서

$$R(z)=A\frac{z}{z-1}+B\frac{z}{z-e^{-aT}}=A+Be^{-at}$$

$$A=\frac{R(z)}{z}(z-1)=\frac{2z-1-e^{-aT}}{z-e^{-aT}}=1 \ (z=1\text{대입})$$

$$B=\frac{R(z)}{z}(z-e^{-aT})=\frac{2z-1-e^{-aT}}{z-1}=1 \ (z=e^{-aT}\text{대입})$$

$$R(z)=A\frac{z}{z-1}+B\frac{z}{z-e^{-aT}}=A+Be^{-at}=1+e^{-aT}$$

60 정답 ④

특성방정식

$$sI-A=s\begin{vmatrix} 1 & 0 \\ 0 & 1 \end{vmatrix} - \begin{vmatrix} 0 & 1 \\ -2 & -3 \end{vmatrix} = \begin{vmatrix} s & -1 \\ 2 & s+3 \end{vmatrix} = s(s+3)+2=s^2+3s+2=0$$

$(s+1)(s+2)=0, \ s=-1, s=-2$

61 정답 ②

$(A+B+\overline{C})\cdot(A\overline{B}C+AB\overline{C})=AA\overline{B}C+AB\overline{B}C+A\overline{B}C\overline{C}+AAB\overline{C}+ABB\overline{C}+AB\overline{C}\,\overline{C}$

$AA\overline{B}C+AB\overline{B}C+A\overline{B}C\overline{C}+AAB\overline{C}+ABB\overline{C}+AB\overline{C}\,\overline{C}=A\overline{B}C+AB\overline{C}=A(\overline{B}C+B\overline{C})$

62 정답 ⑤

V_{cc}가 입력, Y는 출력이된다. A에 신호가 발생하면 01이 도통되고, B에 신호가 가면 02가 도통되므로 A나 B에 신호가 없을 때 출력이 생기는 회로이다.

A	B	A+B ②	$A\cdot B$ ③	$\overline{A\cdot B}$ ①	$\overline{A+B}$ ⑤	Ex-OR ④
0	0	0	0	1	1	0
1	0	1	0	1	0	1
0	1	1	0	1	0	1
1	1	1	1	0	0	0

63 정답 ③

A	B	OR	AND	NAND	NOR	Ex-OR
0	0	0	0	1	1	0
1	0	1	0	1	0	1
0	1	1	0	1	0	1
1	1	1	1	0	0	0

64 정답 ②

그림에서 PB_1을 누르면 R_1의 a접점이 여자되고 자기유지가 된다. 동시에 R_1의 b접점은 개방되어 인터록을 하게 된다.

65 정답 ②

$X=(A+\overline{A})BC+(B+\overline{B})AC+(A+\overline{A})B\overline{C}=AC+B(\overline{C}+C)=AC+B$

66 정답 ③

출력 $YZ+\overline{Y}Z+\overline{W}\overline{X}+W\overline{X}=(Y+\overline{Y})Z+(W+\overline{W})\overline{X}=Z+\overline{X}$

67 정답 ①

(a)는 A, B, C중 어느 하나의 입력에도 출력이 나온다. 그러므로 OR이다.

(b)는 5[V]의 입력이 출력 Y를 얻으려면 A와 B와 C가 동시에 입력이 되어야 한다. AND

68 정답 ②

$(X+Y)(X+\overline{Y}) = XX+X\overline{Y}+XY+Y\overline{Y}= X(Y+\overline{Y}+1) = X$

$X(\overline{X}+Y) = XY$

$X(X+Y) = X$

$XY+X\overline{Y}= X$

시험에 2회 이상 출제된

필수암기노트

1 제어공학의 기초

(1) 자동제어계의 분류

1) 목표값의 성질에 의한 분류

① **정치 제어** : 목표값이 시간적으로 변화하지 않는 일정한 제어

예 프로세스 제어, 자동 조정 제어

② **추치 제어** : 목표값이 시간적으로 변화하는 경우의 제어

㉠ 추종 제어 : 임의로 변화하는 제어로 서보 기구에 이에 속한다.

예 대공포 포신제어, 자동평형 계기, 추적 레이다.

㉡ 프로그램 제어 : 목표값의 변화가 미리 정해진 신호에 따라 동작

예 무인열차, 엘리베이터, 자판기 등

㉢ 비율제어 : 시간에 따라 비례하여 변화

예 보일러의 온도제어, 암모니아 합성 프로세스

(2) 제어대상(제어량)의 성질에 의한 분류

1) 서어보 기구 (기계적인 변위량)

위치, 방위, 자세, 거리, 각도 등

2) 프로세스 제어 (공업 공정의 상태량)

밀도, 농도, 온도, 압력, 유량, 습도 등

3) 자동 조정 기구(전기적, 기계적 양)

속도, 전위, 전류, 힘, 주파수 등

(3) 동작에 의한 분류

1) 불연속 제어

간헐 현상이 발생한다.

① ON-OFF 제어

② 샘플링(sampling) 제어

2) 연속 동작

① **비례제어**(P제어) : 잔류 편차(off set) 발생

$G(s) = K$

② **비례적분 제어**(PI 제어) : 잔류 편차는 제거되지만 속응성이 길다.

$G(s) = K\left(1 + \frac{1}{T_i s}\right)$

③ **비례미분제어**(PD 제어) : 속응성이 향상된다. 잔류 편차는 있다.

$G(s) = K(1 + T_d\, s)$

④ **비례 미분적분 제어**(PID 제어) : 속응성도 향상시키고 잔류 편차도 제거한 제어계로 가장 안정적인 제어계

$G(s) = K\left(1 + T_d\, s + \frac{1}{T_i s}\right)$

② 라플라스

$$\mathcal{L}[f(t)] = \int_0^\infty f(t)e^{-st}dt = F(s)$$

(1) 기본함수의 라플라스 변환

1) 단위계단함수(인디셜 함수)

$u(t) = 1$

$$\mathcal{L}[u(t)] = \int_0^\infty u(t)e^{-st}dt = \int_0^\infty 1\cdot e^{-st}dt = -\frac{1}{s}e^{-st} = 0 - \left(-\frac{1}{s}\right) = \frac{1}{s}$$

[참고] $\frac{d}{dt}e^{-st} = -se^{-st}$ $\quad \int e^{-st}dt = \frac{1}{s}e^{-st}$

2) 단위임펄스함수 : $\delta(t)$

$$\delta(t) = \lim_{\epsilon \to 0}\frac{1}{\epsilon}[u(t) - u(t-\epsilon)]$$

$$\mathcal{L}[\delta(t)] = \int_0^\infty \delta(t)e^{-st}dt = \lim_{\epsilon \to 0}\frac{1}{\epsilon}\int_0^\infty [u(t) - u(t-\epsilon)]e^{-st}dt$$

$$= \lim_{\epsilon \to 0}\frac{1}{\epsilon}\cdot\frac{1-e^{-\epsilon s}}{s} = \lim_{\epsilon \to 0}\frac{\frac{d}{d\epsilon}(1-e^{-\epsilon s})}{\frac{d}{d\epsilon}\epsilon s} = \frac{s}{s} = 1$$

3) 단위 경사함수

기울기가 1인 함수 : $f(t) = t\,u(t)$

$$\mathcal{L}[t\,u(t)] = \int_0^\infty t\cdot e^{-st}dt = -\frac{t}{s}e^{-st} - \int_0^\infty \left(-\frac{1}{s}\right)e^{-st}dt = 0 + \frac{1}{s^2} = \frac{1}{s^2}$$

4) 상수함수(계단 함수) : $f(t) = K$

$$\mathcal{L}[K] = \int_0^\infty Ke^{-st}dt = K\int_0^\infty e^{-st}dt = \frac{K}{s}$$

5) 시간함수 : t^n

$$\mathcal{L}[t^n] = \int_0^\infty = t^n e^{-st} dt = \frac{n!}{s^{n+1}}$$

6) 지수감쇠함수 : $e^{\pm at}$

$$\mathcal{L}[e^{\pm at}] = \int_0^\infty e^{\pm at} e^{-st} dt = \int_0^\infty e^{-(s \pm a)t} dt = \frac{1}{s \mp a}$$

7) 삼각함수

① $\sin\omega t = \frac{1}{2j}(e^{j\omega t} - e^{-j\omega t})$

$$\mathcal{L}[\sin\omega t] = \int_0^\infty \frac{1}{2j}(e^{j\omega t} - e^{j\omega t})e^{-st} dt = \frac{1}{2j}\int_0^\infty [e^{-(s-j\omega)t} - e^{-(s+j\omega)t}]dt$$

$$= \frac{1}{2j}\left[\frac{1}{s-j\omega} - \frac{1}{s+j\omega}\right] = \frac{\omega}{s^2+\omega^2}$$

② $\cos\omega t = \frac{1}{2}(e^{j\omega t} + e^{-j\omega t})$

$$\mathcal{L}[\cos\omega t] = \int_0^\infty \frac{1}{2}(e^{j\omega t} + e^{-j\omega t})e^{-st} dt = \frac{1}{2}\int_0^\infty [e^{-(s-j\omega)t} + e^{-(s+j\omega)t}]dt$$

$$= \frac{1}{2}\left[\frac{1}{s-j\omega} + \frac{1}{s+j\omega}\right] = \frac{s}{s^2+\omega^2}$$

8) 쌍곡선 함수

$\sinh\omega t = \frac{1}{2}(e^{\omega t} - e^{-\omega t})$

$\cosh\omega t = \frac{1}{2}(e^{\omega t} + e^{-\omega t})$

① $\sinh\omega t = \frac{1}{2}(e^{\omega t} - e^{-\omega t})$

$$\mathcal{L}[\sinh\omega t] = \int_0^\infty \frac{1}{2}(e^{\omega t} - e^{-\omega t})e^{-st} dt = \frac{1}{2}\int_0^\infty [e^{-(s-\omega)t} - e^{-(s+\omega)t} dt$$

$$= \frac{1}{2}\left[\frac{1}{s-\omega} - \frac{1}{s+\omega}\right] = \frac{\omega}{s^2-\omega^2}$$

② $\cosh\omega t = \frac{1}{2}(e^{\omega t} + e^{-\omega t})$

$$\mathcal{L}[\cosh\omega t] = \int_0^\infty \frac{1}{2}(e^{\omega t} + e^{-\omega t})e^{-st}dt = \frac{1}{2}\int_0^\infty [e^{-(s-\omega)t} + e^{-(s+\omega)t}]dt$$

$$= \frac{1}{2}\left[\frac{1}{s-\omega} + \frac{1}{s+\omega}\right] = \frac{s}{s^2-\omega^2}$$

(2) 라플라스 변환의 제정리

1) 시간추이정리

$$\mathcal{L}[f(t\pm a)] = F(s)e^{\pm as}$$

2) 복소추이정리

$$\mathcal{L}[f(t)\cdot e^{\pm at}] = F(s)\mid_{s=s\mp a} = F(s\mp a)$$

예 $\mathcal{L}[t\cdot e^{-at}] = \frac{1}{s^2}\mid_{s=s+a} = \frac{1}{(s+a)^2}$

예 $\mathcal{L}[\sin\omega t\cdot e^{-at}] = \frac{\omega}{s^2+\omega^2}\mid_{s=s+a} = \frac{\omega}{(s+a)^2+\omega^2}$

3) 복소미분정리

$$\mathcal{L}[t^n f(t)] = (-1)^n\frac{d^n}{ds^n}F(s)$$

예 $\mathcal{L}[t\cdot\sin\omega t] = (-1)^1\frac{d}{ds}\frac{\omega}{s^2+\omega^2} = -\frac{0\times(s^2+\omega^2)-\omega\times 2s}{(s^2+\omega^2)^2} = \frac{2\omega s}{(s^2+\omega^2)^2}$

예 $\mathcal{L}[t\cdot\cos\omega t] = (-1)^1\frac{d}{ds}\frac{s}{s^2+\omega^2} = -\frac{1\times(s^2+\omega^2)-s\times 2s}{(s^2+\omega^2)^2} = \frac{s^2-\omega^2}{(s^2+\omega^2)^2}$

4) 복소 적분 정리

$$\mathcal{L}\left[\frac{f(t)}{t}\right] = \int_s^\infty F(s)ds$$

예 $\mathcal{L}\left[\frac{e^{-at}}{t}\right] = \int_s^\infty \frac{1}{s+a}ds = [\ln(s+a)]_s^\infty = -\ln(s+a)$

5) 실미분정리

$$\mathcal{L}\left[\frac{d^n}{dt^n}f(t)\right] = s^n F(s) - s^{n-1}f(0_+) \quad (\text{단, } f(0_+) = \lim_{t\to 0} f(t) \text{ 로서 상수인 경우})$$

$$\mathcal{L}\left[\frac{d^n}{dt^n}f(t)\right] = s^n F(s) \quad (\text{단, } f(0_+) = \lim_{t\to 0} f(t) = 0 \text{ 인 경우})$$

6) 실적분 정리

$$\mathcal{L}\left[\int f(t)dt\right] = \frac{1}{s}F(s) + \frac{1}{s}f^{(-1)}(0_+)$$

$$\mathcal{L}\left[\int\int \cdots \int f(t)dt^n\right] = \frac{1}{s}F(s) \quad (\text{단, } f(0_+) = \lim_{t\to 0} f(t) = 0 \text{ 인 경우})$$

7) 초기값 정리

$$f(0+) = \lim_{t\to 0} f(t) = \lim_{s\to\infty} sF(s)$$

8) 최종값 정리

$$f(\infty) = \lim_{t\to\infty} f(t) = \lim_{s\to 0} sF(s)$$

(3) 역라플라스 변환

$$\mathcal{L}^{-1}[F(s)] = f(t)$$

2) 부분분수 전개법에 의한 경우 : 분모가 인수분해가 되는 경우

① 실수 단근인 경우

예 $F(s) = \frac{2s+3}{s^2+3s+2} = \frac{K_1}{s+1} + \frac{K_2}{s+2} \quad K_1 = \frac{2s+3}{s+2}\Big|_{s=-1} = 1$

$$K_2 = \frac{2s+3}{s+1}\Big|_{s=-2} = 1$$

$$F(s) = \frac{1}{s+1} + \frac{1}{s+2} \quad \mathcal{L}^{-1}[F(s)] = e^{-t} + e^{-2t}$$

② **중근인 경우**

예 $F(s)=\frac{1}{(s+1)^2(s+2)}=\frac{K_1}{(s+1)^2}+\frac{K_2}{s+1}+\frac{K_3}{s+2}$

$$K_1=\frac{1}{s+2}\bigg|_{s=-1}=1$$

$$K_2=\frac{d}{ds}\frac{1}{s+2}\bigg|_{s=-1}=\frac{0\times(s+2)-1\times1}{(s+2)^2}\bigg|_{s=-1}=\frac{-1}{(s+2)^2}\bigg|_{s=-1}=-1$$

$$K_3=\frac{1}{(s+1)^2}\bigg|_{s=-2}=1$$

$$F(s)=\frac{1}{(s+1)^2}-\frac{1}{s+1}+\frac{1}{s+2}\rightarrow te^{-t}-e^{-t}+e^{-2t}$$

3 전달함수

(1) 전달함수의 정의와 요소

모든 초기값을 0으로 한 상태에서 입력신호의 라플라스변환에 대한 출력신호의 라플라스변환과의 비

$$G(s)=\frac{Y(s)}{X(s)}=\frac{\text{라플라스 변환시킨 출력}}{\text{라플라스 변환시킨 입력}}$$

1) 비례요소

$$y(t)=Kx(t)\ \rightarrow\ Y(s)=KX(s)$$

$$G(s)=\frac{Y(s)}{X(s)}=K\ (\text{이득상수})$$

2) 미분요소 : Ks

$$y(t)=K\frac{d}{dt}x(t)\ \rightarrow\ Y(s)=KsX(s)$$

$$G(s)=\frac{Y(s)}{X(s)}=Ks$$

3) 적분요소 : $\frac{K}{s}$

$$y(t) = K\int x(t)dt \rightarrow Y(s) = \frac{K}{s}X(s)$$

$$G(s) = \frac{Y(s)}{X(s)} = \frac{K}{s}$$

4) 1차 지연요소

$$b_1\frac{d}{dt}y(t) + b_0y(t) = a_0x(t)$$

$$(b_1s + b_0)Y(s) = a_0x(s)$$

$$G(s) = \frac{Y(s)}{X(s)} = \frac{a_0}{b_1s + b_0} = \frac{K}{1 + Ts} \text{ (단, } \frac{a_0}{b_0} = K,\ \frac{b_1}{b_0} = T),$$

5) 2차지연요소

$$b_2\frac{d^2}{dt^2}y(t) + b_1\frac{d}{dt}y(t) + b_0y(t) = a_0x(t)$$

$$(b_2s^2 + b_1s + b_0)Y(s) = a_0X(s)$$

$$G(s) = \frac{Y(s)}{X(s)} = \frac{a_0}{b_2s^2 + b_1s + b_0} = \frac{K}{T^2s^2 + 2\delta Ts + 1} = \frac{K\omega^2_{ns^2 + s\delta\omega_n s + \omega_n^2}}{}$$

$$\frac{a_0}{b_0} = K,\quad \frac{b_2}{b_0} = T^2,\quad \frac{b_1}{b_0} = 2\delta T(\delta : \text{제동비}),\quad \frac{1}{T} = \omega_n(\text{고유각주파수})$$

6) 부동작요소

$y(t) = Kx(t-\tau)$ 라플라스 변환하면 $Y(s) = KX(s)e^{-\tau s}$

$$G(s) = \frac{Y(s)}{X(s)} = K \cdot e^{-\tau s}$$

(2) 직렬보상회로

제어계의 순방향 전달함수에 보상요소를 직렬로 삽입하여 계 전체의 특성을 개선하는 것

1) 진상보상회로

출력 신호의 위상이 입력 신호 위상보다 앞서도록 하는 보상 회로

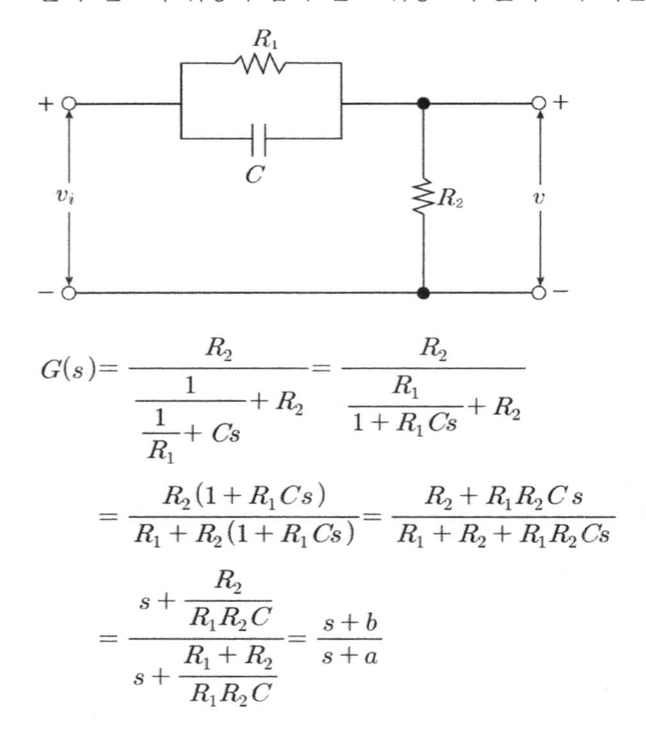

$$G(s) = \frac{R_2}{\dfrac{1}{\dfrac{1}{R_1} + Cs} + R_2} = \frac{R_2}{\dfrac{R_1}{1 + R_1 Cs} + R_2}$$

$$= \frac{R_2(1 + R_1 Cs)}{R_1 + R_2(1 + R_1 Cs)} = \frac{R_2 + R_1 R_2 C s}{R_1 + R_2 + R_1 R_2 Cs}$$

$$= \frac{s + \dfrac{R_2}{R_1 R_2 C}}{s + \dfrac{R_1 + R_2}{R_1 R_2 C}} = \frac{s+b}{s+a}$$

진상보상회로 : $a > b$

2) 지상보상회로

출력신호의 위상이 입력 신호의 위상보다 뒤지도록 하는 보상회로

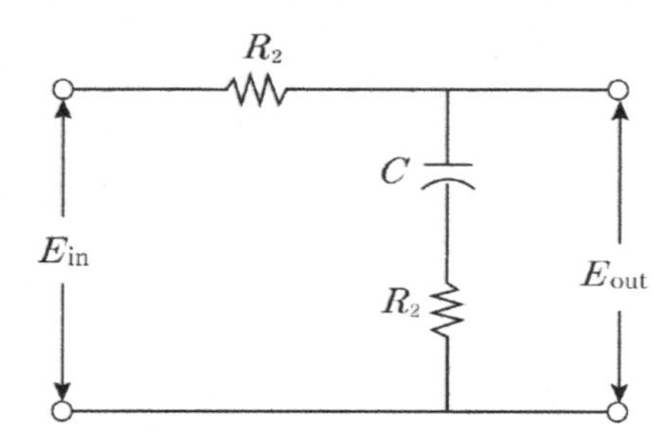

$$G(s)=\frac{V_0(s)}{V_i(s)}=\frac{\frac{1}{Cs}+R_2}{R_1+\frac{1}{Cs}+R_2}=\frac{R_2Cs+1}{(R_1+R_2)Cs+1}$$

$$=\frac{1+R_2Cs}{1+\frac{R_2Cs}{\frac{R^2}{R_1+R_2}}}=\frac{1+\alpha Ts}{1+Ts}\left(\alpha=\frac{R_2}{R_1+R_2},\ \alpha T=R_2C\right)$$

지상보상회로 : $\alpha \ < 1$

3) 진지상보상회로

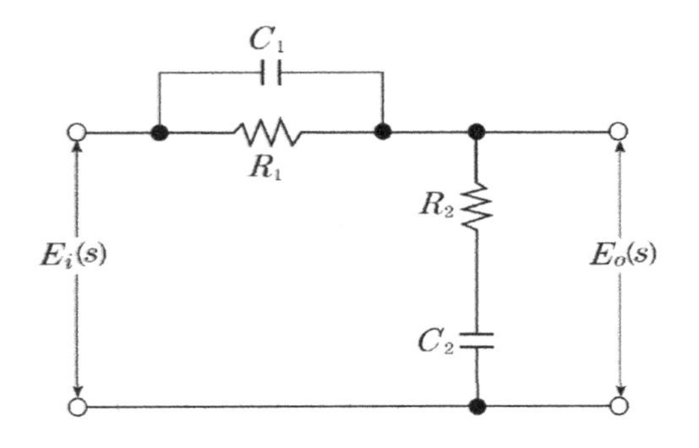

$$G(s)=\frac{V_0(s)}{V_i(s)}=\frac{R_2+\frac{1}{Cs}}{\frac{R_1\cdot\frac{1}{sC_1}}{R_1+\frac{1}{sC_1}}+\frac{1}{C_2s}+R_2}$$

4 블록선도

(1) 표준 feed back 회로의 전달함수

폐루프 전달함수 : $M(s) = \dfrac{C(s)}{R(s)} = \dfrac{G(s)}{1 + G(s)H(s)}$

$G(s)$: 순방향 전달함수

$G(s)H(s)$: 개루프 전달함수

$H(s)$: 되먹임(feed back) 전달함수 → $H(s) = 1$: 단위 되먹임 제어계

(2) 신호흐름선도

복잡한 블록선도의 전달함수를 간단한 선형신호로 구성하여 해석한 선도

1) 신호흐름선도의 구성

① **마디**(mode) : 신호의 변수

② **가지**(branch) : 전달특성(방향)

2) 신호흐름선도의 작성법

① 가산점, 인출점, 입력, 출력 단자를 mode로 바꾼다.

② 신호의 흐름을 선형화하여 적당한 mode로 연결하고 전달특성 및 방향을 설정한다.

(3) 전달함수

$$\frac{C(s)}{R(s)} = \frac{\sum[G(1 - \text{loop})]}{1 - \sum L_1 + \sum L_2 - \sum L_3}$$

① G : 각각의 순방향 경로의 이득

② loop : 각각의 순방향 경로의 이득에 접촉하지 않는 이득

③ L_1 : 각각의 모든 폐루프 이득의 곱

④ L_2 : 서로 접촉하지 않는 2개의 폐루프 이득의 곱

⑤ L_3 : 서로 접촉하지 않는 3개의 폐루프 이득의 곱

⑤ 과도현상

(1) 과도응답

1) 시험기준입력에 따른 시간응답

① **단위계단응답**(인디셜 응답)

$r(t)=u(t)$ 라플라스변환을 하면 $R(s)=\frac{1}{s}$

$c(t)=\mathcal{L}^{-1}[C(s)]=\mathcal{L}^{-1}\left[G(s)\cdot\frac{1}{s}\right]$

② **임펄스 응답**

$r(t)=\delta(t)$ 라플라스변환을 하면 $R(s)=1$ 이 되므로 $C(s)=G(s)$

$c(t)=\mathcal{L}^{-1}[C(s)]=\mathcal{L}^{-1}[G(s)]$

③ **경사응답**(등속응답)

$r(t)=tu(t)$ 라플라스변환을 하면 $R(s)=\frac{1}{s^2}$

$c(t)=\mathcal{L}^{-1}[C(s)]=\mathcal{L}^{-1}\left[G(s)\cdot\frac{1}{s^2}\right]$

2) 특성방정식

$M(s)=\frac{C(s)}{R(s)}=\frac{G(s)}{1+G(s)H(s)}$

$1+G(s)H(s)=0$: 특성방정식, 특성근

$1+G(s)H(s)=A(s-a)(s-b)$

인디셜응답 : $R(s)=\frac{1}{s}$을 구하면

$C(s)=M(s)R(s)=\frac{G(s)}{A(s-a)(s-b)}\cdot\frac{1}{s}=\frac{K_1}{s}+\frac{K_2}{s-a}+\frac{K_3}{s-b}$

$c(t)=\mathcal{L}^{-1}[C(s)]=K_1+K_2e^{at}+K_3e^{bt}$

① **영점**(zero) : $M(s)=0$ →전달함수 분자 0

② **극점**(pole) : $M(s) = \infty \rightarrow$ 전달함수 분모 0

3) 1차 지연 제어계의 과도응답

$$G(s) = \frac{C(s)}{R(s)} = \frac{1}{1+Ts},\ R(s) = \frac{1}{s}$$

$$C(s) = G(s)R(s) = \frac{1}{s(1+Ts)} = \frac{A}{s} + \frac{B}{1+Ts}$$

$$A = \left.\frac{1}{1+Ts}\right|_{s=0} = 1 \quad , \qquad B = \left.\frac{1}{s}\right|_{s=-\frac{1}{T}} = -T$$

$$C(s) = \frac{1}{s} - \frac{T}{1+Ts} = \frac{1}{s} - \frac{1}{s+\frac{1}{T}}$$

$$c(t) = \mathcal{L}^{-1}[C(s)] = 1 - e^{-\frac{1}{T}t}$$

4) 2차지연제어계의 과도응답

$$G(s) = \frac{C(s)}{R(s)} = \frac{\omega^2_{n s^2 + 2\delta\omega_n s + \omega^2_{n,\ R(s) = \frac{1}{s}}}}{}$$

$$C(s) = G(s)R(s) = \frac{\omega^2_{n s(s^2 + s\delta\omega_n s + \omega^2_{)n}}}{}$$

5) 특성방정식의 근의 위치에 대한 과도응답

$$G(s) = \frac{\omega^2_{n s^2 + 2\delta\omega_n s + \omega_n^2}}{}$$

① **특성방정식** : $s^2 + 2\delta\omega_n s + \omega^2_{=\,0n}$

② **특성근** : $s_1,\ s_2 = -\delta\omega_n \pm \omega_n\sqrt{\delta^2 - 1}$

$\delta > 1$(과제동) : $s_1,\ s_2 = -\delta\omega_n \pm \omega_n\sqrt{\delta^2 - 1}$

$\delta = 1$(임계제동) : $s_1,\ s_2 = -\omega_n$

$0 < \delta < 1$(부족제동) : $s_1,\ s_2 = -\delta\omega_n \pm j\omega_n\sqrt{1 - \delta^2}$

$\delta = 0$(무제동) : $s_1,\ s_2 = \pm j\omega_n$

6) 과도응답의 시간특성

① **오버슈트** : 응답 중에 발생하는 입력과 출력 사이의 최대편차량

$$\text{백분율오버슈트} = \frac{\text{최대오버슈트}}{\text{최종값}} \times 100[\%]$$

② **지연시간**(T_d) : 응답이 최종값의 50[%]에 이르는 데 소요되는 시간

③ **상승시간**(T_r) : 응답이 최종값의 10~90[%]에 도달하는 데 필요한 시간

④ **정정시간**(T_s) : 응답이 최종값의 규정된 범위 이내로 들어와 머무르는 데 걸리는 시간

6 편차와 감도

1) 편차

전달함수 $M(s) = \dfrac{C(s)}{R(s)} = \dfrac{G(s)}{1+G(s)}$ $\quad C(s) = M(s)R(s)$

편차 $E(s) = R(s) - C(s) = R(s) - M(s)R(s) = [1 - M(s)]R(s) = \left[1 - \dfrac{G(s)}{1+G(s)}\right]R(s)$

편차 $E(s) = \dfrac{1}{1+G(s)}R(s)$

정상편차 : $e_{ss} = \lim\limits_{t\to\infty} e(t) = \lim\limits_{s\to 0} sE(s) = \lim\limits_{s\to 0} s\left[\dfrac{1}{1+G(s)}R(s)\right]$

2) 형에 의한 제어계의 분류

$$G(s) = \frac{K(s+z_1)(s+z_2)(s+z_3)\ldots(s+z_n)}{s^l(s+P_1)(s+P_2)(s+P_3)\ldots(s+P_n)}$$

정상 편차 : $\lim\limits_{s\to 0} G(s) = \dfrac{k}{s^l}$

$l=0 \rightarrow 0$형 제어계, $l=1 \rightarrow 1$형 제어계, $l=2 \rightarrow 2$형 제어계

3) 기준 입력 시험에 대한 정상편차

① **정상위치편차** : 계단 입력 $r(t) = Ru(t)$를 가했을 때 정상편차

$$e_{ss} = \lim_{s\to 0}\frac{sR(s)}{1+G(s)}\bigg|_{R(s)=\frac{R}{s}} = \lim_{s\to 0}\frac{R}{1+G(s)} = \frac{R}{1+\lim_{s\to 0}G(s)}$$

㉠ 0형 제어계 $\lim_{s\to 0}G(s) = K_P \rightarrow e_{ss} = \frac{R}{1+K_P}$ (K_P : 정상위치 편차상수)

㉡ 1형 제어계 이상 $\lim_{s\to 0}G(s) = \infty \rightarrow e_{ss} = 0$

② **정상속도편차** : $r(t) = Rtu(t)$를 가했을 때의 정상편차

$$e_{ss} = \lim_{s\to 0}\frac{sR(s)}{1+G(s)} rightvert_{R(s)=\frac{R}{s^2}} = \lim_{s\to 0}\frac{R}{s+sG(s)} = \frac{R}{\lim_{s\to 0}sG(s)}$$

㉠ 0형 제어계 $\lim_{s\to 0}sG(s) = 0 \rightarrow e_{ss} = \infty$

㉡ 1형 제어계 $\lim_{s\to 0}sG(s) = K_v \rightarrow e_{ss} = \frac{R}{K_v}$ (K_v : 정상속도편차상수)

㉢ 2형 제어계 이상 $\lim_{s\to 0}sG(s) = \infty \rightarrow e_{ss} = 0$

③ **정상 가속도 편차** : 등가속 입력 $r(t) = \frac{1}{2}Rt^2u(t)$를 가했을 때의 정상편차

$$e_{ss} = \lim_{s\to 0}\frac{sR(s)}{1+G(s)}\bigg|_{R(s)} = \frac{1}{s^3} = \lim_{s\to 0}\frac{R}{s^2+s^2G(s)} = \frac{R}{\lim_{s\to 0}s^2G(s)}$$

㉠ 0형, 1형 제어계 $\lim_{s\to 0}s^2G(s) = 0 \rightarrow e_{ss} = \infty$

㉡ 2형 제어계 $\lim_{s\to 0}s^2G(s) = K_2 \rightarrow e_{ss} = \frac{R}{K_a}$ (K_a : 정상가속도편차상수)

㉢ 3형 제어계 이상 $\lim_{s\to 0}s^2G(s) = \infty \rightarrow 0$

[정리] 기준 입력 시험에 대한 정상편차 (단, 단위 입력인 경우$R=1$)

제어계	편차 상수 K_P K_v K_a	정상위치 편차 (계단 입력) $e_{ss}=\frac{R}{1+K_P}$	정상속도편차 (램프 입력) $e_{ss}=\frac{R}{K_v}$	정상가속도편차 (포물선입력) $e_{ss}=\frac{R}{K_a}$
0 형	$K00$	$e_{ss}=\frac{R}{1+K_P}$	$e_{ss}=\infty$	$e_{ss}=\infty$
1 형	$\infty K0$	$e_{ss}=0$	$e_{ss}=\frac{R}{K_v}$	$e_{ss}=\infty$
2 형	$\infty\infty K$	$e_{ss}=0$	$e_{ss}=0$	$e_{ss}=\frac{R}{K_a}$

4) 감도

계를 구성하는 한 요소의 특성변화가 계 전체의 특성변화에 미치는 영향의 정도

→ 각각의 전달함수에서 임의의 블럭을 변화시켰을 때 전체전달함수에 미치는 영향의 정도

감도 : $S_K^T=\frac{K}{T}\frac{d}{dK}T$ (단, $T=\frac{C}{R}$)

$$T=\frac{C}{R}=\frac{KG}{1+KG}$$

$$S_K^T=\frac{K}{T}\frac{d}{dK}T=\frac{K}{\frac{KG}{1+KG}}\frac{d}{dK}\left(\frac{KG}{1+KG}\right)$$

$$=\frac{K(1+KG)}{KG}\cdot\frac{G(1+KG)-KG\cdot G}{(1+KG)^2}=\frac{1}{1+KG}$$

7 주파수응답

(1) 주파수 응답과 주파수 전달함수

1) 주파수 응답

입력 주파수의 변화에 대한 입력과 출력의 진폭비 및 위상차가 어떻게 변화하는가의 특성을 나타내는 것

① $\text{진폭비} = \dfrac{\text{출력의 진폭}}{\text{입력의 진폭}} = \dfrac{B}{A}$

② **위상차** : 입력의 위상과 출력의 위상 사이의 차

2) 주파수 전달함수

전달함수 $G(s)$에 s 대신 $j\omega$를 대입한 전달함수

$G(s) \rightarrow G(j\omega)$

① **주파수 이득** : 주파수 전달함수의 크기

$g = |G(j\omega)| = \sqrt{(\text{실수부})^2 + (\text{허수부})^2}$

② **위상차** : 주파수 전달함수 벡터의 편각

$\theta = \angle G(j\omega) = \tan^{-1}\dfrac{\text{허수부}}{\text{실수부}}$

3) 주파수 전달함수의 크기와 위상

① $G(j\omega) = a + jb,\ \ |G(j\omega)| = \sqrt{a^2 + b^2}, \theta = \tan^{-1}\dfrac{b}{a}$

② $G(j\omega) = \dfrac{1}{a + jb},\ |G(j\omega)| = \dfrac{1}{\sqrt{a^2 + b^2}}, \theta = -\tan^{-1}\dfrac{b}{a}$

③ $G(j\omega) = \dfrac{a + jb}{c + jd},\ |G(j\omega)| = \dfrac{\sqrt{a^2 + b^2}}{\sqrt{c^2 + d^2}}, \theta = \tan^{-1}\dfrac{b}{a} - \tan^{-1}\dfrac{d}{c}$

4) 제어요소의 종류

① 비례 요소 $G(s) = K \rightarrow G(j\omega) = K$

② 미분 요소 $G(s) = s \rightarrow G(j\omega) = j\omega$

③ 적분 요소 $G(s) = \frac{1}{s} \rightarrow G(j\omega) = \frac{1}{j\omega} = -j\frac{1}{\omega}$

④ 1차지연요소 $G(s) = \frac{1}{1+Ts} \rightarrow G(j\omega) = \frac{1}{1+j\omega T}$

$$G(j\omega) = \frac{1}{\sqrt{1+(\omega T)^2}} \angle -\tan^{-1}\omega T$$

⑤ 2차 자연 요소 $G(s) = \frac{\omega^2_{ns^2+2\delta\omega_n s+\omega_n^2}}{}$

⑥ **부동작요소**

$$G(s) = e^{-\tau s} \rightarrow G(j\omega) = e^{-j\omega\tau}$$

$$G(j\omega) = 1\angle -\omega\tau$$

$$\lim_{\omega\tau\to 0} G(j\omega) = 1\angle 0^o, \ \lim_{\omega\tau\to\frac{\pi}{2}} G(j\omega) = 1\angle -\frac{\pi}{2}, \ \lim_{\omega\tau\to\pi} G(j\omega) = 1\angle -\pi$$

제어계의 형에 의한 벡터 궤적의 일반적인 형태

1) 0형 제어계

$1+Ts$ 꼴이 모두 (　)안에 존재하는 경우

$$G(s) = \frac{K}{(\quad)(\quad)(\quad)\ldots}$$

① **출발점** : $\omega = 0$에서의 크기는K로서 유한하고 양의 실수축에 위치한다.

② **도착점** : $\omega = \infty$에서 (　)의 개수만큼 역회전하는 위상$(-n\times 90)$을 가지는 원점에 수렴한다.

2) 1, 2형 제어계

s^l이 (　)밖에 단독으로 존재하는 경우

$$G(s) = \frac{K}{s^l(\quad)(\quad)(\quad)\ldots}$$

① **출발점** : $\omega = 0$에서의 크기는 ∞, 위상각은 각각 -90°(1형), -180°(2형)이다.

② **도착점** : $\omega = \infty$에서 전체 (　)의 개수만큼 역회전하는 위상을 가지는 원점에 수렴한다.

(2) 나이퀴스트 안정도 판별법

특성방정식의 근, 즉 $1+G(s)H(s)=0$의 영점들이 복소평면의 우반부에 존재하는가를 벡터궤적에 의하여 판별하는 방법

$$F(s)=1+G(s)H(s)=\frac{A(s)}{B(s)}=K\frac{(s-z_1)(s-z_2)\dots(s-z_n)}{(s-P_1)(s-P_2)\dots(s-P_n)}$$

1) $F(s)$의 사상

s가 복소평면에서 궤적을 그릴 때, 그s값의 변화에 대하여 $F(s)$평면상에 그리는 궤적

2) 안정도 판별법

$G(j\omega)H(j\omega)$의 ω값을 0에서 ∞까지 증가시키면서 그 궤적을 그릴 때 그 궤적이$(-1,\ j0)$인 점을 왼쪽으로 보면서 수렴하면 제어계는 안정하다.

3) 안정조건 : 이득 여유 $g_m > 0$, 위상여유 $\phi_m > 0$

① **이득여유** : $G(j\omega)H(j\omega)$가 음의 실수축과 만나는 점(허수부= 0)에서 개루프 주파수 전달함수 크기의 역수

$$g_m = 20\log\frac{1}{|G(j\omega)H(j\omega)|}[dB]$$

② **위상여유** : $G(j\omega)H(j\omega)$의 크기가 1인 점과 음의 실수축 간에 성립하는 위상각

$$\phi_m = 180° - \theta > 0$$

(3) 보드선도에 의한 안정도 판별법

⇒안정조건 : 이득곡선이0[dB]과 교차하는 점에서의 위상차가 −180°보다 크고 위상곡선상의 위상각이 −180°일 경우의 이득값이 음(−)이면 된다.

❽ 안정도

* **제어계의 안정조건** : 특성방정식의 근이 모두 s 평면 좌반부에 존재하여야 한다.

① **절대 안정도** : 안정 여부만 판단하는 것(루스-후르비츠)

② **상대 안정도** : 안정된 정도를 나타내는 것(나이퀴스트)

(1) 루스-후르비츠 안정도 판별법

1) 루스의 안정도 판별법

$F(s)=1+G(s)H(s)=a_0s^n+a_1s^{n-1}+a_2s^{n-2}+\cdots+a_{n-1}s+a_{n=0}$

① 모든 차수의 계수 a_0, a_1, a_2, ... ,$a_n=0$ 이 존재할 것

② 모든 차수의 계수 부호가 같을 것

③ 루스표의 제1열 모든 요소의 부호가 변하지 않을 것

→제1열의 부호가 변화하는 회수만큼의 특성근이 복소평면의 우반부에 존재한다.

s^n	a_0	a_2	a_4	a_6	$\cdots$
s^{n-1}	a_1	a_3	a_5	a_7	$\cdots$
s^{n-2}	A_1	A_2	A_3	A_4	$\cdots$
s^{n-3}	B_1	B_2	B_3	B_4	$\cdots$
$\vdots$					
s^0					

$$A_1=\frac{a_1a_2-a_0a_3}{a_1}\quad A_1=\frac{a_1a_4-a_0a_5}{a_1}\quad A_3=\frac{a_1a_6-a_0a_7}{a_1}\cdots$$

$$B_1=\frac{A_1a_3-a_1A_2}{A_1}\quad B_2=\frac{A_1a_5-a_1A_3}{A_1}\quad B_3=\frac{A_1a_7-a_1A_4}{A_1}$$

예 $F(s)=1+G(s)H(s)=s^4+2s^3+3s^3+s+5=0$

s^4	1	3	5
s^3	2	1	0
s^2	2.5	5	
s^1	−3	0	
s^0	5		

제1열의 부호가 2번 변화했으므로 특성근 2개가 우반부에 존재한다.

2) 특수한 경우의 안정도 판별법

① 루스표의 어느 한 행의 제1열 원소가 0이고, 나머지 원소는 0이 아닌 경우

$\Rightarrow$ 특성 방정식 $F(s)$에 $(s+\alpha)$를 곱한 보조 방정식 $F'(s)$를 세워 구한다.

예 $F(s)=(s-1)^2(s+2)=s^3-3s+2=0$의 안정성 판별

s^3	1	−3
s^2	3	2
s^1	∞	
s^0		

$F'(s)=(s+3)F(s)=(s+3)(s-1)^2(s+2)=s^4+3s^3-3s^2-7s+6=0$

s^4	1	−3	6
s^3	3	−7	0
s^2	$-\frac{2}{3}$	6	
s^1	20	0	
s^0	6		

부호 변환이 2회이므로 우반부에 2개의 특성근을 가진다.

② 루스표의 어느 한 행에 있는 모든 원소가 0인 경우 (특성근이 크기가 같고 부호가 다른 실근을 가지는 경우나 허수축 상에 공액 복소근을 가지는 경우)

→ 모든 원소가 0이 되는 행의 바로 위의 원소를 계수로 하는 보조방정식을 세워 s에 관하여 미분한 다음 그 계수를 모든 원소가 0인 행에 대치하여 구한다.

예 $F(s)=(s-1)^2(s+2)(s+1)=s^4+s^3-3s^2-s+2=0$

s^4	1	−3	2
s^3	1	−1	0
s^2		−2	2
s^1		0	0
s^0			

$\Rightarrow$ 보조방정식 : $A(s)=-2s^2+2$

$\frac{d}{ds}A(s)=-4s$

s^4	1	−3	2
s^3	1	−1	0
s^2	−2	2	
s^1	−4	0	
s^0	2		

부호변환이 2회 있으므로 우반부에 2개의 특성근을 가진다.

9 근궤적

(1) 근궤적의 개념

s평면상에서 개루푸 전달함수의 이득 상수K를 0에서 ∞까지 변화 시킬 때 특성 방정식 의 근이 그리는 궤적.

$$\frac{C(s)}{R(s)} = \frac{G(s)}{1+G(s)H(s)}$$

$$G(s)H(s) = K\frac{(s+Z_1)(s+Z_2)(s+Z_3)\dots(s+Z_n)}{(s+P_{1)}(s+P_2)(s+P_3)\dots(s+P_n)} = K\frac{N(s)}{D(s)}$$

특성 방정식 $1+G(s)H(s)=0 \rightarrow 1+K\frac{N(s)}{D(s)}=0$

$$\frac{C(s)}{R(s)} = \frac{G(s)}{1+K\frac{N(s)}{D(s)}} = \frac{G(s)D(s)}{D(s)+KN(s)}$$

특성 방정식 : $D(s)+KN(s)=0$

(2) 근궤적의 작성법

1) 근궤적의 출발점($K=0$) : 극점

2) 근궤적의 종착점($K=0$) : 영점

3) 근궤적의 개수

영점과 극점의 개수 중 큰 것과 일치한다.

예) $G(s)H(s) = \frac{K}{s^2(s+1)^2}$

영점의 수 0 , 극점의 수 4 ∴근궤적의 개수 4

4) 근궤적의 대칭성

실수축 (특성방정식의 근 실근, 공액복소근)

5) 근궤적 점근선 각도

$$\alpha_k = \frac{(2R+1)\pi}{P-2}(R=0,1,2,...P-Z-1)$$

6) 근궤적의 점근선 교차점

$$\delta = \frac{\sum G(s)H(s)\text{의 극점} - \sum G(s)H(s)\text{의 영점}}{P-Z}$$

7) 근궤적의 범위

극점과 영점의 총수가 홀수일 때 홀수 구간에만 존재한다.

8) 근궤적의 허축과 교차점

루스법에 의한 임계안정조건

9) 근궤적의 이탈점

$\frac{dK}{ds} = 0$(특성 방정식) 다중근

예) $G(s)H(s) = \frac{K}{s(s+4)(s+5)}$의 $K \geq 0$에서의 분지점은?

특성 방정식 : $F(s) = 1 + G(s)H(s) = 1 + \frac{K}{s(s+4)(s+5)} = 0$

$$K = -s^3 - 9s^2 - 20s$$

$$\frac{dK}{ds} = -3s^2 - 18s - 20$$

$$s_1 = -1.47,\ s_2 = -4.35$$

이탈점 -1.47(근궤적의범위 $-\infty \sim -5,\ -4 \sim 0$)

10 상태방정식

(1) 상태 방정식

계통의 과거, 현재, 미래 동작을 표현한 것으로 계통의초기 상태($t = t_o$)를 알고, $t \geq 0$에 대한 입력이 주어지면 상태변수 x_1, x_2, x_3, $\cdots x_n$을 통하여 계통의 미래 동작을 알 수 있는 벡터 행렬

1) 일반식 : $\dot{x} = Ax(t) + Br(t)$

2) 출력식 : $c(t) = Dx(t)$

3) 특성 방정식 : $|sI - A| = 0$

$$\frac{d}{dt}x(t) = Ax(t) + Br$$

$$sX(s) - s^0 x(0) = AX(s) + BR(s)$$

$$X(s)(sI - A) = x(0) + B(s)$$

$$X(s)(sI - A)^{-1}x(0) + (sI - A)^{-1}BR(s)$$

$$\begin{aligned} c(t) &= Dx(t),\ C(s) = DX(s) \\ &= D[(sI - A)^{-1}x(0) + (sI - A)^{-1}BR(s)] \\ &= D[(sI - A)^{-1}BR(s)] \end{aligned}$$

$$\frac{C(s)}{R(s)} = \frac{D[adj(sI - A)B]}{|sI - A|}$$

특성 방정식 $|sI - A| = 0$

(2) 상태 천이 행렬

입력 $r(t) = 0$이고, 초기조건 만이 주어졌을 때 초기시간 이후에 나타나는 계통의 시간적 변화 상태 (천이 과정)를 나타내는 행렬식

1) 일반식 : $\phi(t) = \mathcal{L}^{-1}[(sI - A)^{-1}]$

$$\frac{d}{dt}x(t) = Ax(t)$$

$$sX(s) - x(0) = AX(s)$$

$$X(s)\ (sI - A) = x(0)$$

$$X(s) = (sI - A)^{-1}x(0)$$

$$x(t) = \mathcal{L}^{-1}[(sI - A)^{-1}]x(0)$$

$$\phi(t) = \mathcal{L}^{-1}[(sI - A)^{-1}]$$

2) 천이 행렬의 특성

$$\pm(t) = e^{At} = I + At + \frac{1}{2!}A^2t^2 + \frac{1}{3!}A^3t^3\ddot{1}$$

① $\pm(0) = I$

② $\pm^{-1}(t) = \pm(-t)$

$\pm(t)e^{-At} = e^{At}e^{-At} = I$

$e^{-At} = \pm^{-1}(t)$

$\pm(-t) = e^{-At} = \pm^{-1}(t)$

③ $\pm(t_2 - t_0) = \pm(t_2 - t_1)\pm(t_1 - t_0)$

$\pm(t_2 - t_1)\pm(t_1 - t_0) = e^{A(t_2 - t_1)}e^{A(t_1 - t_0)} = e^{A(t_2 - t_0)} = \pm(t_2 - t_0)$

④ $[\pm(t)]^k = \pm(kt)$

$[\pm(t)]^k = e^{At}e^{At}e^{At}\ddot{1}e^{At} = e^{kAt} = \pm(kt)$

(3) z변환

1) z변환의 정의

$$z[f(k)] = \sum_{K=0}^{\infty} f(k)z^{-k}(k = 0,\ 1,\ 2,\ \cdots)$$

① $z[u(t)] = 1 = z^{-1} + z^{-2} + ... = \dfrac{1}{1 - z^{-1}} = \dfrac{z}{z-1}$

② $z[e^{-at]} = 1 + e^{-a}z - 1 + e^{-2a}z^{-2} + ... = \dfrac{1}{1 - e^{-a}z^{-1}} = \dfrac{z}{z - e^{-a}}$

$\rightarrow t = kT(k = 0,\ 1,\ 2,\ \cdots)$: $\dfrac{z}{z - e^{-aT}}$

2) z변환과 라플라스변환

$$f^*(t) = \sum_{k=0}^{\infty} f(kT)\delta(t-kT)$$

$$F^*(s) = \mathcal{L}[f^*(t)] = \sum_{k=0}^{\infty} F(kT)e^{-kTs}$$

$$z = e^{Ts} \rightarrow s = \frac{1}{T}\ln z$$

3) z변환의 중요정리

① **시간 추이 정리** : $z[f(kT-nT)] = F(z)z^{-n}$

② **복소 추이 정리** : $z[f(kT)e^{\pm akT}] = F(ze^{\pm aT})$

③ **초기치 정리** : $\lim_{k\to 0} f(kT) = \lim_{z\to\infty} F(z)$

④ **최종치 정리** : $\lim_{k\to\infty} f(kT) = \lim_{z\to 1}(1-z^{-1})F(z)$

(4) 이산치계의 전달함수

$$\frac{C(z)}{R(z)} = \frac{G(z)}{1+G(z)H(z)}$$

① **종속요소를 갖는 경우** : 샘플러에 의해 분리된 두 시스템z변환은 두 시스템의z변환 곱과 같다.

② **차분방정식의 경우** : 초기조건을 0으로 하고 양변을z변환하여구한다.

예 $R(z) = \dfrac{(1-e^{-aT})z}{(z-1)(z-e^{-aT})}$ 의 역변환

$$\frac{R(z)}{z} = \frac{A}{z-1} + \frac{B}{z-e^{-aT}}$$

$$A = \frac{1-e^{-aT}}{Z-e^{-at}}\bigg|_{Z=1} = 1 \qquad B = \frac{1-e^{-aT}}{z-1}\bigg|_{z=e^{-aT}} = -1$$

$$R(z) = \frac{z}{z-1} - \frac{z}{z-e^{-aT}}$$

$$r(t) = 1-e^{-aT}$$

예 2계 차분방정식으로 표시되는 불연속제어계의 전달함수

$$C(k+2) + 5C(k+1) + 3C(k) = r(k+1) + 2r(k)$$

$$z^2C(z) + 5zC(z) + 3C(z) = zR(z) + 2R(z)$$

$$\frac{C(z)}{R(z)} = \frac{z+2}{z^2+5z+3}$$

11 시퀀스제어

1) Gate 기호 및 진리표

Gate 이름	논리회로	유접점 회로	무접점 회로	진리표
AND 회로	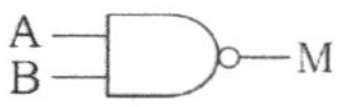 $M=\overline{A \cdot B}$	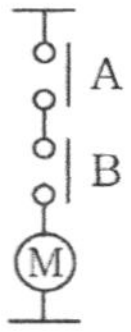	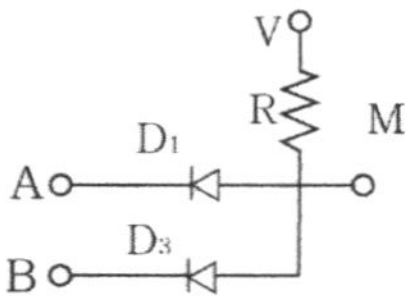	A B M: 0 0 0 / 0 1 0 / 1 0 0 / 1 1 1
OR 회로	 $M=A+B$	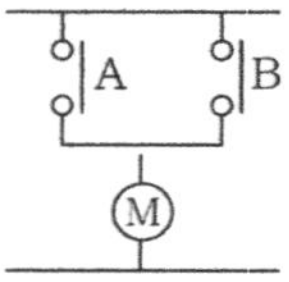	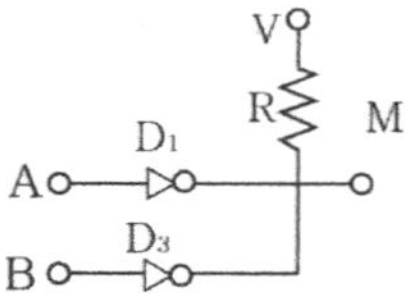	A B M: 0 0 0 / 0 1 1 / 1 0 1 / 1 1 1
NOT 회로	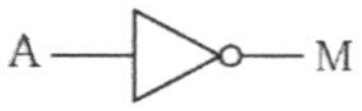 $M=\overline{A}$	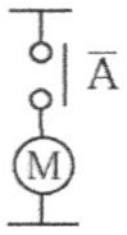	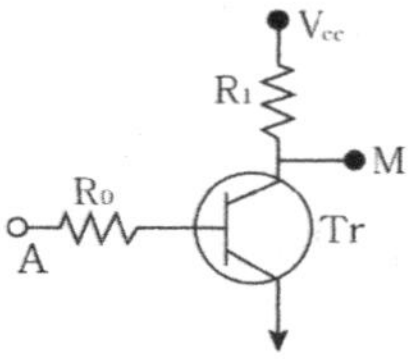	A M: 0 1 / 1 0
NAND 회로	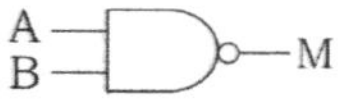 $M=\overline{A \cdot B}$		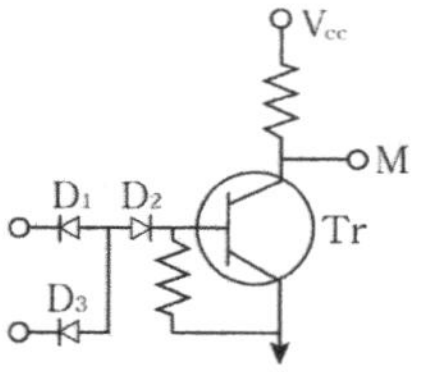	A B M: 0 0 1 / 0 1 1 / 1 0 1 / 1 1 0
NOR 회로	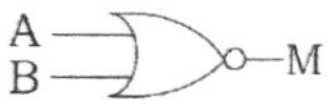 $M=\overline{A+B}$		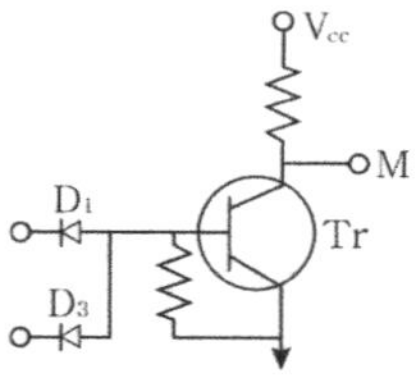	A B M: 0 0 1 / 0 1 0 / 1 0 0 / 1 1 0
EX-OR회로	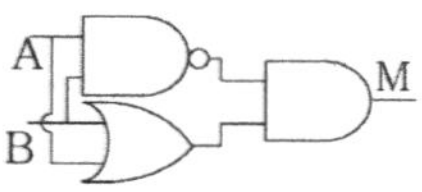 $M=\overline{A} \cdot B+A \cdot \overline{B}$ $=A \oplus B$			A B M: 0 0 0 / 0 1 1 / 1 0 1 / 1 1 0

2) 변환요소

변환량	변환요소
압력 → 변　위	벨로우즈, 다이어프램, 스프링
변위 → 압　력	노즐 플래퍼, 유압 분사관, 스프링
변위 → 임피던스	가변저항기, 용량형 변환기, 가변 저항 스프링
변위 → 전　압	포텐셔 미터, 차동 변압기, 전위차계
전압 → 변　위	전자석, 전자코일
온도 → 임피던스	측온 저항(열선, 더미스터, 백금, 니켈)
온도 → 전　압	열전대(백금-백금 로듐, 철-콘스탄탄)

01 핵심 기출문제

02 정답 및 해설

03 필수암기노트

설비기준 핵심 기출문제

01 직류저압의 한계는 몇 $[KV]$인가?

① 0.38
② 0.6
③ 0.75
④ 1.5

02 리플프리직류란 교류를 직류로 변환할 때 리플성분의 실횻값이 몇%이하로 포함된 직류를 말하는가?

① 3
② 5
③ 7
④ 10

03 보호도체의 종류에 해당되지 않는 것은?

① ELV
② PEN
③ PEM
④ PEL

04 외부 피뢰시스템의 구성요소와 관계가 먼 것은?

① 수뢰부 시스템
② 인하도선 시스템
③ 등전위 시스템
④ 접지극시스템

05 안전을 위한 보호의 분류에 해당되지 않는 것은?

① 감전에 대한 보호
② 열 영향에 대한 보호
③ 과전압 및 누전에 대한 보호
④ 전원공급 중단에 대한 보호

06 "제2차 접근상태"라 함은 가공전선이 다른 시설물과 접근하는 경우에 그 가공 전선이 다른 시설물의 위쪽 또는 옆쪽에서 수평거리로 몇 m 미만인 곳에 시설되는 상태 인가?

① 0.5
② 1
③ 3
④ 5

07 전선의 식별이 맞지 않는 것은?

① L1-갈색
② L2-흑색
③ L3-적색
④ N-청색

08 저압 절연전선의 종류에 해당되지 않는 것은?

① 450/750V 비닐절연전선
② 450/750V 저독성 난연 폴리올레핀절연전선
③ 450/750V 저독성 난연 가교폴리올레핀절연전선
④ 450/750V 불연성고무절연전선

09 2개 이상의 전선을 병렬로 사용하는 경우에 적합하지 않은 것은?

① 병렬로 사용하는 각 전선의 굵기는 동선 50mm^2 이상 또는 알루미늄 70mm^2 이상으로 하고, 전선은 같은 도체, 같은 재료, 같은 길이 및 같은 굵기의 것을 사용할 것
② 같은 극의 각 전선은 동일한 터미널러그에 완전히 접속할 것.
③ 병렬로 사용하는 전선에는 각각에 퓨즈를 설치할 것
④ 교류회로에서 병렬로 사용하는 전선은 금속관 안에 전자적 불평형이 생기지 않도록 시설할 것

10 2개 이상의 전선을 병렬로 사용하는 경우에 동선과 알루미늄선의 굵기의 최소는 얼마인가?

① 동선 50mm^2, 알루미늄선 70mm^2
② 동선 25mm^2, 알루미늄선 70mm^2
③ 동선 50mm^2, 알루미늄선 35mm^2
④ 동선 25mm^2, 알루미늄선 35mm^2

11 전선을 접속한 경우 전선의 세기를 최소 몇 %이상 감소시키지 않아야 하는가?

① 10　　② 15
③ 20　　④ 25

12 다음은 절연내력시험을 나타낸 표이다. (A) + (B) + (C)의 값은?

〈한국도로공사〉

접지방식	사용전압
비접지방식 7[KV] 이하	1.5배
비접지방식 7[KV] 초과	(A)배
60[KV] 초과 170[KV]이하 중성점 직접접지	(B)배
25[KV] 이하 중성점 다중접지	(C)배

① 2.55
② 2.89
③ 3.94
④ 2.86
⑤ 3.27

13 다음은 전로의 절연저항 및 발전, 변전설비에 관한 내용이다. (A) + (B) + (C)+ (D)의 값은?

〈한국도로공사〉

전로의 사용전압[V]	DC시험전[V]	절연저항값
SELV 및 PELV	250	(A)[$M\Omega$]
FELV, 500[V] 이하	500	(B)[$M\Omega$]
500[V]초과	1,000	(C)[$M\Omega$]
수소냉각 조상기를 시설하는 변전소는 그 조상기 안의 수소 농도가 (D)[%] 이하로 저하한 경우에 그 조상기를 전로로부터 자동적으로 차단하는 장치를 시설할 것		

① 77.5
② 85.9
③ 87.5
④ 90.9
⑤ 92.5

14 특별저압(SELV 및 PELV) 전로에서의 절연저항 기준값은 얼마인가?

① 0.5[$M\Omega$]　　② 0.8[$M\Omega$]
③ 1.0[$M\Omega$]　　④ 1.5[$M\Omega$]

15 특별저압(FELV) 전로에서의 DC시험전압[V] 기준값은 얼마인가?

① 250　　② 500
③ 750　　④ 1,000

16 고압 및 특고압의 전로에 절연내력 시험을 하는 경우 시험전압을 연속하여 얼마동안 가하는가?

① 1분　　② 5분
③ 10분　　④ 20분

17 다음의 빈칸에 알맞은 숫자는?

〈한국서부발전〉

〈접지도체의 선정〉
• 접지도체에 큰 고장전류가 흐르지 않을 경우 단면적 (가)[mm^2]의 구리선
• 접지도체에 큰 고장전류가 흐르지 않을 경우 단면적 (나)[mm^2]의 철선
• 접지도체에 피뢰시스템이 접속되는 경우 (다)[mm^2]의 구리선
• 접지도체에 피뢰시스템이 접속되는 경우 (다)[mm^2]의 철선

① 가 : 6, 나 : 50, 다 : 6, 라 : 50
② 가 : 6, 나 : 50, 다 : 16, 라 : 50
③ 가 : 16, 나 : 25, 다 : 6, 라 : 50
④ 가 : 16, 나 : 25, 다 : 6, 라 : 25

18 접지시스템의 구분에 해당되지 않는 것은?

① 계통접지
② 보호접지
③ 피뢰시스템접지
④ 단독접지

19 접지시스템의 시설종류에 해당되지 않는 것은?

① 단독접지
② 공통접지
③ 통합접지
④ 피뢰시스템접지

20 접지도체를 철제로 사용하는 경우 큰 고장전류가 접지도체를 통하여 흐르지 않을 경우 접지도체의 최소 단면적은?

① $6[mm^2]$
② $10[mm^2]$
③ $16[mm^2]$
④ $50[mm^2]$

21 접지도체에 피뢰시스템이 접속되는 경우, 접지도체로 구리를 사용하면 접지도체의 최소 단면적은?

① $6[mm^2]$
② $10[mm^2]$
③ $16[mm^2]$
④ $50[mm^2]$

22 특고압, 고압 전기설비용 접지도체는 얼마이상의 연동선 또는 동등이상의 단면적 및 강도를 가져야 하는가?

① 6[mm^2]　　② 10[mm^2]
③ 16[mm^2]　　④ 50[mm^2]

23 상도체 및 보호도체의 재질이 구리인 경우, 상도체의 단면적이 10[mm^2]일 때 보호도체의 최소 단면적[mm^2]은?

① 6　　② 10
③ 16　　④ 25

24 중성점 접지용 접지도체의 최소 공칭 단면적은?

① 6[mm^2]　　② 10[mm^2]
③ 16[mm^2]　　④ 50[mm^2]

25 보호도체의 종류에 해당되지 않는 것은?

① 금속관
② 충전도체와 같은 트렁킹에 수납된 절연도체 또는 나도체
③ 고정된 절연도체 또는 나도체
④ 금속케이블 외장, 케이블 차폐, 케이블 외장

26 위험물의 제조소, 저장소 및 처리장에 시설하는 피뢰시스템은 어느 등급 이상을 적용하는가?

① 1　　② 2
③ 3　　④ 4

27 외부피뢰시스템에 해당되지 않는 것은?

① 수뢰부시스템　　② 인하도선시스템
③ 등전위본딩시스템　　④ 접지극시스템

28 수뢰부시스템의 배치 방법에 적합하지 않은 것은?

① 환상도체법　　② 메시법
③ 보호각법　　④ 회전구체법

29 수뢰부시스템의 배치방법이 회전구체법일 경우 피뢰시스템 등급이 2등급일 때 회전구체 반경은 몇 m인가?

① 20　　② 30
③ 40　　④ 50

30 인하도선 시스템에 관한 사항 중 철근콘크리트 구조물의 철근을 자연적구성부재의 인하도선으로 사용하기 위해서는 해서 사용하는 철근의 전체 길이의 전기저항 값으로 알맞은 것은?

① 0.2Ω 이하
② 0.3Ω 이하
③ 0.4Ω 이하
④ 0.5Ω 이하

31 저압전로의 보호도체 및 중성선의 접속방식에 따라 계통접지의 방식에 해당되지 않는 것은?

① TN계통
② TS계통
③ IT계통
④ TT계통

32 전원측의 한 점을 직접접지하고 설비의 노출도전부를 보호도체로 접속시키는 방식은?

① TN계통
② TS계통
③ IT계통
④ TT계통

33 계통 전체에 대해 중성선과 보호도체의 기능을 동일도체로 겸용한 PEN도체를 사용하는 계통 접지방식은?

① TN−C
② TN−S
③ TN−C−S
④ IT

34 계통 전체에 대해 별도의 중성선 또는 PE 도체를 사용한다. 배전계통에서 PE 도체를 추가로 접지할 수 있는 접지방식은?

① TN-C ② TN-S
③ TN-C-S ④ IT

35 전원의 한 점을 직접 접지하고 설비의 노출도전부는 전원의 접지전극과 전기적으로 독립적인 접지극에 접속시키는 접지방식은?

① TN계통 ② TS계통
③ IT계통 ④ TT계통

36 외부영향의 조건을 고려하여 설비의 각 부분에서 안전을 위한 보호대책으로 적합하지 않은 것은?

① 전원의 자동차단
② 이중절연 또는 강화절연
③ 한 개의 전기사용기기에 전기를 공급하기 위한 전기적 분리
④ 경보시설

37 도체와 과부하 보호장치 사이의 협조사항으로 적합하지 않은 내용은?

① $I_B \leq I_N$ ② $I_N \leq I_Z$
③ $I_2 \geq 1.45 \times I_Z$ ④ $I_2 \geq I_B$

38 32[A] 이하 분기회로에서 사용전압이 교류 220[V]일 경우 고장시 자동차단 되어야 하는 최대 차단시간은?

① TN 0.4, TT 0.2
② TN 0.8, TT 0.3
③ TN 0.2, TT 0.07
④ TN 0.1, TT 0.04

39 주택용 배선차단기의 부동작 전류와 동작전류가 맞는 것은?

① 1.05배, 1.3배
② 1.13배, 1.45배
③ 1.5배, 2.1배
④ 1.25배, 1.6배

40 산업용 배선차단기의 부동작 전류와 동작전류가 맞는 것은?

① 1.05배, 1.3배
② 1.13배, 1.45배
③ 1.5배, 2.1배
④ 1.25배, 1.6배

41 저압연접인입선에 관한 내용 중 적합하지 않은 것은?

① 인입선에서 분기하는 점으로부터 100m를 초과하는 지역에 미치지 아니할 것
② 폭 5m를 초과하는 도로를 횡단하지 아니할 것
③ 옥내를 통과하지 아니할 것
④ 경간이 20m 이하인 경우는 인장강도 1.25kN 이상의 것 또는 지름 2mm 이상의 인입용 비닐 절연전선일 것

42 애자공사에 의한 저압 옥측전선로에서 전선과 식물과의 이격거리는 얼마 이상이어야 하는가?

① 0.1m

② 0.2m

③ 0.3m

④ 상시 불고있는 바람에 의해 접촉하지 않도록

43 애자공사에 의한 저압 옥측전선로 조영물 옆쪽 또는 아래쪽 이격거리는 얼마인가?

① 0.3m ② 0.5m

③ 0.6m ④ 1m

44 저압 옥상전선로의 지지점간 거리는 몇 [m] 이하인가?

① 15 ② 20

③ 25 ④ 30

45 시가지 내에 가설되는 저압가공전선을 절연전선으로 사용할 경우 그 최소 굵기는 얼마 이상이어야 하는가?

① 2.6mm ② 3.2mm

③ 4mm ④ 5mm

46 농사용 저압 가공전선로의 시설조건과 관계없는 것은?

① 저압 가공전선은 인장강도 1.38kN 이상의 것 또는 지름 2.6mm 이상의 경동선일 것.
② 저압 가공전선의 지표상의 높이는 3.5m 이상일 것.
③ 목주의 굵기는 말구 지름이 0.09m 이상일 것.
④ 전선로의 지지점 간 거리는 30m 이하일 것.

47 저압가공전선과 교류전차선을 동일지지물에 시설하는 경우 저압 가공전선은 지지물의 교류전차선을 지지하는 측의 반대측에 수평거리를 몇 m 이상으로 시설하여야 하는가?

① 0.3
② 0.5
③ 0.6
④ 1

48 저 · 고압 가공전선은 도로, 철도 등과 몇 m 이상 이격해야 하는가?

① 2
② 3
③ 5
④ 6.5

49 저압전선이 다른 저압 가공전선과 접근 교차상태로 시설할 때 저압가공전선 상호간 최소 이격거리[m]는?

① 0.6
② 1
③ 2
④ 3

50 지중전선로를 직접매설식 또는 관로식으로 시공할 때 중량물이 통과하는 도로 등에서 매설깊이를 얼마 이상으로 하는가?

① 0.6
② 1
③ 1.2
④ 1.5

51 지중전선로 지중함에 관한 내용이다. 적합하지 않은 것은?

① 지중함에는 조명을 시설할 것
② 지중함은 견고하고 차량 기타 중량물의 압력에 견디는 구조일 것
③ 지중함은 그 안의 고인 물을 제거할 수 있는 구조로 되어 있을 것
④ 폭발성 또는 연소성의 가스가 침입할 우려가 있는 것에 시설하는 지중함으로서 그 크기가 $1m^3$ 이상인 것에는 통풍장치 기타 가스를 방산시키기 위한 적당한 장치를 시설할 것

52 케이블가압장치의 압축탱크 및 압축기는 최고 사용압력의 몇배의 수압을 견디도록 하여야 하는가?

① 1배
② 1.25배
③ 1.5배
④ 2배

53 「지중전선로는 기설 지중약전류전선로에 대하여 (a) 또는 (b)에 의하여 통신상의 장해를 주지 않도록 기설 약전류전선로로부터 충분히 이격시키거나 기타 적당한 방법으로 시설하여야 한다.」 a, b에 알맞은 것은?

① a 누설전류, b 유도작용
② a 정전유도, b 전자유도
③ a 누설전류, b 전자기력
④ a 정전유도, b 정전기현상

54 지중전선에서 저압이나 고압의 지중전선과 특고압 지중전선 상호간의 거리는 얼마 이상으로 이격해야 하는가?

① 0.1m
② 0.2m
③ 0.3m
④ 0.4m

55 터널안 전선로의 시설에서 옳은 것은?

① 저압 인장강도 2.30kN 이상의 절연전선 또는 지름 2mm 이상의 경동선
② 고압 전선은 인장강도 5.26kN 이상의 것 또는 지름 4mm 이상의 경동선
③ 저압은 레일면상 또는 노면상 2m 이상의 높이로 유지할 것
④ 고압은 레일면상 또는 노면상 2.5m 이상의 높이

56 수상전선로의 시설에 관한 내용이다. 적합하지 않은 것은?

① 저압 클로로프렌 캡타이어 케이블, 고압 캡타이어 케이블
② 저압 캡타이어 케이블, 고압 클로로프렌 캡타이어 케이블
③ 저압 캡타이어 케이블, 고압 캡타이어 케이블
④ 저압 클로로프렌 캡타이어 케이블, 고압 클로로프렌 캡타이어 케이블

57 교량에 시설하는 고압전선로에서 전선이 케이블인 경우 전선과 조영재사이의 이격거리는 몇 [m] 이상으로 하는가?

① 0.3
② 0.4
③ 0.5
④ 1

58 저압옥내배선공사에 사용할 수 있는 전선의 굵기는 몇 [mm^2] 이상으로 하는가?

① 2.5　　② 4
③ 6　　④ 10

59 저압옥내배선의 중성선 단면적이 선도체 단면적 이상으로 해야 하는 경우의 내용이다 적합하지 않은 것은?

① 2선식 단상회로
② 선도체의 단면적이 구리선 $16mm^2$, 알루미늄선 $25mm^2$ 이상인 다상 회로
③ 제3고조파 및 제3고조파의 홀수배수의 고조파 전류가 흐를 가능성이 높고 전류 종합고조파왜형률이 15~33%인 3상회로
④ 다심케이블의 경우 선도체의 단면적은 중성선의 단면적과 같아야 하며, 이 단면적은 선도체의 $1.45 \times I_B$(회로 설계전류)를 흘릴 수 있는 중성선을 선정한다.

60 선도체(구리선)의 단면적이 $16mm^2$인 다상회로에서 중성선의 최소 단면적은?

① $6mm^2$　　② $10mm^2$
③ $16mm^2$　　④ $25mm^2$

61 저압 옥내공사에서 나전선을 사용할 수 있는 공사방법은?

① 애지사용공사　　② 금속관공사
③ 합성수지관공사　　④ 라이팅 덕트공사

62 정격 소비전력 몇 KW 이상의 전기기구에 전기를 공급하기 위한 전로에는 전용의 개폐기 및 과전류 차단기를 시설하여야 하는가?

① 1
② 2
③ 3
④ 5

63 케이블덕팅공사에 해당되지 않는 공사방법은?

① 애자사용공사
② 플로어덕트공사
③ 셀룰러덕트공사
④ 금속덕트공사

64 저압으로 수전하는 경우 수용가 설비의 인입구로부터 조명기기까지의 전압강하는 몇 % 이하로 하는가?

① 2
② 3
③ 4
④ 5

65 배선설비의 선정과 설치에 고려해야할 외부영향 중 외부 열원으로부터의 악영향을 피하기 위한 방법이 아닌 것은?

① 차폐
② 열원으로부터의 충분한 이격
③ 냉각방식을 고려한 구성품의 선정
④ 단열 절연슬리브접속(sleeving) 등과 같은 절연재료의 국부적 강화

66 저압 옥내배선이 다른 저압 옥내배선 또는 관등회로의 배선과 접근하거나 교차하는 경우 이격거리로 맞는 것은? (단, 나전선이 아닌 경우)

① 10cm　　② 15cm
③ 30cm　　④ 60cm

67 합성수지관공사와 관계없는 것은?

① 전선은 연선일 것. 단면적 $10mm^2$(알루미늄선은 단면적 $16mm^2$) 이하는 단선
② 관의 두께는 2 ㎜ 이상일 것.
③ 관 상호 간 및 박스와는 관을 삽입하는 깊이를 관의 바깥지름의 1.2배(접착제를 사용하는 경우에는 0.8배) 이상
④ 관의 지지점 간의 거리는 2m 이하

68 저압 옥내배선을 금속관 공사에 의하여 시설하는 경우 맞는 것은?

① 전선에 옥외용 비닐절연 전선을 사용하였다
② 전선관과의 접속부분의 나사는 3턱 이상으로 하였다
③ 관의 두께는 콘크리트에 매입하는 금속관의 두께는 1.2mm 이상
④ 관 내부에 필요에 따라 1지점에 접속점을 두었다

69 저압옥내배선에서 애자사용공사를 하는 경우 전선과 조영재 사이의 이격거리로 적당한 것은?

① 400V 이하인 경우에는 25mm 이상, 400V 초과(습기가 있는 경우)인 경우에는 45mm
② 400V 이하인 경우에는 25mm 이상, 400V 초과(습기가 있는 경우)인 경우에는 50mm
③ 400V 이하인 경우에는 20mm 이상, 400V 초과(습기가 있는 경우)인 경우에는 45mm
④ 400V 이하인 경우에는 20mm 이상, 400V 초과(습기가 있는 경우)인 경우에는 50mm

70 저압 옥내배선공사가운데 버스덕트공사에 사용하는 도체의 규격이 아닌 것은?

① 단면적 20mm^2 이상의 띠 모양의 동
② 지름 5mm 이상의 관모양이나 둥글고 긴 막대 모양의 동
③ 단면적 30mm^2 이상의 띠 모양의 알루미늄
④ 지름 10mm 이상의 관모양의 알루미늄

71 옥내에 시설하는 저압 접촉전선의 높이는 얼마 이상으로 하여야 하는가?

① 2,5m
② 3.5m
③ 4.5m
④ 6m

72 욕조나 샤워시설이 있는 욕실 또는 화장실 등 인체가 물에 젖어있는 상태에서 전기를 사용하는 장소에 콘센트를 시설하는 경우 인체감전보호용 누전차단기의 정격감도전류$[mA]$는?

① 5
② 10
③ 15
④ 30

73 조명시설에서 점멸기의 시설기준으로 옳지 않은 것은?

① 점멸기는 전로의 접지측에 시설
② 욕실 내는 점멸기를 시설하지 말 것
③ 가정용전등은 매 등기구마다 점멸이 가능하도록 할 것
④ 일반주택 및 아파트 각 호실의 현관등은 3분 이내에 소등되는 센서등을 사용한다.

74 수중조명등의 내용으로 적합하지 않은 것은?

① 절연변압기의 1차측 전로의 사용전압은 400V 이하일 것
② 절연변압기의 2차측 전로의 사용전압은 150V 이하일 것
③ 절연변압기의 2차측 배선은 금속몰드공사에 의하여 시설할 것
④ 절연변압기의 2차 측 전로는 접지하지 말 것

75 교통신호등 회로의 사용전압은 최대 몇 [V]인가?

① 100
② 220
③ 300
④ 400

76 옥외등의 공사방법에 해당되지 않는 공사방법은?

① 애자사용공사
② 금속관공사
③ 합성수지관공사
④ 버스덕트공사

77 옥측 또는 옥외에 시설하는 접촉전선의 시설방법에서 전선과 조영재 사이의 이격거리 및 그 전선에 접촉하는 집전장치의 충전부분과 조영재 사이의 이격거리는 몇 [mm] 이상인가?

① 30
② 35
③ 40
④ 45

78 옥측 또는 옥외에 시설하는 접촉전선의 시설방법이 아닌 것은?

① 애자공사 ② 버스덕트공사
③ 절연트롤리공사 ④ 금속덕트공사

79 옥측 또는 옥외에 시설하는 관등회로의 사용전압이 1kV를 초과하는 방전등공사에서 적합하지 않는 것은?

① 방전등용 변압기는 절연 변압기일 것
② 관등회로의 사용전압은 저압일 것
③ 기구는 지표상 4.5m 이상의 높이에 시설할 것
④ 기구와 기타 시설물 또는 식물 사이의 이격거리는 0.6m 이상일 것

80 가로등, 보안등, 조경등 등으로 시설하는 방전등에 공급하는 전로의 사용전압이 150V를 초과하는 경우에 대한 내용이다 적합하지 않은 것은?

① 전로에 지락이 생겼을 때에 자동적으로 전로를 차단하는 장치를 각 분기회로에 시설하여야 한다.
② 가로등주, 보안등주, 조경등 등의 등주 안에서 전선의 접속은 절연 및 방수성능이 있는 방수형 접속재를 사용하거나 적절한 방수함 안에서 접속할 것.
③ 가로등, 보안등, 조경등 등의 금속제 등주에는 접지공사를 할 것.
④ 보안등의 개폐기 설치 위치는 사람이 쉽게 접촉하여 개폐가능한 곳에 시설할 것

81 전기울타리의 시설에 관한 다음 사항 중 틀린 것은?

① 전로의 사용전압은 300V 이하이어야 한다.
② 전선은 인장강도 1.38kN 이상의 것 또는 지름 2mm 이상의 경동선일 것.
③ 전선과 이를 지지하는 기둥 사이의 이격거리는 25mm 이상일 것.
④ 전선과 다른 시설물 또는 수목과의 이격거리는 0.3m 이상일 것.

82 전기울타리의 접지전극과 다른 접지전극의 거리는 몇 [m] 이상이어야 하는가?

① 0.5
② 1
③ 2
④ 2.5

83 최대사용전압 15[V]를 초과하여 30[V]이하인 소세력회로에 사용하는 절연변압기의 2차 단락 전류값이 제한을 받지 않을 경우는 2차측에 시설하는 과전류차단기의 용량이 몇 [A] 이하일 경우인가?

① 8
② 5
③ 3
④ 1.5

84 전기부식방지 회로에 관한 내용 중 틀린 것은?

① 사용전압은 직류 60V 이하일 것
② 지중에 매설하는 양극의 매설깊이는 0.75m 이상일 것
③ 수중에 시설하는 양극과 그 주위 1m 이내의 거리에 있는 임의점과의 사이의 전위차는 5V를 넘지 아니할 것
④ 양극은 지중에 매설하거나 수중에서 쉽게 접촉할 우려가 없는 곳에 시설할 것

85 전기자동차 충전장치의 시설에 적합하지 않은 것은?

① 저압 콘센트는 접지극이 있는 콘센트를 사용하여 접지하여야 한다.
② 외부 기계적 충격에 대한 충분한 기계적 강도(IK08 이상)를 갖는 구조일 것.
③ 옥외에 설치 시 강우 · 강설에 대하여 충분한 방수 보호등급(IPX4 이상)을 갖는 것일 것.
④ 충전장치와 전기자동차의 접속에는 연장코드를 사용할 것

86 화약류 저장소의 전기설비 시설에 있어서 해당되지 않는 사항은 다음 중 어느 것인가?

① 전로에 대지전압은 400V 이하일 것
② 전기기계기구는 전폐형의 것일 것
③ 케이블을 전기기계기구에 인입할 때에는 인입구에서 케이블이 손상될 우려가 없도록 시설할 것
④ 화약류 저장소 안의 전기설비에 전기를 공급하는 전로에는 화약류 저장소 이외의 곳에 전용 개폐기 및 과전류 차단기를 각 극에 취급자 이외의 자가 쉽게 조작할 수 없도록 시설

87 먼지가 많은 장소에서 저압옥내배선공사에 적합하지 않은 공사방법은?

① 플로어덕트공사
② 애자공사
③ 유연성전선관공사
④ 버스덕트공사

88 무대 · 무대마루 밑 · 오케스트라 박스 및 영사실의 전로에 비상조명을 제외한 조명용 분기회로 및 정격 32A 이하의 콘센트용 분기회로는 어떠한 누전차단기로 보호되어야 하는가?

① 정격 감도 전류 15mA 이하
② 정격 감도 전류 20mA 이하
③ 정격 감도 전류 30mA 이하
④ 정격 감도 전류 40mA 이하

89 이동식 숙박차량 정박지의 전기설비시설방법으로 맞는 것은?

① 표준전압은 220/380V를 초과해서는 안된다.
② 충격(AG) : IP4X 이상의 보호등급
③ 가공전선은 차량이 이동하는 모든 지역에서 지표상 5m, 다른 모든 지역에서는 3m 이상의 높이로 시설하여야 한다.
④ 누전차단기 : 모든 콘센트는 정격감도전류가 15mA 이하인 누전차단기에 의하여 개별적으로 보호되어야 한다.

90 의료장소에 무영등 등을 위한 특별저압(SELV 또는 PELV)회로를 시설하는 경우에는 사용전압은?

① 교류 실효값 20V 또는 리플프리(ripple-free)직류 50V 이하
② 교류 실효값 25V 또는 리플프리(ripple-free)직류 60V 이하
③ 교류 실효값 20V 또는 리플프리(ripple-free)직류 60V 이하
④ 교류 실효값 25V 또는 리플프리(ripple-free)직류 50V 이하

91 저압 옥내 직류전기설비에서 전로 보호장치의 확실한 동작의 확보, 이상전압 및 대지전압의 억제를 위하여 직류 2선식의 임의의 한 점 또는 변환장치의 직류측 중간점, 태양전지의 중간점 등을 접지를 해야하는 경우는?

① 사용전압이 60V 이하인 경우
② 교류전로로부터 공급을 받는 정류기에서 인출되는 직류계통
③ 최대전류 30mA 이하의 직류화재경보회로
④ 접지검출기를 설치하지 않은 경우

92 직류 접지계통에서 낙뢰 등에 의한 과전압으로부터 전기설비를 보호하기 위해 설치하는 것은?

① 서지보호장치(SPD)
② 피뢰기
③ 과전류 차단기
④ 퓨즈

93 저압 옥내 직류전기설비에서 축전기실 시설방법에 맞는 것은?

① 30V를 초과하는 축전지는 접지측 도체에 쉽게 차단할 수 있는 곳에 개폐기를 시설하여야 한다.
② 50V를 초과하는 축전지는 비접지측 도체에 쉽게 차단할 수 있는 곳에 개폐기를 시설하여야 한다.
③ 30V를 초과하는 축전지는 비접지측 도체에 쉽게 차단할 수 있는 곳에 개폐기를 시설하여야 한다.
④ 옥내전로에 연계되는 축전지는 접지측 도체에 과전류보호장치를 시설하여야 한다.

94 비상용 예비전원설비의 자동전원공급의 분류로 맞지 않는 것은?

① 순단 : 0.1초 이내 자동 전원공급이 가능한 것
② 단시간 차단 : 0.5초 이내 자동 전원공급이 가능한 것
③ 보통 차단 : 5초 이내 자동 전원공급이 가능한 것
④ 중간 차단 : 15초 이내 자동 전원공급이 가능한 것

95 비상용 예비전원설비의 배선에 대한 내용 중 적합하지 않은 것은?

① 비상용 예비전원설비의 전로는 그들이 내화성이 아니라면, 어떠한 경우라도 화재의 위험과 폭발의 위험에 노출되어 있는 지역을 통과해서는 안 된다.
② 비상용 예비전원설비의 전로는 다른 전로와 연계되어야 한다.
③ 직류로 공급될 수 있는 비상용 예비전원설비 전로는 2극 과전류 보호장치를 구비하여야 한다.
④ 교류전원과 직류전원 모두에서 사용하는 개폐장치 및 제어장치는 교류조작 및 직류조작 모두에 적합하여야 한다.

96 비상용 예비전원의 시설기준으로 옳지 않은 것은?

① 비상용 예비전원은 고정설비로 하고, 상용전원의 고장에 의해 해로운 영향을 받지 않는 방법으로 설치하여야 한다.
② 비상용 예비전원은 운전에 적절한 장소에 설치해야 하며, 기능자 및 숙련자만 접근 가능하도록 설치하여야 한다.
③ 비상용 예비전원에서 발생하는 가스, 연기 또는 증기가 사람이 있는 장소로 침투하지 않도록 확실하고 충분히 환기하여야 한다.
④ 비상용 예비전원으로 전기사업자의 배전망과 수용가의 독립된 전원을 병렬운전이 가능하도록 시설하면 고장보호장치를 생략할 수 있다

97 고압 또는 특고압 변전소에서 인입 또는 인출되는 저압전원이 있을 때, 접지시스템의 시공방법으로 맞지 않는 것은?

① 고압 또는 특고압 변전소의 접지시스템은 공통 및 통합접지의 일부분이거나 또는 다중접지된 계통의 중성선에 접속되어야 한다

② 고압 또는 특고압과 저압 접지시스템을 분리하는 경우의 접지극은 고압 또는 특고압 계통의 고장으로 인한 위험을 방지하기 위해 접촉전압과 보폭전압을 허용 값 이내로 하여야 한다.

③ 고압 및 특고압 변전소에 인접하여 시설된 저압전원의 경우, 기기가 너무 가까이 위치하여 접지계통을 분리하는 것이 불가능한 경우에는 단독접지로 시공하여야 한다.

④ 모든 케이블의 금속시스(sheath) 부분은 접지를 하여야 한다.

98 혼촉방지판이 있는 변압기에 접속하는 저압 옥외전선의 시설방법으로 적합하지 않은 것은?

① 저압전선은 1구내에만 시설할 것.

② 저압 가공전선로 또는 저압 옥상전선로의 전선은 절연전선일 것.

③ 저압 가공전선과 고압 또는 특고압의 가공전선을 동일 지지물에 시설하지 아니할 것.

④ 고압가공전선로의 전선이 케이블인 경우 저압가공전선과 동일 지지물에 시설할 수 있다

99 변압기에 의하여 특고압전로에 결합되는 고압전로에는 사용전압의 3배 이하인 전압이 가하여진 경우에 어떤 장치를 변압기의 단자에 가까운 1극에 설치하는가?

① 방전하는 장치

② 차단하는 장치

③ 용단되는 장치

④ 개폐하는 장치

100 전로의 중성점 접지도체의 굵기는? (단, 저압이 아닌 경우)

① 공칭단면적 $6mm^2$ 이상의 연동선
② 공칭단면적 $10mm^2$ 이상의 연동선
③ 공칭단면적 $16mm^2$ 이상의 연동선
④ 공칭단면적 $25mm^2$ 이상의 연동선

101 고저항 중성점 접지계통에서 변압기 또는 발전기의 중성점에서 접지저항기에 접속하는 점까지의 중성선의 굵기로 적합한 것은?

① 동선 $10mm^2$ 이상, 알루미늄선 $16mm^2$ 이상의 절연전선
② 동선 $16mm^2$ 이상, 알루미늄선 $16mm^2$ 이상의 절연전선
③ 동선 $16mm^2$ 이상, 알루미늄선 $25mm^2$ 이상의 절연전선
④ 동선 $25mm^2$ 이상, 알루미늄선 $50mm^2$ 이상의 절연전선

102 전선로에서 전파장애의 방지 기준에서 신호대 잡음 비는 얼마이상으로 설치하는가? (단, 전파의 허용한도는 531kHz에서 1602kHz 까지의 주파수대역이다.)

① 24dB 이상
② 30dB 이상
③ 34dB 이상
④ 40dB 이상

103 강관에 의하여 구성되는 4각형의 철주의 갑종 풍압하중$[Pa]$은?

① 588
② 1,117
③ 1,412
④ 1,784

104 가공전선로의 지지물에 시설하는 지선의 시설기준에 적합하지 않은 것은?

① 지선의 안전율은 2.0 이상일 것
② 허용 인장하중의 최저는 4.31kN
③ 소선 3가닥 이상의 연선
④ 지중부분 및 지표상 0.3m까지의 부분에는 내식성이 있는 것 또는 아연도금을 한 철봉을 사용하고 쉽게 부식되지 않는 근가에 견고하게 붙일 것.

105 지선의 높이로 맞는 것은?

① 지표상 6m 이상, 교통에 지장이 없는 경우 지표상 4.5m 이상, 보도의 경우 3m 이상
② 지표상 6m 이상, 교통에 지장이 없는 경우 지표상 4.5m 이상, 보도의 경우 2.5m 이상
③ 지표상 5m 이상, 교통에 지장이 없는 경우 지표상 4.5m 이상, 보도의 경우 3m 이상
④ 지표상 5m 이상, 교통에 지장이 없는 경우 지표상 4.5m 이상, 보도의 경우 2.5m 이상

106 고압 옥측 전선로의 시설로 고압옥측 전선로를 시설하는 조영물에 시설하는 특고압 옥측전선·저압 옥측전선·관등회로의 배선·약전류 전선 등이나 수관·가스관 또는 이와 유사한 것과 접근하거나 교차하는 경우에는 고압 옥측전선로의 전선과 이들 사이의 이격거리로 맞는 것은?

① 15cm
② 20cm
③ 25cm
④ 30cm

107 고압 가공전선로와 기설 가공약전류전선로가 병행하는 경우 유도작용에 의하여 통신상의 장해가 생기지 않도록 전선과 기설 약전류전선 간의 이격거리는 몇 [m]인가?

① 1
② 2
③ 3
④ 4

108 유도장해 방지책으로 적당하지 않은 것은?

① 가공전선과 가공약전류전선 간의 이격거리를 증가시킬 것
② 교류식 가공전선로의 경우에는 가공전선을 적당한 거리에서 연가할 것.
③ 가공전선과 가공약전류전선 사이에 인장강도 5.26kN 이상의 것 또는 지름 4mm 이상인 경동선의 금속선 2가닥 이상을 시설하고 접지공사는 하지 말 것
④ 지락전류를 제한하거나 접지장소를 변경한다

109 고압 가공전선로의 가공지선으로 나경동선을 사용할 경우 맞는 것은?

① 인장강도 5.26kN 이상의 것 또는 지름 4mm 이상의 나경동선을 사용
② 인장강도 5.26kN 이상의 것 또는 지름 5mm 이상의 나경동선을 사용
③ 인장강도 5.93kN 이상의 것 또는 지름 4mm 이상의 나경동선을 사용
④ 인장강도 5.93kN 이상의 것 또는 지름 5mm 이상의 나경동선을 사용

110 고압가공전선로의 경간에서 a-b+c의 값은 얼마인가?

지지물의 종류	경간
목주 · A종 철주 또는 A종 철근 콘크리트주	am
B종 철주 또는 B종 철근 콘크리트주	bm
철탑	cm

① 200 ② 300
③ 400 ④ 500

111 고압가공전선과 가공약전류전선 등의 공용설치에서 전선간 이격거리로 맞는 것은?

① 저압은 0.5m 이상, 고압은 1.2m 이상
② 저압은 0.75m 이상, 고압은 1.5m 이상
③ 저압은 0.5m 이상, 고압은 1.5m 이상
④ 저압은 0.75m 이상, 고압은 1.2m 이상

112 154[KV] 특고압가공전선로를 경동연선으로 시가지에 시설하려고 한다. 애자장치는 50% 충격섬락전압의 값이 그 전선의 근접한 다른 부분을 지지하는 애자장치 값의 몇 % 이상으로 적용하는가?

① 100
② 105
③ 110
④ 115

113 제2종 특고압보안공사에서 철탑의 경간은 단주를 적용한 경우 얼마인가?

① 100m
② 150m
③ 300m
④ 400m

114 제1종 특고압 보안공사 시 154[KV] 특고압 가공전선로의 전선의 굵기[mm^2]는 얼마 이상인가?

① 55
② 150
③ 200
④ 240

115 특고압 가공전선이 도로등과 교차하는 경우 보호망에 관한 내용 중 맞지 않는 것은?

① 특고압 가공전선의 직하에 시설하는 금속선에는 인장강도 8.01kN 이상의 것 또는 지름 5mm 이상의 경동선을 사용
② 보호망을 구성하는 금속선 상호의 간격은 가로, 세로 각 1.5m 이하일 것
③ 보호망이 특고압 가공전선의 외부에 뻗은 폭은 특고압 가공전선과 보호망과의 수직거리의 2분의 1 이상일 것.
④ 특고압 가공전선이 도로 등과 수평거리로 3 m 미만에 시설되는 부분의 길이는 300m을 넘지 아니할 것.

116 22.9[KV]의 특고압 가공전선이 고압의 가공전선과 병가로 시설되었다. 특고압가공전선과 고압가공전선이 각각 케이블이면 상호간 이격거리[m]는?

① 0.5
② 1
③ 1.5
④ 2

117 터널안 고압전선로의 시설에서 경동선의 최소 굵기는 몇 [mm]인가?

① 2
② 2.6
③ 4
④ 6

118 교량에 시설하는 고압전선로에서 규정에 맞지 않는 것은?

① 교량의 윗면에 시설하는 것은 전선의 높이를 교량의 노면상 5m 이상
② 전선은 케이블일 것.
③ 전선이 케이블인 경우에 전선과 조영재 사이의 이격거리는 0.1m 이상일 것.
④ 전선이 케이블 이외의 경우에는 이를 조영재에 견고하게 붙인 완금류에 절연성 · 난연성 및 내수성의 애자로 지지하고 또한 전선과 조영재 사이의 이격거리는 0.6m 이상.

119 터널안 전선로의 시설방법으로 옳지 않은 것은?

① 철도·궤도 또는 자동차도 전용터널 안의 전선로 저압 전선은 인장강도 2.30kN 이상의 절연전선 또는 지름 2.6mm 이상의 경동선의 절연전선.
② 저압전선은 금속관배선에 의하여 시설하고 레일면상 또는 노면상 3m 이상의 높이
③ 고압 전선 : 인장강도 5.26kN 이상의 것 또는 지름 4mm 이상의 경동선의 고압 절연전선 또는 특고압 절연전선을 사용
④ 사람이 상시 통행하는 터널 안의 전선로 사용전압은 저압 또는 고압으로 한다
케이블배선에 의하여 시설할 것.

120 수상전선로의 전선을 가공전선로의 전선과 접속하는 경우 전선의 높이로 알맞은 것은?

① 접속점이 육상에 있는 경우 지표상 4m, 접속점이 수면상에 있는 경우 저압에서 수면상 4m
② 접속점이 육상에 있는 경우 지표상 4m, 접속점이 수면상에 있는 경우 저압에서 수면상 5m
③ 접속점이 육상에 있는 경우 지표상 5m, 접속점이 수면상에 있는 경우 고압에서 수면상 4m
④ 접속점이 육상에 있는 경우 지표상 5m, 접속점이 수면상에 있는 경우 고압에서 수면상 5m

121 「급경사지에 시설하는 저압 또는 고압의 전선로는 그 전선이 건조물의 위에 시설되는 경우, 도로·철도·궤도·삭도·가공약전류전선 등·가공전선 또는 전차선과 교차하여 시설되는 경우 및 수평거리로 이들과 (m 미만)에 접근하여 시설되는 경우 이외의 경우로서 기술상 부득이한 경우 이외에는 시설하여서는 안 된다」에서 (　)안에 들어갈 거리[m]는?

① 1　　② 2
③ 3　　④ 4

122 특고압 배전용 변압기의 시설에 관한 내용이다 관계가 없는 것은?

① 변압기의 1차 전압은 35kV 이하, 2차 전압은 저압 또는 고압일 것
② 변압기의 특고압측에 개폐기 및 과전류차단기를 시설할 것.
③ 변압기 2차전압이 고압인 경우, 고압측에 쉽게 개폐할 수 있는 개폐기를 시설할 것
④ 배전용 변압기의 총 출력은 1,000[KVA] 이하일 것

123 특고압용 변압기의 시설 장소에 해당되지 않는 것은?

① 배전용 변압기
② 혼촉방지판을 사용한 변압기
③ 다중접지 방식 특고압 가공전선로에 접속하는 변압기
④ 교류식 전기철도용 신호회로 등에 전기를 공급하기 위한 변압기

124 특고압을 직접 저압으로 변성하는 변압기의 시설로 적당하지 않은 것은?

① 전기로 등 전류가 큰 전기를 소비하기 위한 변압기
② 발전소 · 변전소 · 개폐소 또는 이에 준하는 곳의 소내용 변압기
③ 교류식 전기철도용 신호회로에 전기를 공급하기 위한 변압기
④ 광산 양수기용 변압기

125 압축공기계통에 사용되는 압력계의 눈금의 범위로 맞는 것은?

① 1배에서 1.5배
② 1.5배에서 2배
③ 1.5배에서 3배
④ 2배에서 3배

126 고압옥내배선으로 적용할 수 없는 공사방법은?

① 애자사용배선 ② 케이블배선
③ 케이블트레이배선 ④ 금속관배선

127 발전소등의 울타리, 담 등의 높이와 지표면과 울타리 하단사이의 간격은 몇 [m] 이상인가 ?

① 1, 0.15 ② 1, 0.2
③ 2, 0.15 ④ 2, 0.2

128 66[KV] 변전소의 울타리 · 담 등의 높이와 울타리 · 담 등으로부터 충전부분까지의 거리의 합계는 몇 [m]인가?

① 3 ② 4
③ 5 ④ 6

129 연료전지의 경우 자동차단에 해당되지 않는 사항은?

① 연료전지 내부고장이 발생한 경우
② 연료전지에 과전류가 생긴 경우
③ 연료가스 출구에서의 산소농도 또는 공기 출구에서의 연료가스 농도가 현저히 상승한 경우
④ 연료전지의 온도가 현저하게 상승한 경우

130 발전소, 변전소 등에는 반드시 계측장치를 시설해야 한다. 맞지 않는 것은?

① 정격출력이 15,000kW를 초과하는 증기터빈에 접속하는 발전기의 진동의 진폭
② 발전기의 베어링 및 고정자의 온도
③ 특고압용 변압기의 온도
④ 주요 변압기의 전압 및 전류 또는 전력

131 특고압용 변압기로서 내부고장시 반드시 자동 차단되어야 하는 변압기 뱅크 용량은 몇 $[KVA]$ 이상인가?

① 10,000 ② 7,500
③ 5,000 ④ 2,500

132 전력보안통신설비의 시설 장소로 적합하지 않은 것은?

① 원격 감시제어가 되지 아니하는 변전소·개폐소, 전선로 및 이를 운용하는 급전소 및 급전분소 간
② 2개 이상의 발전소 상호 간과 이들을 통합 운용하는 급전소 간
③ 수력설비 중 필요한 곳, 수력설비의 안전상 필요한 양수소 및 강수량 관측소와 수력발전소 간
④ 동일 수계에 속하고 안전상 긴급 연락의 필요가 있는 수력발전소 상호 간

133 첨가 통신선이 아닌 경우 전력 보안 가공통신선의 높이로서 옳지 않은 것은?

① 도로 위에 시설하는 경우에는 지표상 6m 이상.
② 철도 또는 궤도를 횡단하는 경우에는 레일면상 6.5 m 이상
③ 횡단보도교 위에 시설하는 경우에는 그 노면상 3m 이상
④ 교통에 지장을 줄 우려가 없는 경우에는 지표상 4.5m 이상

134 특고압 가공전선로의 지지물에 시설하는 통신선이 교류 전차선 등과 교차하는 경우 통신선과 삭도 또는 다른 가공약전류 전선 등 사이의 이격거리[m]는 얼마인가?

① 0.3
② 0.5
③ 0.8
④ 1

135 특고압 가공전선로의 지지물에 시설하는 통신선이 교류 전차선 등과 교차하는 경우 통신선의 조가선 굵기[mm^2]는 얼마이상인가?

① 6
② 22
③ 28
④ 38

136 지중공가설비 시설에서 동축케이블의 지름은 몇 [mm] 이하인가?

① 2.6
② 6
③ 10
④ 22

137 전기철도의 급전선과 전차선간의 공칭전압은 (A)[KV]이다. 변전소의 역할은 전압을 받아 (B)의 기능을 수행하고, (C)에서 전차선로는 전차선로에 전압을 공급한다. 다음 중 A, B, C 에 순서대로 알맞은 것은?

〈서울교통공사〉

① 10, 전압조정, 전철변전소
② 30, 주파수조정, 전차변전소
③ 50, 전력 조류제어, 전철변전소
④ 100, 전력의 집중 및 분배, 전차변전소
⑤ 200, 전압조정, 전철변전소

138 전기철도용 직류전압 중 해당되지 않는 전압[V]은?

〈서울교통공사〉

① 600
② 750
③ 1,000
④ 1,500
⑤ 3,000

139 전기철도 일반선로에서 1,000[V]급 절연저항계를 이용하여 측정할 경우, 신호의 대지도체간 절연저항[$M\Omega$]은?

〈서울교통공사〉

① 1
② 2
③ 3
④ 4
⑤ 5

140 철도 전기 공급 방식 중 교류 공급방식의 특징이 아닌 것은?

〈서울교통공사〉

① 직류급전방식에 비해 손실이 적어 장거리 송전이 가능하다
② 직류급전방식에 비해 고압이므로 전선이 가늘고 집전에 용이하다
③ 직류급전방식에 비해 사고전류 차단이 용이하다
④ 직류급전방식에 비해 전식현상이 발생하지 않는다
⑤ 직류급전방식에 비해 전자유도장해에 영향을 받지 않는다

141 전기철도차량이 회생제동의 사용을 중단해야 하는 항목에 해당되지 않는 것은?

① 전차선로에서 흡상변압기가 고장이 난 경우
② 전차선로 지락이 발생한 경우
③ 전차선로에서 전력을 받을 수 없는 경우
④ 선로전압이 장기 과전압 보다 높은 경우

142 분산형전원 계통연계설비의 시설기준으로 적합하지 않은 것은?

① 단순 병렬운전 분산형전원설비의 경우에는 과전압 계전기를 설치한다.
② 저압계통 연계 시 직류유출방지 변압기의 시설
③ 계통 연계용 보호장치의 시설
④ 단락전류 제한장치의 시설

143 계통연계하는 분산형전원설비에서 자동으로 분산형전원설비를 전력계통으로부터 분리해야하는 이상 또는 고장의 종류가 아닌 것은?

① 단독운전 상태
② 연계한 전력계통의 이상 또는 고장
③ 분산형전원설비의 이상 또는 고장
④ 저압계통연계시 직류유출이 된경우

144 연계용 변압기 중성점의 접지는 다른 전기설비의 정격을 초과하는 (a)을 유발하거나 전력계통의 (b)를 방해하지 않도록 시설한다. a, b에 알맞은 것은?

① a 과전압, b 지락고장 보호협조
② a 과전류, b 단락고장 보호협조
③ a 과용량, b 지락고장 보호협조
④ a 과전압, b 단락고장 보호협조

145 전기저장시설에서 시설장소의 요구사항으로 옳지 않은 것은?

① 전기저장장치의 이차전지, 제어반, 배전반의 시설은 기기 등을 조작 또는 보수·점검할 수 있는 충분한 공간을 확보하고 조명설비를 설치하여야 한다.
② 전기저장장치를 시설하는 장소는 폭발성 가스의 축적을 방지하기 위한 환기시설을 갖추어야 한다.
③ 모든 부품은 충분한 기계적 강도를 확보하여야 한다.
④ 전기저장장치를 시설하는 장소는 제조사가 권장하는 온도·습도·수분·분진 등 적정 운영환경을 상시 유지하여야 한다.

146 전기저장장치의 이차전지가 자동차단이 되어야 하는 경우가 아닌 것은?

① 폭발성 가스가 축적된 경우
② 과전압 또는 과전류가 발생한 경우
③ 제어장치에 이상이 발생한 경우
④ 이차전지 모듈의 내부 온도가 급격히 상승할 경우

147 주택의 전기저장장치의 축전지에 접속하는 부하 측 옥내배선을 시설하는 경우 주택전로의 대지전압은 직류 몇 [V]까지 인가?

① 300　　② 400
③ 500　　④ 600

148 특정 기술을 이용한 전기저장장치의 시설에서 이차전지를 벽면에서 이격시켜야 하는 거리는 몇 [m]인가?

① 1　　② 2
③ 3　　④ 5

149 전기저장장치를 시설하는 곳에 적용하는 계측장치에 해당되지 않는 것은?

① 축전지 출력 단자의 전압, 전류, 전력
② 축전지 충방전 상태
③ 주요변압기의 전압, 전류 및 전력
④ 주요변압기의 역률

150 주택의 태양전지 모듈에 접속하는 부하측 옥내배선을 시설하는 경우 주택의 옥내전로 대지전압의 한도[V]는?

① 150
② 300
③ 600
④ 750

151 태양광발전설비의 시설기준에 해당되지 않는 것은?

① 모듈의 출력배선은 극성별로 확인할 수 있도록 표시할 것
② 직렬 연결된 태양전지모듈의 배선은 과도과전압의 유도에 의한 영향을 줄이기 위하여 스트링 양극간의 배선간격을 충분한 간격으로 넓게 배치할 것
③ 모듈은 자중, 적설, 풍압, 지진 및 기타의 진동과 충격에 대하여 탈락하지 아니하도록 지지물에 의하여 견고하게 설치할 것
④ 모듈의 각 직렬군은 동일한 단락전류를 가진 모듈로 구성하여야 하며 1대의 인버터에 연결된 모듈 직렬군이 2병렬 이상일 경우에는 각 직렬군의 출력전압 및 출력전류가 동일하게 형성되도록 배열할 것

152 모듈을 병렬로 설치하는 경우 과전류 차단기를 시설하는 고장의 종류는?

① 단락
② 지락
③ 내부고장
④ 누전

153 분산형전원의 전기품질 관리항목에 해당되지 않는 것은?

〈대구도시철도공사〉

① 역률
② 고조파
③ 노이즈
④ 직류 유입 제한

154 풍력터빈은 나셀 내부의 화재 발생 시, 이를 자동으로 소화할 수 있는 화재방호설비를 시설하여야 한다. 용량[KW]의 최소는 얼마인가?

① 500
② 750
③ 1,000
④ 1,500

155 풍력발전기의 피뢰설비의 피뢰레벨은?

① Ⅰ등급
② Ⅱ등급
③ Ⅲ 등급
④ Ⅳ등급

156 풍력터빈의 이상상태 시 자동으로 정지하는 장치를 시설해야 한다. 이상상태의 종류가 아닌 것은?

① 풍력터빈의 회전속도가 비정상적으로 상승
② 풍력터빈의 컷 아웃 풍속
③ 풍력터빈의 베어링 온도가 과도하게 상승
④ 압축공기장치의 공기압이 과도하게 증가한 경우

157 풍력터빈에 시설하는 계측장치로 옳지 않은 것은?

① 풍속계
② 압력계
③ 온도계
④ 풍량계

158 연료전지 설치장소의 안전요구사항이 아닌 것은?

① 연료전지를 설치하는 장소는 가스의 발생이 있으므로 환기장치를 설체하여야 한다
② 연료전지를 설치할 주위의 벽 등은 화재에 안전하게 시설하여야 한다.
③ 가연성물질과 안전거리를 충분히 확보하여야 한다.
④ 침수 등의 우려가 없는 곳에 시설하여야 한다.

159 연료전지에 연료가스공급을 자동적으로 차단해야하는 경우가 아닌 것은?

① 연료전지에 과전류가 생긴 경우
② 발전요소의 발전전압에 이상이 생겼을 경우
③ 공기 출구에서의 연료가스 농도가 현저히 상승한 경우
④ 연료전지의 온도가 현저하게 낮아진 경우01

160 연료전지 설치장소의 안전요구사항이 아닌 것은?

① 연료전지를 설치하는 장소는 가스의 발생이 있으므로 환기장치를 설체하여야 한다
② 연료전지를 설치할 주위의 벽 등은 화재에 안전하게 시설하여야 한다.
③ 가연성물질과 안전거리를 충분히 확보하여야 한다.
④ 침수 등의 우려가 없는 곳에 시설하여야 한다.

161 연료전지에 연료가스공급을 자동적으로 차단해야하는 경우가 아닌 것은?

① 연료전지에 과전류가 생긴 경우
② 발전요소의 발전전압에 이상이 생겼을 경우
③ 공기 출구에서의 연료가스 농도가 현저히 상승한 경우
④ 연료전지의 온도가 현저하게 낮아진 경우

설비기준 정답 및 해설

01 정답 ④

저압 : 교류는 1kV 이하, 직류는 1.5kV 이하인 것
고압 : 교류는 1kV를, 직류는 1.5kV를 초과하고, 7kV 이하인 것
(KEC 111.1)

02 정답 ④

리플프리직류란 교류를 직류로 변환할 때 리플성분의 실효값이 10% 이하로 포함된 직류를 말한다.
(KEC 112)

03 정답 ①

PEN 도체 : 교류회로에서 중성선 겸용 보호도체를 말한다.
PEM 도체 : 직류회로에서 중간선 겸용 보호도체를 말한다.
PEL 도체 : 직류회로에서 선도체 겸용 보호도체를 말한다.
PE : Protective Earth 보호도체
(KEC112)

04 정답 ③

외부 피뢰시스템 : 수뢰부시스템, 인하도선시스템, 접지극시스템으로 구성된 피뢰시스템의 일부

05 정답 ③

과전압 및 전자기 장애에 대한 보호(KEC113)

06 정답 ③

제2차 접근상태 : 가공 전선이 다른 시설물과 접근하는 경우에 그 가공 전선이 다른 시설물의 위쪽 또는 옆쪽에서 수평 거리로 3m 미만인 곳에 시설되는 상태(KEC 112)

07 정답 ③

L1 : 갈색, L2 : 흑색, L3 : 회색, N : 청색, 보호도체 : 녹색 /노란색

08 정답 ④

450/750V 고무절연전선을 사용한다.

09 정답 ③

병렬로 사용하는 전선에는 각각에 퓨즈를 설치하지 않아야 한다.

10 정답 ①

병렬로 사용하는 각 전선의 굵기는 동선 $50mm^2$ 이상 또는 알루미늄 $70mm^2$ 이상으로 하고, 전선은 같은 도체, 같은 재료, 같은 길이 및 같은 굵기의 것을 사용할 것.

11 정답 ③

전선의 세기를 20% 이상 감소시키지 않을 것.

12 정답 ②

$1.25 + 0.72 + 0.92 = 2.89$

종류	시험전압
1. 최대 사용전압이 7kV 이하인 기구 등의 전로	최대 사용전압이 1.5배의 전압
2. 최대 사용전압이 7kV를 초과하고 25kV 이하인 기구 등의 전로로서 중성점 접지식 전로(중성선을 가지는 것으로서 그 중성선에 다중접지하는 것에 한한다)	최대 사용전압의 0.92배의 전압
3. 최대 사용전압이 7kV를 초과하고 60kV 이하인 기구 등의 전로	최대 사용전압의 1.25배의 전압 (10,500V 미만으로 되는 경우에는 10,500V)
4. 최대 사용전압이 60KV를 초과하고 170kV이하 기구 등의 전로로서 중성점직접접지식 전로에 접속하는 것	최대 사용전압의 0.72배의 전압

13 정답 ③

A : 0.5 , B : 1 , C : 1 , D : 85[%]

14 정답 ①

전로의 사용전압[V]	DC시험전압[V]	절연저항값
SELV 및 PELV	250	0.5[MΩ]
FELV, 500[V]이하	500	1.0[MΩ]
500[V]초과	1,000	1.0[MΩ]

15 정답 ②

문14 해설참조

16 정답 ③

고압 및 특고압의 전로는 시험전압을 전로와 대지 사이에 연속하여 10분간 가하여 절연내력을 시험하였을 때에 이에 견디어야 한다.

17 정답 ②

접지도체의 선정[KEC142.3.1]

ⓐ 접지도체의 단면적은 큰 고장전류가 접지도체를 통하여 흐르지 않을 경우 접지도체의 최소 단면적 구리 6[mm^2] 이상, 철제 50[mm^2] 이상

ⓑ 접지도체에 피뢰시스템이 접속되는 경우, 접지도체의 단면적은 구리 16[mm^2] 또는 철 50[mm^2] 이상으로 한다.

18 정답 ④

접지시스템의 구분 및 종류[KEC142.1.1]

① 접지시스템은 계통접지, 보호접지, 피뢰시스템접지 등으로 구분한다.

② 접지시스템의 시설 종류에는 단독접지, 공통접지, 통합접지가 있다.

19 정답 ④

문18 해설참조

20 정답 ④

접지도체의 선정[KEC142.3.1]

접지도체의 단면적 : 큰 고장전류가 접지도체를 통하여 흐르지 않을 경우 접지도체의 최소 단면적 구리는 $6mm^2$ 이상, 철제는 $50mm^2$ 이상

21 정답 ③

접지도체의 선정[KEC142.3.1]

접지도체에 피뢰시스템이 접속되는 경우, 접지도체의 단면적은 구리 $16mm^2$ 또는 철 $50mm^2$ 이상으로 하여야 한다.

22 정답 ①

접지도체의 선정[KEC142.3.1]

특고압 · 고압 전기설비용 접지도체는 단면적 $6[mm^2]$ 이상의 연동선 또는 동등 이상의 단면적 및 강도를 가져야 한다.

23 정답 ②

보호도체[KEC142.3.2]

표 보호도체의 최소 단면적

선도체의 단면적 S (mm^2, 구리)	보호도체의 최소 단면적(mm^2, 구리)	
	보호도체의 재질	
	선도체와 같은 경우	선도체와 다른 경우
$S \le 16$	S	$(k_1/k_2) \times S$
$16 < S \le 35$	16a	$(k_1/k_2) \times 16$
$S > 35$	Sa/2	$(k_1/k_2) \times (S/2)$

$S \le 16$이고 재질이 같으므로 굵기가 같다.

24 정답 ③

접지도체의 선정[KEC142.3.1] 중성점 접지용 접지도체는 공칭단면적 16[mm^2]이상의 연동선 또는 동등 이상의 단면 적 및 세기를 가져야 한다.

25 정답 ①

보호도체의 종류[KEC142.3.2]
- 다심케이블의 도체
- 충전도체와 같은 트렁킹에 수납된 절연도체 또는 나도체
- 고정된 절연도체 또는 나도체
- 금속케이블 외장, 케이블 차폐, 케이블 외장, 전선묶음(편조전선), 동심도체, 금속관

26 정답 ②

피뢰시스템의 등급선정[KEC151.3]
위험물의 제조소 등에 설치하는 피뢰시스템은 Ⅱ 등급 이상으로 하여야 한다.
피뢰레벨1 : 그 자체로 큰 피해가 우려되는 건축물 : 화학 원자력, 생화학
피뢰레벨2 : 건축물 주변에 피해를 줄 우려가 있는 건축물 : 정유공장, 위험물 제조소 등
피뢰레벨3 : 공공 서비스 상실의 피해가 우려되는 건축물 : 전화극, 발전소
피뢰레벨4 : 일반건축물 : 주택 등

27 정답 ③

외부피뢰시스템[KEC152]
수뢰부시스템, 인하도선시스템, 접지극시스템

28 정답 ①

KEC 152.1 보호각법, 회전구체법, 메시법 중 하나 또는 조합된 방법으로 배치하여야 한다.

29 정답 ②

30 정답 ①

인하도선시스템

가. 수뢰부시스템과 접지시스템을 전기적으로 연결하는 것으로 복수의 인하도선을 병렬로 구성해야 한다.

나. 도선경로의 길이가 최소가 되도록 한다.

다. 수뢰부시스템과 접지극시스템 사이에 전기적 연속성이 형성되도록 시설하여야 한다.

- 경로는 가능한 한 루프 형성이 되지 않도록 하고, 최단거리로 곧게 수직으로 시설하여야 한다.
- 철근콘크리트 구조물의 철근을 자연적구성부재의 인하도선으로 사용하기 위해서는 해당 철근 전체 길이의 전기저항 값은 0.2Ω 이하가 되어야한다.

(KEC 152.4.3)

31 정답 ③

KEC 203.1

저압전로의 보호도체 및 중성선의 접속 방식에 따른 접지계통에는 TN 계통, TT 계통, IT 계통 등이 있다.

32 정답 ①

KEC 203.2

TN계통

전원측의 한 점을 직접접지하고 설비의 노출도전부를 보호도체로 접속시키는 방식

가. TN-S 계통은 계통 전체에 대해 별도의 중성선 또는 PE 도체를 사용한다. 배전계통에서 PE 도체를 추가로 접지할 수 있다.

나. TN-C 계통은 그 계통 전체에 대해 중성선과 보호도체의 기능을 동일도체로 겸용한 PEN 도체를 사용한다. 배전계통에서 PEN 도체를 추가로 접지할 수 있다.

다. TN-C-S계통은 계통의 일부분에서 PEN 도체를 사용하거나, 중성선과 별도의 PE 도체를 사용하는 방식이 있다. 배전계통에서 PEN 도체와 PE 도체를 추가로 접지할 수 있다.

33 정답 ②

문32 해설참조

34 정답 ②

문32 해설참조

35 정답 ④

KEC 203.1

저압전로의 보호도체 및 중성선의 접속 방식에 따른 접지계통에는 TN 계통, TT 계통, IT 계통 등이 있다.

36 정답 ④

감전에 대한 보호대책

가. 전원의 자동차단

나. 이중절연 또는 강화절연

다. 한 개의 전기사용기기에 전기를 공급하기 위한 전기적 분리

라. SELV와 PELV에 의한 특별저압

(KEC 211.1.2)

37 정답 ③

도체와 과부하 보호장치 사이의 협조

과부하에 대해 케이블(전선)을 보호하는 장치의 동작특성은 다음의 조건을 충족해야 한다.

$I_B \leq I_n \leq I_Z$

$I_2 \leq 1.45 \times I_Z$

(KEC 212.4.1)

38 정답 ①

표 32 A 이하 분기회로의 최대 차단시간

[단위 : 초]

계통	$50V < U_0 \leq 120V$		$120V < U_0 \leq 230V$		$230V < U_0 \leq 400V$		$U_0 > 400V$	
	교류	직류	교류	직류	교류	직류	교류	직류
TN	0.8	[비고1]	0.4	5	0.2	0.4	0.1	0.1
TT	0.3	[비고1]	0.2	0.4	0.07	0.2	0.04	0.1
TT 계통에서 차단은 과전류보호장치에 의해 이루어지고 보호등전위본딩은 설비 안의 모든 계통외도전부와 접속되는 경우 TN 계통에 적용 가능한 최대차단시간이 사용될 수 있다. U_0는 대지에서 공칭교류전압 또는 직류 선간전압이다.								
[비고1] 차단은 감전보호 외에 다른 원인에 의해 요구될 수도 있다. [비고2] 누전차단기에 의한 차단은 211.2.4 참조.								

(KEC 211.2.3)

39 정답 ②

(KEVC 212.3.4)

40 정답 ①

(KEVC 212.3.4)

41 정답 ④

연접 인입선의 시설

가. 인입선에서 분기하는 점으로부터 100m를 초과하는 지역에 미치지 아니할 것.

나. 폭 5m를 초과하는 도로를 횡단하지 아니할 것.

다. 옥내를 통과하지 아니할 것.

라. 전선이 케이블인 경우 이외에는 인장강도 2.30kN 이상의 것 또는 지름 2.6mm 이상의 인입용 비닐절연전선일 것. 다만, 경간이 15m 이하인 경우는 인장강도 1.25kN 이상의 것 또는 지름 2mm 이상의 인입용 비닐절연전선일 것.

(KEC 221.1.2)

42 정답 ②

애자공사에 의한 저압 옥측전선로

전선의 지지점 간의 거리는 2m 이하일 것.

이격거리 : 조영물 상부조영재 2m, 옆쪽 또는 아래쪽 0.6m, 기타 0.6m 애자공사에 의한 저압 옥측전선로의 전선과 식물 사이의 이격거리는 0.2m 이상이어야 한다. (KEC 221.2)

43 정답 ③

문42 해설참조

44 정답 ①

옥상전선로

가. 전선은 인장강도 2.30kN 이상의 것 또는 지름 2.6mm 이상의 경동선을 사용할 것.

나. 그 지지점 간의 거리는 15m 이하일 것.

다. 전선과 그 저압 옥상 전선로를 시설하는 조영재와의 이격거리는 2m(전선이 고압 절연전선, 특고압 절연전선 또는 케이블인 경우에는 1m) 이상일 것.

라. 저압 옥상전선로의 전선이 저압 옥측전선, 고압 옥측전선, 특고압 옥측전선, 다른 저압 옥상전선로의 전선, 약전류전선 등, 안테나 · 수관 · 가스관 또는 이들과 유사한 것과 접근하거나 교차하는 경우에는 저압 옥상전선로의 전선과 이들 사이의 이격거리는 1m 이상(KEC 221.3)

45 정답 ①

저압 가공전선의 굵기 및 종류

① 저압 가공전선은 나전선(중성선 또는 다중접지된 접지측 전선으로 사용하는 전선에 한한다), 절연전선, 다심형 전선 또는 케이블을 사용하여야 한다.

② 사용전압이 400V 이하인 저압 가공전선은 케이블인 경우를 제외하고는 인장강도 3.43kN 이상의 것 또는 지름 3.2mm(절연전선인 경우는 인장강도 2.3kN 이상의 것 또는 지름 2.6mm 이상의 경동선) 이상의 것이어야 한다.

③ 사용전압이 400V 초과인 저압 가공전선은 케이블인 경우 이외에는 시가지에 시설하는 것은 인장강도 8.01kN 이상의 것 또는 지름 5mm 이상의 경동선, 시가지 외에 시설하는 것은 인장강도 5.26kN 이상의 것 또는 지름 4mm 이상의 경동선이어야 한다.

④ 사용전압이 400V 초과인 저압 가공전선에는 인입용 비닐절연전선을 사용하여서는 안 된다.
(KEC 222.5)

46 정답 ①

농사용 저압 가공전선로의 시설

가. 사용전압은 저압일 것

나. 저압 가공전선은 인장강도 1.38kN 이상의 것 또는 지름 2mm 이상의 경동선일 것

다. 저압 가공전선의 지표상의 높이는 3.5m 이상일 것.

라. 목주의 굵기는 말구 지름이 0.09m 이상일 것

마. 전선로의 지지점 간 거리는 30m 이하일 것

(KEC 222.22)

47 정답 ①

저압 또는 고압의 가공전선을 지지물의 교류전차선 등을 지지하는 측의 반대측에서 수평거리를 1m이상으로 시설하여야 한다. (KEC 222.15)

48 정답 ②

구분		저압[m]
건조물	상부조영재 위쪽	2(1)
	상부조영재 옆, 아래쪽	0.6(0.3)
조영재 이외 건조물의 시설물		0.6(0.3)
도로, 철도 등		3
삭도, 저압 전차선		0.6(0.3)
가공 약전류 전선 및 저압 전차선의 지지물		0.3
가공 약전류 전선		0.6(0.3)

(KEC 222.11)

49 정답 ①

문4 해설 참조

50 정답 ②

관로식에 의하여 시설하는 경우에는 매설 깊이를 1.0m 이상으로 하되, 중량물의 압력을 받을 우려가 없는 곳은 0.6m 이상으로 한다.

51 정답 ①

지중함의 시설

가. 지중함은 견고하고 차량 기타 중량물의 압력에 견디는 구조일 것

나. 지중함은 그 안의 고인 물을 제거할 수 있는 구조로 되어 있을 것

다. 폭발성 또는 연소성의 가스가 침입할 우려가 있는 것에 시설하는 지중함으로서 그 크기가 $1m^3$ 이상인 것에는 통풍장치 기타 가스를 방산시키기 위한 적당한 장치를 시설할 것

52 정답 ③

케이블 가압장치의 시설

압축 가스 또는 압유를 통하는 관, 압축 가스탱크 또는 압유탱크 및 압축기는 각각의 최고 사용압력의 1.5배의 유압 또는 수압(유압 또는 수압으로 시험하기 곤란한 경우에는 최고 사용압력의 1.25배의 기압)을 연속하여 10분간 가하여 시험을 하였을 때 이에 견디고 또한 누설되지 아니하는 것일 것

53 정답 ①

지중전선로는 기설 지중약전류전선로에 대하여 누설전류 또는 유도작용에 의하여 통신상의 장해를 주지 않도록 기설 약전류전선로로부터 충분히 이격시키거나 기타 적당한 방법으로 시설하여야 한다.

54 정답 ③

지중전선 상호 간의 접근 또는 교차

① 지중전선이 다른 지중전선과 접근하거나 교차하는 경우에 지중함 내 이외의 곳에서 상호 간의 이격거리가 저압 지중전선과 고압 지중전선에 있어서는 0.15m 이상, 저압이나 고압의 지중전선과 특고압 지중전선에 있어서는 0.3m 이상이 되도록 시설하여야 한다.

② 사용전압이 25kV 이하인 다중접지방식 지중전선로를 관로식 또는 직접매설식으로 시설하는 경우, 그 이격거리가 0.1m 이상이 되도록 시설하여야 한다.

55 정답 ②

터널 안 전선로의 시설

가. 저압 전선

- 인장강도 2.30kN 이상의 절연전선 또는 지름 2.6mm 이상의 경동선의 절연전선을 사용하고 애자사용배선에 의하여 시설하여야 하며 또한 이를 레일면상 또는 노면상 2.5m 이상의 높이로 유지할 것.

나. 고압 전선은 인장강도 5.26kN 이상의 것 또는 지름 4mm 이상의 경동선의 고압 절연전선 또는 특고압 절연전선을 사용하여 애자사용배선에 의하여 시설하고 또한 이를 레일면상 또는 노면상 3m 이상의 높이

(KEC 335.1)

56 정답 ①

수상전선로의 시설

가. 전선은 전선로의 사용전압이 저압인 경우에는 클로로프렌 캡타이어 케이블이어야 하며, 고압인 경우에는 캡타이어 케이블일 것.

나. 수상전선로의 전선을 가공전선로의 전선과 접속하는 경우

- 접속점이 육상에 있는 경우에는 지표상 5m 이상. 다만, 수상전선로의 사용전압이 저압인 경우에 도로상 이외의 곳에 있을 때에는 지표상 4m까지로 감할 수 있다.
- 접속점이 수면상에 있는 경우에는 수상전선로의 사용전압이 저압인 경우에는 수면상 4m 이상, 고압인 경우에는 수면상 5m 이상 (KEC 335.3)

57 정답 ①

교량에 시설하는 고압전선로

교량의 윗면에 시설하는 것은 다음에 의하는 이외에 전선의 높이를 교량의 노면상 5m 이상으로 할 것.

- 전선은 케이블일 것. 다만, 철도 또는 궤도 전용의 교량에는 인장강도 5.26kN 이상의 것 또는 지름 4mm 이상의 경동선
- 전선이 케이블인 경우 전선과 조영재 사이의 이격거리는 0.3m 이상일 것.
- 전선이 케이블 이외의 경우에는 이를 조영재에 견고하게 붙인 완금류에 절연성 · 난연성 및 내수성의 애자로 지지하고 또한 전선과 조영재 사이의 이격거리는 0.6m 이상일 것.

(KEC335.6)

58 정답 ①

저압 옥내배선의 사용전선 및 중성선의 굵기

① 저압 옥내배선의 전선은 단면적 $2.5mm^2$ 이상의 연동선

② 옥내배선의 사용 전압이 400V 이하인 경우

가. 전광표시장치 기타 이와 유사한 장치 또는 제어 회로 등에 사용하는 배선에 단면적 $1.5mm^2$ 이상의 연동선을 사용하고 이를 합성수지관공사 · 금속관공사 · 금속몰드공사 · 금속덕트공사 · 플로어덕트공사 또는 셀룰러덕트공사에 의하여 시설하는 경우

(KEC 231.3)

59 정답 ②

중성선의 단면적

① 다음의 경우는 중성선의 단면적은 최소한 선도체의 단면적 이상이어야 한다.

가. 2선식 단상회로

나. 선도체의 단면적이 구리선 $16mm^2$, 알루미늄선 $25mm^2$ 이하인 다상 회로

다. 제3고조파 및 제3고조파의 홀수배수의 고조파 전류가 흐를 가능성이 높고 전류 종합고조파왜형률이 15~33%인 3상회로

② 제3고조파 및 제3고조파 홀수배수의 전류 종합고조파왜형률이 33%를 초과하는 경우, 중성선의 단면적을 증가시켜야 한다.

가. 다심케이블의 경우 선도체의 단면적은 중성선의 단면적과 같아야 하며, 이 단면적은 선도체의 $1.45 \times I_B$(회로 설계전류)를 흘릴 수 있는 중성선을 선정한다.

(KEC 231.3.2)

60 정답 ③

문59 해설참조

61 정답 ④

옥내에 시설하는 저압전선에는 나전선을 사용하여서는 아니 된다.

〈예외〉

- 전기로용 전선
- 전선의 피복 절연물이 부식하는 장소에 시설하는 전선
- 취급자 이외의 자가 출입할 수 없도록 설비한 장소에 시설하는 전선
- 버스덕트공사에 의하여 시설하는 경우
- 라이팅덕트공사에 의하여 시설하는 경우
- 접촉 전선을 시설하는 경우

(KEC 231.4)

62 정답 ③

주택의 옥내전로의 대지전압은 300V 이하

가. 사용전압은 400V 이하여야 한다.

나. 주택의 전로 인입구에는 「전기용품 및 생활용품 안전관리법」에 적용을 받는 감전보호용 누전차단기를 시설하여야 한다.

다. 정격 소비 전력 3kW 이상의 전기기계기구에 전기를 공급하기 위한 전로에는 전용의 개폐기 및 과전류 차단기를 시설

(KEC231.6)

63 정답 ①

표 공사방법의 분류

종류	공사방법
전선관시스템	합성수지관공사, 금속관공사, 가요전선관공사
케이블트렁킹시스템	합성수지몰드공사, 금속몰드공사, 금속트렁킹공사[a]
케이블덕팅시스템	플로어덕트공사, 셀룰러덕트공사, 금속덕트공사[b]

(KEC 232.2)

64 정답 ②

표 수용가설비의 전압강하

설비의 유형	조명(%)	기타(%)
A – 저압으로 수전하는 경우	3	5
B – 고압 이상으로 수전하는 경우[a]	6	8
a가능한 한 최종회로 내의 전압강하가 A 유형의 값을 넘지 않도록 하는 것이 바람직하다. 사용자의 배선설비가 100m를 넘는 부분의 전압강하는 미터 당 0.005% 증가할 수 있으나 이러한 증가분은 0.5%를 넘지 않아야 한다.		

(KEC 232.3.9)

65 정답 ③

배선설비의 선정과 설치에 고려해야할 외부영향

외부 열원으로부터의 악영향을 피하기 위해

가. 차폐

나. 열원으로부터의 충분한 이격

다. 발생할 우려가 있는 온도상승을 고려한 구성품의 선정

라. 단열 절연슬리브접속(sleeving) 등과 같은 절연재료의 국부적 강화

66 정답 ①

배선설비와 다른 공급설비와의 접근

가. 저압 옥내배선이 다른 저압 옥내배선 또는 관등회로의 배선과 접근하거나 교차하는 경우 애자공사에 의하여 시설하는 저압 옥내배선과 다른 저압 옥내배선 또는 관등회로의 배선 사이의 이격거리는 0.1m(애자공사에 의하여 시설하는 저압 옥내배선이 나전선인 경우에는 0.3m) 이상

나. 지중 통신케이블과 지중 전력케이블이 교차하거나 접근하는 경우 100mm 이상의 간격을 유지

다. 지중 전선이 지중 약전류전선 등과 접근하거나 교차하는 경우에 상호 간의 이격거리가 저압 지중 전선은 0.3m 이하인 때에 격벽(隔壁)을 설치

67 정답 ④

합성수지관공사

① 전선은 절연전선(옥외용 비닐절연전선을 제외한다)일 것

② 전선은 연선일 것

단면적 $10mm^2$(알루미늄선은 단면적 $16mm^2$) 이하는 단선

③ 전선은 합성수지관 안에서 접속점이 없도록 할 것

④ 관의 두께는 2mm 이상일 것

⑤ 관 상호 간 및 박스와는 관을 삽입하는 깊이를 관의 바깥지름의 1.2배(접착제를 사용하는 경우에는 0.8배) 이상으로 하고 또한 꽂음 접속에 의하여 견고하게 접속할 것.
⑥ 관의 지지점 간의 거리는 1.5m 이하로 하고, 또한 그 지지점은 관의 끝 · 관과 박스의 접속점 및 관 상호 간의 접속점 등에 가까운 곳에 시설할 것.
(KEC 232.11)

68 정답 ③

금속관공사

① 전선관과의 접속부분의 나사는 5턱 이상 완전히 나사결합이 될 수 있는 길이일 것.
② 관의 두께는 콘크리트에 매입하는 것은 1.2mm 이상, 이외의 것은 1mm 이상. 다만, 이음매가 없는 길이 4m 이하인 것을 건조하고 전개된 곳에 시설하는 경우에는 0.5mm까지로 감할 수 있다.
(KEC 232.12)

69 정답 ①

애자공사

① 전선 상호 간의 간격은 0.06m 이상
② 전선과 조영재 사이의 이격거리는 사용전압이 400V 이하인 경우에는 25mm 이상, 400V 초과인 경우에는 45mm(건조한 장소에 시설하는 경우에는 25mm)이상
③ 전선의 지지점 간의 거리는 전선을 조영재의 윗면 또는 옆면에 따라 붙일 경우에는 2m 이하
④ 사용전압이 400V 초과인 것은 제3의 경우 이외에서 전선의 지지점 간의 거리는 6m 이하일 것
(KEC 232.56)

70 정답 ④

버스덕트공사

① 덕트를 조영재에 붙이는 경우에는 덕트의 지지점 간의 거리를 3m(취급자 이외의 자가 출입할 수 없도록 설비한 곳에서 수직으로 붙이는 경우에는 6m) 이하로 하고 또한 견고하게 붙일 것
② 덕트(환기형의 것을 제외한다)의 끝부분은 막을 것
③ 도체는 단면적 $20mm^2$ 이상의 띠 모양, 지름 5mm 이상의 관모양이나 둥글고 긴 막대 모양의 동 또는 단면적 $30mm^2$ 이상의 띠 모양의 알루미늄을 사용한 것일 것
(KEC 232.61)

71 정답 ②

옥내에 시설하는 저압 접촉전선 배선

① 이동기중기ㆍ자동청소기 그 밖에 이동하며 사용하는 저압의 전기기계기구에 전기를 공급하기 위하여 사용하는 접촉전선을 옥내에 시설하는 경우에는 기계기구에 시설하는 경우 이외에는 전개된 장소 또는 점검할 수 있는 은폐된 장소에 애자공사 또는 버스덕트공사 또는 절연트롤리공사에 의하여야 한다.

② 전선의 바닥에서의 높이는 3.5m 이상

③ 전선과 건조물 또는 주행 크레인에 설치한 보도 · 계단 · 사다리 · 점검대이거나 이와 유사한 것 사이의 이격거리는 위쪽 2.3m 이상, 옆쪽 1.2m 이상으로 할 것.

④ 전선은 인장강도 11.2kN 이상의 것 또는 지름 6mm의 경동선으로 단면적이 $28mm^2$ 이상인 것일 것. 다만, 사용전압이 400V 이하인 경우에는 인장강도 3.44kN 이상의 것 또는 지름 3.2mm 이상의 경동선으로 단면적이 $8mm^2$ 이상인 것을 사용할 수 있다.

(KEC 232.81)

72 정답 ③

욕조나 샤워시설이 있는 욕실 또는 화장실 등 인체가 물에 젖어있는 상태에서 전기를 사용하는 장소에 콘센트를 시설하는 경우

① 「전기용품 및 생활용품 안전관리법」의 적용을 받는 인체감전보호용 누전차단기(정격감도전류 15mA 이하, 동작시간 0.03초 이하의 전류동작형의 것에 한한다) 또는 절연변압기(정격용량 3kVA 이하인 것에 한한다)로 보호된 전로에 접속하거나, 인체감전보호용 누전차단기가 부착된 콘센트를 시설하여야 한다.

② 콘센트는 접지극이 있는 방적형 콘센트를 사용

(KEC 234.5)

73 정답 ①

점멸기의 시설

① 점멸기는 전로의 비접지측에 시설

② 욕실 내는 점멸기를 시설하지 말 것

③ 가정용전등은 매 등기구마다 점멸이 가능하도록 할 것

④ 센서등(타임스위치 포함) 시설

가. 관광숙박업 또는 숙박업에 이용되는 객실의 입구등은 1분 이내에 소등되는 것

나. 일반주택 및 아파트 각 호실의 현관등은 3분 이내에 소등되는 것

(KEC 234.6)

74 정답 ③

수중조명등

① 절연변압기의 1차측 전로의 사용전압은 400V 이하일 것

② 절연변압기의 2차측 전로의 사용전압은 150V 이하일 것

③ 절연변압기의 2차 측 전로는 접지하지 말 것

④ 절연변압기의 2차측 배선은 금속관공사에 의하여 시설할 것

⑤ 수중조명등의 절연변압기의 2차측 전로에는 개폐기 및 과전류차단기를 각 극에 시설하여야 한다.

(KEC 234.14)

75 정답 ③

교통신호등

① 교통신호등 제어장치의 2차측 배선의 최대사용전압은 300V 이하이어야 한다.

② 전선은 케이블인 경우 이외에는 공칭단면적 $2.5mm^2$ 연동선과 동등 이상의 세기 및 굵기의 450/750V 일반용 단심 비닐절연전선 또는 450/750V 내열성에틸렌아세테이트 고무절연전선일 것

③ 인하선의 지표상의 높이는 2.5m 이상일 것.

(KEC 234.15)

76 정답 ④

옥외등

① 사용전압은 대지전압을 300V 이하로 하여야 한다..

② 공사방법 : 애자공사(지표상 2m 이상의 높이에서 노출된 장소에 시설할 경우에 한한다)
금속관공사, 합성수지관공사, 케이블공사

③ 간판에 전기를 공급하는 전로에는 전로에 지락이 생겼을 때에 자동으로 차단하는 누전차단기를 시설하여야 한다.

(KEC 234.9)

77 정답 ④

문77 해설참조

78 정답 ④

옥측 또는 옥외에 시설하는 접촉전선의 시설

① 저압 접촉전선을 옥측 또는 옥외에 시설하는 경우에는 기계기구에 시설하는 경우 이외에는 애자공사, 버스덕트공사 또는 절연트롤리공사에 의하여 시설하여야 한다.

② 저압 접촉전선을 애자공사에 의하여 옥측 또는 옥외에 시설하는 경우

가. 전선 상호 간의 간격은 전선을 수평으로 배열하는 경우 0.14m 이상, 기타의 경우에는 0.2m 이상일 것.

나. 전선과 조영재 사이의 이격거리 및 그 전선에 접촉하는 집전장치의 충전부분과 조영재 사이의 이격거리는 45mm 이상일 것.

③ 특고압 접촉전선(전차선을 제외한다)은 옥측 또는 옥외에 시설하여서는 아니 된다.

(KEC 235.4)

79 정답 ②

옥측 또는 옥외에 시설하는 관등회로의 사용전압이 1kV를 초과하는 방전등으로서 방전관에 네온 방전관 이외의 것을 사용하는 것

가. 방전등에 전기를 공급하는 전로의 사용전압은 저압 또는 고압일 것

나. 관등회로의 사용전압은 고압일 것

다. 방전등용 변압기는 절연 변압기일 것

- 금속제의 외함에 넣고 또한 이에 공칭단면적 $6.0mm^2$의 도체를 붙일 수 있는 황동제의 접지용 단자를 설치한 것일 것.
- 금속제의 외함에 철심은 전기적으로 완전히 접속한 것일 것
- 권선 상호 간 및 권선과 대지 사이에 최대 사용전압의 1.5배의 교류전압(500V 미만일 때에는 500V)을 연속하여 10분간 가하였을 때에 이에 견디는 것일 것

라. 방전관은 금속제의 견고한 기구에 넣고 또한 다음에 의하여 시설할 것

- 기구는 지표상 4.5m 이상의 높이에 시설할 것
- 기구와 기타 시설물 또는 식물 사이의 이격거리는 0.6m 이상일 것

(KEC 235.5)

80 정답 ④

가로등, 보안등, 조경등 등으로 시설하는 방전등에 공급하는 전로의 사용전압이 150V를 초과하는 경우

가. 전로에 지락이 생겼을 때에 자동적으로 전로를 차단하는 장치를 각 분기회로에 시설하여야 한다.

나. 가로등주, 보안등주, 조경등 등의 등주 안에서 전선의 접속은 절연 및 방수성능이 있는 방수형 접속재[레진충전식, 실리콘 수밀식(젤타입) 또는 자기융착테이프와 비닐절연테이프의 이중절연 등]을 사용하거나 적절한 방수함 안에서 접속할 것.

다. 가로등, 보안등, 조경등 등의 금속제 등주에는 접지공사를 할 것.

(KEC 235.5)

81 정답 ①

전기울타리

① 전기울타리용 전원장치에 전원을 공급하는 전로의 사용전압은 250V 이하이어야 한다.
② 전선은 인장강도 1.38 kN 이상의 것 또는 지름 2mm 이상의 경동선일 것
③ 전선과 이를 지지하는 기둥 사이의 이격거리는 25mm 이상일 것
④ 전선과 다른 시설물 또는 수목과의 이격거리는 0.3m 이상일 것
⑤ 전기울타리의 접지전극과 다른 접지 계통의 접지전극의 거리는 2m 이상이어야 한다.
⑥ 가공전선로의 아래를 통과하는 전기울타리의 금속부분은 교차지점의 양쪽으로부터 5m 이상의 간격을 두고 접지하여야 한다.

(KEC 241.1.1)

82 정답 ③

문81 해설참조

83 정답 ③

표 절연변압기의 2차 단락전류 및 과전류차단기의 정격전류

소세력 회로의 최대 사용전압의 구분	2차 단락전류	과전류 차단기의 정격전류
15V 이하	8A	5A
15V 초과 30V 이하	5A	3A
30V 초과 60V 이하	3A	1.5A

(KEC 241.14.2)

84 정답 ③

전기부식방지 회로의 전압 등

가. 전기부식방지 회로(전기부식방지용 전원장치로부터 양극 및 피방식체까지의 전로를 말한다. 이하 같다)의 사용전압은 직류 60V 이하일 것
나. 양극은 지중에 매설하거나 수중에서 쉽게 접촉할 우려가 없는 곳에 시설할 것
다. 지중에 매설하는 양극(양극의 주위에 도전 물질을 채우는 경우에는 이를 포함한다)의 매설깊이는 0.75m 이상일 것
라. 수중에 시설하는 양극과 그 주위 1m 이내의 거리에 있는 임의점과의 사이의 전위차는 10V를 넘지 아니할 것. 다만, 양극의 주위에 사람이 접촉되는 것을 방지하기 위하여 적당한 울타리를 설치하고 또한 위험 표시를 하는 경우에는 그러하지 아니하다.
마. 지표 또는 수중에서 1m 간격의 임의의 2점(제4의 양극의 주위 1m 이내의 거리에 있는 점 및 울타리의 내부점을 제외한다)간의 전위차가 5V를 넘지 아니할 것

(KEC 241.16)

85 정답 ④

전기자동차 전원공급 설비의 저압전로 시설

가. 전용의 개폐기 및 과전류 차단기를 각 극에 시설하고 또한 전로에 지락이 생겼을 때 자동적으로 그 전로를 차단하는 장치를 시설하여야 한다.

나. 옥내에 시설하는 저압용의 배선기구는 그 충전 부분이 노출되지 아니하도록 시설 하여야

다. 옥내에 시설하는 저압용의 비포장 퓨즈는 불연성의 것으로 제작한 함 또는 안쪽면 전체에 불연성의 것을 사용하여 제작한 함의 내부에 시설하여야 한다.

다. 저압 콘센트는 접지극이 있는 콘센트를 사용하여 접지하여야 한다.

라. 외부 기계적 충격에 대한 충분한 기계적 강도(<u>IK08</u> 이상)를 갖는 구조일 것

마. 침수 등의 위험이 있는 곳에 시설하지 말아야 하며, 옥외에 설치 시 강우 · 강설에 대하여 충분한 방수 보호등급(IPX4 이상)을 갖는 것일 것

바. 전기자동차의 충전장치는 부착된 충전 케이블을 거치할 수 있는 거치대 또는 충분한 수납공간(옥내 0.45m 이상, 옥외 0.6m 이상)을 갖는 구조이며, 충전 케이블은 반드시 거치할 것

사. 충전장치의 충전 케이블 인출부는 옥내용의 경우 지면으로부터 0.45m 이상 1.2m 이내에, 옥외용의 경우 지면으로부터 0.6m 이상에 위치할 것

아. 충전장치와 전기자동차의 접속에는 연장코드를 사용하지 말 것

자. 충전 중 안전과 편리를 위하여 적절한 밝기의 조명설비를 설치 할 것.

(KEC 241.17.3)

86 정답 ①

화약류 저장소에서 전기설비의 시설

가. 전로에 대지전압은 300V 이하일 것

나. 전기기계기구는 전폐형의 것일 것

다. 케이블을 전기기계기구에 인입할 때에는 인입구에서 케이블이 손상될 우려가 없도록 시설할 것

라. 화약류 저장소 안의 전기설비에 전기를 공급하는 전로에는 화약류 저장소 이외의 곳에 전용 개폐기 및 과전류 차단기를 각 극에 취급자 이외의 자가 쉽게 조작할 수 없도록 시설하고 또한 전로에 지락이 생겼을 때에 자동적으로 전로를 차단하거나 경보하는 장치를 시설하여야 한다.

(KEC 242.5.1)

87 정답 ①

먼지가 많은 그 밖의 위험장소

가. 저압 옥내배선 등은 애자공사 · 합성수지관공사 · 금속관공사 · 유연성전선관공사 · 금속덕트공사 · 버스덕트공사 또는 케이블공사에 의하여 시설할 것.

나. 전기기계기구로서 먼지가 부착함으로서 온도가 비정상적으로 상승하거나 절연성능 또는 개폐 기구의 성능이 나빠질 우려가 있는 것에는 방진장치를 할 것.

다. 면 · 마 · 견 기타 타기 쉬운 섬유의 먼지가 있는 곳에 전기기계기구를 시설하는 경우에는 먼지가 착화할 우려가 없도록 시설할 것.

88 정답 ③

무대 · 무대마루 밑 · 오케스트라 박스 및 영사실의 전로에는 전용 개폐기 및 과전류 차단기를 시설하여야 한다. 비상 조명을 제외한 조명용 분기회로 및 정격 32A 이하의 콘센트용 분기회로는 정격 감도 전류 30mA 이하의 누전차단기로 보호하여야 한다. (KEC 242.6.7)

89 정답 ①

이동식 숙박차량 정박지

① 일반특성의 평가

가. TN 계통에서는 레저용 숙박차량 · 텐트 또는 이동식 주택에 전원을 공급하는 최종 분기회로에는 PEN 도체가 포함되어서는 안된다.

나. 표준전압은 220/380 V를 초과해서는 안된다.

② 전기기기의 선정 및 설치에 대한 외부영향

가. 물의 존재(AD) : IPX4 이상의 보호등급

나. 침입 고형물질의 존재(AE) : IP4X 이상의 보호등급

다. 충격(AG) : IK07 이상의 보호등급

③ 배선방식

가. 이동식 숙박차량 정박지에 전원을 공급하기 위하여 시설하는 배선은 지중케이블 및 가공케이블 또는 가공절연전선을 사용하여야 한다.

나. 지중케이블은 추가적인 기계적 보호가 제공되지 않는 한 손상을 방지하기 위하여 매설 깊이를 차량 기타 중량물의 압력을 받을 우려가 있는 장소에는 1.0m 이상, 기타 장소에는 0.6m 이상으로 하여야 한다.

다. 가공전선은 차량이 이동하는 모든 지역에서 지표상 6m, 다른 모든 지역에서는 4m 이상의 높이로 시설하여야 한다.

④ 전원자동차단에 의한 고장보호장치

가. 누전차단기 : 모든 콘센트는 정격감도전류가 30 mA 이하인 누전차단기에 의하여 개별적으로 보호되어야 한다.

90 정답 ②

의료장소에 무영등 등을 위한 특별저압(SELV 또는 PELV)회로를 시설하는 경우에는 사용전압은 교류 실효값 25V 또는 리플프리(ripple-free)직류 60V 이하로 할 것.
(KEC 242.10)

91 정답 ④

저압 옥내 직류전기설비는 전로 보호장치의 확실한 동작의 확보, 이상전압 및 대지전압의 억제를 위하여 직류 2선식의 임의의 한 점 또는 변환장치의 직류측 중간점, 태양전지의 중간점 등을 접지하여야 한다. 다만, 직류 2선식을 다음에 따라 시설하는 경우는 그러하지 아니하다.

가. 사용전압이 60V 이하인 경우
나. 접지검출기를 설치하고 특정구역내의 산업용 기계기구에만 공급하는 경우
다. 교류전로로부터 공급을 받는 정류기에서 인출되는 직류계통
라. 최대전류 30mA 이하의 직류화재경보회로
마. 절연감시장치 또는 절연고장점검출장치를 설치하여 관리자가 확인할 수 있도록 경보장치를 시설하는 경우

(KEC 243.1.8)

92 정답 ①

직류접지계통은 교류접지계통과 같은 방법으로 금속제 외함, 교류접지도체 등과 본딩하여야 하며, 교류접지가 피뢰설비 · 통신접지 등과 통합접지되어 있는 경우는 함께 통합접지공사를 할 수 있다. 이 경우 낙뢰 등에 의한 과전압으로부터 전기설비 등을 보호하기 위해 서지보호장치(SPD)를 설치하여야 한다.

(KEC 243.1.7)

93 정답 ③

축전지실 등의 시설

① 30V를 초과하는 축전지는 비접지측 도체에 쉽게 차단할 수 있는 곳에 개폐기를 시설하여야 한다.
② 옥내전로에 연계되는 축전지는 비접지측 도체에 과전류보호장치를 시설하여야 한다.
③ 축전지실 등은 폭발성의 가스가 축적되지 않도록 환기장치 등을 시설하여야 한다.

94 정답 ①

자동 전원공급은 절환 시간에 따라 다음과 같이 분류된다.

가. **무순단**: 과도시간 내에 전압 또는 주파수 변동 등 정해진 조건에서 연속적인 전원공급이 가능한 것
나. **순단**: 0.15초 이내 자동 전원공급이 가능한 것
다. **단시간 차단**: 0.5초 이내 자동 전원공급이 가능한 것
라. **보통 차단**: 5초 이내 자동 전원공급이 가능한 것
마. **중간 차단**: 15초 이내 자동 전원공급이 가능한 것
바. **장시간 차단**: 자동 전원공급이 15초 이후에 가능한 것

(KEC 244.1.2)

95 정답 ②

비상용 예비전원설비의 배선

가. 비상용 예비전원설비의 전로는 다른 전로로부터 독립되어야 한다.

나. 비상용 예비전원설비의 전로는 그들이 내화성이 아니라면, 어떠한 경우라도 화재의 위험과 폭발의 위험에 노출되어 있는 지역을 통과해서는 안 된다.

다. 직류로 공급될 수 있는 비상용 예비전원설비 전로는 2극 과전류 보호장치를 구비하여야 한다.

라. 교류전원과 직류전원 모두에서 사용하는 개폐장치 및 제어장치는 교류조작 및 직류조작 모두에 적합하여야 한다.

(KEC 244.2.2)

96 정답 ④

비상용 예비전원의 시설

가. 비상용 예비전원은 고정설비로 하고, 상용전원의 고장에 의해 해로운 영향을 받지 않는 방법으로 설치하여야 한다.

나. 비상용 예비전원은 운전에 적절한 장소에 설치해야 하며, 기능자 및 숙련자만 접근 가능하도록 설치하여야 한다.

다. 비상용 예비전원에서 발생하는 가스, 연기 또는 증기가 사람이 있는 장소로 침투하지 않도록 확실하고 충분히 환기하여야 한다.

라. 비상용 예비전원으로 전기사업자의 배전망과 수용가의 독립된 전원을 병렬운전이 가능하도록 시설하는 경우, 독립운전 또는 병렬운전 시 단락보호 및 고장보호가 확보되어야 한다. 이 경우, 병렬운전에 관한 전기사업자의 동의를 받아야 하며 전원의 중성점간 접속에 의한 순환전류와 제3고조파의 영향을 제한하여야 한다.

(KEC 244.2.1)

97 정답 ③

고압 또는 특고압 변전소에서 인입 또는 인출되는 저압전원이 있을 때, 접지시스템은 다음과 같이 시공하여야 한다.

- 고압 또는 특고압 변전소의 접지시스템은 공통 및 통합접지의 일부분이거나 또는 다중접지된 계통의 중성선에 접속되어야 한다.
- 고압 또는 특고압과 저압 접지시스템을 분리하는 경우의 접지극은 고압 또는 특고압 계통의 고장으로 인한 위험을 방지하기 위해 접촉전압과 보폭전압을 허용 값 이내로 하여야 한다.
- 고압 및 특고압 변전소에 인접하여 시설된 저압전원의 경우, 기기가 너무 가까이 위치하여 접지계통을 분리하는 것이 불가능한 경우에는 공통 또는 통합접지로 시공하여야 한다.

(KEC 321.3)

98 정답 ②

혼촉방지판이 있는 변압기에 접속하는 저압 옥외전선의 시설 등

가. 저압전선은 1구내에만 시설할 것

나. 저압 가공전선로 또는 저압 옥상전선로의 전선은 케이블일 것

다. 저압 가공전선과 고압 또는 특고압의 가공전선을 동일 지지물에 시설하지 아니할 것 다만, 고압 가공전선로 또는 특고압 가공전선로의 전선이 케이블인 경우에는 그러하지 아니하다.

99 정답 ①

변압기에 의하여 특고압전로에 결합되는 고압전로에는 사용전압의 3배 이하인 전압이 가하여진 경우에 방전하는 장치를 그 변압기의 단자에 가까운 1극에 설치하여야 한다.
(KEC322.3)

100 정답 ③

전로의 중성점의 접지

접지도체는 공칭단면적 $16mm^2$ 이상의 연동선 또는 이와 동등 이상의 세기 및 굵기의 쉽게 부식하지 아니하는 금속선(저압 전로의 중성점에 시설하는 것은 공칭단면적 $6mm^2$ 이상의 연동선 또는 이와 동등 이상의 세기 및 굵기의 쉽게 부식하지 않는 금속선)으로서 고장 시 흐르는 전류가 안전하게 통할 수 있는 것을 사용하고 또한 손상을 받을 우려가 없도록 시설할 것.

101 정답 ①

고저항 중성점접지계통

- 접지저항기는 계통의 중성점과 접지극 도체와의 사이에 설치할 것. 중성점을 얻기 어려운 경우에는 접지변압기에 의한 중성점과 접지극 도체 사이에 접지저항기를 설치한다.
- 변압기 또는 발전기의 중성점에서 접지저항기에 접속하는 점까지의 중성선은 동선 $10mm^2$ 이상, 알루미늄선 또는 동복 알루미늄선은 $16mm^2$ 이상의 절연전선으로서 접지저항기의 최대정격전류이상일 것.
- 계통의 중성점은 접지저항기를 통하여 접지할 것.

102 정답 ①

전파장해의 방지

① 가공전선로는 무선설비의 기능에 계속적이고 또한 중대한 장해를 주는 전파를 발생할 우려가 있는 경우에는 이를 방지하도록 시설하여야 한다.

② 1kV 초과의 가공전선로에서 발생하는 전파의 허용한도는 531kHz에서 1602kHz 까지의 주파수대에서 신호대잡음비(SNR)가 24dB 이상 되도록 가공전선로를 설치해야 하며, 잡음강도(N)는 청명시의 준첨두치(Q.P)로 측정하되 장기간 측정에 의한 통계적 분석이 가능하고 정규분포에 해당 지역의 기상조건이 반영될 수 있도록 충분한 주기로 샘플링 데이터를 얻어야 하고 또한 지역별 여건을 고려하지 않은 단일 기준으로 전파장해를 평가할 수 있도록 신호강도(S)는 저잡음지역의 방송전계강도인 71dBμ V/m(전계강도)로 한다.

103 정답 ②

KEC 331.6

<table>
<tr><th colspan="4">풍압을 받는 구분</th><th>구성재의 수직 투영면적 1m²에 대한 풍압</th></tr>
<tr><td rowspan="10">지지물</td><td rowspan="4">철주</td><td colspan="2">원형의 것</td><td>588Pa</td></tr>
<tr><td colspan="2">삼각형 또는 마름모형의 것</td><td>1,412Pa</td></tr>
<tr><td colspan="2">강관에 의하여 구성되는 4각형의 것</td><td>1,117Pa</td></tr>
<tr><td colspan="2">기타의 것</td><td>복재가 전·후면에 겹치는 경우에는 1627Pa, 기타의 경우에는 1784Pa</td></tr>
<tr><td rowspan="2">철근 콘크리트주</td><td colspan="2">원형의 것</td><td>588Pa</td></tr>
<tr><td colspan="2">기타의 것</td><td>882Pa</td></tr>
<tr><td rowspan="4">철탑</td><td rowspan="2">단주(완철류는 제외함)</td><td>원형의 것</td><td>588Pa</td></tr>
<tr><td>기타의 것</td><td>1,117Pa</td></tr>
<tr><td colspan="2">강관으로 구성되는 것(단주는 제외함)</td><td>1,255Pa</td></tr>
<tr><td colspan="2">기타의 것</td><td>2,157Pa</td></tr>
</table>

104 정답 ①

가공전선로의 지지물에 시설하는 지선

가. 지선의 안전율은 2.5 이상일 것. 이 경우에 허용 인장하중의 최저는 4.31 kN으로 한다.

나. 지선에 연선을 사용할 경우에는 다음에 의할 것.

- 소선 3가닥 이상의 연선일 것.
- 소선의 지름이 2.6mm 이상의 금속선 또는 소선의 지름이 2mm 이상인 아연도강연선으로서 소선의 인장강도가 0.68 kN/mm² 이상인 것을 사용하는 경우에는 적용하지 않는다.

다. 지중부분 및 지표상 0.3m 까지의 부분에는 내식성이 있는 것 또는 아연도금을 한 철봉을 사용하고 쉽게 부식되지 않는 근가에 견고하게 붙일 것.

(KEC 331.11)

105 정답 ④

도로를 횡단하여 시설하는 지선의 높이는 지표상 5m 이상으로 하여야 한다. 교통에 지장을 초래할 우려가 없는 경우에는 지표상 4.5m 이상, 보도의 경우에는 2.5m 이상으로 할 수 있다 (KEC 331.11)

106 정답 ①

고압 옥측전선로의 시설

가. 전선은 케이블일 것

나. 케이블은 견고한 관 또는 트라프에 넣거나 사람이 접촉할 우려가 없도록 시설할 것

다. 케이블을 조영재의 옆면 또는 아랫면에 따라 붙일 경우에는 케이블의 지지점 간의 거리를 2m (수직으로 붙일 경우에는 6m)이하로 하고 또한 피복을 손상하지 아니하도록 붙일 것

라. 고압 옥측전선로의 전선이 그 고압 옥측전선로를 시설하는 조영물에 시설하는 특고압 옥측전선·저압 옥측전선·관등회로의 배선·약전류 전선 등이나 수관·가스관 또는 이와 유사한 것과 접근하거나 교차하는 경우에는 고압 옥측전선로의 전선과 이들 사이의 이격거리는 0.15m 이상이어야 한다.

107 정답 ②

저압 가공전선로 또는 고압 가공전선로와 기설 가공약전류전선로가 병행하는 경우에는 유도작용에 의하여 통신상의 장해가 생기지 않도록 전선과 기설 약전류전선 간의 이격거리는 2m 이상이어야 한다. (KEC 332.1)

108 정답 ③

고압 가공전선로와 기설 가공약전류전선로가 병행하는 경우 유도작용으로 기설 가공약전류전선로에 장해를 줄 우려가 있다면 다음중 한 가지 또는 두 가지 이상을 기준으로 하여 시설하여야 한다.

가. 가공전선과 가공약전류전선 간의 이격거리를 증가시킬 것.

나. 교류식 가공전선로의 경우에는 가공전선을 적당한 거리에서 연가할 것.

다. 가공전선과 가공약전류전선 사이에 인장강도 5.26 kN 이상의 것 또는 지름 4mm 이상인 경동선의 금속선 2가닥 이상을 시설하고 접지공사를 할 것.

(KEC 332.1)

109 정답 ①

고압 가공전선로의 가공지선

고압 가공전선로에 사용하는 가공지선은 인장강도 5.26kN 이상의 것 또는 지름 4mm 이상의 나경동선을 사용한다.

(KEC 332.6)

110 정답 ④

150+600−250=500

표 고압 가공전선로 경간 제한

지지물의 종류	경간
목주 · A종 철주 또는 A종 철근 콘크리트주	150m
B종 철주 또는 B종 철근 콘크리트주	250m
철 탑	600m

(KEC 332.9, 10)

111 정답 ②

고압 가공전선과 가공약전류전선 등의 공용설치

가. 전선로의 지지물로서 사용하는 목주의 풍압하중에 대한 안전율은 1.5 이상일 것

나. 가공전선을 가공약전류전선 등의 위로하고 별개의 완금류에 시설할 것

다. 가공전선과 가공약전류전선 등 사이의 이격거리는 가공전선에 유선 텔레비전용 급전겸용 동축케이블을 사용한 전선으로서 그 가공전선로의 관리자와 가공약전류전선로 등의 관리자가 같을 경우 이외에는 저압(다중접지된 중성선을 제외한다)은 0.75m 이상, 고압은 1.5m 이상일 것

112 정답 ②

시가지 등에서 특고압 가공전선로의 시설, 사용전압이 170kV 이하인 전선로

가. 50% 충격섬락전압 값이 그 전선의 근접한 다른 부분을 지지하는 애자장치 값의 110%(사용전압이 130kV를 초과하는 경우는 105%) 이상인 것

나. 아크 혼을 붙인 현수애자 · 장간애자 또는 라인포스트애자를 사용

113 정답 ③

표 제2종 특고압 보안공사 시 경간 제한

지지물의 종류	경간
목주 · A종 철주 또는 A종 철근 콘크리트주	100m
B종 철주 또는 B종 철근 콘크리트주	200m
철탑	400m (단주인 경우에는 300m)

114 정답 ②

제1종 특고압 보안공사 시 전선의 단면적

사용전압	전선
100kV 미만	인장강도 21.67kN 이상의 연선 또는 단면적 $55mm^2$ 이상의 경동연선 또는 동등이상의 인장강도를 갖는 알루미늄 전선이나 절연전선
100kV 이상 300kV 미만	인장강도 58.84kN 이상의 연선 또는 단면적 $150mm^2$ 이상의 경동연선 또는 동등이상의 인장강도를 갖는 알루미늄 전선이나 절연전선
300kV 이상	인장강도 77.47kN 이상의 연선 또는 단면적 $200mm^2$ 이상의 경동연선 또는 동등이상의 인장강도를 갖는 알루미늄 전선이나 절연전선

(KEC 333.22)

115 정답 ④

특고압 가공전선이 도로 등과 교차하는 경우에 특고압 가공전선이 도로 등의 위에 시설

가. 보호망을 구성하는 금속선은 그 외주(外周) 및 특고압 가공전선의 직하에 시설하는 금속선에는 인장강도 8.01kN 이상의 것 또는 지름 5mm 이상의 경동선을 사용하고 그 밖의 부분에 시설하는 금속선에는 인장강도 5.26kN 이상의 것 또는 지름 4mm 이상의 경동선을 사용할 것

나. 보호망을 구성하는 금속선 상호의 간격은 가로, 세로 각 1.5m 이하일 것

다. 보호망이 특고압 가공전선의 외부에 뻗은 폭은 특고압 가공전선과 보호망과의 수직거리의 2분의 1 이상일 것. 다만, 6m를 넘지 아니하여도 된다.

라. 특고압 가공전선이 도로 등과 수평거리로 3 m 미만에 시설되는 부분의 길이는 100m을 넘지 아니할 것

116 정답 ①

특고압 가공전선과 저압 또는 고압의 가공전선을 동일 지지물에 병가하여 시설하는 경우(25[KV]이하 중성점 다중접지식의 경우)

가. 특고압 가공전선과 저압 또는 고압의 가공전선 사이의 이격거리는 1m 이상일 것. 다만, 특고압 가공전선이 케이블이고 저압 가공전선이 저압 절연전선이거나 케이블인 때 또는 고압 가공전선이 고압 절연전선이거나 케이블인 때에는 0.5m까지 감할 수 있다.

나. 특고압 가공전선은 저압 또는 고압의 가공전선 위로하고 별개의 완금류로 시설할 것

117 정답 ③

터널안 고압전선로 고압 전선 : 인장강도 5.26kN 이상의 것 또는 지름 4mm 이상의 경동선의 고압 절연전선 또는 특고압 절연전선을 사용, 애자사용배선에 의하여 시설하고 또한 이를 레일면상 또는 노면상 3m 이상의 높이로 한다. (KEC 335.1)

118 정답 ③

전선이 케이블인 경우에 전선과 조영재 사이의 이격거리는 0.3m 이상일 것

119 정답 ②

저압전선은 애자사용배선에 의하여 시설하고 레일면상 또는 노면상 2.5m 이상의 높이
(KEC 335.1)

120 정답 ④

수상전선로의 전선을 가공전선로의 전선과 접속하는 경우

가. 접속점이 육상에 있는 경우에는 지표상 5m 이상. 다만, 수상전선로의 사용전압이 저압인 경우에 도로상 이외의 곳에 있을 때에는 지표상 4m 까지로 감할 수 있다.

나. 접속점이 수면상에 있는 경우에는 수상전선로의 사용전압이 저압인 경우에는 수면상 4m 이상, 고압인 경우에는 수면상 5m 이상

121 정답 ③

급경사지에 시설하는 저압 또는 고압의 전선로는 그 전선이 건조물의 위에 시설되는 경우, 도로 · 철도 · 궤도 · 삭도 · 가공약전류전선 등 · 가공전선 또는 전차선과 교차하여 시설되는 경우 및 수평거리로 이들과 3m 미만에 접근하여 시설되는 경우 이외의 경우로서 기술상 부득이한 경우 이외에는 시설하여서는 안 된다.

122 정답 ④

배전용 변압기의 출력제한은 없다. (KEC 341.1)

123 정답 ②

특고압용 변압기의 시설 장소

① 배전용 변압기

② 다중접지 방식 특고압 가공전선로에 접속하는 변압기

③ 교류식 전기철도용 신호회로 등에 전기를 공급하기 위한 변압기

124 정답 ④

특고압을 직접 저압으로 변성하는 변압기의 시설

① 전기로 등 전류가 큰 전기를 소비하기 위한 변압기

② 발전소 · 변전소 · 개폐소 또는 이에 준하는 곳의 소내용 변압기

③ 사용전압이 35kV 이하인 변압기로서 그 특고압측 권선과 저압측 권선이 혼촉한 경우에 자동적으로 변압기를 전로로부터 차단하기 위한 장치를 설치한 것.

④ 사용전압이 100kV 이하인 변압기로서 그 특고압측 권선과 저압측 권선사이에 접지공사(접지저항값이 10Ω 이하인 것에 한한다)를 한 금속제의 혼촉방지판이 있는 것

⑤ 교류식 전기철도용 신호회로에 전기를 공급하기 위한 변압기

125 정답 ③

압축공기계통

가. 공기압축기는 최고 사용압력의 1.5배의 수압(최고 사용압력의 1.25배의 기압)을 연속하여 10분간 가하여 시험을 하였을 때에 이에 견디고 또한 새지 아니할 것.

나. 사용 압력에서 공기의 보급이 없는 상태로 개폐기 또는 차단기의 투입 및 차단을 연속하여 1회 이상 할 수 있는 용량을 가지는 것일 것.

다. 주 공기탱크 또는 이에 근접한 곳에는 사용압력의 1.5배 이상 3배 이하의 최고 눈금이 있는 압력계를 시설할 것.

126 정답 ④

고압 옥내배선 : 애자사용배선, 케이블배선, 케이블트레이배선

127 정답 ③

울타리 · 담 등의 높이는 2m 이상으로 하고 지표면과 울타리 · 담 등의 하단사이의 간격은 0.15m 이하로 할 것. (KEC 351.1)

128 정답 ④

사용전압의 구분	울타리 · 담 등의 높이와 울타리 · 담 등으로부터 충전부분까지의 거리의 합계
35kV 이하	5m
35kV 초과 160kV 이하	6m
160kV 초과	6m에 160kV를 초과하는 10kV 또는 그 단수마다 0.12m를 더한 값

129 정답 ①

연료전지는 다음의 경우에 자동적으로 이를 전로에서 차단하고 연료전지에 연료가스 공급을 자동적으로 차단하며 연료전지내의 연료가스를 자동적으로 배제하는 장치를 시설하여야 한다.

가. 연료전지에 과전류가 생긴 경우

나. 발전요소의 발전전압에 이상이 생겼을 경우 또는 연료가스 출구에서의 산소농도 또는 공기 출구에서의 연료가스 농도가 현저히 상승한 경우

다. 연료전지의 온도가 현저하게 상승한 경우

130 정답 ①

계측장치

가. 발전기 · 연료전지 또는 태양전지 모듈의 전압 및 전류 또는 전력

나. 발전기의 베어링 및 고정자의 온도

다. 정격출력이 10,000kW를 초과하는 증기터빈에 접속하는 발전기의 진동의 진폭

라. 주요 변압기의 전압 및 전류 또는 전력

마. 특고압용 변압기의 온도

바. 동기발전기를 시설하는 경우 동기검정장치를 시설

131 정답 ①

특고압용 변압기의 보호장치

뱅크용량의 구분	동작조건	장치의 종류
5,000kVA 이상 10,000kVA 미만	변압기내부고장	자동차단장치 또는 경보장치
10,000kVA 이상	변압기내부고장	자동차단장치
타냉식변압기(변압기의 권선 및 철심을 직접 냉각시키기 위하여 봉입한 냉매를 강제 순환시키는 냉각 방식을 말한다)	냉각장치에 고장이 생긴 경우 또는 변압기의 온도가 현저히 상승한 경우	경보장치

(KEC 351.4)

132 정답 ②

전력보안통신설비의 시설 장소

① **발전소, 변전소 및 변환소** : 원격감시제어가 되지 아니하는 발전소 · 원격 감시제어가 되지 아니하는 변전소 · 개폐소, 전선로 및 이를 운용하는 급전소 및 급전분소 간

② 2개 이상의 급전소 상호 간과 이들을 통합 운용하는 급전소 간

③ 수력설비 중 필요한 곳, 수력설비의 안전상 필요한 양수소 및 강수량 관측소와 수력발전소 간

④ 동일 수계에 속하고 안전상 긴급 연락의 필요가 있는 수력발전소 상호 간

133 정답 ①

전력 보안 가공통신선의 높이(KEC 362.2)

가. 도로 위에 시설하는 경우에는 지표상 5m 이상. 다만, 교통에 지장을 줄 우려가 없는 경우에는 지표상 4.5m 까지로 감할 수 있다.

나. 철도 또는 궤도를 횡단하는 경우에는 레일면상 6.5m 이상

다. 횡단보도교 위에 시설하는 경우에는 그 노면상 3m 이상

라. 이외의 경우에는 지표상 3.5m 이상

134 정답 ③

특고압 가공전선로의 지지물에 시설하는 통신선이 도로 · 횡단보도교 · 철도의 레일 · 삭도 · 가공전선 · 다른 가공약전류 전선 등 또는 교류 전차선 등과 교차하는 경우

① 통신선이 도로 · 횡단보도교 · 철도의 레일 또는 삭도와 교차하는 경우 통신선은 연선의 경우 단면적 $16mm^2$(단선의 경우 지름 4mm)의 절연전선과 동등 이상의 절연 효력이 있는 것, 인장강도 8.01kN 이상의 것 또는 연선의 경우 단면적 $25mm^2$(단선의 경우 지름 5mm)의 경동선일 것

② 통신선과 삭도 또는 다른 가공약전류 전선 등 사이의 이격거리는 0.8m(통신선이 케이블 또는 광섬유 케이블일 때는 0.4m) 이상으로 할 것

③ **조가선 시설기준**

조가선은 단면적 38mm² 이상의 아연도강연선을 사용할 것

(KEC 362.2)

135 정답 ④

조가선은 단면적 38mm² 이상의 아연도강연선을 사용할 것

(KEC 362.2)

136 정답 ④

지중통신선로설비 시설

① **통신선** : 지중 공가설비로 사용하는 광섬유 케이블 및 동축케이블은 지름 22mm 이하일 것

② 전력구내에서 통신용 행거는 최상단에 시설할 것

③ 전력케이블이 시설된 행거에는 통신선을 시설하지 말 것

137 정답 ③

제46조(전차선로의 시설)

① 직류 전차선로의 사용전압은 저압 또는 고압으로 하여야 한다.

② 교류 전차선로의 공칭전압은 25kV 이하로 하여야 한다.

급전선과 전차선간의 공칭전압은 단상교류 50[KV](급전선과 레일 및 전차선과 레일사이의 전압은 25[KV]를 표준으로 한다.

※ **전철변전소** … 외부로부터 공급된 전력을 구내에 시설한 변합기, 정류기 등 기타의 기계기구를 통해 변성하여 전기철도차량 및 전기철도설비에 공급하는 장소를 말한다.

138 정답 ③

직류식 철도의 전압종별 : 600[V], 750[V], 1,500[V], 3,000[V]

139 정답 ①

제52조(저압전로의 절연성능)

측정 시 영향을 주거나 손상을 받을 수 있는 SPD 또는 기타 기기 등은 측정 전에 분리시켜야 하고, 부득이하게 분리가 어려운 경우에는 시험전압을 250V DC로 낮추어 측정할 수 있지만 절연저항 값은 $1M\Omega$ 이상이어야 한다.

전로의 사용전압 V	DC시험전압 V	절연저항 $M\Omega$
SELV 미 PELV	250	0.5
FELV, 500V 이하	500	1.0
500V 초과	1,000	1.0

[주] 특별저압(extra low voltage : 2차 전압이 AC 50V, DC 120V 이하)으로 SELV(비접지회로 구성) 및 PELV(접지회로 구성)은 1차와 2차가 전기적으로 절연된 회로, FELV는 1차와 2차가 전기적으로 절연되지 않은 회로

140 정답 ⑤

제268조(통신상의 유도 장해방지 시설) 교류식 전기철도용 급전선로, 교류식 전기철도용 전차선로, 교류식 전차선로 상호 간을 접속하는 전선로 또는 교류식 전기철도용 가공 절연 귀선은 기설 가공약전류 전선로에 대하여 유도작용에 의한 통신상의 장해가 생기지 아니하도록 기설 가공약전류 전선로에서 충분히 떼고, 귀선의 궤도 근접부분 및 대지에 흐르는 전류를 제한하거나 기타의 적당한 방법으로 시설하여야 한다.

141 정답 ①

전기철도차량은 다음과 같은 경우에 회생제동의 사용을 중단해야 한다. (KEC 431.5)

가. 전차선로 지락이 발생한 경우

나. 전차선로에서 전력을 받을 수 없는 경우

다. 선로전압이 장기 과전압 보다 높은 경우

142 정답 ①

분산형전원 계통연계설비의 시설

① 저압계통 연계 시 직류유출방지 변압기의 시설

② 단락전류 제한장치의 시설

③ 계통 연계용 보호장치의 시설
　가. 계통 연계하는 분산형전원설비를 설치하는 경우 다음에 해당하는 이상 또는 고장 발생 시 자동적으로 분산형전원설비를 전력계통으로부터 분리하기 위한 장치 시설 및 해당 계통과의 보호협조를 실시하여야 한다.
　　• 분산형전원설비의 이상 또는 고장
　　• 연계한 전력계통의 이상 또는 고장
　　• 단독운전 상태
　나. 단순 병렬운전 분산형전원설비의 경우에는 역전력 계전기를 설치한다.
(KEC 503)

143 정답 ④

문142 해설 참조

144 정답 ①

분산형전원설비를 특고압 전력계통에 연계하는 경우 연계용 변압기 중성점의 접지는 전력계통에 연결되어 있는 다른 전기설비의 정격을 초과하는 과전압을 유발하거나 전력계통의 지락고장 보호협조를 방해하지 않도록 시설하여야 한다.

145 정답 ③

시설장소의 요구사항

① 전기저장장치의 이차전지, 제어반, 배전반의 시설은 기기 등을 조작 또는 보수·점검할 수 있는 충분한 공간을 확보하고 조명설비를 설치하여야 한다.
② 전기저장장치를 시설하는 장소는 폭발성 가스의 축적을 방지하기 위한 환기시설을 갖추고 제조사가 권장하는 온도·습도·수분·분진 등 적정 운영환경을 상시 유지하여야 한다.
③ 모든 부품은 충분한 내열성을 확보하여야 한다.
(KEC 511.1)

146 정답 ①

전기저장장치의 이차전지는 다음에 따라 자동으로 전로로부터 차단하는 장치를 시설하여야 한다.
가. 과전압 또는 과전류가 발생한 경우
나. 제어장치에 이상이 발생한 경우
다. 이차전지 모듈의 내부 온도가 급격히 상승할 경우
(KEC 512.2)

147 정답 ④

주택의 전기저장장치의 축전지에 접속하는 부하 측 옥내배선을 다음에 따라 시설하는 경우에 주택의 옥내전로의 대지전압은 직류 600 V 까지 적용할 수 있다. (KEC 512.3)

148 정답 ①

특정 기술을 이용한 전기저장장치의 시설

가. 전기저장장치 시설장소의 바닥, 천장(지붕), 벽면 재료는 「건축물의 피난 · 방화구조 등의 기준에 관한 규칙」에 따른 불연재료이어야 한다.

나. 전기저장장치 시설장소는 지표면을 기준으로 높이 22m 이내로 하고 해당 장소의 출구가 있는 바닥면을 기준으로 깊이 9m 이내로 하여야 한다.

다. 이차전지는 벽면으로부터 1m 이상 이격하여 설치하여야 한다.

라. 전기저장장치 시설장소는 주변 시설(도로, 건물, 가연물질 등)로부터 1.5m 이상 이격하고 다른 건물의 출입구나 피난계단 등 이와 유사한 장소로부터는 3m 이상 이격하여야 한다.

마. 낙뢰 및 서지 등 과도과전압으로부터 주요 설비를 보호하기 위해 직류 전로에 직류서지보호장치(SPD)를 설치하여야 한다.

바. 전기저장장치는 정격 이내의 최대 충전범위를 초과하여 충전하지 않도록 하여야 하고 만충전 후 추가 충전은 금지하여야 한다.

(KEC 515)

149 정답 ④

계측장치

가. 축전지 출력 단자의 전압, 전류, 전력 및 충방전 상태

나. 주요변압기의 전압, 전류 및 전력

(KEC 512.3)

150 정답 ③

옥내전로의 대지전압 제한 직류 600[V]까지 적용

(KEC 511.3)

151 정답 ②

태양광발전설비 간선의 시설기준

① 전선은 다음에 의하여 시설하여야 한다.

가. 배선시스템은 바람, 결빙, 온도, 태양방사와 같이 예상되는 외부 영향을 견디도록 시설할 것

나. 모듈의 출력배선은 극성별로 확인할 수 있도록 표시할 것

③ 직렬 연결된 태양전지모듈의 배선은 과도과전압의 유도에 의한 영향을 줄이기 위하여 스트링 양극 간의 배선간격이 최소가 되도록 배치할 것

④ 모듈은 자중, 적설, 풍압, 지진 및 기타의 진동과 충격에 대하여 탈락하지 아니하도록 지지물에 의하여 견고하게 설치할 것

⑤ 모듈의 각 직렬군은 동일한 단락전류를 가진 모듈로 구성하여야 하며 1대의 인버터(멀티스트링 인버터의 경우 1대의 MPPT 제어기)에 연결된 모듈 직렬군이 2병렬 이상일 경우에는 각 직렬군의 출력전압 및 출력전류가 동일하게 형성되도록 배열할 것

(KEC 522.3)

152 정답 ①

모듈을 병렬로 접속하는 전로에는 그 전로에 단락전류가 발생할 경우에 전로를 보호하는 과전류차단기 또는 기타 기구를 시설하여야 한다.

153 정답 ③

분산형전원 배전계통연계 기술기준

제15조(전기품질)

ⓐ **직류유입제한** : 분산형 전원 및 그 연계 시스템은 분산형 전원 연결점에서 최대 정격 출력전류의 0.5[%]를 초과하는 직류 전류를 계통으로 유입시켜서는 안된다.

ⓑ **역률** : 분산형전원의 역률은 90[%]이상으로 유지함을 원칙으로 한다. 분산형전원의 역률은 계통측에서 볼 때 진상역률 (분산형전원으로 볼 때 지상역률)로 유지하여야 한다.

ⓒ **플리커** : 분산형전원은 빈번한 기동·탈락 또는 출력변동 등에 의하여 한전계통에 연결된 다른 전기사용자에게 시각적인 자극을 줄만한 플리커나 설비의 오동작을 초래하는 전압요동을 발생시켜서는 안 된다.

ⓓ **고조파** : 특고압 한전계통에 연계되는 분산형전원은 연계용량에 관계없이 한전이 계통에 적용하고 있는 「배전계통 고조파 관리기준」에 준하는 허용기준을 초과하는 고조파 전류를 발생시켜서는 안된다.

154 정답 ①

화재방호설비 시설

500kW 이상의 풍력터빈은 나셀 내부의 화재 발생 시, 이를 자동으로 소화할 수 있는 화재방호설비를 시설하여야 한다.

(KEC 531.3)

155 정답 ①

피뢰설비는 KS C IEC 61400-24(풍력발전기-낙뢰보호)에서 정하고 있는 피뢰구역(Lightning Protection Zones)에 적합하여야 하며, 다만 별도의 언급이 없다면 피뢰레벨(Lightning Protection Level : LPL)은 I 등급을 적용하여야 한다. (KEC 532.3.5)

156 정답 ④

표 풍력터빈 정지장치

이상 상태	자동정지장치	비고
풍력터빈의 회전속도가 비정상적으로 상승	○	
풍력터빈의 컷 아웃 풍속	○	
풍력터빈의 베어링 온도가 과도하게 상승	○	정격 출력이 500kW 이상인 원동기(풍력터빈은 시가지 등 인가가 밀집해 있는 지역에 시설된 경우 100kW 이상)
풍력터빈 운전중 나셀진동이 과도하게 증가	○	시가지 등 인가가 밀집해 있는 지역에 시설된 것으로 정격출력 10kW 이상의 풍력 터빈
제어용 압유장치의 유압이 과도하게 저하된 경우	○	용량 100kVA 이상의 풍력발전소를 대상으로 함
압축공기장치의 공기압이 과도하게 저하된 경우	○	
전동식 제어장치의 전원전압이 과도하게 저하된 경우	○	

157 정답 ④

풍력터빈에는 설비의 손상을 방지하기 위하여 운전 상태를 계측하는 다음의 계측장치를 시설하여야 한다.

가. 회전속도계

나. 나셀(nacelle) 내의 진동을 감시하기 위한 진동계
다. 풍속계
라. 압력계
마. 온도계

158 정답 ①

설치장소의 안전 요구사항
① 연료전지를 설치할 주위의 벽 등은 화재에 안전하게 시설하여야 한다.
② 가연성물질과 안전거리를 충분히 확보하여야 한다.
③ 침수 등의 우려가 없는 곳에 시설하여야 한다.

159 정답 ④

연료전지는 다음의 경우에 자동적으로 이를 전로에서 차단하고 연료전지에 연료가스 공급을 자동적으로 차단하며 연료전지내의 연료가스를 자동적으로 배기하는 장치를 시설하여야 한다.
가. 연료전지에 과전류가 생긴 경우
나. 발전요소의 발전전압에 이상이 생겼을 경우 또는 연료가스 출구에서의 산소농도 또는 공기 출구에서의 연료가스 농도가 현저히 상승한 경우
다. 연료전지의 온도가 현저하게 상승한 경우

160 정답 ①

설치장소의 안전 요구사항
① 연료전지를 설치할 주위의 벽 등은 화재에 안전하게 시설하여야 한다.
② 가연성물질과 안전거리를 충분히 확보하여야 한다.
③ 침수 등의 우려가 없는 곳에 시설하여야 한다.

161 정답 ④

연료전지는 다음의 경우에 자동적으로 이를 전로에서 차단하고 연료전지에 연료가스 공급을 자동적으로 차단하며 연료전지내의 연료가스를 자동적으로 배기하는 장치를 시설하여야 한다.
가. 연료전지에 과전류가 생긴 경우
나. 발전요소의 발전전압에 이상이 생겼을 경우 또는 연료가스 출구에서의 산소농도 또는 공기 출구에서의 연료가스 농도가 현저히 상승한 경우
다. 연료전지의 온도가 현저하게 상승한 경우

시험에 2회 이상 출제된

필수암기노트

1 공통사항

(1) 통칙

1. 전압의 구분

① **저압** : 교류는 1kV 이하, 직류는 1.5kV 이하인 것.

② **고압** : 교류는 1kV를, 직류는 1.5 kV를 초과하고, 7kV 이하인 것.

③ **특고압** : 7kV를 초과하는 것.

2. 용어 정의

① **계통접지** : 전력계통에서 돌발적으로 발생하는 이상현상에 대비하여 대지와 계통을 연결하는 것으로, 중성점을 대지에 접속하는 것

② **고장보호**(간접접촉에 대한 보호) : 고장 시 기기의 노출도전부에 간접 접촉함으로써 발생할 수 있는 위험으로부터 인축을 보호하는 것

③ **관등회로** : 방전등용 안정기 또는 방전등용 변압기로부터 방전관까지의 전로

④ **기본보호**(직접접촉에 대한 보호) : 정상운전 시 기기의 충전부에 직접 접촉함으로써 발생할 수 있는 위험으로부터 인축을 보호하는 것

⑤ **내부 피뢰시스템** : 등전위본딩 및/또는 외부피뢰시스템의 전기적 절연으로 구성된 피뢰시스템의 일부

외부 피뢰시스템 : 수뢰부시스템, 인하도선시스템, 접지극시스템으로 구성된 피뢰시스템의 일부

⑥ **리플프리직류** : 교류를 직류로 변환할 때 리플성분의 실효값이 10 % 이하로 포함된 직류.

⑦ **접근상태** : 제1차 접근상태 및 제2차 접근상태

⑧ **제2차 접근상태** : 가공 전선이 다른 시설물과 접근하는 경우에 그 가공 전선이 다른 시설물의 위쪽 또는 옆쪽에서 수평 거리로 3 m 미만인 곳에 시설되는 상태

⑨ **지진력** : 지진이 발생될 경우 지진에 의해 구조물에 작용하는 힘을 말한다.

⑩ **특별저압**(ELV) : 인체에 위험을 초래하지 않을 정도의 저압을 말한다. 여기서 SELV(Safety Extra Low Voltage)는 비접지회로에 해당되며, PELV(Protective Extra Low Voltage)는 접지회로에 해당된다.

⑪ **PEN 도체** : 교류회로에서 중성선 겸용 보호도체를 말한다.

⑫ **PEM 도체** : 직류회로에서 중간선 겸용 보호도체를 말한다.

⑬ **PEL 도체** : 직류회로에서 선도체 겸용 보호도체를 말한다.

3. 안전을 위한 보호

① 일반 사항

② 감전에 대한 보호

③ 열 영향에 대한 보호

④ 과전류에 대한 보호

⑤ 고장전류에 대한 보호

⑥ 과전압 및 전자기 장애에 대한 대책

⑦ 전원공급 중단에 대한 보호

(2) 전선

1. 전선 일반 요구사항 및 선정

① 전선은 통상 사용 상태에서의 온도에 견디는 것이어야 한다.

② 전선은 설치장소의 환경조건에 적절하고 발생할 수 있는 전기·기계적 응력에 견디는 능력이 있는 것을 선정하여야 한다.

2. 전선의 식별

L1 : 갈색, L2 : 흑색, L3 : 회색, N : 청색, 보호도체 : 녹색 /노란색

3. 저압 절연전선

① 450/750V 비닐절연전선

② 450/750V 저독성 난연 폴리올레핀절연전선

③ 450/750V 저독성 난연 가교폴리올레핀절연전선

④ 450/750V 고무절연전선

4. 전선의 접속

① 전선을 접속하는 경우에 전선의 전기저항을 증가시키지 않도록 접속

② **나전선 상호 또는 나전선과 절연전선 또는 캡타이어 케이블과 접속하는 경우**

가. 전선의 세기를 20% 이상 감소시키지 않을 것.

나. 접속부분은 접속관 기타의 기구를 사용할 것.

③ **두 개 이상의 전선을 병렬로 사용하는 경우**

가. 병렬로 사용하는 각 전선의 굵기는 동선 $50mm^2$ 이상 또는 알루미늄 $70mm^2$ 이상으로 하고, 전선은 같은 도체, 같은 재료, 같은 길이 및 같은 굵기의 것을 사용할 것

나. 같은 극의 각 전선은 동일한 터미널러그에 완전히 접속할 것

다. 같은 극인 각 전선의 터미널러그는 동일한 도체에 2개 이상의 리벳 또는 2개 이상의 나사로 접속할 것

라. 병렬로 사용하는 전선에는 각각에 퓨즈를 설치하지 말 것

마. 교류회로에서 병렬로 사용하는 전선은 금속관 안에 전자적 불평형이 생기지 않도록 시설할 것

(3) 전로의 절연

1. 전로의 절연 원칙

전로는 다음 이외에는 대지로부터 절연하여야 한다.

① 수용장소의 인입구의 접지, 고압 또는 특고압과 저압의 혼촉에 의한 위험방지 시설, 피뢰기의 접지, 특고압 가공전선로의 지지물에 시설하는 저압 기계기구 등의 시설, 옥내에 시설하는 저압 접촉전선 공사 또는 아크 용접장치의 시설에 따라 저압전로에 접지공사를 하는 경우의 접지점

② 고압 또는 특고압과 저압의 혼촉에 의한 위험방지 시설, 전로의 중성점의 접지 또는 옥내의 네온 방전등 공사에 따라 전로의 중성점에 접지공사를 하는 경우의 접지점

③ 계기용변성기의 2차측 전로의 접지에 따라 계기용변성기의 2차측 전로에 접지공사를 하는 경우의 접지점

④ 중성점이 접지된 특고압 가공선로의 중성선에 25kV 이하인 특고압 가공전선로의 시설에 따라 다중 접지를 하는 경우의 접지점

⑤ 전기욕기 · 전기로 · 전기보일러 · 전해조 등 대지로부터 절연하는 것이 기술상 곤란한 것.

⑥ 저압 옥내직류 전기설비의 접지에 의하여 직류계통에 접지공사를 하는 경우의 접지점

2. 전로의 절연저항 및 절연내력

① 사용전압이 저압인 전로에서 정전이 어려운 경우 등 절연저항 측정이 곤란한 경우 저항성분의 누설전류가 1mA 이하이면 그 전로의 절연성능은 적합한 것으로 본다.

② 고압 및 특고압의 전로는 시험전압을 전로와 대지 사이에 연속하여 10분간 가하여 절연내력을 시험하였을 때에 이에 견디어야 한다.

③ 사용전압이 저압인 전로의 절연성능 (기술기준 제52조)

전로의 사용전압[V]	DC시험전압[V]	절연저항[Ω]
SELV 및 PELV	250	0.5
FELV, 500[V] 이하	500	1.0
500[V] 초과	1,000	1.0

3. 절연내력시험

전로의 종류 및 시험전압

전로의 종류	시험전압
1. 최대사용전압 7kV 이하인 전로	최대사용전압의 1.5배의 전압
2. 최대사용전압 7kV 초과 25kV 이하인 중성점 접지식 전로 (중성선을 다중접지 하는 것에 한한다)	최대사용전압의 0.92배의 전압
3. 최대사용전압 7kV 초과 60kV 이하인 전로	최대사용전압의 1.25배의 전압(10.5kV 미만으로 되는 경우는 10.5kV)
4. 최대사용전압 60kV 초과 중성점 비접지식전로	최대사용전압의 1.25배의 전압
5. 최대사용전압 60kV 초과 중성점 접지식 전로	최대사용전압의1.1배의 전압 (75kV 미만으로 되는 경우에는 75kV)
6. 최대사용전압이 60kV 초과 중성점 직접접지식 전로	최대사용전압의 0.72배의 전압
7. 최대사용전압이 170kV 초과 중성점 직접 접지식 전로	최대사용전압의 0.64배의 전압

(4) 접지 시스템

1. 접지시스템의 구분 및 종류

① 접지시스템은 계통접지, 보호접지, 피뢰시스템 접지 등으로 구분한다.

② 접지시스템의 시설 종류에는 단독접지, 공통접지, 통합접지가 있다.

2. 접지시스템의 시설

① 접지시스템 구성요소

가. 접지시스템은 접지극, 접지도체, 보호도체로 구성하고,

나. 접지극은 접지도체를 사용하여 주접지단자에 연결하여야 한다.

② 접지극의 시설 및 접지저항

가. 접지극의 시설

- 콘크리트에 매입 된 기초 접지극
- 토양에 매설된 기초 접지극
- 토양에 수직 또는 수평으로 직접 매설된 금속전극(봉, 전선, 테이프, 배관, 판 등)
- 케이블의 금속외장 및 그 밖에 금속피복
- 지중 금속구조물(배관 등)

나. 접지극의 매설

- 접지극은 동결 깊이를 감안하여 시설하되 고압 이상의 전기설비에 시설하는 접지극의 매설 깊이는 지표면으로부터 지하 0.75 m 이상으로 한다.
- 접지도체를 철주 기타의 금속체를 따라서 시설하는 경우에는 접지극을 철주의 밑면으로부터 0.3 m 이상의 깊이에 매설하는 경우 이외에는 접지극을 지중에서 그 금속체로부터 1 m 이상 떼어 매설하여야 한다.

다. 접지극을 접속하는 경우에는 발열성 용접, 압착접속, 클램프 또는 그 밖의 적절한 기계적 접속장치로 접속하여야 한다.

라. 수도관 등을 접지극으로 사용하는 경우
지중에 매설되어 있고 대지와의 전기저항 값이 3Ω 이하의 값을 유지하고 있는 금속제 수도관은 접지극으로 사용이 가능

마. 건축물 · 구조물의 철골 기타의 금속제는 대지와의 사이에 전기저항 값이 2[Ω] 이하인 값을 유지하는 경우 변압기의 저압전로의 접지공사의 접지극으로 사용할 수 있다.

3. 접지도체

① 접지도체의 선정

가. 접지도체의 단면적 : 큰 고장전류가 접지도체를 통하여 흐르지 않을 경우 접지도체의 최소 단면적

구리는 $6mm^2$ 이상, 철제는 $50mm^2$ 이상

나. 접지도체에 피뢰시스템이 접속되는 경우, 접지도체의 단면적은 구리 $16mm^2$ 또는 철 $50mm^2$ 이상으로 하여야 한다.

4. 보호도체

표 보호도체의 최소 단면적

선도체의 단면적 S (mm^2, 구리)	보호도체의 최소 단면적(mm^2, 구리)	
	보호도체의 재질	
	선도체와 같은 경우	선도체와 다른 경우
$S \le 16$	S	$(k_1/k_2) \times S$
$16 < S \le 35$	16^a	$(k_1/k_2) \times 16$
$S > 35$	$S^a/2$	$(k_1/k_2) \times (S/2)$

5. 주접지단자

① 접지시스템은 주접지단자를 설치하고, 다음의 도체들을 접속한다.

가. 등전위본딩도체

나. 접지도체

다. 보호도체

라. 관련이 있는 경우, 기능성 접지도체

6. 전기수용가 접지

① 수용장소 인입구 부근에서 중성선 또는 접지측 전선에 추가로 접지공사를 할 수 있다.

가. 지중에 매설되어 있고 대지와의 전기저항 값이 3Ω 이하의 값을 유지하고 있는 금속제 수도관로

나. 대지 사이의 전기저항 값이 3Ω 이하인 값을 유지하는 건물의 철골

② 접지도체는 공칭단면적 $6mm^2$ 이상의 연동선 또는 이와 동등 이상의 세기 및 굵기의 쉽게 부식하지 않는 금속선으로서 고장 시 흐르는 전류를 안전하게 통할 수 있는 것

③ 주택 등 저압수용장소 접지

가. 계통접지가 TN-C-S방식의 경우 도체의 단면적 동선 $10mm^2$ 이상, 알루미늄은 $16mm^2$ 이상

나. 감전보호용 등전위본딩을 해야한다.

7. 변압기 중성점 접지

① 변압기의 중성점접지 저항 값은 일반적으로 변압기의 고압 · 특고압측 전로 1선 지락전류로 150을 나눈 값과 같은 저항 값 이하

② 전로의 1선 지락전류는 실측값

8. 공통접지 및 통합접지

① 고압 및 특고압과 저압 전기설비의 접지극이 서로 근접하여 시설되어 있는 변전소 또는 이와 유사한 곳에서는 공통접지시스템으로 할 수 있다.

② 전기설비의 접지설비, 건축물의 피뢰설비 · 전자통신설비 등의 접지극을 공용하는 통합접지시스템으로 하는 경우 낙뢰에 의한 과전압 등으로부터 전기전자기기 등을 보호하기 위해 서지보호장치를 설치하여야 한다.

9. 감전보호용 등전위본딩

① 건축물 · 구조물에서 접지도체, 주접지단자와 다음의 도전성부분은 등전위본딩 하여야 한다.

가. 수도관 · 가스관 등 외부에서 내부로 인입되는 금속배관

나. 건축물 · 구조물의 철근, 철골 등 금속보강재

다. 일상생활에서 접촉이 가능한 금속제 난방배관 및 공조설비 등 계통외도전부

② 주 접지단자에 보호 등전위 본딩 도체, 접지도체, 보호도체, 기능성 접지도체를 접속한다

10. 등전위본딩 시설

① 보호등전위본딩

가. 건축물 · 구조물의 외부에서 내부로 들어오는 각종 금속제 배관은 1개소에 집중하여 인입하고, 인입구 부근에서 서로 접속하여 등전위본딩 바에 접속하여야 한다.

나. 수도관 · 가스관의 경우 내부로 인입된 최초의 밸브 후단에서 등전위본딩을 하여야 한다.

다. 건축물 · 구조물의 철근, 철골 등 금속보강재는 등전위본딩을 하여야 한다.

② **보조 보호등전위본딩**

가. 보조 보호등전위본딩의 대상은 전원자동차단에 의한 감전보호방식에서 고장 시 자동차단시간이 요구하는 계통별 최대차단시간을 초과하는 경우이다.

나. (가)의 차단시간을 초과하고 2.5 m 이내에 설치된 고정기기의 노출도전부와 계통외도전부는 보조 보호등전위본딩을 하여야 한다. 다만, 동시에 접근 가능한 노출도전부와 계통외도전부 사이의 저항 값(R)이 다음의 조건을 충족하는지 확인하여야 한다.

교류 계통 : $R \leq \frac{50\ V}{I_a}$ (Ω) , 직류 계통 : $R \leq \frac{120\ V}{I_a}$ (Ω)

I_a : 보호장치의 동작전류(A)

(누전차단기의 경우 $I\Delta n$ (정격감도전류), 과전류보호장치의 경우 5초 이내 동작전류)

11. 등전위본딩 도체

① **보호등전위본딩 도체**

가. 주접지단자에 접속하기 위한 등전위본딩 도체는 설비 내에 있는 가장 큰 보호접지도체 단면적의 1/2 이상의 단면적을 가져야 하고 다음의 단면적 이상이어야 한다.
구리도체 $6mm^2$, 알루미늄 도체 $16mm^2$, 강철 도체 $50mm^2$

나. 주접지단자에 접속하기 위한 보호본딩도체의 단면적은 구리도체 $25mm^2$ 또는 다른 재질의 동등한 단면적을 초과할 필요는 없다.

② **보조 보호등전위본딩 도체**

가. 두 개의 노출도전부를 접속하는 경우 도전성은 노출도전부에 접속된 더 작은 보호도체의 도전성보다 커야 한다.

나. 노출도전부를 계통외도전부에 접속하는 경우 도전성은 같은 단면적을 갖는 보호도체의 1/2 이상이어야 한다.

다. 케이블의 일부가 아닌 경우 또는 선로도체와 함께 수납되지 않은 본딩도체는 다음 값 이상이어야 한다.

- 기계적 보호가 된 것은 구리도체 $2.5mm^2$, 알루미늄 도체 $16mm^2$
- 기계적 보호가 없는 것은 구리도체 $4mm^2$, 알루미늄 도체 $16mm^2$

(5) 피뢰 시스템

1. 적용범위

① 전기전자설비가 설치된 건축물 · 구조물로서 낙뢰로부터 보호가 필요한 것 또는 지상으로부터 높이가 20m 이상인 것

② 전기설비 및 전자설비 중 낙뢰로부터 보호가 필요한 설비

2. 피뢰시스템의 구성

① 직격뢰로부터 대상물을 보호하기 위한 외부피뢰시스템

② 간접뢰 및 유도뢰로부터 대상물을 보호하기 위한 내부피뢰시스템

3. 피뢰시스템의 등급선정

피뢰시스템의 등급은 대상물의 특성에 따라 KS에 의한 피뢰레벨에 따라 선정한다.

다만, 위험물의 제조소 등에 설치하는 피뢰시스템은 2등급 이상으로 한다

4 외부피뢰시스템

① 수뢰부시스템

가. 돌침, 수평도체, 메시도체의 요소 중에 한 가지 또는 이를 조합한 형식

나. “자연적 구성부재”에 적합하면 수뢰부시스템으로 사용할 수 있다.

다. 보호각법, 회전구체법, 메시법 중 하나 또는 조합된 방법으로 배치하여야 한다.

라. 건축물 · 구조물의 뾰족한 부분, 모서리 등에 우선하여 배치한다.

마. 지상으로부터 높이 60m를 초과하는 건축물 · 구조물에 측뢰 보호가 필요한 경우에는 수뢰부시스템을 시설하여야 하며, 건축물 · 구조물의 최상부로부터 20% 부분에 한해 피뢰시스템 등급 Ⅳ의 요구사항에 따른다.

② 인하도선시스템

가. 수뢰부시스템과 접지시스템을 전기적으로 연결하는 것으로 복수의 인하도선을 병렬로 구성해야 한다.

나. 도선경로의 길이가 최소가 되도록 한다.

다. 수뢰부시스템과 접지극시스템 사이에 전기적 연속성이 형성되도록 시설하여야 한다.

- 경로는 가능한 한 루프 형성이 되지 않도록 하고, 최단거리로 곧게 수직으로 시설하여야 한다.

- 철근콘크리트 구조물의 철근을 자연적구성부재의 인하도선으로 사용하기 위해서는 해당 철근 전체 길이의 전기저항 값은 0.2Ω 이하가 되어야한다

③ **접지극시스템**

가. 뇌전류를 대지로 방류시키기 위한 접지극시스템은 A형 접지극(수평 또는 수직접지극) 또는 B형 접지극(환상도체 또는 기초접지극) 중 하나 또는 조합하여 시설할 수 있다.

나. **접지극시스템 배치**

- A형 접지극은 최소 2개 이상을 균등한 간격으로 배치해야 한다.
- B형 접지극은 접지극 면적을 환산한 평균반지름이 최소길이 이상으로 하여야 하며, 평균반지름이 최소길이 미만인 경우에는 해당하는 길이의 수평 또는 수직매설 접지극을 추가로 시설하여야 한다.
- 접지극시스템의 접지저항이 10Ω 이하인 경우 최소 길이 이하로 할 수 있다.

다. 접지극은 지표면에서 0.75m 이상 깊이로 매설 하여야 한다.

라. 대지가 암반지역으로 대지저항이 높거나 건축물 · 구조물이 전자통신시스템을 많이 사용하는 시설의 경우에는 환상도체접지극 또는 기초접지극으로 한다.

④ **부품 및 접속**

도체의 접속부 수는 최소한으로 하여야 하며, 접속은 용접, 압착, 봉합, 나사 조임, 볼트 조임 등의 방법으로 확실하게 하여야 한다.

⑤ **옥외에 시설된 전기설비의 피뢰시스템**

가. 외부에 낙뢰차폐선이 있는 경우 이것을 접지하여야 한다.

나. 자연적구성부재의 조건에 적합한 강철제 구조체 등을 자연적 구성부재 인하도선으로 사용할 수 있다.

5. 내부피뢰시스템

① **전기전자설비 보호**

가. **전기전자설비의 뇌서지에 대한 보호** : 피뢰구역 경계부분에서는 접지 또는 본딩을 하여야 한다. 다만, 직접 본딩이 불가능한 경우에는 서지보호장치를 설치한다.

나. **접지와 본딩**

- 뇌서지 전류를 대지로 방류시키기 위한 접지를 시설
- 전위차를 해소하고 자계를 감소시키기 위한 본딩을 구성.
- 전자 · 통신설비의 접지는 환상도체접지극 또는 기초접지극으로 한다.
- 전자 · 통신설비에서 위험한 전위차를 해소하고 자계를 감소시킬 필요가 있는 경우 등전위 본딩망을 시설, 등전위본딩망은 메시 폭이 5m 이내가 되도록 하여 시설하고 구조물과 구조물내부의 금속부분은 다중으로 접속한다.

다. 서지보호장치 시설

전기전자설비 등에 연결된 전선로를 통하여 서지가 유입되는 경우, 해당 선로에는 서지보호장치를 설치 한다.

② **피뢰등전위본딩**

가. 피뢰시스템의 등전위화는 다음과 같은 설비들을 서로 접속함으로써 이루어진다.

금속제 설비, 구조물에 접속된 외부 도전성 부분, 내부시스템

나. 등전위본딩의 상호 접속

- 자연적 구성부재로 인한 본딩으로 전기적 연속성을 확보할 수 없는 장소는 본딩도체로 연결
- 본딩도체로 직접 접속할 수 없는 장소의 경우에는 서지보호장치를 이용한다.
- 본딩도체로 직접 접속이 허용되지 않는 장소의 경우에는 절연방전갭(ISG)을 이용한다.

다. 금속제 설비의 등전위본딩

- 건축물 · 구조물과 분리된 외부피뢰시스템의 경우, 등전위본딩은 지표면 부근에서 시행
- 건축물 · 구조물과 접속된 외부피뢰시스템의 경우, 피뢰등전위본딩은 기초부분 또는 지표면 부근 위치에서 하여야하며, 등전위본딩도체는 등전위본딩 바에 접속하고, 등전위본딩 바는 접지시스템에 접속하여야 한다. 또한 쉽게 점검할 수 있도록 하여야 한다.
- 건축물 · 구조물에는 지하 0.5m와 높이 20m 마다 환상도체를 설치

라. 인입설비의 등전위본딩 : 건축물 · 구조물의 외부에서 내부로 인입되는 설비의 도전부에 대한 등전위본딩

- 인입구 부근에서 등전위본딩 한다.
- 전원선은 서지보호장치를 사용하여 등전위본딩 한다.
- 통신 및 제어선은 내부와의 위험한 전위차 발생을 방지하기 위해 직접 또는 서지보호장치를 통해 등전위본딩 한다.

마. 등전위본딩 바

- 설치위치는 짧은 도전성경로로 접지시스템에 접속할 수 있는 위치이어야 한다.
- 접지시스템(환상접지전극, 기초접지전극, 구조물의 접지보강재 등)에 짧은 경로로 접속하여야 한다.

② 저압 전기설비

(1) 통칙

1. 적용범위

교류 1kV 또는 직류 1.5kV 이하인 저압의 전기를 공급하거나 사용하는 전기설비에 적용

2. 배전방식

① **교류 회로**

가. 3상 4선식의 중성선 또는 PEN 도체는 충전도체는 아니지만 운전전류를 흘리는 도체이다.

나. 3상 4선식에서 파생되는 단상 2선식 배전방식의 경우 두 도체 모두가 선도체이거나 하나의 선도체와 중성선 또는 하나의 선도체와 PEN 도체이다.

② **직류 회로**

PEL과 PEM 도체는 충전도체는 아니지만 운전전류를 흘리는 도체이다. 2선식 배전방식이나 3선식 배전방식을 적용한다.

2. 계통접지의 방식

① **계통접지 구성**

가. 저압전로의 보호도체 및 중성선의 접속 방식에 따른 접지계통
TN 계통, TT 계통, IT 계통

② **TN계통** : 전원측의 한 점을 직접접지하고 설비의 노출도전부를 보호도체로 접속시키는 방식

가. TN-S 계통은 계통 전체에 대해 별도의 중성선 또는 PE 도체를 사용한다. 배전계통에서 PE 도체를 추가로 접지할 수 있다.

나. TN-C 계통은 그 계통 전체에 대해 중성선과 보호도체의 기능을 동일도체로 겸용한 PEN 도체를 사용한다. 배전계통에서 PEN 도체를 추가로 접지할 수 있다.

다. TN-C-S계통은 계통의 일부분에서 PEN 도체를 사용하거나, 중성선과 별도의 PE 도체를 사용하는 방식이 있다. 배전계통에서 PEN 도체와 PE 도체를 추가로 접지할 수 있다.

③ **TT 계통** : 전원의 한 점을 직접 접지하고 설비의 노출도전부는 전원의 접지전극과 전기적으로 독립적인 접지극에 접속시킨다.

④ **IT 계통**

가. 충전부 전체를 대지로부터 절연시키거나, 한 점을 임피던스를 통해 대지에 접속시킨다. 전기설비의 노출도전부를 단독 또는 일괄적으로 계통의 PE 도체에 접속시킨다.

나. 계통은 충분히 높은 임피던스를 통하여 접지할 수 있다. 이 접속은 중성점, 인위적 중성점, 선도체 등에서 할 수 있다.

(2) 안전을 위한 보호

1. 감전에 대한 보호

① **보호대책 일반 요구사항.**

가. 전원의 자동차단

나. 이중절연 또는 강화절연

다. 한 개의 전기사용기기에 전기를 공급하기 위한 전기적 분리

라. SELV와 PELV에 의한 특별저압

② **전원의 자동차단에 의한 보호대책**

가. 기본보호는 충전부의 기본절연 또는 격벽이나 외함에 의한다.

나. 고장보호는 보호등전위본딩 및 자동차단에 의한다.

다. 추가적인 보호로 누전차단기를 시설할 수 있다.

③ **고장보호의 요구사항**

가. 보호접지

나. 보호등전위본딩

다. 고장시의 자동차단

표 32 A 이하 분기회로의 최대 차단시간

[단위 : 초]

계통	50 V < U_0 ≤ 120 V		120 V < U_0 ≤ 230 V		230 V < U_0 ≤ 400 V		U_0 > 400 V	
	교류	직류	교류	직류	교류	직류	교류	직류
TN	0.8	[비고1]	0.4	5	0.2	0.4	0.1	0.1
TT	0.3	[비고1]	0.2	0.4	0.07	0.2	0.04	0.1

TT 계통에서 차단은 과전류보호장치에 의해 이루어지고 보호등전위본딩은 설비 안의 모든 계통외도전부와 접속되는 경우 TN 계통에 적용 가능한 최대차단시간이 사용될 수 있다.
U0는 대지에서 공칭교류전압 또는 직류 선간전압이다.

[비고1] 차단은 감전보호 외에 다른 원인에 의해 요구될 수도 있다.
[비고2] 누전차단기에 의한 차단은 211.2.4 참조.

라. 누전차단기의 시설

마. TN 계통

- TN 계통에서 설비의 접지 신뢰성은 PEN 도체 또는 PE 도체와 접지극과의 효과적인 접속에 의한다.
- TN 계통에서 과전류보호장치 및 누전차단기는 고장보호에 사용할 수 있다.
- TN-C 계통에는 누전차단기를 사용해서는 아니 된다. TN-C-S 계통에 누전차단기를 설치하는 경우에는 누전차단기의 부하측에는 PEN 도체를 사용할 수 없다.

바. **TT 계통** : 전원계통의 중성점이나 중간점은 접지하여야 한다.

사. **IT 계통** : IT 계통은 다음의 감시장치와 보호장치를 사용할 수 있으며, 1차 고장이 지속되는 동안 작동되어야 한다.
절연감시장치, 누설전류감시장치, 절연고장점검출장치, 과전류보호장치, 누전차단기

아. **기능적 특별저압(FELV)** : 기능상의 이유로 교류 50V, 직류 120V 이하인 공칭전압을 사용하지만, SELV 또는 PELV에 대한 모든 요구조건이 충족되지 않고 SELV와 PELV가 필요치 않은 경우에는 기본보호 및 고장보호의 보장을 위해 다음에 따라야 한다. 이러한 조건의 조합을 FELV라 한다. FELV 계통용 플러그와 콘센트는 다음의 모든 요구사항에 부합하여야 한다.

- 플러그를 다른 전압 계통의 콘센트에 꽂을 수 없어야 한다.
- 콘센트는 다른 전압 계통의 플러그를 수용할 수 없어야 한다.
- 콘센트는 보호도체에 접속하여야 한다.

④ 이중절연 또는 강화절연에 의한 보호

가. 기본보호는 기본절연에 의하며, 고장보호는 보조절연에 의한다.

나. 기본 및 고장보호는 충전부의 접근 가능한 부분의 강화절연에 의한다.

⑤ **전기적 분리에 의한 보호**

가. 기본보호는 충전부의 기본절연 또는 격벽과 외함에 의한다.

나. 고장보호는 분리된 다른 회로와 대지로부터 단순한 분리에 의한다.

⑥ **SELV와 PELV를 적용한 특별저압에 의한 보호**

가. **보호대책 일반 요구사항** : 특별저압 계통의 전압한계는 전압밴드 I의 상한 값인 교류 50V 이하, 직류 120V 이하 특별저압 회로를 제외한 모든 회로로부터 특별저압 계통을 보호 분리하고, 특별저압 계통과 다른 특별저압 계통 간에는 기본절연을 하여야 한다..

⑦ **추가적 보호**

가. 누전차단기

나. 보조 보호등전위본딩

⑧ **기본보호 방법**

가. 충전부의 기본절연

나. 격벽 또는 외함

⑨ 장애물 및 접촉범위 밖에 배치

⑩ **숙련자와 기능자의 통제 또는 감독이 있는 설비에 적용 가능한 보호대책**

가. **비도전성 장소** : 노출도전부 상호간, 노출도전부와 계통외도전부 사이의 상대적 간격은 두 부분 사이의 거리가 2.5m 이상

나. **비접지 국부 등전위본딩에 의한 보호** : 등전위본딩용 도체는 동시에 접근이 가능한 모든 노출도전부 및 계통외도전부와 상호 접속하여야 한다.

다. 두 개 이상의 전기사용기기에 전원 공급을 위한 전기적 분리

2. 과전류에 대한 보호

① **선도체의 보호** : 과전류 검출기의 설치

② **중성선의 보호**

가. **TT 계통 또는 TN 계통** : 중성선의 단면적이 선도체의 단면적과 동등 이상의 크기이고, 그 중성선의 전류가 선도체의 전류보다 크지 않을 것으로 예상될 경우, 중성선에는 과전류 검출기 또는 차단장치를 설치하지 않아도 된다.

나. **IT 계통** : 중성선을 배선하는 경우 중성선에 과전류검출기를 설치해야하며, 과전류가 검출되면 중성선을 포함한 해당 회로의 모든 충전도체를 차단해야 한다.

③ **보호장치의 종류 및 특성**

가. **과부하전류 및 단락전류 겸용 보호장치** : 과부하전류 및 단락전류 모두를 보호하는 장치는 그 보호장치 설치 점에서 예상되는 단락전류를 포함한 모든 과전류를 차단 및 투입할 수 있는 능력이 있어야 한다.

나. **과부하전류 전용 보호장치** : 차단용량은 그 설치 점에서의 예상 단락전류 값 미만으로 할 수 있다.

다. **단락전류 전용 보호장치** : 예상 단락전류를 차단할 수 있어야 하며, 차단기인 경우에는 이 단락전류를 투입할 수 있는 능력이 있어야 한다.

라. **보호장치의 특성** : 과전류 보호장치는 KS C 또는 KS C IEC 관련 표준(배선차단기, 누전차단기, 퓨즈 등의 표준)의 동작특성에 적합하여야 한다.

④ **과부하전류에 대한 보호**

가. **도체와 과부하 보호장치 사이의 협조** : 과부하에 대해 케이블(전선)을 보호하는 장치의 동작특성은 다음의 조건을 충족해야 한다.

$I_B \leq I_n \leq I_Z$

$I_2 \leq 1.45 \times I_Z$

나. **과부하 보호장치의 설치 위치** : 과부하 보호장치는 전로 중 도체의 단면적, 특성, 설치방법, 구성의 변경으로 도체의 허용전류 값이 줄어드는 곳에 설치해야 한다.

⑤ **단락전류에 대한 보호**

단락전류 보호장치는 분기점(O)에 설치해야 한다.

분기회로의 단락 보호장치 P_2는 분기점(O)으로부터 3m까지 이동하여 설치할 수 있다.

⑥ **저압전로 중의 개폐기 및 과전류차단장치의 시설**

가. **저압전로 중의 개폐기의 시설** : 저압전로 중에 개폐기를 시설하는 경우에는 그 곳의 각 극에 설치하여야 한다.

나. **저압 옥내전로 인입구에서의 개폐기의 시설** : 저압 옥내전로에는 인입구에 가까운 곳으로서 쉽게 개폐할 수 있는 곳에 개폐기를 각 극에 시설

다. 저압전로 중의 전동기 보호용 과전류보호장치의 시설

⑦ **과부하 및 단락 보호의 협조**

가. 한 개의 보호장치를 이용한 보호

나. 개별 장치를 이용한 보호

3. 과전압에 대한 보호

① 고압계통의 지락고장으로 인한 저압설비 보호

② 낙뢰 또는 개폐에 따른 과전압 보호

4. 열 영향에 대한 보호

① 화재 및 화상방지에 대한 보호

② 과열에 대한 보호

(3) 전선로

1. 구내인입선

① **저압 인입선의 시설**

가. 저압 가공인입선

- 전선은 절연전선 또는 케이블일 것
- 전선이 케이블인 경우 이외에는 인장강도 2.30kN 이상의 것 또는 지름 2.6mm 이상의 인입용 비닐절연전선일 것. 다만, 경간이 15m 이하인 경우는 인장강도 1.25kN 이상의 것 또는 지름 2mm 이상의 인입용 비닐절연전선일 것
- 전선이 옥외용 비닐절연전선인 경우에는 사람이 접촉할 우려가 없도록 시설
- 전선이 케이블인 경우 케이블의 길이가 1m 이하인 경우에는 조가 하지 않아도 된다.
- 전선의 높이는 다음에 의할 것.
  * 도로를 횡단하는 경우에는 노면상 5m(기술상 부득이한 경우에 교통에 지장이 없을 때에는 3m) 이상
  * 철도 또는 궤도를 횡단하는 경우에는 레일면상 6.5m 이상
  * 횡단보도교의 위에 시설하는 경우에는 노면상 3m 이상
- 저압가공인입선 조영물의 구분에 따른 이격거리
  위쪽 : 2m, 옆쪽 또는 아래쪽 : 0.3m

② **연접 인입선의 시설**

가. 인입선에서 분기하는 점으로부터 100m를 초과하는 지역에 미치지 아니할 것

나. 폭 5m를 초과하는 도로를 횡단하지 아니할 것

다. 옥내를 통과하지 아니할 것

2. 옥측전선로

가. 저압 옥측전선로는 다음의 공사방법에 의할 것

- 애자공사(전개된 장소에 한한다.)
- 합성수지관공사
- 금속관공사(목조 이외의 조영물에 시설하는 경우에 한한다)
- 버스덕트공사[목조 이외의 조영물(점검할 수 없는 은폐된 장소는 제외한다)에 시설하는 경우에 한한다]
- 케이블공사(연피 케이블, 알루미늄피 케이블 또는 무기물절연(MI) 케이블을 사용하는 경우에는 목조 이외의 조영물에 시설하는 경우에 한한다)

나. 애자공사에 의한 저압 옥측전선로

- 전선의 지지점 간의 거리는 2m 이하일 것
- 이격거리 : 조영물 상부조영재 2m, 옆쪽 또는 아래쪽 0.6m, 기타 0.6m
- 애자공사에 의한 저압 옥측전선로의 전선과 식물 사이의 이격거리는 0.2m 이상이어야 한다.

3. 옥상전선로

가. 전선은 인장강도 2.30kN 이상의 것 또는 지름 2.6mm 이상의 경동선을 사용할 것.

나. 그 지지점 간의 거리는 15m 이하일 것.

다. 전선과 그 저압 옥상 전선로를 시설하는 조영재와의 이격거리는 2m(전선이 고압 절연전선, 특고압 절연전선 또는 케이블인 경우에는 1m) 이상일 것.

라. 저압 옥상전선로의 전선이 저압 옥측전선, 고압 옥측전선, 특고압 옥측전선, 다른 저압 옥상전선로의 전선, 약전류전선 등, 안테나 · 수관 · 가스관 또는 이들과 유사한 것과 접근하거나 교차하는 경우에는 저압 옥상전선로의 전선과 이들 사이의 이격거리는 1m 이상

(4) 저압가공전선로

1. 저압 가공전선의 굵기 및 종류

① 저압 가공전선은 나전선(중성선 또는 다중접지된 접지측 전선으로 사용하는 전선에 한한다), 절연전선, 다심형 전선 또는 케이블을 사용하여야 한다.

② 사용전압이 400V 이하인 저압 가공전선은 케이블인 경우를 제외하고는 인장강도 3.43kN 이상의 것 또는 지름 3.2mm(절연전선인 경우는 인장강도 2.3kN 이상의 것 또는 지름 2.6mm 이상의 경동선) 이상의 것이어야 한다.

③ 사용전압이 400V 초과인 저압 가공전선은 케이블인 경우 이외에는 시가지에 시설하는 것은 인장강도 8.01kN 이상의 것 또는 지름 5mm 이상의 경동선, 시가지 외에 시설하는 것은 인장강도 5.26kN 이상의 것 또는 지름 4mm 이상의 경동선이어야 한다.

④ 사용전압이 400V 초과인 저압 가공전선에는 인입용 비닐절연전선을 사용하여서는 안 된다.

2. 저압 가공전선의 안전율

KEC335.9

경동선 2.2, 기타전선 2.5 이상

3. 저압 가공전선의 높이

가. 도로를 횡단하는 경우에는 지표상 6m 이상

나. 철도 또는 궤도를 횡단하는 경우에는 레일면상 6.5m 이상

다. 횡단보도교의 위에 시설하는 경우에는 저압 가공전선은 그 노면상 3.5m[전선이 저압 절연전선 · 다심형 전선 또는 케이블인 경우에는 3m] 이상

라. "가"부터 "다"까지 이외의 경우에는 지표상 5m 이상. 교통에 지장이 없도록 시설하는 경우 지표상 4m까지로 감할 수 있다.

마. 다리의 하부 기타 이와 유사한 장소에 시설하는 저압의 전기철도용 급전선은 제1의 "라"의 규정에도 불구하고 지표상 3.5m까지로 감할 수 있다.

4. 저압 가공전선로의 지지물의 강도

저압 가공전선로의 지지물은 목주인 경우에는 풍압하중의 1.2배의 하중

5. 저압 보안공사

① 전선은 케이블인 경우 이외에는 인장강도 8.01kN 이상의 것 또는 지름 5mm(사용전압이 400V 이하인 경우에는 인장강도 5.26kN 이상의 것 또는 지름 4mm 이상의 경동선) 이상의 경동선

② **목주**

가. 풍압하중에 대한 안전율은 1.5 이상일 것.

나. 목주의 굵기는 말구(末口)의 지름 0.12m 이상일 것.

[표] 지지물 종류에 따른 경간

지지물의 종류	경간
목주·A종 철주 또는 A종 철근 콘크리트주	100m
B종 철주 또는 B종 철근 콘크리트주	150m
철탑	400m

6. 저압 가공전선 상호 간의 접근 또는 교차

저압 가공전선이 다른 저압 가공전선과 접근상태로 시설되거나 교차하여 시설되는 경우에는 저압 가공전선 상호 간의 이격거리는 0.6m(어느 한 쪽의 전선이 고압 절연전선, 특고압 절연전선 또는 케이블인 경우에는 0.3m) 이상, 하나의 저압 가공전선과 다른 저압 가공전선로의 지지물 사이의 이격거리는 0.3m 이상이어야 한다.

[표] 저압 가공전선과 건조물, 안테나, 다른 시설물 등의 접근 이격거리

구분		저압[m]
건조물	상부조영재 위쪽	2(1)
	상부조영재 옆, 아래쪽	0.6(0.3)
조영재 이외 건조물의 시설물		0.6(0.3)
도로, 철도 등		3
삭도, 저압 전차선		0.6(0.3)
가공 약전류 전선 및 저압 전차선의 지지물		0.3
가공 약전류 전선		0.6(0.3)
안테나		0.6(0.3)
다른 시설물	상부조영재 윗쪽	
	상부조영재 옆, 아래쪽	0.6(0.3)
	기타 조영재	0.6(0.3)
식물		상시불고있는 바람에 접촉하지 않도록

7. 농사용 저압 가공전선로의 시설

가. 사용전압은 저압일 것.

나. 저압 가공전선은 인장강도 1.38kN 이상의 것 또는 지름 2mm 이상의 경동선일 것.

다. 저압 가공전선의 지표상의 높이는 3.5m 이상일 것.

라. 목주의 굵기는 말구 지름이 0.09m 이상일 것.

마. 전선로의 지지점 간 거리는 30m 이하일 것.

8. 구내에 시설하는 저압 가공전선로

가. 전선은 지름 2mm 이상의 경동선의 절연전선 또는 이와 동등 이상의 세기 및 굵기의 절연전선일 것. 다만, 경간이 10m 이하인 경우에 한하여 공칭단면적 $4mm^2$ 이상의 연동 절연전선을 사용할 수 있다.

나. 전선로의 경간은 30m 이하일 것

9. 저압 직류 가공전선로

① 전로의 전선 상호간 및 전로와 대지 사이의 절연저항은 기술기준 제52조의 표에서 정한 값 이상이어야 한다.

② 가공전선로의 접지시스템은 KS C IEC 60364-5-54에 따라 시설하여야 한다.

③ 전로에 지락이 생겼을 때에는 자동으로 전선로를 차단하는 장치를 시설하여야 한다.

가. 전로의 절연상태를 지속적으로 감시할 수 있는 장치를 설치하고 지락 발생 시 전로를 차단하거나 고장이 제거되기 전까지 관리자가 확인할 수 있는 음향 또는 시각적인 신호를 지속적으로 보낼 수 있도록 시설하여야 한다.

나. 한 극의 지락고장이 제거되지 않은 상태에서 다른 상의 전로에 지락이 발생했을 때에는 전로를 자동적으로 차단하는 장치를 시설하여야 한다.

④ 전로에는 과전류차단기를 설치하여야 하고 이를 시설하는 곳을 통과하는 단락전류를 차단하는 능력을 가지는 것이어야 한다.

⑤ 낙뢰 등의 서지로부터 전로 및 기기를 보호하기 위해 서지보호장치를 설치하여야 한다.

⑥ 기기 외함은 충전부에 일반인이 쉽게 접촉하지 못하도록 공구 또는 열쇠에 의해서만 개방할 수 있도록 설치하고, 옥외에 시설하는 기기 외함은 충분한 방수 보호등급(IPX4 이상)을 갖는 것이어야 한다.

⑦ 교류 전로와 동일한 지지물에 시설되는 경우 직류 전로를 구분하기 위한 표시를 하고, 모든 전로의 종단 및 접속점에서 극성을 식별하기 위한 표시(양극 – 적색, 음극 – 백색, 중점선/중성선 – 청색)를 하여야 한다.

(5) 지중전선로

1. 지중전선로의 시설

① 지중 전선로는 전선에 케이블을 사용하고 또한 관로식 · 암거식(暗渠式) 또는 직접 매설식에 의하여 시설하여야 한다.

가. 관로식에 의하여 시설하는 경우에는 매설 깊이를 1.0m 이상으로 하되, 중량물의 압력을 받을 우려가 없는 곳은 0.6m 이상으로 한다.

나. 암거식에 의하여 시설하는 경우에는 견고하고 차량 기타 중량물의 압력에 견디는 것을 사용할 것.

② 지중 전선로를 직접 매설식에 의하여 시설하는 경우 차량 기타 중량물의 압력을 받을 우려가 있는 장소에는 1.0m 이상, 기타 장소에는 0.6m 이상으로 하고 또한 지중 전선을 견고한 트라프 기타 방호물에 넣어 시설하여야 한다.

2. 지중함의 시설

가. 지중함은 견고하고 차량 기타 중량물의 압력에 견디는 구조일 것

나. 지중함은 그 안의 고인 물을 제거할 수 있는 구조로 되어 있을 것

다. 폭발성 또는 연소성의 가스가 침입할 우려가 있는 것에 시설하는 지중함으로서 그 크기가 1 ㎥ 이상인 것에는 통풍장치 기타 가스를 방산시키기 위한 적당한 장치를 시설할 것

3. 케이블 가압장치의 시설

가. 압축 가스 또는 압유(壓油)를 통하는 관, 압축 가스탱크 또는 압유탱크 및 압축기는 각각의 최고 사용압력의 1.5배의 유압 또는 수압(유압 또는 수압으로 시험하기 곤란한 경우에는 최고 사용압력의 1.25배의 기압)을 연속하여 10분간 가하여 시험을 하였을 때 이에 견디고 또한 누설되지 아니하는 것일 것.

나. 압력탱크 및 압력관은 용접에 의하여 잔류응력(殘留應力)이 생기거나 나사조임에 의하여 무리한 하중이 걸리지 아니하도록 할 것

4. 지중전선의 피복금속체의 접지

관 · 암거 기타 지중전선을 넣은 방호장치의 금속제부분 · 금속제의 전선 접속함 및 지중전선의 피복으로 사용하는 금속체에는 접지공사를 하여야 한다.

5. 지중약전류전선의 유도장해 방지

지중전선로는 기설 지중약전류전선로에 대하여 누설전류 또는 유도작용에 의하여 통신상의 장해를 주지 않도록 기설 약전류전선로로부터 충분히 이격시키거나 기타 적당한 방법으로 시설하여야 한다.

6. 지중전선과 지중약전류전선 등 또는 관과의 접근 또는 교차

① 지중전선이 지중약전류 전선 등과 접근하거나 교차하는 경우에 상호 간의 이격거리가 저압 또는 고압의 지중전선은 0.3m 이하, 특고압 지중전선은 0.6m 이하인 때에는 지중전선과 지중약전류 전선 등 사이에 견고한 내화성의 격벽을 설치하는 경우 이외에는 지중전선을 견고한 불연성 또는 난연성의 관에 넣어 그 관이 지중약전류전선 등과 직접 접촉하지 아니하도록 하여야 한다.

② 특고압 지중전선이 가연성이나 유독성의 유체를 내포하는 관과 접근하거나 교차하는 경우에 상호 간의 이격거리가 1m 이하(단, 사용전압이 25kV 이하인 다중접지방식 지중전선로인 경우에는 0.5m 이하)

7. 지중전선 상호 간의 접근 또는 교차

① 지중전선이 다른 지중전선과 접근하거나 교차하는 경우에 지중함 내 이외의 곳에서 상호 간의 이격거리가 저압 지중전선과 고압 지중전선에 있어서는 0.15m 이상, 저압이나 고압의 지중전선과 특고압 지중전선에 있어서는 0.3m 이상이 되도록 시설하여야 한다.

② 사용전압이 25kV 이하인 다중접지방식 지중전선로를 관로식 또는 직접매설식으로 시설하는 경우, 그 이격거리가 0.1m 이상이 되도록 시설하여야 한다.

(6) 특수장소의 전선로

1. 터널 안 전선로의 시설

가. 저압 전선
인장강도 2.30kN 이상의 절연전선 또는 지름 2.6mm 이상의 경동선의 절연전선을 사용하고 애자사용배선에 의하여 시설하여야 하며 또한 이를 레일면상 또는 노면상 2.5m 이상의 높이로 유지할 것.

나. 고압 전선은 인장강도 5.26kN 이상의 것 또는 지름 4mm 이상의 경동선의 고압 절연전선 또는 특고압 절연전선을 사용하여 애자사용배선에 의하여 시설하고 또한 이를 레일면상 또는 노면상 3m 이상의 높이

2. 수상전선로의 시설

가. 전선은 전선로의 사용전압이 저압인 경우에는 클로로프렌 캡타이어 케이블이어야 하며, 고압인 경우에는 캡타이어 케이블일 것.

나. 수상전선로의 전선을 가공전선로의 전선과 접속하는 경우
- 접속점이 육상에 있는 경우에는 지표상 5m 이상. 다만, 수상전선로의 사용전압이 저압인 경우에 도로상 이외의 곳에 있을 때에는 지표상 4m 까지로 감할 수 있다.
- 접속점이 수면상에 있는 경우에는 수상전선로의 사용전압이 저압인 경우에는 수면상 4 m 이상, 고압인 경우에는 수면상 5m 이상

3. 교량에 시설하는 전선로

① 교량의 윗면에 시설하는 것은 다음에 의하는 이외에 전선의 높이를 교량의 노면상 5 m 이상으로 하여 시설할 것.

가. 전선은 케이블인 경우 이외에는 인장강도 2.30kN 이상의 것 또는 지름 2.6mm 이상의 경동선의 절연전선일 것.

나. 전선과 조영재 사이의 이격거리는 전선이 케이블인 경우 이외에는 0.3 m 이상일 것.

다. 전선은 케이블인 경우 이외에는 조영재에 견고하게 붙인 완금류에 절연성 · 난연성 및 내수성의 애자로 지지할 것.

라. 전선이 케이블인 경우에 전선과 조영재 사이의 이격거리를 0.15m 이상으로 하여 시설할 것

② **교량에 시설하는 고압전선로**

가. 교량의 윗면에 시설하는 것은 다음에 의하는 이외에 전선의 높이를 교량의 노면상 5m 이상으로 할 것
- 전선은 케이블일 것. 다만, 철도 또는 궤도 전용의 교량에는 인장강도 5.26kN 이상의 것 또는 지름 4mm 이상의 경동선
- 전선이 케이블인 경우 전선과 조영재 사이의 이격거리는 0.3m 이상일 것
- 전선이 케이블 이외의 경우에는 이를 조영재에 견고하게 붙인 완금류에 절연성 · 난연성 및 내수성의 애자로 지지하고 또한 전선과 조영재 사이의 이격거리는 0.6m 이상일 것

4. 급경사지에 시설하는 전선로의 시설

① 급경사지에 시설하는 저압 또는 고압의 전선로는 그 전선이 건조물의 위에 시설되는 경우, 도로 · 철도 · 궤도 · 삭도 · 가공약전류전선 등 · 가공전선 또는 전차선과 교차하여 시설되는 경우 및 수평거리로 이들과 3m 미만에 접근하여 시설되는 경우 이외의 경우로서 기술상 부득이한 경우 이외에는 시설하여서는 안 된다.

가. 전선의 지지점 간의 거리는 15m 이하일 것

나. 전선은 케이블인 경우 이외에는 벼랑에 견고하게 붙인 금속제 완금류에 절연성 · 난연성 및 내수성의 애자로 지지할 것

다. 전선에 사람이 접촉할 우려가 있는 곳 또는 손상을 받을 우려가 있는 곳에 시설하는 경우에는 적당한 방호장치를 시설할 것

라. 저압 전선로와 고압 전선로를 같은 벼랑에 시설하는 경우에는 고압 전선로를 저압 전선로의 위로하고 또한 고압전선과 저압전선 사이의 이격거리는 0.5m 이상일 것

(7) 배선 및 조명설비

1. 저압 옥내배선의 사용전선 및 중성선의 굵기

① 저압 옥내배선의 전선은 단면적 $2.5mm^2$ 이상의 연동선

② 옥내배선의 사용 전압이 400V 이하인 경우

가. 전광표시장치 기타 이와 유사한 장치 또는 제어 회로 등에 사용하는 배선에 단면적 $1.5mm^2$ 이상의 연동선을 사용하고 이를 합성수지관공사 · 금속관공사 · 금속몰드공사 · 금속덕트공사 · 플로어덕트공사 또는 셀룰러덕트공사에 의하여 시설하는 경우

2. 중성선의 단면적

① 다음의 경우는 중성선의 단면적은 최소한 선도체의 단면적 이상이어야 한다.

가. 2선식 단상회로

나. 선도체의 단면적이 구리선 $16mm^2$, 알루미늄선 $25mm^2$ 이하인 다상 회로

다. 제3고조파 및 제3고조파의 홀수배수의 고조파 전류가 흐를 가능성이 높고 전류 종합고조파 왜형률이 15~33%인 3상회로

② 제3고조파 및 제3고조파 홀수배수의 전류 종합고조파왜형률이 33%를 초과하는 경우, 중성선의 단면적을 증가시켜야 한다.

가. 다심케이블의 경우 선도체의 단면적은 중성선의 단면적과 같아야 하며, 이 단면적은 선도체의 $1.45 \times I_B$(회로 설계전류)를 흘릴 수 있는 중성선을 선정한다.

3. 나전선의 사용 제한

① 옥내에 시설하는 저압전선에는 나전선을 사용하여서는 아니 된다.

〈예외〉

- 전기로용 전선
- 전선의 피복 절연물이 부식하는 장소에 시설하는 전선
- 취급자 이외의 자가 출입할 수 없도록 설비한 장소에 시설하는 전선

–버스덕트공사에 의하여 시설하는 경우

–라이팅덕트공사에 의하여 시설하는 경우

–접촉 전선을 시설하는 경우

4. 고주파 전류에 의한 장해의 방지

가. 형광 방전등에는 적당한 곳에 정전용량이 0.006μF 이상 0.5μF 이하[예열시동식의 것으로 글로우램프에 병렬로 접속할 경우에는 0.006μF 이상 0.01μF 이하]인 커패시터를 시설할 것

나. 사용전압이 저압으로서 정격출력이 1kW 이하인 교류직권전동기는 금속제 외함이나 소형교류직권전동기의 외함 또는 대지 사이에 각각 정전용량이 0.1μF 및 0.003μF 인 커패시터를 시설할 것.

5. 옥내전로의 대지 전압의 제한

① 백열전등 또는 방전등에 전기를 공급하는 옥내의 전로(주택의 옥내 전로를 제외한다)의 대지전압은 300V 이하.

② 주택의 옥내전로의 대지전압은 300V 이하

가. 사용전압은 400V 이하여야 한다.

나. 주택의 전로 인입구에는 「전기용품 및 생활용품 안전관리법」에 적용을 받는 감전보호용 누전차단기를 시설하여야 한다.

다. 정격 소비 전력 3kW 이상의 전기기계기구에 전기를 공급하기 위한 전로에는 전용의 개폐기 및 과전류 차단기를 시설

(8) 배선설비

1. 배선설비 공사의 종류

표 공사방법의 분류

종류	공사방법
전선관시스템	합성수지관공사, 금속관공사, 가요전선관공사
케이블트렁킹시스템	합성수지몰드공사, 금속몰드공사, 금속트렁킹공사[a]
케이블덕팅시스템	플로어덕트공사, 셀룰러덕트공사, 금속덕트공사[b]
애자공사	애자공사
케이블트레이시스템(래더, 브래킷 포함)	케이블트레이공사
케이블공사	고정하지 않는 방법, 직접 고정하는 방법, 지지선 방법

a 금속본체와 커버가 별도로 구성되어 커버를 개폐할 수 있는 금속덕트공사를 말한다.
b 본체와 커버 구분 없이 하나로 구성된 금속덕트공사를 말한다.

2. 배선설비와 다른 공급설비와의 접근

가. 저압 옥내배선이 다른 저압 옥내배선 또는 관등회로의 배선과 접근하거나 교차하는 경우 애자공사에 의하여 시설하는 저압 옥내배선과 다른 저압 옥내배선 또는 관등회로의 배선 사이의 이격거리는 0.1m(애자공사에 의하여 시설하는 저압 옥내배선이 나전선인 경우에는 0.3m) 이상

나. 지중 통신케이블과 지중 전력케이블이 교차하거나 접근하는 경우 100mm 이상의 간격을 유지

다. 지중 전선이 지중 약전류전선 등과 접근하거나 교차하는 경우에 상호 간의 이격거리가 저압 지중 전선은 0.3m 이하인 때에 격벽(隔壁)을 설치

3. 수용가 설비에서의 전압강하

표 수용가설비의 전압강하

설비의 유형	조명(%)	기타(%)
A – 저압으로 수전하는 경우	3	5
B – 고압 이상으로 수전하는 경우[a]	6	8

a. 가능한 한 최종회로 내의 전압강하가 A 유형의 값을 넘지 않도록 하는 것이 바람직하다.
사용자의 배선설비가 100m를 넘는 부분의 전압강하는 미터 당 0.005% 증가할 수 있으나 이러한 증가분은 0.5%를 넘지 않아야 한다.

4. 배선설비의 선정과 설치에 고려해야할 외부영향

① **주위온도**

배선설비는 그 사용 장소의 최고와 최저온도 범위에서 통상 운전의 최고허용온도를 초과하지 않도록 선정하여 시공

② **외부 열원** : 외부 열원으로부터의 악영향을 피하기 위해

가. 차폐

나. 열원으로부터의 충분한 이격

다. 발생할 우려가 있는 온도상승을 고려한 구성품의 선정

라. 단열 절연슬리브접속(sleeving) 등과 같은 절연재료의 국부적 강화

③ **물의 존재**(AD) **또는 높은 습도**(AB)

배선설비는 결로 또는 물의 침입에 의한 손상이 없도록 선정하고 설치하여야 한다. 설치가 완성된 배선설비는 개별 장소에 알맞은 IP 보호등급에 적합하여야 한다.

④ 침입고형물의 존재(AE)

⑤ **부식 또는 오염 물질의 존재**(AF)

물을 포함한 부식 또는 오염 물질로 인해 부식이나 열화의 우려가 있는 경우 배선설비의 해당 부분은 이들 물질에 견딜 수 있는 재료로 적절히 보호하거나 제조하여야 한다.

⑥ **충격**(AG)

배선설비는 설치, 사용 또는 보수 중에 충격, 관통, 압축 등의 기계적 응력 등에 의해 발생하는 손상을 최소화하도록 선정하고 설치하여야 한다.

⑦ **진동**(AH)

중간 가혹도(AH2) 또는 높은 가혹도(AH3)의 진동을 받은 기기의 구조체에 지지 또는 고정하는 배선설비는 이들 조건에 적절히 대비해야 한다.

⑧ **그 밖의 기계적 응력**(AJ)

배선설비는 공사 중, 사용 중 또는 보수시에 케이블과 절연전선의 외장이나 절연물과 단말에 손상을 주지 않도록 선정하고 설치하여야 한다.

⑨ **식물과 곰팡이의 존재**(AK) : 경험 또는 예측에 의해 위험조건(AK2)이 되는 경우

가. 폐쇄형 설비(전선관, 케이블덕트 또는 케이블 트렁킹)

나. 식물에 대한 이격거리 유지

다. 배선설비의 정기적인 청소

⑩ 동물의 존재(AL)

⑪ **태양 방사**(AN) **및 자외선 방사**

경험 또는 예측에 의해 영향을 줄 만한 양의 태양방사(AN2) 또는 자외선이 있는 경우 조건에 맞는 배선설비를 선정하여 시공하거나 적절한 차폐를 하여야 한다.

⑫ **지진의 영향**(AP)

가. 해당 시설이 위치하는 장소의 지진 위험을 고려하여 배선설비를 선정하고 설치하여야 한다.

나. 지진 위험도가 낮은 위험도(AP2) 이상인 경우,

- 배선설비를 건축물 구조에 고정 시 가요성을 고려하여야 한다. 예를 들어, 비상설비 등 모든 중요한 기기와 고정 배선 사이의 접속은 가요성을 고려하여 선정하여야 한다.

⑬ 바람(AR)

⑭ 가공 또는 보관된 자재의 특성(BE)

⑮ **건축물의 설계**(CB)

가. 구조체 등의 변위에 의한 위험(CB3)이 존재하는 경우는 그 상호변위를 허용하는 케이블의 지지와 보호 방식을 채택하여 전선과 케이블에 과도한 기계적 응력이 실리지 않도록 하여야 한다.

나. 가요성 구조체 또는 비고정 구조체(CB4)에 대해서는 가요성 배선방식으로 한다.

(9) 전선관 시스템

1. 합성수지관공사

① 전선은 절연전선(옥외용 비닐절연전선을 제외한다)일 것.

② 전선은 연선일 것

단면적 10mm^2(알루미늄선은 단면적 16mm^2) 이하는 단선

③ 전선은 합성수지관 안에서 접속점이 없도록 할 것.

④ 관의 두께는 2mm 이상일 것.

⑤ 관 상호 간 및 박스와는 관을 삽입하는 깊이를 관의 바깥지름의 1.2배(접착제를 사용하는 경우에는 0.8배) 이상으로 하고 또한 꽂음 접속에 의하여 견고하게 접속할 것.

⑥ 관의 지지점 간의 거리는 1.5m 이하로 하고, 또한 그 지지점은 관의 끝 · 관과 박스의 접속점 및 관 상호 간의 접속점 등에 가까운 곳에 시설할 것.

2. 금속관공사

① 전선관과의 접속부분의 나사는 5턱 이상 완전히 나사결합이 될 수 있는 길이일 것.

② 관의 두께는 콘크리트에 매입하는 것은 1.2mm 이상, 이외의 것은 1mm 이상. 다만, 이음매가 없는 길이 4m 이하인 것을 건조하고 전개된 곳에 시설하는 경우에는 0.5mm까지로 감할 수 있다.

3 금속제 가요전선관공사

① 가요전선관은 2종 금속제 가요전선관일 것. 다만, 전개된 장소 또는 점검할 수 있는 은폐된 장소(옥내배선의 사용전압이 400V 초과인 경우에는 전동기에 접속하는 부분으로서 가요성을 필요로 하는 부분에 사용하는 것에 한한다)에는 1종 가요전선관(습기가 많은 장소 또는 물기가 있는 장소에는 비닐 피복 1종 가요전선관에 한한다)을 사용할 수 있다.

② 2종 금속제 가요전선관을 사용하는 경우에 습기 많은 장소 또는 물기가 있는 장소에 시설하는 때에는 비닐 피복 2종 가요전선관일 것

4. 합성수지몰드공사

① 전선은 절연전선(옥외용 비닐절연전선을 제외한다)일 것.

② 합성수지몰드는 홈의 폭 및 깊이가 35mm 이하, 두께는 2mm 이상의 것일 것. 다만, 사람이 쉽게 접촉할 우려가 없도록 시설하는 경우에는 폭이 50mm 이하, 두께 1mm 이상의 것을 사용할 수 있다.

5. 금속몰드공사

① 전선은 절연전선(옥외용 비닐절연 전선을 제외한다)일 것.

② 금속몰드 안에는 전선에 접속점이 없도록 할 것.

③ 금속몰드의 사용전압이 400V 이하로 옥내의 건조한 장소로 전개된 장소 또는 점검할 수 있는 은폐장소에 한하여 시설할 수 있다.

④ 황동제 또는 동제의 몰드는 폭이 50mm 이하, 두께 0.5mm 이상인 것일 것.

6. 케이블트렌치공사

① 케이블은 배선 회로별로 구분하고 2m 이내의 간격으로 받침대등을 시설할 것

② 케이블트렌치에서 케이블트레이, 덕트, 전선관 등 다른 공사방법으로 변경되는 곳에는 전선에 물리적 손상을 주지 않도록 시설할 것

③ 케이블트렌치 내부에는 전기배선설비 이외의 수관가스관 등 다른 시설물을 설치하지 말 것

7. 금속덕트공사

① 금속덕트에 넣은 전선의 단면적(절연피복의 단면적을 포함한다)의 합계는 덕트의 내부 단면적의 20%(제어회로 등의 배선만을 넣는 경우에는 50%) 이하일 것

② 금속덕트 안에는 전선에 접속점이 없도록 할 것.

③ 폭이 40mm 이상, 두께가 1.2mm 이상인 철판 또는 동등 이상의 기계적 강도를 가지는 금속제의 것으로 견고하게 제작한 것일 것

④ 덕트를 조영재에 붙이는 경우에는 덕트의 지지점 간의 거리를 3m(취급자 이외의 자가 출입할 수 없도록 설비한 곳에서 수직으로 붙이는 경우에는 6m) 이하

⑤. 덕트의 끝부분은 막을 것

8. 케이블트레이공사

케이블트레이공사는 케이블을 지지하기 위하여 사용하는 금속재 또는 불연성 재료로 제작된 유닛 또는 유닛의 집합체 및 그에 부속하는 부속재 등으로 구성된 견고한 구조물을 말하며 사다리형, 펀칭형, 메시형, 바닥밀폐형 기타 이와 유사한 구조물을 포함하여 적용한다.

① 전선은 연피케이블, 알루미늄피 케이블 등 난연성 케이블 또는 기타 케이블 또는 금속관 혹은 합성수지관 등에 넣은 절연전선을 사용하여야 한다.

② 수평 트레이에 다심케이블을 포설 시 벽면과의 간격은 20mm 이상 이격하여 설치하여야 한다.

③ 케이블 트레이의 안전율은 1.5 이상

④ 비금속제 케이블 트레이는 난연성 재료의 것이어야 한다.

9. 케이블공사

① 전선은 케이블 및 캡타이어케이블일 것.

② 전선을 조영재의 아랫면 또는 옆면에 따라 붙이는 경우에는 전선의 지지점 간의 거리를 케이블은 2m(사람이 접촉할 우려가 없는 곳에서 수직으로 붙이는 경우에는 6m) 이하 캡타이어케이블은 1m 이하

③ **콘크리트 직매용 포설**
전선은 콘크리트 직매용(直埋用) 케이블 또는 개장을 한 케이블일 것

④ **수직 케이블의 포설**

가. 비닐외장케이블 또는 클로로프렌외장케이블로서 도체에 동을 사용하는 경우는 공칭단면적 $25mm^2$ 이상, 도체에 알루미늄을 사용한 경우는 공칭단면적 $35mm^2$ 이상의 것

나. 전선 및 그 지지부분의 안전율은 4 이상일 것

10. 애자공사

① 전선 상호 간의 간격은 0.06m 이상

② 전선과 조영재 사이의 이격거리는 사용전압이 400V 이하인 경우에는 25mm 이상, 400V 초과인 경우에는 45mm(건조한 장소에 시설하는 경우에는 25mm)이상

③ 전선의 지지점 간의 거리는 전선을 조영재의 윗면 또는 옆면에 따라 붙일 경우에는 2m 이하

④ 사용전압이 400V 초과인 것은 제3의 경우 이외에서 전선의 지지점 간의 거리는 6m 이하일 것

11. 버스덕트공사

① 덕트를 조영재에 붙이는 경우에는 덕트의 지지점 간의 거리를 3m(취급자 이외의 자가 출입할 수 없도록 설비한 곳에서 수직으로 붙이는 경우에는 6m) 이하로 하고 또한 견고하게 붙일 것.

② 덕트(환기형의 것을 제외한다)의 끝부분은 막을 것

③ 도체는 단면적 $20mm^2$ 이상의 띠 모양, 지름 5mm 이상의 관모양이나 둥글고 긴 막대 모양의 동 또는 단면적 $30mm^2$ 이상의 띠 모양의 알루미늄을 사용한 것일 것

12. 라이팅덕트공사

① 덕트의 지지점 간의 거리는 2m 이하로 할 것

② 덕트는 조영재를 관통하여 시설하지 아니할 것

13. 옥내에 시설하는 저압 접촉전선 배선

① 이동기중기 · 자동청소기 그 밖에 이동하며 사용하는 저압의 전기기계기구에 전기를 공급하기 위하여 사용하는 접촉전선을 옥내에 시설하는 경우에는 기계기구에 시설하는 경우 이외에는 전개된 장소 또는 점검할 수 있는 은폐된 장소에 애자공사 또는 버스덕트공사 또는 절연트롤리공사에 의하여야 한다.

② 전선의 바닥에서의 높이는 3.5m 이상

③ 전선과 건조물 또는 주행 크레인에 설치한 보도 · 계단 · 사다리 · 점검대이거나 이와 유사한 것 사이의 이격거리는 위쪽 2.3m 이상, 옆쪽 1.2m 이상으로 할 것.

④ 전선은 인장강도 11.2kN 이상의 것 또는 지름 6mm의 경동선으로 단면적이 28mm^2 이상인 것일 것. 다만, 사용전압이 400V 이하인 경우에는 인장강도 3.44kN 이상의 것 또는 지름 3.2mm 이상의 경동선으로 단면적이 8mm^2 이상인 것을 사용할 수 있다.

⑤ 전선의 지지점간의 거리는 6m 이하일 것.

⑥ 전선 상호 간의 간격은 전선을 수평으로 배열하는 경우에는 0.14m 이상, 기타의 경우에

14. 옥내에 시설하는 저압용 배분전반 등의 시설

① 한 개의 분전반에는 한 가지 전원(1회선의 간선)만 공급

② 주택용 분전반은 노출된 장소에 시설

⑽ 조명설비

1. 등기구의 시설

① 조명용 전원코드 또는 이동전선은 단면적 0.75mm^2 이상의 코드 또는 캡타이어케이블을 용도에 적합하게 선정하여야 한다.

② 조명용 전원코드를 비나 이슬에 맞지 않도록 시설하고(옥측에 시설하는 경우에 한한다) 사람이 쉽게 접촉되지 않도록 시설할 경우에는 단면적이 0.75mm^2 이상인 450/750V 내열성 에틸렌아세테이트 고무절연전선을 사용할 수 있다.

2. 콘센트의 시설

욕조나 샤워시설이 있는 욕실 또는 화장실 등 인체가 물에 젖어있는 상태에서 전기를 사용하는 장소에 콘센트를 시설하는 경우

① 「전기용품 및 생활용품 안전관리법」의 적용을 받는 인체감전보호용 누전차단기(정격감도전류 15mA 이하, 동작시간 0.03초 이하의 전류동작형의 것에 한한다) 또는 절연변압기(정격용량 3kVA 이하인 것에 한한다)로 보호된 전로에 접속하거나, 인체감전보호용 누전차단기가 부착된 콘센트를 시설하여야 한다.

② 콘센트는 접지극이 있는 방적형 콘센트를 사용

3. 점멸기의 시설

① 점멸기는 전로의 비접지측에 시설

② 욕실 내는 점멸기를 시설하지 말 것.

③ 가정용전등은 매 등기구마다 점멸이 가능하도록 할 것

④ 센서등(타임스위치 포함) 시설

가. 관광숙박업 또는 숙박업에 이용되는 객실의 입구등은 1분 이내에 소등되는 것

나. 일반주택 및 아파트 각 호실의 현관등은 3분 이내에 소등되는 것

4. 진열장 또는 이와 유사한 것의 내부 배선

① 사용전압이 400V 이하의 배선을 외부에서 잘 보이는 장소에 한하여 코드 또는 캡타이어케이블로 직접 조영재에 밀착하여 배선할 수 있다.

② 단면적 0.75mm^2 이상의 코드 또는 캡타이어케이블일 것

5. 옥외등

① 사용전압은 대지전압을 300 V 이하로 하여야 한다.

② 공사방법 : 애자공사(지표상 2m 이상의 높이에서 노출된 장소에 시설할 경우에 한한다)

금속관공사, 합성수지관공사, 케이블공사

③ 간판에 전기를 공급하는 전로에는 전로에 지락이 생겼을 때에 자동으로 차단하는 누전차단기를 시설하여야 한다.

6. 전주외등

① 대지전압 300V 이하의 형광등, 고압방전등, LED등 등을 배전선로의 지지물 등에 시설하는 경우에 적용

② 배선은 단면적 2.5mm^2 이상의 절연전선

③ 배선이 전주에 연한 부분은 1.5m 이내마다 새들(saddle) 또는 밴드로 지지할 것.

④ 가로등, 보안등, 조경등 등으로 시설하는 방전등에 공급하는 전로의 사용전압이 150V를 초과하는 경우 전로에 지락이 생겼을 때에 자동적으로 전로를 차단하는 장치를 각 분기회로에 시설하여야 한다.

7. 1kV 이하 방전등

① 전로의 대지전압은 300V 이하

② **방전등용 안정기** : 노출장소에 시설할 경우는 외함을 가연성의 조영재에서 0.01 m 이상 이격하여 견고하게 부착할 것

③ 관등회로의 사용전압이 400V 초과인 경우는 방전등용 변압기를 사용할 것

8. 수중조명등

① 절연변압기의 1차측 전로의 사용전압은 400V 이하일 것

② 절연변압기의 2차측 전로의 사용전압은 150V 이하일 것

③ 절연변압기의 2차 측 전로는 접지하지 말 것

④ 절연변압기의 2차측 배선은 금속관공사에 의하여 시설할 것

⑤ 수중조명등의 절연변압기의 2차측 전로에는 개폐기 및 과전류차단기를 각 극에 시설하여야 한다.

9. 교통신호등

① 교통신호등 제어장치의 2차측 배선의 최대사용전압은 300V 이하이어야 한다.

② 전선은 케이블인 경우 이외에는 공칭단면적 2.5mm² 연동선과 동등 이상의 세기 및 굵기의 450/750V 일반용 단심 비닐절연전선 또는 450/750V 내열성에틸렌아세테이트 고무절연전선일 것

③ 인하선의 지표상의 높이는 2.5m 이상일 것.

(11) 옥측, 옥외설비

1. 옥측 또는 옥외에 배 · 분전반 및 배선기구 등의 시설

옥외에 시설하는 배선기구 및 전기사용기계기구 금속관공사 또는 케이블공사에 의하여 시설할 것

2. 옥측 또는 옥외에 시설하는 접촉전선의 시설

① 저압 접촉전선을 옥측 또는 옥외에 시설하는 경우에는 기계기구에 시설하는 경우 이외에는 애자공사, 버스덕트공사 또는 절연트롤리공사에 의하여 시설하여야 한다.

② 저압 접촉전선을 애자공사에 의하여 옥측 또는 옥외에 시설하는 경우

가. 전선 상호 간의 간격은 전선을 수평으로 배열하는 경우 0.14m 이상, 기타의 경우에는 0.2m 이상일 것

나. 전선과 조영재 사이의 이격거리 및 그 전선에 접촉하는 집전장치의 충전부분과 조영재 사이의 이격거리는 45mm 이상일 것.

③ 특고압 접촉전선(전차선을 제외한다)은 옥측 또는 옥외에 시설하여서는 아니 된다.

3. 옥측 또는 옥외의 방전등 공사

① 옥측 또는 옥외에 시설하는 관등회로의 사용전압이 1kV를 초과하는 방전등으로서 방전관에 네온 방전관 이외의 것을 사용하는 것

가. 방전등에 전기를 공급하는 전로의 사용전압은 저압 또는 고압일 것

나. 관등회로의 사용전압은 고압일 것

다. 방전등용 변압기는 절연 변압기일 것

- 금속제의 외함에 넣고 또한 이에 공칭단면적 6.0mm²의 도체를 붙일 수 있는 황동제의 접지용 단자를 설치한 것일 것
- 금속제의 외함에 철심은 전기적으로 완전히 접속한 것일 것
- 권선 상호 간 및 권선과 대지 사이에 최대 사용전압의 1.5배의 교류전압(500V 미만일 때에는 500V)을 연속하여 10분간 가하였을 때에 이에 견디는 것일 것

라. 방전관은 금속제의 견고한 기구에 넣고 또한 다음에 의하여 시설할 것

- 기구는 지표상 4.5m 이상의 높이에 시설할 것
- 기구와 기타 시설물 또는 식물 사이의 이격거리는 0.6m 이상일 것

② 가로등, 보안등, 조경등 등으로 시설하는 방전등에 공급하는 전로의 사용전압이 150V를 초과하는 경우

가. 전로에 지락이 생겼을 때에 자동적으로 전로를 차단하는 장치를 각 분기회로에 시설하여야 한다.

나. 가로등주, 보안등주, 조경등 등의 등주 안에서 전선의 접속은 절연 및 방수성능이 있는 방수형 접속재[레진충전식, 실리콘 수밀식(젤타입) 또는 자기융착테이프와 비닐절연테이프의 이중절연 등]을 사용하거나 적절한 방수함 안에서 접속할 것

다. 가로등, 보안등, 조경등 등의 금속제 등주에는 접지공사를 할 것

⑿ 특수설비

1. 전기울타리

① 전기울타리용 전원장치에 전원을 공급하는 전로의 사용전압은 250V 이하이어야 한다.

② 전선은 인장강도 1.38kN 이상의 것 또는 지름 2mm 이상의 경동선일 것.

③ 전선과 이를 지지하는 기둥 사이의 이격거리는 25mm 이상일 것

④ 전선과 다른 시설물 또는 수목과의 이격거리는 0.3m 이상일 것

⑤ 전기울타리의 접지전극과 다른 접지 계통의 접지전극의 거리는 2m 이상이어야 한다.

⑥ 가공전선로의 아래를 통과하는 전기울타리의 금속부분은 교차지점의 양쪽으로부터 5m 이상의 간격을 두고 접지하여야 한다.

2. 전기욕기

① 내장되는 전원 변압기의 2차측 전로의 사용전압이 10V 이하의 것에 한한다

② 전기욕기용 전원장치로부터 욕기안의 전극까지의 배선은 공칭단면적 2.5mm^2 이상의 연동선과 이와 동등이상의 세기 및 굵기의 절연전선(옥외용 비닐절연전선을 제외한다) 이나 케이블 또는 공칭단면적이 1.5mm^2 이상의 캡타이어케이블을 합성수지관공사, 금속관공사 또는 케이블공사에 의하여 시설하거나 또는 공칭단면적이 1.5mm^2 이상의 캡타이어 코드를 합성수지관(두께가 2mm 미만의 합성수지제 전선관 및 난연성이 없는 콤바인 덕트관을 제외한다)이나 금속관에 넣고 관을 조영재에 견고하게 고정하여야 한다.

③ 욕기내의 전극간의 거리는 1m 이상일 것.

3. 은이온 살균장치

전기욕기용 전원장치로부터 욕조내의 이온 발생기까지의 배선은 공칭단면적이 1.5mm^2 이상의 캡타이어 코드 또는 이와 동등 이상의 절연성능 및 세기를 갖는 것을 사용하고 합성수지관(두께가 2mm 미만의 합성수지제 전선관 및 난연성이 없는 콤바인 덕트관을 제외한다) 또는 금속관내에 넣고 관을 조영재에 견고하게 고정하여야 한다.

4. 전극식 온천온수기

① 전극식 온천온수기의 사용전압은 400V 이하이어야 한다.

② 절연변압기 2차측 전로에는 전극식 온천온수기 및 이에 부속하는 급수펌프에 직결하는 전동기 이외의 전기사용 기계기구를 접속하지 아니할 것

③ 차폐 장치와 전극식 온천온수기 및 차폐장치와 욕탕 사이의 거리는 각각 수관에 따라 0.5m 이상 및 1.5m 이상이어야 한다.

5 전기온상 등

① 전기온상에 전기를 공급하는 전로의 대지전압은 300V 이하일 것

② 발열선 및 발열선에 직접 접속하는 전선은 전기온상선 일 것.

③ 발열선은 그 온도가 80℃를 넘지 않도록 시설 할 것

④ 발열선 상호 간의 간격은 0.03m(함 내에 시설하는 경우는 0.02m) 이상일 것. 다만, 발열선을 함 내에 시설하는 경우로서 발열선 상호 간의 사이에 0.4m 이하마다 절연성·난연성 및 내수

성이 있는 격벽을 설치하는 경우는 그 간격을 0.015m까지 감할 수 있다.

⑤ 발열선과 조영재 사이의 이격거리는 0.025m 이상으로 할 것

⑥ 발열선을 함 내에 시설하는 경우는 발열선과 함의 구성재 사이의 이격거리를 0.01m 이상으로 할 것

⑦ 발열선의 지지점 간의 거리는 1m 이하일 것. 다만, 발열선 상호 간의 간격이 0.06m 이상인 경우에는 2m 이하로 할 수 있다.

⑧ 발열선에 전기를 공급하는 전로에는 전로에 지락이 생겼을 때에 자동적으로 전로를 차단하거나 경보하는 장치를 시설할 것

6. 엑스선 발생장치

① 취급자 이외의 사람이 출입할 수 없도록 설비한 장소 및 바닥에서의 높이가 2.5m을 초과하는 장소에 시설

② 전선의 바닥에서의 높이는 엑스선관의 최대 사용전압이 100kV 이하인 경우에는 2.5m 이상, 100kV를 초과하는 경우에는 2.5m에 초과분 10kV 또는 그 단수마다 0.02m를 더한 값 이상일 것

③ 전선과 조영재간의 이격거리는 엑스선관의 최대 사용전압이 100kV 이하인 경우에는 0.3m 이상, 100kV를 초과하는 경우에는 0.3m에 초과분 10kV 또는 그 단수마다 0.02m를 더한 값 이상일 것

④ 전선 상호 간의 간격은 엑스선관의 최대 사용전압이 100kV 이하인 경우에는 0.45m 이상, 100kV를 초과하는 경우에는 0.45m에 초과분 10kV 또는 그 단수마다 0.03m를 더한 값 이상일 것

⑤ 엑스선 발생장치의 특고압 전로는 그 최대 사용전압의 1.05배의 시험전압을 엑스선관의 단자간에 연속하여 1분간 가하여 절연내력을 시험한 때에 이에 견디는 것일 것

7. 전격살충기

① 전격살충기의 전격격자는 지표 또는 바닥에서 3.5m 이상의 높은 곳에 시설할 것. 다만, 2차측 개방 전압이 7kV 이하의 절연변압기를 사용하고 또한 보호격자의 내부에 사람의 손이 들어갔을 경우 또는 보호격자에 사람이 접촉될 경우 절연변압기의 1차측 전로를 자동적으로 차단하는 보호장치를 시설한 것은 지표 또는 바닥에서 1.8m 까지 감할 수 있다.

② 전격살충기의 전격격자와 다른 시설물(가공전선은 제외한다) 또는 식물과의 이격거리는 0.3m 이상일 것

③ 전격살충기를 시설한 장소는 위험표시를 하여야 한다.

8. 유희용 전차

① 유희용 전차에 전기를 공급하기 위하여 사용하는 변압기의 1차 전압은 400V 이하

② 전원장치의 2차측 단자의 최대사용전압은 직류의 경우 60V 이하, 교류의 경우 40V 이하일 것

③ 전원장치의 변압기는 절연변압기일 것

④ 접촉전선은 제3레일 방식에 의하여 시설할 것

⑤ 유희용 전차에 전기를 공급하는 접촉전선과 대지 사이의 절연저항은 사용전압에 대한 누설전류가 레일의 연장 1km마다 100mA를 넘지 않도록 유지하여야 한다.

⑥ 유희용 전차안의 전로와 대지 사이의 절연저항은 사용전압에 대한 누설전류가 규정 전류의 5,000분의 1을 넘지 않도록 유지하여야 한다.

9. 전기 집진장치 등

① 전기집진 응용장치에 전기를 공급하기 위한 변압기의 1차측 전로에는 그 변압기에 가까운 곳으로 쉽게 개폐할 수 있는 곳에 개폐기를 시설할 것.

② 잔류전하에 의하여 사람에게 위험을 줄 우려가 있는 경우에는 변압기의 2차측 전로에 잔류전하를 방전하기 위한 장치를 할 것.

③ 전선은 케이블을 사용하여야 한다.

10. 아크 용접기

① 용접변압기는 절연변압기일 것.

② 용접변압기의 1차측 전로의 대지전압은 300V 이하일 것.

11. 파이프라인 등의 전열장치

① 파이프라인 등의 전열장치 중 전류를 직접 흘려서 파이프라인 등 자체를 발열체로 하는 장치를 시설하는 경우 발열체에 전기를 공급하는 전로의 사용전압은 교류(주파수가 60 ㎐인 것에 한한다)의 저압이어야 한다.

② 파이프라인 등의 전열장치 중 발열선을 파이프라인 등 자체에 고정하여 시설하는 경우 발열선에 전기를 공급하는 전로의 사용전압은 400V 이하

③ 직접 가열장치에 전기를 공급하기 위해 전용의 절연변압기를 사용하고 또한 그 변압기의 부하측 전로는 접지해서는 안 된다.

④ 표피전류 가열장치에 전기를 공급하기 위해 전용의 절연변압기를 사용하고 또한 그 변압기부터

발열선에 이르는 전로는 접지해서는 안 된다.

⑤ 발열체는 그 온도가 피 가열 액체의 발화 온도의 80%를 넘지 아니하도록 시설할 것.

⑥ 파이프라인 등의 전열장치에 전기를 공급하는 전로는 누전차단기를 시설하여야 한다.

12. 도로 등의 전열장치

① 발열선에 전기를 공급하는 전로의 대지전압은 300V 이하일 것

② 발열선은 그 온도가 80℃를 넘지 아니하도록 시설할 것. 다만, 도로 또는 옥외주차장에 금속피복을 한 발열선을 시설할 경우에는 발열선의 온도를 120℃이하로 할 수 있다.

③ 발열선은 다른 전기설비 · 약전류전선 등 또는 수관 · 가스관이나 이와 유사한 것에 전기적 · 자기적 또는 열적인 장해를 주지 아니하도록 시설할 것

④ 발열선에 전기를 공급하는 전로에는 전용 개폐기 및 과전류 차단기를 각 극에 시설하고 또한 전로에 지락이 생겼을 때에 자동적으로 전로를 차단하는 장치를 시설할 것

13. 비행장 등화배선

① 직접 매설에 의하여 차량 기타 중량물의 압력을 받을 우려가 없는 장소에 저압 또는 고압 배선 전선은 클로로프렌외장케이블일 것

② 전선의 매설장소를 표시하는 적당한 표시를 할 것

③ 매설깊이는 항공기 이동지역에서 0.5m, 그 밖의 지역에서 0.75m 이상으로 할 것

④ 전선은 공칭단면적 $4mm^2$ 이상의 연동선을 사용한 450/750V 일반용 단심 비닐절연전선 또는 450/750V 내열성 에틸렌아세테이트 고무절연전선일 것

14. 소세력 회로

① 소세력 회로에 전기를 공급하기 위한 절연변압기의 사용전압은 대지전압 300 V 이하로 하여야 한다.

② 소세력 회로에 전기를 공급하기 위한 변압기는 절연변압기 이어야 한다.

③ 절연변압기의 2차 단락전류 및 과전류차단기의 정격전류

표 절연변압기의 2차 단락전류 및 과전류차단기의 정격전류

소세력 회로의 최대 사용전압의 구분	2차 단락전류	과전류 차단기의 정격전류
15V 이하	8A	5A
15V 초과 30V 이하	5A	3A
30V 초과 60V 이하	3A	1.5A

④ **소세력 회로의 배선**

가. 전선은 케이블(통신용 케이블을 포함한다)인 경우 이외에는 공칭단면적 $1mm^2$ 이상의 연동선 또는 이와 동등 이상의 세기 및 굵기의 것일 것

나. 전선은 코드 · 캡타이어케이블 또는 케이블일 것.

15. 임시시설

① **옥내의 시설**

가. 사용전압은 400V 이하일 것

나. 건조하고 전개된 장소에 시설할 것

다. 전선은 절연전선(옥외용 비닐절연전선을 제외한다)일 것

② **옥측의 시설**

가. 사용전압은 400V 이하일 것

나. 전선은 절연전선(옥외용 비닐절연전선을 제외한다)일 것

③ **옥외의 시설**

가. 사용전압은 150V 이하일 것

나. 전선은 절연전선(옥외용 비닐절연전선을 제외한다)일 것

다. 수목 등의 동요로 인하여 전선이 손상될 우려가 있는 곳에 설치하는 경우는 적당한 방호시설을 할 것.

라. 전원측의 전선로 또는 다른 배선에 접속하는 곳의 가까운 장소에 지락 차단장치 · 전용 개폐기 및 과전류 차단기를 각 극(과전류 차단기는 다선식 전로의 중성극을 제외한다)에 시설할 것

16. 전기부식방지 시설

① **사용전압**

전기부식방지용 전원장치에 전기를 공급하는 전로의 사용전압은 저압이어야 한다.

② **전원장치**

가. 전원장치는 견고한 금속제의 외함에 넣을 것

나. 변압기는 절연변압기이고, 또한 교류 1kV의 시험전압을 하나의 권선과 다른 권선 · 철심 및 외함과의 사이에 연속적으로 1분간 가하여 절연내력을 시험하였을 때 이에 견디는 것일 것

③ **전기부식방지 회로의 전압 등**

가. 전기부식방지 회로(전기부식방지용 전원장치로부터 양극 및 피방식체까지의 전로를 말한다. 이하 같다)의 사용전압은 직류 60V 이하일 것

나. 양극은 지중에 매설하거나 수중에서 쉽게 접촉할 우려가 없는 곳에 시설할 것

다. 지중에 매설하는 양극(양극의 주위에 도전 물질을 채우는 경우에는 이를 포함한다)의 매설 깊이는 0.75m 이상일 것

라. 수중에 시설하는 양극과 그 주위 1m 이내의 거리에 있는 임의점과의 사이의 전위차는 10V를 넘지 아니할 것. 다만, 양극의 주위에 사람이 접촉되는 것을 방지하기 위하여 적당한 울타리를 설치하고 또한 위험 표시를 하는 경우에는 그러하지 아니하다.

마. 지표 또는 수중에서 1m 간격의 임의의 2점(제4의 양극의 주위 1m 이내의 거리에 있는 점 및 울타리의 내부점을 제외한다)간의 전위차가 5V를 넘지 아니할 것

17. 전기자동차 전원설비

① **적용 범위**

전력계통으로부터 교류의 전원을 입력받아 전기자동차에 전원을 공급하기 위한 분전반, 배선, 충전장치 및 충전케이블 등의 전기자동차 충전설비에 적용한다.

② **전기자동차 전원공급 설비의 저압전로 시설**

가. 전용의 개폐기 및 과전류 차단기를 각 극에 시설하고 또한 전로에 지락이 생겼을 때 자동적으로 그 전로를 차단하는 장치를 시설하여야 한다.

나. 옥내에 시설하는 저압용의 배선기구는 그 충전 부분이 노출되지 아니하도록 시설 하여야 한다. 옥내에 시설하는 저압용의 비포장 퓨즈는 불연성의 것으로 제작한 함 또는 안쪽면 전체에 불연성의 것을 사용하여 제작한 함의 내부에 시설하여야 한다.

다. 저압 콘센트는 접지극이 있는 콘센트를 사용하여 접지하여야 한다.

라. 외부 기계적 충격에 대한 충분한 기계적 강도(IK08 이상)를 갖는 구조일 것

마. 침수 등의 위험이 있는 곳에 시설하지 말아야 하며, 옥외에 설치 시 강우·강설에 대하여 충분한 방수 보호등급(IPX4 이상)을 갖는 것일 것

바. 전기자동차의 충전장치는 부착된 충전 케이블을 거치할 수 있는 거치대 또는 충분한 수납공간(옥내 0.45m 이상, 옥외 0.6m 이상)을 갖는 구조이며, 충전 케이블은 반드시 거치할 것

사. 충전장치의 충전 케이블 인출부는 옥내용의 경우 지면으로부터 0.45m 이상 1.2m 이내에, 옥외용의 경우 지면으로부터 0.6m 이상에 위치할 것

아. 충전장치와 전기자동차의 접속에는 연장코드를 사용하지 말 것

자. 충전 중 안전과 편리를 위하여 적절한 밝기의 조명설비를 설치 할 것

⒀ 특수장소

1. 폭연성 분진 위험장소

① 금속관공사

가. 금속관은 박강 전선관 또는 이와 동등 이상의 강도를 가지는 것일

나. 박스 기타의 부속품 및 풀박스는 쉽게 마모·부식 기타의 손상을 일으킬 우려가 없는 패킹을 사용하여 먼지가 내부에 침입하지 아니하도록 시설할 것

다. 관 상호 간 및 관과 박스 기타의 부속품·풀박스 또는 전기기계기구와는 5턱 이상 나사조임으로 접속하는 방법 기타 이와 동등 이상의 효력이 있는 방법에 의하여 견고하게 접속하고 또한 내부에 먼지가 침입하지 아니하도록 접속할 것

라. 전동기에 접속하는 부분에서 가요성을 필요로 하는 부분의 배선에는 방폭형의 부속품 중 분진 방폭형 유연성 부속을 사용할 것

② 케이블공사

가. 전선은 관 기타의 방호 장치에 넣어 사용할 것

나. 전선을 전기기계기구에 인입할 경우에는 패킹 또는 충진제를 사용하여 인입구로부터 먼지가 내부에 침입하지 아니하도록 하고 또한 인입구에서 전선이 손상될 우려가 없도록 시설할 것

다. 이동 전선은 접속점이 없는 0.6/1kV EP 고무절연 클로로프렌 캡타이어케이블을 사용하고 또한 손상을 받을 우려가 없도록 시설할 것.

2. 가연성 분진 위험장소

① 저압 옥내배선 등은 합성수지관공사(두께 2mm 미만의 합성수지 전선관 및 난연성이 없는 콤바인 덕트관을 사용하는 것을 제외한다)·금속관공사 또는 케이블공사에 의할 것

② 합성수지관공사

관과 전기기계기구는 관 상호간 및 박스와는 관을 삽입하는 깊이를 관의 바깥지름의 1.2배(접착제를 사용하는 경우에는 0.8배) 이상으로 하고 또한 꽂음 접속에 의하여 견고하게 접속할 것

③ 금속관공사

관 상호 간 및 관과 박스 기타 부속품·풀 박스 또는 전기기계기구와는 5턱 이상 나사 조임으로 접속하는 방법 기타 또는 이와 동등 이상의 효력이 있는 방법에 의하여 견고하게 접속할 것

3. 먼지가 많은 그 밖의 위험장소

가. 저압 옥내배선 등은 애자공사 · 합성수지관공사 · 금속관공사 · 유연성전선관공사 · 금속덕트공사 · 버스덕트공사 또는 케이블공사에 의하여 시설할 것

나. 전기기계기구로서 먼지가 부착함으로서 온도가 비정상적으로 상승하거나 절연성능 또는 개폐 기구의 성능이 나빠질 우려가 있는 것에는 방진장치를 할 것

다. 면 · 마 · 견 기타 타기 쉬운 섬유의 먼지가 있는 곳에 전기기계기구를 시설하는 경우에는 먼지가 착화할 우려가 없도록 시설할 것

라. 전선과 전기기계기구는 진동에 의하여 헐거워지지 아니하도록 견고하고 또한 전기적으로 완전하게 접속할 것

4. 분진 방폭형 보통 방진구조

용기는 전폐구조로서 전기를 통하는 부분이 외부로부터 손상을 받지 아니하도록 한 구조일 것

5. 가스증기 위험장소

① **금속관공사**

가. 관 상호 간 및 관과 박스 기타의 부속품 · 풀 박스 또는 전기기계기구와는 5턱 이상 나사조임으로 접속하는 방법 또는 기타 이와 동등 이상의 효력이 있는 방법에 의하여 견고하게 접속할 것

나. 전동기에 접속하는 부분으로 가요성을 필요로 하는 부분의 배선에는 내압의 방폭형 또는 안전증가 방폭형의 유연성 부속을 사용할 것

② **케이블공사**

전선을 전기기계기구에 인입할 경우에는 인입구에서 전선이 손상될 우려가 없도록 할 것

6. 위험물 등이 존재하는 장소

① 이동전선은 접속점이 없는 0.6/1kV EP 고무 절연 클로로프렌 캡타이어케이블 또는 0.6/1kV 비닐 절연 비닐캡타이어케이블을 사용하고 또한 손상을 받을 우려가 없도록 시설하는 이외에 이동전선을 전기기계기구에 인입할 경우에는 인입구에서 손상을 받을 우려가 없도록 시설할 것

② 통상의 사용 상태에서 불꽃 또는 아크를 일으키거나 온도가 현저히 상승할 우려가 있는 전기기계기구는 위험물에 착화할 우려가 없도록 시설할 것

7. 화약류 저장소에서 전기설비의 시설

가. 전로에 대지전압은 300V 이하일 것

나. 전기기계기구는 전폐형의 것일 것

다. 케이블을 전기기계기구에 인입할 때에는 인입구에서 케이블이 손상될 우려가 없도록 시설할 것

라. 화약류 저장소 안의 전기설비에 전기를 공급하는 전로에는 화약류 저장소 이외의 곳에 전용 개폐기 및 과전류 차단기를 각 극에 취급자 이외의 자가 쉽게 조작할 수 없도록 시설하고 또한 전로에 지락이 생겼을 때에 자동적으로 전로를 차단하거나 경보하는 장치를 시설하여야 한다.

8. 전시회, 쇼 및 공연장의 전기설비

① **사용전압**

무대 · 무대마루 밑 · 오케스트라 박스 · 영사실 기타 사람이나 무대 도구가 접촉할 우려가 있는 곳에 시설하는 저압 옥내배선, 전구선 또는 이동전선은 사용전압이 400V 이하이어야 한다.

② 배선용 케이블은 구리 도체로 최소 단면적이 $1.5mm^2$

③ 무대마루 밑에 시설하는 전구선은 300/300V 편조 고무코드 또는 0.6/1kV EP 고무 절연 클로로프렌 캡타이어케이블이어야 한다.

④ 회로 내에 접속이 필요한 경우를 제외하고 케이블의 접속 개소는 없어야 한다. 다만, 불가피하게 접속을 하는 경우에 접속기를 사용 또는 IP4X 또는 IPXXD 이상의 보호등급을 갖춘 폐쇄함 내에서 접속을 실시하여야 한다.

9. 이동전선

① 이동전선은 0.6/1kV EP 고무 절연 클로로프렌 캡타이어케이블 또는 0.6/1kV 비닐 절연 비닐 캡타이어케이블이어야 한다.

② 보더라이트에 부속된 이동 전선은 0.6/1kV EP 고무 절연 클로로프렌 캡타이어케이블이어야 한다.

10. 플라이덕트

① 내부배선에 사용하는 전선은 절연전선(옥외용 비닐절연전선을 제외한다) 또는 이와 동등 이상의 절연성능이 있는 것일 것

② 덕트는 두께 0.8mm 이상의 철판 또는 다음에 적합한 것으로 견고하게 제작한 것일 것

가. 덕트의 재료는 금속재일 것

나. 덕트의 안쪽 면은 전선의 피복을 손상하지 아니하도록 돌기(突起) 등이 없는 것일 것

다. 덕트의 끝부분은 막을 것

11. 기타 전기기기

① 조명설비

가. 조명기구가 바닥으로부터 높이 2.5m 이하에 시설되거나 과실에 의해 접촉이 발생할 우려가 있는 경우에는 적절한 방법으로 견고하게 고정

나. 절연 관통형 소켓은 케이블과 소켓이 호환되고 또한 소켓을 케이블에 한번 부착하면 떼어낼 수 없는 경우에만 사용할 수 있다.

② 방전등 설비에서 공연장 또는 전시장에 사용하는 표준전압 교류 220/380V를 초과하는 네온 방전등 또는 램프의 설비

가. 네온 방전등 또는 램프의 이면이 되는 간판 또는 공연장 부착재료는 비발화성으로 하고 출력전압이 교류 220/380V를 초과하는 제어장치는 비발화성 재료에 부착하여야 한다.

나. 네온 방전등 · 램프 및 전시품 등에 전기를 공급하는 회로는 분리회로를 이용하고 비상용 개폐기를 통해 제어하여야 한다.

③ 전동기에 전기를 공급하는 전로에는 각 극에 단로장치를 전동기에 근접하여 시설하여야 한다.

④ 특별저압(ELV) 변압기 및 전자식 컨버터

가. 각 변압기 또는 전자식 컨버터의 2차 회로는 수동으로 리셋하는 보호장치로 보호하여야 한다.

나. 취급자 이외의 사람이 쉽게 접근할 수 없는 곳에 설치하고 충분한 환기장치를 시설하여야 한다.

⑤ 콘센트 및 플러그

가. 이동형 멀티 탭의 사용

- 고정 콘센트 1개당 1개로 시설할 것.
- 플러그로부터 멀티 탭까지의 가요 케이블 또는 코드의 최대 길이는 2 m 이내일 것.

⑥ 저압발전장치

가. TN 계통에서는 모든 노출도전성 부분을 보호도체를 이용하여 발전기에 접속하여야 한다.

나. 중성선 또는 발전기의 중성점은 발전기의 노출도전부에 접속시켜서는 아니 된다.

⑦ 개폐기 및 과전류 차단기

가. 무대 · 무대마루 밑 · 오케스트라 박스 및 영사실의 전로에는 전용 개폐기 및 과전류 차단기를 시설하여야 한다.

나. 비상 조명을 제외한 조명용 분기회로 및 정격 32A 이하의 콘센트용 분기회로는 정격 감도 전류 30mA 이하의 누전차단기로 보호하여야 한다.

12. 터널, 갱도 기타 이와 유사한 장소

가. 전선

공칭단면적 2.5mm²의 연동선과 동등 이상의 세기 및 굵기의 절연전선(옥외용 비닐절연전선 및 인입용 비닐절연전선을 제외한다)을 사용하여 애자공사에 의하여 시설하고 또한 이를 노면상 2.5m 이상의 높이로 할 것

나. 전로에는 터널의 입구에 가까운 곳에 전용 개폐기를 시설할 것

다. 광산, 갱도의 저압 배선은 케이블공사에 의하여 시설할 것

라. 터널 등에 시설하는 사용전압이 400V 이하인 저압의 전구선 또는 이동전선

- 전구선은 단면적 0.75mm² 이상의 300/300V 편조 고무코드 또는 0.6/1kV EP 고무 절연 클로로프렌 캡타이어케이블일 것
- 이동전선은 용접용 케이블을 사용하는 경우 이외에는 300/300V 편조 고무코드, 비닐 코드 또는 캡타이어케이블일 것

13. 이동식 숙박차량 정박지,

① 일반특성의 평가

가. TN 계통에서는 레저용 숙박차량·텐트 또는 이동식 주택에 전원을 공급하는 최종 분기회로에는 PEN 도체가 포함되어서는 안된다

나. 표준전압은 220/380V를 초과해서는 안된다.

② 전기기기의 선정 및 설치에 대한 외부영향

가. 물의 존재(AD) : IPX4 이상의 보호등급

나. 침입 고형물질의 존재(AE) : IP4X 이상의 보호등급

다. 충격(AG) : IK07 이상의 보호등급

③ 배선방식

가. 이동식 숙박차량 정박지에 전원을 공급하기 위하여 시설하는 배선은 지중케이블 및 가공케이블 또는 가공절연전선을 사용하여야 한다.

나. 지중케이블은 추가적인 기계적 보호가 제공되지 않는 한 손상을 방지하기 위하여 매설 깊이를 차량 기타 중량물의 압력을 받을 우려가 있는 장소에는 1.0m 이상, 기타 장소에는 0.6 m 이상으로 하여야 한다.

다. 가공전선은 차량이 이동하는 모든 지역에서 지표상 6m, 다른 모든 지역에서는 4m 이상의 높이로 시설하여야 한다.

④ **전원자동차단에 의한 고장보호장치**

가. 누전차단기 : 모든 콘센트는 정격감도전류가 30mA 이하인 누전차단기에 의하여 개별적으로 보호되어야 한다.

나. 과전류에 대한 보호장치 : 모든 콘센트는 과전류보호장치로 개별적으로 보호하여야 한다.

⑤ **단로장치**

각 배전반에는 적어도 하나의 단로장치를 설치하여야 한다. 이 장치는 중성선을 포함하여 모든 충전도체를 분리하여야 한다.

⑥ **콘센트 시설**

가. 긴 연결코드로 인한 위험을 방지하기 위하여 하나의 외함 내에는 4개 이하의 콘센트를 조합 배치하여야 한다.

나. 모든 이동식 숙박차량의 정박구획 또는 텐트구획은 적어도 하나의 콘센트가 공급되어야 한다.

다. 정격전압 200V~250V, 정격전류 16A 단상 콘센트가 제공되어야 한다. 다만, 보다 큰 수요가 예상되는 경우에는 더 높은 정격의 콘센트를 제공하여야 한다.

라. 콘센트는 지면으로부터 0.5m~1.5m 높이에 설치하여야 한다. 가혹한 환경조건의 특수한 경우에는 정해진 최대 높이 1.5m를 초과하는 것이 허용된다. 이러한 경우 플러그의 안전한 삽입 및 분리가 보장되어야 한다.

14. 마리나 및 이와 유사한 장소

① **계통접지 및 전원공급**

가. 마리나에서 TN 계통의 사용 시 TN-S 계통만을 사용하여야 한다. 육상의 절연변압기를 통하여 보호하는 경우를 제외하고 누전차단기를 사용하여야 한다. 또한, 놀이용 수상 기계기구 또는 선상가옥에 전원을 공급하는 최종회로는 PEN 도체를 포함해서는 아니 된다.

나. 표준전압은 220/380V를 초과해서는 아니 된다.

② **안전 보호**

놀이용 수상 기계기구의 등전위본딩은 육상 공급전원의 보호도체에 접속해서는 안 된다.

③ **전기기기의 선정 및 설치에 대한 외부영향**

가. 물의 존재(AD) : 물의 비말(AD4) IPX4, 물의 분사(AD5) IPX5, 물의 파도(AD6) IPX6 이상의 보호등급

나. 침입 고형물질의 존재(AE) : AE3, IP4X 이상의 보호등급

다. 부식 또는 오염 물질의 존재(AF) : 부식성 물질 또는 오염 물질 AF2, 탄화수소 AF3

라. 충격(AG) : AG2, IK07 이상의 보호등급

④ **배선방식**

가. 마리나 내의 배선 : 지중케이블, 가공케이블 또는 가공절연전선

나. 모든 가공전선은 절연되어야 한다. : 가공전선은 수송매체가 이동하는 모든 지역에서 지표상 6m, 다른 모든 지역에서는 4m 이상의 높이로 시설하여야 한다.

다. 누전차단기

- 정격전류가 63A 이하인 모든 콘센트는 정격감도전류가 30mA 이하인 누전차단기에 의해 개별적으로 보호되어야 한다. 채택된 누전차단기는 중성극을 포함한 모든 극을 차단하여야 한다.
- 정격전류가 63A를 초과하는 콘센트는 정격감도전류 300mA 이하이고, 중성극을 포함한 모든 극을 차단하는 누전차단기에 의해 개별적으로 보호되어야 한다.

라. 단로장치

각 배전반에는 적어도 하나의 단로장치를 설치하여야 한다. 이 장치는 중성선을 포함하여 모든 충전도체를 분리하여야 한다.

마 콘센트 시설

- 모든 콘센트는 최소한 보호등급 IP44를 만족하거나 외함에 의해 그와 동등한 보호등급이 제공되어야 한다.
- AD5 또는 AD6 코드가 적용되어야 하는 경우 각각의 보호등급은 최소한 IPX5 또는 IPX6에 적합하여야 한다.
- 모든 콘센트는 정박 위치에 가까이 시설되어야 하며, 배전반 또는 별도의 외함 내에 설치되어야 한다.
- 긴 연결코드로 인한 위험을 방지하기 위하여 하나의 외함 안에는 4개 이하의 콘센트가 조합 배치되어야 한다.
- 하나의 콘센트는 오직 하나의 놀이용 수상 기계기구 또는 하나의 선상가옥에만 전원을 공급하여야 한다.
- 정격전압 200V ~ 250V, 정격전류 16A 단상 콘센트가 제공되어야 한다.

15. 의료장소

① 적용범위

가. 그룹 0 : 일반병실, 진찰실, 검사실, 처치실, 재활치료실 등 장착부를 사용하지 않는 의료장소

나. 그룹 1 : 분만실, MRI실, X선 검사실, 회복실, 구급처치실, 인공투석실, 내시경실 등 장착부를 환자의 신체 외부 또는 심장 부위를 제외한 환자의 신체 내부에 삽입시켜 사용하는 의료장소

다. 그룹 2 : 관상동맥질환 처치실(심장카테터실), 심혈관조영실, 중환자실(집중치료실), 마취실, 수술실, 회복실 등 장착부를 환자의 심장 부위에 삽입 또는 접촉시켜 사용하는 의료장소

② 의료장소별 계통접지

가. 그룹 0 : TT 계통 또는 TN 계통

나. 그룹 1 : TT 계통 또는 TN 계통. 다만, 전원자동차단에 의한 보호가 의료행위에 중대한 지장을 초래할 우려가 있는 의료용 전기기기를 사용하는 회로에는 의료 IT 계통을 적용할 수 있다.

다. 그룹 2 : 의료 IT 계통. 다만, 이동식 X-레이 장치, 정격출력이 5kVA 이상인 대형 기기용 회로, 생명유지 장치가 아닌 일반 의료용 전기기기에 전력을 공급하는 회로 등에는 TT 계통 또는 TN 계통을 적용할 수 있다.

라. 의료장소에 TN 계통을 적용할 때에는 주배전반 이후의 부하 계통에서는 TN-C 계통으로 시설하지 말 것

③ 의료장소의 안전을 위한 보호 설비

가. 그룹 1 및 그룹 2의 의료 IT 계통
전원측에 이중 또는 강화절연을 한 비단락보증 절연변압기를 설치하고 그 2차측 전로는 접지하지 말 것

나. 비단락보증 절연변압기의 2차측 정격전압은 교류 250V 이하로 하며 공급방식은 단상 2선식, 정격출력은 10kVA 이하로 할 것

다. 3상 부하에 대한 전력공급이 요구되는 경우 비단락보증 3상 절연변압기를 사용할 것

라. 의료 IT 계통의 절연상태를 지속적으로 계측, 감시하는 장치를 설치하고 절연저항이 50kΩ까지 감소하면 표시설비 및 음향설비로 경보를 발하도록 할 것

마. 표시설비는 의료 IT 계통이 정상일 때에는 녹색으로 표시되고 의료 IT 계통의 절연저항이 (가) 및 (나)의 조건에 도달할 때에는 황색으로 표시되도록 할 것. 또한 각 표시들은 정지시키거나 차단시키는 것이 불가능한 구조일 것

바. 그룹 1과 그룹 2의 의료장소에 무영등 등을 위한 특별저압(SELV 또는 PELV)회로를 시설하는 경우에는 사용전압은 교류 실효값 25V 또는 리플프리(ripple-free)직류 60V 이하로 할 것

사. 의료장소의 전로에는 정격 감도전류 30mA 이하, 동작시간 0.03초 이내의 누전차단기를 설치할 것

④ **의료장소 내의 접지 설비**

가. 의료장소마다 그 내부 또는 근처에 등전위본딩 바를 설치할 것. 다만, 인접하는 의료장소와의 바닥 면적 합계가 $50m^2$ 이하인 경우에는 등전위본딩 바를 공용할 수 있다.

나. 의료장소 내에서 사용하는 모든 전기설비 및 의료용 전기기기의 노출도전부는 보호도체에 의하여 등전위본딩 바에 각각 접속되도록 할 것

다. 접지도체의 공칭단면적은 등전위본딩 바에 접속된 보호도체 중 가장 큰 것 이상으로 할 것

라. 보호도체, 등전위 본딩도체 및 접지도체의 종류는 450/750V 일반용 단심 비닐절연전선으로서 절연체의 색이 녹/황의 줄무늬이거나 녹색인 것을 사용할 것.

⑤ **의료장소내의 비상전원**

가. 절환시간 0.5초 이내에 비상전원을 공급하는 장치 또는 기기

- 0.5초 이내에 전력공급이 필요한 생명유지장치
- 그룹 1 또는 그룹 2의 의료장소의 수술등, 내시경, 수술실 테이블, 기타 필수 조명

나. 절환시간 15초 이내에 비상전원을 공급하는 장치 또는 기기

- 15초 이내에 전력공급이 필요한 생명유지장치
- 그룹 2의 의료장소에 최소 50%의 조명, 그룹 1의 의료장소에 최소 1개의 조명

다. 절환시간 15초를 초과하여 비상전원을 공급하는 장치 또는 기기

- 병원기능을 유지하기 위한 기본 작업에 필요한 조명

⒁ 저압 옥내 직류선기설비

1. 전기품질

① 저압 옥내 직류전로에 교류를 직류로 변환하여 공급하는 경우에 직류는 리플프리 직류이어야 한다.

② 직류를 공급하는 경우의 고조파 전류는 고조파 전류의 한계값(기기의 입력전류 상당 16A이하)] 및 공공저전압 시스템에 연결된 기기에서 발생하는 고조파 전류의 한계값(16A < 상당입력전류 ≤ 75A)]에서 정한 값 이하이어야 한다.

2. 저압 직류과전류차단장치

저압 직류전로에 과전류차단장치를 시설하는 경우 직류단락전류를 차단하는 능력을 가지는 것이어야 하고 "직류용" 표시를 하여야 한다.

3. 저압 직류지락차단장치

저압 직류전로에 지락이 생겼을 때 자동으로 전로를 차단하는 장치를 시설하여야 하며"직류용"표시를 하여야 한다.

4. 저압 직류개폐장치

직류전로에 사용하는 개폐기는 직류전로 개폐 시 발생하는 아크에 견디는 구조

5. 저압 직류전기설비의 전기부식 방지

저압 직류전기설비를 접지하는 경우에는 직류누설전류에 의한 전기부식작용으로 인한 접지극이나 다른 금속체에 손상의 위험이 없도록 시설하여야 한다.

6. 축전지실 등의 시설

① 30V를 초과하는 축전지는 비접지측 도체에 쉽게 차단할 수 있는 곳에 개폐기를 시설하여야 한다.

② 옥내전로에 연계되는 축전지는 비접지측 도체에 과전류보호장치를 시설하여야 한다.

③ 축전지실 등은 폭발성의 가스가 축적되지 않도록 환기장치 등을 시설하여야 한다.

7. 저압 옥내 직류전기설비의 접지

① 저압 옥내 직류전기설비는 전로 보호장치의 확실한 동작의 확보, 이상전압 및 대지전압의 억제를 위하여 직류 2선식의 임의의 한 점 또는 변환장치의 직류측 중간점, 태양전지의 중간점 등을 접지하여야 한다. 다만, 직류 2선식을 다음에 따라 시설하는 경우는 그러하지 아니하다.

가. 사용전압이 60V 이하인 경우

나. 접지검출기를 설치하고 특정구역내의 산업용 기계기구에만 공급하는 경우

다. 교류전로로부터 공급을 받는 정류기에서 인출되는 직류계통

라. 최대전류 30mA 이하의 직류화재경보회로

마. 절연감시장치 또는 절연고장점검출장치를 설치하여 관리자가 확인할 수 있도록 경보장치를 시설하는 경우

② 직류전기설비를 시설하는 경우는 감전에 대한 보호를 하여야 한다.

③ 직류접지계통은 교류접지계통과 같은 방법으로 금속제 외함, 교류접지도체 등과 본딩하여야 하며, 교류접지가 피뢰설비 · 통신접지 등과 통합접지되어 있는 경우는 함께 통합접지공사를 할 수 있다. 이 경우 낙뢰 등에 의한 과전압으로부터 전기설비 등을 보호하기 위해 서지보호장치(SPD)를 설치하여야 한다.

⒂ 비상용 예비전원설비

1. 비상용 예비전원설비의 조건 및 분류

① 비상용 예비전원설비는 상용전원의 고장 또는 화재 등으로 정전되었을 때 수용장소에 전력을 공급하도록 시설하여야 한다.

가. 비상용 예비전원은 충분한 시간 동안 전력 공급이 지속되도록 선정하여야 한다.

나. 모든 비상용 예비전원의 기기는 충분한 시간의 내화 보호 성능을 갖도록 선정하여 설치하여야 한다.

② 비상용 예비전원설비의 전원 공급방법은 다음과 같이 분류한다.

가. 수동 전원공급

나. 자동 전원공급

③ 자동 전원공급은 절환 시간에 따라 다음과 같이 분류된다.

가. **무순단** : 과도시간 내에 전압 또는 주파수 변동 등 정해진 조건에서 연속적인 전원공급이 가능한 것

나. **순단** : 0.15초 이내 자동 전원공급이 가능한 것

다. **단시간 차단** : 0.5초 이내 자동 전원공급이 가능한 것

라. **보통 차단** : 5초 이내 자동 전원공급이 가능한 것

마. **중간 차단** : 15초 이내 자동 전원공급이 가능한 것

바. **장시간 차단** : 자동 전원공급이 15초 이후에 가능한 것

2. 시설기준

① 비상용 예비전원의 시설

가. 비상용 예비전원은 고정설비로 하고, 상용전원의 고장에 의해 해로운 영향을 받지 않는 방법으로 설치하여야 한다.

나. 비상용 예비전원은 운전에 적절한 장소에 설치해야 하며, 기능자 및 숙련자만 접근 가능하도록 설치하여야 한다.

다. 비상용 예비전원에서 발생하는 가스, 연기 또는 증기가 사람이 있는 장소로 침투하지 않도록 확실하고 충분히 환기하여야 한다.

라. 비상용 예비전원으로 전기사업자의 배전망과 수용가의 독립된 전원을 병렬운전이 가능하도록 시설하는 경우, 독립운전 또는 병렬운전 시 단락보호 및 고장보호가 확보되어야 한다. 이 경우, 병렬운전에 관한 전기사업자의 동의를 받아야 하며 전원의 중성점간 접속에 의한 순환전류와 제3고조파의 영향을 제한하여야 한다.

② **비상용 예비전원설비의 배선**

가. 비상용 예비전원설비의 전로는 다른 전로로부터 독립되어야 한다.

나. 비상용 예비전원설비의 전로는 그들이 내화성이 아니라면, 어떠한 경우라도 화재의 위험과 폭발의 위험에 노출되어 있는 지역을 통과해서는 안 된다.

다. 직류로 공급될 수 있는 비상용 예비전원설비 전로는 2극 과전류 보호장치를 구비하여야 한다.

라. 교류전원과 직류전원 모두에서 사용하는 개폐장치 및 제어장치는 교류조작 및 직류조작 모두에 적합하여야 한다.

3 고압&특고압 전기설비

(1) 접지설비

1. 고압 · 특고압 접지계통

① **일반사항**

가. 고압 또는 특고압 기기는 접촉전압 및 보폭전압의 허용 값 이내의 요건을 만족하도록 시설하여야 한다.

나. 모든 케이블의 금속시스(sheath) 부분은 접지를 하여야 한다.

② **접지시스템**

가. 고압 또는 특고압과 저압 접지시스템이 서로 근접한 경우 : 고압 또는 특고압 변전소 내에서만 사용하는 저압전원이 있을 때 저압 접지시스템이 고압 또는 특고압 접지시스템의 구역 안에 포함되어 있다면 각각의 접지시스템은 서로 접속하여야 한다.

나. 고압 또는 특고압 변전소에서 인입 또는 인출되는 저압전원이 있을 때, 접지시스템은 다음과 같이 시공하여야 한다.

- 고압 또는 특고압 변전소의 접지시스템은 공통 및 통합접지의 일부분이거나 또는 다중접지된 계통의 중성선에 접속되어야 한다.
- 고압 또는 특고압과 저압 접지시스템을 분리하는 경우의 접지극은 고압 또는 특고압 계통의 고장으로 인한 위험을 방지하기 위해 접촉전압과 보폭전압을 허용 값 이내로 하여야 한다.
- 고압 및 특고압 변전소에 인접하여 시설된 저압전원의 경우, 기기가 너무 가까이 위치하여 접지계통을 분리하는 것이 불가능한 경우에는 공통 또는 통합접지로 시공하여야 한다.

2. 혼촉에 의한 위험방지시설

① 고압 또는 특고압과 저압의 혼촉에 의한 위험방지 시설

가. 고압전로 또는 특고압전로와 저압전로를 결합하는 변압기의 저압측의 중성점에는 접지공사(사용전압이 35kV 이하의 특고압전로로서 전로에 지락이 생겼을 때에 1초 이내에 자동적으로 이를 차단하는 장치가 되어 있는 것 및 특고압 가공전선로의 전로 이외의 특고압전로와 저압전로를 결합하는 경우에 계산된 접지저항 값이 10Ω을 넘을 때에는 접지저항 값이 10Ω 이하인 것에 한한다)를 하여야 한다. 다만, 저압전로의 사용전압이 300V 이하인 경우에 그 접지공사를 변압기의 중성점에 하기 어려울 때에는 저압측의 1단자에 시행할 수 있다.

나. 접지공사는 변압기의 시설장소마다 시행하여야 한다. 다만, 토지의 상황에 의하여 변압기의 시설장소에서 규정에 의한 접지저항 값을 얻기 어려운 경우, 인장강도 5.26kN 이상 또는 지름 4mm 이상의 가공 접지도체를 시설할 때에는 변압기의 시설장소로부터 200m까지 떼어놓을 수 있다.

다. 가공공동지선을 설치하여 2 이상의 시설장소에 접지공사를 할 수 있다.
- 가공공동지선은 인장강도 5.26kN 이상 또는 지름 4mm 이상의 경동선을 사용하여 시설할 것
- 접지공사는 각 변압기를 중심으로 하는 지름 400m 이내의 지역으로서 그 변압기에 접속되는 전선로 바로 아래의 부분에서 각 변압기의 양쪽에 있도록 할 것
- 가공공동지선과 대지 사이의 합성 전기저항 값은 1km를 지름으로 하는 지역 안마다 접지저항 값을 가지는 것으로 하고 또한 각 접지도체를 가공공동지선으로부터 분리하였을 경우의 각 접지도체와 대지 사이의 전기저항 값은 300Ω 이하로 할 것

3. 혼촉방지판이 있는 변압기에 접속하는 저압 옥외전선의 시설 등

가. 저압전선은 1구내에만 시설할 것

나. 저압 가공전선로 또는 저압 옥상전선로의 전선은 케이블일 것

다. 저압 가공전선과 고압 또는 특고압의 가공전선을 동일 지지물에 시설하지 아니할 것. 다만, 고압 가공전선로 또는 특고압 가공전선로의 전선이 케이블인 경우에는 그러하지 아니하다.

4. 특고압과 고압의 혼촉 등에 의한 위험방지 시설

① 변압기에 의하여 특고압전로에 결합되는 고압전로에는 사용전압의 3배 이하인 전압이 가하여진 경우에 방전하는 장치를 그 변압기의 단자에 가까운 1극에 설치하여야 한다. 다만, 사용전압의 3배 이하인 전압이 가하여진 경우에 방전하는 피뢰기를 고압전로의 모선의 각상에 시설하거나 특고압권선과 고압권선 간에 혼촉방지판을 시설하여 접지저항 값이 10Ω 이하 또는 142.5의 규정에 따른 접지공사를 한 경우에는 그러하지 아니하다.

5. 전로의 중성점의 접지

가. 접지도체는 공칭단면적 $16mm^2$ 이상의 연동선 또는 이와 동등 이상의 세기 및 굵기의 쉽게 부식하지 아니하는 금속선(저압 전로의 중성점에 시설하는 것은 공칭단면적 $6mm^2$ 이상의 연동선 또는 이와 동등 이상의 세기 및 굵기의 쉽게 부식하지 않는 금속선)으로서 고장 시 흐르는 전류가 안전하게 통할 수 있는 것을 사용하고 또한 손상을 받을 우려가 없도록 시설할 것

나. 변압기의 안정권선이나 유휴권선 또는 전압조정기의 내장권선을 이상전압으로부터 보호하기 위하여 특히 필요할 경우에 접지공사를 하여야 한다.

다. **고저항 중성점접지계통**

- 접지저항기는 계통의 중성점과 접지극 도체와의 사이에 설치할 것. 중성점을 얻기 어려운 경우에는 접지변압기에 의한 중성점과 접지극 도체 사이에 접지저항기를 설치한다.
- 변압기 또는 발전기의 중성점에서 접지저항기에 접속하는 점까지의 중성선은 동선 $10mm^2$ 이상, 알루미늄선 또는 동복 알루미늄선은 $16mm^2$ 이상의 절연전선으로서 접지저항기의 최대정격전류이상일 것
- 계통의 중성점은 접지저항기를 통하여 접지할 것

(2) 전선로

1. 전파장해의 방지

① 가공전선로는 무선설비의 기능에 계속적이고 또한 중대한 장해를 주는 전파를 발생할 우려가 있는 경우에는 이를 방지하도록 시설하여야 한다.

② 1kV 초과의 가공전선로에서 발생하는 전파장해 측정용 루프 안테나의 중심은 가공전선로의 최외측 전선의 직하로부터 가공전선로와 직각방향으로 외측 15m 떨어진 지표상 2m에 있게 하고 안테나의 방향은 잡음 전계강도가 최대로 되도록 조정하며 측정기의 기준 측정 주파수는 0.5MHz ± 0.1Mhz 범위에서 방송주파수를 피하여 정한다.

③ 1 kV 초과의 가공전선로에서 발생하는 전파의 허용한도는 531kHz에서 1602kHz 까지의 주파수대에서 신호대잡음비(SNR)가 24dB 이상 되도록 가공전선로를 설치해야 하며, 잡음강도(N)는 청명시의 준첨두치(Q.P)로 측정하되 장기간 측정에 의한 통계적 분석이 가능하고 정규분포에 해당 지역의 기상조건이 반영될 수 있도록 충분한 주기로 샘플링 데이터를 얻어야 하고 또한 지역별 여건을 고려하지 않은 단일 기준으로 전파장해를 평가할 수 있도록 신호강도(S)는 저잡음지역의 방송전계강도인 71dBμ V/m(전계강도)로 한다.

2. 가공전선 및 지지물의 시설

① 가공전선의 분기는 그 전선의 지지점에서 하여야 한다.

② 가공전선로의 지지물에 취급자가 오르고 내리는데 사용하는 발판 볼트 등을 지표상 1.8m 미만에 시설하여서는 아니 된다.

3. 풍압하중의 종별과 적용

① **갑종 풍압하중**
구성재의 수직 투영면적 1m^{2}에 대한 풍압을 기초로 하여 계산한 것

[표] 구성재의 수직 투영면적 $1m^2$에 대한 풍압

<table>
<tr><th colspan="4">풍압을 받는 구분</th><th>구성재의 수직 투영면적 $1m^2$에 대한 풍압</th></tr>
<tr><td colspan="4">목주</td><td>588Pa</td></tr>
<tr><td rowspan="10">지지물</td><td rowspan="4">철주</td><td colspan="2">원형의 것</td><td>588Pa</td></tr>
<tr><td colspan="2">삼각형 또는 마름모형의 것</td><td>1,412Pa</td></tr>
<tr><td colspan="2">강관에 의하여 구성되는 4각형의 것</td><td>1,117Pa</td></tr>
<tr><td colspan="2">기타의 것</td><td>복재가 전 · 후면에 겹치는 경우에는 1627Pa, 기타의 경우에는 1784Pa</td></tr>
<tr><td rowspan="2">철근 콘크리트주</td><td colspan="2">원형의 것</td><td>588Pa</td></tr>
<tr><td colspan="2">기타의 것</td><td>882Pa</td></tr>
<tr><td rowspan="4">철탑</td><td rowspan="2">단주(완철류는 제외함)</td><td>원형의 것</td><td>588Pa</td></tr>
<tr><td>기타의 것</td><td>1,117Pa</td></tr>
<tr><td colspan="2">강관으로 구성되는 것(단주는 제외함)</td><td>1,255Pa</td></tr>
<tr><td colspan="2">기타의 것</td><td>2,157Pa</td></tr>
<tr><td rowspan="2">전선 기타 가섭선</td><td colspan="3">다도체(구성하는 전선이 2가닥마다 수평으로 배열되고 또한 그 전선 상호 간의 거리가 전선의 바깥지름의 20배 이하인 것에 한한다. 이하 같다)를 구성하는 전선</td><td>666Pa</td></tr>
<tr><td colspan="3">기타의 것</td><td>745Pa</td></tr>
<tr><td colspan="4">애자장치(특고압 전선용의 것에 한한다)</td><td>1,039Pa</td></tr>
<tr><td colspan="4">목주 · 철주(원형의 것에 한한다) 및 철근 콘크리트주의 완금류(특고압 전선로용의 것에 한한다)</td><td>단일재로서 사용하는 경우에는 1,196Pa, 기타의 경우에는 1,627Pa</td></tr>
</table>

② **을종 풍압하중**

전선 기타의 가섭선 주위에 두께 6mm, 비중 0.9의 빙설이 부착된 상태에서 수직 투영면적 372Pa(다도체를 구성하는 전선은 333Pa), 그 이외의 것은"가"풍압의 2분의 1을 기초로 하여 계산한 것

③ **병종 풍압하중**

"가"풍압의 2분의 1을 기초로 하여 계산한 것

④ 인가가 많이 연접되어 있는 장소에 시설하는 가공전선로의 구성재 중 다음의 풍압하중에 대하여는 ③의 규정에 불구하고 갑종 풍압하중 또는 을종 풍압하중 대신에 병종 풍압하중을 적용할 수 있다.

가. 저압 또는 고압 가공전선로의 지지물 또는 가섭선

나. 사용전압이 35kV 이하의 전선에 특고압 절연전선 또는 케이블을 사용하는 특고압 가공전선로의 지지물, 가섭선 및 특고압 가공전선을 지지하는 애자장치 및 완금류

4. 가공전선로 지지물의 기초의 안전율

① 가공전선로의 지지물에 하중이 가하여지는 경우에 그 하중을 받는 지지물의 기초의 안전율은 2(이상 시 상정하중이 가하여지는 경우는 1.33) 이상이어야 한다.

② 강관을 주체로 하는 철주 또는 철근 콘크리트주로서 그 전체 길이가 16m 이하, 설계하중이 6.8kN 이하인 것 또는 목주의 매입깊이

가. 전체의 길이가 15m 이하인 경우는 땅에 묻히는 깊이를 전체길이의 6분의 1 이상

나. 전체의 길이가 15m를 초과하는 경우는 땅에 묻히는 깊이를 2.5m 이상

다. 논이나 그 밖의 지반이 연약한 곳에서는 견고한 근가를 시설할 것.

③ 철근 콘크리트주로서 그 전체의 길이가 16m 초과 20m 이하이고, 설계하중이 6.8kN 이하의 것을 논이나 그 밖의 지반이 연약한 곳 이외에 그 묻히는 깊이를 2.8m 이상

④ 철근 콘크리트주로서 전체의 길이가 14m 이상 20m 이하이고, 설계하중이 6.8kN 초과 9.8kN 이하의 것을 논이나 그 밖의 지반이 연약한 곳 이외에 시설하는 경우 그 묻히는 깊이는 기준보다 30cm를 가산하여 시설

5. 지선의 시설

① 가공전선로의 지지물로 사용하는 철탑은 지선을 사용하여 그 강도를 분담시켜서는 안 된다.

② 가공전선로의 지지물로 사용하는 철주 또는 철근 콘크리트주는 지선을 사용하지 않는 상태에서 2분의 1 이상의 풍압하중에 견디는 강도를 가지는 경우 이외에는 지선을 사용하여 그 강도를 분담시켜서는 안 된다.

③ 가공전선로의 지지물에 시설하는 지선

가. 지선의 안전율은 2.5 이상일 것. 이 경우에 허용 인장하중의 최저는 4.31 kN으로 한다.

나. 지선에 연선을 사용할 경우에는 다음에 의할 것

- 소선 3가닥 이상의 연선일 것
- 소선의 지름이 2.6mm 이상의 금속선 또는 소선의 지름이 2mm 이상인 아연도강연선으로서 소선의 인장강도가 0.68kN/mm^2 이상인 것을 사용하는 경우에는 적용하지 않는다.

다. 지중부분 및 지표상 0.3m 까지의 부분에는 내식성이 있는 것 또는 아연도금을 한 철봉을 사용하고 쉽게 부식되지 않는 근가에 견고하게 붙일 것

④ 도로를 횡단하여 시설하는 지선의 높이는 지표상 5m 이상으로 하여야 한다. 교통에 지장을 초래할 우려가 없는 경우에는 지표상 4.5m 이상, 보도의 경우에는 2.5m 이상으로 할 수 있다.

6. 구내인입선

① 고압 가공인입선은 전선에 인장강도 8.01kN 이상의 고압 절연전선, 특고압 절연전선 또는 지름 5mm 이상의 경동선의 고압 절연전선, 특고압 절연전선 또는 인하용 절연전선을 애자사용 배선에 의하여 시설하거나 케이블을 시설하여야 한다.

② 고압 가공인입선의 높이는 지표상 3.5m까지로 감할 수 있다. 이 경우에 그 고압 가공인입선이 케이블 이외의 것인 때에는 그 전선의 아래쪽에 위험 표시를 하여야 한다.

③ 고압 연접인입선은 시설하여서는 아니 된다.

④ 변전소 또는 개폐소에 준하는 곳 이외의 곳에 인입하는 특고압 가공 인입선은 사용전압이 100kV 이하

⑤ 특고압 인입선의 옥측부분 또는 옥상부분은 사용전압이 100kV 이하

⑥ 특고압 연접 인입선은 시설하여서는 아니 된다.

7. 고압 옥측전선로의 시설

가. 전선은 케이블일 것

나. 케이블은 견고한 관 또는 트라프에 넣거나 사람이 접촉할 우려가 없도록 시설할 것

다. 케이블을 조영재의 옆면 또는 아랫면에 따라 붙일 경우에는 케이블의 지지점 간의 거리를 2m (수직으로 붙일 경우에는 6m)이하로 하고 또한 피복을 손상하지 아니하도록 붙일 것

라. 고압 옥측전선로의 전선이 그 고압 옥측전선로를 시설하는 조영물에 시설하는 특고압 옥측전선 · 저압 옥측전선 · 관등회로의 배선 · 약전류 전선 등이나 수관 · 가스관 또는 이와 유사한 것과 접근하거나 교차하는 경우에는 고압 옥측전선로의 전선과 이들 사이의 이격거리는 0.15m 이상이어야 한다.

8. 고압 옥상전선로의 시설

① 고압 옥상전선로는 케이블을 사용

② 전선을 전개된 장소에서 규정에 준하여 시설하는 외에 조영재에 견고하게 붙인 지지주 또는 지지대에 의하여 지지하고 또한 조영재 사이의 이격거리를 1.2m 이상으로 하여 시설

③ 고압 옥상 전선로의 전선이 다른 시설물과 접근하거나 교차하는 경우에는 고압 옥상 전선로의 전선과 이들 사이의 이격거리는 0.6m 이상

④ 고압 옥상전선로의 전선은 상시 부는 바람 등에 의하여 식물에 접촉하지 아니하도록 시설하여야 한다.

9. 특고압 옥상전선로의 시설

특고압 옥상전선로는 시설하여서는 안된다.

(3) 가공전선로

1. 가공약전류전선로의 유도장해 방지

① 저압 가공전선로 또는 고압 가공전선로와 기설 가공약전류전선로가 병행하는 경우에는 유도작용에 의하여 통신상의 장해가 생기지 않도록 전선과 기설 약전류전선 간의 이격거리는 2m 이상이어야 한다.

② ①에 따라 시설하더라도 기설 가공약전류전선로에 장해를 줄 우려가 있는 경우에는 다음중 한 가지 또는 두 가지 이상을 기준으로 하여 시설하여야 한다.

가. 가공전선과 가공약전류전선 간의 이격거리를 증가시킬 것

나. 교류식 가공전선로의 경우에는 가공전선을 적당한 거리에서 연가할 것

다. 가공전선과 가공약전류전선 사이에 인장강도 5.26 kN 이상의 것 또는 지름 4mm 이상인 경동선의 금속선 2가닥 이상을 시설하고 접지공사를 할 것.

2. 가공케이블의 시설

① 케이블은 조가용선에 행거로 시설할 것. 이 경우에는 사용전압이 고압인 때에는 행거의 간격은 0.5m 이하로 하는 것이 좋다.

② 조가용선은 인장강도 5.93kN 이상의 것 또는 단면적 22mm^2 이상인 아연도강연선일 것

③ 조가용선 및 케이블의 피복에 사용하는 금속체에는 접지공사를 할 것

3. 고압 가공전선의 안전율

고압 가공전선은 케이블인 경우 이외에는 다음에 규정하는 경우에 그 안전율이 경동선 또는 내열 동합금선은 2.2 이상, 그 밖의 전선은 2.5 이상이 되는 이도로 시설하여야 한다.

4. 고압 가공전선의 높이

가. 도로를 횡단하는 경우에는 지표상 6m 이상

나. 철도 또는 궤도를 횡단하는 경우에는 레일면상 6.5m 이상

다. 횡단보도교의 위에 시설하는 경우에는 그 노면상 3.5m 이상

라. "가"부터 "다"까지 이외의 경우에는 지표상 5m 이상

5. 고압 가공전선로의 가공지선

고압 가공전선로에 사용하는 가공지선은 인장강도 5.26kN 이상의 것 또는 지름 4mm 이상의 나경동선을 사용한다.

6. 고압 가공전선로의 지지물의 강도

① 고압 가공전선로의 지지물로서 사용하는 목주

가. 풍압하중에 대한 안전율은 1.3 이상일 것

나. 굵기는 말구 지름 0.12m 이상일 것

7. 고압 가공전선 등의 병행설치

① 저압 가공전선과 고압 가공전선을 동일 지지물에 시설하는 경우

가. 저압 가공전선을 고압 가공전선의 아래로 하고 별개의 완금류에 시설할 것

나. 저압 가공전선과 고압 가공전선 사이의 이격거리는 0.5m 이상일 것

② 고압 가공전선에 케이블을 사용하면, 또한 그 케이블과 저압 가공전선 사이의 이격거리를 0.3m 이상으로 하여 시설

8. 고압 가공전선로 경간의 제한

① 경간

[표] 고압 가공전선로 경간 제한

지지물의 종류	경간
목주 · A종 철주 또는 A종 철근 콘크리트주	150m
B종 철주 또는 B종 철근 콘크리트주	250m
철 탑	600m

② 고압 가공전선로의 경간이 100m 를 초과하는 경우

가. 고압 가공전선은 인장강도 8.01kN 이상의 것 또는 지름 5mm 이상의 경동선의 것

나. 목주의 풍압하중에 대한 안전율은 1.5 이상일 것

③ 고압 가공전선로의 전선에 인장강도 8.71kN 이상의 것 또는 단면적 22mm^2 이상의 경동연선의 것을 다음에 따라 지지물을 시설하는 때 그 전선로의 경간은 그 지지물에 목주 · A종 철주 또는 A종 철근 콘크리트주를 사용하는 경우에는 300m 이하, B종 철주 또는 B종 철근 콘크리트주를 사용하는 경우에는 500m 이하이어야 한다.

9. 고압 보안공사

가. 전선은 케이블인 경우 이외에는 인장강도 8.01kN 이상의 것 또는 지름 5mm 이상의 경동선일 것

나. 목주의 풍압하중에 대한 안전율은 1.5 이상일 것

다. 경간. 다만, 전선에 인장강도 14.51kN 이상의 것 또는 단면적 38mm^2 이상의 경동연선을 사용하는 경우로서 지지물에 B종 철주·B종 철근 콘크리트주 또는 철탑을 사용하는 때에는 표준경간으로 할 수 있다

[표] 고압 보안공사 경간 제한

지지물의 종류	경간
목주·A종 철주 또는 A종 철근 콘크리트주	100m
B종 철주 또는 B종 철근 콘크리트주	150m
철탑	400m

10. 고압 가공전선과 건조물의 접근

가. 고압 가공전선로는 고압 보안공사에 의할 것.

나. 저압 가공전선과 건조물의 조영재 사이의 이격거리

[표] 저압, 고압 가공전선과 건조물의 조영재 사이의 이격거리

건조물 조영재의 구분	접근형태	이격거리
상부 조영재 [지붕·차양: ·옷 말리는 곳 기타 사람이 올라갈 우려가 있는 조영재를 말한다. 이하 같다]	위쪽	2m(전선이 고압 절연전선, 특고압 절연전선 또는 케이블인 경우는 1m)
	옆쪽 또는 아래쪽	1.2m(전선에 사람이 쉽게 접촉할 우려가 없도록 시설한 경우에는 0.8m, 고압 절연전선, 특고압 절연전선 또는 케이블인 경우에는 0.4m)
기타의 조영재		1.2m(전선에 사람이 쉽게 접촉할 우려가 없도록 시설한 경우에는 0.8m, 고압 절연전선, 특고압 절연전선 또는 케이블인 경우에는 0.4m)

[표] 저고압 가공전선과 건조물 사이의 이격거리

가공 전선의 종류	이격거리
저압 가공 전선	0.6m(전선이 고압 절연전선, 특고압 절연전선 또는 케이블인 경우에는 0.3m)
고압 가공 전선	0.8m(전선이 케이블인 경우에는 0.4m)

[표] 저압 가공전선과 도로 등의 이격거리

도로 등의 구분	이격거리
도로 · 횡단보도교 · 철도 또는 궤도	3m
삭도나 그 지주 또는 저압 전차선	0.6m(전선이 고압 절연전선, 특고압 절연전선 또는 케이블인 경우에는 0.3m)
저압 전차선로의 지지물	0.3m

[표] 저압 가공전선과 도로 등의 이격거리

도로 등의 구분	이격거리
도로 · 횡단보도교 · 철도 또는 궤도	3m
삭도나 그 지주 또는 저압 전차선	0.8m (전선이 케이블인 경우에는 0.4m)
저압 전차선로의 지지물	0.6m (고압 가공전선이 케이블인 경우에는 0.3m)

11. 고압 가공전선과 가공약전류전선 등의 접근 또는 교차

가. 고압 가공전선은 고압 보안공사에 의할 것.

나. 저압 가공전선이 가공약전류전선등과 접근하는 경우에는 저압 가공전선과 가공약전류전선 등 사이의 이격거리는 0.6m 이상일 것. 다만, 저압 가공전선이 고압 절연전선, 특고압 절연전선 또는 케이블인 경우로서 저압 가공전선과 가공약전류전선 등 사이의 이격거리가 0.3m(가공약전류전선 등이 절연전선과 동등 이상의 절연성능이 있는 것 또는 통신용 케이블인 경우에는 0.15m) 이상인 경우에는 그러하지 아니하다.

다. 고압 가공전선이 가공약전류전선 등과 접근하는 경우는 고압 가공전선과 가공약전류전선 등 사이의 이격거리는 0.8m (전선이 케이블인 경우에는 0.4m) 이상일 것.

라. 가공전선과 약전류전선로 등의 지지물 사이의 이격거리는 저압은 0.3m 이상, 고압은 0.6m (전선이 케이블인 경우에는 0.3m) 이상일 것.

12. 고압 가공전선과 안테나의 접근 또는 교차

가. 고압 가공전선로는 고압 보안공사에 의할 것

나. 가공전선과 안테나 사이의 이격거리는 저압은 0.6m(전선이 고압 절연전선, 특고압 절연전선 또는 케이블인 경우에는 0.3m) 이상, 고압은 0.8m(전선이 케이블인 경우에는 0.4m) 이상일 것

13. 고압 가공전선과 교류전차선 등의 접근 또는 교차

가. 저압 가공전선로는 저압 보안공사 고압 가공전선로는 고압 보안공사에 의할 것

나. 저압 가공전선은 케이블인 경우 이외에는 인장강도 8.01kN 이상의 것 또는 지름 5mm 이상의 경동선의 것

다. 저압 가공전선 또는 고압 가공전선이 교류 전차선 등과 교차하는 경우

- 저압 가공전선에는 케이블을 사용하고 또한 이를 단면적 35mm^2 이상인 아연도강연선으로서 인장강도 19.61 kN 이상인 것으로 조가하여 시설할 것
- 고압 가공전선은 케이블인 경우 이외에는 인장강도 14.51kN 이상의 것 또는 단면적 38mm^2 이상의 경동연선일 것
- 고압 가공전선이 케이블인 경우에는 이를 단면적 38mm^2 이상인 아연도강연선으로서 인장강도 19.61kN 이상인 것(교류 전차선 등과 교차하는 부분을 포함하는 경간에 접속점이 없는 것에 한한다)으로 조가하여 시설할 것

라. 케이블 이외의 것을 사용하는 고압 가공전선 상호 간의 간격은 0.65m 이상일 것

마. 고압 가공전선로의 지지물은 전선이 케이블인 경우 이외에는 장력에 견디는 애자장치가 되어 있는 것일 것

바. 가공전선로 지지물에 사용하는 목주의 풍압하중에 대한 안전율은 2 이상일 것

사. 가공전선로의 경간은 지지물로 목주 · A종 철주 또는 A종 철근 콘크리트주를 사용하는 경우에는 60m 이하, B종 철주 또는 B종 철근 콘크리트주를 사용하는 경우에는 120m 이하일 것

아. 가공전선로의 전선 · 완금류 · 지지물 · 지선 또는 지주와 교류 전차선 등 사이의 이격거리는 2m 이상일 것

14. 고압 가공전선 등과 저압 가공전선 등의 접근 또는 교차

가. 고압 가공전선로는 고압 보안공사에 의할 것.

나. 고압 가공전선과 저압 가공전선 등 또는 그 지지물 사이의 이격거리

[표] 고압 가공전선과 저압 가공전선 등 또는 그 지지물 사이의 이격거리

저압 가공전선 등 또는 그 지지물의 구분	이격거리
저압 가공전선 등	0.8m(고압 가공전선이 케이블인 경우에는 0.4m)
저압 가공전선 등의 지지물	0.6m(고압 가공전선이 케이블인 경우에는 0.3m)

[표] 저압 가공전선과 고압 가공전선 등 또는 그 지지물 사이의 이격거리

고압 가공전선 등 또는 그 지지물의 구분	이격거리
고압 가공전선	0.8m(고압 가공전선이 케이블인 경우에는 0.4m)
고압 전차선	1.2m
고압 가공전선 등의 지지물	0.3m

다. 저압 가공전선로의 지지물과 고압 가공전선 등 사이의 이격거리는 0.6m (고압 가공전선로가 케이블인 경우에는 0.3m) 이상일 것.

13. 고압 가공전선 상호 간의 접근 또는 교차

가. 위쪽 또는 옆쪽에 시설되는 고압 가공전선로는 고압 보안공사에 의할 것.

나. 고압 가공전선 상호 간의 이격거리는 0.8m(어느 한쪽의 전선이 케이블인 경우에는 0.4m) 이상, 하나의 고압 가공전선과 다른 고압 가공전선로의 지지물 사이의 이격거리는 0.6m (전선이 케이블인 경우에는 0.3m) 이상일 것.

14. 고압 가공전선과 다른 시설물의 접근 또는 교차

[표] 고압 가공전선과 다른 시설물의 이격거리

다른 시설물의 구분	접근형태	이격거리
조영물의 상부 조영재	위쪽	2m(전선이 케이블인 경우에는 1m)
	옆쪽 또는 아래쪽	0.8m(전선이 케이블인 경우에는 0.4m)
조영물의 상부조영재 이외의 부분 또는 조영물 이외의 시설물		0.8m(전선이 케이블인 경우에는 0.4m)

15. 고압 가공전선과 식물의 이격거리

고압 가공전선은 상시 부는 바람 등에 의하여 식물에 접촉하지 않도록 시설하여야 한다.

16. 고압 가공전선과 가공약전류전선 등의 공용설치

가. 전선로의 지지물로서 사용하는 목주의 풍압하중에 대한 안전율은 1.5 이상일 것

나. 가공전선을 가공약전류전선 등의 위로하고 별개의 완금류에 시설할 것

다. 가공전선과 가공약전류전선 등 사이의 이격거리는 가공전선에 유선 텔레비전용 급전겸용 동축케이블을 사용한 전선으로서 그 가공전선로의 관리자와 가공약전류전선로 등의 관리자가 같을 경우 이외에는 저압(다중접지된 중성선을 제외한다)은 0.75m 이상, 고압은 1.5m 이상일 것

(4) 특고압 가공전선로

1. 시가지 등에서 특고압 가공전선로의 시설

① 사용전압이 170kV 이하인 전선로

가. 50% 충격섬락전압 값이 그 전선의 근접한 다른 부분을 지지하는 애자장치 값의 110%(사용전압이 130kV를 초과하는 경우는 105%) 이상인 것

나. 아크 혼을 붙인 현수애자 · 장간애자 또는 라인포스트애자를 사용

다. 경간

[표] 시가지 등에서 170kV 이하 특고압 가공전선로의 경간 제한

지지물의 종류	경간
A종 철주 또는 A종 철근 콘크리트주	75m
B종 철주 또는 B종 철근 콘크리트주	150m
철탑	400m (단주인 경우에는 300m) 다만, 전선이 수평으로 2이상 있는 경우에 전선 상호 간의 간격이 4m 미만인 때에는 250m

라. 전선의 단면적

[표] 시가지 등에서 170kV 이하 특고압 가공전선로 전선의 단면적

사용전압의 구분	전선의 단면적
100kV 미만	인장강도 21.67kN 이상의 연선 또는 단면적 55mm² 이상의 경동연선 또는 동등이상의 인장강도를 갖는 알루미늄 전선이나 절연전선
100kV 이상	인장강도 58.84kN 이상의 연선 또는 단면적 150mm² 이상의 경동연선 또는 동등이상의 인장강도를 갖는 알루미늄 전선이나 절연전선

마. 전선의 높이

[표] 시가지 등에서 170kV 이하 특고압 가공전선로 높이

사용전압의 구분	지표상의 높이
35kV 이하	10m(전선이 특고압 절연전선인 경우에는 8m)
35kV 초과	10m에 35kV를 초과하는 10kV 또는 그 단수마다 0.12m를 더한 값

바. 지지물에는 위험 표시를 보기 쉬운 곳에 시설할 것. 다만, 사용전압이 35 kV 이하의 특고압 가공전선로의 전선에 특고압 절연전선을 사용하는 경우는 그러하지 아니하다.

사. 사용전압이 100kV를 초과하는 특고압 가공전선에 지락 또는 단락이 생겼을 때에는 1초 이내에 자동적으로 이를 전로로부터 차단하는 장치를 시설할 것

② **사용전압이 170kV 초과하는 전선로**

가. 전선로는 회선수 2 이상 또는 그 전선로의 손괴에 의하여 현저한 공급지장이 발생하지 않도록 시설할 것

나. 경간 거리는 600m 이하일 것

다. 지지물은 철탑을 사용할 것

라. 전선은 단면적 240mm² 이상의 강심알루미늄선 또는 이와 동등 이상의 인장강도 및 내(耐)아크 성능을 가지는 연선(撚線)을 사용할 것

마. 전선로에는 가공지선을 시설할 것

바. 전선의 지표상의 높이는 10m에 35kV를 초과하는 10kV 마다 0.12m를 더한 값 이상일 것

사. 지지물에는 위험표시를 보기 쉬운 곳에 시설할 것

아. 전선로에 지락 또는 단락이 생겼을 때에는 1초 이내에 그리고 전선이 아크전류에 의하여 용단될 우려가 없도록 자동적으로 전로에서 차단하는 장치를 시설할 것

2. 유도장해의 방지

가. 사용전압이 60kV 이하인 경우에는 전화선로의 길이 12km 마다 유도전류가 $2\mu A$ 를 넘지 아니하도록 할 것

나. 사용전압이 60kV를 초과하는 경우에는 전화선로의 길이 40km 마다 유도전류가 $3\mu A$ 을 넘지 아니하도록 할 것

3. 특고압 가공케이블의 시설.

가. **케이블의 시설**

- 조가용선에 행거에 의하여 시설할 것. 이 경우에 행거의 간격은 0.5m 이하로 하여 시설하여야 한다.
- 조가용선에 접촉시키고 그 위에 쉽게 부식되지 아니하는 금속 테이프 등을 0.2m 이하의 간격을 유지시켜 나선형으로 감아 붙일 것.

나. 조가용선은 인장강도 13.93kN 이상의 연선 또는 단면적 22mm² 이상의 아연도강연선일 것

4. 특고압 가공전선의 굵기 및 종류

특고압 가공전선은 케이블인 경우 이외에는 인장강도 8.71kN 이상의 연선 또는 단면적이 22mm² 이상의 경동연선 또는 동등이상의 인장강도를 갖는 알루미늄 전선이나 절연전선이어야 한다.

5. 특고압 가공전선과 지지물 등의 이격거리

[표] 특고압 가공전선과 지지물 등의 이격거리

사용전압	이격거리(m)
15kV 미만	0.15
15kV 이상 25kV 미만	0.2
25kV 이상 35kV 미만	0.25
35kV 이상 50kV 미만	0.3
50kV 이상 60kV 미만	0.35
60kV 이상 70kV 미만	0.4
70kV 이상 80kV 미만	0.45
80kV 이상 130kV 미만	0.65
130kV 이상 160kV 미만	0.9
160kV 이상 200kV 미만	1.1
200kV 이상 230kV 미만	1.3
230kV 이상	1.6

6. 특고압 가공전선의 높이

[표] 특고압 가공전선의 높이

사용전압의 구분	지표상의 높이
35kV 이하	5m (철도 또는 궤도를 횡단하는 경우에는 6.5m, 도로를 횡단하는 경우에는 6m, 횡단보도교의 위에 시설하는 경우로서 전선이 특고압 절연전선 또는 케이블인 경우에는 4m)
35kV 초과 160kV 이하	6m (철도 또는 궤도를 횡단하는 경우에는 6.5m, 산지 등에서 사람이 쉽게 들어갈 수 없는 장소에 시설하는 경우에는 5m, 횡단보도교의 위에 시설하는 경우 전선이 케이블인 때는 5m)
160kV 초과	6m (철도 또는 궤도를 횡단하는 경우에는 6.5m 산지 등에서 사람이 쉽게 들어갈 수 없는 장소를 시설하는 경우에는 5m)에 160kV를 초과하는 10kV 또는 그 단수마다 0.12m를 더한 값

7. 특고압 가공전선로의 가공지선

가공지선에는 인장강도 8.01kN 이상의 나선 또는 지름 5mm 이상의 나경동선, 22mm^2 이상의 나경동연선, 아연도강연선 22mm^2, 또는 OPGW 전선을 사용

8. 특고압 가공전선로의 목주 시설

가. 풍압하중에 대한 안전율은 1.5 이상일 것

나. 굵기는 말구 지름 0.12m 이상일 것

9. 특고압 가공전선로의 철주·철근 콘크리트주 또는 철탑의 종류

가. 직선형

전선로의 직선부분(3° 이하인 수평각도를 이루는 곳을 포함한다.)에 사용하는 것. 다만, 내장형 및 보강형에 속하는 것을 제외한다.

나. 각도형

전선로중 3°를 초과하는 수평각도를 이루는 곳에 사용하는 것

다. 인류형

전가섭선을 인류하는 곳에 사용하는 것

라. 내장형

전선로의 지지물 양쪽의 경간의 차가 큰 곳에 사용하는 것

마. 보강형

전선로의 직선부분에 그 보강을 위하여 사용하는 것

10. 특고압 가공전선로의 철주·철근 콘크리트주 또는 철탑의 강도

특고압 가공전선로의 지지물로 사용하는 철탑은 고온계절이나 저온계절의 어느 계절에서도 상시 상정하중 또는 이상 시 상정하중의 3분의 2배(완금류에 대하여는 1배)의 하중 중 큰 것에 견디는 강도의 것이어야 한다.

11. 상시 상정하중

인류형 · 내장형 또는 보강형 · 직선형 · 각도형의 철주 · 철근 콘크리트주 또는 철탑의 경우에는 가섭선 불평균 장력에 의한 수평 종하중을 가산한다.

가. 인류형의 경우에는 전가섭선에 관하여 각 가섭선의 상정 최대장력과 같은 불평균 장력의 수평 종분력에 의한 하중

나. 내장형 · 보강형의 경우에는 전가섭선에 관하여 각 가섭선의 상정 최대장력의 33%와 같은 불평균 장력의 수평 종분력에 의한 하중

다. 직선형의 경우에는 전가섭선에 관하여 각 가섭선의 상정 최대장력의 3%와 같은 불평균 장력의 수평 종분력에 의한 하중(단 내장형은 제외한다)

라. 각도형의 경우에는 전가섭선에 관하여 각 가섭선의 상정 최대장력의 10%와 같은 불평균 장력의 수평 종분력에 의한 하중

11. 특고압 가공전선로의 내장형 등의 지지물 시설

가. 5기 이하마다 지선을 전선로와 직각 방향으로 그 양쪽에 시설한 목주 · A종 철주 또는 A종 철근 콘크리트주 1기

나. 연속하여 15기 이상으로 사용하는 경우에는 15기 이하마다 지선을 전선로의 방향으로 그 양쪽에 시설한 목주 · A종 철주 또는 A종 철근 콘크리트주 1기

다. 특고압 가공전선로 중 지지물로서 B종 철주 또는 B종 철근 콘크리트주를 연속하여 10기 이상 사용하는 부분에는 10기 이하마다 장력에 견디는 형태의 철주 또는 철근 콘크리트주 1기를 시설하거나 5기 이하마다 보강형의 철주 또는 철근 콘크리트주 1기를 시설하여야 한다.

12. 특고압 가공전선과 저고압 가공전선 등의 병행설치

① 사용전압이 35kV 이하인 특고압 가공전선과 저압 또는 고압의 가공전선을 동일 지지물에 시설하는 경우

가. 특고압 가공전선은 저압 또는 고압 가공전선의 위에 시설하고 별개의 완금류에 시설할 것. 다만, 특고압 가공전선이 케이블인 경우로서 저압 또는 고압 가공전선이 절연전선 또는 케이블인 경우에는 그러하지 아니하다.

나. 특고압 가공전선은 연선일 것.

다. 저압 또는 고압 가공전선은 인장강도 8.31kN 이상의 것 또는 케이블인 경우 이외에는 다음에 해당하는 것.

- 가공전선로의 경간이 50m 이하인 경우에는 인장강도 5.26kN 이상의 것 또는 지름 4mm 이상의 경동선
- 가공전선로의 경간이 50m을 초과하는 경우에는 인장강도 8.01kN 이상의 것 또는 지름 5mm 이상의 경동선

라. 특고압 가공전선과 저압 또는 고압 가공전선사이의 이격거리는 1.2m 이상일 것. 다만, 특고압 가공전선이 케이블로서 저압 가공전선이 절연전선이거나 케이블인 때 또는 고압 가공전선이 고압 절연전선, 특고압 절연전선 또는 케이블인 때는 0.5m까지로 감할 수 있다.

② 사용전압이 35kV을 초과하고 100kV 미만인 특고압 가공전선과 저압 또는 고압 가공전선을 동일 지지물에 시설하는 경우

가. 특고압 가공전선로는 제2종 특고압 보안공사에 의할 것

나. 특고압 가공전선과 저압 또는 고압 가공전선 사이의 이격거리는 2m 이상일 것. 다만, 특고압 가공전선이 케이블인 경우에 저압 가공전선이 절연전선 혹은 케이블인 때 또는 고압 가공전선이 절연전선 혹은 케이블인 때에는 1m까지 감할 수 있다.

다. 특고압 가공전선은 케이블인 경우를 제외하고는 인장강도 21.67kN 이상의 연선 또는 단면적이 50mm^2 이상인 경동연선일 것

라. 특고압 가공전선로의 지지물은 철주·철근 콘크리트주 또는 철탑일 것

③ 사용전압이 100kV 이상인 특고압 가공전선과 저압 또는 고압 가공전선은 동일 지지물에 시설하여서는 안된다.

④ 특고압 가공전선과 특고압 가공전선로의 지지물에 시설하는 저압의 전기기계기구에 접속하는 저압 가공전선을 동일 지지물에 시설하는 경우

[표] 특고압 가공전선과 저고압 가공전선의 병가 시 이격거리

사용전압의 구분	이격거리
35kV 이하	1.2m(특고압 가공전선이 케이블인 경우에는 0.5m)
35kV 초과 60kV 이하	2m(특고압 가공전선이 케이블인 경우에는 1m)
60kV 초과	2m(특고압 가공전선이 케이블인 경우에는 1m)에 60kV을 초과하는 10kV 또는 그 단수마다 0.12m를 더한 값

13. 특고압 가공전선과 가공약전류전선 등의 공용설치

① **사용전압이 35kV 이하인 특고압 가공전선과 가공약전류전선 등을 동일 지지물에 시설하는 경우**

가. 특고압 가공전선로는 제2종 특고압 보안공사에 의할 것.

나. 특고압 가공전선은 가공약전류전선 등의 위로하고 별개의 완금류에 시설할 것.

다. 특고압 가공전선은 케이블인 경우 이외에는 인장강도 21.67kN 이상의 연선 또는 단면적이 50mm^2 이상인 경동연선일 것.

라. 특고압 가공전선과 가공약전류전선 등 사이의 이격거리는 2m 이상으로 할 것. 다만, 특고압 가공전선이 케이블인 경우에는 0.5m까지로 감할 수 있다.

마. 가공약전류전선을 특고압 가공전선이 케이블인 경우 이외에는 금속제의 전기적 차폐층이 있는 통신용 케이블일 것.

바. 특고압 가공전선로의 수직배선은 가공약전류전선 등의 시설자가 지지물에 시설한 것의 2m 위에서부터 전선로의 수직배선의 맨 아래까지의 사이는 케이블을 사용할 것.

② 사용전압이 35kV를 초과하는 특고압 가공전선과 가공약전류전선 등은 동일 지지물에 시설하여서는 아니 된다.

14. 특고압 가공전선로의 경간 제한

① **특고압 가공전선로의 경간**

[표] 특고압 가공전선로의 경간 제한

지지물의 종류	경간
목주 · A종 철주 또는 A종 철근 콘크리트주	150m
B종 철주 또는 B종 철근 콘크리트주	250m
철탑	600m(단주인 경우에는 400m)

② 특고압 가공전선로의 전선에 인장강도 21.67kN 이상의 것 또는 단면적이 50mm^2 이상인 경동연선을 사용하는 경우 그 전선로의 경간은 그 지지물에 목주 · A종 철주 또는 A종 철근 콘크리트주를 사용하는 경우에는 300m 이하, B종 철주 또는 B종 철근 콘크리트주를 사용하는 경우에는 500m 이하이어야 한다.

15. 특고압 보안공사

① **제1종 특고압 보안공사**

가. 전선의 굵기와 경간

[표] 제1종 특고압 보안공사 시 전선의 단면적

사용전압	전선
100kV 미만	인장강도 21.67kN 이상의 연선 또는 단면적 55mm^2 이상의 경동연선 또는 동등이상의 인장강도를 갖는 알루미늄 전선이나 절연전선
100kV 이상 300kV 미만	인장강도 58.84kN 이상의 연선 또는 단면적 150mm^2 이상의 경동연선 또는 동등이상의 인장강도를 갖는 알루미늄 전선이나 절연전선
300kV 이상	인장강도 77.47kN 이상의 연선 또는 단면적 200mm^2 이상의 경동연선 또는 동등이상의 인장강도를 갖는 알루미늄 전선이나 절연전선

[표] 제1종 특고압 보안공사 시 경간 제한

지지물의 종류	경간
B종 철주 또는 B종 철근 콘크리트주	150m
철탑	400m(단주인 경우에는 300m)

나. 특고압 가공전선에 지락 또는 단락이 생겼을 경우에 3초(사용전압이 100kV 이상인 경우에는 2초) 이내에 자동적으로 이것을 전로로부터 차단하는 장치를 시설할 것.

② 제2종 특고압 보안공사는 다음에 따라야 한다.

가. 지지물로 사용하는 목주의 풍압하중에 대한 안전율은 2 이상일 것.

나. 경간

[표] 제2종 특고압 보안공사 시 경간 제한

지지물의 종류	경간
목주 · A종 철주 또는 A종 철근 콘크리트주	100m
B종 철주 또는 B종 철근 콘크리트주	200m
철탑	400m(단주인 경우에는 300m)

③ **제3종 특고압 보안공사**

가. 특고압 가공전선은 연선일 것.

나. 경간은 표 333.22-4에서 정한 값 이하일 것. 다만, 전선의 인장강도 38.05kN이상의 연선 또는 단면적이 95mm^2 이상인 경동연선을 사용하고 지지물에 B종 철주 · B종 철근 콘크리트주 또는 철탑을 사용하는 경우에는 그러하지 아니하다.

[표] 제3종 특고압 보안공사 시 경간 제한

지지물 종류	경간
목주 · A종 철주 또는 A종 철근 콘크리트주	100m (전선의 인장강도 14.51kN 이상의 연선 또는 단면적이 38mm^2 이상인 경동연선을 사용하는 경우에는 150m)
B종 철주 또는 B종 철근 콘크리트주	200m (전선의 인장강도 21.67kN 이상의 연선 또는 단면적이 5538mm^2 이상인 경동연선을 사용하는 경우에는 250m)
철탑	400m (전선의 인장강도 21.67kN 이상의 연선 또는 단면적이 5538mm^2 이상인 경동연선을 사용하는 경우에는 600m) 다만, 단주의 경우에는 300m(전선의 인장강도 21.67kN 이상의 연선 또는 단면적이 5538mm^2 이상인 경동연선을 사용하는 경우에는 400m)

16. 특고압 가공전선과 건조물의 접근

① **특고압 가공전선이 건조물과 제1차 접근상태로 시설되는 경우**

가. 특고압 가공전선로는 제3종 특고압 보안공사에 의할 것

나. 사용전압이 35kV 이하인 특고압 가공전선과 건조물의 조영재 이격거리

[표] 특고압 가공전선과 건조물의 이격거리(제1차 접근상태)

건조물과 조영재의 구분	전선종류	접근형태	이격거리
상부 조영재	특고압 절연전선	위쪽	2.5m
		옆쪽 또는 아래쪽	1.5m(전선에 사람이 쉽게 접촉할 우려가 없도록 시설한 경우는 1m)
	케이블	위쪽	1.2m
		옆쪽 또는 아래쪽	0.5m
	기타전선		3m
기타 조영재	특고압 절연전선		1.5m (전선에 사람이 쉽게 접촉할 우려가 없도록 시설한 경우는 1m)
	케이블		0.5m
	기타 전선		3m

② 사용전압이 35kV를 초과하는 특고압 가공전선과 건조물과의 이격거리는 건조물의 조영재 구분 및 전선종류에 따라 각각 규정 값에 35kV 을 초과하는 10kV 또는 그 단수마다 15cm을 더한 값 이상일 것

③ **사용전압이 35kV 이하인 특고압 가공전선이 건조물과 제2차 접근상태로 시설되는 경우**

가. 특고압 가공전선로는 제2종 특고압 보안공사에 의할 것

나. 특고압 가공전선과 건조물 사이의 이격거리는 제1의"나"의 규정에 준할 것

④ 사용전압이 35kV 초과 400kV 미만인 특고압 가공전선이 건조물과 제2차 접근상태에 있는 경우 특고압 가공전선로는 제1종 특고압 보안공사에 의할 것

⑤ **사용전압이 400kV 이상의 특고압 가공전선이 건조물과 제2차 접근상태로 있는 경우**

가. 전선높이가 최저상태일 때 가공전선과 건조물 상부와의 수직거리가 28m 이상일 것

나. 건조물 최상부에서 전계(3.5kV/m) 및 자계(83.3μT)를 초과하지 아니할 것

17. 특고압 가공전선과 도로 등의 접근 또는 교차

① **특고압 가공전선이 도로 · 횡단보도교 · 철도 또는 궤도와 제1차 접근 상태로 시설되는 경우**

가. 특고압 가공전선로는 제3종 특고압 보안공사에 의할 것

나. 특고압 가공전선과 도로 등 사이의 이격거리

[표] 특고압 가공전선과 도로 등과 접근 또는 교차 시 이격거리

사용전압의 구분	이격거리
35kV 이하	3m
35kV 초과	3m에 사용전압이 35kV를 초과하는 10kV 또는 그 단수마다 0.15m 을 더한 값

② 특고압 가공전선이 도로 등과 교차하는 경우에 특고압 가공전선이 도로 등의 위에 시설되는 때에는 다음에 따라야 한다.

가. 보호망을 구성하는 금속선은 그 외주(外周) 및 특고압 가공전선의 직하에 시설하는 금속선에는 인장강도 8.01kN 이상의 것 또는 지름 5mm 이상의 경동선을 사용하고 그 밖의 부분에 시설하는 금속선에는 인장강도 5.26kN 이상의 것 또는 지름 4mm 이상의 경동선을 사용할 것

나. 보호망을 구성하는 금속선 상호의 간격은 가로, 세로 각 1.5m 이하일 것.

다. 보호망이 특고압 가공전선의 외부에 뻗은 폭은 특고압 가공전선과 보호망과의 수직거리의 2분의 1 이상일 것. 다만, 6m를 넘지 아니하여도 된다.

라. 특고압 가공전선이 도로 등과 수평거리로 3m 미만에 시설되는 부분의 길이는 100m을 넘지 아니할 것

18. 특고압 가공전선과 삭도의 접근 또는 교차

① **특고압 가공전선이 삭도와 제1차 접근상태로 시설되는 경우**

가. 특고압 가공전선로는 제3종 특고압 보안공사에 의할 것.

나. 특고압 가공전선과 삭도 또는 삭도용 지주 사이의 이격거리

[표] 특고압 가공전선과 삭도의 접근 또는 교차 시 이격거리(제1차 접근상태)

사용전압의 구분	이격거리
35kV 이하	2m(전선이 특고압 절연전선인 경우는 1m, 케이블인 경우는 0.5m)
35kV 초과 60kV 이하	2m
60kV 초과	2m에 사용전압이 60kV를 초과하는 10kV 또는 그 단수마다 0.12m 더한 값

② **특고압 가공전선이 삭도와 제2차 접근상태로 시설되는 경우**

가. 특고압 가공전선로는 제2종 특고압 보안공사에 의할 것

나. 특고압 가공전선 중 삭도에서 수평거리로 3m 미만으로 시설되는 부분의 길이가 연속하여 50m 이하이고 또한 1경간 안에서의 그 부분의 길이의 합계가 50m 이하일 것

19. 특고압 가공전선과 저고압 가공전선 등의 접근 또는 교차

① 특고압 가공전선과 저고압 가공 전선 등 또는 이들의 지지물이나 지주 사이의 이격거리

[표] 특고압 가공전선과 저고압 가공전선 등의 접근 또는 교차 시 이격거리(제1차 접근상태)

사용전압의 구분	이격거리
60kV 이하	2m
60kV 초과	2m에 사용전압이 60 kV를 초과하는 10kV 또는 그 단수마다 0.12m을 더한 값

20. 특고압 가공전선 상호 간의 접근 또는 교차

가. 위쪽 또는 옆쪽에 시설되는 특고압 가공전선로는 제3종 특고압 보안공사에 의할 것

나. 위쪽 또는 옆쪽에 시설되는 특고압 가공전선로의 지지물로 사용하는 목주 · 철주 또는 철근 콘크리트주에는 다음에 의하여 지선을 시설할 것.

- 특고압 가공전선이 다른 특고압 가공전선과 접근하는 경우에는 위쪽 또는 옆쪽에 시설되는 특고압 가공전선로의 접근하는 쪽의 반대쪽에 시설할 것.
- 특고압 가공전선이 다른 특고압 가공전선과 교차하는 경우에는 위에 시설되는 특고압 가공전선로의 방향에 교차하는 쪽의 반대쪽 및 위에 시설되는 특고압 가공전선로와 직각 방향으로 그 양쪽에 시설할 것

21. 특고압 가공전선과 다른 시설물의 접근 또는 교차

[표] 35 kV 이하 특고압 가공전선(절연전선 및 케이블 사용한 경우)과 다른 시설물 사이의 이격거리

다른 시설물의 구분	접근형태	이격거리
조영물의 상부조영재	위쪽	2m(전선이 케이블 인 경우는 1.2m)
	옆쪽 또는 아래쪽	1m(전선이 케이블인 경우는 0.5m)
조영물의 상부조영재 이외의 부분 또는 조영물 이외의 시설물		1m(전선이 케이블인 경우는 0.5m)

22. 특고압 가공전선로의 지선의 시설

① 특고압 가공전선이 건조물 · 도로 · 횡단보도교 · 철도 · 궤도 · 삭도 · 가공약전류전선 등 · 저압이나 고압의 가공전선 또는 저압이나 고압의 가공 전차선과 제2차 접근상태로 시설되는 경우 또는 사용전압이 35kV를 초과하는 특고압 가공전선이 건조물 등과 제1차 접근상태로 시설되는 경우에는 건조물 등과 접근하는 쪽의 반대쪽에 지선을 시설하여야 한다.

② 특고압 가공전선이 건조물 등과 교차하는 경우에는 특고압 가공전선로의 지지물에는 특고압 가공전선로의 방향에 교차하는 쪽의 반대쪽 및 특고압 가공 전선로와 직각 방향으로 그 양쪽에 지선을 시설하여야 한다.

23. 25kV 이하인 특고압 가공전선로의 시설

① 사용전압이 15kV 이하인 특고압 가공전선로(중성선 다중접지 방식의 것으로서 전로에 지락이 생겼을 때 2초 이내에 자동적으로 이를 전로로부터 차단하는 장치가 되어 있는 것에 한한다. 그 전선에 고압 절연전선(중성선은 제외한다), 특고압 절연전선(중성선은 제외한다) 또는 케이블을 사용한다.

② 사용전압이 15kV 이하인 특고압 가공전선로의 중성선의 다중접지 및 중성선의 시설

가. 접지도체는 공칭단면적 $6mm^2$ 이상의 연동선 또는 이와 동등 이상의 세기 및 굵기의 쉽게 부식하지 않는 금속선으로서 고장 시에 흐르는 전류를 안전하게 통할 수 있는 것일 것.

나. 접지한 곳 상호 간의 거리는 전선로에 따라 300m 이하일 것.

다. 각 접지도체를 중성선으로부터 분리하였을 경우의 각 접지점의 대지 전기저항 값과 1km 마다의 중성선과 대지사이의 합성 전기저항 값

[표] 15kV 이하인 특고압 가공전선로의 전기저항 값

각 접지점의 대지 전기저항 값	1km마다의 합성 전기저항 값
300Ω	30Ω

라. 특고압 가공전선로의 다중접지를 한 중성선은 저압 가공전선의 규정에 준하여 시설할 것.

마. 다중접지한 중성선은 저압전로의 접지측 전선이나 중성선과 공용할 수 있다.

③ **사용전압이 15kV 이하의 특고압 가공전선로의 전선과 저압 또는 고압의 가공전선과를 동일 지지물에 시설하는 경우**

가. 특고압 가공전선과 저압 또는 고압의 가공전선 사이의 이격거리는 0.75m 이상일 것.

④ 사용전압이 15kV를 초과하고 25kV 이하인 특고압 가공전선로(중성선 다중접지 방식의 것으로서 전로에 지락이 생겼을 때에 2초 이내에 자동적으로 이를 전로로부터 차단하는 장치가 되어 있는 것

가. 특고압 가공전선이 건조물 · 도로 · 횡단보도교 · 철도 · 궤도 · 삭도 · 가공약전류전선 등 · 안테나 · 저압이나 고압의 가공전선 또는 저압이나 고압의 전차선과 접근 또는 교차상태로 시설되는 경우의 경간

[표] 15kV 초과 25kV 이하인 특고압 가공전선로 경간 제한

지지물의 종류	경간
목주 · A종 철주 또는 A종 철근 콘크리트주	100m
B종 철주 또는 B종 철근 콘크리트주	150m
철탑	400m

나. 특고압 가공전선이 건조물과 접근하는 경우에 특고압 가공전선과 건조물의 조영재 사이의 이격거리

[표] 15kV 초과 25kV 이하 특고압 가공전선로 이격거리(1)

건조물의 조영재	접근형태	전선의 종류	이격거리
상부 조영재	위쪽	나전선	3.0m
		특고압 절연전선	2.5m
		케이블	1.2m
	옆쪽 또는 아래쪽	나전선	1.5m
		특고압 절연전선	1.0m
		케이블	0.5m
기타의 조영재		나전선	1.5m
		특고압 절연전선	1.0m
		케이블	0.5m

다. 특고압 가공전선이 도로, 횡단보도교, 철도, 궤도와 접근하는 경우

[표] 15kV 초과 25kV 이하 특고압 가공전선로 이격거리(2)

전선의 종류	이격거리
나전선	1.5m
특고압 절연전선	1.0m
케이블	0.5m

라. 특고압 가공전선이 삭도와 접근 또는 교차하는 경우

[표] 15kV 초과 25kV 이하 특고압 가공전선로 이격거리(3)

전선의 종류	이격거리
나전선	2.0m
특고압 절연전선	1.0m
케이블	0.5m

⑤ **특고압 가공전선이 교류 전차선과 교차하는 경우**

가. 특고압 가공전선은 케이블인 경우 이외에는 인장강도 14.5kN 이상의 특고압 절연전선 또는 단면적 38mm^2 이상의 경동선일 것

나. 특고압 가공전선이 케이블인 경우에는 이를 인장강도가 19.61kN 이상의 것 또는 단면적 38mm^2 이상의 강연선인 것으로 조가하여 시설할 것

다. 케이블 이외의 것을 사용하는 특고압 가공전선 상호 간의 간격은 0.65m 이상일 것

라. 특고압 가공전선로의 지지물에 사용하는 목주의 풍압하중에 대한 안전율은 2.0 이상일 것

마. 특고압 가공전선로의 경간

[표] 교류 전차선 교차 시 특고압 가공전선로의 경간 제한

지지물의 종류	경간
목주 · A종 철주 · A종 철근 콘크리트주	60m
B종 철주 · B종 철근 콘크리트주	120m

바. 특고압 가공전선로의 전선, 완금류, 지지물, 지선 또는 지주와 교류 전차선 사이의 이격거리는 2.5m 이상일 것.

사. 특고압 가공전선과 식물 사이의 이격거리는 1.5m 이상일 것.

아. 특고압 가공전선로의 중성선의 다중 접지는 다음에 의할 것.

- 접지도체는 공칭단면적 6mm^2 이상의 연동선 또는 이와 동등 이상의 세기 및 굵기의 쉽게 부식하지 않는 금속선으로서 고장 시에 흐르는 전류가 안전하게 통할 수 있는 것일 것
- 접지한 곳 상호 간의 거리는 전선로에 따라 150m 이하일 것
- 각 접지도체를 중성선으로부터 분리하였을 경우의 각 접지점의 대지 전기저항 값과 1km마다 중성선과 대지 사이의 합성전기저항 값

[표] 15kV 초과 25kV 이하 특고압 가공전선로의 전기저항 값

각 접지점의 대지 전기저항 값	1km 마다의 합성 전기저항 값
300Ω	15Ω

⑥ **특고압 가공전선과 저압 또는 고압의 가공전선을 동일 지지물에 병가하여 시설하는 경우**

가. 특고압 가공전선과 저압 또는 고압의 가공전선 사이의 이격거리는 1m 이상일 것. 다만, 특고압 가공전선이 케이블이고 저압 가공전선이 저압 절연전선이거나 케이블인 때 또는 고압 가공전선이 고압 절연전선이거나 케이블인 때에는 0.5m까지 감할 수 있다.

나. 특고압 가공전선은 저압 또는 고압의 가공전선 위로하고 별개의 완금류로 시설할 것

(5) 지중 전선로

1. 지중전선로의 시설

① 지중 전선로는 전선에 케이블을 사용하고 또한 관로식 · 암거식 또는 직접 매설식에 의하여 시설

② 관로식에 의하여 시설하는 경우에는 매설 깊이를 1.0m 이상, 중량물의 압력을 받을 우려가 없는 곳은 0.6m 이상으로 한다.

③ 지중 전선로를 직접 매설식에 의하여 시설하는 경우에는 매설 깊이를 차량 기타 중량물의 압력을 받을 우려가 있는 장소에는 1.0m 이상, 기타 장소에는 0.6m 이상으로 하고 또한 지중 전선을 견고한 트라프 기타 방호물에 넣어 시설하여야 한다.

④. 암거에 시설하는 지중전선은 다음의 어느 하나에 해당하는 난연조치를 하거나 암거내에 자동소화설비를 시설하여야 한다.

가. 불연성 또는 자소성이 있는 난연성 피복이 된 지중전선을 사용할 것

나. 불연성 또는 자소성이 있는 난연성의 연소방지테이프, 연소방지시트, 연소방지도료 기타 이와 유사한 것으로 지중전선을 피복 할 것

다. 불연성 또는 자소성이 있는 난연성의 관 또는 트라프에 넣어 지중전선을 시설할 것

2. 지중함의 시설

가. 지중함은 견고하고 차량 기타 중량물의 압력에 견디는 구조일 것

나. 지중함은 그 안의 고인 물을 제거할 수 있는 구조로 되어 있을 것

다. 폭발성 또는 연소성의 가스가 침입할 우려가 있는 것 : 크기가 $1m^3$ 이상인 것에는 통풍장치 기타 가스를 방산시키기 위한 적당한 장치를 시설할 것.

3 케이블 가압장치의 시설

① 압축 가스 또는 압유를 통하는 관, 압축 가스탱크 또는 압유탱크 및 압축기는 각각의 최고 사용압력의 1.5배의 유압 또는 수압(유압 또는 수압으로 시험하기 곤란한 경우에는 최고 사용압력의 1.25배의 기압)을 연속하여 10분간 가하여 시험

② 압력탱크 및 압력관은 용접에 의하여 잔류응력이 생기거나 나사조임에 의하여 무리한 하중이 걸리지 아니하도록 할 것.

③ 자동적으로 압축가스를 공급하는 가압장치로서 감압밸브가 고장 난 경우에 압력이 현저히 상승할 우려가 있는 것은 압력관으로서 최고 사용압력이 294kPa 이상인 것

4. 지중전선의 피복금속체의 접지

관 · 암거 기타 지중전선을 넣은 방호장치의 금속제부분 · 금속제의 전선 접속함 및 지중전선의 피복으로 사용하는 금속체에는 접지공사를 하여야 한다.

5. 지중약전류전선의 유도장해 방지

지중전선로는 기설 지중약전류전선로에 대하여 누설전류 또는 유도작용에 의하여 통신상의 장해를 주지 않도록 기설 약전류전선로로부터 충분히 이격시키거나 기타 적당한 방법으로 시설하여야 한다.

6. 지중전선과 지중약전류전선 등 또는 관과의 접근 또는 교차

① 지중전선이 지중약전류 전선 등과 접근하거나 교차하는 경우에 상호 간의 이격거리가 저압 또는 고압의 지중전선은 0.3m 이하,

② 특고압 지중전선은 0.6m 이하

③ 사용전압 170kV 미만의 지중전선으로서 지중약전류전선 등의 관리자와 협의하여 이격거리를 0.1m 이상

④ 특고압 지중전선이 가연성이나 유독성의 유체를 내포하는 관과 접근하거나 교차하는 경우에 상호 간의 이격거리가 1m 이하(단, 사용전압이 25 kV 이하인 다중접지방식 지중전선로인 경우에는 0.5m 이하)이면 격벽을 시설한다.

7 지중전선 상호 간의 접근 또는 교차

① 지중전선이 다른 지중전선과 접근하거나 교차하는 경우에 지중함 내 이외의 곳에서 상호 간의 이격거리가 저압 지중전선과 고압 지중전선에 있어서는 0.15m 이상, 저압이나 고압의 지중전선과 특고압 지중전선에 있어서는 0.3m 이상이 되도록 시설

② 사용전압이 25kV 이하인 다중접지방식 지중전선로를 관로식 또는 직접매설식으로 시설하는 경우, 그 이격거리가 0.1m 이상이 되도록 시설

(6) 특수장소의 전선로

1. 터널 안 전선로의 시설

① 철도 · 궤도 또는 자동차도 전용터널 안의 전선로 저압 전선은 인장강도 2.30kN 이상의 절연전선 또는 지름 2.6mm 이상의 경동선의 절연전선.

애자사용배선에 의하여 시설하고 레일면상 또는 노면상 2.5m 이상의 높이

② 고압 전선 : 인장강도 5.26kN 이상의 것 또는 지름 4mm 이상의 경동선의 고압 절연전선 또는 특고압 절연전선을 사용

애자사용배선에 의하여 시설하고 또한 이를 레일면상 또는 노면상 3m 이상의 높이

③ 사람이 상시 통행하는 터널 안의 전선로 사용전압은 저압 또는 고압으로 한다.

케이블배선에 의하여 시설할 것

2. 수상전선로의 시설

① 사용전압은 저압 또는 고압

② **수상전선로의 전선을 가공전선로의 전선과 접속하는 경우**

가. 접속점이 육상에 있는 경우에는 지표상 5m 이상. 다만, 수상전선로의 사용전압이 저압인 경우에 도로상 이외의 곳에 있을 때에는 지표상 4m까지로 감할 수 있다.

나. 접속점이 수면상에 있는 경우에는 수상전선로의 사용전압이 저압인 경우에는 수면상 4m 이상, 고압인 경우에는 수면상 5m 이상

3. 물밑전선로의 시설

① 저압 또는 고압의 물밑전선로의 전선은 물밑케이블 또는 개장한 케이블이어야 한다.

② **특고압 물밑전선로**

가. 전선은 케이블일 것

나. 케이블은 견고한 관에 넣어 시설할 것.

4. 교량에 시설하는 전선로

① **저압전선로**

가. 교량의 윗면에 시설하는 것은 다음에 의하는 이외에 전선의 높이를 교량의 노면상 5m 이상

- 전선은 케이블인 경우 이외에는 인장강도 2.30kN 이상의 것 또는 지름 2.6mm 이상의 경동선의 절연전선일 것

- 전선과 조영재 사이의 이격거리는 전선이 케이블인 경우 이외에는 0.3m 이상일 것.
- 전선은 케이블인 경우 이외에는 조영재에 견고하게 붙인 완금류에 절연성 · 난연성 및 내수성의 애자로 지지할 것
- 전선이 케이블인 경우 : 전선과 조영재 사이의 이격거리를 0.15m 이상

② **교량에 시설하는 고압전선로**

가. 교량의 윗면에 시설하는 것은 전선의 높이를 교량의 노면상 5m 이상

나. 전선은 케이블일 것

다. 전선이 케이블인 경우에 전선과 조영재 사이의 이격거리는 0.3m 이상일 것

라. 전선이 케이블 이외의 경우에는 이를 조영재에 견고하게 붙인 완금류에 절연성 · 난연성 및 내수성의 애자로 지지하고 또한 전선과 조영재 사이의 이격거리는 0.6m 이상

5. 급경사지에 시설하는 전선로의 시설

① 급경사지에 시설하는 저압 또는 고압의 전선로는 그 전선이 건조물의 위에 시설되는 경우, 도로 · 철도 · 궤도 · 삭도 · 가공약전류전선 등 · 가공전선 또는 전차선과 교차하여 시설되는 경우 및 수평거리로 이들과 3m 미만에 접근하여 시설되는 경우 이외의 경우로서 기술상 부득이한 경우 이외에는 시설하여서는 안 된다.

② **시설방법**

가. 전선의 지지점 간의 거리는 15m 이하일 것

나. 전선은 케이블인 경우 이외에는 벼랑에 견고하게 붙인 금속제 완금류에 절연성 · 난연성 및 내수성의 애자로 지지할 것

다. 전선에 사람이 접촉할 우려가 있는 곳 또는 손상을 받을 우려가 있는 곳에 시설하는 경우에는 적당한 방호장치를 시설할 것

라. 저압 전선로와 고압 전선로를 같은 벼랑에 시설하는 경우에는 고압 전선로를 저압 전선로의 위로하고 또한 고압전선과 저압전선 사이의 이격거리는 0.5m 이상일 것

(7) 기계기구 시설 및 옥내배선

1. 특고압용 변압기의 시설 장소

① 배전용 변압기

② 다중접지 방식 특고압 가공전선로에 접속하는 변압기

③ 교류식 전기철도용 신호회로 등에 전기를 공급하기 위한 변압기

2. 특고압 배전용 변압기의 시설

① 변압기의 1차 전압은 35kV 이하, 2차 전압은 저압 또는 고압일 것.

② 변압기의 특고압측에 개폐기 및 과전류차단기를 시설할 것.

3. 특고압을 직접 저압으로 변성하는 변압기의 시설

① 전기로 등 전류가 큰 전기를 소비하기 위한 변압기

② 발전소 · 변전소 · 개폐소 또는 이에 준하는 곳의 소내용 변압기

③ 사용전압이 35kV 이하인 변압기로서 그 특고압측 권선과 저압측 권선이 혼촉한 경우에 자동적으로 변압기를 전로로부터 차단하기 위한 장치를 설치한 것

④ 사용전압이 100kV 이하인 변압기로서 그 특고압측 권선과 저압측 권선사이에 142.5의 규정에 의하여 접지공사(접지저항 값이 10Ω 이하인 것에 한한다)를 한 금속제의 혼촉방지판이 있는 것

⑤ 교류식 전기철도용 신호회로에 전기를 공급하기 위한 변압기

4. 특고압용 기계기구의 시설

기계기구의 주위에 울타리 · 담 등을 시설하는 경우 기계기구를 지표상 5m 이상의 높이에 시설

[표] 특고압용 기계기구 충전부분의 지표상 높이

사용전압의 구분	울타리의 높이와 울타리로부터 충전부분까지의 거리의 합계 또는 지표상의 높이
35kV 이하	5m
35kV 초과 160kV 이하	6m
160kV 초과	6m에 160kV를 초과하는 10kV 또는 그 단수마다 0.12m를 더한 값

5. 고주파 이용 전기설비의 장해방지

고주파 이용 전기설비에서 다른 고주파 이용 전기설비에 누설되는 고주파 전류의 허용한도는 측정 장치로 2회 이상 연속하여 10분간 측정하였을 때에 각각 측정값의 최대값에 대한 평균값이 −30dB(1mW를 0dB로 한다)일 것

6. 아크를 발생하는 기구의 시설

[표] 아크를 발생하는 기구 시설 시 이격거리

기구 등의 구분	이격거리
고압용의 것	1m 이상
특고압용의 것	2m 이상(사용전압이 35kV 이하의 특고압용의 기구 등으로서 동작할 때에 생기는 아크의 방향과 길이를 화재가 발생할 우려가 없도록 제한하는 경우에는 1m 이상)

7. 고압용 기계기구의 시설

기계기구를 지표상 4.5m(시가지 외에는 4m) 이상의 높이에 시설

8. 개폐기의 시설

① 전로 중에 개폐기를 시설하는 경우 그곳의 각 극에 설치하여야 한다.

② 고압용 또는 특고압용의 개폐기는 그 개폐상태를 표시하는 장치가 되어 있는 것이어야 한다.

③ 고압용 또는 특고압용의 개폐기로서 중력 등에 의하여 자연히 작동할 우려가 있는 것은 자물쇠 장치 기타 이를 방지하는 장치를 시설

④ 고압용 또는 특고압용의 개폐기로서 부하전류를 차단하기 위한 것이 아닌 개폐기는 부하전류가 통하고 있을 경우에는 개로할 수 없도록 시설

다만, 개폐기를 조작하는 곳의 보기 쉬운 위치에 부하전류의 유무를 표시한 장치 또는 전화기 기타의 지령 장치를 시설하거나 터블렛 등을 사용함으로서 부하전류가 통하고 있을 때에 개로 조작을 방지하기 위한 조치를 하는 경우는 그러하지 아니하다.

9. 고압 및 특고압 전로 중의 과전류차단기의 시설

① 과전류차단기로 시설하는 퓨즈 중 고압전로에 사용하는 포장 퓨즈는 정격전류의 1.3배의 전류에 견디고 또한 2배의 전류로 120분 안에 용단되는 것

② 과전류차단기로 시설하는 퓨즈 중 고압전로에 사용하는 비포장 퓨즈는 정격전류의 1.25배의 전류에 견디고 또한 2배의 전류로 2분 안에 용단되는 것

10. 과전류차단기의 시설 제한

접지공사의 접지도체, 다선식 전로의 중성선 및 전로의 일부에 접지공사를 한 저압 가공전선로의 접지측 전선에는 과전류차단기를 시설하여서는 안 된다.

11. 지락차단장치 등의 시설

① 특고압전로 또는 고압전로에 변압기에 의하여 결합되는 사용전압 400V 초과의 저압전로 또는 발전기에서 공급하는 사용전압 400V 초과의 저압전로에는 전로에 지락이 생겼을 때에 자동적으로 전로를 차단하는 장치를 시설

② **지락차단장치 설치 예외장소**

가. 발전소 · 변전소 또는 이에 준하는 곳의 인출구

나. 다른 전기사업자로부터 공급받는 수전점

다. 배전용변압기(단권변압기를 제외한다)의 시설 장소

12. 피뢰기의 시설

① **피뢰기 시설장소**

가. 발전소 · 변전소 또는 이에 준하는 장소의 가공전선 인입구 및 인출구

나. 특고압 가공전선로에 접속하는 341.2의 배전용 변압기의 고압측 및 특고압측

다. 고압 및 특고압 가공전선로로부터 공급을 받는 수용장소의 인입구

라. 가공전선로와 지중전선로가 접속되는 곳

② **피뢰기의 접지**

고압 및 특고압의 전로에 시설하는 피뢰기 접지저항 값은 10Ω 이하로 하여야 한다. 접지도체가 그 접지공사 전용의 것인 경우에 그 접지공사의 접지저항 값이 30Ω 이하인 때에는 그 피뢰기의 접지저항 값이 10Ω 이하가 아니어도 된다.

가. 피뢰기의 접지공사의 접지극을 변압기 중성점 접지용 접지극으로부터 1m 이상 격리하여 시설하는 경우에 그 접지공사의 접지저항 값이 30Ω 이하인 때

나. 피뢰기 접지공사의 접지도체와 변압기의 중성점 접지용 접지도체를 변압기에 근접한 곳에서 피뢰기 접지공사의 접지저항 값이 75Ω 이하인 때 또는 중성점 접지공사의 접지저항 값이 65Ω 이하인 때

다. 피뢰기 접지공사의 접지도체와 중성점 접지공사가 시설된 변압기의 저압가공전선 또는 가공공동지선과를 그 변압기가 시설된 지지물 이외의 지지물에서 접속하고 피뢰기 접지공사의 접지저항 값이 65Ω 이하인 때

13. 압축공기계통

가. 공기압축기는 최고 사용압력의 1.5배의 수압(최고 사용압력의 1.25배의 기압)을 연속하여 10분간 가하여 시험을 하였을 때에 이에 견디고 또한 새지 아니할 것

나. 사용 압력에서 공기의 보급이 없는 상태로 개폐기 또는 차단기의 투입 및 차단을 연속하여 1회 이상 할 수 있는 용량을 가지는 것일 것

다. 주 공기탱크 또는 이에 근접한 곳에는 사용압력의 1.5배 이상 3배 이하의 최고 눈금이 있는 압력계를 시설할 것

14. 절연가스 취급설비

가. 100kPa를 초과하는 절연가스의 압력을 받는 부분으로써 외기에 접하는 부분
최고사용압력의 1.5배의 수압(최고사용압력의 1.25배의 기압)을 연속하여 10분간 가하여 시험

나. 절연가스는 가연성 · 부식성 또는 유독성의 것이 아닐 것

15. 고압 옥내배선 등의 시설

① **고압 옥내배선** : 애자사용배선, 케이블배선, 케이블트레이배선

② **애자사용배선에 의한 고압 옥내배선**

가. 전선은 공칭단면적 6mm^2 이상의 연동선 또는 이와 동등 이상의 세기 및 굵기의 고압 절연전선이나 특고압 절연전선 또는 인하용 고압 절연전선일 것.

나. 전선의 지지점 간의 거리는 6m 이하일 것. 다만, 전선을 조영재의 면을 따라 붙이는 경우에는 2m 이하이어야 한다.

다. 전선 상호 간의 간격은 0.08m 이상, 전선과 조영재 사이의 이격거리는 0.05m 이상일 것

라. 애자사용배선에 사용하는 애자는 절연성 · 난연성 및 내수성의 것일 것

마. 고압 옥내배선은 저압 옥내배선과 쉽게 식별되도록 시설할 것

바. 전선이 조영재를 관통하는 경우에는 그 관통하는 부분의 전선을 전선마다 각각 별개의 난연성 및 내수성이 있는 견고한 절연관에 넣을 것

③ 고압 옥내배선이 다른 고압 옥내배선 · 저압 옥내전선 · 관등회로의 배선 · 약전류 전선 등 또는 수관 · 가스관이나 이와 유사한 것과 접근하거나 교차하는 경우에는 고압 옥내배선과 다른 고압 옥내배선 · 저압 옥내전선 · 관등회로의 배선 · 약전류 전선 등 또는 수관 · 가스관이나 이와 유사한 것 사이의 이격거리는 0.15m(애자사용배선에 의하여 시설하는 저압 옥내전선이 나전선인 경우에는 0.3m, 가스계량기 및 가스관의 이음부와 전력량계 및 개폐기와는 0.6m) 이상

④ **옥내 고압용 이동전선의 시설**
전선은 고압용의 캡타이어케이블일 것

⑤ **옥내에 시설하는 고압접촉전선 공사**

가. 전선은 인장강도 2.78kN 이상의 것 또는 지름 10mm의 경동선으로 단면적이 70mm^2 이상인 구부리기 어려운 것일 것

나. 전선 지지점 간의 거리는 6m 이하일 것

다. 전선 상호 간의 간격 및 집전장치의 충전 부분 상호 간 및 집전장치의 충전 부분과 극성이 다른 전선 사이의 이격거리는 0.3m 이상일 것.

16. 특고압 옥내 전기설비의 시설

① 사용전압은 100kV 이하일 것. 다만, 케이블트레이배선에 의하여 시설하는 경우에는 35kV 이하일 것

② 전선은 케이블일 것

③ 특고압 옥내배선과 저압 옥내전선 · 관등회로의 배선 또는 고압 옥내전선 사이의 이격거리는 0.6m 이상일 것

(8) 발전소, 변전소, 개폐소 등의 전기설비

1. 발전소 등의 울타리 · 담 등의 시설

① 울타리 · 담 등의 높이는 2m 이상으로 하고 지표면과 울타리 · 담 등의 하단사이의 간격은 0.15m 이하로 할 것

[표] 발전소 등의 울타리 · 담 등의 시설 시 이격거리

사용전압의 구분	울타리 · 담 등의 높이와 울타리 · 담 등으로부터 충전부분까지의 거리의 합계
35kV 이하	5m
35kV 초과 160kV 이하	6m
160kV 초과	6m에 160kV를 초과하는 10kV 또는 그 단수마다 0.12m를 더한 값

2. 특고압전로의 상 및 접속 상태의 표시

발전소 · 변전소 또는 이에 준하는 곳의 특고압전로에 대하여는 그 접속 상태를 모의모선의 사용 기타의 방법에 의하여 표시하여야 한다. 다만, 이러한 전로에 접속하는 특고압전선로의 회선수가 2 이하이고 또한 특고압의 모선이 단일모선인 경우에는 그러하지 아니하다.

3. 발전기 등의 보호장치

① **자동적으로 이를 전로로부터 차단하는 장치를 시설**

가. 발전기에 과전류나 과전압이 생긴 경우

나. 용량이 500kVA 이상의 발전기를 구동하는 수차의 압유 장치의 유압 또는 전동식 가이드밴 제어장치, 전동식 니이들 제어장치 또는 전동식 디플렉터 제어장치의 전원전압이 현저히 저하한 경우

다. 용량이 100kVA 이상의 발전기를 구동하는 풍차의 압유장치의 유압, 압축 공기장치의 공기압 또는 전동식 브레이드 제어장치의 전원전압이 현저히 저하한 경우

라. 용량이 2,000kVA 이상인 수차 발전기의 스러스트 베어링의 온도가 현저히 상승한 경우

마. 용량이 10,000kVA 이상인 발전기의 내부에 고장이 생긴 경우

바. 정격출력이 10,000kW를 초과하는 증기터빈은 그 스러스트 베어링이 현저하게 마모되거나 그의 온도가 현저히 상승한 경우

② 연료전지는 다음의 경우에 자동적으로 이를 전로에서 차단하고 연료전지에 연료가스 공급을 자동적으로 차단하며 연료전지내의 연료가스를 자동적으로 배제하는 장치를 시설하여야 한다.

가. 연료전지에 과전류가 생긴 경우

나. 발전요소의 발전전압에 이상이 생겼을 경우 또는 연료가스 출구에서의 산소농도 또는 공기 출구에서의 연료가스 농도가 현저히 상승한 경우

다. 연료전지의 온도가 현저하게 상승한 경우

③ **특고압용 변압기의 보호장치**

[표] 특고압용 변압기의 보호장치

뱅크용량의 구분	동작조건	장치의 종류
5,000kVA 이상 10,000kVA 미만	변압기내부고장	자동차단장치 또는 경보장치
10,000kVA 이상	변압기내부고장	자동차단장치
타냉식변압기(변압기의 권선 및 철심을 직접 냉각시키기 위하여 봉입한 냉매를 강제 순환시키는 냉각 방식을 말한다)	냉각장치에 고장이 생긴 경우 또는 변압기의 온도가 현저히 상승한 경우	경보장치

4. 조상설비의 보호장치

[표] 조상설비의 보호장치

설비종별	뱅크용량의 구분	자동적으로 전로로부터 차단하는 장치
전력용 커패시터 및 분로리액터	500kVA 초과 15,000kVA 미만	내부에 고장이 생긴 경우에 동작하는 장치 또는 과전류가 생긴 경우에 동작하는 장치
	15,000kVA 이상	내부에 고장이 생긴 경우에 동작하는 장치 및 과전류가 생긴 경우에 동작하는 장치 또는 과전압이 생긴 경우에 동작하는 장치
조상기(調相機)	15,000kVA 이상	내부에 고장이 생긴 경우에 동작하는 장치

5. 계측장치

가. 발전기 · 연료전지 또는 태양전지 모듈의 전압 및 전류 또는 전력

나. 발전기의 베어링 및 고정자의 온도

다. 정격출력이 10,000kW를 초과하는 증기터빈에 접속하는 발전기의 진동의 진폭

라. 주요 변압기의 전압 및 전류 또는 전력

마. 특고압용 변압기의 온도

바. 동기발전기를 시설하는 경우 동기검정장치를 시설

6. 수소냉각식 발전기 등의 시설

가. 발전기 내부 또는 조상기 내부의 수소의 순도가 85% 이하로 저하한 경우에 이를 경보하는 장치를 시설할 것

나. 발전기 내부 또는 조상기 내부로 수소를 안전하게 도입할 수 있는 장치 및 발전기안 또는 조상기안의 수소를 안전하게 외부로 방출할 수 있는 장치를 시설할 것

(9) 전력보안통신설비

1. 전력보안통신설비의 시설 장소

① **발전소, 변전소 및 변환소**: 원격감시제어가 되지 아니하는 발전소 · 원격 감시제어가 되지 아니하는 변전소 · 개폐소, 전선로 및 이를 운용하는 급전소 및 급전분소 간

② 2개 이상의 급전소 상호 간과 이들을 통합 운용하는 급전소 간

③ 수력설비 중 필요한 곳, 수력설비의 안전상 필요한 양수소 및 강수량 관측소와 수력발전소 간

④ 동일 수계에 속하고 안전상 긴급 연락의 필요가 있는 수력발전소 상호 간

⑤ 통신선의 종류는 광섬유케이블, 동축케이블 및 차폐용 실드케이블(STP)

가 가공통신선은 반드시 조가선에 시설

나 불연성 또는 자소성이 있는 난연성의 피복을 가지는 통신선을 사용

2. 전력보안통신선의 시설 높이와 이격거리

① **전력 보안 가공통신선의 높이**

가. 도로 위에 시설하는 경우에는 지표상 5m 이상. 다만, 교통에 지장을 줄 우려가 없는 경우에는 지표상 4.5m까지로 감할 수 있다.

나. 철도 또는 궤도를 횡단하는 경우에는 레일면상 6.5m 이상

다. 횡단보도교 위에 시설하는 경우에는 그 노면상 3m 이상

라. 이외의 경우에는 지표상 3.5m 이상

② 가공전선로의 지지물에 시설하는 통신선 또는 이에 직접 접속하는 가공 통신선의 높이

가. 도로를 횡단하는 경우에는 지표상 6m 이상 다만, 저 교통에 지장을 줄 우려가 없을 때에는 지표상 5m까지로 감할 수 있다.

나. 철도 또는 궤도를 횡단하는 경우에는 레일면상 6.5m 이상

다. 횡단보도교의 위에 시설하는 경우에는 그 노면상 5m 이상

- 저압 또는 고압의 가공전선로의 지지물에 시설하는 통신선 또는 이에 직접 접속하는 가공통신선을 노면상 3.5m(통신선이 절연전선과 동등 이상의 절연성능이 있는 것인 경우에는 3m) 이상으로 하는 경우
- 특고압 전선로의 지지물에 시설하는 통신선 또는 이에 직접 접속하는 가공통신선으로서 광섬유 케이블을 사용하는 것을 그 노면상 4m 이상으로 하는 경우

라. 이외의 경우에는 지표상 5m 이상

3. 특고압 가공전선로의 지지물에 시설하는 통신선이 도로 · 횡단보도교 · 철도의 레일 · 삭도 · 가공전선 · 다른 가공약전류 전선 등 또는 교류 전차선 등과 교차하는 경우

① 통신선이 도로 · 횡단보도교 · 철도의 레일 또는 삭도와 교차하는 경우 통신선은 연선의 경우 단면적 $16mm^2$(단선의 경우 지름 4mm)의 절연전선과 동등 이상의 절연 효력이 있는 것, 인장강도 8.01kN 이상의 것 또는 연선의 경우 단면적 $25mm^2$(단선의 경우 지름 5mm)의 경동선일 것

② 통신선과 삭도 또는 다른 가공약전류 전선 등 사이의 이격거리는 0.8m(통신선이 케이블 또는 광섬유 케이블일 때는 0.4m) 이상으로 할 것.

③ **조가선 시설기준**

조가선은 단면적 $38mm^2$ 이상의 아연도강연선을 사용할 것.

④ **전력유도의 방지**

전력보안통신설비는 가공전선로로부터의 정전유도작용 또는 전자유도작용에 의하여 사람에게 위험을 줄 우려가 없도록 시설하여야 한다.

4. 지중통신선로설비 시설

① **통신선**

지중 공가설비로 사용하는 광섬유 케이블 및 동축케이블은 지름 22mm 이하일 것

② 전력구내에서 통신용 행거는 최상단에 시설할 것

③ 전력케이블이 시설된 행거에는 통신선을 시설하지 말 것

5. 통신설비의 식별표시

모든 통신기기에는 식별이 용이하도록 인식용 표찰을 부착

4 전기철도설비 - 전기철도

1. 전차선로의 전압

① **직류방식**

[표] 직류방식의 급전전압

구분	지속성 최저전압 [V]	공칭전압 [V]	지속성 최고전압 [V]	비지속성 최고전압 [V]	장기 과전압 [V]
DC (평균값)	500 900	750 1,500	900 1,800	950(1) 1,950	1,269 2,538

(1) 회생제동의 경우 1,000V의 비지속성 최고전압은 허용 가능하다.

② **교류방식**

[표] 교류방식의 급전전압

주파수 (실효값)	비지속성 최저전압 [V]	지속성 최저전압 [V]	공칭전압 [V](2)	지속성 최고전압 [V]	비지속성 최고전압 [V]	장기 과전압 [V]
60Hz	17,500 35,000	19,000 38,000	25,000 50,000	27,500 55,000	29,000 58,000	38,746 77,492

(2) 급전선과 전차선 간의 공칭전압은 단상교류 50kV(급전선과 레일 및 전차선과 레일사이의의 전압은 25kV)를 표준으로 한다.

2. 변전소의 용량

변전소의 용량은 급전구간별 정상적인 열차부하조건에서 1시간 최대출력 또는 순시 최대출력을 기준으로 결정하고, 연장급전 등 부하의 증가를 고려하여야 한다.

3. 변전소의 설비

① 급전용변압기는 직류 전기철도의 경우 3상 정류기용 변압기, 교류 전기철도의 경우 3상 스코트결선 변압기 적용

② 차단기는 계통의 장래계획을 감안하여 용량을 결정하고, 회로의 특성에 따라 기종과 동작책무 및 차단시간을 선정하여야 한다.

③ 제어용 교류전원은 상용과 예비의 2계통으로 구성하여야 한다.

④ 제어반의 경우 디지털계전기방식을 원칙으로 하여야 한다.

4. 전차선 가선방식

가공방식, 강체방식, 제3레일방식을 표준으로 한다.

5. 귀선로

귀선로는 비절연보호도체, 매설접지도체, 레일 등으로 구성하여 단권변압기 중성점과 공통접지에 접속한다.

6. 전차선 및 급전선의 높이

[표] 전차선 및 급전선의 최소 높이

시스템 종류	공칭전압(V)	동적(mm)	정적(mm)
직류	750	4,800	4,400
	1,500	4,800	4,400
단상교류	25,000	4,800	4,570

7. 전차선 등과 식물사이의 이격거리

교류 전차선 등 충전부와 식물사이의 이격거리는 5m 이상이어야 한다.

8. 전기철도차량의 역률

가공 전차선로의 유효전력이 200kW 이상일 경우 총 역률은 0.8보다는 작아서는 안된다.

9. 회생제동

① 전기철도차량은 다음과 같은 경우에 회생제동의 사용을 중단해야 한다.

가. 전차선로 지락이 발생한 경우

나. 전차선로에서 전력을 받을 수 없는 경우

다. 선로전압이 장기 과전압 보다 높은 경우

② 회생전력을 다른 전기장치에서 흡수할 수 없는 경우에는 전기철도차량은 다른 제동시스템으로 전환되어야 한다.

5 분산형전원설비

(1) 분산형전원 계통연계설비의 시설

1. 시설기준

① 저압계통 연계 시 직류유출방지 변압기의 시설

② 단락전류 제한장치의 시설

③ **계통 연계용 보호장치의 시설**

가. 계통 연계하는 분산형전원설비를 설치하는 경우 다음에 해당하는 이상 또는 고장 발생 시 자동적으로 분산형전원설비를 전력계통으로부터 분리하기 위한 장치 시설 및 해당 계통과의 보호협조를 실시하여야 한다.

- 분산형전원설비의 이상 또는 고장
- 연계한 전력계통의 이상 또는 고장
- 단독운전 상태

나. 단순 병렬운전 분산형전원설비의 경우에는 역전력 계전기를 설치한다.

④ **연계용 변압기 중성점의 접지**

분산형전원설비를 특고압 전력계통에 연계하는 경우 연계용 변압기 중성점의 접지는 전력계통에 연결되어 있는 다른 전기설비의 정격을 초과하는 과전압을 유발하거나 전력계통의 지락고장 보호협조를 방해하지 않도록 시설하여야 한다.

(2) 전기저장시설

1 시설장소의 요구사항

① 전기저장장치의 이차전지, 제어반, 배전반의 시설은 기기 등을 조작 또는 보수 · 점검할 수 있는 충분한 공간을 확보하고 조명설비를 설치하여야 한다.

② 전기저장장치를 시설하는 장소는 폭발성 가스의 축적을 방지하기 위한 환기시설을 갖추고 제조사가 권장하는 온도 · 습도 · 수분 · 분진 등 적정 운영환경을 상시 유지하여야 한다.

③ 모든 부품은 충분한 내열성을 확보하여야 한다.

2. 옥내전로의 대지전압 제한

주택의 전기저장장치의 축전지에 접속하는 부하 측 옥내배선을 다음에 따라 시설하는 경우에 주택의 옥내전로의 대지전압은 직류 600V까지 적용할 수 있다.

가. 전로에 지락이 생겼을 때 자동적으로 전로를 차단하는 장치를 시설할 것

나. 사람이 접촉할 우려가 없는 은폐된 장소에 합성수지관배선, 금속관배선 및 케이블배선에 의하여 시설하거나, 사람이 접촉할 우려가 없도록 케이블배선에 의하여 시설하고 전선에 적당한 방호장치를 시설할 것

3. 시설기준

① **전기배선**

전선은 공칭단면적 2.5mm^2 이상의 연동선 또는 이와 동등 이상의 세기 및 굵기

② 단자를 체결 또는 잠글 때 너트나 나사는 풀림방지 기능이 있는 것을 사용하여야 한다.

③ **지지물의 시설**

이차전지의 지지물은 부식성 가스 또는 용액에 의하여 부식되지 아니하도록 하고 적재하중 또는 지진 기타 진동과 충격에 대하여 안전한 구조이어야 한다.

④ **충전 및 방전 기능**

가. **충전기능** : 전기저장장치는 배터리의 SOC특성(충전상태 : State of Charge)에 따라 제조자가 제시한 정격으로 충전할 수 있어야 한다.

나. **방전기능** : 전기저장장치는 배터리의 SOC특성에 따라 제조자가 제시한 정격으로 방전할 수 있어야 한다.

⑤ 전기저장장치의 이차전지는 다음에 따라 자동으로 전로로부터 차단하는 장치를 시설하여야 한다.

가. 과전압 또는 과전류가 발생한 경우

나. 제어장치에 이상이 발생한 경우

다. 이차전지 모듈의 내부 온도가 급격히 상승할 경우

⑥ **계측장치**

가. 축전지 출력 단자의 전압, 전류, 전력 및 충방전 상태

나. 주요변압기의 전압, 전류 및 전력

4. 특정 기술을 이용한 전기저장장치의 시설

① **적용범위** : 20kWh를 초과하는 리튬 · 나트륨 · 레독스플로우 계열의 이차전지를 이용한 전기저장장치의 경우

② **시설장소의 요구사항**

가. 전기저장장치 시설장소의 바닥, 천장(지붕), 벽면 재료는 「건축물의 피난 · 방화구조 등의 기준에 관한 규칙」에 따른 불연재료이어야 한다.

나. 전기저장장치 시설장소는 지표면을 기준으로 높이 22m 이내로 하고 해당 장소의 출구가 있는 바닥면을 기준으로 깊이 9m 이내로 하여야 한다.

다. 이차전지는 벽면으로부터 1m 이상 이격하여 설치하여야 한다.

라. 전기저장장치 시설장소는 주변 시설(도로, 건물, 가연물질 등)로부터 1.5m 이상 이격하고 다른 건물의 출입구나 피난계단 등 이와 유사한 장소로부터는 3m 이상 이격하여야 한다.

마. 낙뢰 및 서지 등 과도과전압으로부터 주요 설비를 보호하기 위해 직류 전로에 직류서지보호장치(SPD)를 설치하여야 한다.

바. 전기저장장치는 정격 이내의 최대 충전범위를 초과하여 충전하지 않도록 하여야 하고 만충전 후 추가 충전은 금지하여야 한다.

(3) 태양광발전설비

1. 설치장소의 요구사항

① 인버터, 제어반, 배전반 등의 시설은 기기 등을 조작 또는 보수점검할 수 있는 충분한 공간을 확보하고 필요한 조명설비를 시설하여야 한다.

② 태양전지 모듈을 지붕에 시설하는 경우 취급자에게 추락의 위험이 없도록 점검통로를 안전하게 시설하여야 한다.

2. 옥내전로의 대지전압 제한

직류 600[V]까기 적용

3. 간선의 시설기준

① 전선은 다음에 의하여 시설하여야 한다.

가. 배선시스템은 바람, 결빙, 온도, 태양방사와 같이 예상되는 외부 영향을 견디도록 시설할 것

나. 모듈의 출력배선은 극성별로 확인할 수 있도록 표시할 것

③ 직렬 연결된 태양전지모듈의 배선은 과도과전압의 유도에 의한 영향을 줄이기 위하여 스트링 양극간의 배선간격이 최소가 되도록 배치할 것

④ 모듈은 자중, 적설, 풍압, 지진 및 기타의 진동과 충격에 대하여 탈락하지 아니하도록 지지물에 의하여 견고하게 설치할 것

⑤ 모듈의 각 직렬군은 동일한 단락전류를 가진 모듈로 구성하여야 하며 1대의 인버터(멀티스트링 인버터의 경우 1대의 MPPT 제어기)에 연결된 모듈 직렬군이 2병렬 이상일 경우에는 각 직렬군의 출력전압 및 출력전류가 동일하게 형성되도록 배열할 것

4. 과전류 및 지락 보호장치

① 모듈을 병렬로 접속하는 전로에는 그 전로에 단락전류가 발생할 경우에 전로를 보호하는 과전류차단기 또는 기타 기구를 시설하여야 한다. 단, 그 전로가 단락전류에 견딜 수 있는 경우에는 그러하지 아니하다.

② 태양전지 발전설비의 직류 전로에 지락이 발생했을 때 자동적으로 전로를 차단하는 장치를 시설

(4) 풍력발전설비

1. 화재방호설비 시설

500kW 이상의 풍력터빈은 나셀 내부의 화재 발생 시, 이를 자동으로 소화할 수 있는 화재방호설비를 시설하여야 한다.

2. 간선의 시설기준

① 풍력발전기에서 출력배선에 쓰이는 전선은 CV선 또는 TFR-CV선을 사용

② 풍력터빈의 로터, 요 시스템 및 피치 시스템에는 각각 1개 이상의 잠금장치를 시설

③ 잠금장치는 풍력터빈의 정지장치가 작동하지 않더라도 로터, 나셀, 블레이드의 회전을 막을 수 있어야 한다.

④ **보호장치**

가. 과풍속

나. 발전기의 과출력 또는 고장

다. 이상진동

라. 계통 정전 또는 사고

마. 케이블의 꼬임 한계

5. 접지설비

접지설비는 풍력발전설비 타워기초를 이용한 통합접지공사를 하여야 하며, 설비 사이의 전위차가 없도록 등전위본딩을 하여야 한다.

6. 피뢰설비

① 피뢰설비는 KS C IEC 61400-24(풍력발전기-낙뢰보호)에서 정하고 있는 피뢰구역(Lightning Protection Zones)에 적합하여야 하며, 다만 별도의 언급이 없다면 피뢰레벨(Lightning Protection Level : LPL)은 I 등급을 적용하여야 한다.

나. 풍력터빈의 피뢰설비는 다음에 따라 시설하여야 한다.

- 풍력터빈 내부의 계측 센서용 케이블은 금속관 또는 차폐케이블 등을 사용하여 뇌유도과전압으로부터 보호할 것

다. 풍향 · 풍속계가 보호범위에 들도록 나셀 상부에 피뢰침을 시설하고 피뢰도선은 나셀프레임에 접속하여야 한다.

라. 전력기기 · 제어기기 등의 피뢰설비는 다음에 따라 시설하여야 한다.

- 전력기기는 금속시스케이블, 내뢰변압기 및 서지보호장치(SPD)를 적용할 것
- 제어기기는 광케이블 및 포토커플러를 적용할 것

7. 풍력터빈 정지장치의 시설

[표] 풍력터빈 정지장치

이상 상태	자동정지장치	비고
풍력터빈의 회전속도가 비정상적으로 상승	○	
풍력터빈의 컷 아웃 풍속	○	
풍력터빈의 베어링 온도가 과도하게 상승	○	정격 출력이 500kW 이상인 원동기(풍력터빈은 시가지 등 인가가 밀집해 있는 지역에 시설된 경우 100kW 이상)
풍력터빈 운전중 나셀진동이 과도하게 증가	○	시가지 등 인가가 밀집해 있는 지역에 시설된 것으로 정격출력 10kW 이상의 풍력 터빈
제어용 압유장치의 유압이 과도하게 저하된 경우	○	용량 100kVA 이상의 풍력발전소를 대상으로 함
압축공기장치의 공기압이 과도하게 저하된 경우	○	
전동식 제어장치의 전원전압이 과도하게 저하된 경우	○	

8. 계측장치의 시설

풍력터빈에는 설비의 손상을 방지하기 위하여 운전 상태를 계측하는 다음의 계측장치를 시설하여야 한다.

가. 회전속도계

나. 나셀(nacelle) 내의 진동을 감시하기 위한 진동계

다. 풍속계

라. 압력계

마. 온도계

(5) 연료전지

1. 설치장소의 안전 요구사항

① 연료전지를 설치할 주위의 벽 등은 화재에 안전하게 시설하여야 한다.

② 가연성물질과 안전거리를 충분히 확보하여야 한다.

③ 침수 등의 우려가 없는 곳에 시설하여야 한다.

2. 제어 및 보호장치 등

연료전지는 다음의 경우에 자동적으로 이를 전로에서 차단하고 연료전지에 연료가스 공급을 자동적으로 차단하며 연료전지내의 연료가스를 자동적으로 배기하는 장치를 시설하여야 한다.

가. 연료전지에 과전류가 생긴 경우

나. 발전요소의 발전전압에 이상이 생겼을 경우 또는 연료가스 출구에서의 산소농도 또는 공기 출구에서의 연료가스 농도가 현저히 상승한 경우

다. 연료전지의 온도가 현저하게 상승한 경우